HANDBUCH

DER

ARCHÄOLOGIE DER KUNST

VON

DR. CARL BERNHARD STARK,
PROFESSOR ZU HEIDELBERG.

Erste Abtheilung.

Systematik und Geschichte der Archäologie der Kunst.

LEIPZIG,
VERLAG VON WILHELM ENGELMANN.
1880.

SYSTEMATIK UND GESCHICHTE

DER

ARCHÄOLOGIE DER KUNST

VON

DR. CARL BERNHARD STARK,
PROFESSOR ZU HEIDELBERG.

LEIPZIG,
VERLAG VON WILHELM ENGELMANN.
1880.

VORBEMERKUNG.

Das seit Jahren geplante und vorbereitete Handbuch der Archäologie der Kunst, dessen erste Lieferung im October 1878 endlich erscheinen konnte, hat durch den unerwarteten und beklagenswerthen Tod des Verfassers seinen Abschluss leider allzufrüh gefunden.

Als Hofrath Stark im October 1879 starb, lag die Darstellung der Geschichte der archäologischen Studien (der Schluss der ersten Abtheilung des Handbuchs) im Manuscript fast vollendet vor; nach dem Wunsch des Entschlafenen und ganz seinen Intentionen gemäss wurde diese von befreundeter Seite völlig zu Ende geführt.

So ist es nun wenigstens möglich geworden, in der Systematik und Geschichte der Archäologie der Kunst ein in sich abgeschlossenes Ganze zu bieten, dessen Werth durch den frühzeitigen Abbruch des Gesammtwerkes nicht vermindert wird.

Eine Fortführung des Handbuchs nach dem Plane, wie ihn Stark selbst im Prospect zur ersten Lieferung dargelegt hat, soll auf seinen eigenen Wunsch unterbleiben.

Leipzig, im Januar 1880.

Wilhelm Engelmann.

BERICHTIGUNGEN.

Seite 35 Zeile 11 von oben statt *Fr. Piper* lies *Ferd. Piper.*
- 40 - 16 - - - *Lindenschmidt* lies *Lindenschmit.*
- 59 - 7 - - - *E. A. Böttiger* lies *K. A. Böttiger.*
- 93 - 22 - unten - *eisner* lies *einer.*
- 132 - 8 - oben - *Gevaert* lies *Gevaerts.*
- 134 - 20 - - - *Boulenger* lies *Boulanger.*
- 165 - 8 - - ist der Satz ausgefallen: »Von Goethe ist auch F. A. Wolf wesentlich bestimmt in seiner Anerkennung der Archäologie als Bestandtheil der klassischen Alterthumswissenschaft.«

Seite 165 Zeile 17 von oben statt *Ferdin. Hirt* lies *Ferd. Aloys Hirt.*
- 168 - 5 - - - *Guignaut* lies *Guigniaut.*
- 216 - 14 - - - *Schönkeit* lies *Schönheit.*
- 229 - 11 - unten - *Tiek* lies *Tieck.*
- 242 - 4 - oben - *Ghigi* lies *Chigi.*
- 243 - 26 - - - *Merini* lies *Marini.*
- 260 - 21 - unten - *H. B. Hase* lies *K. B. Hase.*
- 272 - 2 - - - *K. Schöne* lies *R. Schöne.*
- 314 - 5 - oben - *von Hartmann* lies *v. Hartmann.*
- 316 - 16 - - - *von Linkh* lies *v. Linckh.*
- 328 - 14 - unten - *Raovisie* lies *Ravoisié.*
- 331 - 3 - oben - *L. Q. Visconti* lies *E. Q. Visconti.*
- 348 - 20 - - - *Hirschplateau* lies *Hochplateau.*

INHALT.

3. Kapitel.

Erstes Buch.

Einleitung.

1. Kapitel.

§ 1. Begriff der Archäologie der Kunst.

Die Archäologie der Kunst, oder die Wissenschaft von der bildenden 1
Kunst der Völker des klassischen Alterthums bildet einen wichtigen Bestandtheil der klassischen Alterthumswissenschaft oder klassischen Philologie in weiterem Sinn und gehört als solcher in den Umkreis philologischer Studien. Auf der andern Seite steht sie in Mitten 2
der grossen, in neuerer Zeit erst erfassten und zu rascher Blüthe entfalteten Bestrebungen für die Aufgabe einer allgemeinen Kunstwissenschaft, einer begrifflichen, naturwissenschaftlichen und historischen Auffassung der Kunst und ihrer Aeusserungen im Leben der Menschheit; ja sie kann sich zu einem guten Theil als die Mutter und den Ausgangspunkt eben jener Bestrebungen betrachten. Und auch von 3
dieser Seite wird an den Lehrer und Träger der höheren geistigen Bildung die Frage unabweislich herantreten, in wie weit er berufen und verpflichtet sei das Auge und den Sinn der zu erziehenden Gesellschaft für diese Welt der Schönheit und der monumentalen Verkörperung idealer Gedanken zu öffnen und ein bewusstes Verständniss derselben anzubahnen. So nimmt die Archäologie der Kunst daher unmittelbar Antheil an der praktischen, erziehlichen Seite der philologischen Wissenschaft, wie an der Bedeutung der Kunst überhaupt für die Cultur des Volkes.

Wohl mag für eine oberflächliche Betrachtung und für eine, im 4
ersten Entdeckungseifer neuer, bisher ganz unbearbeitet gebliebener Gebiete, das engere Gebiet der antiken Kunst oder die Kunst der Griechen und Römer und der von ihnen und ihrer Cultur bedingten oder umgewandelten Völker zunächst verschwindend klein erscheinen gegenüber der Aufgabe einer Kunstgeschichte der Menschheit; aber eine unbefangene Umschau in der Formenwelt, wie in dem Gedankenkreis der Kunst der

Gegenwart beweist eben so sehr, dass die Kunst des Alterthums nicht als etwas Abgestorbenes, längst Vergangenes hinter uns liegt, sondern noch heute unter uns, wenn auch zum guten Theil unbewusst, bestimmend und regelnd fortwirkt, wie dass Formen und Gedanken grosser anderer Cultur- und nationaler Kreise allerdings das Interesse der historischen Betrachtung erwecken, einem übersättigten Auge wohl auch den Reiz des Neuen und Pikanten gewähren, aber dem tieferen Empfinden unserer Zeit und unserer Bildung ewig fremd bleiben. Ein Vergleich zwischen der kunstgeschichtlichen Entwicklung des Alterthums und der anderer Epochen hinterlässt dort den Eindruck des Einfachen, Stetigen, nicht gewaltsam Zurückgehaltenen oder unsicher Herumtastenden, das Bild eines völlig durchlaufenen Kreises, einer mit der gesammten Cultur des Alterthums in lebendigster Wechselwirkung stehenden, schöpferischen Kunstthätigkeit. So bewährt auf diesem Gebiete und vielleicht in ganz vorzüglicher Weise das klassische Alterthum seine normirende Bedeutung für den modernen Menschen, der in Gefahr steht über der Masse des Wissenswerthen und der Fertigkeiten, der dazu in die Hand gegebenen Hülfsmittel, das Wesen der Kunst selbst zu vergessen und ihres menschlich bildenden Einflusses verlustig zu gehen.

5 Es ist schliesslich auch die *Methode* der Arbeit auf dem archäologischen Gebiete, welche als eine Anwendung der philologischen und zugleich der naturwissenschaftlichen Methode der Forschung, der genauesten Feststellung des Thatsächlichen, wie einer in dem Geiste des Alterthums überhaupt und speziell dieser Stilweise geübten Ergänzung und Wiederherstellung einer nur trümmerhaft uns erhaltenen Kunstwelt sich kundgiebt, die den Studien auf diesem Gebiete antiker Kunst ein besonderes bildendes, in die Kunst selbst einführendes Interesse verleiht. Wir kehren hiermit zu unserem Ausgangspunkte zurück, der Wissenschaft der antiken bildenden Kunst ihre Stelle zunächst im Bereiche der klassischen Alterthumswissenschaft zu suchen, indem wir sie nicht damit loslösen wollen von der Aufgabe der *allgemeinen Kunstwissenschaft*, specifisch *Kunstgeschichte*, sondern ihr nur wie der klassischen Philologie überhaupt, im Bereiche der Geschichte der Menschheit, die besondere Aufgabe stellen in einem engeren, besonders dazu geeigneten Kreise, alle die Betrachtungen der Kunstwelt durchzuführen, welche das Ideal einer Kunstwissenschaft überhaupt an die Kunst der Menschheit heranbringen kann. Gerade desshalb darf sie sich am wenigsten verschliessen gegen die Beziehungen der antiken Kunst zu der verwandter älterer oder angrenzender Culturkreise, in deren vergleichendem Studium eine so fruchtbare Erläuterung vereinzelter oder räthselhafter Erscheinungen gegeben ist, und sie wird eben so wenig unberührt bleiben von dem Einfluss der ästhetischen Grundanschauungen der heutigen Welt, die sie ja zu reguliren mit beansprucht, wie ausgezeichnete Forschungen z. B. auf dem Gebiete der

mittelalterlichen und modernen Kunst neue Quellen der Betrachtung auch der Archäologie erst nahe gelegt haben.

Zu § 1.

2) *Conze*, Ueber die Bedeutung der klassischen Archäologie. Antrittsvorlesung. Wien 1869. S. 5: »wo sich der Querdurchschnitt der klassischen Philologie und der Längendurchschnitt der Kunstwissenschaften kreuzen, da und genau da liegt das Gebiet der klassischen Archäologie.« Vgl. *C. J. Reuvens,* Oratio de laudibus archaeologiae. Lugd. Batavor. 1819. (Dissert. var. argum. Vol. XXIII. n. 12); derselbe, Oratio de archaeologiae cum artibus conjunctione. L. Bat. 1827. 4.

3) *Aug. Böckh* sprach es 1822 aus: (philologia) cui ubi philosopham cognitionem tribuo, hoc significo, summas esse notiones indagandas veteribus nationibus natura insitas et in singulis antiqui cultus partibus velut in adspectabilibus imaginibus expressas (Kleine Schriften I. Leipz. 1858. p. 105). *Ludwig Lange* bezeichnet die Philologie als die Wissenschaft, deren Aufgabe es ist, den Geist der beiden klassischen Völker zu erforschen und in seiner vorbildlichen Bedeutung für Gegenwart und Zukunft lebendig zu erhalten« (Antrittsvorlesung in Prag 1855. S. 12). Derselbe sagt weiter S. 16: »in der Erhaltung der griechischen und lateinischen Literatur, der griechischen und römischen Kunstwerke spricht sich ein unbefangenes Urtheil der Weltgeschichte selbst aus. Sie sind als Zeugen einstiger Humanität erhalten, um als solche für alle Zeit vorbildlich zu wirken.«

Welcker, Kleine Schriften. III. S. 332: »was die Griechen auszeichnet, ihrer Mythologie und Poesie den höchsten Werth giebt und ihre ganze Bildung durchdringt, das Plastische, tritt in den Werken der Künste, die von ihm den Namen haben, in grösserer Anschaulichkeit und Fülle hervor als in allem Uebrigen. Darum sind sie eine Schule der Alterthumserkenntniss überhaupt und ein nothwendiger und grosser Bestandtheil der Alterthumsstudien.«

4) Ueber klassische Kunst und die heutige Erziehung vgl. *B. Stark*, Kunst und Schule, Jena (1848. 8.). Ders., Kunst und Schule in Allgem. Schulzeitung 1871. n. 16. 17. 19. 20. 22—26; ders., Kunst und Kunstwissenschaft auf deutschen Universitäten, Heidelberg 1873; *Bruno Meyer*, Aus der ästhetischen Erziehung. Berlin 1873; *Ravaisson*, Rapport sur la constitution de l'enseignement du dessin dans les lycées, 1853, dazu *E. Vinet*, Art et archéologie. 1874, p. 271 ff.; *Ruggiero*, L'antichità classica e la coltura moderna, Napoli 1869. 44 S., dazu *E. Hübner*, Archäol. Zeit. N. F. X. S. 93; *Giancarlo Conestabile*, Sull insegnamento della scienza delle antichità in Italia in Rivista di filologia etc. 1873 p. 541 ff. und Nuove Antolog. 1874. Octobre. Firenze; *Churchill Babington*, Introductory lecture on archaeology; *George Comfort*, Esthetics in collegiate education. 1867 (Methodist Quarterly Review. Octobre.); *Bunnell Lewis*, An introductory lecture on classical archaeology etc. London 1873. Gesammtbericht von *Stark*, Archäolog. Jahresbericht in *Bursian*, Fortschritte der klass. Alterthumswissenschaft. 1873. S. 1497 ff.

5) »Die Geschichte der klassischen Kunst, welche wir als einen Theil der Philologie in Anspruch nehmen, kann von der Kenntniss der morgenländischen Kunstdenkmäler nicht getrennt werden; ja ich möchte behaupten, wie sich die vergleichende Sprachenkunde gebildet hat, ebenso dürfte sich eine vergleichende Culturgeschichte des gesammten Alterthums mit der Zeit als eine Hauptaufgabe

der philologischen Wissenschaft herausstellen« (*Böckh*, Rede zur Begrüssung der Philologenversammlung in Berlin 1850. Kl. Schriften II. 1859. S. 189). *Goethe* spricht die Stellung der klassischen Archäologie zur orientalischen scharf, aber vom Standpunkte des erziehenden Künstlers richtig aus: »Chinesische, Indische, Aegyptische Alterthümer sind immer nur Curiositäten; es ist sehr wohl gethan sich und die Welt damit bekannt zu machen, zu sittlicher und ästhetischer Bildung aber werden sie nur wenig fruchten« (Werke XXIII. S. 278). »Bei den Griechen nimmt die Geschichte der Kunst eine neue Gestalt an. Die anderen Völker waren wie Fremdlinge, die in einen gewaltigen labyrinthischen Palast eingeführt, auf die wenigen Räume angewiesen sind, welche die Diener ihnen angewiesen haben, ohne in das Innere zu gelangen und ohne das Ganze zu übersehen. Die Hellenen sind dagegen die eingeborenen Kinder des Hauses, die mit seinen Gängen und Verbindungen genau bekannt, sich leicht zurecht finden, denen nichts verschlossen und unzugänglich bleibt. Sie öffnen die verborgensten Gemächer und Säle, durch sie eingeführt werden wir heimisch in dem wunderbaren Gebäude.« *Schnaase*, Geschichte der bild. Künste II², S. 1 f.

§ 2. Stellung der Archäologie zu der klassischen Philologie.

1 Suchen wir nun die nähere Stelle der Archäologie in dem Bereiche
der klassischen Alterthumswissenschaft! Möglicherweise entdecken wir
dabei, wie viel zu eng und einseitig wir den Begriff der Archäologie ge-
fasst haben. Erkennt man nun jene mit *Fr. Aug. Wolf* als »die Er-
kenntniss der alterthümlichen Menschheit selbst, welche aus der, durch
das Studium der alten Ueberreste bedingten Beobachtung einer organisch
entwickelten Nationalbildung hervorgeht«, oder mit *Böckh's* Worten als
»Reconstruction des gesammten Lebens der Völker des klassischen Alter-
thums, sämmtlicher Bildungskreise und Erzeugnisse derselben in ihren
praktischen und geistigen Richtungen«, so öffnen sich doch zwei mögliche
Wege, die zunächst ganz neben einander herlaufen und beide Anspruch
darauf machen das Gebiet der Archäologie zu bezeichnen, deren gemein-
2 samer Endpunkt von uns vielleicht erst gesucht werden muss. Ein Formal-
und ein Realprincip treten sich entgegen, jenes findet in der Gattung
der Quellen, deren Bearbeitung dem Archäologen specifisch zufällt,
dieses in dem Ziel, wofür er arbeitet, in dem idealen Lebenskreise
des Alterthums, das er zu reconstruiren unternimmt, das unterscheidende
Merkmal.

3 Neben den schriftlichen Ueberlieferungen aus dem Alterthum, unmittelbarer oder mittelbarer Art, mögen diese auf Papier, Pergament, Stein, Thon, Holz, Elfenbein, Erz, überhaupt Metallen, oder sonst irgend wie erhalten sein, mögen sie das grosse Literaturwerk oder die nackte Sammlernotiz oder den Zauber- oder Kinderspruch, die offiziellen Akte irgend einer Genossenschaft oder den Willen oder nur den Namen eines Todten, eines Besitzers, Fabrikanten u. dgl. oder eine Notiz im Verkehrsleben uns vorführen, steht eine andere Klasse von Denkmälern, die

nicht durch das Medium der Sprache und Schrift zu uns reden, sondern durch die örtliche Fixirung, ihre chemische Beschaffenheit, ihr Gewicht, ihre Farbe, ihre Form. Schon alle jene schriftlichen Ueberreste, die aus dem Alterthum unmittelbar zu uns herübergerettet sind, lassen auch eine solche nicht literarische Betrachtung zu; das Material des Inschriftsteines, der Papyrusrolle, der Erz- oder Bleiplatte, der Münze, die Beschaffenheit der Tinte, die Linienzüge der Schrift fordern dazu heraus.

Und daneben dehnt sich ein weites Gebiet vor dem Auge des Alter- 4
thumsforschers aus: die kolossalen und die kleinsten Architekturwerke, die künstlichen Veränderungen der Erdoberfläche in Land und Wasser, Höhe und Tiefe, die durch den Menschen geformten oder überhaupt veränderten Naturobjekte, wie die Reste der Speise, der Farbenpigmente, der Oele, die Gebilde menschlicher Hand unter dem bestimmenden Einfluss organischer Naturformen und unter dem unmittelbaren Gesichtspunkte des Bedürfnisses, des Schutzes, der Erweiterung menschlicher Thätigkeit, dann des Schmuckes oder irgend eines sittlichen oder religiösen Gedankens, die in Geweben, Geräthen, Gefässen, Schmucksachen, Waffen sich etwa zusammenfassen lassen, endlich die runden oder dem Runden sich nähernden Gebilde in harten oder erst gehärteten, durch den flüssigen Aggregatzustand hindurchgegangenen Stoffen, wie die farbigen, Gestalten bestimmter Art ausprägenden Veränderungen an der Oberfläche eines Körpers, die nur den Drang zur Darstellung, zur Ausprägung einer Gedankenwelt in Form oder Farbe beurkunden: alle diese Objekte fallen in den Bereich der Forschung und nehmen eine in vieler Beziehung gemeinsame, aber wieder nach der Art des Objektes sehr verschiedene Betrachtungsweise in Anspruch.

Auch sie unterliegen wie die schriftlichen Denkmäler zunächst der 5
Frage nach dem Nachweise ihres in das Alterthum zurückgreifenden Ursprunges, nach Aechtheit und Unächtheit, nach den inzwischen an ihnen absichtlich oder zufällig vorgegangenen Veränderungen; aber sie verlangen weiter eine Untersuchung, in welcher der Alterthumsforscher den Chemiker, den Kenner der beschreibenden Naturwissenschaften, den specifischen Geographen und Geologen, den Techniker zu Hülfe rufen, ihnen die nähere Bestimmung des Objektes an sich überlassen muss, um auf Grundlage dieser Untersuchung und der vorauszusetzenden Kenntniss des antiken Lebens überhaupt, dasselbe unter einen der leitenden Gesichtspunkte des Cultus, der öffentlichen und privaten Sitte, der Industrie, der Kunst einzureihen.

Bleiben wir bei dieser Scheidung der Quellen oder einzelnen Objekte 6
der Untersuchung stehen, so scheint sich uns leicht literarische und monumentale Philologie, oder Philologie und Archäologie zu scheiden. In der Mitte stehen jene Grenzgebiete der Diplomatik, Epigraphik, Numismatik, auf die beide Theile Anspruch machen, aber

sehr klar und scharf sondern sich dann hier Literatur, dort alle sonstigen sinnlich wahrnehmbaren Stoffe von einander; der Philolog kritisirt und interpretirt seine Texte, der Archäolog untersucht und bestimmt, wie der Naturforscher, seine antiken Gegenstände. Hinter ihnen mag dann als ein grosser, hoher Bau die klassische Alterthumswissenschaft oder Geschichtswissenschaft stehen, in deren grossen mannigfachen Räumen als schöner Vorrathskammer die bearbeiteten, literarischen und monumentalen Ueberreste aufgespeichert und eingeordnet werden können. Gewiss, eine zunächst sehr bequeme, äusserlich sich empfehlende Scheidung, mit der vor allem der Philolog im engsten Sinne sich einverstanden erklärt! Er überlässt dem Archäologen eine unabsehbare Fülle der verschiedensten Gegenstände und erholt sich bei ihm Raths als einem lebendigen Repertorium für all die Aeusserlichkeiten des Lebens, im vollen Gefühl, dass ihm der eigentliche Kern, der geistige Gehalt der antiken Welt zu erkennen und zu bearbeiten beschieden ist.

7 In scharfen Gegensatz dazu tritt das *Realprincip* als scheidende Macht. Es geht nicht von dem irgendwie überlieferten, antiken Gegenstand und seiner Scheidung nach sprachlichem und nicht-sprachlichem Medium aus, sondern von der antiken Menschheit, von den Lebenskreisen, in denen überhaupt der Mensch der Cultur sich bewegt und die zu erkennen Aufgabe der einzelnen Disciplinen wird. Wo die Quellen dazu fliessen, ob literarische ob monumentale, da werden sie aufgesucht, ja die engste Verbindung beider, das gegenseitige sich Ergänzen derselben wird zu einer umfassenden Behandlung der Aufgabe vorausgesetzt. Hier das theoretische, das praktische Leben, hier Sprache, Religion, Wissenschaft und Kunst im weitesten Sinn, dort Staat, Cultus, Privatleben in allen seinen Abstufungen, und Technik durch Bewältigung der Natur im Dienste des Menschen, bilden natürliche Eintheilungspunkte. In der Kunst scheiden sich wieder die Künste, die für das Ohr (Poesie und Musik) und die für das Auge schaffen, und hier wieder solche, die in der bewegten, lebendigen Gestalt (Orchestik, Mimik) und die in dem festen, todten Stoff (bildende Kunst) thätig sind. So reihen sich Geschichte der antiken Poesie, der Musik, der Orchestik und Mimik, der bildenden Kunst an einander. Aber wie verschieden sind diese Fächer
8 ausgefüllt! Wie mühsam ringt man darnach, in der Musik aus vermittelnden Quellen, nur die ersten Elementarbegriffe, die Grammatik der Tongeschlechter festzustellen, um gar nicht von einzelnen Tonschöpfungen und von einer Geschichte derselben und ihrer Bildner zu reden! Wie dürftig und zersplittert sind die direkten literarischen Nachrichten über Tanz und Mimik, wie sehr der Deutung bedürftig und unsicher darin; wie viel reicher fliessen dagegen die Quellen der bildlichen Darstellungen! Und wieder umgekehrt wie reich und massenhaft sind die literarischen und monumentalen Ueberreste, und wie wenig davon können wir unmittelbar

zur Geschichte der griechischen Literatur oder der bildenden Kunst ver-
wenden! Ja, es scheint oft, als ob die entgegengesetzten Quellengattungen 9
am ergiebigsten für die Forschung der Literatur oder Kunst sich zeigen,
als ob der Archäolog fast allein aus der Literatur seine Geschichte der
Plastik und Malerei zu entnehmen habe, als ob der Philolog eine Fülle
der epischen Gedichte und Tragödien, die bis auf eine nackte Inhalts-
angabe oder einzelne Worte verloren sind, aus den Vasenbildern oder
Sarkophagreliefs sich herstellen müsse. So schwindet die Natur der Quellen
gänzlich vor dem Gedankenkreis, in dem der Philolog oder Archäolog
arbeitet. Der Archäolog hat demnach einen sehr grossen, ja vielleicht den
grössten Theil der antiken nicht literarischen Ueberreste dem Forscher
der Religion, des Cultus, des Costüms, der Lebenssitte des öffentlichen
Verkehrs, der anderen Künste abzutreten, um mit den wenigen, zeitlich
zu bestimmenden, wahren Kunstwerken und mit den literarischen Quellen
seine Kunstgeschichte aufzubauen.

So stehen sich die beiden Ansichten von der Archäologie im Be- 10
reiche der klassischen Philologie oder Alterthumswissenschaft noch heute
theoretisch einander gegenüber; sie ruhen auf der verschiedenen Auf-
fassung der ganzen Philologie, insofern sie wesentlich als Kunst, als Ar-
beit, als Methode oder als System des Erforschten und Behandelten auf-
gefasst wird. Praktisch hat diese Verschiedenheit die Folge gehabt, dass
wohl von dem Archäologen die Behandlung aller antiken, nicht litera-
rischen Gegenstände erwartet wird, dass aber in Wirklichkeit eine über-
wiegend kunsthistorische Betrachtung jetzt an dieselben herangebracht
wird und dadurch ein guter Theil derselben gleichsam zwischendurchfällt
und unter die Gesichtspunkte gar nicht gestellt wird, unter denen sie
entstanden sind. Diesem oft genug verdeckten Zwiespalt näher nach-
zugehen und zu fragen, wie er in der That entweder als unlösbar zu be-
trachten und somit scharf zu bekämpfen ist, oder vor einer tiefern Betrach-
tung mehr und mehr schwindet, das wird unsere unabweisliche Pflicht.

Eine eingehende Betrachtung der literarischen Denkmäler des Alter- 11
thums führt auch bei untergeordneten Gattungen, z. B. den Briefen, den
rhetorischen Beschreibungen, den Epigrammen, zur Erkenntniss eines
Stiles oder Stilmässigen, d. h. fester, eigenthümlicher Formen, unter
denen ein Gedankeninhalt in der Materie der Sprache zum Ausdruck
kommt. Was wir in anderen Literaturen nur in einer grossen Zeit der
Blüthe, des Höhepunktes finden, dass auch das unbedeutende Schriftwerk
mitgetragen ist von dem sicheren und freien Gefühl für eine massvolle
Darstellung, das ist in antiker Literatur in eminentester Weise vorhanden,
und so gewinnen auch späte und unbedeutende Erzeugnisse für sich ein
gewisses Interesse durch die in ihnen waltenden Formen oder doch durch den
Nachklang derselben. Ja, wir sind bei dem Trümmerhaften der uns erhaltenen
Literatur oft an jene schwachen, zwei- oder dreifachen Copien oder un-

bewussten Nachahmungen gewiesen, um aus ihnen rückwärts das verlorene Original wieder herzustellen. Und so unterliegt ein solches Schriftwerk neben dem rein stofflichen Interesse noch einem gewissen formalen. Und die überall sich aufdrängende Aufgabe zur Ergänzung, Ordnung, zur Reconstruction des einzelnen Schriftwerkes kann nur annähernd gelöst werden durch eine aufmerksame Betrachtung des Stils oder Stilartigen desselben, durch die ganze Gattung, zu der es gehört.

12 Ganz dieselbe Erscheinung tritt uns in der unendlichen Mannigfaltigkeit sonstiger antiker Objekte entgegen. Gerade darin üben die aus der griechisch-römischen Welt stammenden einen so eigenthümlichen Reiz aus, dass sie auch in dem geringsten Material, auch in der rein handwerksmässigen Technik, in der Bestimmung äusseren Lebensbedürfnissen zu dienen immer noch ein stilistisches Gepräge tragen, dass sie zugleich in der mythologischen Bildersprache auch das Gewöhnliche anknüpfen an ideale Gedanken, ja jedes äussere Bedürfniss in diese gleichsam übersetzen! Keine andere Culturwelt weist eine so durchgreifende innere Gesetzmässigkeit auf; entweder ist es das starre Einerlei einiger weniger Formen, die immer gehandhabt, allem aufgezwungen werden, oder die gänzliche Regellosigkeit und Willkür oder der schnelle Wechsel der nach Veränderung, nach immer neuer Verwerthung äusserlich angeeigneter oder reproducirter fremder Formen strebenden Mode, die die künstlerische Ausgestaltung hemmen. So wird es für den Forscher der antiken Kunst zum unabweisbaren Bedürfniss, zunächst alle antiken Objekte in das Auge zu fassen, sie unter den Gesichtspunkt des Stiles, der Technik, des Gedankenhaften zu stellen, das Verhältniss vor Allem des Nachklingens künstlerischer Formen zu dem nachweisbaren Gebrauch der Sitte, dem Bedürfniss näher zu bestimmen. Die Dinge nun nach dieser Seite selbstständig weiter zu betrachten, sie zu benutzen für den antiquarischen oder sonstigen Gesichtspunkt, das fällt der Aufgabe der diese Seite des antiken Lebens repräsentirenden Disciplin zu, nicht mehr der Archäologie. Auch der Inschriftstein, die Schreibtafel, die Münze, die Papyrusrolle, das in das Alterthum hinein reichende Manuscriptenblatt fordern in ihrer äusseren Form, in der Vertheilung der Schrift, in dem Verhältniss zum bildlichen Beiwerk, endlich in der Buchstabenform selbst eine archäologische Betrachtung heraus.

13 Sie ist es, die aus der methodischen Vergleichung oft massenhafter Gebilde menschlicher Hand zu den gemeinsamen stilistischen Normen allmälig gelangt, d. h. zu den Gesetzen, unter denen die Alten ein Gedankenhaftes, Ideales in Form und Farbe auch dem scheinbar ganz unkünstlerischen Objekt eingeprägt haben, die den idealen Gedankenkreis umschreibt, der diese allgemeine, überall verständliche Sprache der Kunst im Alterthum redet. Auf der anderen Seite wird sie aus der Literatur und den immerhin selten zeitlich ganz bestimmten, rein künstlerischen

Werken die Höhepunkte der Kunstentwickelung und die persönlichen Träger darstellen. Von den festen Marksteinen nun allmälig fortschreitend, wird sie von beiden Endpunkten ab dem hohen Ziele wahrer wissenschaftlicher Reconstruction der Kunst des Alterthumes sich nähern. Von da aus erscheint die antike Kunstwelt nicht mehr als ein verworrener Trümmerhaufen des buntesten Allerlei, und daneben als eine einsam und erhaben dastehende Reihe von Kunstgenien und deren Schöpfungen; sondern auf der Unterlage der fortschreitenden und sich verändernden Cultur überhaupt des Alterthums zeigt sich eine Fülle künstlerischer Kräfte von einzelnen Centren aus in immer weiter und weiteren Kreisen wirksam, die wir hier in diesen Centren selbst gleichsam belauschen können, dort in der entferntesten Peripherie immer noch spüren oder voraussetzen, Kräfte, die in der That in den Gränzen menschlicher und immerhin nationaler Cultur eine grossartige, wohl zusammenhängende Schöpfung von
einheitlicher Kunstwelt hinterlassen haben. Einseitig werden wir nie dies 14
Ziel erreichen können, nie allein auf dem Wege der äusseren Objektbetrachtung, nie umgekehrt auf dem so verlockenden Wege allgemeiner kunstgeschichtlicher Annahmen oder der Erklärung kunstgeschichtlicher Texte. Beides wird in dem wahren Archäologen sich einigen, Einzelbetrachtung wie allgemein leitende geschichtliche und künstlerische Gesichtspunkte; aber das Specifische für ihn bleibt, dass er auch durch das literarische Medium hindurch zu dem Werk der bildenden Kunst selbst und zu seinem Schaffen und Schöpfer durchzudringen versteht. Und so führt auch in ihm die Kunst der Methode zum bleibenden wissenschaftlichen Resultat, und umgekehrt führt dann dies wieder zu richtigerem und freierem Handhaben der monumentalen Kritik und Exegese. Es ist hiermit die eigenthümlich bedeutsame Stellung der Archäologie im Bereiche der klassischen Philologie gegeben, ganz analog dem Studium der antiken Literatur, die man Philologie im engsten Sinne wohl nennen kann; sie ist nicht allein ein Kreis von wissenschaftlichen Resultaten, von Kenntnissen über die antike bildende Kunst, wie andere Disciplinen solche über den Staat, über Privatleben, über Philosophie oder Religion der Alterthums umfassen, sondern sie ist zugleich Methode, Kunst der Betrachtung der antiken Objekte, die irgend unter den Begriff des bildlichen Stiles fallen, in diesem ihr gemeinsames Band besitzen, ihre bildende Kraft abgesehen von allem rein historischen Interesse für diese oder jene Seite des antiken Lebens äussern.

Archäologie ist uns mithin die wissenschaftliche Bear- 15
beitung der durch Masse, Form und Farbe wirkenden Denkmäler der Völker des klassischen Alterthums nach der ihnen eigenthümlichen Ausdrucksweise, und die darauf wesentlich gegründete Erkenntniss der Entwickelung und des Bestandes der bildenden Kunst im Alterthum, als eines Glie-

des in dem gesammten Culturleben desselben, oder kurz gefasst die wissenschaftliche Beschäftigung mit der bildenden Kunst des Alterthums (*Jahn*).

Zu § 2.

1 *Fr. Aug. Wolf*, Darstellung der Alterthumswissenschaft, herausgegeben durch *S. F. W. Hoffmann*. Leipzig 1833. S. 66. *Böckh*, Oratio etc. MDCCCXXII habita (Kl. Schriften I. p. 105): »ubi quae et qualis philologia meo judicio sit, quaeritis, simplicissima ratione respondeo, si non latiore, quae in ipso vocabulo inest, potestate accipitur, sed ut solet ad antiquas litteras refertur, esse eam universae antiquitatis cognitionem historicam et philosopham. Universae inquam antiquitatis: quo distat quodammodo ab historia res ex ordine temporum gestas potissimum docente, quum philologia omnem antiquorum populorum vitam comprehendat eamque per partes quasque cognoscere conetur: quanquam qui rem acrius spectaverit, nullam inveniet philologiae partem, quin historiae possit argumentum fieri. Magnopere igitur errare mihi videntur, qui hujus disciplinae fines ad interpretis et critici artes restringunt, quibus manifestum est non summos doctrinae fines, sed veri inveniendi instrumenta contineri.« Derselbe, Rede 1850 (Kl. Schriften II. p. 189): »wenn die Philologie, wie ich sie mit den meisten fasse, die historische Construction des gesammten Lebens, also sämmtlicher Bildungskreise und Erzeugnisse eines Volkes in seiner praktischen und geistigen Richtung sein soll.« »Die Philologie ist historische Construction des Alterthums«, »die Erkenntniss des Alterthums in seinem ganzen Umfange« (Encyklopädie d. philol. Wissenschaften. Leipz. 1877. S. 25). Wenn wir mit *Böckh* auch den Begriff der Philologie überhaupt mit dem der Geschichte im weitesten Sinne als zusammenfallend betrachten (Encyklopädie d. philolog. Wissenschaften, S. 10), so können wir andererseits seine allgemeinste Bestimmung: Philologie als Erkenntniss des Erkannten (S. 11) deshalb nicht als besonders zutreffend anerkennen, weil auch selbst die ungebürliche Ausdehnung des Wortes: das Erkannte auf »alle Arten der Vorstellungen also auch in Poesie, in Kunst, in Geschichte«, die er ausdrücklich dabei vornimmt, doch nicht alle Arten des inneren Lebens des Menschen, also nicht die unmittelbaren Empfindungen oder die Strebungen, die Willensenergie umfasst.

6 Hauptvertreter dieser Anschauung: *E. Braun*, Art. Archäologie im Conversationslexikon der Gegenwart. 1839. S. 195—208, *L. Preller*, Ueber die wissenschaftliche Behandlung der Archäologie (Zeitschr. f. Alterthumswissenschaft. 1845. 1. 2. Supplementheft, dann Ausgewählte Aufsätze. 1864. S. 384 ff.), der geradezu erklärt (S. 388): »kurz, das Interesse für die Kunst ist ein höheres und allgemeineres als das der Archäologie, was eben deshalb auf diesem Gebiete unmöglich seine volle Befriedigung finden kann, und ein Beweis dafür einmal, dass Künstler und Archäologen insgemein gerade nicht im besten Einverständnisse zu sein pflegen, dann auch, dass es wenig Archäologen giebt, welche so theoretisch als praktisch in Kunsturtheilen einen wirklich selbständigen Standpunkt haben«; am nachhaltigsten *Ed. Gerhard*, Grundzüge der Archäologie in Hyperbor.-römischen Studien 1833. I. S. 1—84, wo S. 21 der Vorschlag einer Trennung philologischer und archäologischer Disciplin gemacht wird, überhaupt aber Religionsgeschichte und Kunstgeschichte als nicht zu trennen bezeichnet werden, und als nothwendig vorausgehend dem Studium alter Kunstdenkmäler; ferner Grundriss der Archäologie, Berlin 1853,

mit der Begriffsbestimmung: »Archäologie ist die auf monumentales Wissen begründete Hälfte allgemeiner Wissenschaft des klassischen Alterthums«; ferner 16 Thesen über die Archäologie als monumentale Philologie S. 39 ff., endlich Archäologische Sammlungen und Studien, Berlin 1860. S. 6—20. In Frankreich wird die Wissenschaft als Étude des monuments antiques von *Millin* (1796. 1826) aufgefasst, von *Lenormant* als Wissenschaft des Monuments de l'antiquité figurée (Revue archéolog. I. 1844. p. 1—17), aber mit dem richtigen Centrum le sentiment de l'art. *Ferdinand Piper* Art. monumentale Theologie in *Herzog's* Realencyclopädie 1862. XV. S. 752—906 und Einleitung in die monumentale Theologie. Gotha 1867. S. 4 ff. bes. S. 45 ff. behandelt den Begriff der Archäologie überhaupt und stellt dann geschieden von der christlichen Archäologie, deren jetziger Sprachgebrauch, als Geschichte des Cultus oder Darstellung der Zustände des sittlichen religiösen Lebens der ersten sechs Jahrhunderte n. Chr. das Künstlerische, überhaupt Monumentale ausschliesst, die Forderung einer Wissenschaft der monumentalen Theologie auf und begreift unter Monument auch das ganze Gebiet der Inschriften.

Bernhardy, Grundlinien der Encyclopädie der Philologie. 1832. S. 52. 7
339 ff. bezeichnet die Kunstwissenschaft der Alten mit dem Namen der Archäologie, stellt sie aber unter die Beiwerke der Philologie, da sie »zwar dem Philologen mehr als ein mittelbares Werkzeug ist, aber wegen ihres Umfanges und ihrer methodischen Eigenthümlichkeit nur im Allgemeinen ihm zugänglich wird« (S. 52). »Die Studien der alten Kunst sind so vielseitig und von Anlagen, Uebung, praktischer und historischer Einsicht, Geschmack und Empfänglichkeit abhängig, sie begehren eine solche Freiheit des Gemüths und Anstrengung der Geisteskräfte, dass selbst ihre Theilnehmer von Beruf sich vielfach zu spalten und zu beschränken genöthigt werden, weshalb eine lebhafte Beschäftigung mit den besten Denkmälern um so weniger sich als Zugabe der weitschichtigen und zerstreuenden Philologie fügen kann.« *Otfr. Müller's* Auffassung der Archäologie der Kunst, welcher im Handbuch (3. Aufl. 1847. S. 22) den archäologischen bereits in der Literatur verarbeiteten Stoff »mit genauer Beschränkung auf die zeichnenden Künste der Alten« zur Uebersicht bringen will, theilt durchaus *Welcker* in der Anzeige des Werkes, bezeichnet aber den Namen Archäologie als ihm verhasst (Rhein. Mus. f. Philos. 1834. II. p. 441 ff., die allgemeinen Bemerkungen daraus in Kl. Schriften III. 1850. S. 329 ff.), hebt dabei die bisherige einseitige Behandlung der Geschichte der Kunst hervor, wenn sie »nur auf den Charakter der Formen, nicht auch auf die gesammte innere Auffassung des Gegenstandes, den mythologischen und poetischen Inhalt, Geist und Gedanken — insofern auch diess unter Kunstbedingungen stehe — sich richtet« (S. 344). Scharf und präcis vertritt den Gesichtspunkt der Kunst als Princip der Archäologie *O. Jahn*, Ueber Wesen und wichtigste Aufgaben der archäologischen Studien (Ber. der K. Sächs. Ges. d. Wissensch. Hist. philos. Kl. 1849. II. S. 209 ff.), ausgehend von dem Satz: »das Wesen der wissenschaftlichen Behandlung beruht nicht auf der Einheit des Objektes, sondern auf der Einheit des Principes, von welchem sie ausgeht, dessen sie sich bei allen Untersuchungen stets bewusst ist und welches ihr den sichern Massstab giebt, das Wesentliche vom Unwesentlichen zu sondern.« »Der Sprachschatz der Archäologie bildet sich aus der vollständigen und kritischen Uebersicht der Denkmäler, das Kunstwerk ist als solches aufzufassen und zu erklären.« Diesen Standpunkt theilen *K. Fr. Hermann*, Schema akademischer Vorträge über Archäologie, Göttingen 1844, der Verf. in Archäologischen Studien, Wetzlar

1852. S. 1 ff., Jahresbericht in Philologus, XIV. S. 648 ff., *J. Overbeck*, Ueber Systematik der Archäologie in Kieler allgem. Monatsschrift 1853. S. 444 ff., zuletzt *A. Conze*, Ueber die Bedeutung der klassischen Archäologie, Wien 1869, welcher den Ausdruck Kunst zunächst im engeren Sinne verstanden wissen will, negativ als die nicht in Geberden, Tönen, in der Sprache wirkende Kunst, dann positiv im weitesten Sinne sie fasst: »alle in räumliche Form hineingeschaffenen Menschengedanken, aus denen eine neue Welt um uns entsteht und deren kein Volk je ganz entbehrt, müssen als in unser Gebiet der Betrachtung gehörig angesehen werden.« S. 6.

§ 3. Die Archäologie im Verhältniss zur Aesthetik und Kunsttheorie im Besondern.

1 Das Verhältniss der Archäologie als Wissenschaft der bildenden Kunst im Alterthum zu der Aesthetik und Kunstwissenschaft überhaupt, wie es § 1 ausgesprochen ward, bedarf um so mehr der bestimmteren Begränzung, als jene selbst allerdings in ihren verschiedenen Hauptaufgaben im Bereiche der modernen Wissenschaft mit Vorliebe und vielseitiger Betheiligung entwickelt, noch sehr der klaren Auseinandersetzung eben dieser Aufgaben und Gebiete entbehrt, und in einer verderblichen Mischung der Namen auch eine verderbliche Mischung der Probleme erfahren hat.

2 Wir können Aesthetik s. str., diese seit *Baumgarten* (1750) zuerst benannte, durch *Shaftesbury* und *Hutcheson* schon angebahnte, durch *Kant* in der Kritik der Urtheilskraft begründete, durch *Herbart* scharf umgränzte Wissenschaft, nur als rein philosophische Wissenschaft fassen, welche wie die Ethik, nicht die äussere und innere Erfahrungswelt an sich, sondern die diese, d. h. deren im freien Spiel in uns gegenwärtigen Bilder begleitenden unmittelbaren Urtheile des Gefallens und Missfallens (»reine Geschmacksurtheile«) der Untersuchung unterzieht und sie auf den einfachsten, reinsten begrifflichen Ausdruck, die Ideen des Schönen bringt. Sie wird einerseits durch die Psychologie die Thatsachen jener Wahrnehmungen in ihrer ursprünglichen Verbindung mit jenen unmittelbaren Urtheilen, und der für das Zusammentreffen dieser Bilder denselben zu Grunde liegenden Empfindung sich scharf fixiren lassen, wie sie andererseits aus der vereinzelten Beobachtung derselben zu immer grösseren Gruppen und endlich zu dem Bilde des Kosmos, als einem schönen Weltganzen und zu dem dieses bedingenden in sich harmonischen Geiste, als dem denkenden Künstler dieses Kosmos und damit in das Gebiet der teleologischen Weltbetrachtung geführt wird, in welcher die Einheitspunkte des Schönen, Guten und Wahren sich finden.

3 Die Archäologie kann als solche, weder auf die psychologische, genetische Erklärung jener Bilder und Urtheile des reinen Wohlgefallens und Missfallens sich einlassen, noch die teleologische Weltbetrachtung

zum Ausgang für sich nehmen, ist aber auf jene Urbegriffe ästhetischer
Verhältnisse und deren möglichst scharfen Ausdruck angewiesen. Sie
muss mit denselben fort und fort hantieren, und daher volle Klarheit
in Bezug auf diese von ihren Bearbeitern verlangen. Indem sie aber mit
der antiken Kunst, als einer in gewissem Sinne Norm gebenden, vorbild-
lichen zu thun hat, an deren Studien die grossen, selbst künstlerischen
Begründer unserer Aesthetik ihre Grundgedanken entwickelt haben, ist
sie vor Allem auch geeignet jene ästhetischen Grundbegriffe zu schärfen
und in anschaulichen Beispielen vorzuführen.

Mit der geschichtlichen Entwickelung der Aesthetik und 4
speciell der Theorie der Kunst im Alterthum, insbesondere mit den
ästhetischen Grundanschauungen von *Plato* und *Aristoteles* hat die Ar-
chäologie dagegen ebenso sehr als einer Seite des künstlerischen Geistes
des Alterthums zu thun, als sie den Einfluss der Theorie auf die Praxis
zu beachten veranlasst ist, wie ja noch heute der Einfluss dieses Geistes
auf unsere ästhetische Betrachtung zu Tage tritt.

Es ist als das Glück aber auch als eine schwer wiegende Mitgift der 5
heutigen Archäologie der Kunst zu betrachten, dass sie in Mitten der philo-
sophischen Bewegung und des Aufblühens unserer neuen deutschen Lite-
ratur in der zweiten Hälfte des vorigen Jahrhunderts neu geboren wird und
dass unsere grössten dichterischen Geister zugleich die Begründer unserer
heutigen ästhetischen Anschauung sind, archäologische Studien trieben
und diese sofort mit den der Poesie vor allem entnommenen theoretischen
Anschauungen durchdrungen haben. Als unerlässliche Forderung für alle
ernste archäologische Arbeit setzen wir daher eine elementare Kenntniss
dieser ästhetischen Entwickelung voraus.

Winckelmann sucht und findet die Schönheit und zwar die reine 6
unbezeichnete Schönheit, die in Gott ist, »die edle Einfalt und stille
Grösse« in den Werken der Alten und stellt sie daher als Normen alles
Schönen auf. *Lessing* geht von dem wesentlichen Unterschiede der Poesie
und Malerei (d. h. bildender Kunst überhaupt) aus und setzt ihn vor-
züglich in den Gegensatz von Schönheit und Ausdruck oder Charak-
teristik, auch auf die Gefahr hin grosse Gebiete antiker Kunst dadurch
aus dem Bereiche der Kunstbetrachtung zu verbannen oder ästhetisch zu
verurtheilen.

Herder weist der Plastik gegenüber der Malerei ihre besondere Stelle 7
auf Grundlage der Tastempfindungen als Kunst der Formen der Kör-
per, speciell des menschlichen Körpers zu und betrachtet die griechische
Kunst als Schule der Humanität, welche »anschauliche Kategorien der
Menschheit« gegründet habe; er erwägt die der modernen Zeit geblie-
benen Aufgaben. *Schiller* durch *Kant's* mustergültige Betrachtung des 8
Schönen unter seinen vier Kategorien geleitet aber nicht beschränkt,
führt einen grossen Schritt weiter zur Schönheit, die zugleich reine Form

und zugleich Leben ist. Er hat die verschiedene Stellung des antiken Künstlers gegenüber dem modernen zum Begränzten und damit das Uebergewicht der für das Auge bildenden Kunst im Alterthum nachgewiesen. Er hat die Abstufungen der ästhetischen Empfindungen und Urtheile (Reiz, Anmuth, Schönheit, Würde, Erhabenheit) zuerst in vollendeter Weise aufgezeigt.

9 *Goethe* geht als wahres Genie zunächst aus von den individuellen schöpferischen Empfindungen und ihrem Resultat, der charakteristischen Kunst und bekämpft alle allgemeinen Grundprincipien, mehr und mehr gelangt er aber zum Gegensatz von Kunstwahrheit und Naturwirklichkeit und findet jene vor allem bei den Griechen gegeben, uns daran zu bilden.

Natur und Einbildungskraft, Form und Stoff, Freiheit und Nothwendigkeit verlangt in ihrer Vereinigung *W. v. Humboldt* als Hauptbedingung der Kunst und vindicirt der bildenden Kunst eine nähere Beziehung zum Kunstbegriff als der Poesie.

10 *Schelling* beschäftigt sich eingehend mit dem Verhältniss von Natur und Kunst und unterscheidet Naturseele oder Seele der Form und Seele an sich; die höchste Kunst ist ihm Offenbarung des durch die Form wie durch Sinnbilder redenden, im Menschen allein wahrhaft vollendeten Naturgeistes. In der Antike ist ihm wie in der Plastik die Seele der Form mit der Seele an sich in Harmonie, ihre höchsten Schöpfungen sind daher göttliche Naturen oder Mythologie; in der Malerei wie in der modernen Kunst ist dagegen ein Ueberschuss gleichsam der Seele an sich.

11 *Hegel* und sein feinsinniger Vorgänger in Berlin *Fr. Solger* gehen noch weiter in der Auffassung der Kunst als Offenbarung der absoluten Idee in sinnlicher Erscheinung. Die bildende Kunst wird mehr und mehr eine Etappe, eine zu überwindende Stufe dort bei *Solger* zur Religion, hier bei *Hegel* zum dialektischen Denken. Die zur Erscheinung kommende Idee überragt ganz das Wie der Erscheinung. Die Kunstgeschichte dient als reiches Material zum Aufbau des in drei Stufen erfolgenden Prozesses der Idee des Schönen.

12 Im Gegensatz zu dieser den eigenartigen Charakter verwischenden Gedankenbewegung hat *v. Rumohr* den treffenden Ausdruck des »anschaulichen Denkens« gebraucht und die in der Natur gegebene ästhetische Bedeutsamkeit organischer Formen behauptet.

13 Während *Schleiermacher* der subjektiven Quelle der ästhetischen Welt in dem innern freien vom Bedürfniss gelösten Seelenleben des Subjekts vor allem suchend nachging, hat *Herbart* in strenger Absonderung von der psychologischen und metaphysischen Frage das allgemein Gültige des Schönen und Hässlichen in den die bestimmten Verhältnisse in Objekten unmittelbar begleitenden Urtheilen des Wohlgefallens und Missfallens gefunden. Dem wissenschaftlichen Studium der Antike erwächst durch ihn

eine Fülle von Aufgaben, solche ästhetische Grundverhältnisse in prägnanten Beispielen thatsächlich nachzuweisen, wie es andererseits den Gehalt der Kunst in dem Geiste eines recipirenden Kunstpublikums, thätiger Kunstgenossenschaften, endlich einzelner schöpferischer Kunstgenien aufdecken wird.

Noch stehen sich heute die rein formale Aesthetik und die von 14
Hegel zunächst ausgegangenen Gehaltsästhetiker oder Aesthetiker
der Ideen scharf gegenüber, aber schon hat der umfassendste und wirksamste aller heutigen Aesthetiker der letzteren Gruppe, *F. Th. Vischer* in dem Aufstellen der »freien beseelenden Symbolik der Naturformen« die Brücke gefunden zwischen dem reinen Formschönen und der künstlerischen Idee, er trifft darin wesentlich mit dem *Rumohr*'schen Gedanken zusammen.

Die Theorie der Kunst, speciell der bildenden Kunst, die man 15
heutzutage als specielle oder praktische Aesthetik zu bezeichnen liebt, hat gegenwärtig von der naturwissenschaftlichen Forschung über die Sinneswahrnehmungen und die ästhetisch wirkenden Verhältnisse in Form, Farbe, Masse vor allem zu lernen; aber sie wird von der Archäologie auch in der scharfen Analyse der reinlich aufgefassten, in ein streng wissenschaftliches Licht gestellten Kunstwerke wohl bereiteten Stoff zu entnehmen und den Naturforschern zur wissenschaftlichen Probe darzubieten haben.

Es ist interessant, dass auf dem Boden der Archäologie selbst und 16
ausgehend von ausübenden Künstlern und zugleich Kunstgelehrten zwei entgegengesetzte Beobachtungsweisen sich geltend machen, welche wie Materie und Geist, wie Form und Idee sich gegenüberstehen; die eine rein ausgehend von den in der menschlichen Natur gegebenen Bedürfnissen, Trieben, Leiden und von der körperlichen Natur des Materials und der dadurch bedingten Bearbeitung sowie dem auf anderes Material übertragenen Scheine (*Semper*), die andere ausgehend von dem Begriff der Funktion als der im Stoff sich ausprägenden Kunstidee (*Bötticher*); die eine sieht nur Entwickelung aus dem rein Materiellen in das Formelle, Geistige und in das freie Spiel, die andere nur eine fertige inhalterfüllte Form, eine Erscheinung der Idee und eine den Inhalt verlierende Degeneration.

Immerhin haben wir in dem im obigen Ueberblick gegebenen Kreise 17
von Grundgedanken seit *Winckelmann* und *Lessing* bis zur Gegenwart, insbesondere in deren Formulirung durch *Kant* und *Schiller* ein ästhetisches Gemeingut von typischen Ausdrücken und Begriffsbestimmungen gewonnen, über das der Archäolog vor allem mit klarem Bewusstsein ihres Ursprunges disponiren wird. Auch hierin wird er als Philolog von jedem verwaschenen Sprachgebrauch einer üppig wuchernden Populärästhetik sich abwenden.

18 Der Stilbegriff als der einer geregelten und charakteristischen Darstellungsweise bildet den Mittelpunkt aller Kunsttheorie und speciell der Theorie der bildenden Kunst, somit auch die Erkenntniss seiner Differenzirung unter den Bedingungen des antiken Lebens das Hauptproblem der Archäologie. Er ist aber nicht zu erkennen ohne die eingehendste Kenntniss einerseits des sinnlichen, verarbeiteten Materials und seiner Technik, in dem für Auge und Tastsinn ein Kunstwerk erscheint, und andererseits der Kunstideen, welche selbst wieder in dem herrschenden Vorstellungs- und Empfindungskreise des Künstlers, der Kunstgenossenschaften, des recipirenden Kunstpublikums, des Aufgaben stellenden, anregenden Kunstgönners, endlich in dem einer ganzen Zeit und einer ganzen Nation wurzeln.

19 Selbst die Geschichte der einzelnen Künste ist in den Bereich der Aesthetik mit aufgenommen worden und wird als Beiwagen der Theorie nur angehängt oder schwillt zum Hauptträger in den für grössere Leserkreise geschriebenen Handbüchern an. Das Unterscheidende derselben von der Kunstgeschichte überhaupt besteht dann allein in der Isolirung der einzelnen Künste und in einer populär reflektirenden Betrachtungsweise. Eine Mischung zweier Methoden, der philosophischen und historischen liegt hier klar vor Augen und muss von der Wissenschaft der antiken Kunst streng abgewiesen werden.

Zu § 3.

2 a) Geschichte der Aesthetik.

R. Zimmermann, Geschichte der Aesthetik als philosophische Wissenschaft. Wien 1858. Vom Standpunkte *Herbart's* aus scharfsinnige und umfassende Durcharbeitung des Stoffes; wichtig Kap. III: Künstler und Kunstfreunde, S. 313—375.

H. Lotze, Geschichte der Aesthetik in Deutschland. München 1868. Buch III. (S. 439—672) enthält Eingehendes zur Geschichte der Kunsttheorieen, speciell zu den drei bildenden Künsten (S. 504—619).

Max Schasler, Aesthetik als Philosophie des Schönen und der Kunst. I. Berlin 1872. Zweiter Abschnitt, S. 57—1218: Kritik der wissenschaftlichen Standpunkte oder Geschichte der Aesthetik, (Ausführlich Kap. V. *Winckelmann* und *Lessing* als Begründer der objectiven Kunstkritik etc. S. 380 ff. »Als nothwendiges Element des Geistes existirt neben dem Sittlichkeitsbedürfniss und dem Sprachbedürfniss, das allgemeine menschliche Kunstbedürfniss«).

4 Die Theorie der Kunst im Alterthum ist zusammenhängend einzig behandelt von *Eduard Müller*, in Geschichte der Theorie der Kunst bei den Alten. I. Breslau 1834. II. 1837. In diesem bis heute grundlegenden Buche ist aber die Theorie der bildenden Künste durchaus ungenügend behandelt. (Vgl. z. B. I. S. 19. 126 ff. II. S. 253 ff.). Ihr müsste allerdings erst eine Geschichte der Kunstliteratur des Alterthums, sowie eine kritische Uebersicht über die sprachlichen Bezeichnungen ästhetischer, scharf künstlerischer Begriffe vorausgehen. Neuere Arbeiten haben sich bisher ganz um *Plato* und *Aristoteles*, ja um den Specialbegriff der Katharsis concentrirt, wie vor einigen Jahrzehnten *Plotin* in den Vordergrund trat.

Em. Burnouf, Des Principes de l'art d'après la méthode et les doctrines de Platon. Paris 1850. 8.

K. Justi, Die ästhetischen Elemente in der Platonischen Philosophie.

G. Teichmüller, Aristotelische Forschungen. II: Aristoteles Philosophie der Kunst. 1869. Vgl. Susemihl in N. Jbb. f. Philol. Bd. CV. CVI. S. 319 ff.

J. H. Reinkens, Aristoteles über Kunst bes. über Tragödie. 1870.

Trendelenburg, Das Ebenmass ein Band der Verwandtschaft zwischen der griechischen Archäologie und griechischen Philosophie. Festgruss an *E. Gerhard* 1865. (Kl. Schriften. II. S. 316 ff.)

Es ist Aufgabe der Archäologie auch die Geschichte der Theorie der Kunst wie der volksthümlichen Vorstellungen von derselben in ihre Darstellung zu ziehen, und bei antiker Kunstlehre vor allem die technischen Bezeichnungen und ästhetischen Grundbegriffe des Alterthums in ihrer historischen Verwendung genau zu fassen.

Als ästhetische für die antike Kunstwissenschaft wichtige Gesichtspunkte treten uns aus der antiken Kunstphilosophie wie aus der im Folgenden gegebenen Uebersicht der ästhetischen Arbeiten der Neuzeit hervor: 5

a. Kunst und Natur (vgl. Plato Rep. II. p. 387 a: *πᾶν τὸ καλῶς ἔχον ἢ φύσει ἢ τέχνῃ*).

b. Phantasie (*φαντασία* Philostr. V. Apollon. Tyan. p. 118 Kayser) und Naturnachahmung (*μίμησις ἀπεικασία*).

c. Stoff (*ὕλη*, materia) und Form (*εἶδος, τύπος*, forma).

d. Originalität und Ueberlieferung, Schule.

e. Allgemeinheit (Gattungsmässigkeit, Idealität) und Individualität (Realität, Naturalismus).

Es erscheinen als Elemente des Schönen:

a. Einheit, Begränzung, Bestimmtheit, Correctheit, Reinheit (*τὸ ὡρισμένον* Aristot. Metaphys. XIII. 3).

b. Mannigfaltigkeit, freies Spiel, Freiheit (*ποικίλον τι καὶ παντοδαπὸν* Plato Protagor. p. 334 von *ἀγαθὸν* hier gebraucht, was von dem *καλὸν* entnommen ist.

c. Wahrheit, Leben, Beseelung, das Charakteristische (*τὸ ζωτικὸν* Xenoph. Mem. III. 10, 6, Plato Sympos. 4, 4, veritas Quintil. Inst. XII. 9. 10).

d. Grösse, Bedeutung, Gewicht, Vollkommenheit (*τὸ γὰρ καλὸν ἐν μεγέθει καὶ τάξει ἐστίν* Aristot. Poet. c. 7.).

e. Das Mass (*μετριότης γὰρ καὶ ξυμμετρία κάλλος δήπου καὶ ἀρετὴ πανταχοῦ ξυμβαίνει γίγνεσθαι* Plato Phileb. p. 64.).

- α. Regelmässigkeit, Ordnung (*εὐρυθμία, ῥυθμός*, numerus, *τάξις* Aristot. Metaphys. XIII.) in der Bewegung oder Aneinanderreihung.
- β. Proportionalität (*συμμετρία, ἡ πρὸς ἄλληλα ἀναλογία*, proportio Vitruv III, 1).
- γ. Gleichmass, Gleichgewicht, Symmetrie.

f. Harmonie (*ξυμφωνία τις καὶ ἁρμονία* Plato Rep. IV. p. 430[c], *ξύνταξις καὶ ξυμφωνία* Plato l. c. IX. p. 591[d]).

- α. von Inhalt und Form,
- β. des Ganzen und seiner Theile,
- γ. des ästhetischen Gegenstandes und seiner Umgebung,
- δ. des Kunstwerkes und des Beschauenden oder Hörenden.

Fast alle genannten Elemente finden sich vereint in der Erklärung des Schönen bei Plut. de auditu 13: *ἐν ἔργῳ δὲ παντὶ τὸ μὲν καλὸν ἐκ πολλῶν* οἷον ἀριθμῶν εἰς ἕνα καιρὸν ἡκόντων ὑπὸ συμμετρίας τινὸς καὶ ἁρμονίας ἐπιτελεῖται, τὸ δ' αἰσχρὸν ἐξ ἑνὸς τοῦ τυχόντος ἐκλείποντος ἢ προσόντος ἀτόπως εὐθὺς ἑτοίμην ἔχει τὴν γένεσιν.

Das Schöne entwickelt sich durch Störung der Harmonie, Auseinandersetzung in Contraste, abschliessenden Ausgleich und dadurch bewirkte vollkommene ästhetische Befriedigung.

Neben das reine Schöne tritt das gemischte Schöne in den Gegensätzen von

Erhaben und Zierlich,
Würde und Anmuth,
Tragisch und Komisch,
Naiv und Sentimental,
Classisch und Romantisch (nicht als historische, sondern als begriffliche Scheidung).

6 b) Epoche machende ästhetische Betrachtungen in besonderer Beziehung zur antiken Kunst:

J. J. Winckelmann (1717—1768) in den Gedanken über die Nachahmung der griechischen Werke in der Malerei und Bildhauerkunst (1755) bezeichnet edle Einfalt und stille Grösse als das Kennzeichen der griechischen Meisterstücke und damit aller wahren Kunst. Die Aufsätze »Erinnerung über die Betrachtung der Werke der Kunst«, »Von der Grazie in Werken der Kunst«, »Abhandlung von der Fähigkeit der Empfindung des Schönen in der Kunst und dem Unterrichte in derselben« (1756—1759, Theil I. S. 203 ff. Donauesch. Ausgabe), entwickeln die Grundgedanken. »Die Schönheit ist die vornehmste Absicht der Kunst« S. 206; sie ist das Schwerste (S. 207), und »wenn auch das Schöne durch einen allgemeinen Begriff könnte bestimmt werden, welches man wünscht und sieht, so würde sie dem, welchem der Himmel das Gefühl versaget hat, nicht helfen. Das Schöne bestehet in der Mannigfaltigkeit im Einfachen«, »das Werkzeug der Empfindung des Schönen ist der äussere Sinn und der Sitz derselben der innere, jener muss richtig und dieser empfindlich und fein sein.« »Die höchste Schönheit ist in Gott und der Begriff der menschlichen Schönheit wird vollkommen, je gemässer und übereinstimmender derselbe mit dem höchsten Wesen kann gedacht werden.« »Wenn ich sage, dass eine Gestalt um schön zu sein, unbezeichnet sein müsste, so will ich dadurch andeuten, dass die Form derselben weder dieser oder jener bestimmten Person eigen sei, noch irgend einen Zustand des Gemüths, oder eine Empfindung der Leidenschaft ausdrücke, als welche die Einheit unterbrechen und die Schönheit vermindern oder verdunkeln. Daher gilt von der Schönheit was von dem Wasser, welches aus dem Schoosse der Quelle geschöpft wird, das um desto gesünder geachtet wird, je weniger Geschmack es hat und von allen fremden Theilen geläutert ist.« (Vorläuf. Abhandlung etc. 1767. Ges. W. VII. S. 105.) Vergl. *A. H. Baier*, Winckelmanns Lehre vom Schönen und von der Kunst. Winckelmannsprogramm. Greifswalde 1862. *C. Justi*, Winckelmann. II, 1. Leipzig 1872. S. 274 ff.

Lessing (1729—1781) im Laokoon oder über die Gränzen der Malerei und Poesie, 1766 und Zum Laokoon (Sämmtl. Werke. Ausg. *v. Lachmann* XI. S. 125 ff.) und in der Dramaturgie begründet die ästhetische Kritik, stellt selten allgemeine Principien auf, doch er setzt fest »dass bei den Alten die Schönheit das höchste Gesetz der bildenden Künste gewesen sei, und dieses festgesetzt folgt nothwendig, dass alles andere, worauf sich die bildenden Künste zugleich mit erstrecken können, wenn es sich mit der Schönheit nicht verträgt, ihr gänzlich weichen, und wenn es sich mit ihr verträgt, ihr wenigstens untergeordnet sein müsse«. (Laokoon II.) »Körperliche Schönheit entspringt aus der übereinstimmenden Wirkung mannigfaltiger Theile, die sich auf einmal übersehen lassen.« »Wir kommen von selbst auf die Regel der Alten, dass der Ausdruck der Schönheit untergeordnet sein müsse.« (Zum Laokoon s. W. XI. S. 127.) »Poesie und Malerei, beide sind nachahmende Künste, beider Endzweck ist, von ihren Vorwürfen die lebhaftesten sinnlichsten Vorstellungen in uns zu wecken.« Formen des Nach- und Nebeneinander sind es nach *Lessing*, auf welchen jede Art der Schönheit beruht, weist *Zimmermann*, Gesch. der Aesthetik I. S. 199, nach.

Von *Joh. Gottfried Herder* (1744—1803) gehören hierher Kritische Wälder oder Betrachtungen über die Wissenschaft und Kunst des Schönen, 1769. I. II, ferner Pygmalion, die Plastik, die wieder belebte Kunst, zwei Gesänge mit Erläuterungen, ferner einige Wahrnehmungen über Form und Gestalt aus Pygmalions bildendem Traum, 1778 (geschrieben grösstentheils 1768—1770), ferner Ursachen über den gesunkenen Geschmack bei den verschiedenen Völkern, da er geblühet 1773, und endlich vor allen Ideen zur Geschichte und Kritik der Poesie und bildenden Kunst. 1794—1796. (Sämmtliche Werke, Wien 1813. IV. V. VII.) Herder erkennt die ganze Bedeutung aber auch die volle Verschiedenheit der *Winckelmann*'schen wie *Lessing*'schen Betrachtungsweise zuerst offen an: *Lessing* ist ihm der grosse Kunstrichter, der sich selbst als Dichter fühlt, *Winckelmann* steht im Gefühle der bildenden und nicht dichterischen Schönheit vor dem Laokoon, er ist der Künstler, der gebildet hat, *Lessing* der schaffende Poet. Malerei ist die Kunst für's Auge, und ist es wahr, dass das Auge nur Fläche und alles wie Fläche, vom Bild empfindet, so ist das Werk der Malerei tabula, tableau ist eine Bildtafel, in der alles auf dem Anschein, auf dem Nebeneinander beruhet. Die Bildnerei arbeitet in einander, ein lebendes, ein Werk voll Seele, das da sei und dauere. Die Bildnerei ist Wahrheit, die Malerei Traum, jene ganze Darstellung, diese erzählender Zauber (Plastik I, 4). »Die Wohlgestalt des Menschen ist kein Abstraktum aus dem Volke, keine Composition gelehrter Regeln oder willkürlicher Einverständnisse, sie kann von jedem gefasst und gefühlt werden, der was Form des Lebens, Ausdruck der Kraft im Gefässe der Menschheit ist, in sich oder im andern fühlt. Nur die Bedeutung innerer Vollkommenheit ist Schönheit (Plastik IV.). Zur griechischen Kunst als Schule der Humanität vgl. die Ideen etc. n. 16. *Herder* giebt die Grundzüge einer Theorie der antiken Kunst, »welche dauerhafte Kategorien der edelsten und schönsten Menschenexistenz geordnet hat«. Vgl. überhaupt *Ad. Schöll*, *Herders* Verdienst um Würdigung der antiken und der bildenden Kunst im Herder-Album. Jena 1845. S. 20 ff.

Imman. Kant (1724—1804) Kritik der Urtheilskraft 1790 (Sämmtl. Werke herausg. v. Rosenkranz IV.) nennt der Qualität nach schön den Gegenstand eines interesselosen Wohlgefallens (S. 55), der Quantität nach schön das, was ohne Begriff allgemein gefällt, der Relation nach Schönheit Form der Zweckmässigkeit eines Gegenstandes, sofern sie ohne Vorstellung eines Zweckes an ihm wahrgenommen wird, der Modalität nach schön, was ohne Begriff als Gegenstand eines nothwendigen Wohlgefallens erkannt wird. »Reich und original an Idee zu sein, bedarf es nicht so nothwendig zum Behuf der Schönheit, aber wohl der Angemessenheit jener Einbildungskraft in ihrer Freiheit zu der Gesetzmässigkeit des Verstandes.« (S. 192.) Bildende Kunst solche des Ausdrucks für Ideen in der Sinnenanschauung.« (S. 194.) »Es giebt weder eine Wissenschaft des Schönen, sondern nur Kritik, noch schöne Wissenschaft, sondern nur schöne Kunst.« (S. 173.)

Friedrich Schiller (1759—1805) in seinen ästhetischen Schriften 1792—1796, insbesondere in den Briefen über ästhetische Erziehung des Menschen geht aus von der Doppelheit menschlicher Triebe, dem sinnlichen oder Stofftriebe und dem von der vernünftigen Natur ausgehenden Formtriebe, von dem Spieltriebe, als in welchem beide verbunden wirken, und findet in dem Gegenstand des Spieltriebes die lebende Gestalt, ein Begriff, der dem, was man in weitester Bedeutung Schönheit nennt, zur Bezeichnung dient. (Brief 15, Sch. sämmtl. Werke 1813. VIII. S. 316.) Er verlangt »der Mensch soll mit der Schönheit nur spielen und er soll nur mit der Schönheit spielen«. »Die hohe Gleichmüthigkeit und Freiheit des Geistes mit Kraft und Rüstigkeit verbunden ist die Stimmung, in der uns ein ächtes Kunstwerk entlassen soll, und es giebt keinen wahreren Probirstein der wahren ästhetischen Güte.« (22. Brief.) »Darin besteht das eigentliche Kunstgeheimniss des Meisters, dass er den Stoff durch die Form vertilge, und je imposanter, anmassender, verführerischer der Stoff an sich selbst ist, je eigenmächtiger derselbe mit seiner Wirkung sich vordrängt, oder je mehr der Beschauer geneigt ist sich unmittelbar mit dem Stoff einzulassen, desto triumphirender ist die Kunst, welche jenen zurückzwingt und über diesen die Herrschaft behauptet.« (22. Brief.) »Die Schönheit ist also zwar Form, weil wir sie betrachten, zugleich aber ist sie Leben, weil wir sie fühlen.« »Der ästhetische Schein ist das Wesen aller schönen Kunst.« Ueber das Verhältniss von Natur und Kunst s. besonders den Aufsatz Ueber naive und sentimentalische Dichtung (1795—1796). »Die Alten empfanden natürlich, wir empfinden das Natürliche.« »Eben daraus, dass die Stärke des alten Künstlers in der Begränzung besteht, erklärt sich der hohe Vorzug, den die bildende Kunst des Alterthums über die neuere Zeit behauptet, und überhaupt das ungleiche Verhältniss des Werthes, in welchem moderne Dichtkunst und moderne bildende Kunst zu beiden Kunstgattungen im Alterthum stehen. Ein Werk für das Auge findet nur in der Begränzung seine Vollkommenheit, ein Werk für die Einbildungskraft kann sie auch durch das Unbegränzte erreichen.« »Zweierlei gehört zum Poeten und Künstler, dass er sich über das Wirkliche erhebt und dass er innerhalb des Sinnlichen stehen bleibt. — Die Reduktion empirischer Form auf ästhetische ist die schwierige Operation, und hier wird gewöhnlich entweder der Körper oder der Geist, die Wahrheit oder die Freiheit fehlen. Die alten Muster sowohl im Poetischen als Plastischen scheinen mir vorzüglich den Nutzen zu haben, dass sie eine empirische Natur, die bereits auf eine ästhetische reducirt ist, aufstellen, und dass sie noch einem tiefen Studium über das Geschäft einer Reduction selbst Winke geben können.« (Brief an Goethe. 1797. n. 366[a], Briefwechsel zw. Schiller u. Goethe. 1856. I. S. 375.)

W. v. Humboldt (1768—1835) geht in: »Ueber die männliche und weibliche Form 1795 (Ges. Werke I. S. 215—261) und in den Aesthetischen Versuchen. Th. I. über Goethe's Hermann u. Dorothea. 1799. (Ges. Werke IV. S. 1—268) ganz von Kant'schen Grundgedanken, aber zugleich von genauster Zergliederung der klassischen Kunstwerke und Studium der schönen Formen in der Natur aus. »Die höchste und vollkommenste Schönheit erfordert nicht blos Vereinigung, sondern das genauste Gleichgewicht der Form und des Stoffes, der Kunstmässigkeit und der Freiheit, der geistigen und sinnlichen Einheit.« (I. S. 216.) »Wie in der Menschheit sich die Naturnothwendigkeit mit der Freiheit gattet, so sehen wir in der Schönheit die Natur mit der Form gepaart.« — »Wie die Menschheit specificirt ist, so wird es auch jederzeit die Schönheit sein.« (S. 237.) »Das Ideal der Schönheit behauptet wie das Ideal der Menschheit das vollkommenste Gleichgewicht.« »Alle Schönheit beruht auf einer freien Verbindung der Form mit dem Stoff.« (S. 240.) »Der Ausdruck ist wesentlich von der Schönheit verschieden, — nicht selten hören wir Bildungen schön nennen, die blos interessant heissen dürfen.« »Die Schönheit drückt das Total des Charakters und das unendliche Vermögen desselben aus, aus dem alle einzelnen Aeusserungen fliessen.« (S. 254.) »Das Wirkliche in ein Bild zu verwandeln ist die allgemeinste Aufgabe aller Kunst.« (IV. S. 16.) Der Ableitung der Kunst aus der Natur des Gemüthes nach ist die Kunst die Fertigkeit die Einbildungskraft nach Gesetzen productiv zu machen (IV. S. 19), und Kunst ist die Darstellung der Natur durch die Einbildungskraft (IV. S. 27). »Die bildende Kunst ist mit der Kunst überhaupt äusserst nah, und näher als die Dichtkunst verwandt, denn sie ist rein darstellend und sinnlich, und diese beiden Begriffe sind auch im allgemeinen Begriffe der Kunst die herrschenden.« (S. 49.) »Die vollendete Darstellung der Menschheit durch die Einbildungskraft kann nicht ohne einen ruhig bildenden Sinn und eine gewisse Anhänglichkeit an die einfache Wahrheit der Natur gelingen. — Dieser echte Kunstsinn, der sich, wo er selbst ist, auch auf andere forterzeugt, war keinem Volke in so hohem Grade, als den Griechen, eigenthümlich. Er ist es, der sich in ihren Werken, vorzüglich durch Totalität und Ebenmaass äussert.« (S. 107.)

Goethe (1749—1832), selbst das Object der eindringendsten ästhetischen Betrachtung seit Humboldt, hat, abgesehen von seinen poetischen Werken, durch den Aufsatz Von deutscher Baukunst 1771, durch Recensionen, schon seit 1772, dann theoretisch in den Propyläen (seit 1798), in den Heften über »Kunst und Alterthum« (seit 1826), in »Winckelmann und sein Jahrhundert« 1805, wie praktisch in der Leitung des Theaters, der Gründung einer Lehranstalt für bildende Kunst in Weimar, durch Stellung von Preisaufgaben seine ästhetischen Grundgedanken in lebendiger Berührung mit den auftretenden verschiedenen Theorien rhapsodisch ausgesprochen. Vergl. *Goethe's* Aufsätze und Aussprüche über bildende Kunst, herausgegeben von *Chr. Schuchardt.* Stuttgart 1863.

»Schädlicher als Beispiele sind dem Genius Principien; vor ihm mögen einzelne Menschen einzelne Theile bearbeitet haben, er ist der erste, aus dessen Seele die Theile in ein einiges Ganze zusammengewachsen hervortreten.« »Die Kunst ist lange bildend, ehe sie schön ist, und doch so wahre, grosse Kunst, ja oft wahrer und grösser als die schöne selbst.« »Eine Empfindung schuf sie zum charakteristischen Ganzen. Diese charakteristische Kunst ist die einzig wahre. Je mehr sich die Seele erhebt zu dem Gefühl der Verhältnisse, die allein schön und von Ewigkeit sind, deren Hauptaccorde man beweisen, deren Geheimnisse man nur fühlen kann, in dem sich allein das Leben als gottgleichen Genius in seligen Melodien herumwälzt; je mehr diese Schönheit mit in das Wesen eines Geistes eindringt, dass sie mit ihm entstanden zu sein scheint, dass ihm nichts genug thut als sie, dass er nichts aus sich wirkt als sie, desto glücklicher ist der Künstler, desto herrlicher ist er, desto tiefgebeugter stehen wir da und beten an den Gesalbten Gottes.« (1770.) »Welche neue Nation verdankt nicht den Griechen ihre Kunstbildung, und in gewissen Fächern welche mehr als die Deutschen?« »Die vornehmste Forderung, die an den Künstler gemacht wird, bleibt immer die, dass er sich an die Natur halten, sie studiren, sie nachbilden, etwas das ihren Erscheinungen ähnlich ist, hervorbringen soll.« »Der Mensch ist der höchste, ja der eigentliche Gegenstand bildender Kunst.« »Der echte gesetzgebende Künstler strebt nach Kunstwahrheit, der gesetzlose, der einem blinden Triebe folgt, nach Naturwirklichkeit: durch jenen wird die Kunst zum höchsten Gipfel, durch diesen auf ihre niederste Stufe gebracht.« (Einleit. der Propyläen 1798.) Der Begriff des Charakteristischen, der also von *Goethe* 1771 bereits als das wahre Kennzeichen der Kunst ausgesprochen war, wurde von *Hirt* 1797 in »Laokoon oder das Kunstschöne« (Horen 1797) als das Princip der antiken Kunst im Gegensatze zu Winckelmann ausgesprochen, Goethe entwickelt im »Sammler und die Seinigen« (1798) diese Gegensätze des Schönen und Charakteristischen in Gesprächen und gelangt zum Satz »das Charakteristische liegt zum Grunde, auf ihm ruhen Einfalt und Würde, das höchste Ziel der Kunst ist die Schönheit, und ihre letzte Wirkung Gefühl der Anmuth.« (5. Brief.) »Nur aus innig verbundenem Ernst und Spiel kann wahre Kunst entspringen, die im Stil gegenüber der Manier sich zeigt und Kunstwahrheit, Schönheit und Vollendung als die Erfordernisse des vollkommenen Kunstwerkes erfüllt.« »Jedes Kunstwerk muss sich als ein solches anzeigen, und das kann es allein durch das, was wir sinnliche Schönheit oder Anmuth nennen. Die Alten, weit entfernt von dem modernen Wahne, dass ein Kunstwerk dem Scheine nach wieder ein Naturwerk werden müsse, bezeichneten ihr Kunstwerk als solches durch gewählte Ordnung der Theile, sie erleichterten dem Auge die Einsicht in die Verhältnisse durch Symmetrie, und so ward ein verwickeltes Werk fasslich.« (Ueber Laokoon 1798. S. 355.) »Wenn wir uns dem Alterthum gegenüber stellen und es ernstlich in der Absicht anschauen uns daran zu bilden, so gewinnen wir die Empfindung, als ob wir erst eigentlich zu Menschen würden.« (S. 232.)

10 *F. W. J. v. Schelling's* (1775 — 1854) Rede über das Verhältniss der bildenden Kunst zur Natur (1807, neu gedruckt 1809. 1843. Sämmtl. Werke 1860. Abthl. I. Band 7. S. 291 ff.) zeigt, wie der Begriff der Kunst von der »Nachahmung der Natur« zur »Nachahmung der hohen Werke des Alterthums« weiter geführt ward, aber man die äussere Form abzunehmen sich befleissigte, ohne den Geist der sie erfüllt. »Jene Werke sind ebenso unnahbar; ja sie sind unnahbarer als die Werke der Natur, sie lassen dich kälter noch als jene, wenn du nicht das geistige Auge noch hinzubringst, die Hülle zu durchdringen und die wirkende Kraft in ihnen zu empfinden.« (S. 295.) Er verlangt: »wir müssen über die Form hinausgehen, um sie selbst verständlich, lebendig und als wahrhaft empfunden wieder zu gewinnen.« Er sucht »eine positive, dem Aussereinander entgegenwirkende Kraft, welche die Mannigfaltigkeit der Theile der Einheit eines Begriffes unterwirft.« »Das Kunstwerk wird in dem Maasse trefflich erscheinen, in welchem es uns die unverfälschte Kraft und Wirksamkeit der Natur wie in einem Umrisse zeigt.« (S. 308.) Dem im Innern der Dinge wirksamen, durch Form und Gestalt, nur wie durch Sinnbilder redenden Naturgeiste soll der Künstler nacheifern. Das, wodurch das Werk schön ist, kann nicht mehr Form sein, es ist über der Form, ist Wesen, Allgemeines, ist Blick und Ausdruck des inwohnenden Naturgeistes.« (S. 301.) »Nur durch die Vollendung der Form kann die Form vernichtet werden, und dieses ist allerdings im Charakteristischen das letzte Ziel der Kunst.« (S. 305.) Wir denken uns unter Charakter eine Einheit mehrerer Kräfte, welche beständig auf ein

gewisses Gleichgewicht und bestimmtes Mass derselben hinwirkt, welchem dann, wenn es ungestört ist, ein ähnliches Gleichgewicht und Ebenmass der Form entspricht.« (S. 309.) Er unterscheidet dann die Naturseele oder Seele der Form und die Seele an sich, die allein im Menschen als Mittelpunkt aufgehe und deren Schönheit mit Anmuth verbunden, die höchste Kunstschöpfung sei, wie in der Niobe: »die Plastik kann ihren wahren Gipfel nur in solchen Naturen erreichen, deren Begriff es mit sich bringt, alles, was sie der Idee oder der Seele nach sind, jederzeit auch in der Wirklichkeit zu sein, also in göttlichen Naturen. Sie würde daher, wenn auch keine Mythologie vorangegangen, durch sich selbst auf Götter gekommen sein und Götter erfunden haben, wenn sie keine fand.« (S. 316.) Im Gegensatz dazu wird die Malerei in die Seele ein deutliches Uebergewicht legen dürfen; daher Vorherrschen der Plastik im Alterthum, der Malerei in der neueren Welt. »Die Kunst entspringt uns aus der lebhaftesten Bewegung der innersten Gemüthes- und Geisteskräfte, die wir Begeisterung nennen. — Aber nicht die Kraft des Einzelnen richtet es aus, nur der Geist, der sich im Ganzen verbreitet.« — *Schelling* hat die Wissenschaft der Kunst zuerst gleichberechtigt in die Reihe des akademischen Studiums gestellt, in seinen Vorträgen über Methode des akademischen Studiums (1802, s. sämmtl. W. Abth. I. Bd. V. S. 344 ff.). Ebendaselbst 1859 sind die 1802/3 und 1804/5 gehaltenen Vorlesungen über Philosophie der Kunst S. 357—736 veröffentlicht.

Wir schliessen noch *K. W. Fr. Solger* (1770—1819) an mit seinen vier 11
Gesprächen Erwin oder über das Schöne (2 Bde. Berlin 1815) und seinen Vorlesungen über Aesthetik (2 Bde. herausg. 1829), nicht weil es ihm gelungen, diese in mustergiltiger Form, die ästhetischen Grundbegriffe fördernd, auch für die antike Kunst entwickelt zu haben, aber weil er in der That als ästhetische und philologische Natur zugleich tief eingewirkt auf die Archäologie der Zeit und in seinen Grundgedanken *Hegel's* Aesthetik andererseits vorgebildet hat. Die Phantasie im Menschen ist »was der göttlichen Schöpferkraft entspricht« (Erwin II. S. 15—34). »Die wirklich gewordene Schöpfungskraft ist die Kunst. Der Künstler ist die in die Erscheinung eingetretene Gottheit.« »Alle Kunst ist symbolisch« als die wahre Offenbarung der Idee selbst. Dieses Symbolische ist im engeren Sinne symbolisch in der antiken Kunst, insofern die Idee in der vollen Wirklichkeit ohne Bedürfniss und Streben dort abgeschlossen ist, oder es wird Allegorie in der christlichen Kunst, »insofern das vollkommene Streben nach einem Anderen und Entgegengesetzten in dem göttlichen Schaffen in der Welt sich ausspricht. Der Uebergang der Idee in die Wirklichkeit ist aber zugleich eine Vernichtung derselben, und die Ironie die diesen Uebergang und Vernichtung überschauende, wahrhaft künstlerische Empfindung. Die bildenden Künste sind mehr auf die Erscheinung, auf die Form der Idee gegründet, die redenden dagegen mehr auf das Wesen. Die Religion bildet gleichsam den Mittelpunkt, der über und in jedem Theile der Kunst gegenwärtig und unveränderlich derselbe ist, wo nur irgend ächte Kunst gefunden wird.« (II. S. 156.) Wie sehr in dieser Auffassung der Inhalt über die Form des Schönen gesetzt ist, liegt auf der Hand, ebenso wie über dem Process des Schaffens im Kunstwerk der Begriff des Wie? gänzlich geschwunden ist.

Friedr. Hegel's (1770—1831) Vorlesungen über Aesthetik, herausgegeben von *Hotho*, gehalten zuerst 1818 in Heidelberg, dann wiederholt in Berlin (Werke. X. Abthl. 1. 2. 3. 1835—1838) bezeugen auch noch heute für den, welcher den dialektischen Aufbau ganz verwerfen muss, die gewaltige Kraft

Hegel's historische Stoffmassen zusammenzufassen und die Kunst als Lehrerin der Völker in das Universalhistorische einzuordnen, andererseits sein Unvermögen die ästhetischen Verhältnisse der Naturformen als solche zu erkennen.

Die Kunst ist bestimmte Weise der Aeusserung und Darstellung des Wahren (I. S. 120), Weisheit ist die absolute Idee selbst. Es giebt drei Kunstformen: die symbolische, die klassische und die romantische, jener entspricht Architektur, der zweiten Plastik, der dritten Malerei, Musik und Poesie; die Entwickelung jeder Kunst verläuft wieder in diesen drei Stufen (Orient, Griechenland, Mittelalter), und das Drama ist die höchste Stufe der Poesie wie der Kunst überhaupt.

»Die Kunst in ihren Anfängen lässt noch Mysteriöses, ein geheimnissvolles Ahnen und eine Sehnsucht übrig, weil ihre Gebilde noch ihren vollen Gehalt nicht vollendet für die bildliche Anschauung herausgestellt haben. Ist aber der vollkommene Inhalt vollkommen in Kunstgestalten hervorgetreten, so wendet sich der weiterblickende Geist von dieser Objektivität in sein Inneres zurück und stösst sie von sich. Solch eine Zeit ist die unsrige. Man kann wohl hoffen, dass die Kunst immer mehr steigen und sich vollenden werde, aber ihre Form hat aufgehört das höchste Bedürfniss des Geistes zu sein.«

12 *E. F. von Rumohr*, Zur Theorie und Geschichte neuerer Kunstbestrebungen in Italienischen Forschungen. I. Berlin 1827. S. 1—157 hat in diesem auf eingehendem Studium der neu entdeckten ächt hellenischen plastischen Werke wie der mittelalterlichen Architektur und modernen Malerei ruhenden Aufsatz die Unklarheiten der Begriffe Natur und Idee, Ideal, Symbol, Typus, Stil treffend aufgedeckt und steht in Mitten eines manierirten Idealismus, einer tiefsinnigen, symbolischen Romantik und einer den Begriff und das begriffsmässige Denken in die Kunst übertragenden metaphysischen Logik wahrhaft epochemachend da. Die bildende Kunst ist ihm »eine dem Begriffe oder Denken in Begriffen entgegengesetzte durchaus anschauliche sowohl Auffassung als Darstellung von Dingen, welche entweder unter gegebenen oder unter allen Umständen die menschliche Seele erfüllen.« S. 8. Das anschauliche Denken ist die geistige Sphäre der bildenden Kunst, gestellt zwischen die Extreme abstrakten Denkens und unbestimmten Sehnens und Ahnens S. 112. Die Formen der bildenden Kunst sind immer gegebene, nothwendige, nicht willkürliche und selbsterbildete S. 22. Die Griechen entdeckten zuerst »die innere, nothwendig gegebene Bedeutsamkeit, welche, wenn wir nur sehen wollten, über alle Gebilde der Kunst verbreitet ist« S. 26. »Die Darstellung der Kunst auch da, wo der Gegenstand der denkbar geistigste ist, beruht nimmer auf willkürlich gesetzten Zeichen, sondern durchhin auf einer in der Natur gegebenen Bedeutsamkeit der organischen Form.« S. 83. Frühere Arbeit von demselben: Ueber die antike Gruppe Castor und Pollux oder von dem Begriff der Idealität in Kunstwerken. Hamburg 1812. 4.

13 *Schleiermacher*, Vorlesungen über Aesthetik, herausgegeben von Lommatzsch. Berlin 1842.

Wichtig für die Erkenntniss des inneren freien, von Bedürfniss und Pflichtmässigen gelösten Seelenlebens als der subjectiven Quelle der ästhetischen Welt.

Joh. Friedr. Herbart (1776—1841) entwickelt die Grundlagen seiner Aesthetik, als deren Theil die Sittenlehre erscheint, bereits 1808 in der Einleitung zur allgemeinen praktischen Philosophie (Göttingen. 8.) S. 1—77; dann aber im Lehrbuch zur Einleitung in die Philosophie (1813. 4. Aufl. 1837. Ges. Werke I.) Abschnitt III. S. 102—146 und Encyklopädie der Philosophie aus praktischen Gesichtspunkten 1831. 1841 (Ges. Werke II. 1850.) Kap. V. VI. VII. IX. »Das Schöne und Hässliche — besitzt eine ursprüngliche Evidenz, vermöge deren es klar ist, ohne gelernt und bewiesen zu sein. Allein die Evidenz durchdringt nicht immer die Nebenvorstellungen, welche theils begleitend theils von jenem selbst verursacht sich einmischen. — Es bedarf herausgehoben und in ursprünglicher Reinheit und Bestimmtheit gezeigt zu werden. Dieses vollständig zu leisten und die theils unmittelbar gefallenden theils durch die Aufgabe, das Missfallende zu meiden herbeigeführten Musterbegriffe (Ideen) geordnet zusammenzustellen ist die Sache der allgemeinen Aesthetik, worauf die verschiedenen Kunstlehren sich stützen müssen, welche Anleitung geben, wie unter Voraussetzung eines bestimmten Stoffes durch Verbindung ästhetischer Elemente ein gefallendes Ganze könne gebildet werden.« »Jedes Werk der schönen Natur oder Kunst erhebt uns über das Gemeine, es unterbricht den gewöhnlichen Lauf des psychischen Mechanismus. — Nicht sicherer kann der ästhetische Gegenstand eingreifen, als indem er afficirt; nicht besser kann der Effekt endigen und von ihm das Gemüth sich reinigen, als durch Uebergang in das zurückbleibende ästhethische Urtheil.«

»Wer durch Analyse gegebener Kunstwerke wirklich lernen und zwar Aesthetik lernen will, der ist weder Bewunderer noch Kritiker, wohl aber gestattet er der Analyse jeden Faden des Kunstgewebes besonders hervorzuziehen, damit die sämmtlichen oft sehr verschiedenen Verhältnisse ans Licht treten, in welchen das Schöne seinen Sitz hat und in deren Zusammenwirkung die Kraft des Kunstwerkes liegt.« »In der Nachahmung liegt ein Reiz zur Lebensthätigkeit. — Es ist der psychische Mechanismus, den alle Künstler aus demselben Grunde studiren sollten, aus welchen die Maler und Bildhauer sich das Studium der Anatomie angelegen sein lassen — nicht um das Schöne, sondern um das Natürliche hervorbringen zu lernen. Diese Art von Natürlichkeit, welche den Lauf des psychischen Mechanismus nachahmt, ihm entspricht und ebendadurch ihn anregt, fordert man von jedem Kunstwerke zuerst; und das drückt man populär so aus: das Kunstwerk soll lebendig sein und belebend wirken. — Man muss das Princip der Nachahmung in der Aesthetik zwar nicht ganz verwerfen, aber unterordnen.« »Nicht viel minder verschieden als die Talente sind auch die Gemüthsstimmungen der ausgebildeten Künstler. Allein darin kommen alle überein, dass jeder Kunst ein eigenthümliches Gewissen entspricht.« Die Fortschritte der Kunst sind allemal Fortschritte der Zeit, zum mindesten in der Umgebung des Künstlers. »Es giebt Kunstwerke, die man klassisch nennt, das heisst die durch ihre Präcision entscheidend wirken, so dass sie die Urtheile bestimmt vereinigen. Solche Werke stiften eine Gemeinschaft wodurch die Einzelnen auf den höheren Standpunkt einer allgemeinen Vernunft erhoben werden, das ist die Wohlthat, welche die Kunst ihnen erweist ohne Unterschied zwischen Poesie, Musik, Plastik und so ferner.« »In jedes Kunstwerk ohne Ausnahme muss Unzähliges hineingebracht werden; seine Wirkung kommt beim Beschauer weit mehr von innen heraus, als von aussen hinein.« »Am schnellsten, allgemeinsten und sichersten wirkt die plastische Kunst — die Bildsäule stellt mit sinnlicher Gewalt das Ungemeine recht in die Mitte des Gemeinen.« Trefflich entwickelt *Herbart* (Encyklopädie Kap. 9) die Trennung der ästhetischen Perception eines Kunstwerkes von der die Auffassung bedingenden oder sie begleitenden Apperception mit allem Suchen nach der Bedeutung des Kunstwerkes. Das Schöne existirt ausser der Vorstellung gar nicht und setzt immer einen wenigstens möglichen Zuschauer voraus.

c) Systematische Darstellungen der Aesthetik in der Jetztzeit.

Heinr. Ritter, Ueber die Principien der Aesthetik. Berl. 1840. 14

(Kleine philos. Schriften II.) Er geht von dem ästhetischen Leben als einer Seite des allgemeinen sittlichen Lebens aus, findet seine Stelle in der Musse und zwar als

Correlat zur Religion. S. 80. Das ästhetische Bewusstsein sucht die Mannigfaltigkeit der Erscheinung, das religiöse die Einheit im Wesen. S. 96 f. Künstlerische Begeisterung und Darstellung S. 199 ff. einander gegenübergestellt, gegebene Stoffe und Formen erscheinen als das Bindeglied zwischen dem Künstler und der ganzen ästhetischen Gesellschaft. S. 294 ff.

Friedr. Thiersch, Allgemeine Aesthetik im akademischen Lehrvortrage. Berlin 1846.

»Das Schöne ist Offenbarung des Wahren in der Form«, »Vermittelung des Wahren und Guten« Kap. 2—6. Die Gesetze der Schönheit im Allgemeinen in Buch III werden erst behandelt nach Uebersicht der Künste (§ 13—23) und in ihrer Anwendung auf dieselben. Grundlage der Kunstgeschichte § 43 ausgeführt.

F. Th. Vischer. Aesthetik oder Wissenschaft des Schönen. 1846—1857. I. Metaphysik des Schönen. II. 1. Lehre vom Naturschönen. II. 2. Lehre von der Phantasie. (Ideal der objectiven Phantasie des Alterthums. II. S. 414). III. 1. Die Kunst überhaupt und ihre Theilung in Künste. III. 2. Die Künste: die Baukunst, die Bildnerkunst, die Malerei. S. 173—773.

»Das Schöne ist Gegenwart der Idee in begrenzter Erscheinung«, die Idee als lebendige Idee gefasst (§ 55), das Schöne ist reine Form. Umfassende Behandlung der einzelnen Kunst nach Wesen, Zweigen, Geschichte.

Derselbe hat in den Kritischen Gängen. N. Folge. Heft 5. 1866. S. 1—156. Hft. 6. 1873. S. 1—131 in der «Kritik meiner Aesthetik« die wichtigste Orientirung über die heutige Streitfrage der Aesthetik gegeben und sein eigenes System ganz aus der *Hegel*'schen Schulformel befreit, ohne allerdings die metaphysische Grundlage des Pantheismus aufzugeben. Dem Naturschönen weist er richtig seine Stelle nun an, erst nach der Lehre von der Phantasie. Auch er erkennt zwei Arten des Denkens an, im Wort und in der Form; er setzt an die Stelle der absoluten Idee den Begriff der Weltharmonie, und die Wahrheit dieser Harmonie in der Weise des Scheines wird ergriffen durch die ästhetische Anschauung; dieser inhaltsvolle Schein oder Erscheinung der Weltharmonie in einem einzelnen Punkte des Raumes oder der Zeit ist das Schöne (Heft 5 S. 27). »Abgesehen wird vom Stoff, nicht vom Gehalt. Alles Schöne ist harmonisch erscheinendes Leben (S. 59). Harmonie in ästhetischem Sinne nur diejenige, deren Wirkung ideale Lust ist.« Wichtig die Auseinandersetzung über Symbolik S. 136 ff. Die freie ästhetische Symbolik fasst die Natur als Spiegelbild einer Seelenstimmung. Der Schlusssatz (Heft 6 S. 131): «Die Aesthetik ist noch in den Anfängen — dort in den beseelenden und in der beseelt entgegen kommenden Symbolik, vereint mit der Harmonie muss es liegen, aber das Wie harrt sonst noch in der unendlichen Mehrheit der Fälle auf Enthüllung.« Vgl. auch *Joh. Volkelt,* Der Symbolbegriff in der neuesten Aesthetik. Jena 1876; *F. V. Völker,* Analyse und Symbolik, Hypothesen aus der Formenwelt. Leipzig 1861; *Rob. Vischer,* Ueber die optischen Formgefühle. Beitr. zur Aesthetik. Stuttgart 1872.

M. Carrière, Aesthetik, die Idee des Schönen und ihre Verwirklichung durch Natur, Geist und Kunst. 2 Bde. Leipzig 1859. 2. Aufl. 1873.

I. Die Schönheit, die Welt, die Phantasie.

II. Die bildende Kunst, die Musik, die Poesie.

»Das Schöne — die Idee, welche ganz in der Erscheinung gegenwärtig, die Erscheinung, welche ganz von der Idee gebildet und durchleuchtet ist.« »Die bildende Kunst ist Offenbarung innerer Anschauungen durch Raumgestaltung, sie ist die Idealisirung der Natur für das Auge.« (II. S. 1 ff.)

R. Zimmermann, Allgemeine Aesthetik als Formwissenschaft. Wien 1865.

Vgl. dazu den Aufsatz: »Zur Reform der Aesthetik der exakten Wissenschaft« in Studien und Kritiken zur Philosophie und Aesthetik. Bd. I.

Alle ästhetischen Begriffe sind Formbegriffe und das Was des ästhetisch Gefallenden oder Missfallenden ist im Grunde ein Wie § 58. Das sociale schöne Wollen oder die sittliche Gesellschaft § 840—888 behandelt nur die realen Kunstwerke des Vorstellens § 889—969. Das Kunstwerk des Tastsinnes: Baukunst und Plastik, unter dem des Gesichtsinnes das Gemälde behandelt. Mit Herbart geschieden das reine Schöne und das durch subjective Erregungszuthat versetzte und gemischte Schöne.

K. Köstlin, Aesthetik, Tübingen 1862—1869.

Als Ausgangspunkt dient Schleiermachers Construction des Phantasielebens als eigener Sphäre des Gesammtlebens. Das Aesthetische bezieht sich auf Inhalt und Form; jener ist die Welt des Subjektes, die eigene Welt des Geistes, das Aesthetische der Form, das Schöne besteht in der Verbindung des Gefälligen oder Nichtstörenden, und des Anziehenden oder lebendig Erregenden. S. 74. Alle wahrhaft künstlerische Form hat auch symbolische Bedeutung. S. 327. Zum vollen ästhetischen Eindruck verlangt Harmonie von Form und Gehalt und reiches Gedankenspiel der Phantasie. Allgemeine Theorie der Kunst. Reichthum der Auffassung im weitesten Bereiche des Aesthetischen, weniger scharfe Begriffe.

J. H. v. Kirchmann, Aesthetik auf realistischer Grundlage. Berlin. 2 Bde. 1868.

Richtige Beschränkung auf die oberen Begriffe und Gesetze im Gebiete des Schönen; das Sein der Farben, Töne, Temperaturen etc. wird ausser und neben den von der Naturwissenschaft wahrgenommenen Bewegungen der Atome als real, nicht in der Vorstellung erst erzeugt, behauptet (S. 36)! Das Schöne ist das »idealisirte, sinnlich angenehme Bild eines seelenvollen Realen (realen Gefühls)«. Scheidung von Naturschönem, Kunstschönem und verzierendem Schönen.

Unter den populären Darstellungen der Aesthetik ragt durch den Versuch die naturwissenschaftliche Begründung der Ton- und Farbenlehre auch allgemeinverständlich zu machen und durch Lebendigkeit der Darstellung hervor:

R. Lemcke, Populäre Aesthetik. Leipzig 1865. 4. Aufl. 1874.

Die Aesthetik hat mit der Untersuchung der Empfindungen sich zu beschäftigen; das Empfindungsleben gipfelt im Schönen, das Schöne rein zu erzeugen strebt die Kunst. (S. 19.) Das »den höheren Sinnen (Gesicht, Gehör) Wohlgefällige heisst schön«. (S. 25.) »Das Schöne, die Form der Erscheinung', die den uns angeborenen Gesetzen unseres Empfindungslebens entspricht.« »Kraft und Mass zwei Grundbegriffe für ästhetische Empfindung.« (S. 35.) Ausführliche Behandlung der Theorie der Künste (Abschnitt III) insbesondere der bildenden Künste mit historischem Material. Bedeutung des Kunstgewerbes hervorgehoben.

Wir nennen als das Neueste, in dem die Aesthetik nur als Vorläufer der Kunstgeschichte erscheint, *Jos. Dippel*, Handbuch der Aesthetik und der Geschichte der bildenden Künste. Regensburg 1871.

In dem 80 S. von 850 S. umfassenden allgemeinen Theil der Aesthetik geht der Verfasser kurzweg von dem teleologischen Standpunkt aus, von der Gottebenbildlichkeit des Menschen; »schön ist dasjenige was ein Symbol einer göttlichen Idee ist, d. h. eine sinnliche Existenz, in welcher die Idee real geworden, und in deren äusserer Form und Gestalt Einheit, Ordnung, Harmonie und Zweckmässigkeit sich finden«.

Andere Darstellungen der Aesthetik in neuester Zeit: *Werber*, Grundlegung der Philosophie des Schönen. Heidelberg 1873; *Stöckl*, Grundriss der Aesthetik. Mainz 1872.

In Frankreich jetzt am meisten verbreitet *Lévèque*, La science du beau. 2 Ed. 2 Bde. Paris 1872. 8. Vorher ging *Guizot*, Essai sur les limites qui séparent et les liens qui unissent les beaux arts, Paris 1816. 8., dann derselbe, Etudes sur les beaux arts en général. Paris 1851. 1852. 58. 60. *Droz*, Etudes sur le beau dans les arts. Paris. Ed. 2. 1826. Wichtig *Taine*, De l'idéal dans l'art. Paris 1867.

In England zu nennen *G. Harris*, The theory of the arts or art in relation to nature civilization and man. London 1869.

In Italien haben die Vertreter des neuen italienischen Nationalitäts- und Staatsgedankens sich mit der Theorie des Schönen viel beschäftigt, so *Gioberti*, in der Schrift Del bello (franz. Uebers. von *Bertinazzi*, Bruxelles 1853. 8.), ferner *Roberto d'Azeglio* in den Studi storici e archeologici sulle arti del disegno. 2 Bde. Fir. 1861.

d) Specielle Theorien der bildenden Künste.

K. O. Müller, Zur Theorie der Kunst, als theoretische Einleitung zum Handbuch der Archäologie der Kunst. 1830. 1835. 1848.

Scharfe Darlegung der Principien ausgehend vom Begriff der Kunst als Darstellung, d. h. einer Thätigkeit, durch welche ein Innerliches und Geistiges in die Erscheinung tritt. »Schön nennen wir diejenigen Formen, welche die Seele auf eine ihrer Natur durchaus angemessene wohlthätige, wahrhaft gesunde Weise zu empfinden veranlassen, gleichsam in Schwingungen setzen, die ihrer innersten Structur gemäss sind.«

Ludwig Schorn, Umriss einer Theorie der bildenden Künste. Stuttgart 1835.

Mehr mit dem geistigen, als dem sinnlichen und technischen Elemente der bildenden Künste sich beschäftigend, ergänzt es die Einleitung des Verfassers zu den »Studien der griechischen Künstler«. 1818. Stil ist S. 40 die habituelle Erfüllung der Forderung einer gesetzmässigen, auf Würde des Gedankens und Einheit der Erscheinung gerichteten Schönheit, das musikalische und rhythmische Element der künstlerischen Gestaltung.

H. Hettner, Vorschule für bildende Kunst der Alten. Bd. I. Oldenburg 1848. Vergl. Recension v. A. Schöll in Hallescher Literaturzeitung 1849. No. 95 ff.

Ausgangspunkt von der Hegelschen Schule, klare kunsthistorische Uebersicht, erste populäre Darstellung der Bötticherschen Lehren der Tektonik.

Fr. W. Unger, Die bildende Kunst. Aesthetische Betrachtungen über Architektur, Skulptur und Malerei. Göttingen 1858.

Der Verf. will eine praktische Aesthetik der bildenden Kunst liefern und benutzt die Fortschritte der Naturwissenschaften für die Einigung von Theorie und Praxis. Auch der antiken Kunst kommt die von ihm an verschiedensten Gemälden nachgewiesene Theorie der Farbenharmonie, anscheinend nach den musikalischen, in den Schwingungszahlen der Farben wiedergefundenen Verhältnissen zu Gute. Selbständig auch die genaueren Proportionsmessungen von antiken Architekturen und Sculpturen.

E. v. Lasaulx, Philosophie der schönen Künste. München 1860.

Akademische übersichtliche Vorlesungen, wesentlich auf Schellingscher Unterlage und im Zusammenhange religiöser und kulturgeschichtlicher Anschauungen.

E. Förster, Vorschule der Kunstgeschichte. Leipzig 1862.

Sie soll neben Einführung in technische Kenntnisse besonders die Wege einer gerechten und allseitigen Kritik des Kunstwerks ebnen. Kunst ist ihm »Sprache der Begeisterung der Menschheit«.

E. H. Riegel, Grundriss der bildenden Künste. Allgemeine Kunstlehre. Hannover 1865.

Verständige, auf Kantsche Grundanschauung wieder mehr zurückgehende Uebersicht über die bildenden Künste.

C. Schnaase, Einleitung zur Geschichte der bildenden Künste. 2. Aufl. I. 1866, S. 1—58.

Das Bedürfniss des Menschen, sich die Ueberzeugung der Einheit seines sinnlichen und geistigen Wesens zu verschaffen, wird befriedigt durch das Wohlgefallen an der Erscheinung, an der Form des Dinges. Das Angenehme und das Erhabene sind Gegensätze wie geistige und sinnliche Seite des Menschen »welche aber schon auf eine mögliche und nothwendige Vereinigung hindeuten, auf eine Form, in welcher Geistiges und Sinnliches in vollkommener Durchdringung und in bleibender Harmonie sind.« »Nur der belebte Körper, in welchem der innewohnende Geist ganz Erscheinung, das Aeussere ganz vom Geiste erfüllt ist, kann auf Schönheit (im engeren Sinn Anspruch machen.« »Die Phantasie, belehrt und gezügelt durch die Wirklichkeit, ist die innere Werkmeisterin der Kunst.« »Gegenstand der Begeisterung ist dem Künstler nicht das Schöne, sondern die Natur und die bestimmten Gestalten der Natur, welche in ihm die Vorstellung des Schönen hervorrufen.« »Die Mannigfaltigkeit der schönen Gestalten liegt wesentlich in der Natur des Schönen.« »Die Idee des Kunstwerks theilt und verbindet die Eigenthümlichkeiten des Gedankens und Gefühls«, »es ist die Vorstellung des Gegenstandes in der Harmonie seiner Theile und Bedingungen.« »Die Künste gegliedert nach den Elementen der Erscheinung: Raum, Zeit und Leben (?); in den Künsten des Raumes überwiegt der objective oder empfangende Geist, in dem der Zeit der subjective oder empfindende Geist, in dem dritten, dem Leben (in uns) der individuelle. Wichtig die Bestimmung der Architektur als Darstellung des Schönen in der unorganischen Natur (S. 32), der Sculptur in der belebten organischen Natur, die Malerei umfasst das Gesammtleben derselben, giebt einen Ausschnitt der Welt. (S. 41.)

H. Ulrici, Abhandlungen zur Kunstgeschichte als angewandter Aesthetik. Leipzig 1876. Von S. 1 ff. über den Gegensatz der antiken und der neuen (christlichen) Kunst, des Plastischen und Pittoresken.

Es wird heutzutage die Theorie der Kunst, speciell der bildenden Kunst nur auf dem Wege der naturwissenschaftlichen Forschung über die Sinneswahrnehmungen und Verhältnisse in Form, Masse, Farbe einerseits, als der Unterlage aller Kunstdarstellung, und auf der scharfen, methodischen und allseitigen Analyse von Kunstwerken, und den in ihnen gefundenen Verhältnissen durch Künstler und künstlerische Naturen wahrhaft weiter gefördert werden, nachdem die speculative Philosophie, insoweit sie wirklich das Schöne, und die Kunst als solche in die Mitte der Betrachtung gestellt hat, über den im obigen Ueberblick gegebenen Kreis von Grundgedanken von Winckelmann bis Schelling, speciell wesentlich über den von Kant und Schiller vertretenen Standpunkt hinauszugehen, ohne wesentlichen Schaden und Verwirrung nicht vermocht hat. Gerade diejenige philosophische Schule, welche das Verdienst hat im strengsten Gegensatze zur Aesthetik des absoluten Idealismus, die Aesthetik als reine Formwissenschaft zur Geltung gebracht zu haben, die Schule Herbarts hat dort mit Recht angeknüpft, sie hat von dem physiologischen Untersuchungen am meisten Förderung zu erwarten, ist aber andererseits nun besonders veranlasst, das Verhältniss von Inhalt und Form als wohlgefälliges und die sittlichen Grundverhältnisse auch als ästhetisch, nicht blos ethisch wirksame im Zusammenhang der formalen Verhältnisse näher zu untersuchen.

Als bedeutsame und der Archäologie wahrhaft förderliche Arbeiten treten aus dem Bereiche der Naturwissenschaften die von *Helmholtz*, dessen grundlegende Untersuchungen zur Theorie der Musik hier zunächst nicht hergehören, von *Brücke*, *Zeising*, *Fechner* und *Henke* hervor. Auf dieser neuen Grundlage bewegt sich auch *Bernh. Gruber*, Die Elemente der Kunstthätigkeit. Leipzig 1875.

H. Helmholtz, Ueber das Sehen des Menschen 1855. Königsberg. Handbuch der physiologischen Optik. Leipzig 1867. Die neueren Fortschritte in der Theorie des Sehens zunächst in Preuss. Jahrbüchern 1868 ff., dann in Populärwissenschaftl. Vorträgen. II. 1871. S. 1—98.

E. Brücke, Physiologie der Farben für die Zwecke der Kunstgewerbe. Leipzig 1866. Bruchstücke aus der Theorie der bildenden Künste. Leipzig 1877. 8.

Inhalt: Die malerische Perspective. Die Luftperspective und die anscheinende Grösse der Gegenstände. Die Reliefperspective. Die Schattenconstruction. Die Beleuchtung. Von den Wirkungen der Irradiation.

A. Zeising, Neue Lehre von den Proportionen des mathematischen Körpers. 1854.

Ders., Aesthetische Forschungen. Das Normalverhältniss der chemischen und morphologischen Proportion. 1856.

Der goldene Schnitt als allgemeines Naturverhältniss hingestellt, bleibt immerhin wichtig für das ästhetische Verhältniss von Linien und Flächen, aber nicht durchweg. Die an diese Schriften sich anschliessende grosse Literatur s. bei Fechner in der unten stehenden Abhandlung. (S. 40 ff.)

G. Th. Fechner, Zur experimentalen Aesthetik. Th. I. Leipzig 1871. (Aus den Abhandl. der K. S. Gesellschaft der Wissenschaften. Bd. IX.)

Methoden experimentaler Aesthetik. Prüfung der Theorie des goldenen Schnittes.

Ders., Vorschule der Aesthetik. 2 Bde. Leipzig 1875. 1876.

W. Henke, Ueber Anmuth und Schönheit des Gesichtes. Anonym im Morgenblatt. 1862. n. 39 ff.

Ders., Gruppe des Laokoon oder über den kritischen Stillstand tragischer Erschütterung. Leipzig 1862.

Ders., Das Auge und der Blick. Rostock 1871.

Ders., Die Menschen des Michel Angelo in Vergleich mit der Antike. Rostock 1871.

Helmholtz spricht es einfach im Sinne *Kants* aus, dass die Aesthetik das Wesen des künstlerisch Schönen in seiner unbewussten Vernunftmässigkeit zu suchen habe (Populäre Vorträge I. S. 90) und er hat das verborgene Gesetz aufgedeckt, das den Wohllaut der harmonischen Tonverbindungen bedingt. Er erklärt (a. a. O. S. 57): »Dichtkunst, Malerei und Bildhauerei entnehmen wenigstens das Material für ihre Schilderungen aus der Welt der Erfahrung. Nicht blos kann nun dieses ihr Material auf seine Richtigkeit und Naturwahrheit kritisch untersucht werden, sondern sogar in der Erforschung der Gründe für das ästhetische Wohlgefallen, welches die Werke dieser Künste erregen, hat die wissenschaftliche Kunstkritik, wenn auch enthusiastische Seelen ihr dazu oft die Berechtigung bestreiten, doch manche Fortschritte gemacht.« Er hat neben dem Wissen, welches mit Begriffen arbeitet, ein anderes Gebiet der Vorstellungsfähigkeit als vorhanden ausgesprochen, welches nur sinnliche Eindrücke combinirt, die des unmittelbaren Ausdruckes durch das Wort nicht fähig sind, das Können

(a. a. a. O. XII. S. 92), von dem das Kennen und Verstehen (etwas zu thun) eine wichtige Seite ist. Er nennt dies die künstlerische Induktion gegenüber der logischen (I. S. 15), und hat damit einen Kernpunkt des künstlerischen Schaffens und Recipirens getroffen. »Es ist ein wesentlicher Theil des künstlerischen Talents, die charakteristischen äusseren Kennzeichen eines Charakters und einer Stimmung durch Form und Farbe oder Töne wiedergeben zu können, und durch eine Art instinctiver Anschauung zu erfassen, wie sich die Seelenzustände fortentwickeln müssen, ohne dabei durch irgend eine fassbare Regel geleitet zu sein. Im Gegentheil, wo wir merken, dass der Künstler mit Bewusstsein nach allgemeinen Regeln und Abstractionen gearbeitet hat, finden wir sein Werk arm und trivial, da ist es mit unserer Bewunderung zu Ende. Die Werke der grossen Künstler dagegen bringen mit einer Lebhaftigkeit, einem Reichthum an individuellen Zügen und einer überzeugenden Kraft der Wahrheit die Bilder der Charaktere und Stimmungen uns entgegen, welche der Wirklichkeit fast überlegen scheint, weil die störenden Momente daraus fortbleiben.«

Karl Bötticher, in der Tektonik der Hellenen. I. Einleitung und Dorika. 16
Potsdam 1844, Vorwort I—XXIII und Einleitung; zur Philosophie der tektonischen Form. S. 1—90.*)

Form eines Körpers ist plastische Darstellung seines inneren Begriffs im Raum. S. 6. Körperform ganz abstrakt gedacht kann weder schön noch unschön sein. Das Princip der hellenischen Tektonik ist den Begriff jedes Gebildes in seiner Form auszusprechen S. XIV. Die Kunstform ist nur die Funktion erklärende Charakteristik. Das ursprünglich schon vorhandene Reale dient dem Gedachten und Neugeschaffenen zum kosmischen Charakteristikon S. XVII.

Dekoration ist Begriff, symbolisirende Hülle des wirklich fungirenden Kernes S. 8; eine andere Gattung derselben ist lebenvolle Symbolik der mythischen und historischen Bildnerei, ausgesprochen auf gewissen durch die Lineamente der vorigen Gattungen geschaffenen Oertlichkeiten S. 26. Alle baulichen Symbole der Hellenen sind ursprünglich nur hieratische. Exkurs. S. 42.

Gottfried Semper, Der Stil in den technischen und tektonischen Künsten oder praktische Aesthetik. I. Frankfurt 1860. II. München 1863.

Die Aufgabe gestellt: das Kunstwerk aufzufassen, die bei dem Process des Werdens und Entstehens von Kunsterscheinungen hervortretende Gesetzlichkeit und Ordnung im Einzelnen aufzusuchen, aus dem Gefundenen allgemeine Principien, die Grundzüge einer empirischen Kunstlehre oder Stillehre abzuleiten (S. VI.). »Was wir mit Schönheitssinn, Freude am Schönen, Kunstgenuss, Kunsttrieb u. s. w. bezeichnen, ist in erhabener Sphäre analog mit denjenigen Trieben, Genüssen und Befriedigungen, durch welche die Erhaltung des gemeinen tellurischen Daseins bedungen ist und die genau betrachtet sich auf Schmerz und dessen momentanes Beseitigen, Betäuben oder Vergessen zurückführen lassen.« (S. XXI.) »Das technische Werk ist Resultat des materiellen Dienstes oder Gebrauches, der bezweckt wird, sei dieser nun thatsächlich oder supponirt, zweitens Resultat des Stoffes, sowie der Werkzeuge und Proceduren.« S. 8. Das Princip der Bekleidung herrscht in der gesammten, vorhellenischen Welt und ist im griechischen Stile nur vergeistigt (S. 220).

Unter den ästhetischen Betrachtungen einzelner Kunstwerke in neuester Zeit, nenne ich als fruchtbar die dahin einschlagenden Vorträge von *Trendelenburg*, speciell den über Niobe (Betrachtungen

*) Die kürzlich erschienene zweite, umgearbeitete Auflage der Tektonik kann hier, wo es sich um die principielle Stellung und den davon ausgegangenen Einfluss handelt, nicht zur Unterlage gemacht werden.

über das Schöne und Erhabene, Vortrag 1846. Kleine Schriften II. 1871. S. 266 ff.); noch wichtiger aber sind uns die unmittelbaren Aussprüche bedeutender Künstler über ihr Schaffen, insbesondere über ihre oder anderer Werke, so diejenigen von *Rietschel* über die Parthenonsculpturen unter dem Gesichtspunkt des Idealismus und Naturalismus, s. *Rietschel*, von *Oppermann*. Leipzig 1863. S. 260 ff.

»Ein Ideal nach gewöhnlichem Massstabe soll als eine mustergiltige Durchschnittsform gelten. Damit wird das Individuelle ausgeschlossen, und nur individuell kann und muss die Schönheit sein, wenn sie die Bedingung ihres Selbst in sich tragen, in sich lebendig und bewegt sein soll. Die Schönheit ist so mannigfaltig, wie das Hässliche, ist keine blosse Negation des Hässlichen, sondern ein positiv Lebendiges, Thätiges, Wechselndes. Das Höchste und Schönste, weil auch in sich Neue und Lebendige, kann nur dadurch erreicht werden, dass der Künstler sich eine Individualität denkt. Individuell ist aber noch nicht, was wir gewöhnlich in Wirklichkeit so nennen, und was meist nur ein in seiner Entwicklung vielfach gestörter, deshalb ungleichartig entwickelter menschlicher Organismus ist.«

»Von diesem Gesichtspunkte aus erscheinen mir die Sculpturen des Giebelfeldes am Parthenon gedacht und gemacht. Der Ilissus neben die meisten der als vorzüglich bekannten Statuen gestellt, ist wie unmittelbar nach der Natur, im allersublimsten Sinne naturalistisch, erscheint als ein vollkommenes, in seiner Entwickelung ungekränktes, grossartiges schönes Individuum. Da ist nichts, was nicht an diesem Körper gewachsen sein müsste, nichts, was nicht als ganz zusammengehörig erschiene, und ich kenne keine Antike, welche eine so schöne und vollkommene Individualiät darstellt. Aber diesem Meisterwerke zunächst reihen sich dann die Gruppe des Aias und Patroklus, der Torso, der Ilioneus, der schlafende Faun in München und die Venus v. Melos.« — Rietschel stellt sich die Frage S. 262: »Ist Phidias in den Parthenonswerken Realist oder Idealist? Keines von beiden, er ist höchster Künstler und Schöpfer eines Werkes, das die vollendetste Lösung in sich trägt, keinem Gattungsschulbegriff angehört.« Er erklärt von sich S. 263: »Ich will keines von beiden. Ich möchte das Eine nur, dass Idee und Darstellung harmonisch schön und lebendig ist. Ich benutze die Natur, ich copire sie nie.«

§ 4. Die klassische Archäologie im Verhältniss zur allgemeinen Kunstgeschichte.

1 Viel klarer als zu dem schwankenden Gebiete der Aesthetik ist das Verhältniss der Archäologie zu der rein geschichtlichen Darstellung der einzelnen Künste wie zur ganzen Kunstgeschichte d. h. der Geschichte der bildenden Künste, endlich zu dem neuerdings gemachten Versuche einer alle Künste umfassenden allgemeinen Kunstgeschichte.

2 Der Gedanke einer Universalgeschichte an der Hand der Kunst ist durch *Francesco Bianchini* wohl zuerst schon ausgesprochen und zu verwirklichen begonnen worden, daneben hatten die Franzosen bereits seit *Felibien* (1676—1690) eine Reihe eleganter Diskurse in den akademischen Versammlungen mit dem anspruchsvollen Namen einer Geschichte der Künste bezeichnet. Cultur, Sitten und Künste vereint man nun schon in flüchtigen geschichtlichen Umrissen.

3 Erst mehr als ein Menschenalter nach dem Erscheinen von *Winckelmann's* Geschichte der Kunst (1763) und unter ihrer vorbildlichen Wir-

kung ist unter dem Einflusse der Romantik im deutschen Geistesleben und unter dem überwältigenden Eindrucke der in Paris vereinten Kunstschätze eine umfassende, auf das Studium der Kunstwerke selbst gestützte Kunstgeschichte der mittelalterlichen und modernen Kunst begründet worden. Die von *Fr. Schlegel* am beredtesten zuerst ausgesprochene Idee einer christlichen Kunst gegenüber der antiken fand den fruchtbarsten Boden bei praktischen Künstlern, dichterischen Naturen und den historisch forschenden Kunstkennern, während die Theologie, besonders die protestantische, sich noch lange spröde dagegen verhalten und in die christliche Archäologie kaum der Kunst Eingang verstattet hat. Man hat ihr als monumentaler Theologie ein besonderes Gebiet für sich neben der Archäologie anzuweisen sich veranlasst gesehen. Heutzutage nimmt die Wissenschaft der mittelalterlichen Kunstgeschichte, in welcher neben der christlichen oder kirchlichen Kunst auch der Kunst des Islam ein berechtigter Raum verstattet werden muss, an Regsamkeit, Entdeckungseifer, Geschick der Behandlung eine fast ebenbürtige Stelle neben der klassischen Archäologie ein, an deren Studium sie gross gezogen ist.

Unter dem Einflusse der universalhistorischen Betrachtung, wie sie 4
Herder angeregt, *Hegel* am entschiedensten ausgesprochen hatte, und unter dem segensreichen Zusammenwirken einer frisch aufstrebenden ausübenden Kunst der Gegenwart mit den Kunstforschern ist endlich seit vier Decennien der glückliche Versuch einer Kunstgeschichte im Sinne der räumlich bildenden Künste aber mit Ausdehnung über alle Culturvölker und alle historischen Zeiten durch *Franz Kugler* und *Karl Schnaase* gemacht worden.

Es lässt sich nicht leugnen, dass der überwiegende Charakter der 5
kunstgeschichtlichen Darstellungen bisher ein statistischer ist, und zweitens der Stilbegriff, der mit Recht in die Mitte gestellt ist, ohne eingehende Darlegung des Technischen wie des künstlerischen Ideenkreises einer Zeit etwas Schablonenhaftes und Aeusserliches an sich trägt. Andererseits wird auch für die Antike und ihre unbefangene Beurtheilung der Blick durch das vergleichende Studium volksthümlicher Entwickelung des nordischen Mittelalters wie der Höhezeit der Renaissance entschieden geschärft.

Die klassische Archäologie bringt der allgemeinen Kunstgeschichte 6
das feinst durchgearbeitete Material für eine wichtige Periode zu, deren zeitliche und räumliche Ausdehnung allerdings nicht im Verhältniss steht zu der Intensität des darin der Menschheit erworbenen künstlerischen bleibenden Besitzes. So wird sie in der Zukunft voraussichtlich ihres methodisch normirenden Einflusses nicht verlustig gehen, ja der Breitendurchschnitt der antiken Kunstbildung eher noch einen grösseren Raum sich erringen.

Die Aufgabe das Fortleben der antiken Kunst im Mittelalter, ihr 7 allmäliges Absterben, sowie das bewusste Wiederaufnehmen der Antike in der Neuzeit, die persönliche Stellung des modernen Künstlers zur Antike ist kaum erst erkannt und verspricht noch dem Archäologen wie dem allgemeinen Kunsthistoriker ein sehr reiches Arbeitsfeld.

In Frankreich ist unter Ludwig XIV. in der neugegründeten Akademie der Malerei unter der Anregung von Poussin durch den Architekten und Hofhistoriographen *Félibien* zuerst der Gedanke einer allgemeinen Kunstgeschichte, in der auch das Alterthum eine Stätte fand, ausgesprochen. André Félibien behandelte in seinen Entretiens das Leben der Maler, dann der Architekten, verfasste eine Schrift über Theorie der Künste und ein Kunstlexikon (Paris 1676—1690). Im Jahre 1698 erschienen als Resultat von Vorlesungen in den Monatsversammlungen der Akademie zu Paris Quelques conférences dogmatiques et pratiques sur les arts (Nouvelle biogr. universelle. t. XXXIV. p. 994.) von *E. Monier* unter dem stolzen Titel: Histoire des arts qui ont rapport au dessin, divisée en trois livres. Paris (mit Kupferstichen nach Zeichnungen von *Monier*). Fast ein Jahrhundert später gab in Deutschland zuerst *A. Büsching* einen Entwurf einer Geschichte der zeichnenden Künste. Hamburg 1781, vorher Geschichte und Grundsätze der schönen Künste und Wissenschaften. I. Bildhauerkunst. Berlin 1772 heraus.

In England war das erste Werk: *Bromley*, A philosophical and critical History of fine arts, painting, sculpture, and architecture. I. II. London 1795. 4. *Goethe* hat in seinem dithyrambischen Aufsatze von deutscher Baukunst *D. M. Ervini a Steinbach* 1771, der dritten Wallfahrt zu Ervin's Grabe 1775 als origінaler künstlerischer Geist den traditionellen Bann der mittelalterlichen Kunst gegenüber gebrochen. Es folgen dann die Herzensergiessungen eines kunstliebenden Klosterbruders von *W. G. Wackenroder* 1797, 1798 die Phantasien über die Kunst von demselben und von *Fr. Tieck* (2. Ausg. 1819), dann die meisterhaften substantiell wichtigen Aufsätze von *Fr. Schlegel*, Ansichten und Ideen von der christlichen Kunst (Gemäldebeschreibungen aus Paris und den Niederlanden 1802—1804, Grundzüge der gothischen Baukunst 1804—1805, zuerst Europa I., dann sämmtliche Werke VI., neue Ausgabe. Köln 1877.) Der umfassend und gründlich angelegte Plan einer Geschichte der zeichnenden Künste von ihrer Wiederauflebung bis auf die neuesten Zeiten unter *A. W. Schlegel's* Mitwirkung ist durch *Fiorillo* nur im Bereiche der Malerei ausgeführt worden. (I—V. Göttingen 1798—1808, I—IV. 1815—1820.)

A. W. Schlegel hielt zuerst Vorlesungen über das Gesammtgebiet der Kunstgeschichte, welche in französischer Uebersetzung von *Couturier*, Leçons sur l'histoire et la théorie des beaux arts 1836 erschienen. Dem Werke von *Fiorillo* schliesst sich zeitlich an, geht dem Stoffe nach voraus das grosse, lang vorbereitete Werk von *Seroux d'Agincourt* (1730—1814): Histoire de l'art par les monuments depuis sa décadence jusqu' au seizième siècle. Paris 1823, 6 Foliobde., bedeutsam durch die erste methodische Durchführung eines historischen Kunstatlases, für die antike Kunst fruchtbar durch die Beispiele des Fortlebens antiker Kunstmotive und des stilistischen Gegenbildes zur Antike.

Augusti, Lehrbuch der christlichen Archäologie 1819, ferner Handbuch der christlichen Archäologie 1836—1837, Denkwürdigkeiten der christlichen Archäologie, Beiträge zur christlichen Kunstgeschichte und Liturgik 1841, wies zuerst der christlichen Kunst eine Stelle unter den christlichen Alterthümern zu, behandelt sie aber nicht im Zusammenhange. Andere Theologen wie *Rheinwald*, *Guerike* schliessen die Kunst noch von dem Gebiete der Archäologie aus, s. *Piper's*

Einleitung in die monumentale Theologie, S. 47 ff. In Deutschland hat der evangelische Pfarrer *Heinr. Otte* unermüdlich das monumentale Studium vertreten im Abriss einer kirchlichen Kunstarchäologie des Mittelalters 1842. 2. Aufl. 1845, Grundzüge der kirchlichen Kunstarchäologie, in 2. Auflage benannt: Geschichte der christlichen Kunst des deutschen Mittelalters 1862; Handbuch der christlichen Kunstarchäologie. 4. Aufl. Leipzig 1868; Archäologischer Katechismus. 2. Aufl. 1872; Archäologisches Wörterbuch zur Erklärung der in den Schriften über mittelalterliche Kunst vorkommenden Kunstausdrücke. 1857. 8. 2. Aufl. 1875. Für die wissenschaftliche Begründung, für den anschaulichen Unterricht und für den Ideengehalt der mittelalterlichen Kunst wirkt am unermüdlichsten *Fr. Piper*, Mythologie und Symbolik der christlichen Kunst. I. II. Weimar 1847. 1851; Einleitung in die monumentale Theologie. Gotha 1867; Das christliche Museum der Universität Berlins 1849—1874. Gotha 1874. In Frankreich ist *de Caumont* von Caën lange der thätigste Mittelpunkt dieser Studien gewesen in Vereinen und Schriften, so im Cours d'antiquités monumentales. 6 Bde. 1830—1841, Histoire de l'architecture religieuse 1841, Abécédaire ou rudiment d'archéologie. Caën 1850. Ed. 5. 1867. Handbücher von *Batissier*, Elements d'archéologie. Paris 1843; Histoire de l'art monumental dans l'antiquité, et au moyen âge. Ed. 4. Paris 1860. *M. E. Reusens*, Elements d'archéologie chrétienne. 2 Bde. Louvain 1875. Ueberwiegend sind diese Arbeiten der Architektur zugewandt, während *del Rio* in De l'art chrétien. Paris. 3 Bd. 1862 den Kunstideenkreis behandelt. Eigene Organe für das Gebiet der christlichen Archäologie sind *Didron's* Annales archéologiques 1844 ff.

Rossi, Bullettino di archeologia cristiana. Roma. Ser. I. 1863—1870. Ser. II. 1871 ff.

Baudry, Organ f. christliche Kunst. Köln 1851—1876.

F. v. Quast und *H. Otte*, Zeitschrift für christliche Archäologie und Kunst. 1856—1860. 4. 2 Bde.

Schnaase, *Grüneisen*, *Schnorr*, Christliches Kunstblatt für Kirche, Schule und Haus. Stuttgart 1857—1877 (mehr unter dem praktischen Gesichtspunkte der zu belebenden religiösen Kunst der Gegenwart).

Einen Mittelalter mit dem gesammten Alterthum zugleich umfassenden Begriff der Archäologie hat die Revue archéologique seit ihrer Begründung 1844 an die Spitze gestellt und durch die Reihe ihrer Bände bis zur Gegenwart in Arbeiten verfolgt.

Als Vorläufer der Epoche machenden Werke über die ganze Kunstgeschichte erscheint *A. Wendt*, Ueber die Hauptperioden der schönen Kunst oder die Kunst im Laufe der Weltgeschichte. Leipzig 1831. 4

Fr. Kugler hat das Verdienst, den Gesammtplan einer Kunstgeschichte (d. h. Geschichte der »räumlich bildenden Künste«) durch die gesammte zeitliche und örtliche Entwickelung der Menschheit entworfen, und mit einem überaus reichen und gesicherten Detail wirklich durchgeführt zu haben im Handbuch der Kunstgeschichte. Stuttgart. 1. Bd. 1842. 3. Aufl. 2 Bde. mit Illustrat. 5. Aufl. 1872.

Unverkennbar hat auf ihn die durch die Romantiker, durch Solger dann Hegel zuerst ausgesprochene Dreitheilung in klassische, romantische und moderne Kunst bestimmend eingewirkt; diesen lässt er vorausgehen: »die Kunst auf ihren früheren Entwicklungsstufen«. Diese Gliederung hat in so scharfer Weise einmal durchgeführt, sehr zur klaren Uebersicht des Ganzen beigetragen. Kugler hat sie dann in späteren Auflagen aufgegeben und in eine Reihe von Gruppen nach Nationen die Geschichte gegliedert; die antike Kunst erscheint unter V—VII als Pelasgerthum; hellenische Kunst; Kunst der römischen Epoche. Ein Neuntel des Umfanges des ganzen Werkes ist derselben gewidmet.

K. Schnaase, Geschichte der bildenden Künste. I—VIII, 1. Düsseldorf 1842—1877. 2. Aufl. I—IV. 1866 ff. Davon Bd. I: die Völker des Orients bearbeitet von *E. v. Lützow*, II. Griechen und Römer bearbeitet von *C. Friederichs*.

Schnaase spricht es als Ziel der Kunstgeschichte aus: »das Wesen des Volkes zusammengefasst wie in einem Spiegel zu zeigen, so dass ein scharfer Blick und richtiges Urtheil auch auf die verborgenen Stellen schliessen könnte.« (I. S. 157.) »Die Geschichte der bildenden Künste ein Segment der Kunstgeschichte überhaupt durfte früher sich zu einem Ganzen gestalten, und schon jetzt in ihren Grundzügen klar und bleibend hingestellt werden können.«

Den Versuch einer Gesammtgeschichte alles künstlerischen Schaffens in räumlicher, zeitlicher und sprachlicher Form hat zum ersten Male durchzuführen unternommen:

M. Carrière, Die Kunst im Zusammenhange der Entwickelung und die Ideale der Menschheit. Leipzig 1865 ff. I—III. 2. Aufl. 1871. Hellas und Rom in Bd. II.

5 a. Kurze Compendien:

A. H. Springer, Kunsthistorische Briefe. Prag 1853 ff.

Ders., Handbuch der Kunstgeschichte. Stuttgart 1855.

W. Lübke, Grundriss der Kunstgeschichte. Stuttgart 1860, mit Illustrationen. 5. Aufl. 1875.

Jul. Schnatter, Synchronistische Geschichte der bildenden Künste in tabellarischer Uebersicht. I. 1870: Das Alterthum. II. 1871: Mittelalter.

b. Gesammtgeschichten einzelner Künste:

W. Lübke, Geschichte der Architektur von der ältesten Zeit bis auf die Gegenwart. Leipzig 1855. Mit Illustrationen. 5. Aufl. 1875. Unter sechs Büchern umfasst Bd. II. die klassische Architektur.

Lübke, Geschichte der Plastik. 1862. 2. Aufl. 1871. Bd. II. und III. S. 59—319 umfassen griechische und römische Plastik.

Fergusson, Handbook of architecture. 2 vols. London 1855 mit Illustr.

Kugler, Geschichte der Baukunst. I. 1856. S. 1—350: Orientalische und antike Kunst. II—IV: Fortsetzung in der Geschichte der neueren Baukunst von *Jacob Burkhardt* und *W. Lübke*. 1868 ff. Abth. I—III.

R. Menard, Histoire des beaux arts. Art antique: architecture sculpture peinture avec appendice sur la ceramique chez les anciens par *Bertrand*. Bruxelles 1870.

c. Kunstatlanten:

Seroux d'Agincourt, L'histoire de l'art par les monuments etc. Paris 1823. Abbildungen P. IV—VI. fol. Ital. Ausg. 1824. 25. Milano. Deutsche Ausgabe v. Quast.

Guhl, Caspar, Voit, Denkmäler der Kunst, fortgesetzt von *Lübke* und *Caspar*. 2. Ausg. I. II. 156 Tafeln 1857—58. 3. Ausg. 1875—1877. Stuttgart. Auszug daraus in der Volksausgabe.

d. Encyklopädien der Kunst und Kunstlexika beginnen mit *Watelet* 1747 und auf deutschem Boden mit *Sulzer* (1772, dann 1792—1794).

Ch. Blanc, Grammaire des arts du dessin. Architecture. Sculpture. Peinture. 1867. 8. Paris.

Dictionnaire de l'Académie des beaux arts contenant les mots qui appartiennent à l'enseignement à la pratique à l'histoire des beaux arts. Paris, Didot. T. I. 1858 II. 1868. Schon *v. Murr* gab eine Bibliothèque de Peinture, de Sculpture et de Gravure. Francfort et Leipzig 1770. 8.; *J. S. Ersch*,

Literatur der schönen Künste im Handbuch der deutschen Literatur. 1812—14. 2. Aufl. 1822—1840. 4 Bde. *Nagler*, Neues allgemeines Künstlerlexikon. München1835—1852. 22 Bde. 8.

Jul. Meyer, Allgemeines Künstlerlexikon. Leipzig. 1872. 78. Bd. I—II. Alle antike Künstler betreffenden Artikel sind von *H. Brunn.*

Ern. Vinet, Bibliographie methodique et raisonnée des beaux arts. Paris. Didot 1874. livr. 1 ff.

Gabriel de Mortillet, Indicateur de l'archéologie. Bulletin mensuel, St. Germain. Paris 1872 ff. s. *Stark,* Archäolog. Jahresbericht S. 1524 ff.

Nachricht von einem Universalkatalog aller, auf die Kunstwissenschaft bezüglichen Bücher, unternommen von der engl. Regierung findet sich Archäol. Zeitung 1870. N. F. II. S. 115.

e. Zeitschriften für das Gesammtgebiet der bildenden Kunst mit Einschluss der antiken Kunst, zuerst noch nicht getrennt von der Literatur beginnen mit dem Journal von *C. G. v. Murr*, 1775—1798, mit den unter verschiedenen Titeln fortgesetzten Miscellaneen artistischen Inhalts von *J. G. Meusel,* 1779—1809; lange Zeit ist Mittelpunkt Cottasches Kunstblatt 1820—1840. Neuerdings hat die antike Kunst ihre Berücksichtigung wieder gefunden in *v. Lützow,* Zeitschrift für bildende Kunst. 1866 ff. und in The Art journal. London, Gazette des beaux arts. Paris 1859, in *Schestag,* Repertorium für Kunstwissenschaft. Stuttgart 1875. I. 1. 2. II.

Versuche vergleichender Betrachtung zwischen der Antike und modernen 6
Kunst sind gemacht von *Fortoul,* Etude sur l'histoire comparée de la peinture chez les anciens et les modernes in Etudes archéolog. I. p. 73—317, neustens von *F. Leitschuh,* Der gleichmässige Entwickelungsgang der griechischen und deutschen Kunst und Literatur. Leipzig 1877. Verständige Betrachtungen bei *K. Christ. Plank,* Gesetz und Ziel der neuern Kunstentwickelung im Vergleich mit der Antike. Stuttgart 1870.

Die erste umfangreiche Leistung für den Nachweis des Nachlebens der 7
Antike in der modernen Kunst ist:

F. A. Gruyer, Raphael et l'antiquité. 2 Bde. Paris 1864.

Ueber Albr. Dürer und die Antike s. *O. Jahn,* Aus der Alterthumswissenschaft. Bonn 1868. S. 335 ff. Einzelnes bei *H. Grimm,* Essays I. II. 1865 ff. und *v. Zahn,* Zeitschrift für Kunstwissenschaft I—VI. 1868—1874.

§ 5. Die klassische Archäologie in ihrem Verhältniss zur allgemeinen Alterthumskunde und Culturgeschichte.

Wir sahen bei der Auseinandersetzung mit der klassischen Philologie 1
in § 2., wie die Archäologie in der That von der Behandlung aller monumentalen Ueberreste auszugehen hat, wie sie dieselben alle zunächst schon kritisch auf die Ueberlieferung aus dem Alterthume hin untersucht, dann aber auch auf die stilistische Ausgestaltung einer auch rein bedürfnissmässigen Anlage vermöge einer dunkel wirksamen Kunstidee hinaus betrachtet, wie sie desshalb alles gleichsam in die Hände nimmt, aber sehr vieles sicher gestellt, gereinigt von allem Fremden, stilistisch bestimmt, dann an andere Specialfächer, wie an die Lehren vom Handel, Gewerbe, Handwerk, häuslicher Sitte zur speciellen Benutzung weitergiebt.

Der Erdboden der eigenen Heimath wie der schliesslich fast aller 2

Länder der Erde, hat nun bereits in ungeahnter Fülle seine Grabhügel und Opferstätten, seine verschütteten, in Höhlen versteckten, mit sedimentären Ablagerungen bedeckten, von Seen überflutheten Ueberreste vergangenen Lebens ehemaliger Bewohner geöffnet, und eine germanisch-nordische, celtische, slavische, eine amerikanische, ostasiatische, afrikanische, australische Alterthumskunde breitet in wohlgeordneten Sammlungen, meist neben und mit den antiken Sammlungen ihre Schätze aus, berichtet darüber in Zeitschriften und Gesellschaften, ist mit den Naturforschern in engste Berührung getreten, wozu unmittelbar die Ueberreste der menschlichen Gestalt, der gemeinsame Fund an Thierknochen, bearbeiteter und unbearbeiteter Art, und an Pflanzenresten einladen.

3 Bereits ist eine Art Zauberwort, prähistorische Archäologie gefunden, und das Interesse des grossen Publikums wendet sich freudig von der altgewordenen Schwester der historischen Archäologie zu dieser hinüber. Die wichtigsten und weitgehendsten Schlussfolgerungen scheinen sich aus dem eben gesammelten Stoffe für die Geschichte der Menschheit, ja für die Geheimnisse der Entwickelung der menschlichen Organismen schon machen zu lassen.

4 Während diese Alterthumskunde wesentlich ihre Grenze in dem Auftreten und Verbreiten der Schrift und der Verbindung bestimmter historischer Angaben mit den Funden einer Vergangenheit findet, überhaupt da abschliesst, wo das historische bewusste Leben der Völker über ihr eigenes Thun und Treiben, über ihren Bildungsstand beginnt, so hat die allgemeine Culturgeschichte und speciell die umfassender und tiefer behandelte Kostümkunde heutzutage die sogenannten Naturvölker wie amerikanische und afrikanische Stämme oder die Polarvölker nur zum Ausgangspunkt genommen, um sodann die Gesammtheit der sogenannten civilisirten Völker, deren einzelne wie Chinesen und Japanesen schon lange ein mehr auf den Begriffen des Curiosum, des Abweichenden und Absonderlichen ruhendes Interesse fanden, unter dem Gesichtspunkt der Selbsterhaltung, dann der immer weiter gehenden Unterwerfung und Benutzung der Natur im Dienste des Menschen zu durchwandern. Freilich ist der Begriff der Cultur ein noch fort und fort schwankender und umfasst im höchsten Sinne gerade alle Aeusserungen des höheren Geisteslebens, während er neben Staat, Religion, Literatur, Kunst, Familie gestellt, die praktische Beziehung des Menschen zur umgebenden Natur nothwendig in die Mitte zu stellen hat.

5 Der Kostümbegriff ist in der neuesten, umfassendsten Darstellung weiter als bisher gefasst worden, indem er neben der Tracht auch die baulichen Einrichtungen und das Geräthe umfassen soll, also kurz bezeichnet alle »tastbaren Resultate der Culturgeschichte«. Wir müssen hierin, insofern das Monumentale in ganzer Ausdehnung hereingezogen

wird, eine unberechtigte Erweiterung des Grundbegriffes sehen, da er unter dem Gesichtspunkt der Sitte, nur auf der niedersten Stufe der Cultur auf Werke monumentaler Kunst angewendet werden kann und dabei die unmittelbare Beziehung zur leiblichen Erscheinung des einzelnen Menschen nicht mehr existirt.

Die klassische Archäologie theilt mit jener Alterthumskunde einen 6
ganzen Theil ihres Apparates und ihrer vorbereitenden Arbeiten, sie wird selbst auf die sogenannten prähistorischen Ueberreste in den von den griechischen und italischen Stämmen einst besetzten Gegenden fortan auch ihr Auge richten, sie ist besonders in den ausgedehnten Grenzgebieten der antiken Cultur auf die aufmerksamste vergleichende Betrachtung der archäologischen Funde diesseits und jenseits hingewiesen, ja es müssen bei der methodischen Leitung der Ausgrabungen und Ausbreitung der Funde klassische und germanische Archäologie durchaus gemeinsam auftreten; aber sie erscheint bei der bereits grossen Durcharbeitung ihres Stoffes, bei der Ausdehnung und der Festigkeit antiker Kunstformen, endlich bei der reichen Controle schriftlicher und bildlicher zusammen auftretender Denkmale als ein treffliches Correctiv für jene junge Wissenschaft. Umgekehrt wird sie mehr und mehr von dort aus, von der dort vorherrschenden naturwissenschaftlichen Beobachtung auch für sich mannigfache Anregung und neue Gesichtspunkte empfangen; sie wird besonders die Gemeinsamkeit der Erscheinungen auf der ältesten Stufe der Cultur in weiten Völkerkreisen mehr als bisher anerkennen müssen.

Im engeren Gebiete der antiken Welt selbst ist wohl auch noch in 7
neuer Zeit der Name Alterthumskunde für eine Darstellung des gesammten materiellen und geistigen Culturlebens der klassischen Völker angewandt und daher die antike bildende Kunst als Unterabtheilung behandelt worden.

Zur Culturgeschichte im obigen Sinn und zur Costümkunde ist ihr 8
Verhältniss auf engerem Gebiete wesentlich durch leitende Grundgedanken gegeben. Die allseitige Bewältigung und Benutzung der materiellen Natur, unter dem Einfluss materieller Triebe und wechselnder auch geistiger Bedürfnisse, ist für den Archäologen allerdings eine breite Basis der Betrachtung, über die aber sich das höchste Ziel, die Erkenntniss des freischaffenden, künstlerischen Geistes hoch erhebt. Es erscheint von Werth den Unterschied von Sitte, Mode und Kunststil klar zu stellen, wenn auch im Alterthum gerade ein Zusammentreffen und Zusammenwirken derselben sich wie kaum je wieder nachweisen lässt.

a. Nordische und germanische Alterthumskunde:

J. G. Keyssler, Antiquitates selectae septentrionales celticae. Hannoverae 1720. 8.

Jo. Chr. Cleffelius, Antiquitates Germanorum potissimum septentrionalium selectae etc. Francofurti 1733. 8.

Fr. Kruse, Deutsche Alterthümer. Halle 1824—1830. 3 Bde.

G. Klemm, Handbuch der germanischen Alterthumskunde. Dresden 1836.

H. Rückert, Die gegenwärtige Bedeutung der deutschen Alterthumskunde und ihre Fortschritte in den letzten Jahren, in dessen Kleineren Schriften. I. 1877. S. 1—55.

Leitfaden zur nordischen Alterthumskunde, herausgegeben von der königl. Gesellschaft für nordische Alterthumskunde. Kopenhagen 1837. Dazu kommen die reichen Publikationen dieser Gesellschaft in eigenen Zeitschriften und besonderen Publikationen.

Worsaae, Dänemarks Vorzeit durch Alterthümer und Grabhügel. Kopenhagen 1844. Zur Alterthumskunde des Nordens. Mit 20 Taf. 4. Leipzig 1847.

Atlas de l'archéologie du Nord. Kopenhagen 1857.

H. Hildebrand, Das heidnische Zeitalter in Schweden. Deutsch von *J. Mestorf.* Hamburg 1873. *Sophus Müller,* Die nordische Bronzezeit und deren Periodentheilung. Deutsche Ausgabe von *J. Mestorf.* Jena 1877. *J. Mestorf,* Die vaterländischen Alterthümer Schleswig-Holsteins. Hamburg 1877.

L. Lindenschmidt, Die Alterthümer unserer heidnischen Vorzeit. I. II. Mainz 1864. 1870.

Ders., Vaterländische Alterthümer des fürstl. Hohenzollerischen Museums zu Sigmaringen. Mainz 1860. 4.

Ed. v. Sacken, Leitfaden zur Kunde des heidnischen Alterthums mit Beziehung auf die österreichischen Länder. Wien 1865.

Sehr nützlich durch Klarheit und Uebersichtlichkeit.

Müllenhoff, Deutsche Alterthumskunde. I. Berlin 1870.

Voruntersuchungen über die Kenntniss der Alten vom Norden Europas.

Ad. Holtzmann, Germanische Alterthümer mit Text, Uebersetzung und Erklärung von Tacitus Germania, herausgegeben von *Alfr. Holder.* Leipzig 1873. 8. In einzelnen Abschnitten, so über Münzen, Bewaffnung, Metallgewinnung, Bestattung wird auf die Denkmäler Rücksicht genommen.

Unter der Fülle deutscher Zeitschriften provincialer Vereine am wichtigsten die Jahrbücher des Vereins für meklenburgische Geschichte und Alterthumskunde von *Lisch,* Schwerin 1836—1876.

Centralorgan. Anzeiger für Kunde der deutschen Vorzeit. Organ des German. Museums. Neue Folge, vierundzwanzig Jahrgänge von 1853 an.

b. Celtische Alterthumskunde, Frankreich, die britischen Inseln, die Westschweiz umfassend:

M. de Caumont, Archéologie des écoles primaires. Caën 1868.

Dieser, für französische Volksschulen bestimmte, reich mit Abbildungen versehene Leitfaden umfasst die Geschichte der Monumente vom temps préhistorique bis zur Epoche Gallo-Romaine, zum Mittelalter und zur Renaissance.

Ders., Cours d'antiquités monumentales. 6 Bde. Atlas. Ders., Abécédaire ou rudiment d'archéologie. I—III. Nur auf Architektur bezüglich.

Alex. Bertrand, Archéologie celtique et gauloise. 8. Paris 1876.

Ackermann, Index archéologique des monuments antiques, appartenant aux époques celtique, romaine-bretonne, anglo-saxonne. Mit 20 Tafeln, London.

Berichte und Abhandlungen der gallischen und britischen Alterthumskunde im Bulletin monumental, in Annales archéologiques von *Didron,* in der Revue archéologique, in den Schriften der Société des Antiquaires de la France, in der Revue celtique von *Guédeoz*, vorzüglich in der Archaeologia Britannica (1828—1872. 44 Bde.). Eigenes Museum gallischer Alterthümer in St. Germain seit 1865, eigene Abtheilung im britischen Museum. Ueber die Schweizer Funde wichtig die Mittheilungen der antiquarischen Gesellschaft zu Zürich

I—XVII. 1848 ff. mit den trefflichen Arbeiten von *Keller*, z. B. über die Heidengräber der Schweiz. Bd. III, ferner der Anzeiger für schweizerische Geschichte und Alterthumskunde. 1854 ff.

c. Slavische, und überhaupt osteuropäische Alterthumskunde:

Wocel, Grundzüge der böhmischen Alterthumskunde. 1845.

Kruse, Necro-Livonica. Dorpat 1842.

Baer, Die Gräber der Lieven. Beiträge zur Alterthumskunde. Dresden 1850.

Selig Cassel, Magyarische Alterthumskunde. Berlin 1848.

d. Indische und ostasiatische Alterthumskunde:

Lassen, Indische Alterthumskunde. 1847—1861. 4 Bde.

C. Leemans, Beredeneerde beschryving der Asiatische en Amerikanische Monumenten van het Museum van Oudheden te Leyden. 1842.

e. Amerikanische Alterthumskunde:

Squier und *Davis*, ancient monuments of the Missisippi Valley in *Smithsonian* contributions to knowledge. t. I. Washington 1848. Vgl. andere Aufsätze in II. 1851. III. 1853. VI. 1854. VII. 1855. XVI. 1870. XVII. *Sam. Haven*, Archaeology of the united states. Ebendas. VIII. 1856. *Sawkin*, Observations on mexican history and archaeology. Ebendas. IX. 1859.

J. D. v. Braunschweig, Ueber die altamerikanischen Denkmäler. Berlin 1840. 8. Die Literatur über die Denkmäler von Mexico, Centralamerika, Peru von *Kingsborough, Squier, Waldeck, Tschudi* u. a.

Die prähistorische Archäologie ward theils auf die Funde mensch- 3
licher Ueberreste, ältester Instrumente von Stein und Knochen mit Thierresten in Diluvialschichten und in Höhlen, theils auf die Entdeckung von Pfahlbauten in den Schweizer- und dann auch italischen, österreichischen Seen begründet; sie ist als wichtiges Mittelglied zwischen Geologie und Geschichte rasch zu einem bedeutenden Umfang oft noch wenig gesichteter Thatsachen angewachsen und hat sich in Sammlungen, Zeitschriften, Congressen höchst thätig erwiesen.

Boucher de Perthes, L'homme antediluvien et ses oeuvres. 1860.

Ders., Antiquités celtiques et antediluviennes. Mém. sur l'industrie primitive et les arts à leur origine. 2 Vol. Paris 1865.

Ch. Lyell, The antiquity of man. London 1863.

J. Lubbock, Origin of civilisation. London 1870. 2. Edit. Deutsche Ausgabe von *A. Passow* und *R. Virchow*. 2 Bde.

Ders., Prehistoric times. London 1872. 3. Edit. Deutsche Ausgabe von *A. Passow* und *R. Virchow*. 2 Bde.

Troyon, Habitations lacustres 1860.

Finlay, Archéologie préhistorique en Suisse et en Grèce. Athen 1869.

Virchow, Ueber Hünengräber und Pfahlbauten. Berlin 1866. (Sammlung gemeinverständlich wissensch. Vorträge. Ser. I, 1.)

Br. Kneisel, Culturzustand der indogermanischen Völker vor ihrer Trennung. Naumburg 1867.

Fr. Lenormant, Les premières civilisations. 2 Vol. Paris 1874. Deutsche Uebersetzung. Jena 1875.

Deutsches Organ für diese Studien das Correspondenzblatt der deutschen Gesellschaft für Anthropologie, Ethnographie und Urgeschichte. Vom Mai 1870 sieben Jahrgänge. Jährliche Versammlungen des internationalen Congresses für prähistorische Anthropologie und Archäologie, zu Copenhagen 1870, Bologna 1871, zu Brüssel 1872, Stockholm 1875, Pesth 1876.

Die Culturgeschichte als umfassende Darstellung der Entwickelung 4
aller höheren Lebensformen der Völker oder der Verwirklichung der Ideen, von

denen alles innere und äussere Gedeihen der Menschheit abhängt, fasst *W. Drumann*, Grundriss der Cultur-Geschichte. Königsberg 1847.

Daher die einzelnen Völker und Epochen behandelt nach Religion, sittlicher Bildung, Staat, Wissenschaften, Nationalliteratur, Musik, bildenden Künsten, Gewerben und Handel.

Aehnlich *Wachsmuth*, Allgemeine Culturgeschichte. 8 Bde. Leipzig 1850—1855.

Die Erkenntniss, dass die Culturgeschichte durchaus von der physiologischen Seite des Menschen, von seinen natürlichen Bedürfnissen, Strebungen und Kämpfen auszugehen hat, dass die Bewältigung und Benutzung der Natur im Dienste des Menschen und zwar im Dienste der immer höher gesteckten Ziele seines irdischen Daseins den eigentlichen Kernpunkt der Cultur im Unterschied von Kunst, Wissenschaft, Religion bildet, ist richtig ausgesprochen und festgehalten von *G. Klemm*, Allgemeine Culturgeschichte. 8 Bde. Leipzig 1843 ff. und dann auch von *Fr. v. Hellwald*, Culturgeschichte in ihrer natürlichen Entwickelung bis zur Gegenwart. Augsburg 1874.

5 *Hermann Weiss*, Geschichte des Kostüms. Die Tracht, die baulichen Einrichtungen und das Geräth der vornehmsten Völker der östlichen Erdhälfte. I. Geschichte des Kostüms der vornehmsten Völker des Alterthums. Theil 1. Afrika. Berlin 1853. 8.

Ders., Kostümkunde. Handbuch der Geschichte der Tracht und des Geräthes von den frühesten Zeiten bis auf die Gegenwart. Stuttgart 1860 ff. 3 Bde.

6 *Anton von Steinbüchel*, Abriss der Alterthumskunde. Wien 1829. Umfasst ausser Archäologie die Münzkunde, die Mythologie aller Völker des Alterthums und noch das ganze Sacralwesen.

S. F. V. Hoffmann, Die Alterthumswissenschaft. Leipzig 1835. 8.

C. G. Haupt, Allgemeine wissenschaftliche Alterthumskunde oder der concrete Geist des Alterthums in seiner Entwickelung und in seinem System. Altona 1839. 8.

W. Wachsmuth, Hellenische Alterthumskunde aus dem Gesichtspunkt des Staates. Halle 1826—1830. 2. Aufl. 1846. 2 Bde. 8.

H. Hase, Griechische Alterthumskunde. Dresden 1828.

V. E. Weber, Klassische Alterthumskunde oder übersichtliche Darstellung der geographischen Anschauungen und der wichtigsten Momente in dem Innenleben der Griechen und Römer. Stuttgart 1852. 8.

Realencyklopädie der classischen Alterthumswissenschaft von *Pauly*, *Walz* und *Teuffel*. Stuttgart 1839—1852. 6 Bde. 2. Aufl. 1853 ff. I. Die archäologischen Artikel in der neuen Auflage sind von *Bursian*.

Die Monumente sind als fortlaufende, systematisch oder alphabetisch geordnete Illustrationen der Lebenssitte, der ganzen Cultur der klassischen Völker neuerdings in reichem Masse benutzt, in wenig Werken aber in der allein hierfür förderlichen Präcision.

Th. Panofka, Bilder antiken Lebens. Berlin 1843. 4. 20 Taf.

Ders., Griechinnen und Griechen. Berlin 1843. 3 Taf.

E. Guhl und *Koner*, Das Leben der Griechen und Römer. Berlin 1860. 3. Aufl. 1874. 2 Bde.

In diesem reichhaltigen und in den Abbildungen an Genauigkeit und Eleganz zugleich über das Mittelmass weit hinaus gehenden Werke hat eine systematisch geordnete Monumentenkunde ganz das Uebergewicht gegenüber der Darstellung des Lebens.

H. Weisser, Bilderatlas zur Weltgeschichte nach Kunstwerken alter und neuer Zeit. Text von *Merz* und *H. Kurz*. Fol. Bd. I. Abth. 1: Lebensbilder aus dem klassischen Alterthum. Stuttgart 1862.

H. Reinhardt, Album des klassischen Alterthums. Stuttgart 1869 ff. 12 Liefer. Nicht frei von Modernisirung der Abbildungen, sowie einzelnen ganz modernen Illustrationen.

W. Smith, Dictionary of greek and roman antiquities. London 1849. 8.

Anth. Rich, Illustrated companion to the latin dictionary and greek lexicon. London 1849. Französische Bearbeitung von *Cheruel*. Paris 1859. 1862. Deutsch unter Leitung von *C. Müller*. Paris 1862. 8.

Daremberg et *Edm. Saglio*, Dictionnaire des antiquités grecques et romaines d'après les textes et les monuments. Paris, Hachette, 1874, Livr. 1 ff.

Vgl. sonstige Literatur der Antiquitäten unter besonderer Benutzung der Monumente in *K. F. Hermann's* Lehrbuch der griechischen Antiquitäten, bearbeitet von *Stark*, I.[5] § 1—3. III.[2] § 9 und die durchgehende Verwerthung derselben in allen drei Bänden unter strengem Festhalten des antiquarischen, nicht kunsthistorischen Gesichtspunktes, ebenso die eingehenden Exkurse in *Becker's* Charikles. Bilder altgriechischen Lebens. 2. Aufl. bearbeitet von *Hermann*, 3 Bde. 1854, neu bearbeitet von *H. Göll*, Berlin 1877 und *Gallus*, Römische Scenen unter Augustus. 3. Aufl. bearbeitet von *W. Rein*. Leipzig 1863. 8. 3 Bde.

Otto Jahn, Die alte Kunst und die Mode. — Aus der Alterthumswissen- 7
schaft. Bonn 1868. 8. S. 219—245.

§ 6. Name und System einer Wissenschaft der alten Kunst in ihrer geschichtlichen Entwickelung.

Name und Begriff einer Wissenschaft decken sich selten in zu- 1
reichender Weise. Meist ist der Name eher da, als die wissenschaftliche Erkenntniss der Grundprincipien, mit denen ein bestimmter Umkreis von Objekten bearbeitet werden muss, damit dieselben in ihrem eigenthümlichen bleibenden Gehalte erkannt und zum geistigen Eigenthum der denkenden Menschheit gemacht werden. Und doch ist der Name von unberechenbarem oft verhängnissvollem Einflusse auf bleibende, umfangreiche Gedankenverbindungen, auf die Art der Arbeit ganzer Zeiträume geworden, daher der Versuch einen anderen an seine Stelle zu setzen so oft misslingt, oder starke Bande wissenschaftlicher Arbeit zerreisst.

Es gilt dies in besonderem Masse von der Archäologie: dieser 2
Name ist scheinbar ebenso zufällig mit der dunkel geahnten Wissenschaft der antiken Kunst verbunden, als er doch bestimmend auf sie mit eingewirkt hat und durch andere Namen bisher nicht in geeigneter und Geltung sich erwerbender Weise ersetzt ist. Wir prüfen dieselben hier mit raschem Ueberblicke, obgleich derselbe durch die Geschichte der Wissenschaft selbst erst sein tieferes Interesse gewinnen wird.

Ἀρχαιολογία bezeichnet bei den Griechen selbst, wenn nicht das 3
ἀρχαῖον auf die Art der alterthümelnden Rede bezogen wird, jede Beschäftigung mit und Darlegung von ganz vergangenen in sich abge-

schlossenen, für die Gegenwart nicht unmittelbar wirksamen Dingen, und diese ἀρχαῖα begreifen wesentlich die gesammte älteste Geschichte eines Volkes und Staates in Nationalität, Oertlichkeit, Staatsform, Kriegswesen, Lebenssitte, dagegen die der Anschauung anheimfallenden Denkmale der Vergangenheit, noch mehr die Kunstwerke als solche mit ihrem bleibenden, fort und fort wirkenden Einflusse, gar nicht oder nur als beiläufige Belege früherer Zustände oder nach ihrer örtlichen Bedeutung in Betracht gezogen werden.

Denselben Begriff der Darstellung eines vergangenen, in sich abgeschlossenen Volkslebens verbinden die Römer mit ihren Antiquitates, denen sie dann den Zusatz der res humanae und res divinae, res publicae und res privatae beifügen.

4 Bereits im Alterthum war der Sprachgebrauch von antiquarius auf eine besondere Vorliebe für alterthümliche Schreib- und Redeweise, alterthümliche Aussprache und Beschäftigung mit derselben beschränkt. Es entwickelte sich daraus der mittelalterliche Ausdruck antiquarius, ars antiquaria wie ἀρχαιογράφος, καλλιγράφος für die Kunst des Abschreibens alter Codices, für diese das Studium der alten Literatur allein fortpflanzende Thätigkeit.

5 Wissenschaftliche, aber zunächst nur systematische, methodologische Behandlung der Künste oder einer Kunst wurde im Alterthum als τέχνη, τέχναι, περὶ τέχνης, τεχνολογία, τεχνογραφεῖν, ars, artes, disciplinae mit überwiegender Beziehung auf Rhetorik benannt. Welche literarische Thätigkeit auf dem Gebiete der bildenden Kunst geherrscht hat, ist weiter unten, unter dem Gesichtspunkte der Quellen zu erörtern; der volle Begriff einer allgemeinen Kunstwissenschaft oder der nähere der Gesammtheit der bildenden Kunst, war im Alterthume, das selbst in das praktische Ausleben der Kunst unmittelbar versenkt war, nicht ausgesprochen, so bedeutsam auch die einzelne wissenschaftliche Thätigkeit erscheint.

6 Für den modernen Studienkreis, der den monumentalen und speciell künstlerischen Ueberresten des Alterthums zugewendet ist, verschafft sich zuerst der Name res antiquaria und die persönlich ehrende Bezeichnung antiquarius auf römischem Boden Geltung. Sie ward zuerst dem reisenden Sammler *Cyriacus Anconitanus* (um 1437) gegeben. *Pomponius Laetus* († 1498) stiftet die Akademie der antiquarii und *Andreas Fulvius* nennt sich selbst auf dem Titel seines Werkes antiquarius 1527. In Italien hat dieser Name Antiquaria auch sich lange bis in dieses Jahrhundert (*Lanzi*) erhalten. In Deutschland gab *Fabricius* seine Bibliotheca antiquaria 1709 heraus, *Lessing's* antiquarische Briefe betreffen durchaus Gegenstände der antiken Kunst und er spricht ausdrücklich von dem Misslichen des antiquarischen Studiums. *Heyne* war es wohl zuerst, der ausdrücklich von einem »Studium der Antike« sprach 1772,

aber daneben seine einschlagenden »antiquarischen Abhandlungen« schrieb. Heutzutage scheiden wir bestimmt Antiquitäten von der Antike, das 7 Antiquarische von dem Archäologischen, oder bezeichnen einen Theil der Archäologie speciell als den antiquarischen, welcher die Technik wie die Bedingungen der Lebenssitte in der Darstellung umfasst. In der populären Bezeichnung des Antiquar lebt andererseits immer noch etwas von dem mittelalterlichen Abschreiber und Händler mit Schriftwerken fort.

Da die antiquitates entsprechend dem römischen Begriffe die Gesammtdarstellung der Lebensform, der Institutionen und Sitten des Lebens bezeichnen, ihre besondere Specialisirung durch die Beifügungen, wie sacrae, profanae, publicae, privatae erhielten, so umfassten ihre grossen Thesauren des 17. und 18. Jahrhunderts wohl viel speciell Archäologisches d. h. monumentale Dinge, aber nicht unter dem Gesichtspunkt des Künstlerischen.

Freilich behielten die antiquités, antichità, unsere Antiquitäten im gewöhnlichen Leben die Bedeutung des Monuments, des Figürlichen im Einzelnen. Nicht anders nannte auch *Caylus* seine wichtige Sammlung archäologischer Arbeiten Recueil d'antiquités égyptiennes, grecques etc. (1762—1767).

Daneben machte sich der Singular antiquitas (antiquité) wohl 8 besonders geltend für die monumentale Seite in ihrer Gesammtheit. *Jacques Spon* gab Miscellanea einer erudita antiquitas heraus (1685) und kam hierbei zu der wichtigen Ahnung einer von den Antiquitäten gesonderten Wissenschaft. *Montfaucon's* gewaltiges Monumentalwerk führt den Titel Antiquité expliquée par les monuments, damit also die Ausprägung des antiken Lebens in seinen Monumenten bezeichnend.

Raoul Rochette, Lenormant, E. Vinet u. A. gebrauchten in unserer Zeit 9 den kurzen treffenden Ausdruck Antiquité figurée. *Böttiger* schrieb gleichzeitig mit ihnen in verwandtem aber umständlichem Ausdruck über »Bildliche Alterthumskunde« (1811), der aber nirgends durchdrang. »Alterthumskunde« allein nannte *Steinbüchel* 1829 die übersichtliche Vereinigung alles dessen »was ein gebildeter Reisender, der die schönsten Denkmäler des Alterthums, an den klassischen Orten und in den vorzüglichsten Sammlungen zu sehen hätte, über diese Monumente, den Inhalt und die Deutung ihrer Vorstellungen und über die Ansicht, welche uns die Gesammtmasse derselben über das ganze Alterthum zu geben im Stande ist, zusammengestellt zu finden wünschen könnte.« Viel mehr konnte man sich mit *Goethe's* »Kunst und Alterthum« (1816 ff.) befreunden, worin das Ineinandergreifen beider Interessenkreise, aber doch das Vorwiegen der Kunst ausgesprochen war.

Der für eine Periode ganz überwiegender, lateinischer Bildung gesuchte, aber den Begriff der Wissenschaft entschieden betonende Ausdruck archaeologia kommt als bestimmt ausgewählter Name für eine

Disciplin zuerst gegen Ende des 17. Jahrhunderts vor, aber fast gleichzeitig für zwei verschiedene Gebiete. Früher war er allerdings bereits im Gebiete der Philologie gebraucht worden, so von *Hottinger* in der Archaeologia orientalis (1662).

John Potter, der Fellow von Oxford, veröffentlichte 1695—1699 eine Archaeologia graeca or the antiquities of Greece, das in England bis in unsere Zeit (noch 1827) neu bearbeitete brauchbare Handbuch der griechischen Antiquitäten, das auch in andere Sprachen, so in die deutsche, übersetzt ist (Halle 1778). Von der monumentalen Welt, von den Kunstwerken des Alterthums ist hier nichts zu suchen, auch nicht von einer antiquarischen Benutzung derselben. Erst *Rambach* der deutsche Uebersetzer fügte einen dritten Theil: Archäologische Untersuchungen bei, worin er von Münzen, Gewichten und Massen, von der alten Paläographie, und endlich auch von Baukunst, Bildhauerei und Malerei handelte.

10 Bereits aber zwölf Jahre vor *Potter* hatte der französische Arzt und Reisende *Jacques Spon* (1685) von einer Wissenschaft archaeologia oder archaeographia gesprochen, die er definirte als die Kenntniss der Monumente, durch welche die Alten die Religion, Geschichte, Politik und andere Künste wie Wissenschaften fortzupflanzen und der Nachwelt zu überliefern sich bestrebten. Wir sehen, noch sind in dieser Archaeologia historische Quellenkunde und die Kunde der Kunstdenkmäler ungeschieden; das Wichtige liegt aber in der Anerkennung des Monumentalen und seiner grossen formalen Bedeutung.

11 Noch sollte aber dieser Name fast ein Jahrhundert wie verklungen sein, höchstens dass man von einer archaeologia nummaria hörte, und der erste deutsche Professor, welcher Universitätsvorträge über das von *Spon* umzeichnete Gebiet hielt, *J. Fr. Christ* (1700—1756), fasste sie unter dem seltsamen anscheinend entgegengesetzten Titel der »Literatur« zusammen und definirte sie als die Erkenntniss und Lehre von dem Gebrauch der aufgezeichneten Dinge, wobei alle Arten der Aufzeichnung in Formen, Farben, körperlichen Dingen, endlich die schriftliche Aufzeichnung mit einbegriffen sind. *Winckelmann* obgleich selbst antiquario des Pabstes verschmähte für die von ihm erst wehrhaft begründete Wissenschaft der alten Kunst jeden an die »Seuche der Antiquare und antiquarioli« erinnernden Namen.

Joh. Aug. Ernesti, der Nachfolger von *Christ* in diesen Vorträgen, bezeichnete den lateinischen Grundriss derselben aber als Archäologia litteraria (1768) und gab damit in Deutschland zunächst den Anstoss zu dem, von den Antiquitates ganz geschiedenen Gebrauch des Wortes. Seine Institutio archaeologica, auf das Ziel ästhetischer und ethischer Bildung gerichtet, steht in Zusammenhang mit der Gründung einer Zweiganstalt der Dresdener Akademie der schönen Künste in Leipzig 1764; sie soll vor allem zu einiger Kenntniss der alten Kunstwerke anleiten, aber daneben auch zur Beleuchtung der Literatur und zu einer eleganten Gelehrsamkeit dienen.

Chr. Gott. Heyne (1729—1812) hat durch seine durch mehrere Jahrzehnte sich erstreckenden Lehrvorträge den Namen der Archäologie speciell für das engere Gebiet der Beschreibung und Zerlegung der alten Kunstwerke zur Geltung gebracht. Sein Einfluss reicht weit über Deutschland hinaus. Aus seiner Schule ging *Joh. Phil. Siebenkees*, Professor in Altdorf (gest. 1799) hervor, und dessen Manuscript für die Vorlesungen ward als das erste »Handbuch der Archäologie« (Nürnberg 1799—1800) herausgegeben. Ist dieselbe ihm im weiteren Sinn eine »Anregung zum Studium der Denkmale des Alterthums«, wozu also auch das Studium der schriftlichen Denkmale gehört, so wird denn doch der engere Begriff gewählt, wonach die Kunstwerke des Alterthums und die Geschichte der Kunst der alten Völker Gegenstand ihrer Untersuchungen sind. 12

Seit Anfang dieses Jahrhunderts hat der Name Archäologie, trotz der Erkenntniss der ihm mangelnden, schärferen Bezeichnungen des wissenschaftlichen Zielpunktes, trotz entschieden ausgesprochener Abneigung, trotz mannigfacher Empfehlung des Namens der Archäographie sich nicht allein in Deutschland sondern überhaupt in der wissenschaftlichen Sprache Bahn gebrochen, Neben *Böttiger, Beck, Stieglitz, Gerhard, Braun, K. F. Hermann, Preller, Welcker* haben Italiener, Franzosen, Dänen, Holländer, Engländer, Russen den einfachen Namen Archäologie gebraucht und wissenschaftliche Institute, wie die römische Akademie (seit 1821), wie das Institut der archäologischen Correspondenz (seit 1828), wie andere wissenschaftliche Gesellschaften, ebenso grosse wissenschaftliche Publikationen diesen Namen an die Spitze gestellt, wie die Archaeologia Britannica schon seit 1780, die Revue archéologique, Archäologische Zeitung, freilich immer noch mit starker Schwankung in der Begränzung, so dass vielfach auch die ganze mittelalterliche wie andrerseits die ganze vorhistorische und auch hinterasiatische Monumentenwelt hineingerechnet wird, fast immer die Inschriften in ihrem ganzen Umfange in dieselbe aufgenommen werden. Die Archäologie ist jetzt specieller Name für die Vorträge über antike Kunst, innerhalb und ausserhalb Deutschlands. 13

Es erscheint durchaus ungerechtfertigt, einen so allgemein gewordenen und in seiner Unterscheidung von dem weiteren Begriff der Alterthumswissenschaft oder dem parallelen der Antiquitäten wohlgekannten Namen entfernen zu wollen, so wenig wir bei Physik, Physiologie, Aesthetik u. s. w. an der heutigen bestimmten Fassung eines viel allgemeineren, wie den Kern der Sache kaum treffenden Namens Anstoss nehmen. Wohl aber billigen wir es, dass man wie man von Archäologie der Baukunst (*Stieglitz* 1801), ebenso der Malerei (*Böttiger* 1811) speciell handelt, und dass *Otfried Müller* (1830) sein epochemachendes und bis heute als System massgebendes Handbuch als ein solches der Archäologie der Kunst 14

15 bezeichnete. Es mag nichts schaden, wenn immer von Neuem gegenüber einer, in das unabsehbare Detail antiker Funde und ihres mannigfaltigen sonstigen Interesses sich leicht ganz versenkenden und das Kunstprincip dabei ausser Acht lassenden Gelehrsamkeit dieses Princip schon im Namen ausgesprochen wird. Freilich genügen kann man damit, mit dem Namen »Kunstarchäologie« (*Overbeck*) der Forderung einer scharfen, genau umfassenden Bezeichnung auch nicht, daher auch im engeren Sinne von Archäologie der bildenden oder zeichnenden Künste gesprochen wird.

Andererseits bedarf man heutzutage, wo ethnographisch und kulturgeschichtlich, auch neben der antiken Kunst grosse Complexe von Kunstentwickelungen und deren Resultate wissenschaftlich behandelt werden, sehr wohl eines ergänzenden Ausdruckes für die hier in Frage kommende Culturepoche. Classische Archäologie ist in neuester Zeit als bezeichnender Ausdruck gebraucht worden. Auch diesem Ausdruck wird völliges Zutreffen bestritten werden können im Hinblick auf die mannigfachen Entwickelungsstufen der antiken Kunst, die mit dem Begriff des Classischen nichts zu thun haben. Des Versuches vom Gesichtspunkte des Monumentalen, des Denkmals auch den Namen der Wissenschaft zu bestimmen, wie *Millin, Gerhard, Piper* gethan haben, ward bereits oben gedacht.

16 *Winckelmann* nannte den Versuch eines Lehrgebäudes, welches er aufzurichten unternahm, in dem Geschichte und Theorie der Kunst vereint waren, einfach und bestimmt Geschichte der Kunst des Alterthums, indem er Geschichte in der weitesten Bedeutung nahm, welche dasselbe in der griechischen Sprache hat, also in dem der forschenden, ergründenden Thätigkeit des *ἱστορεῖν*.

Seitdem hat dieses Zauberwort einer Kunstgeschichte des Alterthums zuerst neben der gelehrten, akademischen, zünftigen Archäologie hergehend mehr in eleganten Kreisen der modernen Literatur sich Bahn gebrochen; man verband »schöne Künste und Wissenschaften« in der Geschichte, man sprach speciell von der »schönen Kunst« des Alterthums. Wie die Geschichte der Kunst in der Gegenwart den Mittelpunkt in der Gliederung der Archäologie bildet, haben wir weiter unten zu zeigen, ebenso sind wir mit *O. Jahn* in *Winckelmann's* Sinn einer wahren Historie völlig darin einverstanden, dass »alle wesentlichen Aufgaben der Betrachtung und Würdigung der alten Kunstwerke sich schliesslich als kunstgeschichtlich erweisen«; aber heute einfach den Namen Kunstgeschichte für Archäologie zu setzen, halten wir für durchaus bedenklich. Gegenüber der überwiegenden Fülle und dem bestechenden Glanz kunstgeschichtlicher Darstellungen, der raschen Aneignung scheinbar fertigen sicheren Materials und ästhetischer Beurtheilung desselben, gegenüber dem Versuche die Wissenschaft der alten Kunst auf neue Principien zu gründen, wird auch in dem Namen unserer Wissenschaft von der alten Kunst. immer an die Gesammtheit der Objekte einer uns nur trümmerhaft erhaltenen, vergangenen Kunstwelt. und an deren wissenschaftliche Bearbeitung zu erinnern sein.

Zu § 6.

Ἀρχαιολογεῖν im sprachlichen Sinne erst später gebraucht, so bei *Lucian* 3
Lexiph. 15, im sachlichen schon bei *Thukydides* und *Plato* und zwar als fester Sprachgebrauch angewandt.

Nikias erinnert in der höchsten Gefahr die Trierarchen an die Vergangenheit des Vaterlandes: *ἄλλα τε λέγων ὅσα ἐν τῷ τοιούτῳ ἤδη τοῦ καιροῦ ὄντες ἄνθρωποι οὐ πρὸς τὸ δοκεῖν τινι ἀρχαιολογεῖν φυλαξάμενοι εἴποιεν ἄν* *Thucyd.* VII. 69. Die Lakedämonier *περὶ τῶν γενῶν τῶν τε ἡρώων καὶ τῶν ἀνθρώπων καὶ τῶν κατοικίσεων ὡς τὸ ἀρχαῖον ἐκτίσθησαν αἱ πόλεις καὶ συλλήβδην πάσης τῆς ἀρχαιολογίας ἥδιστα ἀκροῶνται* *Plato* Hipp. maj. p. 286 ed. St.

Ἀρχαιολογία Titel eines Werkes des *Kleanthes* von Assos, worin gehandelt war *περὶ θεῶν περὶ γιγάντων περὶ ὑμεναίου περὶ τοῦ ποιητοῦ* *Diog. Laert.* VII. 5. 175, ebenso eines *Diophantos* Fr. Hist. gr. ed. *Müller* IV. p. 397. Eine Menge specieller *ἀρχαιολογίαι* einzelner Völker und Staaten werden verfasst, so *ἀρχ. Σαμίων* von *Simmias* von Rhodus *Suidas* s. v., *ἀρχ. Μακεδονικὴ* von *Marsyas Philippensis* Script. Rer. Alex. M. ed. *C. Müller* p. 41. 44, *ἀρχ. Ἀραβική* von *Glaukos* Fr. Hist. gr. IV. p. 409, *ἀρχ. Καππαδοκίας καὶ λοιπῶν ἐθνῶν* von *Eustachios* Fr. H. gr. IV. 3, *ἀρχ. Φοινίκης* von *Hieronymos* von Aegypten Fr. H. II. p. 450. So schrieb *Dionysios* von Halikarnass seine *ἀρχαιολογία Ρωμαϊκή*, in welcher er erklärt: *συλλήβδην ὅλον ἀποδείκνυμι τὸν ἀρχαῖον βίον τῆς πόλεως* (I. 8), die zeitlich nur herabgeht bis zum ersten punischen Krieg. So umfassen die sechs ersten Bücher des *Diodor* von Sicilien in seiner *βιβλιοθήκη ἱστορική: τὰς βαρβαρικὰς καὶ τὰς τῶν Ἑλλήνων ἀρχαιολογίας* (I. 4); im Gegensatz zu *Ephoros* und *Theopompos* *τὴν πᾶσαν ἐπιμέλειαν ἐποιησάμεθα τῆς ἀρχαιολογίας*, worin Göttersagen, Thaten, friedliche Erfindungen, Ortskunde mit Produkten in der alten Zeit begriffen sind. *Josephos* begreift in seinem grossen Werke *ἅπασαν τὴν παρ᾽ ἡμῖν ἀρχαιολογίαν καὶ τὴν διάταξιν τοῦ πολιτεύματος ἐκ τῶν Ἑβραϊκῶν μεθηρμηνευμένην γραμμάτων* (Prooem. Antt. Jud.) und zwar bis zum letzten Kampfe mit den Römern, der schon eigens von ihm behandelt war. *Plutarch* bittet im Leben des Theseus um Gunst der Zuhörer. *πρᾴως τὴν ἀρχαιλογίαν προςδεχομένων* (V. Thes. 1).

Antiquarius *Juven.* Sat. 6, 451: odi hanc ego quae — servata semper 4
lege et ratione loquendi ignotosque mihi tenet antiquaria versus; *Tacit.* Dial. de orat. c. 21: nec quemquam adeo antiquarium puto ut Caelium ex ea parte laudet qua antiquus est. c. 41: poetae antiquarii werden den rhetores et scholastici gegenüber gestellt; ebenso setzt *Augustus* cacozeli und antiquarii einander entgegen *Sueton.* V. Octav. 86.

Antiquarius als Abschreiber von Handschriften und speciell von alten, so *Isidor.* Orig. V. 14: librarii iidem qui et antiquarii vocantur, sed librarii sunt qui nova et vetera scribunt, antiquarii qui tantum vetera, unde et nomen sumserunt mit Gloss. vet.: antiquarius *ἀρχαιογράφος καλλιγράφος*, *Laur. Lyd.* de mens. I. p. 12: *ἀντικουάριοι οἱ κατὰ Ἕλληνας καλλιγράφοι*, *Sidon. Apollinar.* Ep. X. 9; Edict. Dioclet. VII. 69; *Gothofred.* ad Cod. Theodos. XIV. 9, 2. Ars antiquaria *Hieronym.* ep. 5 ad Florent.: habeo alumnos qui antiquariae arti inserviunt. *Cassiodor* handelt in der Schrift de institutione divinarum litterarum c. 30: de antiquariis. Vgl. dazu *O. Jahn*, Leipz. Berichte, hist. philos. Kl. 1851. S. 355; *Becker*, Gallus 3 p. 367, *Wattenbach* Schriftwesen des Mittelalters S. 244 ff. Damit verbindet sich im Mittelalter auch der Begriff des Gelehrten.

5 *Τέχνη:* bei *Plato* Ion 4 wird der Ausdruck *τέχνῃ καὶ ἐπιστήμῃ λέγειν* im Gegensatz zu *θείᾳ δυνάμει* oder *μοίρᾳ λέγειν* angewendet auf die wissenschaftliche Beurtheilung und Exegese aller Künste, speciell der Malerei, Bildhauerei, Musik, Poesie. *Τὰ περὶ λόγων τέχνης γεγραμμένα* sind Lehrbücher der Rhetorik Phaedr. p. 266. Im Gegensatz zur zufälligen oder gewohnheitsmässigen Ausübung der Rhetorik heisst es *Aristotel.* Rhetor. I. 1: *δῆλον ὅτι εἴη ἂν αὐτὰ καὶ ὁδοποιεῖν· δι' ὃ γὰρ ἐπιτυγχάνουσιν οἵ τε διὰ συνήθειαν καὶ οἱ ἀπὸ ταὐτομάτου, τὴν αἰτίαν θεωρεῖν ἐνδέχεται, τὸ δὲ τοιοῦτον πάντες ἂν ὁμολογήσαιμεν τέχνης ἔργον εἶναι,* weiter *οἱ τὰς τέχνας τῶν λόγων συντιθέντες* oder *οἱ τεχνολογοῦντες. Τεχνολογία: Longin.* de sublim. 1: *ἐπὶ πάσης τεχνολογίας δοεῖν ἀπαιτουμένων, προτέρου μὲν τοῦ δεῖξαι τί τὸ ὑποκείμενον δευτέρου δὲ τῇ τάξει, τῇ δυνάμει δὲ κυριωτέρου, πῶς ἂν ἡμῖν αὐτὸ τοῦτο καὶ δι' ὧν τινων μεθόδων κτητὸν γένοιτο. Τεχνογράφος Anaxim.* Rhetor. I. Prooem.: *τῶν λοιπῶν τεχνογράφων ὅστις τι γλαφυρὸν γέγραφεν ἐν ταῖς τέχναις.* In den libri disciplinarum handelt *M. Terentius Varro* und zwar im neunten de architectura (*Vitruv.* VII. Praef. 14) und *Vitruv* behandelt dieselbe als scientia pluribus disciplinis et variis eruditionibus ornata (I. 1).

6 Zu dem modernen Namen der Archäologie vgl. besonders *Martini* Excurs zu Ernesti archaeologia literaria p. 102—113, und *Welcker* Kl. Schrift. III. S. 336 ff. *Cyriacum Anconitanum* cognomento antiquarium nennt die Praefatio zu Apianus und Amantius, Inscriptiones sacrosanctae vetustatis. 1534. Ueber *Pomponius Laetus* (1429—1498) als antiquarius s. *O. Jahn*, Aus der Alterthumswissenschaft S. 345 f. *Andreas Fulvius* antiquarius genannt auf dem Titel des Buches de urbis antiquitatibus 1527. Antiquaria bei *Lanzi* Notizie preliminari circa la scoltura degli antichi (Append. zum Saggio di lingua Etrusca, Rom 1789) im Eingang: da che l'antiquaria ha incomminciato ad avere per oggetto non la storia solamente de' popoli come una volta ma quella ancora delle belle arti. *Fabricii* Bibliotheca antiquaria erschien zuerst als Appendix zu *G. Voigtii* Thysiasteriologia veterum 1709, 1716; dann allein gedruckt, in dritter Auflage 1760. *Lessing's* Antiquarische Briefe erschienen 1768, 1769 (Ausg. von *K. Lachmann* VIII.); desselben Kleine antiquarische Fragmente (Ebendas. XI. S. 203 ff.) enthalten einen Aufsatz über die Mängel des antiquarischen Studiums.

7 Zu dem Begriff und der Literatur des Alterthumes vgl. *Platner* über wissenschaftliche Begründung und Behandlung der Antiquitäten, Marburg 1812; *F. A. Wolf*, Darstellung d. Alterthumswissenschaft S. 32, *Bernhardy*, Grundlinien der Encyclopädie S. 298 ff., *K. Fr. Hermann*, Lehrbuch der griechischen Antiquitäten I^5. S. 11—15, *Lange*, Römische Alterthümer I^3. S. 1 f., *Böckh*, Encyclopädie der philologischen Wissenschaften S. 351 ff. Neben einander aber nicht für einander stehen die Ausdrücke Antiquities und archaeology bei
8 *Dudley Fosbroke*, Encyclopaedia of antiquities und elements of archaeology, London 1825. 2 Bde. 4. Monuments antiques, antiquité figurée sind Ausdrücke, welche *Millin* zuerst angewandt; er schrieb 1796 eine bereits 1798 in's Deutsche übersetzte Introduction à l'étude des monuments antiques. In neuer von *Roquefort*, *Champollion-Figeac* u. A. besorgter Ausgabe, 1827 heisst sie Introduction à l'étude d'archéologie, des pierres gravées et de

médailles. *Millin* braucht 1811 in der Gallerie mythologique den Ausdruck Antiquité figurée neben Histoire de l'art.

Raoul Rochette veröffentlichte Monuments inédits de l'antiquité figurée, Paris 1828, 1829; zu *Lenormant* s. oben S. 10. *E. Vinet,* L'art et l'archéologie, Paris 1874 spricht sich treffend aus: On comprend sous le nom d'antiquité figurée toute oeuvre d'art échappé à la destruction. Quand l'antiquité littéraire semble vouloir nous fuire ou se perdre dans un majestueux lointain, l'antiquité figurée vient se placer pour aussi dire sous nos doigts. Le souvenir les traditions le rève du passé sont revêtus d'une forme sensible, ils sont là présents devant nos yeux et nous dominent par la toute puissance de la réalité.

Goethe's Bezeichnung fand mit Recht vielfach Anklang; so *Ferdin. Hand,* Kunst und Alterthum in Petersburg, I. Weimar 1826, Kunst und Alterthum in Oesterreich von *Tschischka; Stark*, Städteleben, Kunst und Alterthum in Frankreich, Jena 1855.

Rein sprachlich ist noch archaeologia gefasst im Glossarium archaeologicum continens voces Latino-barbaras von *Henricus Spelmannus.* London 1625. Dagegen *Spon,* Miscellanea eruditae antiquitatis, Lugd. 1685 fol. (auch in *Poleni* Supplem. ad Thesaur. antiquitat. graecar. IV. V. p. 646 ff.): de antiquitatibus tractaturum pauca praefari mens est de scientia quae illis enodandis incumbit, quam Archaeologiam sive Archaeographiam graeca voce nominare placet. — Archaeographia est declaratio sive notitia antiquorum monumentorum, quibus veteres sui temporis religionem historiam politicam aliasque tum artes tum scientias propagare posterisque tradere studuerunt. Die Archaeologia nummaria von *J. G. Wachter.* Lips. 1740.

Joh. Friedr. Christ, Abhandlungen über die Literatur und Kunstwerke, vornemlich des Alterthums, durchgesehen und mit Anmerkungen begleitet von *J. K. Zeune,* Leipzig 1776: er stellt in Abschnitt 1 und 2 Begriff und Umfang der »Literatur« die von ihm so genannte Disciplin fest. Dieselbe heisst bei *Jo. Aug. Ernesti*, Archaeologia literaria Lips. 1768. 8.; cum excurs. *G. H. Martini* 1790. *Martini's* akademische Vorlesungen über die literarische Archäologie nach Anleitung des *Ernesti*'schen Lehrbuches erschienen 1796. Altenburg. 8. Derselbe unterscheidet eine artificialis archaeologia und eine literaria und will jene besonders hervorheben. Gleichzeitig veröffentlicht *J. Eschenburg* einen Entwurf der »Archäologie der Literatur und Kunst«, Berlin 1787, wobei die letztere ganz kurz wegkommt.

Christ. Gottl. Heyne hielt in Göttingen 1767 zuerst Vorlesungen über Archäologie, veröffentlichte dazu 1772 auf 24 Seiten seine »Einleitung in das Studium der Antike« (Göttingen). Zehn Jahre nach seinem Tode erschienen seine akademischen Vorlesungen über die Archäologie der Kunst des Alterthums, insbesondere der Griechen und Römer, Braunschweig 1822. Den Mittelpunkt bildet durchaus die Monumentenkunde nach künstlerischen Gesichtspunkten gegliedert. Der *Heyne*'sche Plan bildet die Unterlage einleitender und compendiarischer Behandlungen, welche alle wie *Heyne* selbst die Architektur noch nicht in den Bereich der Wissenschaft aufgenommen haben. So *P. Fr. Achat Nitsch*, Einleitung in das Studium der alten Kunstwerke für Künstler und Kunstliebhaber, Leipzig 1792. I. (allein erschienen), so *J. Gurlitt,* Allgemeine Einleitung in das Studium der schönen Kunst des Alterthums, Magdeburg 1799 (abgedruckt mit Noten in *Gurlitt*, Archäolog. Schriften, herausgegeben von *Alfred Müller,* Altona 1831. 8.), welcher im Text die Wissenschaft als Archäologie, eigentlich Archäologie der Kunst bezeichnet, der Baukunst auch am Schlusse des Systems Platz gewährt. Die *Heyne*'schen Vorlesungen bilden die Unterlage zu dem nach dem frühen Tode des auch in Italien gewesenen Professors *J. Fr. Siebenkees* in Altdorf herausgegebenen Manuscripte eines Handbuches der Archäologie. Nürnberg 1799. 1800. 2 Bde. 8.

C. A. Böttiger (1760—1835) gab 1801 in Weimar, Archäologische Hefte und dazu ein Archäologisches Museum zur Erläuterung der Abbildungen aus dem klassischen Alterthume (I. 1) heraus; 1811 eine Archäologische Aehrenlese, Sammlung I. In den Andeutungen zu vierundzwanzig Vorlesungen über die Archäologie. I. Allgemeine Uebersichten und Geschichte der Plastik bei den Griechen. Dresden 1806. 8., definirt er Archäologie als Kunde der Denkmale der Vorwelt in Gebäuden und Bildwerken und behandelt daher gesondert asiatische, ägyptische, dann etruskische Archäologie, ehe er zu den Griechen kommt, deren Plastik geschichtlich in Epochen getheilt ausführlicher dargestellt wird. In den Ideen zur Archäologie der Malerei, Dresden 1811. 8. wird die Malerei der Barbaren mit Einschluss der Chinesen und Mexikaner vorausgeschickt der Malerei der Griechen. *Böttiger* hat später Kunstmythologie und bildende Alterthumskunde geschieden, die Zeitschrift Amalthea ausdrücklich für beide bestimmt (Leipzig I. 1821. III. 1823), dann aber braucht er für die Fortsetzung den Ausdruck: Archäologie und Kunst (Berlin 1828).

Christian Daniel Beck gab 1816 seinen Grundriss der Archäologie oder Anleitung zur Kenntniss der Geschichte der alten Kunst und der Kunstdenkmäler und Kunstwerke des classischen Alterthums heraus; eine zweite verhiessene Abtheilung desselben ist nie erschienen, welche die übrigen Gattungen der Kunstdenkmäler nach Inschriften, Münzen und Werken der Plastik behandeln sollte.

Von *F. C. Petersen*, Professor in Kopenhagen erschien 1828 dänisch, 1829 in deutscher bereicherter Uebersetzung durch *P. Friedrichsen* (Leipzig. 8.) Allgemeine Einleitung in das Studium der Archäologie, ein auch noch heute durch kein anderes ersetztes Buch, aus akademischen Vorlesungen hervorgegangen. Die Archäologie umfasst nach dem Verf. jede Art der Kunst, insoweit sie im Alterthume angebaut wurde, mit Inbegriff der Baukunst, und umfasst alle Völker, bei welchen die Kunst erweislich im Alterthum blühete (S. 3).

Die Verbreitung des Namens Archäologie im Sinne von Monumentenkunde und Kunstgeschichte und im Zusammenhange mit akademischen Vorlesungen bezeugen *Vermiglioli*, Lezioni elementari di archeologia, Perugia 1822, *Nibby*, Elementi di archeologia, Roma 1828, *Raoul Rochette*, Cours d'archéologie, Paris 1828, *Champollion-Figeac*, Resumé complet d'archéologie, Paris 1826, (deutsch von *Mor. Fritsch*, 1828), *F. C. Petersen*, Almindelig Inledning tit Archäologiens Studium, Kjöbenhavn 1825 (deutsche Uebersetzung von *Friedrichsen*, Leipzig 1828 s. oben), *M. Schow*, Laerebog i Archaeologie for videnskabs ag kunstenere, Kjöbenhavn 1825, *Reuvens*, Oratio de laudibus archaeologiae, Lugd. Batavor. 1818. 4., desselben Oratio de archaeologiae cum artibus conjunctione, L. B. 1827.

K. Otfried Müller, Handbuch der Archäologie der Kunst, Breslau 1830. 8.; 2. Aufl. 1835; 3. Aufl. bes. v. *F. G. Welcker*, 1848; neuer Abdruck Stuttgart 1878. In's Französische übersetzt von *P. Nisard.* 3 Vols. Paris 1841.

Englische Ausgabe: Ancient art and its remains or a manual of the archaeology of art by *C. O. Müller*. New edition by *Welcker*. Translated from the German by *John Leitch*. London, Fullarton and comp. 1850. (Sehr seltenes Buch, bereichert auch mit neuen Zusätzen *Welcker's* für die Uebersetzung.)

»Das Handbuch hat die Absicht den Stoff, welcher in der archäologischen Literatur enthalten und durch specielle Untersuchung hinlänglich aufgeklärt ist, mit genauer Beschränkung auf die zeichnenden Künste der Alten in wissenschaftlicher Anordnung zur Uebersicht zu bringen.« (S. 223) — *L. Ross*, Ἐγχειρίδιον τῆς ἀρχαιολογίας τῶν τεχνῶν, διανομὴ πρώτη, Athen 1841 ruht wesentlich auf *Müller*. Eine reine Uebersetzung der Haupttheile aus *Müller* sind von *J. A. Baker*, Voorlezingen over de Geschiedenis der beeldenden Kunsten by de oude volken I. Rotterdam 1832.

Das Handbook of archaeology von *Hodder M. Westropp*, bezeichnet als Traveller's art companion to the museums and ancient remains of Italy, Greece and Egypt, London 1867, mit vielen Abbildungen ist ein gedrängtes, brauchbares aber durchaus unselbständiges Compendium.

Eduard Gerhard, Grundriss der Archäologie. Für Vorlesungen nach *Müllers* Handbuch. Berlin 1853.

Dr. *K. Fr. Hermann*, Schema akademischer Vorträge über Archäologie oder Geschichte der Kunst des classischen Alterthums. Göttingen 1844.

Den Ausdruck »Classische Archäologie« braucht *Conze* in der Antrittsvor- 15
lesung. Wien 1869. *Böckh*, Encyklopädie der philolog. Wissenschaft S. 474 billigt es nicht Archäologie allein für diese Wissenschaft zu brauchen, er verlangt auch noch nähere Bezeichnung der bildenden Kunst, da er andererseits auch eine Archäologie der Bewegungskünste: Gymnastik, Orchestik, Musik und endlich der Mimik fordert.

Justi, Winckelmann II. 2 S. 108 f.: »Verfasser hat sich sein Ziel sehr 16
hoch gesteckt. Nicht bloss den Gegenstand der Kunstwerke soll diese Historie deuten, nicht bloss ihren Stil und dessen Manieren charakterisiren und den Kreislauf ihres Lebens beschreiben. Das Ganze der Grundsätze und Maximen, nach welchen die Alten gearbeitet, ihre ästhetischen und technischen Regeln soll sie aus den Werken zu folgern wissen, nicht zu reden von den religiösen, sittlichen, poetischen Elementen, welche in die Kunst mit jenen spielen. Es ist ein Unternehmen, bei dem die Gelehrsamkeit des Alterthumskenners, die Anschauungsfülle des römischen Antiquars, die Erfahrung des Bildhauers, das Denken des Philosophen zusammenarbeiten müssen. Der Historiker wagt es die von ihm erschlossenen Sätze als unter den Griechen gültige Principien, wie aus dem Munde ihrer Künstler auszusprechen.«

O. Jahn, Bedeutung und Stellung der Alterthumsstudien in Deutschland. — Aus der Alterthumswissenschaft. Bonn 1868. S. 44.

H. Hettner, Vorschule zur bildenden Kunst der Alten. I. Oldenburg, (Rec. von *Ad. Schöll*, Halle, Literaturzeit. 1849. n. 95 ff.) ordnet die systematische Darstellung den historischen Epochen ein.

Jul. Braun, Geschichte der Kunst in ihrer Entwickelung durch alle Völker der alten Welt auf dem Boden der Ortskunde. Wiesbaden 1854. 2. Ausgabe besorgt von *Reber*. 2 Bde. 1873.

Adolf Stahr, Kunst, Künstler und Kunstwerke der Alten. Braunschweig 1854. 2 Bde.

Fr. Reber, Kunstgeschichte des Alterthums. Leipzig 1871. 8.

Lilienfeld, Die antike Kunst. Leitfaden der Kunstgeschichte. Magdeburg 1875. 8. (ganz oberflächlich).

Ραγκαβῆ, Ἱστορία τῆς ἀρχαίας καλλιτεχνίας. Athen 1860. 2 Bde.

2. Kapitel.

Gliederung der Archäologie.

§ 7. Propädeutischer Theil: Einleitung und Methodologie.

1 Unsere früheren Betrachtungen haben das Schwankende, ja ganz von einander Abweichende in der begrifflichen Bestimmung unserer Wissenschaft nachgewiesen, sind aber aus der Vertiefung der principiellen Gegensätze auf dem gemeinsamen Boden der klassischen Philologie, wie der allgemeinen Kunstwissenschaft zu einem Schlusssatze gelangt, in dem Weg und Ziel der Wissenschaft als gegenseitig sich bedingend ausgesprochen wurden. Die Frage nach der Gliederung des wissenschaftlichen Stoffes wird nothwendig von diesem Schlusssatze aus zu einer Sichtung der möglichen und wirklichen Ansichten führen, und die archäologische Arbeit, wie die archäologischen Resultate in ihrer nothwendigen Verbindung in's Auge zu fassen haben.

2 Die historische Betrachtung über Anfang und Fortgang eines bewussten, wissenschaftlichen Interesses an der antiken Kunst, als einer in sich abgeschlossenen Welt vom Standpunkte des modernen Menschen, bildet nächst der begrifflichen Feststellung der Aufgabe, den nothwendigen, weiteren Bestandtheil der Einleitung. Es gilt die richtigen Ahnungen, die täuschenden Irrwege, die endliche Erkenntniss eines wissenschaftlichen Princips in der Beschäftigung mit den antiken Denkmälern aufzuweisen, die darauf gegründeten literarischen Darstellungen der antiken Kunst und die gewonnenen literarischen und unterrichtenden Hülfsmittel kennen zu lernen. Die bisher so sehr vernachlässigte Geschichte der Wissenschaft ist wohl zu scheiden von der Geschichte, von den Schicksalen der Denkmäler selbst und ihrer Sammlungen. Wir treten ein in den methodologischen Theil der Wissenschaft, in dem wir uns mit den Quellen der archäologischen Erkenntniss, ihrer Ueberlieferung, jetzigen Sammlung, mit den Grundsätzen einer richtigen Kritik und ebenso der Hermeneutik, der Interpretation bekannt zu machen haben, die bisher kaum noch im Zusammenhang behandelt worden sind, aber die Basis alles weiteren Aufbaues mit den gewonnenen Materialien bilden.

Die literarischen Quellen stehen naturgemäss voran, indem die Archäologie wie jede Geisteswissenschaft des Wortes bedarf, als der adäquaten Ausdrucksform für ihren Inhalt und ihr Ziel. Es handelt sich um die sprachlich vermittelte Reconstruktion des Kunstlebens, nicht etwa um eine Fülle zeichnender Reconstruktionen oder um ein System von Berechnungen, so unumgänglich nothwendig diese zur Ermöglichung und

Ergänzung seiner Darstellung auch sind. Die *Kunstsprache der Alten selbst* muss aus den verschieden gefärbten Quellen heraus entnommen werden; ebenso eine Fülle von Kunstwerken und zwar der höchsten und zeitlich bestimmten, aus der Umhüllung oft subjectivster Beschreibungen befreit, herausgeschält und annähernd bestimmt werden. Folgen wir hierin zunächst den Grundsätzen jeder philologischen Methode, so tritt doch schon als Forderung hinzu eine Bildung der anschauenden Phantasie, die die Dinge sehend, nicht nur logisch reconstruirt.

Die *monumentalen Quellen*, über deren Hauptgattungen eine 3
vorläufige Orientirung vorausgehen muss, haben eine lange Reihe von Veränderungen lokaler wie materialer Art erfahren im Alterthum selbst wie im Mittelalter, wie endlich in moderner Zeit; die *Geschichte* der Denkmäler giebt erst der äusseren Kritik eine feste Unterlage. Die Uebersicht des jetzt bekannten Materials an monumentalen Quellen wird allein möglich auf dem Boden der Ortskunde (*Kunsttopographie*) und des Bestandes der Sammlungen und der ihre Bildung einst oder jetzt bestimmenden Gesichtspunkte (*Museographie*). In der Kunsttopographie werden wir der verschiedenen Culturschichten inne, welche sich monumental auf demselben Grund und Boden abgelagert und gegenseitig modificirt haben, in der Museographie der mit Bewusstsein hergestellten Veränderungen der antiken Objekte, wie der idealen Gesichtspunkte, denen oft gewaltsam genug die moderne Gesellschaft dieselben unterworfen hat.

Die Aufgabe besteht zunächst darin, das einzelne Denkmal möglichst wieder in die ursprüngliche Stätte und in den ursprünglichen Zustand, entkleidet aller späteren Zuthaten und Umgestaltungen zu versetzen.

Es mag Anstoss erregen, dass wir die monumentalen Ueberreste als *Quellen* der Erkenntniss zunächst auffassen, sie nicht von vorn herein und allein als Objekte, als Zielpunkte den literarischen Quellen gegenüber gestellt haben. Und doch betreten wir zunächst ja eine bunte, trümmerhafte, und doch wahrhaft massenhafte Welt antiker Objekte, die alle gleichen Anspruch erheben auf wissenschaftliche Untersuchung, die alle Zeugnisse der für das Auge bildenden Thätigkeit des antiken Geistes sind, und von dieser Fülle ist doch nur ein kleiner Bruchtheil ein solcher, welcher als Kunstwerk gelten kann, und auch dieser muss meist erst wieder durch die Wissenschaft auf sein wahres, nur vorauszusetzendes Urbild zurückgeführt werden. Es hat der Archäologie ausserordentlich geschadet, dass man jedwedes tastbare Objekt aus dem Alterthum mit gleichem Kunstenthusiasmus empfing und sofort die ästhetische Werthschätzung mit dem historischen Interesse verwechselte. Eine Menge antiker Objekte sind wichtigste Erkenntnissquellen, aber nicht Objekte der künstlerischen Werthschätzung. Die Fülle der Ueberreste einer untergeordneten Kunstindustrie ist für die archäologische Arbeit wahrhaft unschätzbar aber ihr Eintreten in die Reihe der Musterbilder eines Stiles ist oft nur bei dem augenblicklichen Stand der Wissenschaft gerechtfertigt, und nicht mit dem Stempel des wirklich Massgebenden bezeichnet.

Erst an diese Quellenkunde schliessen sich die Grundsätze einer inneren oder höheren Kritik der Denkmäler an, welche auf der Vergleichung der Wiederholungen, der strengeren oder freieren Copieen, der verwandten Darstellungen in den verschiedenen Denkmälergattungen fusst und die Aufstellung von Typen und deren Modifikationen zum nächsten Zielpunkt hat. Ihre weiteren Resultate erreicht sie nur durch die glückliche Verbindung der kritischen Studien von literarischen und von monumentalen Quellen, durch jene nicht häufige Vereinigung philologischen Scharfsinns und künstlerischer Anschauung, durch eine scharfe Untersuchung des stilistischen Charakters wie des in bestimmten Gattungen ausgeprägten Ideengehaltes.

Hand in Hand mit der Kritik hat die Hermeneutik zu gehen, die Auslegung antiker Kunst. Auch hier ist zunächst durch scharfe Analyse des Einzelobjektes, durch die vergleichende Betrachtung der Kunstobjekte derselben Gattung, dann der verwandten endlich aller ein inneres Verständniss des Dargestellten anzubahnen. Durch eine weit ausgebreitete Kenntniss der im Alterthum künstlerisch in erster Linie verwertheten Gedankenkreise, also der poetischen Stoffe wird in zutreffender Weise der bestimmt benannte und geformte Gedankeninhalt herangezogen, ebenso sehr aber auch der äussere Zweck des Objektes nur durch die Vertrautheit mit antiker besonders religiöser Lebenssitte erkannt werden. Und schliesslich gipfelt die auslegende Thätigkeit doch in dem sprachlichen, künstlerischen Ausdruck des Auslegers für die richtig nachempfundene Kunstidee.

Zu § 7.

Fr. Aug. Wolf verlangt in seiner Darstellung der Alterthumswissenschaft (1807, neu herausgegeben von *Hoffmann* 1833) S. 38 ff. als Einleitung möglichst vollständige Aufzählung des Erhaltenen, also wesentlich eine Statistik der Ueberreste, schliesst daran eine Kunstlehre, die der Grammatik, Kritik und Hermeneutik parallel gehe, baut dann erst die Kunstgeschichte auf, besonders an der Hand numismatischer Kenntnisse. Noch tritt bei ihm die Architektur mit Einleitung und Geschichte selbständig der Archäologie folgend auf, wie gleichzeitig von *A. Hirt* auch eine getrennte Behandlung von Architektur und bildenden Künsten gefordert und durchgeführt ward. (Baukunst nach den Grundsätzen der Alten. 1809. Geschichte der Baukunst 1821—1827. Geschichte der bildenden Künste bei den Alten. 1833.)

Otfr. Müller gliedert sein Handbuch der Archäologie in A. Einleitung: theoretische (Theorie der Kunst S. 1—16) und literarische, in welcher die Quellen und Geschichte der Studien kurz zusammen gefasst sind; dann folgt B. Geschichte der Kunst im Alterthum, und zwar griechische Kunstgeschichte mit der Episode über Altitalien und dem Anhang der ungriechischen Völker.

Ganz unabhängig steht C.: die systematische Behandlung der antiken Kunst, beginnend mit einem propädeutischen Abschnitt, der Denkmälergeographie; gliedert sich dann in Tektonik, worin die Gebäude, Gefässe und Geräthe begriffen sind, und in die bildende Kunst, Bildhauerei und Malerei umfassend. Die bildende Kunst wird dann unter den Gesichtspunkten: Technik, Formen und Gegenstände der Kunst abgehandelt. Dieser letzte Abschnitt (S. 509—766) wird zur umfassenden Kunstmythologie neben der Uebersicht der Gegenstände aus Menschenleben und Natur.

Bernhardy (Grundriss der Philologie S. (339—387) folgt dieser *Müller*'schen Gliederung, nur dass er die Architektur für sich abseits stellt.

K. Fr. Hermann, Schema akademischer Vorträge über Archäologie, Göttingen 1844, scheidet einen allgemeinen und einen besonderen Theil. In dem ersten wird die ganze Methodologie (§ 3. 7. 12) eingeschoben und angehängt den systematischen und historischen Betrachtungen; diese letzteren erscheinen neben der Lehre von den Stoffen und den Gegenständen als Lehre von den Kunststylen. Die Kritik und Hermeneutik sind in § 10. 11 Gegenstand besonderer Behandlung. Der besondere Theil führt die historische Betrachtung getrennt an Architektur, Plastik und Malerei vollständig durch, von der Tektonik ist dabei ganz abgesehen worden. Als Anhang tritt die Numismatik und zwar in einem sehr umfassenden Schema nach Technik, Styl, Ueberblick über den Münzvorrath, nach den Grundsätzen der Kritik hinzu.

Emil Braun, Grundzüge der Denkmälerkunde (Hyperbor. röm. Studien für Archäologie. 1853. 8. S. 1—76) nimmt nur zwei grosse Gebiete an: Denkmälerkunde und Kunstgeschichte, und theilt jene in die Lehre von den Kunstgattungen und Kunstdarstellungen; voraus geht ihm ein periegetischer Theil in dem die Geschichte der archäologischen Entdeckungen als Princip hingestellt wird.

Ed. Gerhard, Grundriss der Archäologie für Vorlesungen nach *Müller's* Handbuch, Berlin 1853 unterscheidet einen propädeutischen, historischen und praktischen Theil. In dem ersten ist historische, artistische und literarische Einleitung vereint. Zu dem historischen Theile, der streng wieder in allgemeine Betrachtung und solche der einzelnen Künste geschieden wird, tritt als Parallele die ausländische Kunstgeschichte hinzu, und zwar nicht allein der orientalische, sondern auch der nordische und sonstige Kunstbetrieb. Der praktische Theil beginnt mit der Methodologie und behandelt den ganzen Stoff doppelt nach Gattung und Styl wie nach den Gegenständen der bildlichen Darstellung. Die Numismatik ist der Plastik, die Epigraphik der Malerei als letzte Disciplin angereiht. — In den 1850 der Philologenversammlung zu Berlin vorgelegten Thesen nennt *Gerhard* drei Hauptgebiete: Denkmälerkunde, Kunstgeschichte und Kunstalterthümer, entsprechend den drei Organen der Kunstlehre, Kunstkritik und Kunsterklärung.

In den von *Gerhard* verfassten allgemeinen Jahresberichten in der Archäologischen Zeitung, Stuttg. 1843—1867 sind als Hauptabtheilungen gewählt: Ausgrabungen, Denkmäler nach Gattungen und Lokalitäten, dann Literatur mit der Hereinbeziehung der Alterthümer neben der Kunstlehre, der Kunstmythologie und der Kunstgeschichte. Die neuesten Jahresberichte desselben Organs von *R. Engelmann* abgefasst, gliedern: I. Allgemeiner Unterricht. Varia. II. 1) Ausgrabungen. 2) Topographie und Architektur. 3) Museographie. III. Denkmäler: a. Sculpturen. b. Werke der zeichnenden Künste. c. Geräthe. d. Münzen. IV. Vermischtes: a. Kunstgeschichte (!). b. Mythologie. c. Alterthümer. d. Historisches. e. Biographie.

Von *Gerhard's* Gliederung wesentlich bedingt ist das System der Archäologie, welches *Joh. Overbeck* in der Kieler allgemeinen Monatsschrift 1853 aufstellte, mit Einleitung, theoretischen und praktischen Theilen, die wieder dreifach getheilt sind, so dass die Kunstgeschichte vorantritt, dann Denkmälerkunde, endlich Kunstalterthümer kommen. Von sechs einzelnen Wissenschaften dabei zu reden ist *Overbeck* selbst wohl nicht mehr geneigt, so dass Organon und Bearbeitetes sich immer wieder entspreche.

Rathgeber, Gottheiten der Aioler. Gotha 1861. S. 364, scheidet Archäologie von hellenischer Kunstgeschichte als das Magazin, aus welchem allmälich die Geschichte vervollständigt werden könne, und ordnet das Magazin nur nach Gegenständen der Darstellung.

August Böckh, Encyklopädie der philologischen Wissenschaft S. 49. 67. 434, erkennt eine Denkmälerkunde als Substrat und vorausgehende eigene Disciplin nicht an, sondern als nothwendige Voraussetzung, wie für die Naturwissenschaften die Anschauung durch die Sinne auch Voraussetzung sei. Er erklärt aber weiter unten: »Ein dringendes Bedürfniss ist ein übersichtlicher Katalog sämmtlicher vorhandener Denkmäler, worin bei einem jeden der Ort, wo es sich gegenwärtig befindet, und die auf dasselbe bezüglichen literarischen und artistischen Publikationen anzuführen wären, wie man in den bibliographischen Katalogen der alten Schriftsteller die Ausgaben, Uebersetzungen und Erläuterungsschriften anführt; eine solche Bibliographie der Kunstdenkmäler wäre ebenso schwierig als verdienstlich.« *Böckh* übersieht dabei, dass die Denkmälerkunde der Handschriftenkunde entspricht, auf der Geschichte der Schicksale derselben ruht und schliesslich doch die verschiedene Erhaltung der einzelnen Gruppen von Denkmälern nicht etwas Selbstverständliches, noch rein Zufälliges ist. Die Hermeneutik und Kritik gilt ihm auch als formale Theorie der Philologie für die Werke der Kunst und der Kunstindustrie, er hat die Darlegung ihrer besonderen Grundsätze aber von seinem Plane ausgeschlossen (S. 77 ff.), mithin der Archäologie selbst zugewiesen. Die antike Kunst, welche er dem Cultus zunächst stellt, gliedert er streng in bildende und Bewegungskunst, und weiter jene in Architektur, der Tektonik der Geräthe und Gartenkunst auch zugewiesen werden, Plastik und Malerei, diese in Gymnastik, Orchestik, Musik.

Ich habe bereits 1852 in den Archäologischen Studien, Wetzlar, S. 4—8, dann 1859 im Philologus XIV. S. 653 ff. die Gliederung der Archäologie in die drei grossen Gebiete: Kunstlehre, Kunstgeschichte, Denkmälerkunde, nebst Einleitung in die Quellen und Geschichte der Studien entwickelt, wie sie in diesem Handbuch wesentlich nur durch die Unterscheidung der Einleitung und eines formalen methodologischen Theiles modificirt und näher begränzt in der Aufgabe des dritten Theiles durchgeführt werden soll. Dieselbe Gliederung ist auch eingehalten worden im archäologischen Jahresbericht für 1873 bei *Bursian*, Fortschritte der Alterthumswissenschaft II. S. 14. 45.

Zur Literatur der einleitenden Schriften in die Archäologie s. oben § 6, 11 ff. und zu der von den Vorschulen der Kunst § 3. Noch immer ist das Buch von *F. C. Petersen*, Leipzig 1829, der einzige umfassende und mit genügender Kenntniss geschriebene Versuch. Es finden sich darin Bruchstücke aus einer Kunstlehre, sehr ungenügend ein methodologischer Abschnitt, ausgeführt und noch immer brauchbar eine Geschichte des Kunststudiums und ein grösserer Abschnitt über die Schicksale der Kunstwerke. Aus *Müller's* Handbuch der Archäologie gehören hierher die Einleitung und zwar theoretische (§ 1—29) und literarische (§ 30—39), dann der propädeutische Abschnitt der systematischen Behandlung (§ 251—264), mit Kunsttopographie, Lehre der Fundorte,

Museographie; dagegen fehlt gänzlich eine Hermeneutik und Kritik, zu welcher die eben genannten Abschnitte »Hauptmittel« seien.

Kunsttopographie zuerst systematisch behandelt von *Jer. Jacob Oberlin* 3
in Orbis antiqui monumentis suis illustrati primae lineae. Strassb. 1776. Ed. II. 1790. Museographie von *C. F. Neickelius*, Museographia oder von den Schatz-Kunst-Raritätenkammern, Bibliotheken, vermehrt von *Kunold*, Leipzig 1727. In neuerer Zeit *E. A. Böttiger*, Ueber Museen und Antikensammlungen, Leipzig 1808, vermehrt in Kl. Schriften, herausgegeben von *Sillig*, Dresden 1838. II. S. 3—24; *Ed. Gerhard*, Ueber Museen und Apparate der alten Kunst, Berlin 1860; *E. Curtius*, Kunstmuseen, ihre Geschichte und ihre Bestimmung, Berlin 1870. Neuester Anfang eines Manuale topografico archeologico dell Italia von *Torelli* (fasc. 1. Venezia 1872). Kunstperiegetische Uebersichten, *Stark* im Jahresbericht der Archäologie, Philolog. XIV. S. 685—758, und bei *Bursian*, Fortschritte der klassischen Alterthumswissenschaft I. Jahrgang 1873. II. S. 1525—1646.

Der Name einer Disciplin der archäologischen Kritik und Hermeneutik wird zuerst ausgesprochen von *Fülleborn* in der Encyclopaedia philologica 1798, worin Cap. 5 observationes quaedam ad hermeneuticam et criticam archaeologicam enthält. Die Grundzüge entwirft *K. Levezow* in Abhandl. d. K. Preuss. Akad. d. Wissensch. Jahrgang 1833. Berlin 1835. S. 225—248: Ueber archäologische Kritik und Hermeneutik, wozu die Bemerkungen *Welcker's* Rhein. Mus. 1835. III. S. 499, dann Kl. Schriften III. 1850. S. 340 ff.) zu vergleichen sind. Die Grundzüge entwickelt, insbesondere für die Hermeneutik in trefflicher Weise weiter *L. Preller* im zweiten Artikel über die wissenschaftliche Behandlung der Archäologie (Ausgew. Aufsätze S. 398—425). Den strengsten Parallelismus mit der philologischen Kritik führt *C. Bursian* durch in den Verhandlungen der Versammlung deutscher Philologen zu Augsburg, 1862. S. 55—60, ja er betrachtet sie als ganz identisch mit der philologischen Methode mit zu geringer Abwägung der Verschiedenheit der Wahrnehmungen von Auge und Ohr. In anschaulicher und sorgfältiger Weise führt diesen vollen Parallelismus weiter durch *Ad. Michaelis* in den Verhandlungen der Vers. d. Philologen zu Halle 1867. S. 159 ff. Neuer Versuch der Begründung von *P. Förster*, De hermeneutices archaeologicae principiis. Diss. in Berol. 1873, welcher eine philosophische und philologische Methode der Betrachtung unterscheidet; richtiger wäre jene als künstlerische zu bezeichnen; vgl. *meine* Beurtheilung in *Bursian*, Fortschritte der klassischen Alterthumswissenschaft. Jahrgang 1873. II. S. 1468 ff.

§ 8. Systematischer Theil: Kunstlehre.

Der methodologische Theil der Archäologie führt uns von allen Seiten zu dem materiellen Inhalt der Wissenschaft, zu dem Complex der wissenschaftlichen Fragen, die zu verhandeln sind. Die Bausteine sind herbeigeschafft und vorbereitet, welche sich nun zum Aufbau eines Ganzen vereinigen sollen. Wie soll dieser Aufbau geschehen?

Es ist uns zu thun um die wissenschaftliche Darstellung des antiken Kunstlebens und seiner bleibenden Resultate nach seinem Werden, Bestand und Vergehen, nach den persönlichen Trägern und mitwirkenden, dienenden Kräften, nach dem anregenden und aufnehmenden Kunstpublikum, nach den neben und nach einander auftretenden

Kunstformen und den ausgeprägten Kunstideen, nach den originalen Kunstwerken und den Masseobjekten eines künstlerischen Zeitgeschmackes.

Sofort macht sich ein sehr wichtiger Gegensatz in der Behandlungsweise geltend, derselbe, welcher bei jeder eindringenden Untersuchung eines bestimmten Culturkreises eines Volkes sich aufdrängt, die Frage nach historischer und systematischer Behandlungsweise. Sollen beide gleichberechtigt und völlig unabhängig nebeneinander auftreten? Welche soll vorangehen? Soll die eine die andere ganz beherrschen im Interesse der Einheit des Princips? oder soll auf die Gefahr grosser Wiederholungen die Vollständigkeit der Uebersicht obenanstehen und beide Theile wie starre Massen neben einander existiren? Gewiss ist die organische, ineinandergreifende Verbindung beider Betrachtungsweisen eine, im Wesen philologischer Wissenschaft begründete Forderung.

1 Wie nun Grammatik, Metrik, Poetik und Rhetorik im methodischen Unterrichte der Literaturgeschichte vorauszugehen haben, eine Stellung, die in richtiger Begrenzung mehr und mehr gegenüber der ungemessenen Werthschätzung der letzteren und ihrer vorzeitigen Mittheilung zur Anerkennung wieder gelangt, ebenso setzt die antike Kunstgeschichte
2 nothwendig eine antike Kunstlehre voraus, um so mehr als eine allgemeine Kunstlehre, wie wir in § 3 sahen, ebenso jung erst als in ihren Bestimmungen noch schwankend ist. In derselben sind die allgemeinen künstlerischen Fragen in dem bestimmten zeitlichen und ethnographischen Rahmen, den die antike Kunstwelt an die Hand giebt, aufzuwerfen, zu erörtern und durch Beispiele aus derselben klar zu stellen. Es gilt ebenso sehr die gemeinsamen Unterlagen aller bildenden Kunst in der Zeichnung als die einzelnen Künste, und zwar die Architektur, die Tektonik oder das Kunstgewerbe, die Plastik und Malerei in ihrem Zusammenhang wie ihren Grenzen festzustellen. Anhebend von dem Material und der Technik und fortgehend zum Stilistischen nach allen wesentlichen Beziehungen, endlich zur Kunstidee und den Kunstidealen behandeln wir sie alle durchaus auf der Unterlage antiker Sprach- und Denkweise und der monumentalen Quellen. Es gilt den schöpferischen Hintergrund der Kunst in den Künstlern als Einzelpersonen, wie als Genossenschaft aufzuführen und andererseits zu dem empfangenden, aufnehmenden und auch anregenden Kunstpublikum, zur Nation in ihrer Kunstbegabung und Culturgesellschaft einer grossen Epoche auf-
3 zusteigen. Gegenüber der Unklarheit der herrschenden Traditionen, der Unvollständigkeit und Einseitigkeit der an die Antike gestellten Fragen erscheint eine antike Kunstlehre als nothwendige Grundlage jeder historischen und sachlichen Erkenntniss der Antike. Sie ist es zugleich, die das Mustergültige und Ewigbleibende der antiken Kunst abgelöst von der Frage nach der historischen Phase allein klar vor Augen stellt.

Zu § 8.

Die innere Berechtigung der systematischen grundlegenden neben der histo- 1
rischen Betrachtung und zwar als derselben vorausgehend hat *Winckelmann* klar und zwar gleich anfangs 1757 bei dem ersten Entwurfe seines Werkes erkannt und dann wirklich durchgeführt. Trefflich legt dies uns *Justi*, Winckelmann II. 2. S. 75, 107 ff. dar; so S. 117: »Diese Trennung eines systematischen und historischen Theiles war einer von den glücklichen Gedanken der Kunstgeschichte. Sie war durch die Beschaffenheit des Stoffes aufgedrängt. — Keines von beiden möchte man missen. Wenn nun Geschichte erzählt wird, verlangen wir vom Wirklichen und seinem natürlichen ursächlichen Zusammenhange zu hören, nicht mehr und nicht weniger, nicht von angeblichen Ideen, für welche die Ereignisse und die handelnden Personen nur die Exekutoren, die Verleger gleichsam wären. — Der Freund der Kunst, des Schönen wünscht noch etwas anderes zu sehen, als jenen ewigen Wechsel, jenen Strom der Gestalten, welche die Welle hebt und verschlingt.«

»Das Schöne ist wie das Wahre zeitlos. Ein Bedürfniss unserer Menschheit, ein Bedürfniss des Vollkommenen ist es, das sich auf das Schöne richtet; es findet sich sympathisch berührt durch der athenischen Weisen hohe Worte vom Ewigschönen und dessen Abglanz in der Erscheinung; dieses Verlangen nach dem Einen, Höchsten, Beseligenden, diese ahnungsvolle Sehnsucht ist es, die in der Kunst der Griechen ihre Erfüllung begrüsste.«

O. Jahn, Bedeutung und Stellung der Alterthumsstudien in Deutschland (Aus der Alterthumswissenschaft S. 43) unterscheidet die allgemein künstlerische Betrachtung als das Voraufgehende auch von der daran sich anschliessenden historischen Aufgabe.

»Beruht das Verständniss eines Werkes der bildenden wie der dichtenden Kunst zunächst und wesentlich darauf, dass es nach Form und Gehalt als ein Erzeugniss der frei schaffenden künstlerischen Natur aufgefasst wird, dass die Geschichte des künstlerischen Bildens je nach den Bedingungen der bestimmten Aufgabe, in denselben als massgebend erkannt und nachgewiesen werde, so hat die wissenschaftliche Erforschung des antiken Kunstwerkes noch die weitere Aufgabe, klar zu machen, wie unter bestimmten Verhältnissen ein Künstler einer ihn und seine Zeit bewegenden Vorstellung diese Gestalt geben konnte. Dieses Verständniss und die bewusste Einsicht von der Richtigkeit desselben zu gewinnen ist Aufgabe historischer Forschung.«

F. A. Wolf a. a. O. S. 41 gebraucht bereits den von uns angewandten, einfachen Ausdruck Kunstlehre gegenüber Kunstgeschichte. Bei *Otfr. Müller* ist einzelnes der antiken Kunstlehre schon in die einschlagenden Abschnitte der an die Spitze gestellten Einleitung zur Theorie der Kunst verwebt, dann aber die Hauptmasse im systematischen Theil als erster Hauptabschnitt und erster und zweiter Theil des zweiten Hauptabschnittes abgehandelt (§ 266—346). Wesentlich stimmt mit unserer Abtheilung das Schema *Piper's* S. 54 f. für die Wissenschaft der christlichen Kunst mit seinem ontologischen und geschichtlichen Theil, ebenso auch mit seiner Aufnahme der Darlegung der Kunstthätigkeit und der Natur der Künstler, nur dass er diese voranstellte, wir dagegen von den gegebenen Objekten zu den lebendigen Subjecten aufsteigen und vor allem auch die Bedeutung des recipirenden und zugleich massgebenden Kunstpublikums betonen.

Die Kunstformen der Plastik und Malerei bilden nach der Lehre von Material und Technik das nächste Glied der Betrachtung, sie schaffen erst den nothwendigen Rahmen des Werkes und bedingen Ort und Grad der Ausbildung in der Darstellung der Naturformen und gehen daher diesen voran, können diesen nicht angehängt werden, wie in der *Müller*'schen Anordnung. Schliesslich verlangt die Lehre der Kunstideen und der Kreise, aus denen sie entnommen werden, eine besondere Beachtung bereits auf dieser Stufe der Betrachtung.

2 Das ganze Gebiet ist im Bereiche der antiken Kunst noch sehr vernachlässigt, als solches im Laufe der letzten Jahrzehnte nicht Gegenstand besonderer Behandlung geworden, speciell aber Plastik und Malerei darin gegenüber der Architektur und Tektonik ganz stiefmütterlich behandelt worden, in welchen die oben erwähnten Arbeiten *Semper's* und *Bötticher's* so ausserordentlich fördernd durch neue Gesichtspunkte gewirkt haben. Es wird dabei eine schwierige aber nothwendige Aufgabe bleiben, das rein Antiquarische von dem Kunstarchäologischen getrennt zu halten, immer die künstlerischen Gesichtspunkte zu den leitenden und entscheidenden zu machen. Die Nothwendigkeit einer solchen verschiedenen Betrachtungsweise ist im Eingange des Werkes von *Guhl* und *Koner*, Das Leben der Griechen und Römer, Berlin 1860, 3. Aufl. 1870 S. 2 wohl ausgesprochen, im Folgenden aber nicht fest durchgeführt, ebenso wie die Abschnitte in *O. Müller's* Handbuch umgekehrt das rein antiquarische Interesse oft ganz walten lassen.

Bezeichnend für das Passende eines Vergleiches dieses Theiles mit Grammatik, Metrik, Rhetorik ist es, dass wir bereits ein treffliches, in weiten Kreisen wirkendes englisches Werk, das auch auf französischen und deutschen Boden verpflanzt ist, besitzen, *Owen Jones* »Grammatik des Ornaments«, London 1858.

§ 9. Historischer Theil: Kunstgeschichte.

1 In der Kunstgeschichte, die der Kunstlehre folgt, sind die grossen mit Culturepochen zusammenfallenden Epochen des Stiles für das gesammte Kunstleben zu scheiden und in diesem die Genesis, das System der fortbildenden Kräfte und das Wirken für die einzelnen Kunstgebiete darzustellen. Es werden diese nicht gleichmässig durch alle Perioden eine durchgehende Darstellung finden, sondern jede bei ihrem Auftreten und ihrem notorischen Höhepunkt möglichst abgerundet behandelt werden, die historische Darstellung aber vorzugsweise auf die Gebiete sich concentriren, in denen jedesmal das regste individuelle Leben pulsirt. Nothwendig werden einmal die einzelnen Persönlichkeiten, ein ander mal mehr die allgemeinen Culturverhältnisse in dem Vordergrund stehen.

2 Dieser grossen Epochen sind wesentlich drei: eine Vorstufe der Kunst, in der das Kleinasiatische, Griechische, Italische in wesentlicher Verwandtschaft und Gleichheit der Culturelemente sich zeigt. Sie weist ein gemeinsames nationales Erbe an Kunstrichtungen und Fertigkeiten, an bekannten Formen auf, welches unter demselben Einflusse einer danebenliegenden, in ihren Grenzen voll entwickelten Kunst- und Culturwelt steht, der der Semiten und Hamiten, der Assyrer, Babylonier und Aegypter. Dieser kleinasiatisch-südeuropäische Kunstgeist arbeitet sich aber in den Hauptlokalen unter den verschiedenen, nationalen Bedingungen früher oder später, aber niemals ganz zu einem festen, selbständigen Stil heraus. Die orientalische Kunst in ihren zwei Hauptströmungen,

der assyrisch-babylonischen und ägyptischen, sind in ihren charakteristischen Eigenthümlichkeiten zu zeichnen, aber eine umfassende wissenschaftliche Behandlung ist heutzutage nur noch im Zusammenhang der orientalischen Sprachkunde und Alterthumswissenschaft zu wagen, und kann daher der klassischen Archäologie in vollem Umfange nicht mehr zufallen. Die Zwischenglieder zwischen derselben und Hellas verlangen dagegen die aufmerksamste Beachtung.

Die specifisch hellenische Kunst auf dem Boden von Griechenland 3
selbst und zwar im Zusammenwirken zweier scharf ausgeprägter Stämme erwachsen, in Athen gipfelnd, umfasst als zweite Epoche nur einen Zeitraum von etwa vier Jahrhunderten, und doch in ihr ist der Schwerpunkt aller bildnerischen Stilentwickelung wie aller schöpferischen Wirksamkeit einzelner Künstler zu suchen.

Die dritte grosse Epoche umfasst die hellenistische und grie- 4
chisch-römische Welt. In dem Process, welcher eine nationale in sich vollendete Kunst zu einer Weltkunst umgestaltet, werden zuerst im Orient alle einheimischen Kunstübungen bis auf die ägyptische völlig überwunden, aber bei einem merkwürdigen Schöpfungs- und Neuerungsdrang auch eine Menge neuer Elemente fremdartiger Stilempfindungen und Kunstideen aufgenommen. Bereits früh willkürlich, unorganisch gemischt, allmälig verwildernd oder versteinernd bildet die hellenistische Kunst am Ausgange des Alterthums den fruchtbaren Boden für neue orientalische Bildungen, den Byzantinismus und die arabische Kunst.

Anders im Westen, wo der griechische Kunstgeist auf das verwandte, aber zurückgebliebene und nach der Kunstseite hin nüchtern angelegte italische Volkselement zunächst reiner und tiefgehender einwirkt, mit der Zeit sich in den Dienst eigenthümlich-römischer Gedankenwelt begiebt und diese eigenthümlich und massenhaft ausprägt. Ja, er sammelt sich in der bewussten Rückkehr zu strengeren Formen gleichsam zu neuen Schöpfungen. Beide grosse Strömungen fliessen am Ende des zweiten Jahrhunderts nach Chr. ganz und gar zusammen; das hellenistisch-orientalische und griechisch-römische Wesen begegnen sich völlig, so gut in Rom wie in Trier, in Byzanz wie in Alexandrien.

Wir haben daher hellenistische und griechisch-römische Kunstwelt 5
nicht als zwei geschiedene grosse Epochen bezeichnen können, sondern als zwei nach Ost und West differenzirte Phasen in demselben Process der Verallgemeinerung des griechischen Kunstgeistes.

Immer tiefer ist der Zwiespalt zwischen Gedankeninhalt und Form geworden, und diese steht endlich als ein leeres, überladenes Gehäuse, als eine den neuen, religiösen und nationalen Gedankenrichtungen unverständliche, absterbende Sprache gegenüber. In einem etwaigen Anhange lohnt es sich die Beeinflussung, die stille Umwandlung dieser griechisch-römischen Kunst durch fremde, besonders nordische Weise und nordische Empfindung wie zuvor die Beherrschung derselben zu verfolgen, und die altchristliche Kunst vom Standpunkte des absterbenden antiken Kunstgeistes zu überschauen.

6 Je höher die Aufgabe der specifischen Kunstgeschichte im Centrum der Archäologie angeschlagen wird, um so nothwendiger wird es, ihren Gang von allen unsicheren Beigaben, von allem unfruchtbaren Ballast zu befreien. Das grosse Verdienst der Geschichte der griechischen Künste von *Brunn* (I. 1853. II. 1859) besteht in der fast ausschliesslichen Beschränkung auf die literarischen Quellen, und auf die ausdrücklich durch Inschriften oder sonst wie in unzweifelhafter Bezeugung zu historisch bestimmten Werken zugehörigen Monumente, unter denen noch obendrein diejenigen ausgeschlossen werden, welche der Verfasser aus eigener Anschauung nicht kannte; es war dadurch der muthmasslichen, ungefähren Einreihung von Denkmalen in bestimmte Perioden, ja unter einzelne Künstler, welche nur zu sehr in die populären Handbücher der Kunstgeschichte Eingang gefunden und diese mit den unsichersten, ja notorisch unhaltbaren Exemplifikationen gefüllt haben, Halt geboten. Für unsere Aufgabe wird eine Behandlung der heranzuziehenden Monumente auf das möglichst sicher Datirte oder ihre Einreihung nur in den Rahmen allgemeiner Kunstepochen zur strengen Forderung.

Zu § 9.

1 Die Schwierigkeit der historischen Gliederung liegt theils in der schwankenden Auffassung der ethnographischen Grenzen einer Archäologie der Kunst, theils in dem Zwiespalt im Verlangen einer möglichst synchronistischen und wieder einer fachmässigen Behandlung. Was jene betrifft, so ist in der von uns § 1 gegebenen Bestimmung: antike Kunst als »die Kunst der Griechen und Römer und der von ihnen und ihrer Cultur bedingten oder umgewandelten Völker« das Verhältniss zum Orient bereits bestimmter angedeutet. Die eigenthümliche und in ihrer Einseitigkeit so grossartige Entwickelung des dem griechischen vorausgehenden ägyptischen und assyrisch-babylonischen Kunstlebens gehört als solche der klassischen Archäologie nicht mehr, sie bildet einen Theil einer neuen, umfassenden Wissenschaft vom alten Orient; aber eine nähere Kenntniss des Gesammtbestandes derselben ist für den klassischen Archäologen nothwendige Voraussetzung, und er hat speciell diejenigen Culturen in's Auge zu fassen, welche als Zwischenglieder in der Mitte liegen, wie Phönicien, wie insbesondere die kleinasiatischen Völkergruppen (Phrygien, Lykien, Karien, Lydien und die Inseln wie Cypern, Rhodus, Kreta), er hat den in der Perserzeit bereits beginnenden aktiven Einfluss des Hellenenthums im Osten schärfer als bisher geschehen herauszuheben. Den äussersten Ausläufern der griechischen Kunst bis nach Indien und Baktrien, andererseits nach Nordeuropa ist im weiteren Verlaufe nähere Aufmerksamkeit zu schenken.

2 Das Verhältniss von Italien zu Griechenland ist ein zweiter sehr verschieden behandelter Punkt. Mit vollem Recht tritt die italische alte Zeit in ihrer Verwandtschaft mit dem Urgriechenthum und in ihrer bedeutsamen,

besonders auf den Norden wirkenden Culturstufe jetzt mehr wieder in ihr Recht, um so mehr als die Etrusker in ihrer nationalen Zugehörigkeit zum norditalischen Volkswesen sprachlich erkannt werden. Wir sind daher nicht berechtigt, sie gleichsam nur episodisch am Schlusse der griechischen Kunstvollendung einzuschieben, um so mehr, als der direkte orientalische Einfluss bei ihnen unverkennbar ist, sondern werden sie parallel der ältesten griechischen Kunst, natürlich nach ihr behandeln. An sie hat später die römische Kunst in der hellenistischen Epoche wieder angeknüpft. Eine der echt hellenischen annähernd ebenbürtige Kunstepoche fehlt für das national Italische gänzlich, Dank dem gewaltigen, zerstörenden Einflusse des lang herrschenden Gallierthums und der Wanderung der sabellischen Stämme nach Süden.

Winckelmann hat die Kunst unter Aegyptern, Phöniciern und Persern in 3
den Anfang des Werkes gestellt, angeschlossen an die Betrachtungen über die Anfänge der Kunst, dann die Kunst bei den Etruriern und den italischen Nachbarn folgen lassen; dann erst tritt die systematische Betrachtung umfassend bei den Griechen ein, mit der nachfolgenden Geschichte der Kunst, die er als griechische Kunst bei den Römern zu Ende führt, wie er sie trefflich im Gegensatz zum gäng und gäben Ausdrucke der römischen Kunst bezeichnet.

Siebenkees, Handbuch der Archäologie, Nürnberg 1799 bespricht in der Geschichte der Kunst übersichtlich die ältesten orientalischen Völker, bei denen auch die Indianer (*sic*) mit genannt werden, dann nach *Winckelmann* ausführlich die Egypter und Hetrusker vor den Griechen; den Schluss bildet auch wie dort die griechische Kunst in Rom. Nach *Fr. A. Wolf* begreift die antike Kunstgeschichte »nicht allein die Griechen und Römer, sondern alle bekannten Völker jener Zeit, davon wir die allerwenigsten ohne die Ueberreste Griechenlands kennen würden« (Darstellung der Alterthumswissenschaft S. 31).

Böttiger, Andeutungen zu 24 Vorlesungen über die Archäologie I. 1806, erweitert unter *Herder's* und *Heeren's* Anregung die Archäologie entschieden auf Asien: er spricht folgerichtig von einer asiatischen Archäologie mit vollem Einschlusse der Inder, dann von einer ägyptischen, hetrurischen, endlich griechischen Archäologie; die Kunst unter den Römern wird in der letzten Epoche von der Kunst unter den Griechen unterschieden. In *Böttiger's* Ideen zur Archäologie der Malerei, Dresden 1811, ist der Kreis noch weiter gezogen, indem chinesische sowohl wie aztekische Kunst mit hereintritt.

H. Meyer hat seine Geschichte der bildenden Kunst (2 Bde. 1824. 3. Bd. 1836) bestimmt auf Griechen, dann auf die Griechen und Römer in der Zeit ihres Abnehmens beschränkt; *Aloys Hirt* dagegen begreift unter »den Alten«, deren Geschichte der bildenden Künste er schreibt (Berlin 1834), die drei Hauptgruppen: Aegypter und verwandte Volksstämme, dann Israeliten, Phönicier, Babylonier und Perser, endlich Griechen, in deren Bereich er die Kunst Mittelitaliens geschickt einfügt.

Eine den bisher genannten Archäologen entgegengesetzte Richtung verfolgt *Heyne* in seinen Vorlesungen über Archäologie (Braunschweig 1822); er handelt nur im Anhang von nichtgriechischen und nichtrömischen Werken, giebt darin auch Etwas von den etruskischen Werken S. 588 ff., zu denen aber auch griechische archaistische zählen. Dies Princip ist umsichtiger durchgeführt von *Otfried Müller*. Er hat der griechischen Kunstgeschichte in ihrer auch die Römer umfassenden Gesammtheit als Anhang die ungriechischen Völker und zwar zuerst die Aegypter (S. 287—290), dann die syrischen Stämme und zwar die Babylonier, die Phönicier und benachbarte Stämme, endlich Kleinasier (S. 292—304), dann die Völker vom arischen Stamme, in die durch *Welcker* auch die Assyrer aufgenommen sind (S. 305—315), endlich die Inder als das östlichste Glied des kaukasischen Menschenstammes angefügt. Die Behandlung Aegyptens ist im Verhältniss zum früheren Standpunkte der Forschung eine sehr umfassende und selbständige zu nennen.

Gerhard, Grundriss der Archäologie, 1853, fasst die Betrachtung der ungriechischen Kunstgebiete auch am Schluss der Kunstgeschichte unter dem bezeichnenden Ausdrucke als Parallelen griechischer und ausländischer Kunstgeschichte zusammen, und erweitert dieselben noch auf andere Völker mit rohem oder starrem Kunstbetrieb, wie er das Charakteristische der Kunst bei den christlichen Völkern herausgehoben wissen will.

K. Fr. Hermann, Schema akad. Vorträge zieht die Grenzen enger für die Kunst der Griechen und Römer, aber stellt in § 2 passend die Erläuterung des Verhältnisses der griechischen Kunst zur orientalischen voran.

Die so junge Wissenschaft der allgemeinen Kunstgeschichte hat die orientalische Kunststufe erst in ihrer selbständigen Bedeutung zur Anerkennung gebracht und der klassischen Kunst ihre engeren Grenzen angewiesen.

Kugler schied in der dritten Auflage seiner Kunstgeschichte (1855) eine eigene der hellenischen Kunst voraufgehende Stufe zuerst als Pelasgerthum aus und fasste darinnen das älteste Hellas, Mittelitalien und Kleinasien zusammen. Dass wir diese Gliederung abgesehen von dem Namen für eine wohl begründete halten, ergiebt unsere Darlegung im Text; natürlich indem wir dabei die kleinasiatische Stufe der ältestitalischen voraussteIlen und zweitens in Kleinasien das überwiegend semitische Element hierbei ausscheiden. *Kugler* lässt der hellenischen Kunst die Kunst der römischen Epoche folgen, also die Epoche nicht die Kunst als römisch bezeichnen. Der hellenistischen grossen Phase des Kunstlebens ist auch er nicht gerecht geworden.

Die meisten Kunsthistoriker, *Schnaase, Lübke, Reber* u. A. haben wieder einfach griechische und römische Kunst geschieden, die letztere etwa erweitert zur italischen. Die Kunst des Hellenismus ist dabei wenig beachtet, ja selbst wohl vergessen worden.

Die Periodisirung der eigentlich griechischen Kunst ruht bei *Winckelmann* wesentlich auf den gleichsam apriorisch gefundenen normalen Stilunterschieden, die den fünf Akten der dramatischen Handlung gleichgestellt werden: Anfang, Fortgang, Höhestand, Abnahme, Ende; es werden daher fünf Perioden eigentlich geschieden, ausdrücklich sind es aber Perioden der bereits fest geformten in ein »Systema« gebrachten Kunst, davon wird die letzte, der Untergang der Kunst aber wesentlich bei Seite gesetzt. Hervortreten der ältere, der grosse, der schöne und der Stil der Nachahmer. Das bestechend Einfache, Organische in einer solchen Gliederung übte bis heute den mächtigsten Zauber und drängte lange die berechtigten, aus dem Studium der Quellen wie der Monumente hervorgehenden Zweifel zurück. Wir finden diese Periodisirung mit einzelnen Modifikationen daher bei den meisten Behandlungen der griechischen Kunstgeschichte, und man hat sich sehr bald eifrig bemüht die meisten antiken Werke in dies Schema einzufügen, oft gewaltsam genug einzuzwängen, wie andererseits die politischen Ereignisse und die stilistischen Entwickelungen schärfer in Einklang zu setzen.

Sie liegt zu Grunde der Darstellung von *Otfr. Müller*, allerdings mit der wichtigen Veränderung, dass der hohe und schöne Stil als Unterabtheilungen der Periode von Perikles zu Alexander gefasst werden und dass die erste Periode jene Kunstincunabeln auch einbegreift, die Verfasser davon noch geschieden hatte.

Hirt geht umgekehrt noch einen Schritt weiter in der Gliederung, indem er eine ägyptisirende Periode (Ol. 30—60) und eine solche des älteren Stiles (Ol. 60—80) noch scheidet und dabei alle Perioden wieder in mehrere Unterabtheilungen trennt, so dass nach diesen Bildhauerei und Malerei möglichst synchronistisch behandelt werden.

Gerhard hat fünf Epochen sowohl für die gesammte Kunstgeschichte, wie für die einzelnen Künste im systematischen Theile streng festgehalten und passend bezeichnet als Urzeit, Vorzeit der Kunst, Kunstvollendung, Kunstreife und Verfall der Kunst.

K. Fr. Hermann gliedert in den einzelnen Künsten verschieden, scheidet aber auch in der Periodisirung der Plastik, deren Epochen als Normalepochen immer betrachtet sind, nur vier grosse Abschnitte.

Brunn hat in seiner Geschichte der griechischen Künstler (I. 1853. II. 1859) wie auch *Overbeck* (Geschichte der Plastik I. 1857. II. 1858) die Sechsgliederung durchgeführt, indem nach *Overbeck's* Ausdruck die erste und zweite Kunstblüthe geschieden werden. In vier Epochen behandeln *Kugler*, *Schnaase*. *Lübke* die griechische Kunst, in zwei die davon getrennte römische Kunst, also die Gesammtheit auch in sechs Perioden.

In scharfen Gegensatz zu diesem Bilde organischen Wachsthums und ebenso regelmässigen Absteigens von der kurz behaupteten Spitze der Kunstvollendung, wie sie *Hirt* zuletzt genauest abgegränzt trat, *Fr. Thiersch* in wesentlichem Einklang mit *Ennio Quirino Visconti* mit seinen Abhandlungen über die Epochen der bildenden Kunst unter den Griechen (München 1816. 1819. 1825; 2. Aufl. 1829), um theils den langen, wie er meint fünfhundertjährigen Bestand eines heiligen, conventionellen unter ägyptischem Einfluss gebildeten Stiles und den ebenso langen Bestand der Kunstvollendung von Phidias bis Hadrian zu erweisen, zwischen dem ein Jahrhundert rascher Kunstentwickelung liege. In neuerer Zeit hat am entschiedensten *A. Stahr* in seinem Torso (Kunst, Künstler und Kunstwerke der Alten, Braunschweig 1854) sich zu dieser Anschauung bekannt.

Auch wir können in der Entwickelung der specifisch hellenischen Kunst als Gesammtheit, die wir aber von der sogenannten pelasgischen Vorstufe wie dann von der hellenistischen Kunst bestimmt scheiden, nur zwei grosse, durchgreifende Epochen festhalten, die der altgriechischen Zeit oder des sogenannten strengen oder archaischen Stiles mit verschiedenen Mittelpunkten des Kunstlebens und des überwiegenden Stammeseinflusses neben dem religiös conventionellen Gesetz, und die der attischen Epoche oder des freien Stiles mit dem frei künstlerischem Erfassen der Naturformen und dem alle anderen Kunstschulen befruchtenden und beherrschenden Einflusse des attischen Geistes. In Athen und der perikleischen Zeit ist der grosse Wendepunkt zu suchen für alle bildende Kunst, erst in diesem Schmelztiegel sind die Kunstelemente, wie in Florenz am Ende des 15. Jahrhunderts wahrhaft zusammengeschmolzen und geläutert worden. In jeder einzelnen Kunst haben wir in diesen zwei grossen Epochen wieder die ihnen eigenthümlichen Entwickelungsstufen zu bezeichnen, die durchaus nicht bei allen zeitlich zusammenfallen.

Den Hellenismus in der Kunst von dem Hellenenthum zuerst geschieden zu haben mehr in richtiger Ahnung des Genius als in unmittelbarem Resultate scharfer Anschauungen ist eines der grossen Verdienste von *Winckelmann*, das wir heutzutage erst voll zu würdigen und auszunützen im Stande sind; in demselben die östliche und westliche Entwickelung, den sogenannten Alexandrinismus wie die Restauration der gräco-italischen Kunst in ihrer Besonderheit zu verfolgen und dann ihre Verschmelzung unter Hadrian aufzuweisen, wird der leitende Gesichtspunkt für diese Epoche sein, für welche die neuesten Arbeiten, wie die von *Helbig*, Untersuchungen über die campanische Wandmalerei, Leipzig 1873, treffliche Vorarbeiten bilden.

§ 10. Typologischer Theil: Denkmälerkunde, Kunstsymbolik und Ikonographie.

1 Aus dem bisher hier vorgezeichneten Wege archäologischer Wissenschaft scheint es sich nicht zu ergeben, dass wir einen weiteren selbständigen Theil, eine sogenannte Denkmälerkunde oder Kunstmythologie, in der die unendliche Fülle der bildlichen Objekte — denn um architektonische oder tektonische handelte es sich dabei bisher nicht — nach der in ihnen verkörperten Gedankenwelt behandelt wird, in unsere Gliederung aufzunehmen haben. Diese Gedankenwelt ist ja, insofern sie eine in der Kunstwelt geschichtlich wechselnde ist, insofern sie mit bestimmten Denkmälergattungen oder mit bestimmten Stilentwickelungen sich verknüpft, bereits abgehandelt worden; die Methode sie zu finden, das Denkmal richtig zu deuten ward im ersten Theile bereits bezeichnet. Und wird sie in ihrer vollen Ausbreitung und Verzweigung nicht allein im Zusammenhang mit der Gedankenwelt der antiken Poesie richtig erfasst? stellt sie sich andererseits nicht als wahre Kunstmythologie, als ein grosses Gebiet, wenn man so sagen darf, angewandter Mythologie dar?

2 Ebenso wird die möglichst vollständige Reihe historischer Portraits, abgesehen von ihrem durchaus nicht gleichen künstlerischen Interesse, der Geschichte und ihren Hülfswissenschaften zufallen, wie die Darstellung der Beschäftigungen des idealen wie gewöhnlichen Lebens, der Waffen, der Trachten, der Thier- und Pflanzenwelt, als solche an die entsprechenden Gebiete der Alterthumskunde, durch die Archäologie nur geprüft, gesichtet, stilistisch bestimmt, abgegeben werden?

3 Und dennoch werden wir durch eine eingehendere Erwägung des nothwendigen, oben (§ 1, 13. 14.) dargestellten Kreislaufes der archäologischen Arbeit von der rein geschichtlichen Betrachtung zu der das einzelne Objekt, wie es uns heutzutage entgegentritt, allseitig erfassenden, ergänzenden, reconstruirenden Thätigkeit zurückgeführt. Es gilt die Reconstruktion dieses Gesammtbestandes der antiken Kunstdenkmäler, als einer zusammenhängenden, grossartigen Kunstwelt; diese ist aber ein Complex von sinnlich verkörperten Kunstideen, eine ideale, für sich existirende Welt, analog der Welt der Poesie und des Mythus, eine Schöpfung eines nationalen phantasievollen Kunstgeistes, welche als solche in die Gesammtbildung unserer modernen Welt noch immer eingreift.

4 Von diesem Standpunkte aus wird die Denkmälerkunde in der That ein vollberechtigtes Schlussglied der Archäologie. Sie hat dann auch

Architektur und Tektonik zu umfassen, insofern auch hier eine schöpferische und geistvolle Phantasie waltet, im Mittelpunkt stehen aber dabei Plastik und Malerei, da diese beiden Künste allein einen scharf ausgeprägten Gedankeninhalt repräsentiren.

Es handelt sich bei ihr nicht um eine äusserliche Statistik des vor- 5
handenen Materials, nach sachlichen Gesichtspunkten geordnet, nach den zur Darstellung gekommenen Vorstellungen als Ziel, es bildet diese nur die nothwendige Vorarbeit, sondern um die Aufstellung einer Reihe von Musterbildern aus den künstlerisch geformten Ideenkreisen, die aus einzelnen Originalwerken, aus der Menge der Copieen, aus den Schilderungen der Kunstschriftsteller mit wissenschaftlicher Treue, aber zugleich mit dem glücklichen Takt künstlerischer Phantasie zu reconstruiren sind.

Diese Aufgabe künstlerischer Reconstruktion bringt es mit sich, dass 6
hierbei bildliche, von der Wissenschaft geleitete Darstellung dem sprachlichen Ausdruck controlirend zur Seite gehen müsse. Nur die vereinte Thätigkeit des Archäologen und Künstlers, oder die seltene Vereinigung beider Eigenschaften in einem und demselben Menschen, wie sie ein *Winckelmann* besass, kann solche Aufgabe glücklich lösen. In diesen Musterbildern spiegelt sich der gesammte geistige Inhalt des Alterthums wahrhaft ab, und derselbe tritt dadurch in seiner noch fort und fort lebendig wirkenden Kraft anschaulich zu Tage.

Zu § 10.

In *Winckelmann's* Werken befinden sich zwei, welche ohne von ihm irgend systematisch neben der Kunstgeschichte des Alterthums geplant zu sein, doch durchaus die für diesen dritten Theil der Archäologie entscheidenden Gesichtspunkte verfolgen, es ist dies der Entwurf einer Beschreibung der Statuen im Belvedere, bereits 1756/57 entstanden, nur zum Theil (Beschreibung des Apoll von Belvedere, des Torso, des Antinous Hermes, des Laokoon) umgearbeitet, veröffentlicht und eingefügt dann in die Kunstgeschichte, und es sind die Monumenti inediti aus dem Jahre 1767. Jene Vorläufer zu dem grossen von *Winckelmann* mit *Mengs* zusammen geplanten Werke vom Geschmacke der griechischen Künstler, wie sie *Justi, Winckelmann* II. S. 35 ff. nachgewiesen, gehen in ihrer Vollendung aus einem dem des schaffenden Künstlers verwandten Geisteszustand hervor, sie sind keine gegenständlichen Beschreibungen, sondern »eine Umsetzung der Impression, welche der Geist in einem Moment weihevoller Betrachtung empfing, in eine Reihe von Bildern und Begriffen, ganz sowie der Künstler seine schöpferische Intuition allmälig in plastische Realität umsetzt«. *Winckelmann* erklärt es für wünschenswerth, dass er zuvor eine Beschreibung der besten Statuen, wie sie zum Unterrichte junger Künstler und reisender Liebhaber unentbehrlich wäre, unternehmen und nach Würdigkeit ausführen könnte.

Im vollen Gegensatze zu der Aufgabe und den Beispielen solcher künstlerischer Beschreibungen, gleichsam freier künstlerischer Uebersetzungen in die Sprache steht die Aufgabe, welche *Winckelmann* sich bei den Monumenti inediti gesetzt; hier handelt es sich zunächst um möglichst treue bildliche Veröffentlichung neuer oder ungenügend bekannter Monumente, um eine rein sachliche, auf den Inhalt eingehende Auslegung, um eine Bereicherung des philologischen und antiquarischen Wissens, viel weniger um den Nachweis der Kunst der Zeichnung, aber dennoch ist dieser stilistische Gesichtspunkt nicht aus dem Auge verloren, es werden Proben absichtlich aus jedem Zeitalter der Kunst gegeben. Der Eintheilungsgrund ist durchaus der sachliche oder stoffliche nach den Gegenständen der Darstellung: der Götterlehre, der Geschichte des heroischen oder fabelhaften Zeitalters, der griechischen und römischen Geschichte, der Sitten, Gebräuche und Künste der Alten, und das Ganze endet mit dem Landschaftsgemälde.

So sind also subjectiv in der Entwickelung *Winckelmann's* die beiden polaren Gegensätze der einfachen Interpretation und der wissenschaftlichen Erneuerung eines Kunstwerkes wirksam gewesen, nur in umgekehrter Reihenfolge, als sie wissenschaftlich eine Forderung werden. Die Wissenschaft wird von den Grundsätzen der nüchternen sachlichen Betrachtung und Erklärung der Monumente ausgehen, aber sie wird nicht in der Vereinzelung des fragmentarischen, veränderten, in seiner Wirkung getrübten Monumentes stecken bleiben, sie wird die oft mühsam aus einer Fülle von Copieen und Variationen herzustellenden Originalschöpfungen unter diesen einigen, thatsächlich noch vorhandene künstlerisch, sprachlich, wie andererseits durch die von der Wissenschaft geleitete Hand des Künstlers erzeugen, erneuern und vergegenwärtigen. Sie wird nicht »von Werken des Genius im Stil von Steckbriefen reden«, nicht mehr »mit den Augen eines Feuerversicherungsagenten als eines Künstlers« sehen (*Justi, Winckelmann*, II. 1. S. 383).

Heyne hat in seinen akademischen Vorlesungen über Archäologie die Denkmälerkunde als den Kern der Archäologie selbst behandelt und verfolgt in der Gliederung gemischte Gesichtspunkte überwiegend aber künstlerische: so scheidet er sie nach den Kunstgattungen in Statuen, Büsten, Reliefs, Privatgebäude mit Hausgeräth, geschnittene Steine, Malerei, und führt in dem allein eingehend behandelten Abschnitte über die Statuen, Götter, Heroen, Mischgestalten, Portraitfiguren, Thiergestalten vor, bei den Göttern aber scheidet er jugendliche, reife und Kinderideale, ebenso wie männliche und weibliche Ideale. Es sind damit in der That eine Reihe richtiger einzelner Gruppirungen schon herausgefunden, die noch heute ihren Werth behalten.

Siebenkees, Handbuch der Archäologie. II. 1800, fusst wesentlich darin auf *Heyne*, wo er abweicht ist aber im Einzelnen vieles unglücklich durcheinander geworfen, so wenn mit den Statuen des Belvedere auf einmal und zwar mit Laokoon begonnen wird. Auch *Beck*, Grundriss der Archäologie folgt *Heyne's* Fusstapfen in diesem Abschnitte, der nur als Fragment erschienen ist, genau.

Wir müssen *Böttiger* in Deutschland, *Millin* in Frankreich als die eigentlichen Begründer der Kunstmythologie, als eines zwischen Archäologie und Mythologie in der Mitte stehenden Wissenschaftsgebietes betrachten, einer durch Text und Abbildungen gleich wirksamen Behandlungsweise, nachdem zuvor schon der geistvolle und feinsinnige *Philipp Moritz* in seiner durch die Zeichnungen eines Carstens nach antiken speciell nach geschnittenen Steinen geschmückten Götterlehre (Berlin 1791) die mythologische Dichtung als Sprache der Phantasie aufgefasst und sie nicht zu deuten, aber durch die Werke der bildenden Kunst und das Gedicht verstehen zu lehren gesucht hatte. Auch *Hirt* gehört im ganzen Geiste der Behandlung dieser Richtung noch an, wenn auch das Sachliche über das Formale schon Uebergewicht gewinnt. Er wollte in seinem Bilderbuche für Mythologie, Archäologie und Kunst (Heft I. Berlin 1805; II. 1816) ein bildliches Compendium für den Unterricht in jenen drei Gebieten nach den Denkmälern der bildenden Kunst (Vorrede p. V.), »vor allem aber eine gewisse Einweihung in den Geist der Kunst selbst und der Kunstgeschichte« geben. Sein Plan umfasste dabei aber alle Klassen der Monumente beginnend von den mythologischen und fortgeführt zu den Cultusscenen und Festleben und endend mit den historischen Monumenten; der mythologische Theil und zwar von der Götterwelt ist nur vollendet worden. Die Denkmälergattungen sind dabei neben einander möglichst vielseitig herangezogen.

Böttiger, welcher den Ausdruck Kunstmythologie in seinen über Theile dieses Bereiches in den Jahren 1808—1810 gehaltenen Vorlesungen gebraucht hat, hat in seinen zum Theil erst nach seinem Tode erschienenen Ideen zu einer Kunstmythologie (I. Dresden 1826, II. 1836) die mythologische Aufgabe, den religionsgeschichtlichen Process ganz in den Vordergrund gestellt und dem entsprechend aber wesentlich als Beilagen die kunstgeschichtlichen Fortschritte der Idealbildungen der Kunst behandelt. Die Aufgabe ist dabei noch umfassender gestellt, wobei neben den erhaltenen die literarisch zunächst bezeugten hereintreten.

Der ganz überwiegende Einfluss der in den genannten Forschern wirksamen, durch *Creuzer* am energischsten und gelehrtesten im Zusammenhang der philosophischen Spekulation und der romantischen Bewegung in Poesie und Kunst im Anfang des Jahrhunderts ausgesprochenen Ideen zur symbolischen Auslegung einer wie man annahm rein von religiösen Gedanken beherrschten Kunstwelt findet schliesslich seinen Ausdruck in *Gerhard's* früherer Aufstellung der Archäologie als eines untrennbaren Ganzen von Religions- und Kunstgeschichte (Hyperbor.-röm. Studien I. 19); aber gerade *Gerhard* hat das Verdienst die Nothwendigkeit des dritten Theiles einer Uebersicht der Kunstdenkmäler nach ihren wesentlichen Gesichtspunkten scharf betont zu haben, die da Religions- und Kunstgeschichte zur Voraussetzung habe, und er hat, wenn irgend einer von Neuem diesen Ueberblick in umfassendster Weise gefördert. Die Einseitigkeit der Betonung der Religionsgeschichte hatte natürlich zur Folge, dass er »andere Lebens- und Gedankenkreise von einer gleichmässigen Betrachtung ihres Verhältnisses zur Kunst« ausgeschlossen wissen wollte. In dem späteren Grundrisse *Gerhard's* (Berlin 1853) ist die Scheidung der Archäologie von der Mythologie schon schärfer vollzogen und die Uebersicht der Kunstdenkmäler doppelt nach Gattung und Stil wie nach Inhalt gegeben, eine getrennte Behandlungsweise, die nothwendig nach dem ersten Gesichtspunkte grosse Wiederholungen gegenüber der Kunstgeschichte zur Folge haben muss.

O. Müller hat das Verdienst gegenüber der bereits in vollem Gange befindlichen gänzlichen Mischung des archäologischen und mythologischen Gesichtspunktes den ersten wieder in seinem dritten Theile, in der systematischen Behandlung herausgehoben, neben dem mythologischen Ideenkreis auch den Gegenständen des menschlichen Lebens wie denen der übrigen Natur ihren berechtigten Platz vindicirt zu haben und zweitens in den einzelnen Göttergestalten das religiöse Substrat als Ausgangspunkt, nicht als Gegenstand der Betrachtung genommen zu haben. Freilich sind hierbei die *Heyne*'schen Versuche einer Gruppirung nach echt künstlerischen Grundformen gänzlich aufgegeben, und das Ganze erhält in der Mischung der Kunstgattungen den Charakter einer überwiegenden mythologischen Statistik aller möglichen antiken Objekte. Dies tritt besonders in den durch ihre Zuverlässigkeit und Reichhaltigkeit so werthvollen Bildtafeln des diesen Abschnitt begleitenden zweiten Theiles der von *Wieseler* fortgesetzten und neu bearbeiteten Denkmäler der alten Kunst für eine Kunstbetrachtung störend hervor.

Fr. Welcker und *Emil Braun* bezeichnen zwei wichtige Fortschritte zur wissenschaftlichen Ausbildung der Disciplin der Denkmälerkunde oder sogenannten Kunstmythologie, jener indem er das eine wichtigste Mittelglied zwischen Mythus und Kunstwelt in seiner ganzen auch stilistischen Bedeutung für die Erkenntniss der Denkmäler erkannte und verwerthete, nämlich die Stufen der Poesie, die den mythologischen Stoff verarbeitet, des Epos, der Lyrik, der Tragödie, indem er andererseits die der bildenden Kunst eigenthümliche Poesie klar zu legen strebte, dieser indem er den inhaltlich wie stilistisch bestimmenden Einfluss der Denkmälergattungen in gesonderter Betrachtungsweise derselben wie Reliefs, Vasenbilder in's Auge fasste und zweitens aber auch für die Gesammterfassung eines Kunstwerkes jene Forderung einer analogen Erhebung und Erregung des betrachtenden Subjekts und den adäquaten Ausdruck derselben in der Sprache stellte und selbst zu erfüllen suchte. *Welcker* äusserte sich 1834 in der Recension von *Müller's* Archäologie (Kl. Schriften III. 1850. S. 345) folgendermassen: »Zunächst ist die der Kunst eigenthümliche Poesie und Mythologie, die stumme Poesie der Malerei nach *Simonides* zu entwickeln. Die Kunst übt eine freie, selbständige Produktion aus, daher ist die Behandlung ihrer Geschichte einseitig, wenn sie nur auf den Charakter der Form, nicht auch auf die gesammte, innere Auffassung des Gegenstandes, den mythologischen und poetischen Inhalt, Geist und Gedanken, insofern auch diese unter Kunstbedingungen stehen, sich richtet. Andere Stoffe veranlassen und begünstigen andere Darstellungsweisen, andere Erfindungen und Kunstvortheile: auf bestimmte Weise erreicht die Kunst den Ausdruck des Erhabenen, des Tragischen, der Anmuth, des Komischen, der Carricatur, des Naiven und Idyllischen u. s. w., und wenn man auch nicht nach den Gefühlstimmungen Kunstarten wie Dichtarten aufzustellen hat, so verlohnt es sich doch die Kunstarten nach den ästhetischen Tonarten zu vergleichen und zu würdigen und den Geschmack der Zeitalter auch mit Rücksicht auf den herrschenden Charakter der Darstellungen im Zusammenhange zu unterscheiden.« Der Plan einen Cyklus von ausgewählten Bildwerken zu jedem der Gedichte des epischen Cyklus aufzustellen war von *Welcker* bereits 1834 ausgesprochen (Alte Denkmäler IV. 1864, S. 224 Anm.), 1849 förmlich angekündigt worden (Alte Denkmäler I. S. IV.), ist dann von seinem Schüler *Joh. Overbeck* in der Gallerie heroischer Bildwerke (Bd. I. 1853. Braunschweig) ausgeführt worden. In der Vorrede (p. I. — XXVI.) ist der *Welcker*'sche Grundgedanke des Verhältnisses von Poesie und Kunst scharf und unumwunden ausgesprochen.

E. Braun hat sich in dem Artikel Archäologie (Conversationslexikon der Gegenwart I. S. 195—208) über die nothwendigen Vorbedingungen einer wissenschaftlichen Denkmälerkunde in einem Repertorium der alten Kunstvorstellungen mit sichern Abbildungen ausgesprochen (*Preller*, Ausgewählte Aufsätze, S. 396 f.); in seiner »Vorschule zur Kunstmythologie« (Gotha 1854) verlangt er vor allem Sparsamkeit in der Auswahl der charakteristischen Denkmale, Abweisen jener bunten Mischung verschiedener Denkmälergattungen, Erfassung des Wesentlichen der Erscheinung; den Bedenken gegen seine Vortragsweise hält er entgegen, »dass es für das richtige und eindringliche Verständniss von Kunstwerken, die ihrer Natur nach einer rein poetischen Gedankensphäre angehören, weit weniger nachtheilig ist, wenn man die Stimmung etwas zu hoch nimmt, als wenn man sie in eine prosaisch nüchterne Betrachtungsweise hinabzieht, da die Abkühlung der Einbildungskraft bald genug erfolgt, die Rückkehr zu poetischen Gefühlen und Empfindungen aber nach solchen frostigen Auslegungsversuchen selbst denen unmöglich zu werden pflegt, die sich in jenen hohen Regionen heimisch fühlen« (S. 65). *Braun's* rasch entworfene »Grundzüge einer Denkmälerkunde« (Hyperbor.-römische Studien 1852 II. S. 1—76) zerfallen in zwei Abschnitte über die Kunstgattungen und Kunstdarstellungen, von denen die letztere reich nach kunstmythologischer Seite ausgeführt ist. Auch hier ist ihm der innere Einheitspunkt der mythologischen Idee und der Form die Hauptsache. Von gleichem Geiste getragen, daher auch in so hohem Stile geschrieben ist sein Werk: Ruinen und Museen Rom's. (Braunschweig 1854.)

Die Nothwendigkeit der Auswahl der der künstlerischen Betrachtung (Analyse) zu unterstellenden Monumente betont in neuester Zeit auch *Al. Conze* in seinen Heroen- und Göttergestalten der griechischen Kunst (Abtheilung I. Wien 1874), er will »nicht Göttergeschichten erzählen und durch Darstellung antiker Kunst illustriren« sondern diese Gestalten als einen besonders fein ausgebildeten Theil der antiken Formenwelt erkennen lehren; es ist ihm gelungen in einer Reihe von solchen Idealbildern den künstlerischen Eindruck einfach und warm wiederzugeben. Die Auswahl kann natürlich nur dann auf wissenschaftlichen Werth Anspruch machen, wenn sie eine möglichst vollständige Uebersicht der einschlagenden Denkmäler voraussetzt und aus dieser durch vergleichende Betrachtung erwachsen ist. Und wir besitzen darin in *Otto Jahn's* und *Ludolf Stephani's* grossen Arbeiten bleibende treffliche Unterlagen für ganze Gruppen dieser künstlerischen Gestaltenwelt. Es gilt aber mehr als bisher geschehen zu scheiden zwischen der allseitigen besonders auch antiquarisch lehrreichen Auslegung unendlich vieler einzelner Denkmäler als Quellen unserer Erkenntniss des Alterthums überhaupt und der am Schlusse der archäologischen Arbeit auftretenden, genauer schon im Texte ausgesprochenen Aufgabe, die Gesammtheit dieser Idealwelt der antiken Kunst in charakteristischen Beispielen vorzuführen. *Overbeck's* grosses Werk einer griechischen Kunstmythologie (II. 1. Leizig 1871, II. 2. 1873) lässt in seiner Gliederung den grossen Umschwung, die innere Reife in der archäologischen Erfassung einer Kunstmythologie gegenüber den Bestrebungen vor einem halben Jahrhundert erkennen. Seinen theoretischen Unterlagen im ersten Theil haben wir noch entgegen zu sehen.

Herder hat schon in den Ideen zur Geschichte und Kritik der Poesie und bildenden Kunst 1794—1796, in den Briefen 16—20 diese in dem dritten Theile zu behandelnde Aufgabe am richtigsten erkannt und in einer geistvollen Skizze sie dargelegt. Die griechische Kunst hat ihm »anschauliche Categorien der Menschheit gegründet«, hat »Ideale der Humanität« geschaffen; sein Gesichtspunkt neben dem des Mythologen, des Auslegers, des Kunstliebhabers ist: »Welche reine Idee lag der Kunst und zwar in ihren heiligsten Werken vor, die öffentlich dargestellt und für die Ewigkeit geschaffen wurden? Wie kam die Kunst zu ihr? wie hat sie solche ausgeführt?«

§ 11. Hülfs- und Nebenwissenschaften der Archäologie.

Die archäologische Wissenschaft ist umgeben von einer Anzahl wissen- 1
schaftlicher Disciplinen, mit denen sie auf ihrer früheren Entwickelungsstufe als ganz zusammengehörig betrachtet ward, ja aus deren Bereich und deren mit besonderer Liebe gepflegtem Studium sie erst allmälich sich zu voller Selbständigkeit empor gearbeitet hat. Ist man nun auch heute über das verschiedene zu Grunde liegende Princip im Ganzen einig, so herrschen wesentlich aus praktischen Gesichtspunkten über die Unterbringung dieser Disciplinen unter die Archäologie noch sehr abweichende

Ansichten. Gerade diese Gesichtspunkte verdecken häufig die tiefer liegenden, auch principiell begründeten, gegenseitig nothwendigen Beziehungen derselben, und um so wichtiger ist es von vorn herein über dieselben sich Klarheit zu verschaffen.

2 In erster Linie kommt in Betracht die Topographie, wie sie sich in die Mitte stellt zwischen der Geographie und Archäologie. Ihr ist es um die Erforschung jener Lokalitäten zu thun, die Sitze menschlicher Ansiedelungen, wie insbesondere städtischer Culturen geworden sind und ebenso sehr durch die Naturbedingungen, durch Hebung uud Senkung des Bodens, Wasserverhältnisse, Winde, atmosphärische Verhältnisse, Pflanzen und Thierwelt, die menschlichen Anlagen bestimmt haben, als andererseits durch die Menschen umgewandelt sind. Nothwendig ist dem Topographen eine eingehende Kenntniss der einzelnen architektonischen Anlagen überhaupt und ihres stilistischen Charakters, wie andererseits des gesammten künstlerischen Eindruckes antiker Städte; er ist sonst nicht im Stande die Spuren derselben auf dem Boden zu errathen und in treffender Weise zu deuten. Und überhaupt würde er ohne eine genügende Kenntniss des Plastischen und Malerischen (man denke nur an architektonische Sculpturen oder an Wandgemälde) eines wichtigen Kriteriums für seine Ansätze entbehren. Und umgekehrt wird der Archäolog durch die Fundgeschichte seiner Kunstobjekte fort und fort zur Topographie getrieben, und er hat, wenn er irgend ein grösseres künstlerisches Gesammtbild zu entwerfen unternimmt, die topographische Unterlage zunächst sicher zu stellen. Und dennoch sind die hier sich kreuzenden Wege nicht die gleichen. Der Topograph ist eben in erster Linie Geograph und hat immer das Menschliche, in dem das Künstlerische doch nur eine Seite bildet, auf die Configuration des Bodens, nicht umgekehrt zu beziehen. Dem Archäologen ist im Gegentheil diese nur Substrat um darauf den Bau menschlicher Cultur zu reconstruiren.

3 Es handelt sich ferner um die Numismatik, die Münzkunde, und gerade bei ihr wird bis zum heutigen Tage das Verhältniss zur Archäologie sehr verschieden aufgefasst. Die Münze als ein mit Werthzeichen und dem Zeichen einer normirenden Autorität versehener metallischer Werthmesser, gehört zu dem weiteren Begriffe des Geldes, und fällt als solches dem grossen Gebiete der politischen Oekonomie anheim; sie erscheint aber auch zunächst als zugehörig zu dem Gewichtssystem und bildet daher einen Abschnitt in der Metrologie als der grundlegenden Wissenschaft vom Masse der in Raum und Zeit existirenden Dinge. Wie nun niemand es einfallen kann die Lehre von den Massen der Linien, Flächen, Hohl- und Vollkörper, weil sie von eminenter Bedeutung ist für das Gebiet z. B. antiker Architektur oder der Vasenkunde, und weil die Archäologie dafür selbst monumentale Quellen der Metrologie übergiebt, weil endlich diese Masse und Gewichte vielfach

in künstlerischen Formen erscheinen, desshalb zur Archäologie zu rechnen, wie niemand die Zeitmessung der Alten, ohne deren Kenntniss und genaue Erwägung keine Kunstgeschichte möglich ist, welche selbst aus den kunstgeschichtlichen Angaben z. B. über die Künstlerfamilien und Schulen, über Blüthezeit der Künstler schätzbares Material empfängt, der Archäologie der Kunst zuweisen wird, ebensowenig gehört eine bestimmte Gattung des Geldes nach den diesem eigenthümlichen Gesichtspunkten dieser Wissenschaft, so wichtig auch die Preis- und Werthverhältnisse für den archäologischen Forscher sind.

Nun tritt allerdings ein weiteres Element hinzu, das die Münze in 4
zweiter Linie zum kunstarchäologischen Objekte macht, das ist die *Bildersprache*, in der jene staatliche oder religiöse Autorität, die auf Lokalitäten, Institute und Träger der Gewalt sich bezieht, mit und ohne Hinzutreten der Schrift sich ausprägt. Und gerade diese Seite hat den antiken Münzen am frühesten Aufmerksamkeit und Gunst der Sammler zugewendet und man hat den Charakter des Schaustückes, des historischen, genealogischen oder mythologischen Dokumentes ganz in den Vordergrund gestellt, ohne des eigentlichen Zweckes der Herstellung sich bewusst zu sein. Von dieser ihrer formalen Seite betrachtet, erscheint die Münze als ein Glied in der Reihe der Denkmäler mit Reliefbildungen, und zwar solcher, die durch mechanischen Process, wie alle Erzgüsse und Stempelabdrücke, Abbilder des unmittelbaren Werkes der künstlerischen Hand, des Modells geworden sind. Den dargestellten Gegenständen nach führt die Numismatik, soweit überhaupt davon im Alterthum die Rede sein kann, auf eine *Wappen- und Siegelkunde* des Alterthums zurück. Unser archäologisches Interesse an der Münze reicht aber noch weiter, insofern sie vielfach eine sichere, chronologische Unterlage des Stiles uns bietet, und andererseits der künstlerische Geist des Griechenthums den Kunstbesitz eines Staates zum idealen Vertreter desselben macht. Unter diesen Gesichtspunkten gehört die antike Münze dem archäologischen Studium an.

Unsere Eingangsbetrachtungen (§ 2, 3 und 12) haben die Welt der 5
schriftlichen Ueberreste und der bildlichen im weitesten Sinne scharf gegenüber gestellt und bereits auf die nothwendige Scheidung der *Inschriften- und Handschriftenkunde*, *Epigraphik* und der *Diplomatik* nebst *Paläographie* von der Archäologie hingewiesen. Auch hier liegt das Princip, der Schwerpunkt dieser Studien durchaus nicht im Bereiche des Künstlerischen, specifisch der bildenden Kunst. Und dennoch gehen diese Studien nicht allein häufig parallel neben einander her, behandeln dieselben Objekte, die Bildliches und Schriftliches enthalten, nur nach anderen Gesichtspunkten, ergänzen und unterstützen sich fort und fort, sondern sie greifen unmittelbar in einander über, und durchkreuzen sich. Der Archäologe hat auf dem gemeinschaftlichen

Vasenbild die Inschrift nicht allein nach ihrem Inhalt, wie sie der Epigraphiker entziffert, zu verwerthen, sondern er hat die Vertheilung derselben auf dem Bilde analog der Vertheilung rein ornamentaler Zeichen, wie der Rosette und dergleichen zu beachten und ästhetisch zu beurtheilen. Eine Reihe fruchtbarster Betrachtungen, gerade für die künstlerische Raumvertheilung ergiebt die archäologische Betrachtung der Inschriften. Und erweisen nicht die ältesten Kunststufen ein förmliches Zusammenfallen von Zeichnen, Malen, Schreiben (γράφειν)? ist im Orient, in Aegypten und auch in Assyrien jemals Inschrift und Relief oder Intaglio ganz von einander losgelöst worden?

Ebenso ist das Verhältniss der Inschrift zur decorativen Plastik als zum erläuternden Reliefbild, auf römischen Monumenten ein innerlich begründetes und künstlerisch wirksames. Endlich haben die Schriftzüge selbst linear betrachtet ein künstlerisches, kalligraphisches Interesse, und ihr Stil richtet sich nach den allgemeinen Culturepochen, wie nach dem Verhältniss zum Stoff und Zweck der Schrift. Der überraschende Parallelismus archaistischer Richtung in Schrift und Kunststil der Hadrian'schen Zeit ist kaum schon bemerkt. Von dieser Seite ist der Schatz der Epigraphik für die Archäologie erst noch auszubeuten.

6 Auch die Diplomatik trifft in den grossen Bilderhandschriften am Ende des Alterthums, deren Beispiele wir jetzt bis in alexandrinische Zeit zurück verfolgen können, mit der Archäologie noch unmittelbar zusammen; jene weisen selbst auf frühere Vorbilder in der Verbindung des Bildes und der Schrift zurück. Und auch die Schrift selbst der ältesten Papyrusrollen wie der Pergamenthandschriften ist rein auf ihren linearen Charakter hin zu untersuchen.

Zu § 11.

2 Die historische Entwickelung der Gemeinschaft von Archäologie und römischer Topographie ist im folgenden Kapitel gegeben. Die Topographie von Athen im Zusammenhang mit den Kunstdenkmälern, speciell den architektonischen datirt abgesehen von vereinzelten Anfängen wahrhaft erst von dem Werke von *Stuart* und *Revett* (1762) und von einer gründlicheren Vergleichung des *Pausanias* mit den vorhandenen Ueberresten durch *Martin Leake* (1821). Neben Rom und Athen, deren Topographie *Gerhard* ganz in die Archäologie hereinziehen wollte, sind die grossen Mittelpunkte des hellenistischen Lebens wie Antiochien, Alexandrien, Byzanz, Ephesos, Syrakus in ihrer Anlage und Gruppirung der Denkmäler fruchtbare und nothwendige Aufgaben auch der archäologischen Forschung geworden (vgl. vor allem *O. Müller,* De antiquitatibus Antiochenis comment. I. 1836. II. 1839, abgedruckt in Kunstarchäol. Werke V. p. 1—132, und neuestens *E. Curtius,* Ephesos, Berlin 1874, wie *Kiepert,* Zur Topographie des alten Alexandriens, Berlin 1872). Die Entdeckung von Herculanum und Pompeji seit 1736 und 1748 hat Epoche gemacht für dieses Verhältniss der Topographie zur Archäologie, aber gerade hier ist bis auf die neueste Zeit das Interesse der historischen Topographie von dem der Archäologie nur zu sehr

überwuchert. Es kann auch jede kleine unbedeutende Stadt, wie die neu entdeckten Städte der Auranitis durch gute Erhaltung und Klarheit der Spuren das vollste Interesse des Archäologen wecken, aber wahrhaft richtig hebt sich das einzelne Städtebild doch nur ab von dem allgemein geographischen Hintergrunde. Und so ist die Wissenschaft der antiken Geographie, wie sie von *Bernhardy* in den Grundlinien der Encyklopädie S. 277—289 richtig und mit reichem Detail charakterisirt ist, wie sie von *K. Ritter* in seinem grossen Werke (I.—XIX. Berlin 1859) für Asien uns meisterhaft dargestellt ist, das grössere Ganze, dem die Topographie sich einzufügen hat. Weder die Archäologie noch auch die Antiquitäten, wie dies von *Becker* in seinem Handbuch der römischen Alterthümer für die römische Topographie so energisch und gründlich geschehen ist, können gleich nahen Anspruch erheben. Die topographische Anordnung rein archäologischer Fragen und Forschungen ist durch die persönliche Stellung des Reisenden und Periegeten vollständig gerechtfertigt, empfiehlt sich für übersichtlich orientirende Arbeiten, wie dies von *Beulé* geschehen in Fouilles et découvertes resumées et discutées en vue de l'histoire de l'art (2 Bde. Paris 1873); die Begründung dagegen der antiken Kunstgeschichte auf dem Boden der Ortskunde, wie sie *Julius Braun* versuchte und in einzelnen glänzenden Schilderungen auch später erneuert darbot (*Julius Braun* Studien und Skizzen aus den Ländern der alten Cultur, München 1854; Geschichte der Kunst und ihr Entwickelungsgang durch alle Völker der alten Welt auf dem Boden der Ortskunde. 2 Bde. 2. Aufl. von *Reber* 1873; Gemälde der orientalischen Welt, München 1870) ist ein grosser Irrthum und zeugt von dilettantischer Auffassung.

Ueber die Stellung der Numismatik zum grösseren Bereiche der Lehre 3
vom Geld und weiter vom Mass und zur Lehre vom Völkerverkehr (Metrologie) s. *Eckhel*, Doctrina nummorum veterum. Wien 1792—1798. 8 Bde.

Böckh, Encyklopädie der philologischen Wissenschaften. Leipzig 1877. S. 368 ff. *Ders.*, Metrologische Untersuchungen. Berlin 1838. S.

Theod. Mommsen, Verfall des römischen Münzwesens, Leipz. Berichte 1851, S. 180 ff. Geschichte des römischen Münzwesens. 1860. S. V. ff. Histoire de la monnaie Romaine par *Theod. Mommsen* traduite de l'allemand par le duc de *Blacas*. T. I.—IV. Paris 1865—1875. 8. Vgl. des Préface p. XIII.—XL.

Hultsch, Griechische und römische Metrologie. 1862. S. 123 ff., *Joh. Brandis*, Münz-, Maass- und Gewichtsystem in Vorderasien. Berlin 1866; *K. Fr. Hermann*, Lehrbuch der griechischen Antiquitäten II., 2. Aufl. bearb. von *Stark* § 46. 47. Neueste Darstellung der Lehre vom Geld und Credit von *Knies*, Berlin 1873. I.

Die grundlegenden Gesichtspunkte sind sehr mangelhaft entwickelt bei *v. Werlhof*, Handbuch der griechischen Numismatik. Hannover 1850.

Ueber die Bedeutung der älteren Numismatik für Archäologie siehe das folgende Kapitel.

Winckelmann hat in seinen Werken gelegentlich des kunstgeschichtlichen Werthes der Münzen gedacht und Beispiele angeführt, ohne sie zusammenhängend zu verwerthen; *Heyne* nahm die Münzen nicht auf in seine Vorlesungen über Archäologie; *Siebenkees* (Handb. II. S. 485) erklärt mit Bestimmtheit: »In der Archäologie interessiren uns die alten Münzen blos als Werke der Kunst; alles übrige, was man zum Studium der Numismatik rechnet, — liegt ausser ihren Gesichtspunkten.« *Fr. A. Wolf* (Darstellung der Alterthumswissenschaft S. 43 f.) ordnet die Numismatik als eine auf die Ueberreste gemischter Art, wie die Epigraphik sich beziehende Wissenschaft unmittelbar nach der Archäologie, und zwar nach ihrem Anhang, der Archäologie der Baukunst, er scheidet sie ausdrücklich davon, aber er hat ihren kunstgeschichtlichen Werth mit scharfem Blick erkannt.

»Um die Werke nach kritischen Grundsätzen an ihre rechten Stellen zu bringen, haben wir einen Ariadnischen Faden nöthig, der den Mangel der Zeitbestimmungen ersetze, welche nicht die Werke der Kunst, wie die schriftlichen an der Stirne tragen. Einen solchen Faden geben, — wie unsern Wünschen nach einst *Goethe's* und seiner Kunstfreunde Scharfsinn im Einzelnen lehren wird, die durch die Zeiträume der Kunst hindurchgehenden Münzen in ihrer Technik und ganzen Behandlung, die durch wohl vorbereitetes Beschauen und Vergleichen zu ähnlichem treffendem Takt verhilft, als es die Beachtung der Zeit- und Ortseigenthümlichkeiten in den alten Schriften bewirkt.«

Der von *Wolf* geäusserten Erwartung in Bezug auf die Weimarischen Kunstfreunde ist in einem eigenen Abschnitte von *H. Meyer's* Geschichte der bildenden Künste I. S. 306—316 und der dazu gehörigen Kupfertafeln, sowie in der fortwährenden Berücksichtigung der Münzen bei der griechischen Kunstperiegese (ebendas. S. 207—263) einigermassen entsprochen worden. Gleichzeitig hatte auch *C. L. Stieglitz* den »Versuch einer Einrichtung antiker Münzsammlungen zur Erläuterung der Geschichte der Kunst«, Leipzig 1809 veröffentlicht.

Auch *Bernhardy* (Grundl. zur Encyklop. S. 375. 387) schliesst sich den von *Wolf* entwickelten Gesichtspunkten entschieden an und *Otfr. Müller* hat in seinem Handbuch der Archäologie den einzelnen Perioden der Kunstgeschichte einen besonderen Abschnitt über die Münzen eingefügt, ebenso bestimmt aber auch ausgesprochen im systematischen Theil § 307: »Die Numismatik oder Lehre vom Gelde der Alten ist der Hauptsache nach eine Hülfswissenschaft für die Kenntniss des Verkehrs und Handels der Alten, durch den Kunstwerth der Typen aber zugleich für die Kunstgeschichte.«

Davon abweichend nahm *Beck* in seinem Grundriss der Archäologie, Leipzig 1816, die alte Numismatik als einen Theil der Denkmäler mit Aufschrift und Bild nach allen ihren wesentlichen Beziehungen in den zweiten Theil, in die Denkmälerkunde auf (S. 119—138). Noch viel weiter ging *A. v. Steinbüchel* in seinem Abriss der Alterthumskunde, Wien 1829, dessen Schwerpunkt geradezu in die Darstellung der Münzkunde gelegt ist (S. 94—185, also 91 S. gegenüber 84, die alle Kunstdenkmäler aller Gattungen sonst umfassen). *K. Fr. Hermann* (Schema akademischer Vorträge S. 13 ff.) und *Gerhard* (Grundriss der Archäologie S. 29 ff.) geben derselben ebenfalls eine selbständige Stelle und grössere Ausführung im Gesammtorganismus, jener aber ausdrücklich als Anhang und unter der praktisch sehr richtigen Erwägung, dass Numismatik sich schwer in eine einzige archäologische Vorlesung mit einreihen lasse, aber sehr einer übersichtlichen Anleitung bedürfe.

In neuester Zeit hat *Al. Conze* (Bedeutung der klassischen Archäologie, 1869, S. 9) die strenge Zugehörigkeit der Numismatik zur Archäologie ausdrücklich erklärt, indem er in den Münzen kleine Kunstwerke sieht, kleine tektonische Formen, die Träger von Bild- und Schriftwerken erblickt. »Ihre Menge, die Möglichkeit sie örtlich und zeitlich zu bestimmen, machen schon die Beobachtung der Formenwandlungen an ihnen sehr fruchtbar.« Er gesteht freilich zu, »dass die Numismatik von der Archäologie sich emancipirt hat«, »dass wir Numismatiker haben, die der übrigen Archäologie sehr fern stehen«. Grund genug an der Richtigkeit des Principes zu zweifeln. Immer ist als das Entscheidende zu constatiren, dass n i c h t der Kunstwerth des Stempels den allgemein gültigen Werth der Münze bestimmt hat, sondern Reinheit und Gewicht des Metalls und die staatliche Ordnung, ebenso auch jetzt die Seltenheit der Münze nicht ihr Kunstwerth den Preis bestimmt. Aber gerade darin liegt das scharf Unterscheidende des Kunstwerkes, dass sein Werth gegenüber dem Material wesentlich in die Form gesetzt wird. *E. Hübner* sagt sehr richtig (Archäol. Zeit. 1869. N. F. II. S. 93): »Die griechischen und römischen Münzen sind unter anderem auch Kunstwerke, aber in erster Linie ist ihr Verständniss bedingt durch die Einsicht in ihren Zweck: Gewicht, Werth, Feingehalt, Verhältniss zu einander etc.« Die antike Wappen- und Siegelkunde ist erst ein neu entdecktes wissenschaftliches Gebiet, das durch die Fülle babylonischer Siegelfunde (vgl. *Loftus*, Travels and researches in Chaldaea and Susiana, London 1858, p. 254 ff.) und durch die Erkenntniss babylonischen Wappenstiles wie durch das vergleichende Studium der vorderasiatischen Münztypen und endlich durch umfassende Untersuchung der Schildzeichen griechischer Meister, wie der Stempelzeichen in Thon, Blei, an Gefässen, Geschossen, Gewichten u. dgl. seine wissenschaftliche Ausbildung erhalten wird. Anfänge dazu bei *Berndt*, Hauptstücke der Wappenwissenschaft. Abth. I. Bonn 1841. Der Vergleich mit den vertieft geschnittenen Steinen, welche als Gegenstand des reinen Kunstinteresses oder der Mythologie mit so besonderer Vorliebe gesammelt und betrachtet wurden, wird auch für diese fruchtbare neue Untersuchungen veranlassen. Interessante Gesichtspunkte eröffnet von *E. Curtius*, Ueber griechische Colonialmünzen, 1878 (*Sallet*, Zeitschrift für Numismatik. I. 1 ff.; dann über Wappengebrauch und Wappenstil im griechischen Alterthum. Berlin 1874, Abh. Berl. Akad. 1874).

Zur wissenschaftlichen Stellung der Epigraphik s. *Henzen* in Münchener 5
Gelehrt. Anzeig. 1853, n. 73 ff., Kieler Monatsschrift, 1853. Febr. S. 157 bis 184; *Franz*, Elementa epigraphices graecae, Berlin 1840. 4. und Artikel Epigraphik in *Ersch* und *Gruber*, Encyklopädie d. Wissensch.; *Böckh*, Corp. Inscr. graec. Vol. I. Introductio. p. VII. 1825; *ders.*, Encyklopädie der philolog. Wissenschaft, § 102. S. 719 ff.: *Zell*, Handbuch der römischen Epigraphik, Heidelberg 1859. I.; *Hübner*, Grundriss zu Vorlesungen über römische Epigraphik, 1877.

Ueber die thatsächliche Verbindung der früheren archäologischen und epigraphischen Studien s. unten Kap. III. Nach *Winckelmann* haben *Heyne* und *Siebenkees* sie in der Archäologie nicht behandelt, *F. A. Wolf* und *Bernhardy* sie mit Numismatik selbständig, nach der Archäologie dem Gesammtplan eingeordnet. Der letztere (Grundlinien S. 390) nennt sie ein Gebiet rein philologischer Technik und Erkenntniss, wenn auch der materielle Stoff sie dem Gebiete der Kunst zuweise. *O. Müller* hat die Inschriften wohl als archäologische Quellen, nicht aber als archäologische Objekte in Betracht gezogen. Anders *Beck*, welcher die Lehre der Inschriften als Denkmäler mit Aufschrift ganz seinem Grundriss S. 105 ff. einverleibt ohne jede besondere Erwägung des specifisch archäologischen Interesses.

Für den monumentalen Charakter der Inschriften trat *E. Braun* mit grosser Wärme ein und *E. Gerhard* nahm ganz darin abweichend von seiner früheren Ansicht (Grundzüge der Archäologie, S. 4) in seinen Grundriss die Epigraphik nach der Graphik und Malerei als gleichberechtigtes Glied auf (S. 32), aber erklärt ausdrücklich, dass er durch »die auf Herkunft und Technik, sowie auf häufige bildliche Zuthat der Inschriften bezügliche Kenntniss« der feineren sprachlichen und exegetischen Behandlung der Inschriften nur vorarbeiten, nicht vorgreifen wolle (S. 38). *Rhusopulos* macht auf die auffallende mehrfache Disharmonie zwischen den Inschriften und dem Kunststil attischer Reliefs bei Grabmälern besonders aufmerksam (Ἐφημερὶς τῶν φιλομαθῶν p. 2095—2099). Andererseits hebt *J. Burckhardt* in der Cultur der Renaissance S. 266, wie in der Geschichte der italienischen Renaissance die rein künstlerische Verwendung lateinischer Inschriften auf modernen Kunstwerken hervor: »Da der Buchstabe für schön gilt an sich, so ward er bisweilen in riesiger Grösse angewandt wie eine andere Kunstform.« Auch *Conze* hat in feinsinniger Weise die künstlerische Seite der Inschrift betont, wenn er auch die Inschriftenkunde als solche aus der Archäologie verweist (S. 8). *Hübner* sah sich veranlasst (Archäol. Zeit. 1869. N. F. II. S. 95) den monumentalen, urkundlichen Charakter mit dem literarischen gleichmässig zu betonen, um darin die nahe Verwandtschaft mit der Archäologie zu finden.

6 Ueber die frühere Mischung der Diplomatik und Paläographie mit der Archäologie siehe unten Kap. III. Reichhaltiges Material auch für die Technik und die künstlerische Beziehung des antiken Schriftwerkes, wie für die Geschichte der ganzen Wissenschaft bietet *Wattenbach's* Schriftwesen im Mittelalter, Leipzig 1871, so über die Moden antiker Handschriften S. 196 ff., nebst desselben Anleitung zur griechischen Paläographie, Leipzig 1867, und Anleitung zur lateinischen Paläographie. 2. Aufl. Leipzig 1872.

---

3. Kapitel.

Geschichte der archäologischen Studien.

§ 12. Anfänge der archäologischen Studien im fünfzehnten und sechzehnten Jahrhundert im Geiste der Renaissance.

1 Als ein merkwürdiges, letztes Zeugniss der christlich-mittelalterlichen Kunstliteratur, welche auf byzantinischem Boden das Handbuch der Ἑρμηνεία τῆς ζωγραφικῆς von *Dionysios* als eine technische und symbolische Norm aller malerischen Thätigkeit der Klöster im 12. Jahrhundert aufzuweisen hat, welche im Occident vor allem in des *Theophilus Presbyter* Schedula diversarum artium und in *Heraclius* Schrift de coloribus et artibus Romanorum gipfelt, gehört den ersten Jahrzehnten des 15. Jahrhunderts das »Buch von der Kunst« des *Cennino Cennini da Colle*. Dieser, einer der letzten Ausläufer der grossen Schule *Giotto's*, zeigt sich darin fast ohne jede, irgend bewusste Beachtung antiker Kunst und steht in der ganzen religiösen Abhängigkeit von den Lehren der Meister wie von dem Glauben der Kirche.

2 Da war es in denselben Jahrzehnten der Geist der Renaissance, das Suchen nach einer freien vollendeten Form eines adäquaten von der Macht der kirchlichen Tradition losgelösten Gedankeninhaltes und der frische Glaube beides im Alterthum thatsächlich gefunden zu haben, der seit

Petrarca und *Boccaccio* in einzelnen Dichtern und Gelehrten mächtig nun auch die bildenden Künstler ergriff, der *Cola di Rienzi* zu der Herstellung altrepublikanischer Herrlichkeit auch die monumentalen Zeugnisse benutzen hiess, zuerst einen *Brunellesco* nach Rom, zu dem eindringenden technischen Studium antiker Bauwerke vor 1407 trieb, der bald die ganze decorative Kunst (sicher bezeugt zuerst 1413 und 1417) unter dem Einfluss antiker, dem Inhalte nach oft ganz beziehungsloser tektonischer Werke umgestaltete. Von ihm getrieben wanderte *Francesco Squarcione* (1394—1474) nach Griechenland und brachte von da in Original, in Zeichnung und im Kopfe (tum mente tum chartis) eine Menge antiker Sculpturen mit. Fortan werden die Antiken in Padua, wie später im Garten des *Lorenzo dei Medici* in Florenz zum unmittelbaren Vorbilde junger Künstler, wie eines *Mantegna* und *Michel Angelo*. In einem Manne rastloser Wanderlust und unermüdeten Eifers im Zeichnen und Berichten, in *Cyriacus von Ancona* ist das Bewusstsein von der Unmittelbarkeit und Treue der monumentalen Zeugnisse des Alterthums zum ersten Male gegenüber der Literatur voll aufgegangen. In Rom 1424 zuerst davon ergriffen, hat er Italien, Dalmatien, Griechenland, die Inseln durchreist, Kleinasien und Aegypten besucht, überall zeichnend und notirend. Nur zu lange hat über seinen Commentaren der Unstern der Unzugänglichkeit wie der falsche Wahn des Truges gewaltet.

Zu diesen praktischen Studien kam dann zuerst durch *Poggio Bracciolini* auf dem Kostnitzer Concil 1414—1418 die Wiederauffindung und die fortan in freier unbefangener Weise geübte Beschäftigung mit den Kunstschriftstellern des Alterthums — einem *Vitruv, Frontin, Plinius dem Aeltern* und *Jüngern* und später mit *Philostratos, Lucian* und *Pausanias* — hinzu. Von den ausübenden Künstlern im Sinne unmittelbar künstlerischer Neuerung studirt beherrschen sie deren Anschauungen mehr und mehr und gelangen so im weiteren Verlaufe zu einem wahrhaft kanonischen Ansehen, *Vitruv* an der Spitze. 3

Anhebend mit *Petrarca* bereits wandte sich die von der klassischen Form der Lateiner wieder beherrschte lateinische und italienische Poesie und Beredtsamkeit mit sehnsüchtiger Begeisterung der alten römischen Herrlichkeit und ihren Zeugnissen in der Ruinenwelt zu, pries diese und sammelte zugleich mit gelehrter Inbrunst die unmittelbaren auch kleinsten monumentalen Zeugnisse der römischen Geschichte, die Münzen an der Spitze. Dazu kam dann der lebhafte italienische Lokalpatriotismus, der nun den alten Ruhm einer Stadt und eines Staates durch Vereine zu fördern, in illustrirten Werken neu zu beleben bestrebt war. 4

Rom seit der ständigen Rückkehr der Päpste unter Eugen IV., durch Päpste wie Nicolaus V., Pius II., später Julius II. und Leo X. zum Mittelpunkte der Cultur der Renaissance, später nach 1545 zum alleinigen Hort des restaurirten Katholicismus gemacht, wird selbst das Objekt künstlerischer und gelehrter Beschäftigung, das Objekt einer antiquarischen Wissenschaft, einer monumentalen Topographie, dem die ähnlichen Bestrebungen anderer italischer und besonders ausseritalischer Städte immer sich unterordnen konnten.

Auch das Studium der Münzen und Büsten einigte sich unmittelbar mit der praktischen künstlerischen Betheiligung oder Nachbildung bestimmter Kaiser- und Dichterreihen, führte zu den ersten historischen Galerien des Alterthums in Verbindung von Wort und Bild.

5 Als bedeutsamste literarische Frucht dieser universal-künstlerischen Zeit erscheinen Kunstlehren von Künstlern selbst geschrieben, welche erst heute wieder in ihrer vollen wissenschaftlichen Bedeutung erkannt, die antike, zunächst die römische Kunst als etwas durchaus Lebendiges noch heute Normirendes auffassten und demgemäss ohne historische genaue Prüfung in freier Weise, dem Geiste nach oft überraschend richtig verstanden. Manches gerade aus der Anfangzeit, wie das Werk von *Filarete,* liegt noch handschriftlich und unbenutzt in den italienischen Bibliotheken.

An der Spitze stehen die Arbeiten des grossen Florentiners *Leo Baptista Alberti* (1404—1472): Della statua oder breve compendium de componenda statua, dann 1435: Della Pittura oder De pictura libri tres, endlich das Hauptwerk: De re aedificatoria in zehn Büchern 1457 an Papst Nicolaus V. gerichtet, gedruckt 1484 mit dem Traktat: I cinque ordini architettonici. *Vitruv* »der mehr verstand als jetzt irgend wer versteht«, ist die Unterlage des ganzen architektonischen Systems, doch nicht ohne dass auch an ihm Kritik geübt wurde. Während auf die Natur für den Künstler überall verwiesen, die Geometrie zum Ausgangspunkt aller Wissenschaft zeichnender Kunst gemacht wird, entnimmt *Alberti* alle Beispiele der antiken Kunstgeschichte, verlangt er von Malern vor allem Durchbildung mit antiker Poesie und Rhetorik, und berechnet seine Gebäude geradezu für antike Götter und Heroen; aber er hat nicht vor »wie *Plinius*« die Geschichte der Malerei zu erzählen, sondern nur von der Kunst zu handeln (Della pittura l. II. p. 39. Ed. Milan. 1804). In der Chronik des *Lorenzo Ghiberti* (1378—1455) ist das von *Alberti* Abgewiesene geschehen, wesentlich nach *Plinius* Geschichte der alten Maler erzählt, von da wird aber auf *Cimabue* und die italienische Kunst der letzten Jahrhunderte übergegangen.

6 An der Uebersetzung und Erklärung des *Vitruv* ward von theoretischen Architekten wie *Francesco di Giorgio*, von *Fra Giocondo*, *Cesariano* oder *Ciserano* (herausgegeben 1521 mit Abbildungen), von *Daniele Barbaro* (1567) gearbeitet.

Gegen die Mitte des 16. Jahrhunderts erfolgt ein auf dem Werke *Vitruv's* und auf den Vermessungen und Zeichnungen antiker Gebäude zunächst in Rom gegründeter Abschluss der Architekturlehre durch *Sebastiano Serlio* als Regole generali di architettura 1537 und als L'architettura in vier Büchern (1544), denen eines ganz den antiken Gebäuden Roms, Italiens und auch ausserhalb Italiens gewidmet ist; daran schliessen sich *Vignola's* (1507—1573) fünf Säulenordnungen und *Palladio's* (1518—1580) geradezu kanonisch gewordenes Werk über Architektur. Bereits 1542 war eine Academia Vitruviana in Rom gegründet. *Vitruv* wird selbst hochheilig genannt und alle ihm Zuwiderhandelnde sind Ketzer. *Vincenzo Scamozzi* (1552—1616), der gelehrte Uebersetzer des *Vitruv* und geistvolle Hersteller der Thermen zu Rom wie der Villen des *Plinius* im Plan hat in seiner Idea dell architettura universale (1625) eine Art Universalwissenschaft auf Grund des Alterthums verkündet, auch eigens von den Alterthümern Roms (1582) zeichnend und literarisch gehandelt.

Nach Deutschland ward durch *Walther Rivius* 1547, 1548 zuerst diese auf *Vitruv* gegründete Theorie der bildenden Kunst, und zwar durch eine stillschweigende Uebersetzung der Abhandlungen *Alberti's* verpflanzt.

Im Bereiche der Malerei steht allerdings *Leonardo da Vinci* in 7
seinem berühmten Trattato della pittura, der auch einen Abschnitt della statua enthält, unabhängig von jeder unbedingten Verehrung gegen irgend welches Meisterwerk auch der Alten da und begründet seine Kunstlehre auf Mathematik und Naturanschauung, so dass kaum irgend welche Beziehungen auf die Antike darin ausgesprochen sind. Aehnlich unabhängig, wenn auch *Vitruv* als Lehrmeister anerkannt wurde, und in unmittelbarster Beobachtung der Natur sind *Albrecht Dürer's* Werke abgefasst, indem er ausdrücklich wohl auch vom »Geist des Deutschen« ergriffen wird; das Studium der Antike ist dabei noch durchaus untergeordnet.

Gleichzeitig mit *Leonardo da Vinci's* theoretischen Arbeiten fasst 8
aber ein gelehrter Neapolitaner Humanist, der zugleich praktisch dabei die Bildhauerkunst mit Vorliebe übte und als Alchymist Ruf hatte, *Pomponius Gauricus* vor 1504, ein in der Form eines Dialogs elegant und lebendig lateinisch geschriebenes Buch de sculptura ab, in dem ein an *Plato* und griechischen Dichtern genährter philosophischer Sinn, eine reiche speciell im Griechischen bewanderte Lectüre der antiken Kunstschriftsteller, genaue Kenntniss der Technik sich beurkunden. Das Ideal eines Künstlers wird aufgestellt, eine Kunstlehre mit Behandlung auch der Physiognomik wie untergeordneter Kunstzweige, z. B. der Steinschneiderei, bildet den Mittelpunkt und in dem Schlusskapitel de claris sculptoribus werden die antiken Künstler nach *Plinius*, nach den Kunstzweigen geordnet aufgeführt, denen interessante Nachrichten über die Künstler der eigenen Zeit gegenüber gestellt werden. Der Bildhauer *Donatello* erscheint als der grosse Meister der Neuzeit. Das Ziel des Verfassers geht

darauf aus, wie dem Künstler die humanistische Bildung als nothwendige Ergänzung nahe zu führen, so der Sculptur die Gleichberechtigung neben den sieben freien Schwesterkünsten zu sichern.

9 Erst in der Mitte des 16. Jahrhunderts wird eine ähnliche Betrachtung, auch aus gelehrt künstlerischem Kreise aber nur auf lateinische Literaturkenntniss gebaut, auf die Malerei angewandt. In der Form eines Dialogs mit dem Namen Aretino entwickelt 1557 *Lodovico Dolce*, der gelehrte, schreibselige Freund *Tizian's*, die Anschauungen dieses Kreises und belegt, wie ausdrücklich ausgesprochen wird, mit den Beispielen antiker und moderner Maler in anerkennenswerther Gelehrsamkeit dieselben. »Zwar ist die Malerei Nachahmung der Natur, aber man wird viele Fehler der Natur mit sicherer Hand berichtigen, wenn man die Wunder der Vollendung der antiken Statuen in sich aufnimmt, die Antike kann als Vorbild jeder Art von Schönheit dienen.« Demgemäss wird die antike Plastik auch für die Malerei unmittelbar als Beispiel verwandt, das Kunsturtheil des *Plinius* ohne Weiteres als Beispiel eines gültigen, wenn auch nicht von einem Künstler ausgehenden Urtheiles betrachtet. Der Streit über den Vorzug der Malerei oder Sculptur tritt gleichzeitig in den Abhandlungen der Künstler und ihren Briefen immer mehr in unfruchtbarer Weise hervor.

10 *Giorgio Vasari*, der erste umfassende Biograph der Künstler der modernen Welt (von *Cimabue* bis auf seine Zeit), hat eine praktische Kunstlehre der drei Künste den Biographien vorausgehen lassen und somit zuerst Theorie und Geschichte, beides behandelt. Besonders wichtig und wenig beachtet ist dabei sein Verhältniss zur Antike. Er erklärt es für überflüssig nach den uns erhaltenen grossen Schriftstellern, über die antiken Künstler zu handeln, aber fort und fort stellt er in der Kunstlehre die Leistungen und Technik der Alten (antichi) den modernen und zwar aus eigener persönlicher Kenntnissnahme antiker Werke gegenüber, voll Unbefangenheit über die Fortschritte auch der modernen Kunst sich aussprechend. Nur allzuwenig hat diese künstlerische Unbefangenheit und Universalität auf die bereits sich absondernden archäologischen Arbeiten gewirkt.

11 Wir können die Werke des *Raph. Borghini* (1584), des *Armenini* (1587), des *G. P. Lomazzo* (1584. 1585. 1599) als Abschluss dieser noch von universalem Sinne der Renaissance getragenen Kunsttheorien betrachten, in welchen das Alterthum als eine der Natur ebenbürtige Welt, aber ohne jedwede historische Vorprüfung, wie exemplarisch aufgenommen ward.

Auf dem Boden Roms, im Anblick einer erlesenen Reihe von Antiken und dann aber der modernen grossen Meisterwerke dieses »so glücklichen Jahrhunderts« schrieb damals 1585 ein Franzose *Ludov. Demontiosus* (De Mont Josieu) zwei Bücher De sculptura et pictura antiquorum, also speciell über antike Kunst der Bildhauerei und Malerei. Eine systematische Ordnung wird befolgt nach den Hauptarten der Technik, dann der künstlerischen Grundbegriffe und zum Schlusse immer eine Künstlerreihe nach *Plinius* gegeben. Die Schrift zeichnet sich aus durch einen freien künstlerischen Sinn besonders in dem Bereiche der Malerei und durch einen unbefangenen kritischen Blick in dem überlieferten Texte des *Plinius*, aus dem mehrere Stellen in ihrer Dunkelheit und sichtbaren Verschiebung der Sätze richtig erkannt werden. Mit der griechischen Literatur ist der Verfasser wenig bekannt und mit griechischer Geschichte, dagegen macht er in wenigen Worten treffend auf die stilistische Geschichte der römischen Münzen aufmerksam. Die zwei, an zwei Brüder, Herzöge von Joyeuse gerichteten Schriften bilden zugleich einen Bestandtheil eines grösseren Werkes mit dem charakteristischen Titel Gallus Romae hospes.

In poetische, künstlerische Form unmittelbar den Eintritt 12
in die antike neuerstehende Kunstwelt einzukleiden lag dem Geiste des 15. Jahrhunderts ebenso nahe als die Verwerthung für eine praktische Kunstlehre. Die Hypnerotomachia des Dominikanermönches *Francesco Colonna* (1433—1528, vollendet das Werk 1467) in der Form der Erzählung an Dante und das ältere romantische Epos erinnernd, fasst die Antike (Polia) als Geliebte und verwebt Kunstbeschreibungen aller Art, ja förmliche Kunstlehren in den Lebensroman ein. In lateinischen Hexametern mit einer an Leo X. gerichteten Elegie behandelt *Andrea Fulvio* 1513 die Antiquaria, die Antike, zunächst die Alterthümer Roms. Und die Statuen des Laocoon, der Venus und des Apollo von Belvedere werden 1539 in einer Reihe an Marchese del Guasto gerichteter Stanzen von *Eurialo d'Ascoli* verherrlicht. *Sadolet's* Gedicht (1477—1547) auf Laocoon ist uns durch *Lessing* nahe gerückt worden.

Erst allmälich wand sich aus der poetischen oder politischen Schwär- 13
merei für die Ruinenwelt des verödeten Roms eines *Petrarca* und *Cola di Rienzi* schon im 14. Jahrhundert das sammelnde, interpretirende, bestimmende Studium der Kunsttopographie Roms Hand in Hand mit epigraphischen Sammlungen los. *Francesco Poggio* (1404—1459) greift nicht als der erste in dem kurz nach 1431 abgefassten Buch De fortunae varietate urbis Romae et de ruina ejusdem, dem noch zwei Bücher nach 1447 angefügt wurden, über die mittelalterliche Tradition zu den Inschriften und der Vergleichung der alten Schriftsteller mit den baulichen Ueberresten zurück. *Biondo Flavio* (—1463) fasste seine Roma triumphans, Roma instaurata (1446), Italia illustrata (1450) mehr vom allgemein historischen Standpunkte aus auf. Einen Sammelpunkt für das unmittelbare Suchen, Behandeln, Bewundern der Reste des alten Rom bildete die von *Pomponius Laetus* (geb. 1429, seit 1459 in Rom, gestorben 1497) auf dem Quirinal gestiftete Akademie der Antiquarii

(1478—1553) mit ihrer wunderbaren Neubelebung antiker Formen und Gedankenkreise auch im gesellschaftlichen Leben.

Aus diesem Kreise ging als erster, wahrhaft historischer Specialforscher von Rom *Andreas Fulvius Sabinus* hervor, der ausdrücklich sich antiquarius nannte und welcher, nachdem die Schriften des *Fr. Albertini* De mirabilibus urbis Romae 1510, die Gelegenheitsschrift des *Pomponius Laetus* De Romanae urbis vetustate 1515 nebst der ersten Ausgabe der interpolirten Schrift des *P. Aurelius Victor* über die Regionen Roms erschienen waren, nachdem die erste Inschriftensammlung Roms durch *Mazocchi* 1515 und 1521 bekannt gemacht war, umfassend in fünf Büchern De urbis antiquitatibus in lebendiger Anschaulichkeit handelt. In unausgesetzter Folge schlossen sich daran die Werke über Roms Antiquitäten von dem Mailänder Ritter *Marliani*, von dem Veroneser Mönch *Panvini* 1558, später von den Jesuiten *Donati* 1638 und *Nardini* 1660, ohne dass die ganze Unterlage neu geprüft war und nur mit zunehmender Aeusserlichkeit und Kritiklosigkeit der Behandlung. Einzelne Ausländer, wie *Georg Fabricius* von Chemnitz 1550, wie der französische Erzieher, Sammler, Zeichner und Dichter *Jacques Boissard* aus Besançon (geb. 1528, sechs Jahre lang in Rom, publicirt viel später, 1597) verknüpften ihre eigenen Anschauungen mit den Arbeiten der Italiener. Im Gegensatz zu der wachsenden Kritiklosigkeit und zu dem massenhaften Stoff äusserlicher Gelehrsamkeit ist jeder einfache Fundbericht jener Zeit von unschätzbarem Werthe, so schon von *Pirro Ligorio* aus den Jahren 1546. 1547, dann aber die ausgedehnteren des Bildhauers *Flaminio Vacca* aus dem Jahre 1594.

14 In jener kurzen Blüthezeit der wahren Einigung philologischer und künstlerischer Kräfte zu idealen Zielen unter Leo X. ist für Roms Alterthum durch *Rafael* im engen Bunde mit *Andrea Fulvio* das als erreichbar erscheinende Ziel klar ausgesprochen worden, ein Schattenbild der alten Roma aus den Ueberresten wieder aufzurichten, ein Ziel, das bis zum heutigen Tag der Archäologie nicht allein Roms vorschweben muss, eine wahre Reconstruktion des Alterthums aus seinen Ueberresten.

Die Kunsttopographie Roms war überhaupt lange Zeit ein Mittelpunkt archäologischer Arbeit. Von ihr gingen die ersten Auswahlen von Bildtafeln antiker Statuen aus, welche an Stelle einzelner fliegender Blätter, Kupferstiche und Holzschnitte traten, und als eine Elite künstlerischer Vorbilder sich bezeichneten. Sie beginnen mit *Antonio Lafreri*, einem römischen Kaufmann, der solche stechen lässt 1544, und *Ulisse Aldroandi* 1555, erreichen schon in *Baptista de Cavaleriis* 1585 einen Höhepunkt und reichen unter den kunstfertigen Händen und dem kaufmännischen Unternehmungsgeist der Niederländer, der Augsburger und Nürnberger, auch einzelner Franzosen durch das siebzehnte Jahrhundert bis in das achtzehnte hinein.

Es war begreiflich, dass der Wetteifer der italienischen Lokalpatrioten 15
auch für andere Städte, wie Padua, Verona, Mailand, Ancona u. a., ähnliche kunsttopographische Werke hervorrief. Und wiederum wurde den aus Italien heimkehrenden Nordländern auch das Auge für die einheimischen Funde geöffnet, und ein durchaus berechtigter vaterländischer Sinn liess einen *Conrad Peutinger* in Augsburg, einen *Wilibald Pirkheimer* in Nürnberg, einen *Huttich* zu Mainz, einen *Martin Smetius* zu Nymwegen auch literarisch zum ersten Male und in Zeichnung die römischen Ueberreste der Heimath bekannt machen.

Die grössten und umfassendsten, von ausübenden Künstlern oder 16
doch von kunstgeübten Gelehrten unternommenen Sammlungen von Zeichnungen und Erläuterungen, welche neben Rom auch andere Fundstätten benutzten und welche sich allen Gattungen der Monumente von der grossen Architektur bis zu den Geräthen, zu Münzen und Edelsteinen zuwendeten, sind aber nicht oder nur sehr verstümmelt zur Veröffentlichung gekommen und bieten bei vielfacher Zersplitterung selbst wieder noch heute in ihrer kritischen Untersuchung eine dankbare Aufgabe der Wissenschaft. Weitaus die grösste Sammlung der Art hatte der Neapolitaner Maler und Architekt *Pirro Ligorio* angelegt und ein Opus antiquitatum in nahezu vierzig Bänden vorbereitet. Seine Zeichnungen und Papiere und deren Abschriften, vielfach benutzt und kritiklos copirt, harren bis zum heutigen Tage noch der besonnenen Ausbeute nach der archäologischen Seite hin; der schlimme Ruf, den seine Inschriftenfälschung und eigenen Irrthümer bei geringer Kenntniss des Latein ihm auf dem Gebiete der Epigraphik erwarben, haben mit Unrecht das Interesse an der Fülle seiner geschickten Zeichnungen beeinträchtigt.

In gleicher Zeit ist von dem niederrheinischen gelehrten aber auch im Zeichnen geschickten Antiquar *Stephan Vinand Pighius* zu Cleve (1520—1604) bei einem vieljährigen Aufenthalt in Italien (1547—1555) und später auf einer Reise dahin als Prinzenbegleiter eine Sammlung von Zeichnungen, Abschriften und Fundberichten angelegt worden, die als codex Pighianus bereits 1680 nach Berlin kam, aber wenn auch einzeln viel benutzt, erst in neuester Zeit in ihrer Gesammtheit übersichtlich bekannt gemacht ist.

Wenig später als *Pighius* hat der Künstler *Etienne Duperac* aus Rom und ganz Italien, besonders dem Süden eine Fülle von plastischen Werken besonders Reliefs neu gezeichnet, oder auch *Ligorio* nachgezeichnet und auf griechische Inschriften dabei besonders geachtet (vor 1575); in Paris und Berlin sind dieselben noch vorhanden. Endlich liegt das Hauptverdienst des grossen Sammelwerkes römischer Antiquitäten (zuerst erschienen 1595. 1597) von *Jean Jacques Boissard*, welcher Dichter, Erzieher und Reisebegleiter war und dabei die Malerei handhabte, welchem aber der weitaus grösste Theil der eigenen Zeichnungen geraubt und zerstört ward, in der Kenntniss des eifrigen Periegeten in den römischen

Sammlungen und in dem Fleisse der kunstgeübten Hand, nicht in der Kritik des von andern entnommenen Stoffes.

Auch von dem Spanier *Alfonso Ciacconi* existiren drei Sammlungen von Zeichnungen, die alle Arten antiker Kunst umfassen, aus den Jahren 1589—1595, und worin zum ersten Male auch die alte christliche Welt der Katakomben und Basiliken vertreten ist.

17 Wie das im fünfzehnten Jahrhundert so lebendige Studium der griechischen Literatur in raschen Schritten dem Verfalle im Laufe des sechzehnten Jahrhunderts entgegeneilt, so stirbt auch der frische, Griechenland in seinen Monumenten wie in den handschriftlichen Schätzen zugewandte Forschertrieb allzufrüh unter dem ungünstigen Einflusse zugleich des im 16. Jahrhundert erst sich schroff gestaltenden Verhältnisses zu den türkischen Sultanen ab, und die werthvollsten Sammlungen von Abschriften, von Inschriften und Zeichnungen aus Athen und den griechischen Inseln bleiben verschlossen so gut wie unbenutzt in den Bibliotheken. Jedoch war immerhin durch den Franzosen *Petrus Gyllius* (stirbt 1555) in geradezu musterhafter Weise die Kunsttopographie von Constantinopel und des Bosporus aus langjährigen Anschauungen behandelt worden, und gleichzeitig eröffnete dem *Pierre Belon* der Boden Aegyptens mit seinen Pyramiden, Syrien mit Balbek und Hebron, Kleinasien und Macedonien in seinen Grabhügeln, die griechischen Inseln wie andererseits neben Italien auch Südfrankreich und Dalmatien »die wunderbaren Vorzüge der antiken Monumente« (1553).

18 Gleichzeitig mit diesem kunsttopographischen Interesse war auch das biographische und chronologisch-historische erwacht und machte sich daran aus Münzen und Marmorköpfen die Reihe der Cäsaren zunächst, dann die berühmten Dichter des Alterthums in Abbildungen mit begleitenden Biographien zu veröffentlichen; war es doch auch eine passende Unterlage für die Herstellung von Medaillons und für Köpfe moderner Künstler. Dabei lag freilich die Verlockung nahe genug das Fehlende in der Reihenfolge willkürlich zu ergänzen und mannigfach Münzen und Inschriften zu fälschen. Die Auffindung von Fragmenten der Fasti und deren Bearbeitung ging Hand in Hand mit diesen künstlerischen Interessen. Das Werk des *Andreas Fulvius*, Illustrium imagines (Romae 1517) wird der Ausgangspunkt einer Reihe von nachahmenden und immer erweiterten Werken, die ihre Unterlage in den ausgezeichneten Sammlungen des *Fulvius Ursinus* zu Rom fanden. Diesseits der Alpen ist der Maler *Hubert Goltz* vorzugsweise darin thätig gewesen. Die römische Ikonographie geht auch heutigen Tages oft noch auf Bestimmungen jener Gelehrten im Kreise des *Fulvius Ursinus* (1528—1600) zurück. Das gänzliche Ueberwiegen der lateinischen Studien verführte aber im Zusammenhange damit auch in der Ausdeutung der plastischen Werke mit Vorliebe zu römischen Namen und Geschichten zu greifen, jedoch auch hierin steht die Blüthe-

zeit des Humanismus wenigstens bedeutend hoch über der späteren Gelehrsamkeit.

Die Münzen und vor allen die römischen Kaisermünzen, deren 19
allseitige wissenschaftliche Bearbeitung zuerst der gelehrte Spanier *Antonius Augustinus* angebahnt, gaben aber gleichzeitig einem andern immer sich steigernden Interesse des 16. Jahrhunderts reiche Nahrung und eine scheinbar monumentale Unterlage, ich meine der Allegorie, der verstandesmässigen, kühlen Darstellung allgemeiner Gedanken. Wer möchte überhaupt diesen, durch die Bildung des Mittelalters, durch Poesie und bildende Kunst sich hindurchziehenden Sinn für einen bestimmten Kreis allegorischer Gestalten verkennen? Das unmittelbare Geniessen der nun eröffneten antiken Poesie, der Drang einer förmlichen Erneuerung antiker Gesinnung hatte auch zu einer eigenthümlich schwärmerischen, oft mit glücklichem Takt das Richtige heraus empfindenden Neubelebung der antiken Götterwelt und zu einer Verknüpfung derselben mit den antiken Kunstwerken geführt.

Die ersten Mythologen des 16. Jahrhunderts, so nach *Boccaz Li-* 20
lius Gyraldus (1547) dann *Natalis Comes* (1581) gehen aber doch ziemlich unbetheiligt an der antiken künstlerischen Ausgestaltung der von ihm behandelten Mythen vorüber, der letztere hat dagegen an den mythischen Künstler *Daedalus* in einem eigenen Kapitel einen förmlichen Künstlerkatalog angefügt. Anders der Lyoneser Adelige *Guill. Choul*. welcher sein französisch geschriebenes von der Religion der Römer handelndes Werk 1586 mit einer grösseren sorgfältigen Auswahl antiker Werke, Münzen, Steine, Statuen illustrirte. Dem gegenüber ist es das praktische Interesse der Künstler für ihre Gebilde, das Bedürfniss der höfischen, überhaupt vornehmen Welt für ihre Hoffeste und Dekorationen, für ihre Wappen und Denkmäler jederzeit passende Erfindungen und Gedanken bereit zu haben, welches nach Compendien einer Kunstsymbolik verlangt.
Und dafür bildet sich nun eine Literatur zunächst unter dem Namen der 21
21 Emblemata seit *Alciati*, dann unter dem der Ikonologie. Bei dem einflussreichen, immer fort und fort neu bearbeiteten Werke der Ikonologie des *Ripa* (zuerst 1593) wird in gefälliger Weise die moderne Erfindung und das aus den Alten Entnommene neben einander als Quelle angegeben. Unglaublich viel ist durch diese Bücher wie den antiken Werken in ungeeigneten Ergänzungen und willkürlichsten Veränderungen so der wissenschaftlichen Auffassung und Interpretation der antiken Kunst geschadet worden, und die Macht dieser Anschauungen gebrochen zu haben, ist ein Hauptverdienst *Winckelmann's* und seiner Zeitgenossen.

Zu § 12.

Wichtige, begonnene Sammlung: Quellenschriften für Kunstgeschichte und 1
Kunsttechnik des Mittelalters und der Renaissance, herausgegeben von *R. Eitelberger v. Edelberg*. Bd. I.—XI. Wien 1871—1877.

Die in den Klöstern des Berges Athos noch heute in Gebrauch stehende ἑρμηνεία τῆς ζωγραφικῆς wurde 1840 zuerst im Westen durch eine Abschrift bekannt, in Uebersetzung veröffentlicht als Manuel d'iconographie grecque et latine von *Durand* mit Noten von *Didron* (Paris 1845), in's Deutsche aus dem handschriftlichen, griechischen Text übersetzt von *Schäfer*, Trier 1855. Der Verfasser, der Maler *Dionysios* nennt als seinen Meister *Manuel Panselinos* im 11. Jahrhundert, die geschichtlichen Erwähnungen gehen über 842 nicht hinab. In diesem Werk geht Lehre der Technik dem System der kirchlichen Gegenstände der Kunst voran, vgl. *Piper*, Einleitung in die monumentale Theologie § 61, S. 256 ff.

Des *Theophilus Presbyter*, eines Deutschen, so scheint es, des 12. Jahrhunderts, Diversarum artium schedula gab bereits *Lessing* 1780 heraus (Sämmtliche Schriften herausgegeben von *Lachmann*. X. S. 372 ff.), neuerdings *Hendric*, London 1847; neben den Recepten für Malerei auf Wand, auf Holz, auf Pergamen und besonders für Glasmalerei wird in Bd. III., die Metall-, speciell Eisenarbeit im Giessen und Schlagen abgehandelt. Vgl. über den religiösen Gesichtspunkt *Piper*, Einleitung etc. § 118, S. 526 ff. Im Anhang des Catalogue des bibliothèques des departements. Vol. I. Montpellier, Paris, ist ein dem *Theophilus* verwandter Traktat abgedruckt.

Des *Heraclius* oder *Gratsius* Schrift von *R. E. Raspe* 1781 aus einer damals in Cambridge befindlichen Handschrift unvollständig herausgegeben, dann von *Miss Merrifield* in den Original treatises dating from the XIIth to XVIIIth centuries on the arts of painting in oil, miniature, mosaic and on glass, London 1849, jetzt mit kritischer Einleitung, Noten und Excursen, in Originaltext und Uebersetzung von *Albert Ilg* edirt (Quellenschriften IV.) 1873, zerfällt in einen metrischen, wesentlich die Edelsteinkunde, Glas-, Thonarbeiten, Miniatur und Vergoldung behandelnden Theil mit zwe Büchern, der auf Rom und das 11. Jahrhundert zurückweist, und einen jungen Anhang von Recepten des 12. und 13. Jahrhunderts aus nordfranzösischen Quellen. Aus *Plinius* und *Vitruv* sind manche Recepte und Anekdoten wahrscheinlich nur mittelbar übergegangen. Es heisst cap. VI.: Plinius auctor artes qui scripsit quas plebs Romana probavit atque simul lapidum virtutes scripsit honeste. Zu *Ilg's* Untersuchung über den Namen *Heraclius*, den er mit Recht als ganz legendenhaft, mit Ἡράκλειος λίθος dem Prüfstein zusammenbringt, werden noch wichtig die handschriftlichen Angaben alchymistischer Schriften des Königs Heraklius bei *Kopp*, Beiträge zur Geschichte der Chemie (Braunschweig 1869). S. 262. 363. Es ist interessant, dass der wichtigste Codex für *Theophilus* und *Heraclius* und andere Kunstrecepte im J. 1431 vom Greffier der Münze von Paris, *Jean le Begue* zusammengeschrieben wurde (Catal. cod. Mehus. Bibl. Reg. IV. p. 273).

Cennino Cennini da Colle di Valdelsa, Libro dell arte, deutsch bearbeitet von *A. Ilg*, Wien 1871 (Quellenschriften I.) ist zuerst von *Gius. Tambroni* 1821 bekannt gemacht, 1859 in neuer kritischer Ausgabe von *Gaetano* und *Giov. Milanesi*, Firenze. Er stammt aus dem Elsathal bei Siena, ist Schüler des *Angiolo Gaddi*, eines späten Giottesken, wendet sich seit 1396 nach Oberitalien und wird 1398 in die Malerzunft von Padua aufgenommen, dort im Dienste der Carrara schreibt er auch sein Lehrbuch »Von der Kunst«. An den Sündenfall wird die Erfindung der Künste angeknüpft, auch die der Malerei, welche mit der Ausführung der Hand Phantasie erfordert, um nie gesehene Dinge zu erfinden, sie mit der Hand festzuhalten; er macht eine Aufzeichnung von dem, was ihm von seinem Lehrer *Agnolo* gezeigt worden ist, auch davon, was er mit eigener Hand versucht hat, unter Anrufung des dreieinigen Gottes, der Jungfrau Maria und der Heiligen. Das Werk, welches von der Zeichnung beginnt, dann zur Technik der Malerei übergeht und dabei auch alle Nebengattungen derselben berücksichtigt, zum Schlusse, von Cap. 181 an aber auch das Modelliren und Giessen behandelt, ist überwiegend ein Receptenbuch nebst sittlichen Lebensregeln, aber enthält auch schon eine Proportionslehre C. 70 und nennt das Studium der Natur »das beste Steuer, die Triumphpforte des Zeichnens«. Bei dem Abgusse lebendiger Personen (C. 185) weist er entschieden auf die Antike hin: »wie man an vielen guten nackten Figuren der alten Zeit findet.«

Vgl. überhaupt *Tiraboschi,* Storia della letteratura italiana. VI. 1. cap 5, 2
p. 177 ff. ed. Milan.; *F. A. Gruyer,* Raphael et l'antiquité, Paris 1864, II., p. 100—225; *Jacob Burckhardt,* Cultur der Renaissance, bes. S. 177 ff.; *Ders.,* Geschichte der Renaissance in Italien, Stuttgart 1868, bes. § 24—29; *O. Jahn,* Aus der Alterthumswissenschaft, S. 3 ff. *Filippo Brunelleschi* aus Florenz (1375—1444) »trug zwei grosse Dinge von Anfang in sich, die Wiedererweckung der guten Baukunst und den Kuppelbau von *S. Maria del Fiore*«, *Vasari,* l. III., p. 202 ed. Milan.; der erste Aufenthalt fällt vor 1407, ein zweiter und dritter mit *Donatello* bis 1420, s. Vita anonima di Brunellesco ed. Moreni, p. 152. Die Inschrift, die Senat und Volk der Florentiner (S. P. Q. F.) ihm setzte im Dom S. Maria del Fiore, lautet: »antiquae architecturae instauratori«. Zur Antikisirung der Dekoration vgl. *Burckhardt,* Geschichte der Renaissance in Italien, S. 213 ff.; 1413 ein Grabmal in Lucca von *Jacopo della Quercia,* das Weihbecken im Dom von Orvieto 1417, s. S. 217. Das Studium der Grottesche d. h. der verzierten unterirdischen Räume in Rom, Bajae, Puteoli wird zuerst von *Morto da Feltre* zwischen 1492 und 1495 und seinem Schüler *Feltrini* eifrig getrieben und praktisch von *Pinturicchio* und *Rafael* verwerthet, s. *Vasari* IX., p. 106 ff.; *Burckhardt,* Geschichte der Renaissance in Italien, S. 296 ff. *Giorgio Vasari,* der Grossvater des Kunstbiographen ahmt in *Arezzo* Vasen in ihrer schwarzen und rothen Malerei nach *Vasari* IV. 70 (v. *di Lazzaro Vasari*). *Andrea Verocchio* (1432—1488) ist der erste Bildhauer resp. Bronzegiesser, in dem das gründliche Studium der antiken Sculptur speciell der Reiterstatue des Marc Aurel in Rom zur vollen Richtschnur der Kunst wird; er ist der erste Ergänzer der Antiken. *Francesco Squarcione* aus Padua hat den Archipel durchzogen um griechische Ueberreste zu formen, zu zeichnen und zu erwerben und benutzt sie in seinem Hause zu Padua als Lehrobjekt und Vorbild seiner grossen Schülerzahl, s. *Vasari*, *Tiraboschi*, Storia letter. a. a. O. gegründet auf *Scardeonius,* De civit. Patav. in Graev. Thes. VI. 3, p. 442. Zweifel daran bei *Crowe* u. *Cavalcaselle,* Gesch. der ital. Malerei, deutsch von *Jordan.* V. 2. S. 318. Sein grosser Schüler und Pflegesohn *Andrea Mantegna* (1431—1504) erklärt »gute Antiken für schöner als lebende Gestalten« (*Vasari* VI. p. 183). Ueber seine Zeichnungen nach Antiken in der Sammlung Albani, über die Dedikation einer Sammlung von Inschriften, 1463, von *Felice Feliciano* s. *Winckelmann,* Geschichte der Kunst, Bd. 1, K. 2. § 25: *R. Schoene,* Ephemer. epigraph. 1872, S. 255 ff. und überhaupt *Crowe Cavalcaselle* a. a. O. S. 372—445. Aus dem Anfang des 16. Jahrhunderts die Architekturstudien von *Bramantino.* Le Rovine di Roma, herausgegeben von *Ang. della Croce* und *Gius. Mongeri,* Milano 1875, 4. Ueber Zeichnungen des *Giuliano da San Gallo, Peruzzi* u. a. s. *Matz,* Göttinger Nachr., 1872, S. 48 ff.

Ueber *Cyriacus de' Pizzicolli* von Ancona s. Biographie von *Scalamonti* in *Colucci,* Antichità Picene, t. XV.; *Traversari,* Epist. ed. Mehus VIII. 45. 47; danach *Tiraboschi,* Stor. letter., VI. 1, p. 263—297; *de Rossi* in Memorie dell

Instituto di corrisp. archeol. II. 1865. p. 505 ff.; *O. Jahn* in Bull. dell Inst. 1861. p. 180 ff.; *Ders.* in Aus der Alterthumswissenschaft, S. 335 ff.; *Henzen* in Berliner Monatsberichte 1866. S. 758 ff. und Ind. auctor. V. in C. I. Lat. VI. p. XL. ff.; *Mommsen*, C. I. L. III. p. XXII. XXIII.

An einer Gesammtreconstruction der drei Theile der Reiseberichte des *Cyriacus* arbeitet *de Rossi* seit lange. Auf die barberinische Abschrift nebst Zeichnungen des Architekten *Francesco da San Gallo* über einen Theil der Reise in Italien und Illyrien machte schon *J. Spon* in seiner Reisebeschreibung (D. Ausg. 1681, II. S. 35) aufmerksam, veröffentlicht einiges *Ross*, Hellenika I. p. 72 ff. und *Laborde*, Athènes I. p. 32 ff.; vgl. auch *Matz*, a. a. O., S. 47 f. Aus den *Stosch*'schen Scheden gab *Mehus* heraus 1742 das Itinerarium Kyriaki Anconitani und Inscriptiones seu Epigr. Graece et Latine reperta per Illyricum, dann *Compagnoni*, Nova fragmenta, Pesaro 1763 und Briefe edirte *Targioni Tozetti*. Für den andern Theil: Cycladum nobilia monumenta congesta, wichtig das Manuscript in München (Cod. Monac. lat. 716) von *Hartmann Schedel*, Opus de antiquitatibus. Der dritte Theil umfasste die Reisen in Asien und Aegypten. Daraus die Inschriften von *Lesbos* veröffentlicht von *Kaybel*, Ephemer epigraph. II. 1; andere von *Riemann*, Bulletin de Correspond. hellénique I. 1877. Athèn. Paris p. 81—88. 134—136. 219. 286—294. Im J. 1441 ward der Reisebericht an Papst Eugen IV. von ihm abgefasst wesentlich über die Reisen zwischen 1435—1438. Neuer Aufenthalt in Griechenland 1444, 1447 in Kleinasien. Bezeichnend die auf ihn von einem Sicilianer gedichteten Verse: tanta libido animo veterum monumenta videndi fixa tuo, ut mundus area parva fiat.

3 Vgl. überhaupt *D. G. Voigt*, Wiederbelebung des klassischen Alterthums oder das erste Jahrhundert des Humanismus, Berlin 1859. Handschrift des *Vitruv*, gefunden in der St. Galler Bibliothek von *Poggio*, ebenso die des *Frontinus* de aquaeductibus. Die Ed. princ. beider vereint um 1486 in Rom, dann Florent. 1495, Ven. 1496, durch *Fra Giocondo* Ven. 1511. Die italienische Uebersetzung durch *Marco Fabio Calvo* aus Ravenna, auf Ansuchen *Rafael's* unternommen und mit seinen Randglossen versehen, handschriftlich auf der Münchener Bibliothek auf 273 Folioblättern, sowie andere Handschrift (Cod. Ital. 37^{abc} daselbst mit Zeichnungen *Rafael's* dazu s. *Passavant*, Rafael Santi, III. S. 44—62. Unvollendete Uebersetzung des *Cesariano* oder *Ciserano* mit Erklärungen und Abbildungen ed. B. Jovius et B. Maurus, Como 1521; Hauptübersetzung von *Daniele Barbaro* 1567; Deutsche Uebersetzung von *W. Rivius*, Nürnberg 1548, mit Zeichnungen nach *Cesariano*. Academia Vitruviana 1542 mit kolossalem Programm.

Des *Plinius* Naturalis historia, eine der ersten Drucke auf dem italienischen Boden: 1469 zu Venedig durch *Joh. de Spira*, 1470 zu Rom im Hause der Massimo durch *C. Schweynheim*, oft dann herausgegeben durch *Phil. Beroaldus* 1476, durch *Hermolaus Barbarus* 1498. Italienische Uebersetzung bereits durch *Cristoforo Landinio*, Ven. 1476. Die grosse Baseler Folioausgabe von 1535 enthält Erklärungen des *Sigismund Gelenius*. *Plinius* erschien fortan als genügende Fundgrube der kunsthistorischen Kenntniss. Die Epistolae des jüngeren *Plinius*, zuerst 1485 in Venedig gedruckt, dann in grosser erklärender Ausgabe von Mailand mit Erklärung des *J. M. Cataneus Mediolanensis* 1506, übten in ihren Villenbeschreibungen entschiedenen Einfluss auf den modernen italienischen Villenbau, s. *Burckhardt*, Geschichte der Renaissance in Italien, S. 204.

Das Studium des *Euklid*, der nach der arabischen Uebersetzung zuerst in das Lateinische übertragen wird von *Joannes Campanus* (Ven. 1482), von *Luca Paciolo*, dem Freunde des *Leonardo da Vinci*, der 1509 diese Uebersetzung neu herausgiebt, dazu getrieben, kommt der Lehre der Perspective zu Gute, über welche (de prospectiva pingendi) er schrieb auf Unterlage eines Manuscriptes des Malers *Pier della Francesca* (stirbt 1484).

Ehe *Pausanias* von *M. Musuros* zuerst in Venedig 1516 im Urtext als Folioausgabe veröffentlicht ward, hatte schon *Domitius Calderinus*, der Freund von *Politiano* und *Laurentius Valla* 1498 den Anfang einer lateinischen Uebersetzung veröffentlicht. *Abraham Löscher* unternahm dann eine vollständige Uebersetzung des ganzen *Pausanias* unter besonderer Förderung des Humanisten Graf *Joh. Jacob Fugger* (Basil. ap. Oporin. 1550 fol.). Charakteristisch für seine Erkenntniss der Bedeutung des *Pausanias* für das künstlerische Leben des Alterthums und das Publikum, dem er gegenüberstand, ist die Stelle der Vorrede:

Quamobrem — non est ut frontem contrahas et ad primum statim gustum aufugias lector, si quid de collapsis templorum fastigiis a Pausania aut dirutis parietibus, de simulacris item et picturarum partibus exiguis dictum videas. Perge et rem totam diligenter expende, senties hoc qualecunque taedium immensa rerum graviorum copia ac varietate levari. — Denique illa ipsa, quae tu leviuscula esse arbitraris et inepta, ad hoc tibi conducent, ut in locum si incideris imaginibus et picturis plenum, judicare possis idque a Pausania edoctus, quid in simulacris ejusmodi sit potissimum spectandum, quid de minimis etiam partibus sentiendum.

Die Uebersetzung des Römers *Romul. Amasaeus* (Flor. 1551 fol.) ist aber die allgemein gültige geworden und lange Zeit die Hauptquelle der Bekanntschaft mit *Pausanias*. Die bleibendste, wichtige, kritische Arbeit für *Pausanias* machten dann *Xylander* und *Fr. Sylburg* in der Ausgabe von 1583 (Francof. ap. Wechel), auch nicht ohne Gewinn für die reale Erklärung.

Auch die Bilder beider *Philostratos* wie des *Kallistratos* sind bereits in der Zeit der höchsten künstlerischen Renaissance veröffentlicht 1503 in Venedig, dann in der Prachtausgabe der Junta zu Florenz 1517. Ehe *Fr. Morellus* 1608 mit seiner grossen Ausgabe lange Zeit der Arbeit für *Philostratos* ein Ende setzte, hatte *Blaise Vigenere* († 1596) zu der ersten französischen Uebersetzung (Les Images ou tableaux de platte peinture etc. avec argumens et annotations sur chacun d'iceux par le traducteur, Paris 1579. 1596. 1614) nicht allein eine Masse gelehrter, auf Mythenerklärung auslaufender Noten hinzugefügt, sondern auch eine Reihe von archäologischen Reiseanschauungen verwebt, und nach seinem Tode wurde der Versuch einer Restauration in 64 Kupfertafeln gemacht. *Philostratos* ward in der Juntina 1517 mit der Editio princeps des *Lucian* (Ed. Florent. 1496) verbunden und diese Verbindung ward mehrfach in den folgenden Ausgaben festgehalten. Die kunstgeschichtlichen Schriften *Lucian's* haben sofort eine künstlerische Anregung gegeben, so die Schrift De calumnia für *Sandro Botticelli* († 1515) und *Rafael* (Zeichnung im Louvre), s. *Gruyer*, Rafael et l'antiquité, II. p. 115 ff., so das Gespräch *Herodot* oder *Aetion* für eine andere Zeichnung *Rafael's* (in der Albertina zu Wien) und danach für zwei Fresken in Rom (Palast Borghese und Farnese) seiner Schüler (*Gruyer*, l. c. p. 124—137).

Petrarca erklärt selbst in einem seiner Rom betreffenden Briefe an *Giovanni* 4
Colonna di San Vito: se urbis ambitum lustrasse curiositate poetica (de reb. familiar. XII. 7. Ed. Fracassetti II. p. 186). So überreicht er an Karl IV. antike Kaisermünzen, besonders eine Goldmünze des Augustus (de reb. famil. XV. 8. Ed. Fracassetti II. p. 336). Seine Betrachtung geht zu einer wirklichen Untersuchung und Prüfung der Monumente noch nicht vorwärts, s. *de*

Rossi, Bullett. instit. archeol., 1871, p. 8 ff. *Traversari*, der Zeitgenosse von Eugen IV. und hochbedeutende Camaldulensergeneral voll religiöser Empfindung und klassischer Begeisterung spricht in einem Briefe von 1432 (Epist. XI. 13 ed. Mehus) den Eindruck Roms tief und bestimmt aus: urbem certe dum peragro, stupore detineor intuens partim ruinarum moles incredibiles ferme, partim projectas pretiosi marmoris crustas. Nusquam enim transire datur, quin occurrat oculis vel sculptura àntiquae artis aut parieti vice lapidis injecta aut humi jacens. — Ita dum antiqua illa atque inclyta Roma venit in mentem, ingens datur mortalis imbecillitatis et inconstantiae documentum.

Filarete schreibt unter Nicolaus V. (1447—1485) eine Baulehre, von welcher eine Handschrift an *Pietro dei Medici*, die andere an *Francesco Sforza* gewidmet ist, mit entschiedenster Annahme des antiken Systems, s. *Gaye*, *Carteggio*. I. p. 200—206, *E. Guhl*, Künstlerbriefe, I. S. 47 ff.

5 Zu *L. A. Alberti* vgl. *E. Guhl*, Künstlerbriefe, I. S. 18 ff.; *Burckhardt*, Cultur der Renaissance, S. 139, Geschichte der Renaissance in Italien, S. 39, 41 ff., und vor allem den Artikel von *Meyer* im Allgemeinen Künstlerlexikon. I. S. 187—202. Neueste Ausgabe der Werke von *A. Bonucci*, Opere volgari, 5 Bde. Firenze 1843—1849. Jetzt in den Quellenschriften der Kunstgeschichte Bd. XI.: *Leone Battista Alberti's* Kleinere kunsttheoretische Schriften in Originaltext, herausgegeben, übersetzt und erläutert von *Hub. Janitschek*, Wien 1877. 8. Dieser »göttliche Mann, der alles, was Menschen zu wissen möglich sei, gewusst habe«, ist Jurist, Politiker, Priester, Philosoph, Mathematiker, ausübender und theoretischer Künstler, seit 1447 Scrittore abbreviatore der päpstlichen Breven, besonders unter Pius II. (1458—1464). Schon in der Schrift Della statua (Wiener Ausgabe S. 168—206), welche alle Arten der Technik auseinandersetzt, dann vor Allem die Masse nach Höhe, Breite, Tiefe oder Dicke, werden die Beispiele aus der alten Mythologie wie der Künstlergeschichte nach *Plinius* geholt. Das Werk Della pittura, in drei Büchern 1435 vollendet, worauf er in der ersten Schrift bereits hingewiesen, beginnt mit dem geometrischen Punkt und der Euklidischen Geometrie, handelt dann in B. II. von der Würde der Malerei, von Massen, von Darstellung der Affekte, von der Farbenlehre. Die Malerei ist »die Blüthe aller Künste«. Der Erfinder der Malerei ist *Narciss*, dem Fusse als Grundmass des *Vitruv* stellt *Alberti* sein Messen mit Kopflängen gegenüber. *Timanthes* und *Giotto* unmittelbar verglichen in der Darstellung der Affekte. B. III. behandelt die Ausbildung des Malers durch Mathematik, Dichter und Redner, das Vorbild aber liegt in der Natur und das Ziel ist »das Schöne erkennen, nachahmen und ausprägen«. In der Schrift De re aedificatoria, 10 Bücher umfassend, welche vor 1460 wesentlich vollendet war, über deren neuer Bearbeitung er 1485 starb, wird die concinnitas des Baues im Innern, die Uebereinstimmung mit der Umgebung gefordert, sehr genaue Massverhältnisse nach den Messungen der antiken Bauten gegeben. Bericht von dem aus dem Nemisee heraufgeholten antiken Schiffe, angeblich des Trajan (de re aedificat. V. 7). In der Schrift: I cinque ordini architettonici fügt er zu den *Vitruv*'schen vier Säulenordnungen noch die lateinische hinzu (XVII. 33).

Von *Lorenzo Ghiberti* befindet sich in der Bibl. Magliabecchiana in Florenz die merkwürdige Abschrift seiner Commentarii, von denen nur Bruchstücke lange Zeit bekannt gewesen sind durch *Cicognora*, Storia della scultura, II. p. 199 ff. und durch *Gaye*, Bullettino d. Inst. di corr. arch. 1873, p. 67, die jetzt zusammengedruckt sind vor *Lemonnier's* Ausgabe des *Vasari* (1843) I. p. V—XXXV. Die Berichte über aufgefundene und aufgestellte antike Statuen in Rom, Siena, Padua zeichnen sich durch lebhaftes und feines Kunstgefühl und geistige Reinheit gegenüber religiösen, noch mächtigen Bedenken in der Anerkennung dieser Antiken aus.

Von *Sebastiano Serlio* erschienen die Regole generali di architettura 1537, 6 1545 das zweite Buch die Perspettiva enthaltend, 1544 das dritte Buch nel quale si figurano e descrivano l'antichità di Roma e le altre che sono in Italia e fuori d'Italia, 1544 das vierte Buch Regole generali di architettura sopra le cinque maniere degli edificj, das fünfte Buch über die christlichen Bauwerke, dann noch ein extra ordinem liber 1561 mit 48 Tafeln, endlich ein siebentes Buch in der Frankfurter Ausgabe, 1575. Französische Uebersetzung des ersten Buches bereits 1545, die lateinische 1569, Venetiae. Zu *Vitruv's* Einfluss überhaupt viel Nachweise bei *Burckhardt,* Geschichte der Renaissance in Italien, S. 18. 38 ff.

Walter Hermannus Rivius gab nach der Uebersetzung noch einen »fürnembsten nothwendigsten angehend mathematische und mechanische Kunst eigentlichen Bericht zum rechten Verstand der Lehren des *Vitruvii*«, Nürnberg 1547. 1558. 1582 fol. in dem zwei Bücher Uebersetzung des nicht genannten *Alberti* sind, wovon eines die Unterrichtung der Sculptur enthält.

Zu den Werken des *Leonardo da Vinci* s. *Amoretti,* Memorie storiche sulla 7 vita gli studj e le opere di *L. da V.* 1804; *E. Guhl,* Künstlerbriefe. I. S. 86 ff. In sechzehn Foliobänden befindet sich der Zeichnungs- und handschriftliche Nachlass des Meisters in der Ambrosiana zu Mailand. Der Trattato della pittura ist nur ein Theil des grossen Werkes sul disegno, zu dem auch der trattato della prospettiva, del moto locale, dei lumi e delle ombre, dell' anatomia, della statua, dell' architettura gehören. Zuerst ward derselbe herausgegeben durch *du Fresne*, 1681 Paris, war aber handschriftlich schon mehr verbreitet. Vollständige Ausgabe zuerst in Rom 1817 erschienen. »Die Wissenschaft muss der Praxis vorausgehen« (Kap. 7); »wer gute Meister und nicht die Natur selbst nachahmt, ist Enkel nicht Sohn der Natur« (Kap. 25). Vgl. Dr. *M. Jordan*, Malerbuch des Leonardo da Vinci.

Zu *Albr. Dürer's* theoretischen Schriften und seinen Studien des *Euklid, Theophrast, Plinius,* des *Vitruv* und der Italiener, zunächst *Alberti,* vielleicht der Proportionslehre von *Vincenzo Foppa* († 1492), s. *Stark,* Dürer und seine Zeit in Germania, herausgegeben von *Arndt*, I. S. 675 ff.; *A. von Zahn*, Dürer's Kunstlehre und sein Verhältniss zur Renaissance, Leipzig 1866; Die Vorreden zu Dürer's »Unterweisung der Messung« 1525, »Unterricht zur Befestigung der Städte« 1527, s. jetzt bei *Thausing*, Dürer's Briefe, Tagebücher und Reime, Wien 1873, S. 54 ff.

Das sehr unbekannte Werk des *Pomponius Gauricus* Neapolitanus De sculp- 8 tura seu statuaria ad Herculem Ferrar. principem libellus ward durch *M. Antonius Placidus* zum Druck befördert und an *Lorenzo Strozzi* dedicirt (1504 Pisa, 1508 Florenz), in Deutschland durch *Jac. Cario* aus Hochheim mit Zuschrift an *Joannes Jordanus* von Hofheim, den Kämmerer des Erzbischofs Albrecht von Mainz 1542 neu veröffentlicht, von *Martens* mit Zuschrift an den Antiquar und Sammler *Abraham Gorlaeus* neu mit andern kleinen Schriften gedruckt in Antwerpen 1609. Abdruck in Gronov. Thesaur. antiquitat. graecar. IX. 1701. p. 734 ff. *Pomponius Gauricus* aus der Mark Ancona gebürtig, Bruder des berühmteren *Lucas* (1476—1558), welcher als Mathematiker und Astrolog in Bologna, dann in Ferrara lebte und lehrte, von Paul III., Heinrich III. von Frankreich hoch geehrt und von allen Seiten befragt, wirkt als humanistischer Lehrer um 1515 in Neapel, ist begeisterter Verehrer der Griechen (er nennt den

Homer »deliciae meae, quas nunquam temere a me longius abesse patior«), schreibt über das Leben der griechischen Dichter, handelt de arte poetica 1541, dichtet Epigramme, Elegien, Eklogen 1526, treibt dabei mancherlei Künste, wird als Alchymist und Physiognom angefeindet, treibt die bildenden Künste als Dilettant und verschwindet 1543 plötzlich auf dem Wege zwischen Sorrent und Stabiae. Vgl. *Clément* Bibliothèque curieuse etc. 1750—1760. IX. p. 88, *Grässe*. Trésor de livres rares, III. p. 36. Die Schrift De sculptura ist als Dialog behandelt zwischen dem Verfasser und dem Latinisten *Raphael Regius* in einer Bildhauerwerkstätte zu Padua. Von der Einheit der γραφική als Bezeichnung der Schreibkunst und des Zeichnens wird ausgegangen. Die Zeichnung begreift alle rohe Kunst des Bildhauers. Symmetria und ὀπτική, bes. Perspektive sind ihm zwei Haupterfordernisse. Der Verfasser scheidet nach Material und Arbeit πλαστική, τορική, κολαπτική, ἀγωγική, χημική (Metallguss). Treffliche Bemerkungen im Kapitel de physiognomia c. 4, de perspectiva c. 5, de statuarum statu c. 6, de animatione c. 11. Der Stil ist durchzogen von Plinianischen Ausdrücken.

9 Das Werk des *Lodovico Dolce*, Aretino ovvero dialogo della pittura — con esempi di pittori antichi e moderni, Firenze 1557, deutsch von *R. v. Eitelberger*, Wien 1871 (Quellenschriften für Kunstgeschichte. II.). Der Verfasser geboren 1508 zu Venedig, gestorben 1568, war Uebersetzer, Dichter, Historiker, Corrector, in vielfachem wichtigem Briefwechsel, versteht aber nicht griechisch, Verfasser von 112 Schriften, hat ausserdem noch eine Farbenlehre 1565 auch als Dialog mit viel Gelehrsamkeit aus *Plinius*, mehr allegorisch als technisch behandelt. Die Personen des Dialogs sind *Pietro Aretino* und *Fabrini*, zugleich begeisterte Vertreter *Rafael's* der eine, *Tizian's* der andere. Malerei ist Nachahmung der Natur; ihre Gestalten sollen den Geist des Beschauers »anregen«, Anregung, Zweck aller Künste des Malers. Neben der Naturauffassung Vertrautheit mit der Antike und Bildern guter Meister gefordert, wodurch die Vorstellung des Vollkommenen erzeugt wird. »Die Regeln der Schönheit am Nackten muss man entnehmen dem Natürlichen und dem Studium der Antiken« (p. 85).

10 *Giorgio Vasari* aus Arezzo, Maler, Architekt, Dekorateur und Schriftsteller (1512—1574) schrieb seit 1546 aufgefordert von *P. Jovius*, dem Geheimsecretär des Papstes Paul III., die Künstlerbiographien, die 1550 in zwei Bänden erschienen, dedicirt an Cosimo I. von Toscana, in neuer Ausgabe mit bedeutender Vermehrung und Fortsetzung 1568.

In dem Proemio erklärt er p. 191 (Ed. Milan. 1807): non toccando altro agli antichi se non quanto facesse al proposito nostro per non se ne poter dire più che se ne abbiano detto quei tanti scrittori che son pervenuti all' età nostra. Die Vorzüge der Sculptur im Streit der Kunst, erklärt er begründet vor allem auf *Plinius* und vereinfacht durch die Liebe zu der wunderbaren Schönheit einiger Statuen. Die Einheit der Kunst liegt in der Zeichnung und der Repräsentant dieser Einheit ist *M. Angelo*. Er beginnt mit Architektur (cap. 1—7), lässt die Sculptur folgen (c. 8—14) und dann die Malerei (c. 15—36).

Ueberall tritt uns wirkliche Beobachtung antiker Technik und antiker Kunstgriffe entgegen, aber durchaus wird vermieden mit Stellen der Alten zu prunken. Auch der berühmte Mathematiker und Arzt *Cardanus* hatte in dem Werke De subtilitate (1550), im 17. Buche die Streitfrage behandelt und für die Malerei sich entschieden. Noch 1695 spricht *Benedetto Bresciani* in einem weitschweifigen, gelehrten Briefe mit Berufung auf *Eusebios* und *Cyprian* und andere über die Streitfrage zwischen Sculptur und Malerei (*Guhl*, Künstlerbriefe II. S. 368 ff.) und giebt ebenfalls der Malerei den Vorzug. 11

Vincentio Borghini aus Florenz, Benediktiner (1515—1580), hinterliess noch ungedruckt das Werk: Discorsi recati in luce da deputati per suo testamento, Firenze, 1584. 1585. 2 Bde. 4., aber auch epigraphische Collectionen (s. *Henzen*, Praef. C. I. L. VI. 1. p. LV.).

Armenini, Dei veri precetti della pittura, Ravenna 1587.

Giov. Paolo Lomazzo, ein Mailänder Maler, der in *Leonardo da Vinci* das Ideal des Künstlers verehrte, schrieb blind 1584 seinen Trattato dell' arte della Pittura, 1589. 1590 seine Idea del Tempio della Pittura, 1591 seine Forma delle Muse.

Auf nordischem Boden war *Otto Venius* (1558—1629) der erste ästhetische Theoretiker auf neukatholischer Unterlage; seine Schriften De arte pictoria et sculptura nova et vera principia, wie seine Teoria universale sind Manuscript geblieben (*Pierre Ruelens*, *P. Rubens*, Brux. 1877, p. 117 ff.). Schon 1598 war die erstere an *Abraham Ortelius* versprochen.

Ludovici Demontiosi Commentarii de sculptura et pictura antiquorum in queis Plinius plurimis locis emendatus et illustratus. Explicatur etiam nobile illud de pictura certamen inter Apellem et Protogenem. Romae 1585. Ed. Antverp. 1609. Abdruck bei *Gronov.* Thesaur. antiquit. graecar. t. IX. 1701. Der Verfasser schreibt in Rom »in harum artium celeberrimo gymnasio«. Die Stellen bei *Plinius* kritisch erörtert »cum ejus diligentiae tota hujus antiquitatis cognitio accepta ferenda sit«. Das Verderbniss der Zahlenangaben bei ihm soll in einer Schrift de notis numerorum eingehend behandelt werden. *Pomponius Gauricus* und *Philander* als Commentator des Plinius und Verfasser einer Schrift de coloribus werden vielfach berichtigt durch Hinweis auf erhaltene Statuen, aber der Verfasser bezeichnet ohne Anstoss zu nehmen die Pferdebändiger von Monte Cavallo als Statuen Alexander's des Grossen mit dem Bucephalus und zugleich nach der Inschrift als Werke des *Phidias* und *Praxiteles*.

Ueber die Münzen: In numismatibus etiam priscorum manus veneramur, aetates etiam artificum discernimus, artis progressum et interitum notamus, nam ut de Romanis loquar, vetera illa consulum numismata inter artis initia quam rudem admodum speciem prae se ferunt! Ab Augusto vero integro saeculo ars claruit. Rursum ignorantiae caligine demersa gratiam omnem amisit.

Auch eine Anzahl Gemmen mit Künstlerinschriften werden künstlerisch gewürdigt. In Bezug auf die Malerei versucht er »antiquae artis lineamenta, quae exstant apud Plinium, jam paene fugientia restituere«. Das Wesen der monochromata als Bilder mit einfachen, unabgestuften, unschattirten Farben macht er sich deutlich an indischen Malereien eines Manuscriptes in der Bibliothek.

Hypnerotomachia *Polifili* 1467 lateinisch geschrieben, 1499 italienisch von dem Humanisten *Crasso* von Verona zuerst veröffentlicht mit Zuschrift an Herzog Guidobaldo von Urbino und mit trefflichen Holzschnitten illustrirt, im 16. Jahrhundert mehrere Male gedruckt, in diesem Jahrhundert zuletzt bei *Bodoni* 1811. Vgl. jetzt *Albert Ilg*, Ueber den kunsthistorischen Werth der Hypnerotomachia Polifili, Wien 1872. Auch *Gruyer*, Rafael et l'antiquité I. p. 190—197, macht auf den bedeutenden Werth des Werkes aufmerksam. Charakteristisch ist die Lebendigkeit und Bestimmtheit der Kunst- wie Naturschilderungen, welche letztere dem Pflanzenleben besonders zugewandt sind, die Mischung von wahrer Empfindung und überfliessender Gelehrsamkeit, von Mystik und Schwärmerei und von mathematischem Verstand, der Gegensatz des herrlichen Gutes, das Rom einst geschaffen, zu der fluchwürdigen Barbarei, die 12 das Heiligthum Latiums plünderte«, des mustergültigen antiken Bausystems gegenüber dem noch herrschenden. Der Nachweis der bestimmten Vorbilder zu den Schilderungen des Polifilo von Pyramiden, Mausoleen bis herab zu aller Art Gefässen, von Priapusopfern und Nymphenscenen zu Triumphzügen bleibt noch zu führen. Interessant das Urtheil des *Antonio Agostino*, Dialogi XI., p. 181 ed. Antv.: o male collocatas horas in his ineptiis describendis, quarum e numero sunt fictae aliquot inscriptiones.

In Florenz auf der Laurentiana Plut. XXXII. cod. 37 befindet sich ein lateinisches Gedicht von *Andrea Fulvio* in zwei Gesängen mit dem falschen Titel des Ms.: *Ant. Fulvii* Panegyricus. Es handelt in Hexametern de antiquitatibus urbis Romae ad Leonem X. gerichtet mit Dedikationsbrief. Er erklärt etwas gethan zu haben quod nemo ante me adhuc ut video versibus tentavit. Vgl. *Bandini*, Catal. lat. Codd. bibl. Laurent. II. pl. 33 n. 37. Gedruckt ist das Gedicht 1513, Romae ap. Mazocchum, dann in Illustr. poetar. Italorum ed. Florent. V. p. 155—231. Zur Sache *Roscoe*, Leo X., T. IV., p. 189 ff. *Eurialo d'Ascoli*. Stanze sopra le statue di Laocoonte, di Venere et d' Apollo, Rom 1539, dedicirt an *Marchese del Vasto*. *Jacobi Sadolet's* Gedicht de Laocoontis statua in Hexametern abgedruckt in *Leodegari* a Quercu Farrago Poematum II. p. 63, Delic. Poet. Ital. II. p. 582, bei *Lessing*, Laokoon, Anmerk. zu Nr. VI.

13 Die Anfänge archäologischer Studien über Rom gehen mit den epigraphischen Hand in Hand und die neuen unter epigraphischem Gesichtspunkte geführten Untersuchungen sind für die Archäologie auch massgebend, vgl. *de Rossi*, Le prime raccolte d' antiche inscrizioni. Giornale Arcadico CXXVII. Roma 1852 und Discorso sull archeologia nel secolo decimo quarto in Bullett. 1871. p. 1—17; *Henzen*, Ueber die Aufnahme der in den ältesten Syllogen enthaltenen Inschriften in die späteren Sammlungen, Berlin, Monatsber. d. Akad. d. Wissensch. 1866, p. 221 ff., Ueber die stadtrömischen Inschriftensammlungen des *Cyriacus* von Ancona, ebendas. 1866, p. 758 ff., Ueber die stadtrömischen Inschriftensammlungen aus der Epoche nach *Cyriacus* bis auf *Jac. Mazochi*, ebendas. 1868, p. 369 ff., jetzt am vollständigsten in Index auctorum zu C. I. Lat. VI. 1 p. LX—LXVI. Auf *Cola di Rienzi* selbst geht die älteste, in einem Codex zu Catania und Cod. Chigianus, zwischen 1344—1347 abgefasste Schrift der Epitaphia und Descriptio urbis Romae ejusque excellentiae zurück mit der von *Cola Nicolaus Laurentii* in der Basilica des *Laterans* gefundenen und öffentlich ausgestellten Lex regia des *Vespasian*. Dann folgen die Reisebemerkungen des Arztes *Giov. Dondi* aus Padua um 1375 über römische Bauten, deren Masse und Inschriften. *Nicola Signorili*, Secretär des römischen Senats unter Martin V. (1417—1431) bildete daraus nur seine eigenen Abschriften der Inschriften, seine ebenfalls doppelte Arbeit der Inschriften und der Descriptio urbis Romae ejusque excellentiae, die überging in die Schrift de juribus et excellentiis urbis Romae. Vgl. jetzt Corp. Inscr. Latinar. VI. 1: Inscript. urbis Romae. T. I. 1876. p. XIV. ff.

Aus des *Francesco Poggio* Schrift de varietate fortunae, vollständig in der Pariser Ausgabe 1723, ist der Abschnitt Ruinarum urbis Romae descriptio zuerst in den Opera 1513. fol. 50—52 gedruckt und mehrfach wiederholt, so in *Sallengre*, Nov. Thesaur. antiquitat. Romanar. I. p. 501 ff. In ihm ist neben Belesenheit unmittelbarer Eifer selbst zu sehen und selbst zu copiren, sowohl für Inschriften wie für plastische Werke vereint:

Laudo diligentiam tuam, Poggi, inquit Antonius, qui ista tum publicorum tum privatorum operum epigrammata intra urbem et foris quoque multis in locis conquisita atque in parvum volumen coacta litterarum studiosis legenda tradidisti.

Die Inschriftensammlung des *Poggio* ist uns in mindestens zwei Recensionen erhalten, s. *Henzen*, Berl. Monatsber. 1866. p. 230. Vgl. überhaupt *Shepherd*, Vita di Poggio Bracciolini trad. da Tonelli (Dialog. de fort. varietate). Flor. 1825; *Poggii* Epistolae ed. a Tonellio. I 1831, II. 1853; C. I. Lat. VI. 1. p. XXVIII. ff. Und er selbst erklärt Epist. IV. 45. p. 330 ed. da Tonelli: delector supra modum his sculpturis adeo ut curiosus eorum dici possim.

Ueber *Flavio Biondo*, den Geheimschreiber von Eugen IV. (1431—1447), s. *Piper*, Einleit. in die monum. Theologie, S. 666 ff. Die Roma instaurata in 3 Büchern 1446 ist eine römische Topographie mit einzelnen eigenen Beobachtungen, Baseler Ausgabe 1531, fol. Zu *Pomponius Laetus* s. *Tiraboschi*, Stor. d. lett. ital., VI. 1, p. 107 ff., 2, p. 13—16; *O. Jahn*, Aus der Alterthumswissenschaft, S. 346. Er verhandelt um 1488 über die Fragmente der Fasti consulares mit Politianus, s. *Henzen* in Corp. Inscr. lat. I. p. 415. Die Stadtbeschreibung ist abgefasst, als er einem Transalpiner Rom zeigt, s. *Henzen* in Berl. Monatsber. 1868, S. 407. Ist sie identisch mit der 1523 in Rom gedruckten Schrift de Roma prisca et nova varii auctores, welche im Bullett. commiss. archeolog. municipale p. a. 1873, p. III. erwähnt wird? An der Inschriftensammlung des *Petrus Sabinus* hat er bedeutenden Antheil genommen. Der Dominikaner und Architekt *Fra Giocondo* von Verona (stirbt nach 1520), überreichte *Lorenzo Magnifico* die damals bedeutendste Inschriftensammlung, s. *de Rossi*, Fasti municipali di Venosa restituti, Rom 1853 (Giorn. Arcad. XIII.), *Henzen*, C. I. Lat. VI. 1. p. XLIV. *Andreae Fulvii*, Sabini antiquarii de urbis antiquitatibus libri V. Romae 1527. Bresc. 1545. 8. Zu der Reihe der römischen Topographen vgl. Beschreibung der Stadt Rom, Theil I., Vorrede S. XVII ff.; *W. A. Becker*, De Romae veteris muris atque portis, Lips. 1842 und Handbuch der römischen Alterthümer, I. S. 78 f.; *de Rossi*, Roma sotteranea, I. p. 20 ff.; *Henzen*, C. I. L. IV. 1. p. XLIV. ff.; *Georg Fabricius* aus Chemnitz gab nach eigener Anschauung seine Roma, antiquitatum libri duo ex aere marmoribus saxis membranisve collecti 1550 Basil. 1587, abgedruckt in Graevii Thesaur. Vol. III. p. 398—467. Interessant für das unmittelbare Interesse der Fürsten an diesen Studien ist die Dedikation *Marliani's* an Franz I., die des Eremitenmönchs *Panvini* an König Ferdinand I.

Das Breve *Leo's X.* an *Rafael* von Urbino ist datirt vom 27. August 1515, überträgt demselben die Oberaufsicht aller antiken Marmorreste, vorzüglich auch solcher mit Inschriften an denselben (*P. Bembo*, Epistolae n. 21). Bericht *Rafael's* unter *Baltasar Castiglione's* Papieren gefunden, in zwei Abschriften erhalten und zuerst 1733 unter dessen Werken (1733, Padua) veröffentlicht, jetzt mit Grundlegung von der Münchener Handschrift neu herausgegeben bei *Passavant*, Leben Rafael's, III. 1858, p. 43 ff. Französische Ausgabe t. I. p. 263 ff. In dieser Handschrift folgt der Brief der von *Fabio Calvo* auf *Rafael's* Betreiben gemachten theilweisen Uebersetzung des *Vitruv*. Die ihm gestellte Aufgabe bezeichnet er mit den Worten: che io ponessi in disegno Roma anticha quanto cognoscier si puo per quello che oggi di si vede con gli edificii etc.

Er erklärt, dass er die doppelten Quellen der Erkenntniss, die Denkmäler selbst und die Schriftsteller, gleich benutzt und unter sich verglichen habe: onde essendo io stato assai studioso di queste tali antiquitati et havendo posto non piccola cura in cercarle minutamente et in mesurarle con diligentia e leggendo di continuo di buoni auctori et conferendo l'opere con le loro scripture, penso haver consequito qualche notitia di quell' antiqua architectura. Er hat aus vielen alten Autoren geschöpft, vorzüglich ist er gefolgt *P. Victor*, der gerade als einer der letzten den Zustand genau bezeichne; seine Regionen stimmen mit einigen antiken Monumenten, auf welchen solche verzeichnet sind. Drei Arten von Gebäuden muss man in Rom unterscheiden, antike und moderne und dazwischen die Werke der Gothenherrschaft und des darauf folgenden Jahrhunderts: die Zeit der römischen Kaiser ist ihm die Zeit der höchsten Blüthe der antiken Architektur. Dieselbe hat sich viel länger in gutem Bestand erhalten, als die andern Künste, welche z. B. die Sculptur an den Werken Constantins, oft grössten Verfall zeigten: e ben che le lettere la scultura la pictura e quasi tutta l'altre arti fossero longamente ite in declinatione et peggiorando fino al tempo de gli ultimi imperatori, pur l'architectura si osservava et manteneasi con bona ragione et edificavasi con la medesima maniera che prima. In Griechenland waren einst die Erfinder und vollkommenen Meister aller Künste. Mit der Knechtschaft Roms unter den Barbaren, mit der Zerstörung der Bauten geht auch die Kunst zu bauen unter. Parve che gli huomini di quel tempo insieme con l'imperio perdessero tutto lo ingegno e l'arte et divennero tanti ignoranti che non sepero far pur li mattoni cotti non che altra sorte di ornamenti. Zu dieser Arbeit steht in Beziehung das Heft architektonischer und plastischer Zeichnungen *Rafael's* in *Holkham*, s. *Passavant*, Rafael II. S. 586—593; *Matz*, Archäol. Zeit. XXXI. S. 35. *Herm. Grimm*, De incerti auctoris litteris quae Raph. Urbinatis ad Leonem X. feruntur in *A. v. Zahn*, Jahrb. f. Kunstwissenschaft, IV. 1871, S. 67—74 sucht den ganzen Brief dem *Andr. Fulvius* zuzuschreiben, ohne den ganz verschiedenen Charakter dieses von rein künstlerischem Gesichtspunkte geschriebenen Briefes gegenüber dem ausdrücklichen Plane des *Fulvius*, der non ut architectus sed historico more describere will (Pref. op.), zu beachten.

14 Zu Padua *Scardeonius* de urbis Patavinae antiquitate (Graev. Thes. antiqu. rom. VI. Col. 270).

Ueber den Ausgrabungsbericht des *Pirro Ligorio*, Ueber das forum Romanum s. Bullett. 1871, p. 263 ff. Die Memorie di varie antichità trovati in diversi luoghi della città di Roma des *Flaminio Vacca* zuerst bekannt gemacht und mit Noten begleitet von *Montfaucon*, Diar. Italicum p. 104 ff., dann genauer und vollständiger bei *C. Fea*, Miscellanea philologica, I. 1790 II. p. 51 ff.

Nach dem Vorgange des *Jucundus*, der die Sammlung seiner Veroneser Inschriften an *Lorenzo Magnifico* dedicirte, behandelte *Onofrio Panvinio* († 1568), der Topograph Roms, der Begleiter des Cardinals Alessandro Farnese, nachherigen Papstes Paul III. die Antiquitates Veronenses. 1648. *Leonardo Bruni* erforscht die Alterthümer von Ancona in der Zeit des *Cyriacus*, Epist. IX. 5 T. II. p. 149). Eine fast unabsehbare Reihe von lokalantiquarischen Arbeiten über Italien oft erst Jahrhunderte später veröffentlicht, manche noch handschriftlich vorhanden schliesst sich daran an, die weiter unten einzeln in der Kunsttopographie angeführt werden.

Für die Uebertragung der antiquarischen Studien nach Deutschland ist wichtig die in einer aus dem Stifte Komburg stammenden Handschrift zu Stuttgart (Cod. hist. art. n. 25) erhaltene Inschriftensammlung des *Thomas Gammarus*, eines Bologneser Rechtsgelehrten (1458—1525), welche zu einem guten Theile den epigraphischen Sammlungen von *Conrad Peutinger* auf der Augsburger Stadtbibliothek zu Grunde liegt und in Mitte des 16. Jahrhunderts im Besitz eines *Oswald von Eck* war, s. *Mommsen* in Monatsber. Berl. Akad. Juli 1865; *Henzen*, C. I. Lat. VI. 1. p. XLIII. Die Grabschrift rühmt des *Gammarus* pingendi sculpendi excudendi atque fingendi ex omni materia incredibilem peritiam. Ein deutscher Cardinal, wahrscheinlich Albrecht von Mainz hat eine Handschrift mit Inschriften und Antiquitates aus Italien und Spanien herstellen lassen, die im Bauernkriege geraubt, des kostbaren Einbandes entkleidet nach Tübingen in den Besitz des Professor *Ruttelius* kam (Ep. Ruttelii in Pirkheim op. ed. Goldast. p. 318). Der Wiener *August Tyfernus* hält sich 1507 in Neapel auf, steht mit *Jucundus* in Verbindung, hinterlässt eine Handschrift mit sorgfältigen Zeichnungen und Inschriften (*Mommsen* a. a. O.).

Conrad Peutinger (1465—1547) ist nicht allein geschmackvoller Antikensammler, dessen Sammlungen, besonders an Münzen reich, wir aus seinem Testament jetzt näher kennen, sondern auch gelehrter Bearbeiter römischer Alterthümer der Heimath; auf ihm ruhen wesentlich des *Petrus Apianus* und *Bartolomeus Amantius* Inscriptiones sacrosanctae vetustatis non illae quidem romanae sed totius fere orbis (Ingolst. 1534). Seine Collectaneen in Augsburg (Bibl. August. n. 526. 527. Bibl. Monac. n. 24).

Wilibald Pirkheimer von Nürnberg hat eine Beschreibung der Porta nigra von Trier abgefasst nebst Zeichnungen (Op. ed. Goldast p. 93—94); seine, von seinem Amanuensis *Ruttelius* gesammelten Studien ad antiquitates emendandas sind von *Apian* benutzt. Auch Württemberg, besonders Rothenburg am Neckar wird Gegenstand antiquarischer Behandlung (*Ruttelius* l. c. und *Heumann*, Docum. liter. p. 338, vgl. überhaupt *Stark*, Archäol. Studien, 1852, S. 11). Mainz wird unter Cardinal Albrecht von Mainz, dessen Bibliothek und Kunstschätze *Jacob Curio* anschaulich preist (Praef. ad edit. *Pompon. Gaurici* 1542), vor allem durch *Joannes Huttich* nach den römischen Ueberresten untersucht und darüber die Collectiones antiquitatum in urbe atque agro Moguntinorum repertarum, Mogunt. 1520 fol. veröffentlicht.

Am Niederrhein waren *Martin Smetius*, der 1545—1551 Italien an der Seite eines der eifrigsten und geschmackvollsten Sammler, des Cardinals *Ridolfo Pio* (Card. Carpensis) bereist und nicht allein durch sein nach vernichtendem Brand 1565 hergestelltes, von *Justus Lipsius* 1588 veröffentlichtes Inschriftenwerk und *Stefanus Pighius* (1520—1604), früher im Dienste des Cardinal *Granvella*, dieses grossartigen Förderers archäologischer Studien durch Ausgrabungen in Rom, Sammeln, Anordnung von Aufnahmen, dann Begleiter des Herzogs von Jülich, endlich Domherr in Xanten, Jahre lang in Italien verweilend, aber auch in Deutschland auf jeden römischen Ueberrest achtsam, die bedeutendsten Vertreter archäologischer Studien. Der letztere hinterliess einen werthvollen Schatz von Zeichnungen, die jetzt erst durch *O. Jahn* uns genau und übersichtlich bekannt geworden sind (Leipziger Berichte, Philolog. histor. Kl. 1868, S. 162 ff. Taf. I—V. mit den Untersuchungen von *Matz*, Berliner Monatsberichte 1871, p. 445—499), wie er bereits einzelne mythologische Gestalten, wie Themis und Hercules monographisch behandelt (1568—1588); für den inschriftlichen Theil seiner Sammlungen s. C. I. L. VI. 1. p. L. Zu *Smetius* vgl. die Controverse von *Mommsen* und *de Rossi* in Monatsber. Berl. Akad. 1858. S. 630—639; Bullett. 1862. p. 44—48; Annal. d. Inst. arch. 1862. p. 220—244 und jetzt *Henzen*, C. I. L. VI. 1. p. XLIX. f.

An der Spitze stehen Kupferstiche des *Agostino Veneto* (de' Musis) nach Zeichnungen von *Marc Antonio Raimondi*, s. *Bartsch*, Peintre graveur. XIV. Die Durchforschung der einzelnen Kupferstiche des 16. Jahrhunderts ist für die

Antike so wichtig, schon für den Nachweis späterer Ergänzung, ist aber bisher noch von Niemand gründlich unternommen worden.

Antonio Lafreri liess einzelne Blätter stechen 1544—1575, welche 118 an Zahl vereint sind im Speculum Romanae magnificentiae, Rom gr. fol. 1575; der Enkel *Lafreri's*, *Claud. Bruchetti* gab sie neu heraus, vgl. dazu *Mommsen* C. I. L. I. p. 308 Not. Auf der Heidelberger Bibliothek befindet sich ein Exemplar der seltenen ersten Ausgabe.

Ulisse Aldroandi gab Statue di Roma 1556 in Venedig heraus.

Antiquarum statuarum urbis Romae icones. Romae, ex typis *Laur. Vaccarii* 1584. T. II. ex typis de *Scaichis*, 1621.

Jo. Baptista de Cavaleriis widmet bereits 1569 dem Herzog Cosimo von Florenz: Urbis Romae aedificiorum illustrium quae supersunt reliquiae a Joanne Antonio Dosio stilo ferreo ut hodie cernuntur, descriptae. Von den Antiquae statuae urbis Romae desselben erschienen zwei Bücher 1584, die zwei folgenden dem Nobile Jac. Rob. Albertoni gewidmet 1594.

Ueber *Boissard* s. weiter unten.

Von *François Perrier* erschienen in Kupfer gestochen hundert Statuae 1638, dedicirt an *Duplessis de Liancourt*, in neuer Auflage nach den Originaltafeln abgedruckt, Paris, Morel. 1865, dann seine Segmenta nobilium signorum et statuarum quae Romae adhuc exstant, einige Jahre später, 1645 die Icones et segmenta illustrium e marmore tabularum quae Romae adhuc exstant.

Die Familie *dei Rossi* (de Rubeis), so *Johann Jacob*, dann *Joh. Baptista* sind Stecher und Verleger solcher Statuenabbildungen, so 1645. 1668.

Von Deutschen und Niederländern hat die feine und fleissige Nadel eines *Aug. Sadeler* zuerst die Vestigi delle antichità di Roma Tivoli Pozzuoli malerisch vorgeführt, Prag 1616 fol., ein *Jan de Bischop* (Episcopius) mit Hülfe trefflicher niederländischer Zeichner, 1630, Signorum veterum icones, der Deutsche *Jo. Ulrich Kraus* unter gleichem Titel seine Sammlung von Zeichnungen in Augsburg 1660 veröffentlicht.

15 *Petrus Gyllius* (Gilles) aus Albi geb. 1490 hat als Arzt und eifriger Zoolog in der Türkei Jahre lang gelebt, er schrieb 1550 sein Werk de topographia Constantinopoleos et de illius antiquitatibus libri IV., welches nach seinem Tode 1561, 1562. dann 1632 wieder, erschienen ist. Die viel früher (1480) von *Gentile Bellini* angefertigte Zeichnung der Theodosiussäule ward erst 1702 bekannt gemacht (*Crowe* und *Cavalcaselle*, Geschichte der italienischen Malerei, D. A. V. 1. S. 123). *Pierre Belon* aus S. Germain en Près studirte in Wittenberg unter *Valerius Cordus* Medicin, hörte Erklärung des *Dioscorides*, ward durch ihn auf den Orient, besonders Aegypten hingewiesen. Sein Gönner ist Cardinal Franz von Tournon, der Freund und Minister von Franz I. von Frankreich, dem er auch das Werk: De admirabili operum antiquorum et rerum suspiciendarum praestantia l. III. 1553 widmet. Nur das erste de prisca operum gentium externarum majestate behandelt den Gegenstand des Titels, B. II. de medicato funere und B. III. de medicamentis nonnullis servandi cadaveris vim obtinentibus hat die für die damalige Medicin so wichtige Einbalsamirung der Todten zum Gegenstande, wobei viele Reisebeobachtungen mitgetheilt werden. Das erste Buch behandelt die Pyramiden, Obelisken, Labyrinthe, Grabmäler aller Art aus eigener Anschauung und im Vergleich seiner Messungen und Beobachtungen mit den literarischen Quellen. Die Reisen, die denselben zu Grunde liegen, wurden zwischen 1546 und 1550 gemacht, 1547 befindet er sich z. B. in Korfu. *Belon* zeigt sich als einen

genauen und mit feinem Sinne und weitem Blicke ausgestatteten Beobachter der Monumente.

Pirro Ligorio (Pyrrhus Ligorius Neapolitanus), Maler und Architekt, ward 1549 emendator et superstans fontis S. Petri zu Rom, gab schon 1553 ein Werk delle antichità di Roma in Venedig heraus, unter Paul IV. (1555—1559) neben *M. Angelo* Baumeister der Peterskirche, erbaute unter Pius IV. (1559 bis 1565) die zierliche, reich geschmückte Villa Pia oder Casino del papa (1562) und den Palast Lancellotti, tritt seit 1568 in die Dienste des Herzogs Alfonso II. von Ferrara und lebte dort hochgeehrt bis zu seinem Tode wahrscheinlich 1593. Vgl. *Quatremère de Quincy*, Geschichte der berühmten Architekten. Deutsche Ausg. 1831. Bd. I. p. 298 ff.; *Henzen*, C. I. L. VI. 1. p. LI. ff. Sein reicher, alphabetisch geordneter archäologischer Nachlass kam durch Kauf nach Turin, wo im Archiv noch dreissig Foliobände sich befinden; zehn Bände, wahrscheinlich von dort entwendet, sind aus Farnesischem Erbe im Museo nazionale zu Neapel. Ein Band mit vielen Abbildungen befindet sich in der Bodlejan Library zu Oxford (Ital. 138 fol.). Königin Christine von Schweden liess von achtzehn Bänden Copieen machen, von denen zwölf in der früheren Bibliothek Ottobuoni, jetzt in der Ottoboniana des Vatikan sich befinden (vgl. *Blume*, Iter. ital. I. p. 76; III. p. 63. 214; IV. p. 18; Catalogo codd. Taurin. II.). Erschienen ist daraus der Band über Rom: Delle antichità di Roma nel quale si tratta de' Circi, Teatri Amfiteatri con le paradosse, quali confutano la commune opinione sopra vari luoghi della città, Venet. 1653. 8. und ein von *Scheffer* in's Lateinische übersetzter Band de vehiculis (Francof. 1761). Erst neuerdings sind die Ausgrabungsberichte von *Pirro Ligorio* vom forum Romanum aus den Jahren 1546. 1547 bekannt geworden (Bullet. 1871, p. 263 ff.). Interessant zur Beurtheilung des *Pirro Ligorio* und der Erwartung, die das Werk erweckte, sind die Worte des *Antonio Agostino* Dial. IV. p. 56 Ed. Antr. 1653: Circi maximi ceterorumque urbis Romae nullum in nomismatis vestigium, delineavit tamen egregie Pyrrhus Ligorius Neapolit. (amicus dum viveret meus antiquarius insignis et pictor, qui quamvis L a t i n a e l i n g u a e r u d i s esset, quadraginta fere libros antiquitatum de nomismatis et aedificiis quos reliquerat utinam heredes evulgassent!) B. Qui quaeso, Latinae expers linguae de his conscribere potuit? A. non secus atque conscripsere Hubertus Goltzius, Aeneas Vicus, Jacobus Strada aliique quorum si libros inspexeris, omnes omnino auctores tum Graecos tum Latinos quotquot exstant, evolvisse credas. Aliorum — opera utuntur, cumque penicillo valeant, amplius eo quam penna praestant. Ebendas. p. 184: Pyrrhi quoque Ligorii Neapolit. opus antiquitatum pridem exspectatum, in quo nummi sunt et inscriptiones plures forte, quam alibi terrarum.

J. Spon äussert in Rei antiquar. div. Dissertationes n. XXXI: non me latet Italis antiquarum rerum auctoribus Ligorium in suspicionem venisse et quidem multas adulterinas imagines cum veris inmiscuisse verum haec (sc. imago) antiquitatem omnino sapit et a Bagarrio hisce in rebus eruditissimo probata est.

Auch *Pighius* hatte ihn in Rom (1547—1555) näher gekannt und freut sich in Ferrara ihn gesund und kräftig wieder zu finden; er hatte daselbst für den Antikenschatz ad ornatum bibliothecae viel gesammelt als architectus ingeniosissimus et antiquitatum studiosissimus peritissimusque vir (Hercules Prodicius p. 350). Ueber die Methode der Inschriftenfälschung des *Pirro* s. *Henzen*, Berliner Monatsbericht, 1855, S. 38—44.

Ueber *Stephan Vinand Pighius* s. jetzt *O. Jahn* in Bericht. der Leipz. Ges. der Wissensch. philol. histor. Kl. 1868. II. III. S. 161—235, Taf.

II—V.. 1569. I. II. S. 1 ff. Geboren in Campen 1520, ausgebildet in Löwen, geht er 1547 nach Italien und blieb dort hauptsächlich in Rom acht Jahre, in Gunst bei Marcellus II., dann 14 Jahre im Dienste als Sekretär und Bibliothekar des Cardinals Granvella in Brüssel, ging als Reisebegleiter des Prinzen Carl von Cleve nach Italien, der 1575 aber in Rom stirbt, wird dann Scholaster in Xanten am Rhein, stirbt 1604. Sein Nachlass von zum Theil selbstgefertigten Zeichnungen nach Antiken mit lateinischen Beischriften, die er auf den Reisen gemacht, kam als codex Pighianus unter dem grossen Kurfürsten 1680 nach Berlin und wurde von *Lorenz Beger* vielfach benutzt. Derselbe findet jetzt in den Coburger Sammlungen von Zeichnungen einen kritisch wichtigen Doppelgänger, s. *Matz* a. a. O. *Pighius* bildet in seinen Schriften, so in der Themis Dea seu de lege divina und der Mythologia in quatuor anni partes (nach einem Silbergefäss des Cardinals Granvella) Antverp. 1568, (*Gronov.* Thesaur. antiquit. graec. IX. S. 1137 ff.) den Eingang zur kunstmythologischen Forschung, wie er in Hercules Prodicius seu principis juventutis vita et peregrinatio, Antv. 1587 seine Cavalierreise mit dem fürstlichen Zögling mit archäologischem Interesse schildert.

Etienne Dupérac hat im 16. Jahrhundert sehr lange in Rom gelebt und 1573 ein Album von Ansichten Roms, 1574 einen Plan herausgegeben, wird von Heinrich IV. beauftragt mit der Dekoration der Bäder von Fontainebleau, dann seit 1595 mit dem Pavillon der Flora. Er stirbt 1601. Von ihm existirt ein Band Zeichnungen im Louvre nach Antiken, darin auch Denkmäler des *Pirro Ligorio.* Eine Copie der Sammlung ward an *Ezechiel Spanheim* geschickt und befindet sich in Berlin (Cod. bibl. Berol. Spanhem. 43). Vgl. *Fröhner,* Musées de France, p. 30 und damit *Henzen*, C. I. L. VI. 1. p. LIV.

Jean Jacques Boissard aus Besançon weilte als junger Mann sechs Jahre in Rom, durchwanderte aber später als Begleiter eines belgischen Edelmannes von Neuem Italien bis Hydrunt, auch die Donaugegenden Deutschlands, die Schweiz und Frankreich. Er war früher von Italien nach Corfu und Cephallenia gegangen und ward in Modon (Methone) monatelang in einem Kloster durch Krankheit zurückgehalten, überall eifrig zeichnend und sammelnd. Die Reste der von ihm dabei gebildeten Sammlung von Zeichnungen, Malereien, Abschriften, welche in der Heimath zu Montbeliard durch Plünderung der Lothringer verdorben und zerstreut wurden, rettete er nach Metz, wo auch die erste Sammlung römischer Alterthümer noch heute auf ihn zurückzuführen ist. Vervollständigt aus Büchern und durch Beihilfe von italienischen Freunden, wie dem fälschenden *Iul. Roscius* in Rom, wuchs dieser Apparat zu dem in seinem Werth so ungleichartigen grossen Werke an, das auch *Marliani* und *Panvini* an sich schloss, selbst *Valerius Probus* de notis, zur Topographie und den Alterthümern Roms in sechs Bänden Antiquitatum urbanarum Romanarum 1597, 1603, dann 1627 in Frankfurt erschienen. Vgl. die Praefatio zu p. III., *Henzen*, C. I. L. VI. p. LV. f., *Hübner*, Bonner Jbb. LIII. LIV. S. 160.

Schon in Rom hatte er einen kleinen Wegweiser durch die Denkmäler Roms veröffentlicht. Nach vielen Jahren entschliesst er sich auf Betrieb und unter Beihilfe des Kupferstechers *Theodor de Bry* und seiner Söhne zur Veröffentlichung in drei Theilen 1594—1597 und dedicirt es Pfalzgraf Johann. Der erste Theil umfasst nun auf vier Tage berechnet, eine Wanderung durch Rom, der dritte besonders Grabinschriften und Grabdenkmäler. Die spätere Vermehrung gerade dieser Denkmäler bringt viel Gefälschtes. Die Ausgabe von 1597 ist daher für seine Beurtheilung zu Grunde zu legen.

Ueber die drei Bände der Collectanea des *Alfonso Ciacconi* s. *Rossi*, Roma sotteranea I. p. 12 ff., *Henzen*, C. I. L. VI. 1. p. LVI. Die Sammlungen beginnen von einer Topographie und Gebäuden, begreifen auch schon anaglypha statuae protomae gemmae nummi im ersten Bande, der zweite ist einer Ikonographie gewidmet, wobei zur Ergänzung der Antike auch Rafael's Gemälde benutzt werden, der dritte Band umfasst neben einer Art Atlas der Naturgeschichte, Erzstatuen, Reliefs und alle Arten antiker Geräthe. Die Abhängigkeit von *Ligorio* ist dabei ausgesprochen.

Mit *Petrarca* beginnt das Interesse für Kaiserbilder auf den Münzen. 16
Poggio sucht in Münzen und Büsten nach Reihen von Kaisern und Gelehrten s. *Append.* LXXII. zu *Roscoe*, Life of Lorenzo di Medici. *Pomponius Gauricus* de sculptura c. 16 rühmt 1504 die Reihe der Caesares beim Rathhaus zu Brescia vom Mailänder *Gaspar*. *Tizian* hatte nach Münzen und Büsten zwölf Medaillons mit den römischen Kaisern für den Herzog von Mantua gemalt (Lodovico Dolce, Aretino p. 105), der Kupferstecher *Enea Vico* (1540—1560) solche zur Genealogie der Caesares, speciell zu Julius Cäsar gestochen (1555). Karl I. von England hatte noch eilf dieser Kaiserbilder erworben und von *van Dyck* das des Vitellius hinzufügen lassen im J. 1632 (Fiorillo V. p. 329). Die Sitte solche Kaiserreihen in Büsten und Medaillons aufzustellen wird in den fürstlichen Häusern auch diesseits der Alpen allgemein, so am Schloss zu Heidelberg 1558. Die Illustrium imagines von *Andreas Fulvius*, bezeichnet am Schlusse: imperatorum et illustrium virorum ac mulierum vultus ex antiquis numismatibus expressi emendatum correctumque opus per Andr. Fulvium, Romae, Jan. Mazocchius. 1517. 8. Ed. II. 1524 bilden die Unterlage zu des *Joannes Huttich* Imperatorum et Caesarum vitae cum imaginibus ad vivam effigiem expressis 1524, vermehrt elencho et iconiis consulum 1534, gewidmet antiquitatum candidatis. Mit Julius Cäsar wird begonnen und bis Michael Kuropalatas 790 n. Chr. fortgeführt, dann zu Karl dem Gr. übergesprungen.

Hubert Goltz aus Würzburg, Maler zu Antwerpen, Schüler des Lütticher Malers *Lambert Lombardus*, »der, wie er erklärt, die barbarische Manier aus dem Lande trieben und die rechte Art der antiquarischen Kunst wiederum hier eingeführt und der ein rechter Philosophus war über alles, was er von alter Kunst nur sah, und der die Zeit ihres Alterthums anzeigen konnte«, hat in einem grossen Werke mit lateinischem und deutschem Texte an Kaiser Maximilian II. dedicirt »die lebenden Bilder nach allen Kaisern« von Julius Cäsar bis Ferdinand I. nach den Münzen »wahrhaftiglich und getreulich contreffet«. Es schliessen sich daran an desselben Fasti magistratuum et triumphatorum Romanorum restituti, Brugis 1566, dann neu bearbeitet Caesar Augustus s. historiae imperatorum caesarum Romanorum ex antiquis numismatibus restitutus, Brugis 1574, weiter Magna Graecia et Sicilia Thesaurus rei antiquariae uberrimus, Antverp. 1575, Gesammtausgabe seiner Werke, Antverp. 1645, 4 Bde., dann noch 1708 fol. Bedeutungsvoll ist bei ihm die Einführung der griechischen Münzen durch sein Werk über Magna Graecia et Sicilia und der künstlerische Sinn, aus dem diese Studien hervorgehen.

Den Münzen gegenüber bildet die reiche Marmorbüstensammlung des *Fulvio Orsini* (*Ursinus*), dieses ersten Kenners des Alterthums (homo antiquitatis in paucis peritus, cujus nomine inter viros antiquariae rei studiosos majus celebriusque nullum est), die Unterlage zu dessen unschätzbarem Werke Illustrium imagines ex antiquis marmoribus et bibliotheca Fulvii Ursini 1569, 1570; 2. Ausgabe von *Gorlaeus*, Antv. 1598, dann abgedruckt in Gronov Thes. Ant. Gr. I. II. III. Die Familiae Romanae, quae reperiuntur in antiquis numismatibus, Rom 1577. 4., dagegen sind in ihrem Text durchaus für die Erklärung der bildlichen Darstellungen unergiebig. Zu *Ursinus* s. *Tiraboschi* stor. lett. VII. 1. p. 217 ff., 2. p. 230, *Henzen*, C. I. L. VI. 1. p. LIV. Die von dem Kupferstecher *Augustinus Venetus* (Muzi) 1569 zusammengestellten Icones Graecorum wurden erst 1648 in Padua herausgegeben.

Was in unhistorischer Naivetät das 16. Jahrhundert leisten konnte, davon ist das Promptuarium Iconum von *Guil. Rouille* ein Beispiel mit seinen Bildnissen von Adam und Noah.

17 *Antonio Agostino* (1517—1586) aus Saragossa, als Jurist in Salamanca, dann Bologna ausgebildet, hier im engen Verkehr mit *Alciati* und durch ihn in das Griechische tüchtig eingeführt, eine Kenntniss, welche nach dem Zeugniss seines Biographen, des Jesuiten *Andreas Schottus* immer nur sehr wenige Menschen besassen, dann als juristischer Lehrer in Padua und Florenz thätig, ward noch unter Paul III. nach Rom gezogen in den päpstlichen obersten Gerichtshof (1544—1554), vielfach zu Gesandtschaften verwendet, auf dem Tridentiner Concil besonders thätig, seit 1576 Erzbischof von Tarragona. Wie er in Rom in enger Verbindung mit Antiquaren und Philologen, den *Faerni*, den *Panvini*, mit *C. Sigonius*, *Paulus Manutius*, *Fulvius Ursinus* lebte, so hatten in seinem späteren Wohnort die dortigen Reste der römischen Zeit für ihn den höchsten Reiz.

Vixit jucunde in hac urbe propter antiquitatis Romanae impressa vestigia, theatrum circum titulos nummos et inscriptiones quibus refecta urbs est, ut et moenia omnia Romane loqui videantur.

Sein epochemachendes nicht juristisches Hauptwerk erschienen nach seinem Tode, der Dialogo de Medallas Inscriciones y otres antiquedades, Tarragona 1587 fol., ist in der lateinischen Uebersetzung des *Andreas Schottus* (1617. 1653 am bekanntesten de veterum nomismatum antiquitate dialogi XI.

In diesen von *Agostino* mit einem Bruder und Neffen geführten Gesprächen werden die Münzen besonders nach fünf Gesichtspunkten behandelt, nach dem künstlerischen (a pictoribus scalptoribus ac monetariis), nach dem historischen (ut imperatorum veterum cognoscantur effigies), nach dem topographischen (ut urbium aedium fluminum), nach dem mythologisch-allegorischen (ut virtutum Dearumque), nach dem grammatischen (ut orthographia ediscatur und unter sehr reichhaltiger Bezugnahme auf andere antike Monumente in Rom wie Spanien. Dieser künstlerische Gesichtspunkt wird sehr bestimmt im ersten Dialog ausgesprochen und dabei die höchste Blüthe der Kunst des Münzstempelschnittes zwischen Alexander dem Grossen und Gallienus gesetzt.

Illud inprimis apud omnes constitutum est pictores sculptores aurifabros ceterosque id genus artifices praecipue vero eos qui aut monetam ipsi feriunt aut feriendam curant, magnam in omnem partem ex veterum numismatis utilitatem capere posse et solere, quod hae artes mirifice degenerarint a pristina illa elegantia, ut vel me tacente quivis non omnino hebes inspectis operibus retro annis abhinc centum elaboratis deprehendat. — Ceterum in antiquis nummis magna exstant perfectae picturae signa ad vivum delineatis hominibus rebusque tam affabre ad vivam imaginem impressis ut supra nihil possit, quaedam ediam nomismata sic leviter exstantia, ut in auro argentoque caelato, alia altius exsurgentia reperiantur et quaquaversus ut non in plano impressa signa ac tabulae sed integre scalptae statuae esse videantur.

Es werden die modernen Maler und Antiquare, die Münzen veröffentlichten, getadelt, weil sie mehr auf schöne Zeichnung als auf Treue der Darstellung grossen Werth gelegt. Von besonderem Reichthum und mit überwiegend gesunder Anschauung abgefasst, ist das fünfte von den Symbolen der Götter und Heroen handelnde Buch. Das letzte Buch handelt von der Fälschung von Münzen und Inschriften und giebt eine

Reihe der interessantesten Belege aus dem 16. Jahrhundert, der Zeit des Autors, mit dem richtigen Satze an der Spitze: nisi enim falsa a veris, certaque ab incertis segregentur, nihil in studiis cum laude perfeceris, und dem Spruche des Epicharm: *νᾶφε καὶ μέμνασ' ἀπιστεῖν ἄρθρα ταῦτα τῶν φρενῶν* als Leitstern.

Ueber die Papiere des *Augustinus* s. C. I. L. II. p. XV. 32, p. 543, VI. 1. p. XL.

Boccaz (1315—1375) schrieb seine fünfzehn Bücher Genealogiae deorum gentilium et heroum ex iis juxta fictionem veterum descendentium atque cum hac quod sub fabularum tegmine illustres quondam senserunt viri zufolge der Aufforderung des Königs Hugo von Jerusalem und Cypern mit Anhang einer Art alter Geographie noch ohne jede Beziehung zu den Monumenten im Kampf mit den hostes poetici nominis. Erster Druck Venet. 1472, dann 1497.

Des *Lilius Gyraldus* Historia deorum gentilium varia et multiplex, dem Herzog von Ferrara dedicirt, erschien 1547, zweite Ausgabe 1555 in Basel; der Verfasser musste sich noch wegen des Stoffes vertheidigen. Das umfassendste weitverbreitete Handbuch der Mythologie mit einer dreifachen Erläuterung der Mythen nach der irdischen Natur, der Sternkunde und der Ethik verfasste der Venetianer *Natalis Comes* (Noël le Comte): Mythologiae seu explicationis fabularum libri decem, an Karl IX. in erster Auflage dedicirt 1568. Das theologische Interesse, besonders das Verhältniss zur geoffenbarten Religion ist hier überall das Bestimmende.

Du Choul, Discours sur la religion des anciens Romains, Rom 1556 und *Vicenzo Cartari*, Imagini degli dei delli antichi, neu bearbeitet in Abbildungen, die oft nur an Antiken erinnern, sie nicht selbst darstellen, zeigt uns eine Reihe von hundert Göttern von *Lorenzo Pignorio*, Padua 1627.

Die grosse Literatur der Emblemata wird eröffnet durch die kleine mit 168 Holzschnitten und 48 Medaillons geschmückte Schrift von *Joannes Sambucus:* Emblemata cum aliquot nummis antiqui operis, Antv. Plant. 1564. 8.; das Jahr darauf erschien von dem in Holland und England thätigen Arzt und Philologen *Hadrianus Junius* das oft wiederholte, vielfach übersetzte Werk: Emblemata et aenigmata, Antv. 1565; aber beide fussen auf der originalen Arbeit des Mailänders dann Ferraresers, auch in Avignon und Bourges zeitweis weilenden *Andrea Alciati* (1482—1550), des gelehrten Juristen und Antiquars, welcher auch eine grosse Inschriftensammlung compilirte. Diese Arbeit an *Conrad Peutinger* dedicirt erschien erst lange nach seinem Tode, ward dann aber wiederholt mit den Zusätzen des Franzosen *Claudius Minos* aus Dijon herausgegeben (Ed. III, 1580. Ed. IV. 1591, 1608. u. s. w.). Vgl. über die Papiere von Alciati *Blume*, Iter Italicum I. S. 193, *Henzen*, C. I. L. VI. 1, p. XLVIII. *Minos* spricht sich in der Vorrede aus: ut superior aetate fuit Alciatus, ita ni fallor se priorem et ingenii sollertia et doctrinae laude praestitit, und: optime, post Alciatum si quid nobis credendum sit, Joannes Sambucus et Alciatus sua nobis emblemata cuderunt, quibus nihil ingeniosius aut accuratius adinventum. Das einflussreichste Werk ward dann die Iconologia vom Ritter *Ripa*, eine descrittione di diverse immagini cavate delli antichità de proprj inventioni, Rom 1593; 1603. 4. (verschiedentlich erweitert und neu herausgegeben, so von *Castellini*, Padova 1630 in drei Bänden, noch *Perugia* 1764—1767 von *Cesare Orlandi* in fünf Quartanten). *Otto Venius* 1624, *Canini* 1669, *Silvester a Petra sancta* 1682, *Romeyn de Hooghe, van der Kelten* 1699, *Menestrier* 1695 verfassten eine lange Reihe einst hochgeschätzter, im Titel hochtrabender (so Philosophia imaginum, Apelles symbolicus, Symbola heroica), im Inhalt aus Gelehrsamkeit und abgeschmackter Willkür der Erfindung zusammengesetzter

Werke, die die noch ungeprüfte Unterlage des umfassenden Bilderapparates für die Kunst der Spätrenaissance und des Rococo bilden und in neuester Zeit noch unbewusst von Architekten und Dekorateurs befolgt werden.

§ 13. Die Archäologie der Kunst im siebzehnten und der ersten Hälfte des achtzehnten Jahrhunderts unter der Herrschaft des antiquarischen Interesses. Die grossen Vorläufer der wissenschaftlichen Begründung.

1 Man ist gewohnt auf die archäologischen Bestrebungen und Arbeiten des Jahrhunderts von *Winckelmann* mit Missachtung und Gleichgültigkeit als auf eine wüste, unfruchtbare Sammelei von gelehrten Notizen und von Antiquitäten allerlei Art zu blicken, das künstlerische Interesse als daran ganz unbetheiligt zu betrachten und ebenso die Ahnung einer geschichtlichen Entwickelung der antiken Kunst ihnen abzusprechen. Das Bild eines »Raritäten- oder Curiositätenkabinetes«, unter welchem Namen neben dem einfachen und passenden der Kunstkammer die Sammlungen der Liebhaber von Alterthümern damals gern bezeichnet wurden, scheint auf das gesammte Resultat der wissenschaftlichen Arbeit jener Epoche übertragen werden zu können.

2 Jedes nähere Eingehen auf die wichtigsten literarischen Produkte dieser Epoche giebt uns ein anderes Bild. Noch heute sind wir mit einem grossen Theil unserer Monumentenkenntniss auf die Veröffentlichungen jener Zeit angewiesen, ein guter Theil der Durchschnittskenntniss des Publikums ruht auf ihnen. Und zugleich sind die bedeutsamsten Anläufe damals gemacht worden, um zu einer umfassenden und lebensvollen Erkenntniss der antiken Kunst zu gelangen. Die archäologischen Nebenquellen sind gerade damals mit grossem Eifer aufgesucht und verfolgt und überhaupt die ganze Breite der monumentalen Welt des Alterthums erst ermessen worden.

Zugleich aber haben wir als charakteristischen Hauptzug der damaligen Alterthumswissenschaft überhaupt das gänzliche Ueberwiegen der lateinischen Studien vor den griechischen und damit die übergrosse Werthschätzung des Abgeleiteten, voll Ausgelebten gegenüber allem Originalen und erst Aufstrebenden zu constatiren. Wie zugleich in der bildenden Kunst jener Epoche das Malerische den Stil aller Kunstübung beherrscht, so erscheinen auch die Leistungen derselben und ihre Theorie massgebend für die Antike.

3 Italien und speciell Rom bleibt immer noch der mütterliche, unerschöpflich reiche Boden antiker Funde und dort erhält sich das unmittelbare, materiell auch sich lohnende Interesse an antiker Kunst in der vornehmen Gesellschaft; fremde Fürsten wie die Königin *Christine* von Schweden (1668—1689 in Rom) sammeln im Wetteifer mit päpstlichen Nepoten und deren Familien. Dort wird das früh geschlungene Band

zwischen Archäologie und Kunstthätigkeit trotz aller lebhaften Gegenbestrebungen der Naturalisten und Manieristen und der die Darstellung des Nackten und der antiken Götterwelt verdammenden extremen kirchlichen Partei nicht gelöst. Wahre Künstler wie *Sante Bartoli* zeichnen lebensvoll, wenn auch wissenschaftlich nicht genügend treu neben den grossen Sculpturwerken nun auch die Zeugnisse der kleineren Zweige künstlerischer Technik und finden dabei gelehrte Ausleger, wie den Abbate *Bellori*. Immerhin hält dort das Kunstgeniessen und das lokalpatriotische Interesse der wissenschaftlichen Arbeit das Gegengewicht und verhindert diese an völliger Entartung in eine trockene Polymathie.

Die Auffindung und Veröffentlichung der Fragmente des römi- 4
schen Stadtplanes gab der römischen Topographie die ersten authentischen Unterlagen. Bereits öffneten die etruskischen Nekropolen ihre Schätze und erweckten von etruskischer Kunst die grössten Vorstellungen. Freilich blieb das Hauptwerk der Etruria regalis von *Dempster* über ein Jahrhundert dem wissenschaftlichen weiteren Publikum verborgen und *Francesco Gori* ward erst der bleibende Begründer etruskischer Alterthumskunde.

Gleichzeitig hatte der grosse deutsche Jesuit *Athanasius Kircher* an den ägyptischen Obelisken von Rom die ersten zusammenhängenden Studien für eine ägyptische Archäologie gemacht und doch daneben noch Zeit und Interesse gefunden für die Bildung einer auserlesenen Sammlung antiker Bronzen und der Denkmäler antiker Masse und Gewichte.

Scipione Maffei ist das edelste Beispiel eines umfassend gelehrten 5
und mit historischem wie Kunstsinn ausgestatteten Lokalantiquars, welcher weit über Italien hinaus mit seinen Bestrebungen ging. Wir dürfen ferner nicht vergessen, dass der Italiener *Bianchini* in seiner Universalgeschichte den bis zum heutigen Tage von den Historikern nicht wahrhaft anerkannten Gedanken einer neben der literarischen hergehenden künstlerisch monumentalen Erkenntnissquelle aussprach, und dass *Muratori* für die Geschichte Italiens in gelehrter Unermüdlichkeit neben dem urkundlichen das schriftliche Material sammelte. Hoch anerkennenswerth wirkt der Theatiner *Paciaudi* für die Erkenntniss der griechischen Monumente und in selbstloser Förderung der Arbeiten anderer.

Der Schwerpunkt der geistigen Arbeit auf dem archäologischen Ge- 6
biete wendet sich trotzdem von Italien mehr weg und zunächst den Niederlanden zu. Halten sich zuerst das spanischgebliebene, rekatholisirte Belgien unter dem Vorgange eines Cardinals *Granvella*, eines *Justus Lipsius* und dann des grossen Malerfürsten *Rubens* mit dem protestantischen, frei aufstrebenden Holland die Wagschale, so sinkt sie mehr und mehr zu Gunsten Hollands. Unverkennbar aber überwiegt dabei das literarisch sammelnde gelehrte Interesse das künstlerische den Monumenten selbst zugewandte. In engster Beziehung steht zu diesen

jugendlich aufstrebenden, wissenschaftlichen und künstlerischen Kreisen der Niederländer in der ersten Hälfte des siebzehnten Jahrhunderts der Hof und die aristokratische Gesellschaft von England. Der Graf *Thomas Howard von Arundel* fördert als wahrer Kunstmäcen ebenso sehr das Studium der antiken Kunst selbst wie ihre Verwerthung für den modernen Künstler. Der grosse fruchtbare Gedanke to transplant old Greece in England ward damals nicht nur zuerst ausgesprochen, sondern auch zu verwirklichen begonnen. Auch die einheimischen Denkmäler wie Stonehenge wurden sorgfältig gezeichnet und deren Herausgabe vorbereitet.

7 Der Heidelberger, zum Niederländer gewordene *Franciscus Junius* arbeitet unter den Augen des Königs Karl I. und seines Gönners *Arundel* das erste umfassende Lehrgebäude und den ersten historischen Katalog der antiken Kunst und Künstler, Werke die zum Theil erst ein halbes Jahrhundert später zur Veröffentlichung gelangten und obgleich als Fundgrube auf das Stärkste benutzt, bis heute eine gerechte Würdigung nicht gefunden haben.

Die englische Revolution hat in der Herrschaft der Puritaner wie der bildenden Kunst, so den archäologischen Studien und ihrer Förderung durch Englands Seemacht den empfindlichsten Schlag versetzt, während in Holland freilich nur mehr gelegentlich die kühne Handelsflotte auch unerwartete Berichte aus der Ferne und einzelne Antiken von den Küsten des Mittelmeeres zuführte.

Die gewaltigen holländischen Thesauren der griechischen und römischen Antiquitäten von *Graevius* und *Gronov* bezeichnen zu Anfang des achtzehnten Jahrhunderts das Ausleben dieses in der Erforschung der einzelnen auch kleinsten Lebenssitte und ihrer Ueberreste unermüdlichen holländischen Geistes.

8 Frankreich übernimmt in der zweiten Hälfte des siebzehnten Jahrhunderts die Führerrolle auch auf diesem Gebiete unter dem unmittelbaren Interesse des Königs Ludwig XIV. und seines Ministers Colbert und unter dem Zusammenwirken von Gelehrten und Künstlern, einen *Poussin* an der Spitze. Voraus ging der grosse (ὁ πάνυ) *Peiresc* (1580—1637) einer der universalsten Menschen der modernen Zeit, der erste archäologische Kritiker, mehr durch seine Briefe und persönlichen Verkehr als durch Schriften wirksam. In ihm vereinte sich die damals zuerst in Europa zum Durchbruch kommende Naturforschung mit Sprachgelehrsamkeit und mit Kunstsinn. Ein Unstern hat über seinen gewaltigen literarischen Nachlass gewaltet, der selbst noch heute nicht ausgenutzt ist. Das vielgebrauchte Compendium dagegen des Jesuiten *Boulanger* über Malerei und Plastik, 1627 erschienen, beurkundet durchaus keinen wissenschaftlichen Fortschritt, ja ist wesentlich nur eine Compilation aus *Thomas Gauricus* und *Vigenier*, jedoch nicht ohne Kenntniss der modernen Technik geschrieben. Und das viel bewunderte und viel erneute und

übersetzte Lehrgedicht des *Dufresnoy* de arte graphica (1643) giebt nur im eleganten Latein die damals herrschenden Ansichten in den Künstlerkreisen des Barockstiles, besonders die Theorie der Schönheit der Schlangenlinien wieder.

Die Gründung der französischen **Akademie** zu Rom 1666, wie 9
vorher die der Akademie de peinture et sculpture zu Paris 1646, dann der Akademie des inscriptions et belles lettres 1675 schafft Mittelpunkte für technische Aufnahmen der antiken Denkmale wie für elegante Diskurse über Kunstgeschichte und für monographische Arbeiten.

Unter dem Schutze der französischen Gesandtschaft in Constantinopel 10
werden zuerst die Bauten und Bildwerke Athens umfassend gezeichnet, ja die ersten Zeichnungen und Beschreibungen aus Persepolis durch den Gesandten *Chardin* mitgebracht. Als ein einfacher Privatmann ohne jegliche Unterstützung vom Hofe hat aber der Arzt *Jacques Spon* aus Lyon sich an der Erforschung der reichen römischen Ueberreste seiner Vaterstadt vorgeübt, um dann auf seinen Wanderungen durch Italien, Dalmatien, Griechenland, Kleinasien in unermüdetem Fleisse und mit unbefangenem Auge das Gesehene in Wort und Zeichnung zu fixiren und es den Phantasiebildern von der Hofgunst getragener Cavaliere, wie eines *Guillet*, gegenüber zu stellen. Ihm tritt dabei die Aufgabe einer eigenen selbständigen Wissenschaft der Archäographie oder Archäologie in's klare Bewusstsein.

Die von oben gepflegten **historischen** Studien der Benediktiner- 11
congregation vom h. Maurus kommen auch der Archäologie zu Gute. Neben Handschriften werden auch die bildlichen Ueberreste auf den Reisen derselben untersucht und gezeichnet. *Montfaucon* (1655—1741) bringt sein Riesenwerk der Antiquité expliquée par les monuments freilich mit der ganzen Mangelhaftigkeit ungenauer Zeichnungen und mangelnder Kritik zusammen.

In erster Linie gedeihen dabei die Studien der **Münzen** und **ge- 12
schnittenen Steine** als der dem Geschmacke einer gewählten Gesellschaft am meisten entsprechenden und ebenso räthselhaften wie sinnlich reizenden Gegenstände. Die Frage über ihren relativen Vorzug ward ein Lieblingsgegenstand der Diskussion. Männer wie *Charles Patin*, *Pierre Seguin*, *Foy Vaillant*, *Pellerin*, *Moret*, *Mariette* haben den ganzen Umfang dieser Specialfächer bereits ermessen.

In dem Grafen *Caylus* vereinigten sich endlich alle die Elemente der 13
französischen Bildung jener Zeit, welche der Archäologie zu Gute kommen konnten: ein präciser, klarer Geist, ein durch weite, lange Reisen frei gewordener, geübter Blick, dilettantisches Geschick und wissenschaftliches Interesse an der Technik, akademische Belesenheit und die freie Hingabe eines materiell unabhängigen Cavaliers an das Objekt seiner Neigung. Er betrachtet eine Fülle von Gegenständen bereits nach Epochen des

Kunststiles und versucht es antike Beschreibungen mit Hülfe der gewonnenen Anschauung zu reconstruiren.

14 Deutschland besass am Ausgange des sechzehnten Jahrhunderts unter seinen Fürsten und Herren eifrige Kunstsammler, Kaiser Rudolph II. an der Spitze. Die rheinische Pfalz, Bayern, Tirol, auch später Braunschweig, Sachsen bildeten für ihre Zeit glänzende Sammlungen, allerdings unter dem überwiegenden Einflusse gewandter Italiener gebildet. Auch in den Städten Augsburg, Nürnberg, Frankfurt pflegt man antike Studien, und geschickte Kupferstecher und Drucker kommen ihnen zu Hülfe. *Udalrich Fugger* ragt noch im 16. Jahrhundert als kunstgelehrter Sammler und Förderer wissenschaftlicher Unternehmungen unter seinen Zeitgenossen weit hervor. Auf deutschem Boden ward damals das in den Niederlanden bereits vorbereitete, von *Scaliger* besonders geplante Corpus aller lateinischen über das römische Weltreich zerstreuten Inschriften von dem Niederländer aber Heidelberger Bibliothekar *Jan Gruter* (1560—1627) ausgeführt und damit urkundliches Material für die Monumentenwelt in Fülle vereint.

Der dreissigjährige Krieg hat seinen culturzerstörenden Einfluss auch in der Archäologie bewährt, die deutschen arbeitenden Kräfte wurden in das Ausland getrieben oder von ihm abhängig gemacht. In ihnen lebt aber fort und fort der Drang zu zusammenfassender Darstellung und wissenschaftlicher Disposition wie zur Auslegung des Kunstinhaltes.

15 *Joachim von Sandrart* (1608—1688), der Schüler der Holländer, in den römischen Kunstkreisen dann hochgeehrt hat seine »Teutsche Akademie der Bau-, Bild- und Malereikunst 1672, 1675—1679« dem aufgehenden Sterne der norddeutschen Macht, dem Schützer der Kunst Friedrich Wilhelm von Brandenburg dedicirt. Er ist der letzte Repräsentant einer Vereinigung vom Künstler und Kunstgelehrten in derselben Person, welcher die antike Sculptur und die Bauwerke Roms als praktisch wirksame Vorbilder benutzt und welcher in Nürnberg eine wirkliche Akademie der Künste zu gründen unternimmt. Freilich ist von einem wissenschaftlichen Fortschritte in der Kritik der Denkmäler oder Erkenntniss des Kunststiles dabei nicht zu reden.

16 Dagegen begründet *Ezechiel Spanheim*, der Pfälzer Erzieher im Fürstenhause und spätere Gesandte in Frankreich wie in London, in Paris die erste numismatische Gesellschaft und stellt in seinem Werke de praestantia et usu numismatum antiquorum 1664, 1671 weit über das genealogische und chronologische Interesse hinaus den allseitigen wissenschaftlichen Werth der Münzkunde fest.

17 Mit den unter *Spanheim's* Beirath neu gesammelten Schätzen von Antiken und besonders Münzen der Kurfürsten in Heidelberg wandert als ihr Conservator *Lorenz Beger* nach Berlin im J. 1685. Er ist unstreitig der thätigste und vielseitigste Archäolog Deutschlands am Ende des sieb-

zehnten Jahrhunderts, welcher nebst der mit den Gesammtpublikationen italienischer Sammlungen wetteifernden Herausgabe des Thesaurus Brandenburgicus vor allem der Kunstinterpretation sich zuwendet. Freilich lebt er in einer überwiegend von der lateinischen Literatur beherrschten Gedankenwelt, aber doch macht sich bei ihm der Gesichtspunkt zum ersten Male durchgreifend geltend, einen ganzen zusammenhängenden Mythenkreis besonders aus der Heroenwelt monumental zu verfolgen.

Das in Berlin eben erweckte, durch Künstler wie *Schlüter* mit ge- 18
tragene Kunstinteresse kommt aber Dank der nüchternen Sparsamkeit des Königs Friedrich Wilhelm völlig in's Stocken. Wie die besten Antiken nach Dresden wandern, so wurde Dresden seit 1723 unter dem Beirathe des kunstgelehrten Wittenberger Prof. *Berger* der erste Sammelpunkt von bedeutenden Sculpturen auf deutschem Boden, welcher grosse Antikenschätze römischer Paläste in sich aufnahm. Es ward hier der Boden bereitet für eine neue Epoche der Kunstwissenschaft.

Gleichzeitig hatte in Leipzig zum ersten Male ein Professor der 19
Poesie und Beredsamkeit *J. Friedr. Christ*, wie wir bereits früher (§ 4) darlegten, Vorlesungen über Kunstwerke des Alterthums gehalten und eben gewann die junge, im modernen Geiste gegründete Universität Göttingen in *J. Matth. Gesner* einen ersten Vertreter geschmackvoller und umfassender klassischer Studien, in denen alsbald auch die Archäologie als selbständiger Faktor sich geltend machen sollte.

Zu § 13.

Archäologische Studien in Italien.

Vgl. *O. Jahn*, Aus der Alterthumswissenschaft, S. 13. 27; seine Cha- 3
rakterisirung der italienischen archäologischen Studien wird bedeutend modificirt durch *Guhl's* feine und umsichtige Schilderung der ganzen künstlerischen Atmosphäre jener Zeit in Künstlerbriefe II. 1856, S. 1 ff. und durch das Kapitel: Römische Gelehrtenrepublik in *Justi's* Winckelmann II. 1872, S. 88 ff. Unter den römischen Päpsten kommen im 17. Jahrhundert in Betracht *Sixtus V.* (1585—1590), *Clemens VIII.* (1592—1605) ein *Aldobrandini*, *Paul V.* (1605—1621) ein *Borghese*, *Gregor XV.* (1621—1623) ein *Ludovisi*, *Urban VIII.* (1623—1644) ein *Barberini*, *Alexander VIII.* ein *Ottobuoni* (1689—1691); vgl. *Ranke*, Die römischen Päpste in den vier letzten Jahrhunderten, Leipzig 1874, 4. Aufl., und unten den Abschnitt Ueber die römischen Sammlungen.

Königin *Christine* von Schweden geb. 1626, 1633—1644 unter Vormundschaft regierend, dann selbständig, verzichtet 1654 auf den Thron, tritt in Innsbruck zur katholischen Kirche über, hält sich in Antwerpen, Paris, Italien auf, seit 1668 in Rom, stirbt 1689. Ueber ihre, durch *Hugo Grotius*, *Hiob Ludolph*, besonders durch *Isaak Voss* und *Nicolaus Heinsius* ausgeführten grossartigen Ankäufe von Handschriften und Büchern und deren Schicksale s. *Blume* Iter Italicum III. S. 55—71. Zwei Münzsammlungen nahm *Christine* aus Schweden mit, die Münz- und Gemmensammlung wird an *Odescalchi* nach ihrem Tode verkauft und ist die letztere als Museum Odescalchum 1702. 1747 in *Bellori's*

Zeichnungen und Stichen veröffentlicht, s. *Archenholz*, Mémoires concernant Christine, Reine de Suède, 1751—1760 II. S. 322—324. Ausgrabungen auf ihre Kosten s. *Archenholz* II. S. 148. *G. P. Bellori*, der berühmte antiquario di Roma, hatte die Aufsicht über Bibliothek und Antikensammlung im Palast Corsini. Von der Bedeutung ihrer Gemäldesammlung zeugt der Brief von *Salvator Rosa* aus dem J. 1668 über deren Ausstellung am Johannistage (*Guhl*, Künstlerbr. II. S. 338). *De la Chausse* erklärt (Museum Romanum, Ed. I. 1690, p. 12), bei Gelegenheit der Abbildung des berühmten Ptolemäercameo, dass er sich finde im Thesaurus der Königin Christine: in quo etiam rarissima ex quovis metallo moduloque numismata gemmae pretiosissimae eximiae Graecorum Romanorumque sculptorum statuae bibliotheca selectissima plurimae celeberrimorum pictorum tabulae ditissimaque peristromata omnium oculos mirum in modum etiam nunc alliciunt. Aus dem gelehrten Briefwechsel der Umgebung Christinens gehören bei *Burmann*, Sylloge epistolarum hierher der dritte und fünfte Band.

Die *Bologneser* Malerschule, welche durchaus reformirend auf dem Wege ernster wissenschaftlicher Bildung für die Kunst auftrat, hat lebendige Fühlung mit den Antiquaren und Philologen, so mit *Angeloni*, *Dempster* und *Ulisse Aldroandi* (*Guhl*, Künstlerbriefe II. S. 36). Den Ernst der Studien nach der Antike bezeugen vor allem die acht Bände mit Studien von *Domenichino*, früher in der Sammlung *Albani*, jetzt in England im königlichen Besitz.

Im Gegensatz zu den grossen, allem Mass, aller Regel abholden Naturalisten und Manieristen in der Mitte des 17. Jahrhunderts, die über die Antike hoch sich erhaben dünkten, einem *Bernini*, *Borromini*, *Pietro Berettini* spricht der Gelehrte und Schützer der Künstler *Cassiano del Pozzo* (a Puteo) es aus: »Es ist eine grosse Schande für unser Jahrhundert, dass man sich trotz der Möglichkeit so viele Ideen und vollendete Muster, die in den alten Gebäuden erhalten sind, zu erkennen und zu bewundern, wegen der Laune einiger Baumeister von dem alten klassischen Geschmacke entfernt und die Architektur selbst zur Barbarei zurückschreitet. Das war nicht die Art der *Brunelleschi*, der *Buonarotti*, der *Bramante*, der *Serlio*, der *Palladio*, der *Vignola* und der andern Wiederhersteller dieser grossen Kunst, die aus den Massen der römischen Gebäude die wahren Verhältnisse jener regelmässigen Ordnung erlernten, von denen man nicht abweichen darf ohne sich auf eine falsche Bahn zu verlieren.« *Carlo Dati*, Lobrede auf Pozzi, übersetzt bei *Guhl*, Künstlerbriefe II. S. 302. *Cassiano* (1589—1657) hat eine grosse Sammlung von Zeichnungen nach antiken Denkmälern bis auf 23 Foliobände gebracht, für welche *Poussin* besonders thätig war, s. *Guhl*, Künstlerbriefe II. S. 248. 265, davon der grössere Theil, welcher im Besitz der Albani war, in England in Windsorcastle und bei *Franks* (Matz, Gött. Nachr. 1872, S. 61—68; Archäol. Zeit. 1873, S. 33 f.). Ueber sein Leben s. *Jac. Lumbroso*, Notizie sulla vita di Cassiano del Pozzo con alcuni suoi ricordi e una centuria di lettere, Torino 1875. 8. Zu den Handschriften desselben s. Henzen, C. I. L. VI. 1. S. LIX. Klassische Bildung ist dem *Caravaggio* und *Spagnoletto* ganz fremd, nicht mehr *Salvator Rosa*, s. *Guhl* a. a. O. II. S. 305. In der Satire über die Malerei verurtheilt dieser scharf das Malen nackter Figuren, durchflicht sie aber mit historischen Notizen über die Maler des Alterthums, *Guhl* a. a. O. II. S. 314; er liest das Leben des Apollonios von Tyana von *Philostratos*, um darin »absonderliche und ungewöhnliche Gegenstände für die Malerei« zu finden, hat jedoch nicht darin gefunden, was er sucht, immerhin einiges zu späterem Gebrauche sich notirt (Brief an Ricciardi, Rom 1662, bei *Guhl* a. a. O. II. S. 322 n. 86), aus dem

Studium des *Sallust* entnimmt er das Motiv zu seiner berühmten Verschwörung des Catilina.

Im J. 1652 erschien ein Trattato della pittura e scultura uso et abuso loro, composto da un Theologo e da un Pittore von dem Jesuiten *Gian Domenico Ottonelli* und dem Maler *Pietro da Cortona*, dem Haupte der späteren italienischen Manieristen mit einer scharfen Verurtheilung der Darstellung des Nackten und aller Bilder heidnischen Inhaltes, aller heidnischen Gottheiten und heidnischen Kaiser, ja der Aufforderung diese zu verbrennen. Die Frage, ob die Malerei an Festtagen geübt werden dürfe, bildet ein wichtiges Thema. Vgl. *Guhl,* Künstlerbriefe II. S. 122 ff.

Pietro und *Francesco Sante Bartoli* und *Giov. Pietro Bellori,* jener geboren 4
zu Bartola 1635, gestorben in Rom 1706, Schüler von *N. Poussin,* dieser in Rom geboren 1615, gestorben 1696 sind in ihrem Zusammenwirken von nie hoch genug zu schätzendem Gewinn für die archäologischen Studien gewesen. *Bellori* ist Zögling seines Oheims, *Franc. Angeloni,* des berühmten Antiquars im Dienste des Cardinals *Ippolito Aldobrandini* und hat Werke desselben vollendet und neu herausgegeben. Die fast durchgängig gemeinsamen Publikationen *Bellori's* erstrecken sich auf Sarkophagreliefs (Icones et segmenta illustrium e marmore tabularum quae Romae exstant, 1645), auf die grossen Triumphalwerke (Veteres arcus Augustorum triumphis insignes 1690, Columna Antoniniana, Rom. Ed. II. 1704), auf römische und etruskische Gräber und deren Wandmalereien, speciell die Gräber der Nasonen (Antichi sepolcri ovvero Mausolei romani ed etruschi etc. 1704: Pitture antiche delle grotte di Roma e del sepolcro di Nasoni, 1706, neue vermehrte Ausgabe mit lateinischen Text von *J. C. Bellori* und *M. A. Causseus,* Romae 1738 fol.), auf die den Gräbern entstammenden Thonlampen und deren Darstellungen (Lucerne antiche sepolcrali, Rom 1692. 4.), auf die Reihen der antiken Porträts, sowohl der berühmten Männer wie der Kaiser (Veterum illustrium philosophorum etc. imagines, Rom 1685. 1739 f.; Historia Augusta, Rom 1685), auf Gemmen und Münzen (Museum Odescalchum s. thesaurus antiq. gemmarum c. imaginibus, Rom 1751 fol., 2 Bde.; Gemme antiche figurate di Leonardi Agostini 1657. 1670. 4.). Er selbst besass nach *Spon's* Zeugniss eine reiche Kunstkammer von Anticaglien. Die bereits im 15. Jahrhundert in der Kirche Cosma e Damiano entdeckten, durch Paul III. (1534—1549) in den Besitz der Farnese gekommenen, durch *Fulv. Ursinus* Fürsorge gezeichneten, dann aber nach Neapel mit dem Farnese'schen Erbe gewanderten, endlich seit 1742 im Museum Capitolinum aufbewahrten Reste der Marmortafeln mit Stadtplan Roms sind von ihm veröffentlicht (Fragmenta vestigii veteris Romae ex lapidibus Farnesianis, Rom 1673. 1682 f. jetzt *H. Jordan,* Forma urbis Romae reg. XIV. Berol. 1874 fol.). Zur Geschichte der Ueberreste, sowie ihrer Zeichnung und späteren Anordnung s. *Trendelenburg* in Annali d. Instituto, Vol. XLIV. p. 66—95. Monum. ined. IX. tav.; auch bei *Matz,* Gött. Nachr. 1872, S. 54. Die Admiranda romanarum antiquitatum ac veteris sculpturae vestigia, R. 1693 sind eine reiche Fundgrube für die Kenntniss antiker Sculpturen, noch unausgeschöpft die Fülle der colorirten Handzeichnungen von *Sante Bartoli* nach Antiken, so in zwei Foliobänden der königl. Sammlung zu Windsor (*Conze,* Archäol. Anz. 1864, S. 240*; *Matz,* Archäol. Zeitung 1873, S. 35), andere in Holkham (*Conze* ebendas. S. 214*). »Die römischen Sarkophage und Reliefs, welche *S. Bartoli* als die Wunderwerke der ewigen Stadt in begeistertem Kunstvortrag publicirt hat, sind heutzutage Gegenstand vornehmer Geringschätzung; dem grossen Meister mit der Radirnadel macht man es zum Vorwurf, dass er die auffälligsten

Fehler jener Denkmäler verschwiegen und von ihrem Charakter willkürlich abgewichen sei.« *E. Braun* in Hyperbor. römischen Studien II. S. 7.

Unter den Specialisten der italienischen Antiquare verdienen *Francesco Ficoroni* (1664—1747) und *Rafael Fabretti* aus Urbino (1619—1700), beide in erster Linie um ihrer topographischen Arbeiten willen eine besondere Erwähnung. Jener erwarb sich ein unschätzbares Verdienst durch seine fortgesetzten Fundberichte vom römischen Boden aus den Jahren 1690—1747. Wie sehr die Studien desselben dabei sonst in das Einzelne gingen, beweisen die Arbeiten über die Würfel der Alten (1734), über die mit Inschriften versehenen Gemmen (Gemme antiche litterate ed. Galeotti, R. 1757), über die berühmte Cista des Museum Kircherianum, über die antiken Bleie (Rom 1740. 4.), über antike Masken 1736 und zuletzt hat *Ficoroni* in langjährigem Briefwechsel *Gori* und *Muratori* mit den Abschriften neu gefundener Inschriften unterstützt, s. *Henzen*, Ind. auct. C. I. L. VI. 1, p. LXI. f.

Fabretti hat die Denkmäler nicht allein der Wasserversorgung Roms, sondern auch die Emissare italischer Seen zuerst genau verfolgt und dargestellt, er hat die Trajansäule mit der Fülle ihrer Reliefs behandelt, er hat in seiner Heimathstadt Urbino eine werthvolle Sammlung von Antiken gebildet, deren inschriftlicher Theil von dem Sohne 1702 veröffentlicht ward. Im Briefwechsel der Antiquare der Zeit, so eines *Spon*, geniesst er das höchste Ansehen. Hauptwerke: De aquis et aquaeductibus veteris Romae dissertationes tres, Romae 1680. 4. Ed. II. 1788; De columna Trajani syntagma (mit Veröffentlichung und Erklärung der tabula Iliaca und des Emissar des Fucinersees), Romae 1683. 4.

Francesco Gori der Florentiner (1691—1757) hat in umfassender Weise aber ohne genügende Sorgfalt die Geschichte und Beschreibung der Antikensammlungen auf dem Boden von ganz Toscana in Angriff genommen, speciell die etruskischen, griechischen und lateinischen Inschriften und Münzen veröffentlicht, die Gattung der Elfenbeintafeln, der Diptycha in dem ersten und bisher einzigen Gesammtwerk vereint und in fortlaufenden Publikationen Uebersichten über die monumentalen Funde und Arbeiten gegeben. In ihm verbindet sich in besonderer Weise das Interesse für das christliche Alterthum wie für die Renaissance, speciell für *Michel Angelo* mit der klassischen Archäologie. Hauptschriften: Inscriptionum antiquarum graecarum et romanarum quae exstant in Etruriae urbibus. P. I. 1727, II. III. 1744; *Jo. Bapt. Donii*, Inscriptiones antiquae nunc prim. editae ab Gorio. Flor. 1732 f.; Museum Florentinum exhibens antiqua numismata, Flor. 1740—1742, 6 Bde.; Thesaurus vett. diptychorum etc. c. addit. *Passerii*, Flor. 1759, 3 Bde. f.; Museum Etruscum, 3 Bde., Flor. 1736—1743. Symbolae literariae seit 1748—1753 als Zeitschrift für antikes und christliches Alterthum wichtig. Vgl. *Blume*, Iter. Italicum II. p. 82 ff.; *Henzen*, C. I. L. VI. 1, p. LXII.

Athanasius Kircher geboren in Fulda 1601, Jesuit 1618, lebt flüchtig in Avignon, wird von *Peiresc* freundlich aufgenommen, gefördert durch Mittheilung koptischer Handschriften und nach Rom an Cardinal *Barberini*, nachher *Urban VIII.* empfohlen, zum Erweis der Auslegung der Hieroglyphen an den dortigen Obelisken, von *Peiresc* auch später noch mit Abzeichnungen der verschiedensten ägyptischen Alterthümer in Sammlungen unterstützt. Er lebt vor allem mathematischen und naturwissenschaftlichen Studien. Sein Tod 1680. Hauptwerke: Glossarium copto-arabicum; Lingua Aegyptia restituta, Romae 1644, 4.; Obeliscus Pamphilius, Romae 1650 fol.; Musurgia universalis, 1650. Auch die chinesische Archäologie verdankt ihm das erste umfassende Werk (Amsterdam

1667 fol.). *Kircher* bildet die ausgezeichnete Sammlung von Bronzen, Statuen, Cisten, Spiegeln, Mosaiken, welche dem Collegium Romanorum gehören. Er gab zuerst die Apotheose des Homer, das Relief Colonna 1658 heraus, wie *Gisbert Cuper* erklärt: vel ob hoc summopere laudandus quod vestigia urbium aedium publicorumque operum tam diligenti et laudabili studio in terrae visceribus dum viveret scrutatus est (*Cuper*, Apotheos. Homeri, Amstelod. 1683, p. 14).

Schon vor *Kircher* hatte *Pierius Valerianus* Hieroglyphica veröffentlicht, worin über Göttersymbole besonders gehandelt war, andere folgten nach wie *J. B. Casalius* (De Aegyptiorum ritibus, Francf. et Hanov. 1681. 4.). Das Interesse an ägyptischen Dingen steigert sich fort und fort. Im J. 1714 fand man in dem Verospischen Garten viel ägyptische Sculpturen, die von *Clemens XI.* angekauft und im Capitol aufgestellt wurden. 1748 ward ein eigenes ägyptisches Museum daselbst gegründet, das dann in den Vatican übertragen ist. So trat die ägyptische Kunst allmälich ein als berechtigtes Glied in die antike Kunst. Vgl. *Justi*, Winckelmann II. 1, S. 145; II. 2, S. 180 ff.

Carlo Ruberto Dati aus Florenz (1619—1676) aus altem, edelm Geschlechte, Kaufmann und Gelehrter zugleich, für die italienische Sprache wie für die antike Kunst gleich bemüht. Sein an Ludwig XIV. von Frankreich, von dem er einen Jahresgehalt bezog, dedicirtes Werk über die alte Malerei war auf drei Bände angelegt, einen systematischen Theil (della pittura), einen biographischen (vite dei pittori antichi) und einen Theil, welcher Kunstbetrachtungen, Zusätze, alphabetische Uebersicht aller Künstler enthalten sollte. Er entschloss sich den ersten und zweiten Theil mit Einschiebung einiger Capitel aus dem dritten allein zu veröffentlichen, behandelt aber schliesslich doch nur die vier grossen Maler: *Zeuxis, Parrhasius, Apelles, Protogenes*. Der Text des *Plinius* wird mit neuen kritischen Hülfsmitteln behandelt, die Griechen wesentlich nur nach Uebersetzungen citirt. Anerkennenswerth ist die Benutzung der Inschriften, aber dies geschieht kaum nach eigener Anschauung derselben, und beachtenswerth der Exkurs über die Art wie die Künstler ihre Werke selbst inschriftlich bezeichnen. Die Anwendung der neuen naturwissenschaftlichen Instrumente auf die Archäologie wird durch *Dati* angebahnt, so trug er in einem Kreise Florentiner Gelehrten seine Abhandlung de ocularìis vitris vor, s. *Spon*, Rer. antiquar. quaest. Diss. XVI.

Francesco Bianchini (1662—1729) aus Verona, in Rom bei den Päpsten Alexander VIII., Clemens XI., Innocenz XIII. als antiquario nobile in grosser Gunst, hervorragend als Mathematiker und Astronom (so hat er den Meridian durch die Kirche S. Maria degli Angeli gezogen), hat als Archäolog die antiken Denkmäler von Urbino beschrieben (Rom 1724), einen Plan der Spuren des Circus Maximus in Rom wie der so mannigfaltigen Ruinen der Kaiserpaläste veröffentlicht (1727—1738), die Ausgrabungen in Porto d' Anzo geleitet, das wichtige Grab der Freigelassenen des Augustus an der Via Appia mit seinen Funden behandelt (1727) und schon in früheren Jahren eine Istoria universale provata con monumenti e figurata con simboli degli antichi veröffentlicht (Rom 1697). Seine Opuscula varia erschienen 1754. 2 Bde. Wie er das Teleskop verbessert, um den Umlauf des Planeten Venus festzustellen, so lehrt er die figurirten Denkmäler »als Teleskop für die Ferne der Zeiten« zu gebrauchen. Ueber seinen handschriftlichen Nachlass s. *Henzen*, C. I. L. VI. 1. p. LXI., über seine Anwendung der Monumente auf die Kirchengeschichte und das darauf gegründete, nach seinem Tode von seinem Neffen *Giuseppe* ausgearbeitete aber nur theilweis veröffentlichte Werk s. *Piper*, Einleitung in die monument. Theologie, S. 733.

5 Marchese *Scipione Maffei* aus Verona (1675—1755) ist eine der bedeutendsten Erscheinungen auf dem Gebiete der Archäologie, ein Mann, in dem lebhafter Patriotismus für italische, speciell für die Geschichte seiner Heimathstadt sich mit hohen Zielen, die er der Poesie, dem Theater seiner Zeit wie der bildenden Kunst gesteckt, mit naturwissenschaftlichen Studien und der Erkenntniss einer strengen methodischen Kritik der Denkmäler verband. Die antiquarische Thätigkeit entwickelt er zuerst in Turin 1711 in der Ordnung der Kunstwerke des *Carl Emanuel von Savoyen*. Von 1732—1736 bereist er Frankreich, England, Deutschland, weilt vier Jahre in Paris. Im engen Freundschaftsbund mit *Fr. Seguier* in Nîmes, beschäftigt er sich genau mit den Denkmälern Südfrankreichs, besonders den Theatern und Amphitheatern. Nach Verona zurückgekehrt widmet er sich ganz der Ausbildung des grossen, der Stadt geschenkten Antikensammlung, ihrer Erklärung und Publikation sowie der heimathlichen Geschichte, endlich der Vervollständigung des Corpus inscriptionum latinarum aber nur auf Grundlage der eigenen Untersuchung der Monumente. Die etruskischen Denkmäler beschäftigen ihn sehr und oft im Gegensatz zu *Gori*; ebenso die griechischen, so lange vernachlässigten, die seine Sammlung aufzuweisen hatte.

Paciaudi (Correspondance du Cte de Caylus I. p. 22) spricht sich als ein befreundeter aber aufrichtiger Mann über ihn aus: »L'Italie lui est redevable, il a reveillé le goût des arts et des lettres. Il a fait beaucoup de coses assez bonnes mais je n'ai jamais pu lui pardonner deux fautes: l'une de mettre de l'imposture dans ce qu'il faisait, de se parer des fatigues d'autrui, l'autre d'avoir voulu faire le theologien dans sa vieillesse.

Hauptwerke: Verona illustrata, Verona, 2 Vol. fol. 1732; Galliae antiquitates selectae, 1733, Paris. 4.; La religione dei gentili nel morire ricavata da un bassorilievo antico che si conserva in Parigi, Paris 1736. 4.; Osservazioni letterarie, Verona 1737—1740, 6 Vol. 12.; Graecorum siglae lapidariae, Verona 1746. 8.; Museum Veronense cui Taurinense adjungitur et Vindobonense, Verona 1749 fol.; Dei teatri antichi e moderni, Ver. 1753. 4.; De arte critica lapidaria veröffentlicht in Donati Supplementum in Thesaurum novum inscript. lat. Muratori I. p. 1—485, 1765 fol. Gesammelte Werke von *Rubbi* herausgegeben, Verona 1790.

Vgl. *Reiffenberg* e soc. Jesu, Elogium Scipionis Maffei in Donati Supplem. I. p. XXI. ff.; *Henzen*, C. I. L. VI. 1, p. LXIII.; *Mommsen*, C. I. L. V. 1, p. 325 f.

Lodovico Antonio Muratori (1672—1750) aus der Gegend von Modena, Schüler wie *Maffei* des gelehrten Benediktiner-Abtes *Bacchini* und des *Apostolo Zeno*, Geistlicher seit 1688, Bibliothekar in der Ambrosiana in Mailand 1695 bis 1700, dann ein halbes Jahrhundert Bibliothekar und Archivar der Herzöge von Modena aus dem Hause *Este*, unstreitig der fleissigste, universalste und fruchtbarste Gelehrte Italiens seiner Zeit, hat für die klassische Archäologie direkt durch seine vor allem mit *Maffei* gewechselten antiquarischen Schriften wie seinen gewaltigen compilatorischen Thesaurus griechischer und lateinischer Inschriften (Novus thesaurus veterum inscriptionum, Mediol. I—IV. 1739 bis 1742) nur mässig fördernd gewirkt; in viel höherem Grade ist dies für die christliche Archäologie der Fall. Dagegen kam sein umfassendes historisches, auf Urkunden und auf Monumente gegründetes Studium der Geschichte Italiens, in dem er neben den Scriptores, den Annales auch Antiquitates Italicae medii aevi 6 Bde. fol. 1738—1742 gesammelt publicirte, und sein Kampf mit Scholastik, seine ethische Popularphilosophie, sein Bestreben für »guten Geschmack« in der Wissenschaft und seine die edelsten literarischen Kräfte vereinende friedfertige und humane Gesinnung auch der italienischen Lieblingsbeschäftigung mit Archäologie zu Gute. *Muratori* ist zugleich derjenige, der die in Italien ganz darniederliegenden Studien des Griechischen eifrig betreibt und durch die Anecdota graeca fördert. Die Schrift: Il buon gusto intorno le scienze e le arti, 2 Bde. 1708. 1715 (deutsche Uebersetzung Augsburg 1772) enthält ebensowenig wie die andere Della forza della fantasia umana (Ueber die Einbildungskraft des Menschen, deutsch von *Richerz*, Leipzig 1785. 8.), was man wohl erwarten könnte, irgend einen scharfen Gedanken über bildende Künste.

Vgl. die Vita geschrieben vom Neffen *Joannes Franc. Lod. Muratori*, 1767; *Lami*, Elogio di Muratori Opera I. p. LXXXVIII ff.; *Petr. Obladen*, Append. L. Ant. Muratori Epistola paraenetica, Aug. Vindel. 1765 mit dem genauen Catalogus operum; *Piper*, Einleit. in monum. Theolog. S. 720 ff.; *Henzen*, Ind. auctor. C. I. L. IV. p. LXIII.

Paolo Maria Paciaudi (1710—1785) gehört, wenn gleich in seiner Lebenszeit über die dieser Epoche gesteckten Gränzen hinausgreifend, doch noch wissenschaftlich derselben an; er bildet einen würdigen Abschluss der Epoche der als Erudition wesentlich erscheinenden Archäologie auf italienischem Boden und steht darin, wie er im Leben verbunden war, parallel Graf *Caylus* in Frankreich.

Ueber ihn vgl. Lettres de Paciaudi au comte de Caylus publiées par *Sérieys*, bibliothécaire du Prytanée, Paris 1802. 8.; Paciaudi il bibliotecario diritto ed. *Galletti*, Roma 1863; *Fabroni*, Vitae Italorum doctrina excellentium qui saeculis XVII. et XVIII. floruerunt. Pisa XIV. p. 180 ff.; *Charles Nisard*, Notice sur Paciaudi, p. I—CIII., Preface zu Correspondance inédite du Comte de Caylus avec le P. Paciaudi etc. Paris 1877. Vol I. II, 1; *Justi*, Winckelmann, Leipzig 1872, S. 134 ff.

In Turin als Sohn eines königlichen Leibarztes 1710 geboren, wird er bei den Jesuiten erzogen, deren principiellster Feind er später ward, tritt 1729 in Venedig in den Theatinerorden, wirkt zehn Jahre lang als Prediger weithin gerufen, schmückt seine Elogien auf Heilige mit gründlichen archäologischen Exkursen. Erzbischof *Spinelli* von Neapel hat ihn 1747—1751 um sich und hier tritt er in Verbindung mit dem französischen Gesandten Marquis *de l' Hopital*. Durch Einzelarbeiten über eine Mercurstatue, speciell das Symbol der Schildkröte (1747), über das Sonnenschirmtragen (σκιαδιοφορία 1753), über die Bäder der Christen (Venet. 1750) erregt er die Aufmerksamkeit auch des Papstes *Benedict XIV*. Es folgen zehn Jahre des römischen Aufenthaltes in hohen Würden seines Ordens, rastlosen Sammeleifers und literarischer Arbeit zunächst in kirchlicher Archäologie (De cultu *S. Johannis Baptistae*, 1755), dann über einzelne schwierige Fragen der Münzkunde. 1761 erschienen die zwei Bände seiner Monumenta Peloponnesia commentariis explicata (Romae, Palearini 1764. 4.) als seine bedeutendste archäologische Arbeit. Zum ersten Male werden notorisch aus griechischem Boden, vor allem dem Peloponnes und Inseln stammende aber in Italien befindliche im Museum Nani in Venedig vereinte Werke, Inschriften, Rundwerke, Grabreliefs im Zusammenhang behandelt unter dem Gesichtspunkt der Einheit des Fundortes und des griechischen Charakters. *Paciaudi* weist dabei alle blossen leeren Vermuthungen zurück, geht auf gründliche Erklärung der Sitte u. s. w. ein und kämpft dabei gegen alle geschmacklose Art der Interpretation.

In diese römische Zeit fällt bereits das freundschaftliche Verhältniss zu *Barthélemy* und durch ihn zu Graf *Caylus*, für dessen Hauptwerk er unablässig bemüht ist. Dies setzt sich fort in Parma, wohin er 1761 als Bibliothekar, Antiquar und Studiendirektor berufen wird. Er leitet hier die wichtigen Ausgrabungen von Veleja. Aus seiner stillen Musse in Turin 1771—1776 wird er noch einmal nach Parma gezogen wo er 1783 hoch bejahrt stirbt, Begründer zugleich der berühmten Druckerei, der Bodoniana. *Paciaudi* fällt ein guter Theil der archäologischen Publikationen von *Caylus* zu.

Archäologische Studien in den Niederlanden und England.

6 Cardinal *Antonio Perrenot da Granvella* († 1586) war in Belgien 1559—1564 allmächtig und wird als omnium bonarum artium Maecenas gepriesen. In seinen Diensten stand, wie wir oben sahen, *Pighius;* ebenso ist *Justus Lipsius* zwei Jahre später sein Sekretär gewesen a latinis epistolis und durchforschte als solcher in Rom die lateinischen Inschriften und Bibliotheken (1566—1568).

Jacob van Noyen (1533—1600), der Sohn des Baumeisters von Karl V., *Sebastian van Noyen* und dann der Nachfolger des Vaters am königlichen Hofe, ist der erste Hauptvertreter der Renaissance in den Niederlanden; er baute nach 1550 den Palast des Cardinals in Brüssel mit Portiken und Loggien nach dem Garten zu. Dieser Palast wird mit Kunstwerken aller Art, neben Gemälden und Teppichen vor allem mit antiken Statuen geschmück, worüber ein im Staatsarchiv zu Mecheln noch erhaltenes Verzeichniss vom J. 1607 Auskunft giebt. Leider hat *Gerhard,* Inventaire des papiers laissés par le cardinal de Granvella à Madrid etc., Bruxelles 1862, p. 70 es verschmäht gerade diesen archäologisch so wichtigen Theil des Inventars (les médailles, statues, figures et autres objets d'art) auch nur dem Hauptinhalte nach bekannt zu machen. *Noyen* dedicirte dem Cardinal die in seinem Auftrage gezeichneten: Operum antiquorum Romanorum reliquiae et ruinae, 1562. Auf des Cardinals Kosten wurden von *Hieronymus Cock* zwei Kupferwerke gestochen (1550—1551): Praecipua aliquot Romanae antiquitatis ad veri imitationem affabre designata, fol., dann Thermae Diocletiani imperatoris. Vgl. Journal des beaux arts par *A. Siret,* 1872, n. 15 p. 122 ff.

Peter Paul Rubens (1577—1640): »rerum antiquarum cognitionem et picturae sculpturae architecturaeque scientiam — ex Italia ad Belgas primus cum pristino splendore atque dignitate transtulisse videtur«; *Buccardus*, Peireskii laudatio, 1637 (Vita *Peirescii* auct. *P. Gassendo*, p. 263). »Wie sein Sinn auf Kenntniss und geistige Durchdringung des klassischen Alterthums gerichtet war, so nicht minder auf den Besitz antiker Kunstwerke.« *Guhl*, Künstlerbriefe II. S. 134 f., welcher aus dem reichen Schatze der Briefe des Künstlers, welche *Gachet* vor allem (Lettres inédites de P. P. Rubens, Bruxelles 1840) mitgetheilt hat, interessante Belege vorführt. Zu diesem kommt noch manches hinzu aus dem überwiegend diplomatischen Briefwechsel, den *Sainsbury* 1859 in London herausgab und dann aus den wenigen, auserlesenen und gut commentirten Briefen, die *Charles Ruelens* bei der Jubelfeier von *Rubens* zum Theil nur wieder veröffentlicht hat (Pierre Paul Rubens, Documens et lettres, Bruxelles 1877. 8.). Dieser verspricht einen Aufsatz Sur Rubens consideré comme antiquaire. Auf *Rubens* hat entschieden darin *Otto Venius*, dessen wir oben gedachten und der sein Lehrer als Künstler längere Zeit war, eingewirkt, er überragt ihn aber weit an geistig freier Erfassung der Antiken. Die Briefe sind an bedeutende Gelehrte, überwiegend an Philologen und Antiquare gerichtet, so an die Niederländer *Gevaerts*, an *Franciscus Junius*, an *Hugo Gro-*

tius, an die Franzosen *Nicolas Peiresc* und dessen Bruder *Valavès*, an *de Thou*, *Dupuy*, *Rigault*, an die Italiener *del Pozzo*, *Doni*, Cardinal *Aleander*. *Rubens* erwirbt die Antikensammlung des englischen Gesandten Sir *Dudley Carleton* im Haag gegen eine Auswahl seiner besten Gemälde, bildet später eine neue Sammlung mit Hilfe des Augsburgers *Petel* (*Guhl* II. S. 40, 143 ff.), eilt 1620 nach Paris um den von *Peiresc* als antikes Werk entdeckten Cameo de Ste Chapelle zu sehen und farbig wiederzugeben (Gassendi v. Peirescii p. 111), dankt ihm für Uebersendung seltener erotischer Gemmen 1625, selbst ein trefflicher Kenner antiker Gemmen bereitet er ein Werk vor mit Kupfertafeln, von denen sechs bereits gestochen sind (Mémoires de l'acad. de St. Pétersbourg VI. Sér. Sciences polit. hist. III. 1836, p. 1—35, *Ruelens*, l. c. p. 62 f., 139 f.). Aus der Erinnerung giebt er eine genaue Beschreibung und vielfach treffende Erklärung des 1606 entdeckten Gemäldes der sog. Aldobrandinischen Hochzeit (*Guhl* II. S. 174), sendet an *Peiresc* Zeichnungen antiker Köpfe seines Besitzes, so von Cicero, Seneca, Chrysippus (*Guhl* II. S. 153), erbittet sich von Don *Luca Torrio* in Madrid 1628 einen Band von Abschriften afrikanischer Inschriften zur Einsicht. Der lateinische Aufsatz De imitatione antiquarum statuarum von *de Piles* (Cours de peinture) herausgegeben, zeigt das klare Bewusstsein des Unterschiedes vom Malerischen und Plastischen (*Waagen*, Raumer's histor. Taschenbuch 1833. IV. S. 272 ff.; Kl. Schriften, Stuttgart 1875, S. 238 f.). Die Mitwirkung von *Rubens* bei den antiquarischen Arbeiten seines Bruders *Philipp*, den Electa, Antverp. 1608 wird ausdrücklich hervorgehoben.

In der Zeit und in vielfacher Beziehung mit *Rubens* wird *Nicolaus Rocoqx*, der Bürgermeister von Antwerpen, als rei antiquariae impense studiosus bezeichnet und von *Peiresc* 1607 besucht; gleichzeitig war der Herzog *Carl* von *Croy* und *Arschot* einer der grössten Sammler antiker Münzen und Gefässe (vgl. sein Münzwerk, Antverp. 1617. 1654), in Beaumont lebte *Jacques Chifflet* (1588—1660) am Hofe der Regentin Isabella in Brüssel als Arzt und gelehrter Alterthumsforscher geehrt. In Brüssel lebte endlich als Maler *Wenceslas Coberger*, der mit einem grossen viertheiligen Werk de architectura, de pictura sculpturaque antiqua, de deorum imaginibus, de numismatis seu mavis medaliis von Julius Cäsar bis Gallien umging (Gassendi v. Peireskii p. 56). Wichtige Mittheilungen finden sich über dieses Unternehmen, die von den genauen technischen Untersuchungen, von den Messungen antiker Statuen, von Zeichnungen besonders auch von Stuckreliefs aus Pozzuoli und Cumae zeugen, bei *Spon*, Reponse à la critique du voyage de Grèce, 1679, p. 74—81.

Die wichtige Wechselwirkung zwischen den antiken Kunststudien und der ganzen niederländischen, speciell der der Antike am fernsten stehenden holländischen Kunst ist überhaupt noch nicht Gegenstand eingehender Betrachtung geworden, dennoch drängt sie sich abgesehen von *Rubens* so unmittelbar bei der einst blühenden, auf Deutschland so einflussreichen Bildhauerei schon eines *Alexander Collins*, dann eines *Franz du Quesnoy* (1594—1644) und *Arthur Quellinus* (1609—1670) auf. Ebenso werden die auf italienischer Natur und Studienwelt ruhenden Gemälde und Radirungen eines *Sусterman*, *van Bloemen*, *Berchem*, *Poelenburg* u. a. dafür reiches Material geben. Analog der oben besprochenen überraschenden Stellung des *Salvator Rosa* zur Antike sind bei dem grossen Gegner von *Rubens* und Repräsentanten niederdeutscher Volksnatur, *Rembrandt*, nicht nur Zeichnenstudien nach Antiken, sondern ein grosser Sammeleifer für dieselben zu constatiren. Bei dem Verkaufe seines Hauses und seiner Habe befand sich ein Bündel mit »antikischen« Zeichnungen, Stichen nach römischen Gebäuden und endlich antike Statuen und Abgüsse

Guhl II. S. 220 f.). Als eine sehr bedeutende zeichnerische Leistung und solche des Kupferstiches haben wir Les restes de l'ancienne Rome von *Bonaventura d'Overbeke*, Amsterd. 1709, 3 Bde. fol. zu betrachten, gleichzeitig und ebenbürtig den gelehrten holländischen Thesauren.

Zur Geschichte der holländischen archäologischen Studien giebt eine kurze Uebersicht *Reuvens*, Oratio de laudibus archaeologiae, 1818, p. 15 ff.; eine einzige interessante Notiz wenigstens *Luc. Müller*, Geschichte der klassischen Philologie in den Niederlanden, 1869, S. 21. Der Belgier *Justus Lipsius* (1547—1606), der 1568 in Rom weilte, länger dann in Leiden lehrte, die um ihres Glaubens willen aus ihrer Heimath vertriebenen grossen französischen Philologen, ein *Justus Joseph Scaliger* (1540—1609, seit 1594 in Leiden), *Isaac Casaubonus* (1554—1614), *Claudius Salmasius* (1588—1653) haben direct nicht auf den Mittelpunkt der Archäologie gewirkt, wohl aber auf die literarischen Unterlagen derselben und auf die Nebenzweige, auf Numismatik, Epigraphik, Chronologie, Metrologie, Geographie, auf die reale Erklärung des *Plinius*, vor allem den griechischen Studien neuen Halt und kurzen Aufschwung gegeben. In Betracht kommt vor allem *J. J. Scaliger* durch die Vorbereitung und Leitung eines Corpus der lateinischen Inschriften, das *Janus Gruter* 1603 veröffentlichte, dann durch die nach seinem Tode erschienene Schrift de re nummaria; von *Salmasius* seine Plinianae exercitationes in C. Jul. Solinum, Paris 1629, 2 Bde. fol.; Utrecht 1689, 2 Bde. fol.

Der direkte Verkehr desselben mit *Franciscus Junius* und *Peiresc* giebt dafür interessante Belege; so erbittet sich *Salmasius* 1635 von jenem specimina statuae palliatae chlamydatae, epheborum aus England, so schickt *Peiresc* ihm Zeichnungen ensium gladiorum securium caeterorumque armorum, quae fuerunt apud antiquos aenea, besonders von zwei römischen Helmen, deren einer in Samnium, der andere am Trasimenersee gefunden ward, mit zwei daran hängenden bucculae, dann von verschiedenen fibulae für seine Costümkunde.

Was der gelehrteste Fleiss ohne jedwede unmittelbare Anschauung der Lokalitäten, überhaupt der Naturbedingungen, wie der sichtbaren Ueberreste und des heutigen Lebens in Griechenland für die realen Alterthümer desselben leisten konnte, zeigt in einer heute uns fast unfasslichen Weise der allerdings mit den Söhnen *Old Barnevelds* an den Höfen viel gereiste *Joannes Meursius* (1579—1639). Dagegen hatte der Deutsche *Philipp Cluver* (—1623) als rüstiger Mann Italien und Sicilien, wie Deutschland durchzogen, Länder, die er vom Standpunkte des klassischen Alterthums beschrieb (Germania antiqua, Lugd. Batav. 1606; Italia cum insulis, L. B. 1619—1624). Und auf holländischem Boden erschien dann die Monographie von *Dorville* über Sicilien (Sicula ed. Burmann 1764 f.), wie *Palmerii* Descriptio Graeciae antiquae, 1678.

Als eifrige Lokalantiquare für römische Ueberreste sind *Franciscus Smetius* und sein Sohn *Joannes Smetius* mit seinen Antiquitates Neomagenses (1678. 4.) zu nennen. Dem sammelnden Interesse von kostbaren Beispielen der Kleinkunst kam aber *Gorlaeus* in Delft, ein Mann von mässiger Kenntniss des Latein aber mit trefflicher Specialkenntniss seiner Lieblingsgegenstände durch seine Dactyliotheca (Delft 1601. 1609), die noch Ende des Jahrhunderts erneut ward (1695), ferner durch die von ihm vorbereiteten Paralipomena numismatum antiquorum entgegen, bei denen ihn *Peiresc* sehr unterstützte, wie andererseits Münzsammlungen und Arbeiten für Münzkunde von *Haverkamp*, *Santen* u. a. gepflegt wurden.

Gisbert Cuper (*Cuyper*, 1644—1716) hat als Antiquar und Staatsmann in seiner Zeit mit vollem Rechte ein grosses Ansehen genossen. Schüler von *Jo. Fr.*

Gronov wird er an dessen Stelle als Professor an das Athenaeum nach Deventer berufen, wird aber bald Bürgermeister der Stadt, Vertreter von Overyssel in den Generalstaaten und diplomatischer Gesandte bei Marlborough. In den Observationum libri tres ruinas elegantissimas illustrantes, Utrecht Off. Elzevir 1670, wozu das vierte Buch 1678 (Deventr.) hinzukommt (Neue Ausgabe von *J. C. Schmid,* Lips. 1772) hat er eine Fülle trefflicher Bemerkungen über technische Ausdrücke der antiken Kunst niedergelegt, scharfsinnig Münzen und Inschriften erklärt. Das archäologische Interesse tritt später noch mehr hervor im lebhaften Verkehr mit *J. Smetius, Ezech. Spanheim* u. a. Eine kleine Silberstatue des Harpocrates in Besitz von *Joannes Smetius* giebt Anlass zu dem Werke Harpocrates (Amstelod. 1676. 4.), dem eine Reihe monumenta antiqua inedita beigegeben sind. Im Eingang dazu steht die merkwürdige Erklärung: Monumenta antiqua haud poenitendam imo praecipuam philologici studii partem esse, plurimos summae etiam dignitatis viros illorum amore duci eosdemque nihil antiquius habere quam veteris aevi relliquias conquirere, neminem nisi cui mens tarda plane et qui harum deliciarum ignarus vivit arbitror dubitaturum. Atque hinc consilium mihi natum inscriptiones statuas nummos edere. — Die veröffentlichten Monumente sind wesentlich aus heimischen Fundorten besonders aus Nymwegen oder doch heimischen Sammlungen entnommen, so aus denen der Familien *Smetius, Heekeren, Witz* u. a. Es folgt das wohlbekannte Werk: Apotheosis vel consecratio Homeri, Amstelod. 1683, welches das berühmte Relief Colonna zwar nicht zuerst, aber doch zuerst mit eingehendem Commentar speciell über die dabei dargestellte Bekleidung bekannt gemacht hat, ebenso die prächtige Gemma Augusta des Claudius, jetzt im Haager Kabinet. Ueberall geht *Cuper* auf die Dinge selbst ein, er zeichnet sich die Form der griechischen Chlamys, ebenso nach *Vitruv* die Anlage von Halikarnass. Den unmittelbaren Nutzen der antiken Münzkunde versucht er in eigener Abhandlung den Fürsten seiner Zeit zu demonstriren. Auch der interressante Briefwechsel von *Cuper* mit dem Hamburger *Otto Sperling* veröffentlicht im Supplement des *Polenus* zu den Thesauren des *Graevius* und *Gronov,* vol. IV., Venet. 1737, p. 6—367, beschäftigt sich überwiegend mit Münzen, vexilla u. dgl. Ueber *Cuper* existirt eine Oratio von *Peter Bosscher.*

Bei dem reichen, viele Bände umfassenden Nachlass von *Cuper* im Haag, der einer archäologischen Durchforschung bedürfte, befinden sich auch Relationen eines gewissen *G. Transfeld,* der ein Preusse von Geburt, gelehrt, in polnische Kriegsdienste tritt, 1672 von den Türken gefangen genommen wird, als entlaufener Gallerensklave nach Athen kommt, dort im längeren Aufenthalte die Denkmäler kennen lernt, auch mit dem gleichzeitig anwesenden *J. Spon* verkehrt, und dann später die Beschreibung an seinen patronus *Cuper* sendet von Aleppo aus, wo er länger lebte, s. *L. Müller,* Geschichte der klassischen Philologie in den Niederlanden, 1869, S. 21; *Wachsmuth,* Stadt Athen, S. 707. *Ad. Michaelis* hat »des Verschollenen« Leben nach diesen Papieren im Neuen Reich. 1876, I. S. 950 bis 994 näher geschildert und einen kritischen Auszug aus seinem Examen antiquitatum Atheniensium, in den Mittheilungen des archäologischen Institutes in Athen I., S. 102 bis 126 gegeben.

Gerhard Joh. Voss (1577—1649) in Heidelberg geboren, aus niederdeutscher Familie, früh nach Holland gekommen, in Dordrecht, Leiden, dann seit 1633 Professor der Geschichte in Amsterdam an dem neugegründeten Athenäum der Remonstranten, lange literarischer Mittelpunkt für die Niederlande und England, *Franciscus Junius* verwandtschaftlich und geistig eng verknüpft, hat in den encyklopädischen Kreis seiner Studien vor allem den Kunstbegriff gezogen, ihn für Poetik und Historik, schliesslich auch für die bildende Kunst durch das Schriftchen de graphice näher entwickelt. Wichtiger noch ist für die Erforschung des Mythus als Inhaltes der antiken Kunst der umfassende religionsgeschichtliche, den Orient mit Griechenland sprachlich und mythologisch, freilich unter dem Banne des Hebräischen als Ursprache vergleichende Standpunkt, den *G. J. Voss*, besonders in dem grossen Werke De origine et progressu idololatriae s. de theologia gentili et physiologia christiana libr. IX., 1642 Amstel. eingenommen hat. Daran schliessen sich die staunenswerthen Repertorien wahrer Gelehrsamkeit eines *Samuel Bochart* im Hierozoikon und Hierobotanikon (1663. 1675) an, welche für die antike Kunstsymbolik noch immer nicht genügend ausgenutzt sind.

Ueber die literarischen und künstlerischen Zustände Englands unter Jakob I. und Karl I. s. *Ranke*, Englische Geschichte vornehmlich im 16. und 17. Jahrhundert, Bd. I—IV. 1859—1863. I. S. 588 ff., II. S. 6 ff., 168, 214 ff., bes. S. 224 ff.; über die Kunstpflege vgl. speciell noch *Horace Walpole*, Works, 5 Bde. 1798, Anecdotes of painting, 1763, 3 Bde. und *Dallaway*, Arts in England, London 1800, p. 224 ff.; *J. D. Fiorillo*, Geschichte der zeichnenden Künste von ihrer Wiederauflebung Bd. V., Göttingen 1808 bes. S. 264—405, und jetzt *Ellis*, Townley Gallery of classic sculpture I. p. 57 ff.; *Waagen*, Treasures in England, London 1854, Vol. I, p. 11 ff. III. 28 ff.; *Edwards*, Lives of the Founders of the British Museum, London 1870, I. p. 183 ff.; *Michaelis*, Archäologische Zeitung, XXXII, 1875, S. 3 ff. »*Rubens* (bei seiner diplomatischen Mission 1629) war überrascht von dem Eifer der Engländer für die Studien und von dem Reichthum ihrer Kunstsammlungen. Die Arundelian Marmors erregten bereits die Aufmerksamkeit der Kenner des Alterthums. Für den König Karl I. selbst schaffte *Kenelen Digby* einige der schönsten Denkmäler altgriechischer Kunst aus der Levante herbei (für 17,000 £). Aus Italien und Spanien brachte man ihm, wie ein Zeitgenosse sagt, eine ganze Heerschaar von Imperatoren und Senatoren des alten Roms; er beschäftigte sich selbst damit sie nach der Zeitfolge in Ordnung zu bringen und zeigte sich ungeduldig, wenn man ihn darin störte. Er kann als einer der besten Kunstkenner gelten, die es je auf einem Throne gegeben hat. Die italienischen Meister, deren Stil oder Manier einander nahe steht, wusste er nach kurzem Besinnen mit Feinheit und Wahrheit zu unterscheiden« (*Ranke*). Die vierhundert Sculpturwerke der Sammlung von Karl sind wesentlich als Antiken aufzufassen. Das Beste aus der Sammlung von Mantua war nach der Plünderung Mantuas 1627 von Karl I. erworben. Die prachtvolle Münz- und Gemmensammlung, dabei die Daktyliothek des *Gorlaeus* ist dann 1649 mit den meisten Antiken im öffentlichen Verkauf durch die Republik verschleudert. Die Schlösser von Oatlands, Hamptoncourt, St. James, Whitehall waren reich mit Kunstwerken geschmückt, auch die Plätze und Strassen Londons sollten mit Meisterwerken der Sculptur geziert werden.

Neben dem Könige steht fast ebenbürtig an Mitteln für Kunstpflege, mindestens gleich an feiner und allseitiger Durchbildung der Lordmarschall *Thomas IV. Howard Earl of Arundel* (Earl Marschall seit 1621, Graf von Norfolk seit 1644), seit 1638 das Haupt der Cavaliere, seit 1642 ausserhalb Englands weilend. Auch der Gegner *Arundel's* und Günstling des Königs, Herzog von *Buckingham*, 1628 ermordet, fand keinen Preis zu hoch, wenn Schönheit und Alterthum sich in einer Statue vereinte (Brief an Sir Thomas Roe bei Ellis, I. p. 67). *Arundel* hatte das südliche Europa (1607—1611 und 1613—1614) durchreist, sandte den Maler *Edward Morgate*, die Gelehrten *John Elwyn* und *William Petty* aus, um in Italien und sonst zu sammeln; von den aus Paros und Delos gewonnenen Sculpturen gingen viele im Schiffbruche unter. Den Ausdruck: to transplant old Greece into England braucht *Peecham*, Complete gentleman, Ed. 2., 1634. Die glänzende Sammlung ward im Hause zu London, in einem Garten zu Lambeth (Cupers gardens), im Arundelhouse nahe der Küste von Sussex untergebracht, darunter 37 antike Statuen, 128 Büsten, 250 Marmor mit Inschriften, abgesehen von Altären, Sarkophagen, geschnittenen Steinen. *Thomas Selden*, obgleich politisch auf der Gegenpartei, bearbeitete damals 1627 die neuen inschriftlichen Schätze. Die Inschriften und ein Theil der Sculpturen kamen durch die Erben als Geschenk 1667 an die Universität Oxford und befinden sich noch da als Marmora Oxoniensia; die Statuen aus dem Arundelhouse in London wurden 1678 verkauft und bilden einen Theil der Sammlung Wiltonhouse. Die Antiken des Gartens im Lambeth kaufte die Familie *Pomfret* und sie wurden 1754 ebenfalls nach Oxford geschenkt, wo sie noch heute in trauriger Verwahrlosung in den Souterrains des Museums sich befinden, publicirt von *Chandler* als Marmora Oxoniensia 1763. Der Graf *Arundel* war es, der das Talent des Schreinerlehrlings *Inigo Jones* (1572—1651) entwickelte, ihn auf Reisen schickte und seine Ausbildung zu einem der grössten und zugleich gebildetsten Architekten leitete, der wenn einer die antike Baukunst zum Vorbild nahm, so hat er z. B. *Vitruv* und *Palladio* mit Anmerkungen versehen. Wichtig ist, dass damals zuerst das wichtigste Denkmal des brittischen Alterthums *Stonehenge* 1620 auf *Jacob's* Befehl gezeichnet, künstlerisch dabei reconstruirt, später in Holzschnitt veröffentlicht ward (London 1655), dass bereits ein *Cambden* seine Britannia, dieses grundlegende Werk brittischer Archäologie veröffentlicht hatte (1586—1600). Man kann sich das Zusammentreffen künstlerischer Talente in diesen Kreisen (*Rubens*, *van Dyck*, *Honthorst* u. a.) und die Anregung von allen Arten des Kunstgewerbes (Teppichwirken, Email, Silberarbeit, Steinschneiden, Glasmalerei, Bronzeguss, Holzschnitt, Kupferstich) wie der mechanischen Künste (Erfindung des Mikroskops in *Drebbel* von Alcmar hochgeehrt) nicht gross genug denken; ebenso die wissenschaftlichen Beziehungen der beginnenden Naturforschung mit Geschichte, Archäologie, Theologie, Philosophie. Damals sprach *Franz Baco von Verulam* (1560—1626) das befreiende Wort: sane ut verum dicamus antiquitas saecli juventus mundi, nostra profecto sunt antiqua tempora, cum mundus jam senuerit, non ea quae computantur ordine retrogrado initium sumendo a saeculo nostro (De dignitate et augmentis scientiarum, 1623, lib. I.). Er theilt die historia civilis in memoriae, in antiquitates und in historia justa und vergleicht die antiquitates tanquam tabulae naufragii, er nennt sie reliquiae historiarum, quae casu naufragio temporum ereptae sunt, er nennt sie eine res operosa sed mortalibus grata et cum reverentia quadam conjuncta und schildert eingehend ihre schwere, mannigfaltige Methode um Sicheres an Stelle des Dunkeln und Fabelhaften zu stellen (Bd. II. c. 6).

Baco hat unter der Poesie eine narrativa, dramatica und parabolica unterschieden und nennt die letztere die Sprache der Religion, deren weit über die antike Poesie hinausgehende Bedeutung zu studiren und somit eine Philosophie der Mythologie (philosophia secundum parabolas antiquas) anzubahnen eine noch unbearbeitete wissenschaftliche Aufgabe sei. Er hat selbst zunächst an drei Mythen eine solche Auslegung dieser Sprache und zwar nach der Naturbedeutung, nach der politischen und ethischen versucht, dies dann in der Schrift De sapientia veterum umfassender durchgeführt. Die historia artium ist ihm eine Unterabtheilung der historia naturae, die alle durch Menschenhand an den Naturobjekten bewirkten, einen neuen Gegenstand gleichsam erzeugenden Veränderungen umfasst; unter die historia visus et visibilium gehört die

Geschichte der bildenden Künste. Zuerst wird auch die historia artis hortulanae in seiner Encyklopädie der Wissenschaften genannt.

7 Zu *Franciscus Junius* (1589—1677) Vita von *J. G. Graevius* 1694. Vgl. noch *Guil. de Cranne*, Oratio de Vossiorum Juniorumque familia, Franequ. 1620; Briefe in *Pet. Burmanni* Sylloge epistolarum, vol. I—IV; *Gerh. Joh. Vossii* epistolae coll. *P. Colomesio*, I. II. Augsburg 1691; *Weiss*, Biographie universelle, T. XXII; *R. v. Raumer*, Geschichte der german. Philologie, 1870, S. 106 ff. (mit erster trefflicher Würdigung der linguistischen Bedeutung von *Fr. Junius*).

Franc. Junius gehört zu einer protestantischen von Bourges stammenden Familie, war Sohn des gelehrten Theologen und Philologen, des Uebersetzers des *Codinus* über die Alterthümer von Byzanz, der in Heidelberg und in der Pfalz überhaupt lehrte, seit 1592 nach Holland ging und als Professor in Leiden starb. Er wächst unter Leitung von seinem Schwager *Gerh. Joh. Voss* auf, treibt eifrig Mathematik, will Kriegsdienst nehmen, studirt aber Theologie, giebt bereits 1620 seine Thätigkeit als Prediger auf und geht in's Ausland, weggetrieben durch die heftigen Kämpfe der herrschenden Kirchenpartei gegen die Arminianer. Nach einem Aufenthalte in Paris kommt er nach England als Begleiter von *Doublet*, wird durch das theologische Interesse König *Jacob's I.* herangezogen, tritt ganz in den Dienst des Grafen *Arundel* als Erzieher seines Sohnes, wird Bibliothekar, Begleiter, gelehrter Beirath. Bereits 1629 arbeitet er ut ardentissimo Arundelliae comitis desiderio satisfaceret, an einem Catalogus artificum (Ep. 94 in *G. J. Vossii* Epistolae Vol. II.); seit 1621 fängt er unter dem Einfluss des allgemeinen Eifers für die Kunst in dem König, mit dem er Gespräche super antiquorum eximia arte hält, und seiner Umgebung an: non artificum modo historiam sed et artium imitatricium naturam penitius inspicere. Ja, *William Petty*, der kühne Reisende in Griechenland hofft, dass *Fr. Junius* auch dahin gehen werde, wovon *G. J. Voss* auf das Eifrigste abmahnt. Ein zeitweiser Aufenthalt in Paris bringt *Junius* in nahe Beziehung zu *Hugo Grotius*, er kehrt unter neuen Bedingungen nach England zu *Arundel* zurück, auch mit der Aussicht den Sohn nach Italien zu begleiten. Langsam wird seit 1634 mit Einfügung grösserer Zusätze (Brief an *G. J. Voss* 1. April 1635 *Vossii* epist. 217) an dem Werke De pictura veterum gedruckt, das endlich 1637 bei *Blavius* in Amsterdam erscheint mit einer Dedikation an Karl I.; es soll die Lehren der Kunst in justae artis formam bringen, wenigstens den Schatten eines Gesammtbildes derselben geben, zugleich der Vorläufer des grossen Catalogus artificum werden. Eine englische und holländische Uebersetzung des Werkes wird vom Verfasser selbst unternommen. Interessant ist der verschiedene Eindruck des Werkes, der sich in den Briefen abspiegelt.

G. J. Voss erklärt, dass das Werk in Holland nur für wenige Menschen geeignet sei, höchstens für die elegantiores, die andern wollen nur Theologie oder Grammatik; gelehrte junge Leute erklären: de pictura nec capere se nec capi, höchstens wenn die Geschichte dabei in's Spiel komme. Dagegen ist der Brief von *Rubens* halb flämisch, halb lateinisch geschrieben vom 1. August 1637 (deutsch bei *Guhl*, Künstlerbriefe II. S. 199 ff.) ganz durchweht von warmer Bewunderung für das Werk, das er in 14 Tagen durchgelesen habe; er betrachtet es als ein gutes Vorgericht zu der Hauptmahlzeit über die Kunst der Italiener, wo man die Werke selbst nicht blos in der Phantasie nach Beschreibung sich zu reconstruiren bemühe, sondern sie selbst leibhaft sehe, wo man die einzelnen Individuen wahrhaft erfassen könne. Man erwartet alsbald den geschichtlichen Theil; ebenso denkt *Junius* an eine neue Ausgabe des *Vitruv*, wozu ihm *Voss* die älteste Florentiner Ausgabe sendet.

Seitdem im J. 1642 Graf *Arundel* England dauernd verlassen hatte und die politischen Wirren immer mehr das reiche, kunsterfüllte Leben am königlichen Hofe erschütterten, tritt auch bei *Junius* in den Studien eine sichtbare Wendung ein. Ein langwieriger Process ward gegen die Familie *Arundel*, besonders gegen *William Arundel*, den Viscount *Stafford* geführt, das Haus Arundel sollte niedergerissen werden. Es ist die Wendung zu den specifischen vor allen germanistischen Sprachstudien, die *Junius* nun in Holland treibt, wo er in Amsterdam, Haag und Leiden sich aufhielt; Jahre lang wird in Friesland das Friesische studirt. Eine Reihe der wichtigsten Arbeiten zum Altniederdeutschen, Angelsächsischen, Gothischen beginnen mit 1655. Im J. 1675 kehrte er als Greis unter Karl II. nach England zurück und starb bei seinem Neffen *Isaac Voss*, dem Canonicus von Windsor 1677. Fort und fort hatte er am Werke seines Lebens, dem Catalogus artificum gearbeitet wie an der Umgestaltung der Bücher De pictura, was *Gronov* an *Heinsius* im J. 1652 berichtet (*Burm.*, Sylloge epistol. III. p. 286: alteram editionem operis de pictura adornat), und so erschien es im J. 1694 endlich von *Dionysius Junius*, dem Sohne seines nächsten Verwandten, des Neffen herausgegeben, in dessen Hände er diesen handschriftlichen Nachlass bei seiner letzten Abreise nach England 1674 gelegt hatte, während die andere Hauptmasse in 12 Foliobänden in Oxford niedergelegt ward. Das Vorwort schrieb *J. G. Graevius*, welcher 1674 seine lebhafte Erwartung ausspricht (*Burm.* Syll. epistol. IV. n. 162, p. 223). Das an Abt *Bignon* von St. Quentin dedicirte Werk führt den Titel: *Fr. Junii* De pictura veterum libri tres tot in locis emendati et tam multis accessionibus aucti, ut plane novi possint videri. Accedit Catalogus adhuc ineditus architectorum, mechanicorum sed praecipue pictorum, statuariorum caelatorum tornatorum aliorumque artificum et operum quae fecerunt secundum seriem literarum digesta, Roterod. typis Leers. 1694 fol.

Wer die obigen, durch die Briefe genau festgestellten zeitlichen Daten, wer die sonstige wissenschaftliche Bedeutung und den von keinem Flecken getrübten Charakter des *Junius* nach den Zeugnissen der Zeitgenossen kennt, dagegen die Chronologie in *Dati's* Leben und den Charakter der beiderseitigen Schriften hält, der muss die leichtsinnige Behauptung von *Grund* (Malerei der Griechen I. Vorr. S. VII.), *Junius* habe die Collektaneen von *Dati* heimlich geplündert, die von *Sillig* z. B. in der Vorrede zum Catalogus artificum, Dresden 1827, p. VI. ruhig hingenommen wird, als eine einfache, grundlose Verläumdung bezeichnen.

Das erste Buch behandelt die Anfänge der Kunst und geht von dem Menschen als Mikrokosmus aus, der geschaffen sei zur Betrachtung und Nachahmung des Makrokosmus; es wird die Nachahmung (μίμησις) immer in ihrer umfassenden Bedeutung entwickelt, und die Phantasie (εἰδωλοποιία) als die geistige Kraft derselben bezeichnet, welche erzogen und ausgebildet werden müsse durch die Vorbilder der Naturobjekte, wie anderer Kunstwerke, insbesondere der antiken Kunst. Der Verfasser kommt auf die nothwendige Verbindung von freiem Enthusiasmus und vom Lernen (doctrina), auf die gemeinsame Unterlage der Poesie und der bildenden Kunst wie auf ihre Unterschiede, auf die eigenthümlichen Vorzüge der Kunstwerke des Auges. Auch die Kunstbetrachtung und die Kunstliebhaberei muss entwickelt (c. 5 ff.), ihr Urtheil gebildet werden. Eine treffliche Schilderung einer Reihe von Lebensbildern fügt sich hier ein, an denen man den Kunstsinn nähren müsse.

Bedeutsam ist seine entschiedene aber durchaus nicht bornirte Auffassung des Alten und Strengen im Stile mit einer sehr wichtigen Unterscheidung der Stufen in der Antike selbst: si necesse sit veterem illum horrorem pingendi malim quam istam novam licentiam (I. c. 3. § 4), aber unmittelbar vorher gegenüber denjenigen, die nominibus veterum gloriantur, erklärt er: ad quam usque nos vocatis vetustatem? nam si ad illam extremam, multa Phidias et Apelles, quae ante eos nemo. Quomodo potuit *Praxitelem* aut *Protogenem* probare, qui nihil putet ex *Calamidis* aut *Pythagorae* operibus mutandum? Sed ante hos simplicior adhuc pingendi ratio fuit. Ego vero haec lumina artis velut oculos quosdam picturae puto, sed usque oculos esse toto corpore velim, ne caetera membra officium suum perdant.

Das zweite Buch behandelt das Wachsthum der Kunst. Schon in der Natur, in den Gestalten der Wolken, Blumen, Thiere, Naturspielen der Felsen, in dem Naturabdrucke u. dgl., überall sind gleichsam Vorspiele der menschlichen Kunst, nach dem Glauben der Alten wie der alten Christen Werke der Gottheit gegeben. Von den Anfängen des Zeichnenunterrichtes wird der junge Künstler begleitet; Sehen und Lehren nach den besten literarischen Hülfsmitteln der Alten kommt zur Uebung hinzu. Der höchste Genuss liegt dann in der künstlerischen Arbeit, aber mannigfaltig ist auch der Nutzen der Kunst, und zwar tritt dieser bei den verwandten Kunstzweigen unserer Kunstindustrie besonders hervor. Von diesen wird Stickerei, Weberei, Holzschnitzerei, Thonbildnerei, Werke wie Tischaufsätze, Gräberschmuck, Stadtwappen, vor allen dann die Geldmünze und die Siegelkunde behandelt. Dem Künstler erwächst aber vor allem die Ehre, die zur höchsten Anstrengung spornt. Die Kunst bedarf allerdings einer publica temporum felicitas und schliesslich des Glückes.

Im dritten Buche wird nun die voll entwickelte Kunstthätigkeit (artis consummatae fastigium) vorgeführt und zwar in ihren verschiedenen Phasen. Die Inventio sive historia, die Findung des geeigneten Stoffes stellt an den Künstler Forderung reicher Kenntniss, besonders der antiquitas, aber auch der räumlichen Verhältnisse, für die etwas zu schaffen ist, mithin von Raumlehre und Optik. *Junius* wendet sich (c. 1. § 22) mit Schärfe gegen die in Holland übermächtig aufblühende Kleinmalerei und deren Entfernung von höherer Bildung. Das zweite Kapitel ist der proportio oder symmetria gewidmet, wobei mit Einsicht auch vom Verhältniss zur Basis wie zur Umgebung gesprochen und zweitens das Studium des Nackten als nothwendige Unterlage betont wird. Mit Kap. 3 kommen wir zu dem Colorit (colores) mit allen angrenzenden Fragen der Beleuchtung, des Chiaroscuro. Die Frage nach den Motiven (actio, passio, τὸ ζωτικὸν καὶ ἔμπνουν) in Kap. 4 giebt dem Verfasser Anlass sich in unumwundenster Weise gegen jene affektirte Leidenschaftlichkeit, die damals in Bernini u. a. zu hoher Gunst gelangt war, zu erklären, gegen die enormes ac violentos variarum artium conatus (c. 4. § 8), gegen die inanis bacchatio et corybantiasmus, ein Uebel, das bereits alle Grenzen überschritten habe. Die dispositio oder collocatio fasst das Ganze in's Auge; der Künstler darf auch zeitlich Getrenntes verbinden, er wird noch reiche, grosse Themata am besten behandeln. Den Schluss der Anforderungen an die Kunst bildet endlich Anmuth und Schönheit, die den Eindruck des Leichten erweckt, die die Natur schliesslich zum Vorbild sich genommen.

Von Kap. 7 an treten die bereits oben erwähnten Erweiterungen hinzu, zunächst ein treffliches Kapitel über Bildung des Kunsturtheiles mit vielfachem Bezug auf Bemerkungen des *Philostratos*; es werden die von den Alten selbst gegebenen Beschreibungen vollendeter Schönheiten des Mannes, Jünglings, der Frau herangezogen und zum Studium empfohlen: cum non solum animos nostros oblectare seria hujus rei observatio valeat, sed judicium quoque nostrum in excutiendis operibus artis instruere atque informare nata sit. Und nun wird in Kap. 9 äusserlich angeschlossen an eine Schilderung der Gestalt des *Theo-*

derich des Ostgothen bei Sidonius Apollinaris Epist. I. 2 eine eingehende Analyse der Schönheit der einzelnen Körpertheile nach den Stellen der Alten gegeben, wie umgekehrt in Kap. 10 ein Ideal der Hässlichkeit ebenfalls unter Bezugnahme auf eine Beschreibung bei Sidon. Apollinar. Ep. III. 13 gegeben ist. Als weiteres Corollar erscheint Kap. 11 über das Material der Statuen.

Zum Schlusse spricht sich *Junius* mit nur zu grosser Bescheidenheit und klarer Erkenntniss des Zieles aus: die Aufgabe gilt nicht blos der pictura sondern den artes imitatrices, er will ein gesundes Urtheil über die Kunst fördern, obgleich er selbst artium tam ignarus quam qui maxime; er wolle die Quellen eröffnen, die andere schöpfen gehen.

Er weiss, dass sein Buch denen zu grossem Anstoss gereichen wird, qui post prima imperfectae adhuc artis rudimenta vana quadam artis persuasione tumentes omnem eruditae antiquitatis mentionem reformidant, tanquam quae desidiae suae indormientes importuna molestia excitet atque operam male collocatam veluti exprobret. Er sucht aus den reinen Quellen eines unverdorbenen Alterthums schöpfend mit historischer Treue die ersten Stufen jugendlichen Strebens, welche die grössten Meister sorgsam erstiegen haben, weitab von der sich überstürzenden Eile der Jetztzeit darzustellen, vielleicht dass einige sich noch finden, welche gesunderen Ansichten folgen und in jener Fusstapfen treten wollen. Quisquis errantium consensu nondum victus cum reliquis elegantissimae antiquitatis cultoribus qualicunque adhuc bonae mentis amore capitur, illud imprimis curare semper debet, ut actiones eorum serio imitetur, quorum gloriam suspicit.

Es erhellt aus dem Vorstehenden, wie das Werk des *Junius*, das durch seine umfassende Benutzung der entlegensten besonders griechischen Quellen Staunen erweckte, nicht eine trockene gelehrte Mosaikarbeit ist, sondern in der That ein wohl durchdachtes Ganzes, und geschrieben so recht heraus aus dem hochgebildeten, an den Musterwerken des Alterthums wie der modernen Kunst in ihrem Geschmack genährten und denselben entschieden vertretenden Kreise der oben charakterisirten englischen Gesellschaft. *Justi* (Winckelmann II. 2, S. 77), welcher zuerst wieder mit Kenntniss und Interesse von diesem Werke spricht, wird ihm doch nicht gerecht, wenn er damit schliesst: »kurz sein Werk kommt aus der Bücherwelt und wendet sich an die Bücherwelt.«

Der Künstlerkatalog, notorisch eine Fundgrube von Notizen bis in dieses Jahrhundert, enthält allerdings noch merkwürdige Bestandtheile, einzelne Götter und Heroen, dann Noah, Lazarus, Apostel Paulus, auch Eginhard und Notker. Doch sind die Inschriften vielfach benutzt, so eine der Brücke von *Alcantara* ex quodam antiquarum inscriptionum codice.

Literatur der Thesauren: Thesaurus antiquitatum graecarum contextus et designatus ab *Jac. Gronovio*. Lugd. Batav. 1694—1701, 13 Bde. fol. 7
Für das römische Alterthum war bereits 1583 von *Rosini* Antiquitatum Romanarum corpus absolutissimum in Basel erschienen; dies ward cum notis Dempsteri erneuert, Amstelod. 1743. 4. Das Hauptwerk ist Thesaurus antiquitatum Romanarum von *J. G. Graevius*, 12 Bde. fol., Traject. ad Rhen. 1694—1699, und Thesaurus antiquitatum Siciliae, 4 Bde. fol. Novus Thesaurus antiquitat. Romanarum von *Henri Sallengre*, Hag. Comit. 1716—1719, 3 Bde. fol. Das Supplementum utriusque Thesauri von *Joann. Polenus*, Venet. 1730 bis 1740, 5 Bde. fol.

Eine genauere Untersuchung über die Geschichte der Thesauren, über das Verhältniss der Abdrücke und Veröffentlichung der älteren Einzelarbeiten, besonders ihrer Bildtafeln zu den Originaldrucken ist noch zu führen.

Archäologische Studien in Frankreich.

8 Ueber die französische Periode des reinen Kunstgeschmackes und der Kunststudien s. *Dumesnil,* Histoire des amateurs de l'art, Paris 1858; *Herm. Grimm,* Leben Rafaels I. S. XXVII. ff.

Im Jahre 1868 ward von *Alfred Maury* ein Mémoire sur l'étude de l'archéologie ancienne en France bei der Regierung eingereicht, ist aber bis jetzt ungedruckt geblieben, s. *E. Vinet,* Art et archéol. p. 341.

Claude Favre Peiresc (1580—1637).

Treffliche Vita authore Petro Gassendo Din. eccles. praeposito Paris. reg. Mathes. professore. Ed. I. 1639. Hagae 1655. Briefe veröffentlicht *Millin,* Magazin encyclopédique 1812. 1813, andere an *Peiresc* in den Oeuvres de *Malherbe* publ. par *Lalanne*, Paris 1862, vol. III, p. 1—588. Genaues Verzeichniss des handschriftlichen und bibliothekarischen Nachlasses bei *Lambert,* Catalogue descriptif et raisonné des manuscrits de la bibliothèque de Carpentras. 3 Vol. Ueber das Manuscript des *Peiresc* in der Pariser Nationalbibliothek Cod. Lat. n. 6012 s. die Notizen *Schöne's* bei *Matz*, Gött. Nachr. 1872, S. 59 f. Ueber seine Büste und Reste seiner Sammlung in Aix s. *Stark,* Städteleben, Kunst und Alterthum in Frankreich. S. 63 ff., 587 ff.

Richtig sagt *Böttiger* von *Peiresc* Amalthea I, S. XXIX: »der erste Archäolog — denn mit ihm und *Jacques Spon* fängt eigentlich erst die Archäologie an.« *Rubens,* der mit *Peiresc* auch in Briefwechsel stand, spricht in einem Briefe an *Dupuy* sich aus: »Herr *von Peiresc* beharrt trotz seiner vielen Geschäfte in seinen antiquarischen Neigungen. Wahrlich er besitzt in seiner Person so viel Kenntniss in allen Zweigen des Wissens, als sonst ein jeder nur in seinem Berufe zu haben pflegt. Ich kann es kaum begreifen, wie ein Geist so vielen verschiedenen Beschäftigungen Genüge leisten kann.« (*Guhl* a. a. O. II., S. 154.)

Aus altadliger, begüterter Familie der Provence stammend, im Jesuitencolleg zu Avignon und Tournon erzogen, zum Jurist bestimmt, entwickelte *Claude Fabrice* seit 1595 höchsten Sammeleifer für Münzen, Inschriften und geschnittene Steine, bei tüchtiger Kenntniss auch des Griechischen, im frühen Verkehr mit dem Vorstand der Sammlung von Heinrich IV. *Petr. Antonius, Rascasius Bagarris* (Sieur de Bagarris et du Bourget 1567—1620). Von 1599—1602 weilte er in Italien, anscheinend um juristischer Studien willen, aber in der That in unermüdlicher antiquarischer Beschäftigung und mit Erweiterung seiner Sprachkenntnisse noch im Hebräischen, Syrischen und Arabischen. In Padua tritt er in freundschaftliche Beziehung zu *Erycius Puteanus, Vincentius Pinellus, Laur. Pignorius* und dem nachherigen Cardinal *Aleander*. In Venedig kauft er die Sammlung der Familie *Bembo*. Seine raschen aber genauen Berichte, seine Zeichnungen werden hoch gerühmt. In Rom verkehrt er mit *Baronius, Bellarmin, Sirmond,* noch mit *Fulvius Ursinus* und dem eifrigen Sammler *Pasqualini*. Seine Studien gehen (Vita p. 17—19) auf die ganze Topographie Roms, wie auf das Détail der Plastik. Er vergleicht den Augenschein mit seinen Notizen (quae inter legendum auctores adnotaverat et in commentarios relata circum gestabat). Das Pantheon wird genau betrachtet und verglichen quicquid Demontiosus fuerat de illo vaticinatus, ebenso die Trajan- und Marc Aurelsäule, von derselben eine genaue Zeichnung an *Scaliger* gesandt, zur näheren Bestimmung der Germanen- und Sarmatenkriege im Chronicon des Eusebius. Umfassend werden durch Maler Zeichnungen von Statuen, auch den verstümmelten angefertigt.

Deferre quoque solitus erat selecta quaedam numismata, quae conferret cum statuis, explorans cujusque aetatem et agnoscens plerumque manum, cum ea foret sollertia, ut momento discerneret quid revera quidque ex sola imitatione foret antiquum. Sic inscriptionum etiam omnium, quae saperent antiquitatem, habere voluit apographa, tentans pro sua sagacitate exesas supplere ac paene desperatas restituere. Rursus Codd. Mss. seu Vaticanos seu Farnesianos seu alios — evolvit et quotquot inter caeteros maxime rari visi sunt, adnotavit in tabulis. Sic adnotavit etiam vasa, pondera, mensuras, caelaturas, numismata, simulacra, imagines et quicquid demum notatu dignum occurrit in metallothecis, iconothecis, in promptuariis, musaeis, xystis pergulisque variis, ut praeterea innumera, quae vel pretio quaesivit vel commutavit vel dono habuit quorumque saltem ectypos, ecmagmata, aposphragismata aut iconismos obtinuit.

Auch den christlichen Denkmälern, wie den Werken der grossen modernen Meister ist die volle Aufmerksamkeit von *Peiresc* zugewandt.

Wir finden ihn dann in Neapel und seiner Umgebung vollauf beschäftigt die Natur des Vesuv wie die römischen Ueberreste zu studiren. Auf dem Rückwege nach Padua werden die Eugubinischen Tafeln angesehen, viel später auch ein Gypsabguss davon erworben. In Urbino wird die Bedeutung des dortigen Codex des *Polybius* bereits erkannt. In Ravenna studirt er unter Leitung des *Hieronymus Rubeus* auch die Denkmäler der ostgothischen Zeit.

Bei neuem längerem Aufenthalte in Padua werden lebendige briefliche Beziehungen ebensosehr in naturwissenschaftlicher wie archäologischer Hinsicht angeknüpft, in ersterer mit *Galilei*, in letzterer nun auch nach Norden mit den Augsburgern, besonders *Marcus Velser* wie mit *Janus Gruter* in Heidelberg, *J. J. Scaliger* in Leiden, *Clusius* dem Botaniker ebendaselbst. In griechischen Städtemünzen sind bereits an tausend Stück bisher noch unbekannte erworben. Der Plan nach Augsburg und die Donau abwärts nach Constantinopel zu gehen und zu sehen, quiquid liceret e Graecia, scheitert an der entschiedenen Weigerung seines Begleiters *de Fonvive*. So kehrt er über Lyon in den Süden Frankreichs, zunächst nach Montpellier zurück, wo die juristischen Studien mit dem Heidelberger Professor *Julius Pacius* eifrig getrieben und endlich abgeschlossen werden.

In Aix 1604 Doctor juris geworden tritt er im J. 1609 ein in die richterliche Thätigkeit eines Gliedes des dortigen Parlamentes und hat diese unter einer mehrjährigen Unterbrechung bis an sein Lebensende fortgeführt. Zuvor folgt er 1605 seinem Freunde und Gönner, dem Kanzler *Duvair*, nach Paris und tritt hier in den damals so reichen und blühenden Kreis freistrebender Gelehrten und Schriftsteller ein, eines *Isaac Casaubonus*, *Thuanus* (de Thou), *Bongars*, *Masson*, *Fr. Pitthoeus*, *Petavius*, *Malherbe*. Ein treffliches kritisches Auge bewährt er bei der Beurtheilung der merovingischen Königsgräber in St. Denys, wie bei der Durchmusterung der Sammlungen, ja er zeigt den Parisern erst den Schatz antiker Gemmen vor allem der Apotheose des Augustus, den sie in der St. Chapelle besitzen.

Peiresc begiebt sich im Geleite des französischen Gesandten nach England und tritt in Verkehr mit der gelehrten Umgebung von Jakob I., vor allem mit den Begründern der englischen Landesarchäologie, *Camden* und *Barklay* wie später mit *Selden*. Holland wird genau bereist, die gewaltigen römischen Ueberreste an der Mündung des Altrhein bei Cattwyk wie die Sammlungen eines *Gorlaeus* besichtigt, vor allem nun persönlich *Scaliger* begrüsst. In Belgien verkehrt er mit Gelehrten und gelehrten Künstlern, wie *Wencesl. Coberger*, nimmt genaue Einsicht von einer grossen Münzsammlung. Die Verbindung mit belgischer Kunst wird durch ihn auch auf die Provence übertragen, wohin er den Maler *de Crayer* zieht.

Auch 1612 finden wir ihn wieder in Paris, vor allem von 1616—1623 als Hausgenossen und Freund des zum Grosssiegelbewahrer von Frankreich ernannten Kanzler *Duvair*. Er selbst nimmt die mittleren Weihen und erhält die Abtei von Guistre; tritt in freundschaftliche Beziehung zum Cardinal *Francesco Barberini*, nachherigen Papst Urban VIII., geleitet den Cardinallegaten *a Bagni* durch Belgien; er ist mit *Rubens* in Paris für die Königin Marie Medicis in der Gallerie Luxembourg beschäftigt, wie mit *Hugo Grotius* und dem kunstgelehrten *Gevaert* für ihn ein enger wissenschaftlicher Verkehr beginnt. Eine grosse Rundreise durch das westliche und südliche Frankreich gab bei der Vollmacht der freien Benutzung aller Archive, weltlicher wie kirchlicher, und bei der Thätigkeit seines künstlerischen Begleiters, *Jean Lombard* für Aufnahme aller öffentlichen Bauwerke *Peiresc* eine seltene Monumentenkenntniss.

Von *Lombard* heisst es: hinc praesto habere semper debuit calamum chartam regulam circinum ceram sulphur et id genus alia ad delineandum conscribendum adumbrandum exprimendumque ectypis et apographis, quidquid videretur adnotatu dignum.

Seit 1623 sind grössere Reisen von *Peiresc* nicht mehr unternommen, aber die Provence und besonders die Küstengegend, in der seine eigenen Besitzungen lagen, wird auf das Genaueste kennen gelernt. Sein Haus zu Aix wie sein Garten zu Belgensier war durch Gastfreundschaft und Kunstwerth der Sammlungen, so auch trefflicher Portraits berühmter Männer der Anziehungspunkt aller den Süden Frankreichs berührenden Fremden. Ein ausgebreiteter in lateinischer, französischer und besonders elegant in italienischer Sprache geführter Briefwechsel erhielt ihn in lebhafter Berührung mit allen bedeutenden Grössen der Zeit in England, Holland, Italien, Spanien, ja liess ihn die weitreichendsten Verbindungen nach dem Orient wie Afrika unterhalten.

Die grosse und bleibende Bedeutung des Mannes für Archäologie liegt zunächst in seiner universalen wissenschaftlichen Stellung, die ihn ebensosehr die Universalgeschichte im Zusammenhang der Ethnographie und Geographie als Zielpunkt für die monumentalen Studien, wie eine vorurtheilsfreie, empirische und experimentirende Naturforschung, eine scharfe, vergleichende, prüfende Beobachtung der Objekte als nothwendige Voraussetzung eben dieser Studien betrachten liess. Dazu kam ein entschieden künstlerischer Sinn, der in fortwährendem Verkehr mit Künstlern geübt ist und nichts weniger als einseitig blos das Alte um des Alters willen bewundert.

Non nescio, inquit, effuse a multis rideri haec studia, quasi nec nobis ornamento nec caeteris usui sunt: ii tamen soli jure carpuntur, qui ad vanam aut etiam nullam eruditionem haec referunt, cum plerique comparent solum in ornamentum armariorum ac parietum nec alio fine habeant, quam ut habere perhibeantur. Porro laude digni videntur nec tempus frustra terere, qui talia conquirunt expendunt illustrant, ut bonis authoribus legendis facem praeferant, ut historiarum circumstantiae perfectius clarescant, personaeque res et actiones animo melius infigantur. Scilicet ex statuis numismatibusque cognoscere licet, qualis fuerit vultus habitusque clarorum virorum faeminarumque illustrium, quarum nos actiones auditae delectant; qua forma fuerint Dii Deaeque et Heroes prisci cum suis illis insignibus; cujusmodi fuerint sive ornamenta sive instrumenta religionum bellorum magistratuum, coronae currus sedilia innumeraque id genus alia. Quae et plura cum recenseret, tum prolatis compluribus monumentis facto monstravit, adeo ut innotuerint demum pleraque auctorum obscura nec alia ratione intellecta loca (Vita Peir. ed. III. p. 235). Zur künstlerischen Befähigung und Anerkennung der Kunst s. p. 240: hinc illum pictura mire delectavit eaque occasione et pictores aluit et tabulas varias imaginesque obtinuit, quarum praestantiam diiudicare si quis alius maxime norat. Frequenter vero testatus est poenitere se maxime, quod a teneris usque annis pingendi artem non didicisset, optareque si fieri posset, digitis duobus sinistrae manus redemptam peritiam, qua dextra careret. Quippe tametsi tam in patria quam extra illam implorasset pictorum variorum industriam effigiandis rebus, quae occurrerent, nihilominus neque semper adfuisse sibi peritorum copiam neque potuisse alienas manus adeo frequenter usurpari ac sibi e re fuerat. Pari ratione caelaturam sculpturam plasticen amavit ac artifices habuit, qui antiqua opera vel restaurarent vel imitarentur; pari quoque architecturam universeque mechanicas seu quae machinis organisque artificiosis circa aquam et caetera res mirabiles exsequuntur.

Unter diesen Vorbedingungen hat *Peiresc* mit rastloser Unermüdlichkeit und bedeutendem regelmässigen Aufwand vor allem den Anblick der antiken Objekte selbst oder doch ihrer möglichst treuen Abbilder in Gipsabgüssen, Abdrücken in Schwefel, auch schon in Papier (imagines pictas fictasve aut in cera gypso vel charta madente impressas p. 269), in genauen Zeichnungen, Messungen, topographischen Aufnahmen sich und anderen zu verschaffen gesucht, er hat dann wohl der erste mit dem Vergrösserungsglase die kleinsten derselben, Münzen und geschnittene Steine untersucht; er hat über Fälschungen dabei genau sich unterrichtet. Der Vergleich zunächst derselben Objektgattungen wie der Münzen in möglichster Fülle, dann aller verschiedenen Gattungen ward von ihm fort und fort geübt. Er erkannte richtig, dass nothwendig vor allem anderm Masse und Gewichte des Alterthums genauer festgestellt werden müssen aus den antiken Objekten selbst, und hat daher zu dem Zweck, antike Masse und Gewichte gesammelt, von andern wie dem berühmten Farnesischen Congius sich genaue Modelle verschafft. Ihm verdankt *Savot*, der erste so bedeutende Schriftsteller hierin die wichtigsten Informationen (p. 183) darüber, ebenso wie *Claud. Salmasius*. Ebenso sind die Inschriften, und zwar griechische und lateinische, wie bereits erwähnt, seit früher Jugend von ihm in genauen Abschriften gesammelt und mitgetheilt an *Scaliger*, *Gruter*, *Doni*. Eine genaue Abschrift der Columna rostrata wie der Scipioneninschrift beglückt ihn, wie die der farnesischen Apotheose des Herakles. *Charles Patin* hatte aus seinem Nachlasse mehr als 1000 griechische Münzen erworben und rühmt ihn als den einzigen seiner Zeit, der die griechischen Legenden der Münzen zu lesen und zu erklären verstanden (Relations histor. et cur. des voyages, 1695, p. 114). Welchen scharfen kundigen Blick auch in der Auslegung *Peiresc* bewährte, zeigt seine Erklärung der von ihm entdeckten berühmten Gemme der St. Chapelle (p. 110). Ist es naturgemäss zunächst die Denkmälerwelt seiner Heimath, der Provence, aus welcher er sammelt und über welche er grosse handschriftliche Aufzeichnungen hinterliess, so unterhielt er mit Rom regelmässig Verbindung durch bestimmt beauftragte Personen, besonders durch *Menetreius*, und verwendete jährlich ein Zwölftel aller seiner Einnahmen auf dortigen Ankauf in Codices, Antiken in Marmor, Erz oder deren genauen Copien (p. 215. 269). Wichtiger noch ist der unmittelbare Verkehr mit dem griechischen Orient, den *Peiresc* durch dort Ansässige wie in Smyrna, theils durch Reisende unterhielt. Die oben erwähnten wichtigen Arundelschen Marmore, besonders das Marmor Parium waren für ihn zuerst erworben, aber seinem Unterhändler entrissen worden (p. 140). Cypern ist eine Hauptstation seiner wissenschaftlichen Erwerbungen. Auch die Ruinen von Karthago sind auf seine Veranlassung schon besucht und ein Bild der Häfen zu entwerfen versucht worden (p. 57. 267). Auf Aegypten hat *Peiresc* vor allem das Auge geworfen und der einzig richtige Weg durch das Koptische zur Kenntniss des Altägyptischen zu gelangen von ihm scharf erkannt und in *Athanasius Kircher* gefördert worden. Er denkt an eine Sammlung aller ägyptischen Denkmäler in Europa. Ja, aus den Ruinen Babylons erhält er einen Backstein mit Keilschrift zugesandt; dass für diese ein Dolmetscher erstehen möge, ist sein heissester Wunsch (p. 136). Und daneben ist es die Orientirung der mittelalterlichen Kirchen, sind es die merkwürdigen Reliefs des Portals am Dom zu Vercellae, die Gräber der Merovinger, die seine ernsteste Aufmerksamkeit erregen.

Peiresc hat keine einzige grössere Schrift veröffentlicht; in seinem zu Carpentras befindlichen schriftlichen Nachlasse in 82 Abtheilungen, soweit er nicht bald nach seinem Tode durch den Leichtsinn seines Neffen und Erben und von dessen Frau zerstreut und vernichtet ward, befinden sich noch werthvolle unausgebeutete Sammlungen, so im Cod. XVI. Statues antiques et aultres antiquitez, Gemmae, De tripode, Cod. XXX. über alle bedeutenderen Städte Italiens, Cod. LXXI. LXXII. über Arles und andere Städte der Provence, Cod. V. XLIII. de ponderibus et mensuris mit den klassischen Autoren dazu, Cod. LV. über Münzen, Cod. XXIV. Inscriptiones antiquae und Inscriptiones christianae et novae. Noch bedeutsamer ist der grossartige Briefwechsel mit ganzen Abhandlungen von *Peiresc*, den wir bisher nur bruchstückweis kennen. Der Einfluss von *Peiresc* tritt aber in allen bedeutenden antiquarischen Arbeiten der Zeit, die er auf das Selbstloseste förderte, nach den oben geschilderten Gesichtspunkten wahrhaft grossartig uns entgegen.

Julius Caesar Boulenger, Presbyter des Jesuitenordens, schrieb 1626 in Lyon die Vorrede zu dem Werke: De pictura plastice statuaria libri duo und dedicirte es an *Henri Tournon*, Grafen von Roussillon, dessen ausserordentliche Schärfe des Auges wie umfassende Kenntnisse in Philosophie, Naturkunde wie den alten und modernen Sprachen hoch gerühmt werden, welcher der beste Kunstkritiker sei. Die Bildhauerei kommt nicht blos zu den Gelehrten, sondern wendet sich auch an Frauen und Kinder. In siebzehn Kapiteln wird die Malerei abgehandelt, wesentlich vom Standpunkt der verschiedenen Technik aus, als da ist Enkaustik, Glasmalerei, Mosaik, Stickerei, mit einzelnen eigenen Beobachtungen. In dem zweiten Buch kommt allerdings die Malerei auch in vielen Wiederholungen wieder vor, aber wesentlich ist es der Plastik und ihren verschiedenen Arten der Technik gewidmet. Das Historische ist sehr schwach. *Seruch* und *Tharah* zu Abraham's Zeit sind die ältesten Künstler; er unterscheidet gut zwei Praxiteles, den zweiten (Pasiteles) zu Pompejus Zeit. In dem Abschnitt über Plastik sind ganze Kapitel wie c. 19, 21 aus Thomas Gauricus abgeschrieben; als seinen eigenen Lehrer bezeichnet er den *Vigenerius*, auf dessen weitere Ausführungen beim Erzgusse er verweist (B. II. c. 11. 13). *Boulenger* war in Italien; so berichtet er aus der Bibliothek von *S. Marco* in Venedig von einer ganz eingeräucherten Statue der Cybele, ebenso von dem dortigen Viergespann in Erz; aus Rom führt er sieben berühmte Statuen an: Apoll von Belvedere, Laocoon, Hercules Farnese, die vergoldete Bronzestatue des Hercules im Capitol, die Reiterstatue Marc Aurel's, dann aber einen Adonis und Meleager des *Franciscus Norcha* (II. 7). Woher er die merkwürdige Notiz entnommen hat, dass Constantin der Gr. die Colosse von Monte Cavallo aus Alexandrien nach Rom übergeführt und sie in seinen Thermen aufgestellt hat, ist mir unbekannt; den Widerspruch, der darin liegt, die Statuen Alexander und Bucephalus zu nennen und eine dem Phidias zuzuschreiben, empfindet er doch. Die Schwächen des Buches erkennt bereits *Franc. Junius* in einem Brief an *Voss* vom April 1629 (*Vossii* Epistolae 94).

Das Werk ist ausserordentlich viel benutzt worden und selbst die Histoire de la peinture ancienne extraicte de l'histoire naturelle de Pline liv. XXXV.

avec le texte latin, London 1725 fol., von dem reformirten Prediger in London *Durand* ruht zu einem guten Theile darauf.

Das Gedicht von *Alfonse Dufresnoy* (1611—1665) ist noch von *Klotz* 1770 neu herausgegeben worden; früher hatte *de Piles* (1655—1709) es mit Noten versehen. Es ist vielfach übersetzt, so von *Dryden* in das Englische 1695. In demselben ist die Theorie der Schlangenlinie (forma serpentina) als Schönheitslinie vollständig ausgesprochen:

membrorumque sinus ignis flammantis ad instar
serpenti undantes flexu, sed laevia, plana
magnaque signa quasi sine tubere subdita tactu
ex longo deducta fluant, non secta minutim.

Vgl. dazu *Justi*, Winckelmann II. 2 S. 137.

Literatur über die Académie de peinture et sculpture bei *E. Vinet*, Bibliographie des beaux arts, p. 39 ff. Für die anderen Akademieen vgl. das interessante Werk von *Alfred Maury*, Les académies d'autrefois, 2 Bde. bes. Bd. II: L'ancienne académie des Inscript. et belles lettres, Paris 1864. 8. Wichtig die Conférences de l'académie von *André Felibien* 1667 gehalten, dem Kunstkenner, Historiographen der Bauten, Aufseher der Antiken. Die Académie d'architecture von *Colbert* gegen 1665 begonnen, 1671 ausdrücklich constituirt au rétablissement de la belle architecture et pour en faire des leçons publiques, 1717 erst durch königliches Patent bestätigt. Zur Gründung der Académie de France zu Rom s. *Fr. Algarotti*, Saggio sopra l'academia di Francia che è in Roma, in Opere scelte I. Milano 1823, 3 Bde. Der Gedanke kam von *Lebrun*, ward von *Colbert* aufgenommen und durch Edikt von 1666 in's Leben gesetzt, sie besteht mit einziger Unterbrechung der Jahre 1792—1795 bis heute, ist jetzt erweitert durch Stiftung einer Anzahl Plätze für junge Archäologen im J. 1872. Die Académie des inscriptions et belles lettres ist eine weitere Stiftung von *Colbert* 1679, erweitert durch *Louvois*, in lebendigem Bewusstsein von der Bedeutung antiquarischer Studien und ihrem Nutzen für die Monumente des Zeitalters Ludwigs XIV., für dessen Münzen aber auch für die Hoffeste gemacht. Der mittelbare Einfluss der Pariser Akademieen auf die Kunststudien wie die des Alterthums ist durch die unter ihrem Vorbilde gestifteten Akademieen anderer Länder in Madrid, Kopenhagen, Stockholm, St. Petersburg, Berlin, Turin u. s. w. ein ausserordentlich grosser gewesen. In Betracht kommt dabei das Zusammenwirken mathematischer und naturwissenschaftlicher Studien mit den praktisch künstlerischen und antiquarischen.

Gaspar Poussin (1594—1665), aus der Normandie gebürtig, le peintre de la raison et des gens d'esprit, mathematisch gelehrt und dichterisch ausgebildet, mit Optik beschäftigt, studirt von 1624 in Rom im Verein mit *du Quesnoy* ebenso sehr antike Sculpturen wie Architektur, tritt in engen Verkehr mit *Cassiano del Pozzo*, dessen antiker Studien oben gedacht ward, kehrt von seiner glänzenden Berufung an den Hof nach Paris 1639—1642 bald wieder nach Rom zurück. Sein Briefwechsel (Auswahl bei *Guhl*, Künstlerbriefe II. S. 236 ff.) besonders mit Herrn *de Chantelou*, Sekretär des Ministers *de Noyers*, und mit *de Chambray*, dem Uebersetzer von Leonardo da Vinci und Palladio, ist reich an wichtigen Beziehungen zum Alterthum und speciell zu der Kunst der Griechen. In dieser letztern liegt der grosse Fortschritt gegenüber den Kunsttheoretikern des 16. Jahrhunderts. Er sucht 1648 noch genauere Nachricht über ein Basrelief von trefflichem Stil an der Stadtmauer von Narbonne (*Guhl* a. a. O. S. 267), er sammelt 1645 schon antike Marmorbüsten in Rom im Auftrage des Herrn *de Chantelou* (S. 275), er nimmt die Form ab von dem kolossalen

Hercules Farnese, beherbergt sie im Hause, um sie zu Schiff dann nach Frankreich zu senden (1647. *Guhl* II. S. 278). Er hat den Franciscus Junius studirt und aus ihm für die Grundbegriffe und Eintheilung der Malerei viel gelernt (1665. *Guhl* II. S. 295).

»Was die Sculptur betrifft, wer hat jemals dieselbe ausser in der Hand der Griechen lebendig gesehen?« »Unsere vortrefflichen alten Griechen, die Erfinder und Urheber alles Schönen, haben verschiedene Mittel und Weisen aufgefunden, vermöge deren sie wunderbare Wirkungen hervorgebracht haben.«

Poussin entwickelt nun diese nach den Stämmen genannten Weisen (νόμοι) im Bereiche der Musik wie der Poesie, und zeigt ihren Zusammenhang mit den bestimmten auf das Gemüth geübten Wirkungen; ganz Entsprechendes sei in der bildenden Kunst einzuhalten.

Abraham Bosse (1611—1678), der Lehrer der Perspektive (Hauptwerk 1648) giebt nach den Zeichnungen von *Errard* 1660 eine Abhandlung über die Proportionen vier antiker Statuen heraus. *Claud. Perrault* (1613—1688), früher Arzt, Naturforscher, dann der erste Architekt des Louvre unter Louis XIV., unternahm auf *Colbert's* Anlass und im Auftrage der Akademie die Uebersetzung und Commentirung des *Vitruv* durch Zeichnungen und Noten, und gab eine ganze Theorie der Kunst nach den Alten im Gegensatz zu den Missbräuchen der Neuern in seiner Ordonnance des cinq espèces de colonnes selon la methode des anciens. *Antoine Desgodetz* wurde von *Colbert* nach Rom gesandt und es entstand mit den ersten genauen und feinen Messungen der Details das Prachtwerk: Les édifices antiques de Rome messurés et dessinés, Paris 1682 fol., von *Fea* später neu herausgegeben.

André Felibien, Sieur des Avaux et de Javerny (1619—1695), als Gesandtschaftssekretär in Rom und in Freundschaft mit *Poussin*, seit 1666 Hofhistoriograph, 1671 Sekretär de Académie d'architecture, 1673 Garde du Cabinet des antiques, Dichter und Prosaiker. Sein frühestes Werk ist Origine de la peinture 1660; über die späteren kunstgeschichtlichen und systematischen, s. oben S. 34. Er schrieb den Text zu den trefflichen Kupferstichen nach den Antiken des Cabinet du roi (vol. VII. VIII. 1679; Gesammtwerk 1727). Handschriftlich existirte ein Étude sur les habits et vêtements antiques vgl. Biographie universelle XVII. p. 273.

Die antike Topographie von Gallien ward von Paris aus studirt, *Hadrianus Valesius* veröffentlichte bereits 1675 seine Notitia Galliarum ordine litterarum digesta. In Nîmes (Nemausus) ward eine eigene Académie des inscriptions gegründet, bedeutende Summen von *Colbert* für die Maison Carrée und Amphitheater verwendet, 1689 grossartige Ausgrabungen vor der Stadt veranstaltet und eine Reihe von literarischen Arbeiten in Nîmes wie in den Bänden der Pariser Akademie niedergelegt. Bereits 1750—1758 erschien das grosse Werk von *Ménard* über Nîmes in 7 Bden. Vgl. *Stark*, Städteleben, Kunst und Alterthum in Frankreich, S. 90. 593.

9 Wichtiges Quellenwerk Comte *de Laborde*, Athènes aux XV. XVI. XVII. siècles, T. I. II. Paris 1854, darauf fussend *Michaelis*, Parthenon p. IV. S. 54 ff. (vgl. *Stark*, Archäolog. Jahresb., Philolog. XIV. 4. S. 688 f. und *C. Wachsmuth*, Athen im Alterthum, I.). Französische Missionare wurden im J. 1645 nach Athen gesendet, zuerst Jesuiten, dann Kapuziner, im J. 1669 die sogenannte Laterne des Demosthenes für das Kloster erworben, hier im Kloster ein Plan von Athen gemacht. Im J. 1674 entwirft *Père Babin* von Smyrna aus eine sehr interessante Beschreibung Athens (I. p. 180 ff., *Wachsmuth* a. a. O., S. 73. 745 ff.). Ein früher französischer dann englischer

Consul *Girard* zeigt sich als erfahrenen Fremdenführer. Die grosse Ambassade des Marquis *Nointel* 1670 nach Constantinopel war ausdrücklich mit auf wissenschaftliche Zwecke, auf Erwerb von Handschriften und Antiken abgesehen, wie schon früher der Gesandte *de Hayes*, Baron de Courmenin bei seiner zweiten Reise in die Levante 1630 auch Griechenland, besonders Athen zu besuchen nicht unterlassen (Voiage de Levant fait par le commandement du Roy. Paris 4. 1632). Leider sind die Sammlungen des Marquis nach seinem Sturze im Jahre 1679 im Verkauf sehr zerstreut, die von ihm angekündigten Memoiren über attische Antiquitäten nirgends vorgefunden; aber schon sein kurzer Bericht über einen mehrwöchentlichen Besuch in Athen, die Mittheilungen des gelehrten ihn begleitenden *Galland*, endlich das italienische Buch von *Carolo Magni* über die Reise geben uns eine genaue Uebersicht des damals Betrachteten und Gekannten. Von ganz unschätzbarem Werthe für alle Zeiten war es, dass *Nointel* den einen seiner Maler *J. Carrey* aus Troyes mit der Abzeichnung des Parthenon und seiner Sculpturen beauftragte. Die in wenig Wochen unter den schwierigsten Verhältnissen gefertigten Zeichnungen verdienen in ihrer Gesammtbehandlung alles Lob. Auch sie sind uns nicht ganz erhalten: nur ein Theil der *Nointel* allein überlassenen ausgeführten Blätter, nicht der Croquis ist nach mannigfachen Schicksalen in den Louvre gelangt. Aus Memoiren und vereinzelten Berichten jener Jesuiten und mit der von diesen aufgenommenen Karte unternahm es *Guillet de St. Georges*, nachher Sekretär der Pariser Akademie der schönen Künste, bereits ein Athènes ancienne et moderne zu schreiben und das Buch als Reisebericht von einem nicht existirenden Bruder zu veröffentlichen.

Mit dem siebzehnten Jahrhundert beginnt die Reihe grosser mit vielseitigem Interesse unternommener Reisebeschreibungen, welche die griechischen Inseln, Kleinasien, Aegypten, Syrien, Persien betreffen, in denen allmälich auch Ruinenansichten, Abschriften von Inschriften, Zeichnungen von Denkmälern Platz finden. Neben Holländern treten die Franzosen ganz in den Vordergrund, um dann von Engländern überflügelt zu werden. Im Jahre 1699 ward auf Antrag der Akademie die erste wissenschaftliche Unternehmung von Ludwig XIV. angeordnet und von *Tournefort* ausgeführt. Noch sehr naiv ist *Thevenot* in seinen Berichten (*Thevenot*, Voyage au Levant, Paris 1689, I. 1—5). *Tavernier* aus Antwerpen stammend berichtet über sechs orientalische Reisen im Laufe von vierzig Jahren (zwei deutsche Uebersetzungen von *Wiederhold* und von *Meunier* erschienen 1681 in 8 Foliobänden). *Corneille le Bruyn* reiste zuerst 1674, er gab die erste grosse Ansicht der Ruinen von Palmyra heraus. In 4 Quartbänden erschienen seine Voyages au Levant. 1734. 4. Haag. *Tournefort's* Reise 1700 begonnen hat die griechischen Inseln zum ersten Male gründlich kennen gelehrt, neben dem naturwissenschaftlichen Interesse bleibt das archäologische nicht unbefriedigt (Deutsche Uebersetzung, Nürnberg, Raspe 1776, 3 Bde.). Gleichzeitig durchwandert *Paul Lucas* von 1699 an Kleinasien. Die englische Reiseliteratur beginnt mit den werthvollen Berichten von *Chishull* aus Lydien und Phrygien (Antiquitates Asiaticae etc., London 1728, fol.). Die Beschreibung des Morgenlandes von *Pococke* bildet eine Art Abschluss dieser älteren Reisen (Deutsche Uebersetzung von *Breyer*, Erlangen 1771—1773).

Jacques Spon geboren 1647 gestorben 1685.

Lebensnachrichten s. Nouvelles de la république des lettres, 1684. 1685. 1686; Bibliothèque raisonnée T. VII. p. 50 ff.; Lexicon Morerian. Ed. franç. Bâle. T. VI. 1732, p. 534 f.; Biographie universelle, Paris Michaud. 1825. T. XLIII.; neue urkundliche Nachrichten bei *J. B. Monfalcon*, Notice sur la vie de J. Spon, Anhang zu der auf Kosten der Stadt Lyon veranstalteten neuen Ausgabe der Recherches des antiquités et curiosités de Lyon von *Spon*, Lyon 1858. Notiz über die Sponsche Inschriftensammlung auf dem Boden Roms von *Henzen* in C. I. Lat. VI. 1. p. LX. Danach seine Schreibtafeln in Paris, Cod. 10810; carnet de Spon contenant des inscriptions.

J. Spon stammt aus einer von Ulm nach Lyon eingewanderten deutschen protestantischen Familie, einem Gliede in jener grossen Colonie deutscher Kaufleute und Techniker des 16. Jahrhunderts in Lyon, deren Haupt *Anton Kleberger* war, le bon Allemand. Sein Vater *Charles Spon* (1609—1684) war angesehener Arzt und gewandter Lateiner (Sibylla medica). In Montpellier studirte der Sohn Medicin und erwarb sich den Doktorhut, verweilte dann zwei Jahre an der Universität Strassburg (1667—1669) unter *Boecler's* Leitung, hier durch *Charles Patin*, den Pariser Arzt und Antiquar in das Studium der Alterthümer eingeführt, er bereist dabei Deutschland, lernt die Sammlungen in Basel besonders kennen, besucht Genf, weilt aber auch in Paris beschäftigt mit Münzen und den Antiken der königlichen Sammlung unter *Vaillant*. Als praktischer Arzt in Lyon und als Aggregé des medicinischen Lehrkörpers aufgenommen verwendet er alle freie Zeit für seine »Passion«, seine doppelte Liebe zu seinem Vaterland und zu den Alterthümern. In enger Verbindung mit den Gelehrten Lyons, mit den Jesuiten *Père la Chaise*, dem nachherigen berüchtigten Beichtvater Ludwig's XIV., dem fortwährend eifrigen Numismatiker und Antiquar, und *Menestrier*, mit *Chorier*, dem Historiographen der Dauphiné, mit dem Abbé *Pecoil*, dem aus Constantinopel heimgekehrten Kaplan von *Nointel*, veröffentlicht er die auf Autopsie überall beruhende Schrift: Recherches des antiquités et curiosités de la ville de Lyon, anc. colonie des Romains et capitale de la Gaule celtique, Lyon, J. Factor. 1673 mit genauen Inschriftencopieen und der ersten Publikation des sog. Schildes des Scipio, eines Fundes in der Rhone bei Avignon. Mit richtigem Takt vermeidet er im Gegensatz zu *Menestrier* jede Träumerei über die Symbolik. Am Schlusse des Buches befindet sich ein interessantes Verzeichniss der damaligen Kunstliebhaber von Europa.

Seine Pläne erweitern sich über das ganze Gebiet der antiken Monumente, angeschlossen zunächst an eine Ergänzung des Inschriftenwerkes von *Janus Gruter* (s. unten) besonders nach der Seite des Griechischen und der figürlichen Werke. Er betrachtet sich nach einem Ausdruck von *Scaliger* als le portefaix des grands hommes. So giebt er das durch *Pecoil* in seine Hände gelangte Manuscript des Jesuiten *Babin* über Athen mit Plan heraus: Relation de l'état présent de la ville d'Athènes, ancienne capitale de la Grèce. Avec un abregé de son histoire et de ses antichitez, Lyon, Pascal, 1674. (Vorrede von *Spon* unterzeichnet. Neuer Abdruck bei Laborde, Athènes etc. I. p. 182—211, dazu *C. Wachsmuth* p. 745). Im Sommer 1674 tritt er seine Reise nach Rom und der Levante auf eigene Kosten an, von *Vaillant*, dem im Auftrage des Königs reisenden Numismatiker zu seinem Glücke getrennt. Zuvor hatte er in Aix einen Theil der Papiere von *Peiresc* für seine Zwecke benutzt. Ein fünfmonatlicher Aufenthalt in Rom wird unermüdlich nur für die Kenntniss der antiken Monumente und ihrer übersichtlich dann zusammengestellten Sammlungen, für Abschreiben von Inschriften und für das Studium einschlagender Mss. wie das von *San Gallo* nach *Cyriacus* in der Barberiniana benutzt. In Florenz hat er in der Medicea die Sammlung metrischer griechischer Inschriften aus byzantinischer Zeit (Maximus Planudes) abgeschrieben. Im Verein mit *G. Wheeler*, *Vernon* und *Eastcourt* tritt er von Venedig die Reise in den Orient auf einem Venetianer Schiffe an; in Zante trennt sich die Gesellschaft, *Wheeler* bleibt allein *Spon's* Begleiter. Zuvor ist an der dalmatinischen Küste Pola und besonders Spalatro näher betrachtet worden. Auf der Reise von Zante nach Constantinopel wird Kythera, Tenos und Delos sowie Alexandria Troas, das für Trojas Stätte gehalten wird, besucht. Ein dreiwöchentlicher Aufenthalt in Constantinopel giebt noch Gelegenheit auch die im Besitz von *Nointel* befindlichen Reliefs, Münzen und vor allem die für ihn gefertigten Zeichnungen aus Athen einzusehen, auch Copieen von Antiken zu entnehmen. Die Reise geht dann in Gesellschaft über Brussa im Granikosthal hinauf, über Thyatira nach Smyrna. Smyrna ist bereits damals Sitz antiquarischer, gelehrter Sammler (so *Ricaud, Falkner*), Nachrichten über andere Ruinenstätten werden hier eingezogen. *Spon* besucht Ephesos und durchkriecht die Souterrains der bis vor Kurzem für den Tempel der Diana gehaltenen grossen Ruinen. Eine lange stürmische Fahrt führt ihn von Smyrna wieder nach Zante. Von da tritt er über Lepanto, dann zu Lande über Delphi und Boeotien die Reise nach Athen an.

Athen und seine Umgebung bis Korinth durchforscht er unter Leitung von *Giraud* im Laufe des Winters 1675/76, bestimmt vieles richtig, so die Lage der Akademie, die Bedeutung der sog. Laterne des Demosthenes. Seine Beurtheilung der Giebelfiguren des Parthenon, bei dem er die angebliche Weiheinschrift: *ἀγνώστῳ θεῷ* als einfache Erdichtung der Mönche nachwies, knüpft sich an einen Irrthum über die Hauptfronte und an eine anscheinende Aehnlichkeit eines Kopfes mit dem des Hadrian; dagegen erkennt er sehr richtig die hohe Alterthümlichkeit der dorischen Säulen der Tempelruinen von Korinth. Die Hauptsache ist immer: *Spon* hat nicht die Absicht mehr zu melden als wirklich zu finden ist. Ueber Marathon, Negroponte, Theben kehrt er nach Lepanto und Zante zurück und erreicht in langer Fahrt Venedig im Frühsommer 1676. Hier trifft er mit *Patin* zusammen und wird in Padua hochgeehrt. Ueber Graubündten und Zürich kommt er endlich nach Lyon zurück, bereichert um Abschriften von mehr als 2000 neuen Inschriften, um 600 Münzen und 50 griechische Manuscripte.

Die Reisebeschreibung erschien in Lyon 1676 und 1678 und erregte grosses Aufsehen, in Amsterdam wird sie nachgedruckt (1679), 1681 in das Englische, Holländische, in das Deutsche durch *Menudier* (Nürnberg 1681. kl. fol.) übersetzt; sie erregt aber auch den Unwillen von *Guillet de St. Georges*, dem Verfasser eines Dictionnaire du gentilhomme, dem Historiographen der Académie de peinture et de sculpture, dem Verfasser jenes Buches Athènes ancienne et moderne (1674), welches unter dem Schein einer Reisebeschreibung seines Bruders die Nachrichten der Capuciner in Athen mit den Stellensammlungen bei *Meursius* verschmolzen hatte (*Wachsmuth* S. 67—70). *Spon* sah sich der Beschuldigung völliger Fiction ausgesetzt in den Lettres écrites sur une dissertation d'un voyage en Grèce publ. par J. Spon, Paris 1679. Er antwortete ruhig und scharf in der Réponse à la critique de Mr. de la Guilletière, Lyon 1679. 12. mit dem Nachweis von hundert Gasconnaden des andern. Trefflich weist er den Irrthum nach, die gedruckten Bücher als wahre Geschichte zu behandeln, dagegen den Inschriften und Münzen nur die Ehre de monuments qui servent à l'histoire zuzugestehen, seine science de l'antiquité, die *Guillet* mit dem Namen l'antiquariat lächerlich zu machen sucht, ist ihm eine Kenntniss par les monuments originaux qu'ils nous en ont laissés. Der Streit ward anscheinend beigelegt von *Charpentier*, aber trug wohl dazu bei, *Spon* in den Pariser Hofkreisen, welchen *Guillet* sehr nahe stand, missliebig zu machen. Der Gedanke ihn zum Garde des antiques du Roy zu ernennen ist erwogen worden, er selbst aber erklärt seine gänzliche Abneigung gegen Hofdienste. Die Akademie der Recuperati in Padua, später die k. Akademie zu Nîmes machte ihn zu ihrem Mitgliede.

In zwei grossen, auf seine Kosten trefflich gedruckten, mit vielen Kupferstichen versehenen Werken legte *Spon* die Resultate seiner unermüdlichen Arbeit im Bereiche der Monumentenforschung nieder, in den Miscellanea eruditae antiquitatis (Lugd. 1679. 1683 fol., 2. Ausg. 1688, abgedruckt in *Poleni* Supplem. utr. thesaur. antiquitat. graec. et roman. Vol. IV. Venet. 1757), und in den Recherches curieuses d'antiquité contenues en plusieurs dissertations sur des medailles bas-reliefs statues mosaiques et inscr. antiques, Lyon 1683. 4. (Abdruck ebendaselbst in lateinischer Uebersetzung des Paduaner *Pietro Faccioli*, p. 385 ff.). Sie erschienen in der Zeit der Friedensschlüsse von Nymwegen, St. Germain und Fontainebleau, und ihre Dedikation an den Dauphin im Namen von Lyon betont die Inauguration einer grossen wissenschaftlichen Aera. Diese Zeit ist novarum rerum inventrix, und den Entdeckungen im Bereiche der Physiologie, Physik und Mechanik soll sich diese neue Wissenschaft der Archäologie und Archäographie anreihen; nicht blos die Gelehrten, auch die Künstler der drei Künste sind mit betheiligt an diesen Alterthümern, um die Urtypen für die Erkenntniss der Kunst und ihres Schaffens zu studiren. *Spon* theilt in der Vorrede zu den Miscellanea und ausführlicher noch in der Réponse à la critique de Mr. Guillet ebend. 1679, p. 63—74, seine Wissenschaft der Monumente nach den subjecta quibus imprimuntur, in acht Theile: Münzkunde, Epigraphik, antike Baukunde, Ikonographie, worin neben den Statuen und Büsten aber auch alle Arten von Einzelbildern in der Malerei z. B. inbegriffen sind, Lehre der geschnittenen Steine (Glyptographie), Reliefkunde (toreumatographia), Handschriftenkunde, Gefässkunde, worunter überhaupt omne instrumenti genus verstanden wird. Wenn er dann aber Disciplinen wie Deipnographia, Dulographia, Taphographia als den genannten untergeordnet oder zwischen ihnen sich bewegend bezeichnet, so tritt hier noch eine Mischung des archäologischen und antiquarischen Principes hervor. *Spon* hat im Geiste von *Peiresc* den Gesammtbereich der monumentalen Quellen in's Auge gefasst, ganz speciell das bis dahin so vernachlässigte Gebiet der griechischen Inschriften unmittelbar aus den Monumenten herausarbeitend wahrhaft eröffnet. Ihm liegt überall an dem thatsächlich Wahren, ehe er zur Aufstellung einer Conjectur fortgeht, er erklärt geradezu facilius in conjecturis nostris nos errare quam in sculpendis marmoribus lithotomos, er hat grosse Scheu vor den Emblemata, die man nach jeder Seite wenden und drehen könne. Die Abbildungen sind ihm nicht blosse Beigabe, Ornamente, sondern Ausgangspunkt der Betrachtung. Zur Erkenntniss der historischen Entwickelung der Kunststile fehlt ihm vor allem die Fülle historischer Studien überhaupt, dagegen hat er treffliche Beobachtungen z. B. über die Bedeutung der den Monumenten entnommenen Physiognomik der Männer des Alterthums sowie der Verbindung von Menschen- und Thierbildungen.

Seine Studien dehnte er in der Heimath noch weiter aus, so auf einer grossen Reise durch das südliche und westliche Frankreich mit *Dufour* im J. 1683, so durch Bereisung und Untersuchung der Alterthümer der Schweiz, besonders von Genf und Avenches, wovon seine treffliche oft neu bearbeitete Histoire de Genève Zeugniss gab (Lyon 1680, 2. Ausg. 1682 ebendaselbst, 3. Ausg. Utrecht 1685, 12., Quartausgabe 1730, Genf), durch Briefwechsel mit Reisenden aus dem Orient, wie in Deutschland, Holland, den Donauprovinzen, Tunis und Aegypten.

Und dabei ist sein Interesse neuen Nahrungs- wie Heilmitteln, so der Chinarinde, zugewendet, findet er Zeit aus Hippokrates Excerpte zu veröffentlichen und zu illustriren.

Viel umworben von der katholischen Kirche bleibt er ein aufrichtiger Protestant, wahrhaft fromm aber nichts weniger als zelotisch. In weniger als zwei Tagen schrieb er 1682 seine berühmte Lettre au père la Chaise sur l'antiquité de la religion, worin er das Alter des protestantischen Principes nachweist; an vielen Orten abgedruckt macht es seinen Namen hochpopulär aber ebenso sehr auch anstössig. Sechs Gegenschriften erschienen alsbald, so auch aus dem Lager der Gallicaner, z. B. von *Arnauld.*

Nach dem Tode seines Vaters 1684 bricht über den unermüdlich arbeitenden Mann mit kränkelndem Körper immer mehr die Verfolgung ein; der Tod *Colbert's* bringt den Plan der Vernichtung des französischen Protestantismus zur Herrschaft. Auch *Spon* verlässt 1685 fast mittellos mit einem Freund die Heimath, wendet sich nach Genf, hofft in Zürich, wo sein Vater das Bürgerrecht hat, ein Asyl zu finden, erkrankt aber schwer in Vevay und stirbt daselbst am 25. December 1685 im Hospital, ein wahrer Märtyrer der überzeugungstreuen Wissenschaft und der Prophet einer neuen grossen Disciplin.

Ein merkwürdiges Buch für die Erkenntniss der Bedeutung archäologischer Reisen ist das Werk des Pariser Advokaten *Baudelot de Dairval:* L'utilité des voyages qui concerne la connoissance des médailles inscriptions statues Dieux Lares peintures anciennes et les basreliefs pierres precieuses et gravées, cachets talismans anneaux manuscrits et autres choses remarquables et l'avantage que la recherche de toutes ces antiquités procure aux Savans, à Paris chez P. Aubouin, Pierre Enoy et Charles Clausier Libraires 2 Bde. 1693. Es ist geschrieben für einen nach der Levante reisenden Freund auf die Aufforderung zunächst über Münzen sich zu äussern, geht aber ganz im Sinne von *Spon* auf das Gesammtgebiet des ouvrages de tout genre; im Text wird auch die Architecture genannt. *Baudelot* veröffentlicht eine Anzahl von antiken Objekten, die sachlich nach den genannten Abtheilungen behandelt werden, und schliesst daran ein wichtiges Verzeichniss von damals bestehenden Antikensammlungen in Deutschland, Holland und England.

Gleichzeitig hat ein anderer Pariser, *Michel Ange de la Chausse* (*M. A. Causeus*), selbst eifriger Sammler auf dem Boden Roms ein prachtvolles Kupferwerk unternommen und einem Sohne Louis XIV., *Louis August Bourbon* dedicirt, ein Museum Romanum, »um auch denjenigen Verehrern des Alterthums die keine Gelegenheit haben Rom zu sehen den Anblick dortiger Pracht zu gewähren«. Der Titel lautet vollständig: Museum Romanum s. thesaurus eruditae antiquitatis, in quo gemmae idola insignia sacerdotalia instrumenta sacrificiis inservientia lucernae vasa bullae armillae fibulae claves annuli tesserae styli strigiles gutti phialae lacrymatoria vota signa militaria marmora etc. — proponuntur ac dilucidantur. Romae typis Jo. Fr. Chracas. 1690. Ed. II. 1707. fol. Ed. III. Romae ex off. Fausti Amidei 1747. 2 Vol. fol. Die grosse Mannigfaltigkeit der dabei zur Anschauung gebrachten erudita antiquitas und die Vorliebe, mit der gewisse Dinge behandelt sind, wie die geschnittenen Steine, wie die Erzlampen, Bronzen leuchtet unmittelbar ein, aber auch der Versuch eines Gesammtüberblickes der Monumente, die in fünf Abtheilungen behandelt werden: 1. Gemmae; 2. Deorum simulacra, imagines aereae; 3. Instrumenta sacrificiis inservientia; 4. Lucernae antiquae aereae; 5. Miscellanea mit Wandgemälden, Vasenbilder, Gefässe u. dgl. und dem wundersamen Anhange der Priapeia: de mutini figuris. Der Verfasser spricht den Plan eines zweiten Bandes bereits aus aber wesentlich für ägyptische Alterthümer. In der dritten Ausgabe ist noch eine Klasse, die der musikalischen Instrumente (8 Tafeln) hinzugekommen, welche freilich auch einzelne moderne Abbildungen enthält und vielfach elegant zusammengestellt ist. Die Zahl der Tafeln ist ausserdem in der dritten Ausgabe nicht unerheblich gewachsen, so in Sectio I. von 60 auf 65, in II. von 48 auf 64. Der Verfasser ist getragen von dem Vollgefühle der Blüthe des archäologischen Interesses in seiner Zeit:

»Rei antiquariae studium adeo nostris temporibus increvit ut vix ullus reperiatur princeps ullusque homo literarius ac cujusvis scientiae cupidus amator qui eo inprimis non delectetur: testes mihi sunt innumerae summorum virorum gazae plurimaque privatorum cimelia in quibus numismata statuae idola gemmae aliave antiquae suppellectilis monumenta magno labore magnisque expensis acquisita conservantur. Roma e cujus ruderibus arvisque nova quotidie prodeunt miracula totam rempublicam literariam eruditis suis messibus ditat: illa plurimis gloriatur thesauris ex quibus unum amplissimum nobilissimumque instruxi ut studiosus exterus cui Romanas invisendi magnificentias copia non est, gaudeat se in hoc selectissimo museo ea omnia possidere quae tot principum virorumque literis ac doctrina praestantium aedes et bibliothecas exornant.«

Die Zahl der benutzten Sammlungen beläuft sich in der dritten Ausgabe auf fünf und dreissig, die meisten derselben befanden sich noch in Rom, einzelne, wie der der Königin Christine waren zerstreut, andere wie die von *Bellori* nach Berlin gekommen, andere nach Florenz; aber *La Chausse* entnahm schon Gegenstände den Sammlungen des Holländers *Jan de Wit*, des Engländers *Harpeur*, des Franzosen *Potier de Gèvres*, Bischof von Bourges. Die Zeichnungen und Stiche sind meist von *Pietro Sante Bartoli* und tragen das freie und grosse Gepräge desselben an sich. Der spätere Herausgeber *Amidei* ereifert sich sehr gegen die mit den nordischen Barbaren gleichgestellten critici, welche eine Reihe von Denkmälern, wohl vor allem geschnittene Steine und Bronzen in ihrer Aechtheit mit Recht angegriffen hatten.

10 Wichtigste Quelle für die Erkenntniss der grossen wissenschaftlichen, speciell antiquarischen und philologischen Thätigkeit der Benediktiner und verwandten Orden dieser Periode ist Correspondance inédite de Mabillon et de Montfaucon avec l'Italie, contenante un grand nombre de faits sur l'histoire religieuse et littéraire du 17 siècle suivie des lettres inédites du *P. Quesnel* à Magliabecchi, accompagnée de notices etc. par *M. Valery*, Paris, Labitte, 1846. 8. 3 Bde.

Ueber andere Quellen und literarische Hülfsmittel s. *Wattenbach*, Das Schriftwesen im Mittelalter. Leipzig 1871. 8. S. 6 ff. 29 ff.

Epoche machen die beiden Männer *Jean Mabillon* (1632—1707) und *Bernard de Montfaucon* (1655—1741), die Begründer der Wissenschaft der Diplomatik und Paläographie (*Mabillon*, De re diplomatica 1681, Suppl. 1704, ed. II. 1709; *Montfaucon*, Palaeographia graeca, 1708), deren Thätigkeit und Interesse auch der Monumentenwelt neben den literarischen Quellen zugewendet ist; aber sie umgiebt ein reicher Kranz von Männern, wie *Etiennot de la Serre*, *Anselmo*, *Banduri*, *Le Quien*, *Charles du Fresne du Cange*, *Ruinart*, *Porcheron*, in Italien *Quirini*, *Gattola*, *Norisius*, *Bacchini*, *Magliabecchi*, *Fabretti*, *de la Torre*, welche die einen die byzantinische Welt umfassend behandeln, die andern ihre Specialstudien auf Hauptfundstätten wie Antium oder Pisa concentriren. Das Wichtige ist der neue Aufbau methodischer Geschichtsforschung auf den Dokumenten, auf der Untersuchung ihrer Form nach ihrer geschichtlichen Veränderung, ihrer Schrift, ihrer gesammten Ausstattung; es ist ferner die energische Hinwendung auf die so lange vernachlässigten griechischen Studien und die griechische auch entlegene Literatur; ist endlich jener weite, durch die Schranken des Ordens oder Landes, des Privatinteresses vornehmer Liebhaberei unbeirrte Blick auf die weit zerstreuten Schätze und der rüstige Wandertrieb, der um sie selbst einzusehen, keine Bibliothek, kein Museum unbesucht lässt.

Jean Mabillon ist als junger Mönch in St. Denys mit dem Vorzeigen der durch werthvolle antike Gemmen bedeutenden Kostbarkeiten beschäftigt; in seinem Iter Germanicum (1675. N. Ausg. 1717) hat er sein Auge auf die antiquarischen Schätze der Sammlung *Faesch* in Basel, nicht allein auf seine Bücher gerichtet. Von entscheidender Bedeutung ist aber seine von 1685 bis Mitte 1686 mit *Don Germain* unternommene Forscherreise in Italien (Iter Italicum 1687).

Von Rom aus wird über die Untersuchung des Septimius Severusbogens berichtet (Correspondance I. p. 134), über die Ausgrabungen, welche die Königin *Christine* von Schweden in den Diocletiansbädern aber ohne bedeutenden Erfolg macht, über den reichen Fund an Gold- und Silbermünzen, den der Herr *von Ruspoli* bei Civita vecchia zufällig gemacht, dessen Besitz ihm von der Curie streitig gemacht wird (a. a. O. p. 201). Wir hören, dass der Grossherzog von Toscana vom Papst sich die Erlaubniss erbeten aus der Villa Medicis nach Florenz zu schaffen quelques restes de figures anciennes gâtées; nun haben sie alles Schönste aus der Villa Medicis fortgeschafft, darüber grosser Unwille (a. a. O. I. p. 134). Auch erregt es Eifersucht der Italiener, dass die französische Akademie in Rom Abgüsse von allen antiken Statuen und Büsten für den König macht. Einige Monate später ergeht ein Bando des Papstes gegen jedweden Verkauf oder Ausfuhr von Kunstwerken (statues, peintures, marbres anciens, medailles, joyaux etc.) und zwar nach allgemeiner Stimmung gerichtet gegen die Franzosen; hatte doch der neu ernannte Direktor der Akademie *de la Thuilière* zwei treffliche Statuen, den sog. Germanicus und den Sandalenbinder (sog. Jason) entfernt, waren Edelsteine von *Alvares*, treffliche Münzen von *Vaillant* für Frankreich gekauft worden (a. a. O. p. 220). Auch in Capua erregt sowohl das Amphitheater von Altcapua das Interesse der Reisenden, aber auch in Neucapua: on voit une infinité de restes de figures anciennes d'épitaphes et d'inscriptions, les rues en sont parées en quelques endroits, les maisons et les murailles en ont été bâties en partie. *Mabillon* schrieb selbst eine Abhandlung de numismate Galbae, die er *Fabretti* zusendet (a. a. O. II. p. 243).

Noch ganz anders den Monumenten und der klassischen Welt, speciell auch der griechischen gewidmet ist das Interesse von *Montfaucon*, und seine staunenswerthe Thätigkeit für die griechische Literatur, besonders der Kirchenväter hindert ihn nicht das umfassendste aller monumentalen Sammelwerke zu Stande zu bringen. Epoche macht auch für ihn sein mehrjähriger Aufenthalt in Italien mit einem Begleiter *Paul Brioyes* 1698—1701, in erster Linie unternommen für griechische Handschriften. Auch er will wie *Mabillon* Anecdota Italica herausgeben, aber der einzig erschienene Theil ist sein Diarium Italicum seu monumentorum veterum bibliothecarum musaeorum notitiae singulares in itinere italico collectae, Paris, Anesson. 1702. 4., dem Grossherzog *Cosimo III.* von Toscana gewidmet. Eine Apologia del Diario italico 1710 ist gegen *Ficoroni* gerichtet, ward auf den Index gesetzt. Er erklärt, er habe in Rom besonders eine Unzahl von Alterthümern gesehen, die noch kein Schriftsteller berührt habe. Wie in ihm bereits das Verlangen nach der griechischen Denkmälerwelt geweckt war, die Ueberzeugung von der neuen Welt, im Schoosse der Erde geborgen, die sich bald öffnen werde, lebte, bezeugen die interessanten Briefe an den nachherigen Cardinal und Vorstand der Vaticana *Quirini*, der 1723 zum Bischof von Korfu ernannt ward aber nur kurz dort verweilte.

Er schreibt ihm unter dem 14. Juni 1723 von Paris (Correspondance III. p. 213 f.): Vous voilà confiné dans la docte Grèce et quoiqu'il y ait lieu de croire que ce ne sera pas pour longtemps, étant dans le goût de l'antiquité comme vous êtes, vous y pouvez aisément faire de riches découvertes qui vous rendront à jamais illustre dans le monde savant. Le bon est que Corfou et son voisinage sont des lieux où l'on n'a guères cherché ci-devant et que les découvertes que votre grace y pourra faire sont sur des matières où l'on n'a jamais à craindre les inquisiteurs et les censeurs Romains. Corfou ancienne colonie des Corinthiens est pleine de monuments antiques et d'inscriptions presques toutes en dialecte dorique. Zante et Cephallonie en ont aussi: mais qu'est ce que c'est que tout cela en comparaison de ce qu'on peut trouver dans la côté de la Morée opposée à ces iles! C'est l'ancienne Elide où se celebraient les jeux olympiques, où l'on dressait une infinité de monuments pour les victorieux, statues basreliefs inscriptions. Il faut que la terre en soit toute farcie, et ce qu'il y a de particulier c'est que je crois que personne n'a encore cherché de ce côté là. C'est pourtant à votre porte — vous pourrez faire à peu de frais une ample récolte. Er giebt ihm zugleich die Hülfsmittel an, besonders *Pausanias* in neuer Ausgabe. Ebenso sehr liegen ihm natürlich die griechischen Handschriften dort am Herzen.

Natürlich auch die Antiken in Frankreich beschäftigen ihn; so trifft er in Rom einen Franciscaner, der eine Geschichte von Narbonne und ein Werk über alle antiken in den Mauern der Stadt eingemauerten Inschriften und Denkmäler herausgeben will, was nicht geschehen ist (a. a. O. III. p. 47). An Magliabecchi beschreibt er die antiken Gemmen in der Schatzkammer von St. Denys sehr eingehend (p. 146 ff.). Er hofft in seinem Werke der Antiquités sehr merkwürdige Zeugnisse für die altgallische Theologie beizubringen (a. a. O. p. 198).

So reifte der auf vierundzwanzigjährige Studien der Monumente neben dem der griechischen, profanen und Kirchenschriftsteller begründete Plan eines grossen, das ganze Alterthum in seiner sichtbaren Erscheinung umspannenden Werkes seiner Vollendung entgegen; im Jahre 1716 ward das Programm dazu veröffentlicht, im J. 1719 erschien es in zehn Foliobänden (fünf Theile in je zwei Abtheilungen) herausgegeben von dem Verein sieben grosser Buchhändler in Paris mit nahezu 1200 Kupfertafeln und nahezu vierzigtausend gezeichneten Figuren. Der Titel ist: L'Antiquité expliquée et representée en figures par *Don Bernard de Montfaucon* religieux Benedictin de la congregation de St. Maur. Paris, Florentin Delaurne etc. Der Erfolg war ein ausserordentlicher, binnen zwei Monaten waren die 1800 Exemplare vergriffen, eine zweite Auflage von 2000 weiteren Exemplaren erschien 1772. Bereits war während der Ausarbeitung die Nothwendigkeit eines Supplementwerkes erkannt, und schon von 1724 sind im engen Anschluss an die Gliederung noch fünf Supplementbände erschienen. Ebenso hatte *Montfaucon* bereits eine Fortsetzung des Ganzen, ein Monumentenwerk des Mittelalters aber mit Beschränkung auf die fränkisch-französische Monarchie geplant, welches unter dem Titel: Les monuments de la monarchie française, Paris 1729—1736 fol. in fünf Theilen erschienen ist.

Ein deutscher Auszug des Hauptwerkes vom Rektor *J. Jak. Schatz* in Strassburg bearbeitet, mit Anmerkungen von Prof. *J. S. Semler* in Halle, erschien in Nürnberg 1757 auf Betrieb des Kunstliebhabers *Joh. von Ebner* in Nürnberg. Dieser kleine *Montfaucon* ist in Deutschland bis tief in unser Jahrhundert die Hauptquelle der monumentalen Anschauungen für die gelehrten Schulen gewesen.

Montfaucon will la belle antiquité umfassen, oder tout ce qui peut tomber sous les yeux et ce qui se peut représenter dans des images; er schliesst dabei ausdrücklich aus das ganze Staatswesen des Alterthums, umfasst sonst aber die Mythologie, das Religionswesen, das ganze Privatleben, das Verkehrsleben in Münze, Gewicht, Massen etc. Seine Eintheilung ist danach rein systematisch gemacht. Zeitlich setzt er nur eine Gränze des Endes bei *Theodosius II.* 450 n. Chr., dagegen werden in den einzelnen Kapiteln weder griechisches und römisches Leben von einander geschieden, noch Epochen in einem der beiden bezeichnet. Wohl geht eine gewisse freudige Anerkennung griechischer Dinge durch, z. B. bei Besprechung des in Athen gefundenen grossen Sarkophags des *Aurelius Epaphroditus* (I, 1. pl. 45, p. 86 ff.), aber von einer klaren Erkenntniss griechischer Originalwerke ist noch nicht zu reden. Ethnographisch sind Griechen und Römer als Mittelpunkt des Ganzen festgehalten, aber daneben sind in einem besonderen Band (II, 2) die religiösen Denkmäler der Aegypter, Araber, Syrer, Perser, Skythen, Germanen, Gallier, Spanier, Karthager behandelt, dagegen die der Juden ausdrücklich ausgeschlossen. Der Verfasser hält sich fern von allen Theorien über Ursprung oder Herübernahme der Religionen, er hält sich frei von aller kritiklosen Liebhaberei für anscheinend alte Symbolik, wenn er freilich auch viel zu massenhaft und zu wenig prüfend die wundersamen Gebilde der Pantheen, der Abraxasgemmen, die gallischen oder germanischen Scheusale, wie den sog. Pusterich von Sondershausen in sein Werk aufgenommen hat; aber er ordnet sie doch wie Naturobjekte nach bestimmten sichtbaren Kennzeichen aus einander. Er zeigt überhaupt Mass und Geschmack in der Behandlung, häuft nicht unnöthige Gelehrsamkeit. In der Vorrede hat er sich sehr stark gegen die Ungeniessbarkeit der damaligen antiquarischen Massenliteratur ausgesprochen.

Bewundernswerth ist der Sammeleifer *Montfaucon's* für Abbildungen antiker Monumente und der verhältnissmässige Takt in der Auswahl. Auf Reisen, im ausgedehnten Briefwechsel, im persönlichen Verkehr zu Rom selbst, überall sucht er das weit in Privatsammlungen zerstreute Material sich in Abbildungen zu beschaffen, er sammelt selbst auch für das Kabinet seines Ordens in St. Germain des Près. Und so ist sein Werk abgesehen von der handlichen Wiederholung von Tafeln aus der ganzen damaligen archäologischen Literatur durch eine Fülle von Inedita noch heute wichtig. Es gelang ihm durch die Hülfe des Abbé *de Fontenu* die Benutzung einiger Manuscripte von *Peiresc*, aus dem damals verborgen gehaltenen und auch schon zum Theil zerstreuten Schatze zu erreichen; durch denselben fand er die ebenfalls verschollenen Zeichnungen der Basreliefs vom Friese des Parthenon, die der Marquis *de Nointel* hatte fertigen lassen, nach denen er lange vergeblich sich bemüht (Préface p. 441, vgl. Antiqu. expl. III. I, pl. 1, 3, 4; 15, 1; dazu *Michaelis*, Parthenon, S. 97). In Metz in der bischöflichen Bibliothek, die vom Kanzler *Seguier* stammt, benutzt er die Sammlung der Originalzeichnungen von *Boissard* und ebenso die trefflichen Zeichnungen vom berühmten Maler *le Brun* nach den besten Antiken in Rom. Der Staatsrath *de Foucault,* selbst im Besitz eines interessanten Kabinets, worin freilich manches Gefälschte sich fand, stellte ihm die Aufnahmen der von ihm als Intendant der Normandie unternommenen Ausgrabungen des Theaters und von Bädern von Alauna, dem jetzigen Valogne zur Verfügung. Ein grosses Verzeichniss der Städte in Frankreich und der Personen, von denen *Montfaucon* Zeichnungen erhalten hat, ist in dem Hauptwerk wie zu den Supplementbänden gegeben. Aus der Schweiz und Deutschland vermittelte ihm Prof. *Iselin* in Basel solche, aus Spanien theilte ihm Don *Emman. Marti* Zeichnungen aus Alicante von der Basis einer Isisstatue mit.

Wir vermissen heutzutage allerdings viel zur genaueren Erkenntniss; selten sind Masse angegeben, oft nicht das Material, nie die modernen Ergänzungen. Der charakteristische Stil ist für ältere, strengstilisirte Werke selten ausgeprägt, aber dennoch wird man vor der Gesammtausführung des Werkes alle Achtung haben. Nur in einzelnen wenigen Fällen hat *Montfaucon*, und er bezeichnet das selbst als eine Ausnahme, eine moderne Reconstruktion von antiken architektonischen Beschreibungen, so aus den Zeichnungen von *Ligorio* oder *Serlio* aufgenommen.

Ueber die Blüthe der Numismatik in dieser Zeit und speciell in Frankreich spricht sich *Spon* in der Vorrede zu den Miscellanea sehr bestimmt aus, stellt er sie doch auch an die Spitze seiner Archäologie (vgl. auch Réponse à la critique publ. par Guillet, p. 62). Reicher Literaturüberblick gegeben in *Banduri* Bibliotheca nummaria cur. *Fabricius*, 1719. 4. Zu keiner Zeit ist die Numismatik für die Geschichte und Geographie des Alterthums, besonders der griechischen Welt so verwerthet worden, als damals in den Werken von *P. Norisius* und *Foy Vaillant* für die Geschichte der Seleukiden, Arsakiden und Ptolemäer (Seleucidarum imperium, Par. 1681; Historia Ptolemaeorum, Par. 1701 fol.; Arsacidarum et Achaemenidarum imperium, Par. Ed. 2. 1728).

Die Schicksale der Numismatiker jener Zeit sind reich an jähem Wechsel: so ward *Foy Vaillant*, dessen Aussendung nach Italien für Münzen wir kennen lernten, von Seeräubern gefangen und verkauft und endlich nur wundersam gerettet, so der Berner *Morell*, welcher von *Rainssaut*, dem Conservateur du Cabinet du Roi, für die Münzen als Gehülfe gewonnen ward, zweimal von *Louvois* in die Bastille gesetzt und nur durch Intervention von Bern befreit (1688—1691). Der geistvollste aller ist unstreitig *Charles Patin*, dessen bei *Spon* schon gedacht ward. Als ein Sohn des gelehrten Arztes *Guy Patin* (1602—1672) geboren 1633, erscheint er sehr frühreif, vertheidigt vierzehnjährig philosophische Thesen, studirt Jurisprudenz, dann Medicin, lehrt Anatomie in Paris vor vielen Hunderten, wird plötzlich seiner Freiheit beraubt, zur Galeere verurtheilt, entflieht 1667, setzt sich in Strassburg, dann in Basel fest, tritt in nächste Verbindung mit dem Markgrafen von Baden-Durlach und dem Herzoge von Württemberg, durchwandert Deutschland, Oesterreich, England, Niederlande, die Schweiz, wovon seine Relations historiques et curieuses de voyages, Amstelod. 1695, 12. mit reichem Detail der gesehenen Sammlungen berichten. Seit 1677 ist er in Padua Professor, seit 1681 Professor der Chirurgie, wird hier mit seiner gelehrten Frau (Madeleine Hommaret) und zwei Töchtern (Charlotte Catharine und Gabriele Charlotte) Mitglied der Akademie der Ricovrati. Sein Münzkabinet ist eines der reichsten, sein Haus ein literarischer Mittelpunkt. Trotzdem er die angebotene Begnadigung nicht annimmt, vermacht er im Testament an Ludwig XIV. smyrnäische Marmortafeln und Zeichnungen. Seine Introduction à l'histoire par la connaissance des médailles 1665 ward oft wiederholt, macht Epoche für den oben an die Spitze gestellten Gesichtspunkt; praktisch führt er die geographische Anordnung durch in Imperatorum Romanorum numismata ex aere etc., Argentorati 1671 fol. Das eigene Kabinet veröffentlichte er 1672, das von *P. Mauroceni* in Venedig 1683. Eines seiner letzten Werke ist die Behandlung smyrnäischer Inschriften, 1688. Ueber Abbé *Seguier* als trefflichen Münzkenner spricht *J. Spon*, Dissertat. XXVI. Das Hauptwerk ist: Selecta numismata ex museo Petri Seguier, Paris 1666. 4.; 1684, 4.

Joseph Pellerin (1684—1782) zieht sich seit 1745 vom öffentlichen Leben ganz zurück, nur seiner Sammlung lebend, die 1776 von Ludwig XIV. angekauft wird. Sein Recueil de Médailles des Rois, ferner Rec. de Méd. de peuples et de villes umfasst mit den Supplementen zehn Quartbände.

Ueber die Blüthe der Gemmenkunde gegen Mitte des achtzehnten Jahrhunderts, s. *Justi*, Winckelmann I. S. 363—374. Im J. 1750 zählte *Mariette* 21 grosse Sammlungen in Italien, 14 in England, Deutschland, den Niederlanden, 11 in Frankreich allein. *Spon* sagt Miscellan. antiquit. Praefatio von der Gemmenkunde: fuit haec scientia quasi postliminio revocata ab *Ursino*, *Gallaeo* (Theod. de Galles), *le Pois, Pierio Valeriano, Gorlaeo, Chiffletio, Kirchero, Augustino Romano, Carinio, Bagarrio, Reichelto* Argentoratensi aliisque. *Louis Chaduc* (1564—1638) aus Riom in der Auvergne, Schüler von *Cujas*, Präsidialrath daselbst, liess 2000 geschnittene Steine der eigenen Sammlung stechen, begleitete sie mit einem Commentar, der aber ungedruckt blieb im Cabinet de St. Geneviève. Bildhauer wie *Bouchardon*, »un terrible et singulier interprète de l'antique« (*Chabouillet*, Catalogue général des camées etc., 1858, p. 315), Kupferstecher wie *Picart*, geschickte Steinschneider wie *Sirleti* (stirbt 1737), wie *Jacques Guay* (Leguay geb. 1715), elegante Damen, wie Frau von *Pompadour*, beschäftigten sich unmittelbar mit Nachahmen, Fälschen, Verschönern, Stechen derselben. *P. J. Mariette* (1694—1775) bildet mit seinem Traité des pierres gravées, 1750 und dessen Fortsetzung, den zwei Foliobänden des Recueil des pierres gravées du Cabinet du Roi, Paris 1752 den Höhepunkt dieser französischen Studien, er ward dabei von *Caylus* auf das Wirksamste nicht allein durch guten Rath und Kenntnisse sondern auch durch dessen Zeichnungen und Kupferstiche unterstützt.

Caylus (1692—1765). 11

Vgl. Eloge historique de Mr. le Cte. de Caylus lû à la rentrée publique de l'Académie Royale des Inscriptions et Belles Lettres 1766 par *M. le Beau*, in's Deutsche übersetzt in Bibliothek der schönen Wissenschaften Bd. IV. St. 1, danach *Klotz*, Vorrede zu Caylus' Abhandlungen, übersetzt von *Meusel*, I. Altenburg 1768; Charakteristik bei *Justi*, Winckelmann II. 2, S. 80. 86—94 und bei *Alfr. Maury*, Les Académies d'autrefois II. p. 212 ff. Die wichtigste Quelle zur Erkenntniss des Mannes und der beste Commentar zu den Schriften ist uns jetzt erschlossen durch Correspondance inédite du *Comte de Caylus* avec le *P. Paciaudi* Théatin (1757—1765) suivie de celles de l'abbé *Barthélemy* et de *P. Mariette* avec le même publiées par *Charles Nisard* de l'Institut. T. I. II. Paris, Imprim. Nationale 1877. Der Herausgeber hat diese 167 Briefe mit reichhaltigsten und präcisen erklärenden Noten versehen. Bereits vor 75 Jahren waren die Briefe von *Paciaudi* an *Caylus* durch *Sérieys*, bibliothécaire du Prytanée, Paris 1802, 8. herausgegeben.

Anne Claude Philippe de Thubières de Grimoard de Pestels de Levy Comte de Caylus ward in Paris 1692 von trefflichen Eltern geboren und in ganz unabhängigen Verhältnissen sorgfältig erzogen. Soldat in früher Jugend seit 1709, bald Oberst eines Dragonerregimentes kämpft er in Catalonien, nimmt Theil an der Belagerung von Freiburg im Breisgau 1713; giebt er bald nach dem Rastadter Frieden 1714 seine militärische Laufbahn auf, verzichtet dann auf jeden öffentlichen Dienst. Er begleitet den französischen Botschafter in den Orient, verweilt zwei Monate in Smyrna, macht von da eine sehr gefährliche Exkursion zu den Ruinen von Ephesos und Kolophon, die ihm die ihn begleitenden Genossen des Räubers *Karakajali* zeigen. Wir finden ihn dann in Constantinopel eifrig bemüht die Monumente zu sehen; er geht den homerischen Schilderungen auf der Ebene von Troja nach, durchwandert die Ufer des Hellespont. Auf dem Rückwege hält er sich 1717 länger in Rom auf im Hause Strozzi, ganz mit dem Studium der Monumente beschäftigt.

Seit 1717 verlässt er selten Paris, zwei Mal um London zu sehen, auch wohl um römische Reste in Südfrankreich, so in Fréjus zu untersuchen. Fern vom Hof, in selbstgewählter Eremitenstellung, im lebhaften Verkehr mit kunstgelehrten Freunden, so *Mariette*, *Pellerin*, *Barthélemy*, *le Beau*, mit dem Kreise der Madame *Geoffrin*, dagegen antipathisch den *Diderot*, *Voltaire*, *Watelet*, lebt er nun ganz seiner künstlerischen und archäologischen Neigung, aber auch der kräftigsten Förderung der Kunst durch Erziehen, Unterstützen von jungen Künstlern. Vier Fünftel seines Einkommens (60,000 livres) wurden allein diesen Zwecken gewidmet. Seit 1731 Mitglied der Académie de la peinture et de la sculpture hat er in regelmässiger Weise junge Künstler angeleitet, erzogen im Kupferstechen, in anderer Technik, auf Anatomie und Physiognomik hingewiesen, ihnen Vorträge gehalten, Aufgaben gestellt aus dem Bereiche der antiken Poesie. Später auch Mitglied der Académie des Inscriptions et belles lettres hat er eine Reihe von Abhandlungen in den Akademieschriften niedergelegt, darunter behandeln die frühesten altfranzösische Schriftsteller und Geschichte des Ritterthums. Sein Sammeleifer ging durchaus nicht darauf aus schöne, prachtvolle Stücke einer einzelnen Kunstgattung an sich zu bringen, durch Vollständigkeit der Reihen zu imponiren, nein er ist durchaus bestimmt von dem wissenschaftlichen Gesichtspunkte der allseitigen Erforschung des Thatsächlichen der antiken Kunst, der Verschiedenheit der nationalen und zeitlichen Stile und von dem Praktischen der Verwendung für die Kunst seiner Zeit. Der Briefwechsel mit *Paciaudi* eröffnet uns einen sehr anschaulichen Einblick, wenigstens für die Jahre 1758—1765, in diesen fortgesetzten Verkehr mit Italien, in dieses Hin- und Herwandern der von *Paciaudi*, von *Bretueil* und dem Händler *Alfani* später *Bellotti* mit seltener Unermüdlichkeit zugesandten und scharfer Prüfung unterworfenen Kunstgegenstände, wogegen die neuesten Brochuren besonders über den Kampf der Jansenisten und der Jesuiten nach Italien wandern. Einen Einblick gewinnen wir zugleich in die Natur des Sammlers und seine noble, dabei massvolle und umsichtige Art des Sammelns. Auch aus Sicilien wird *Caylus* durch *Domenico Schiavo* mit Terracotten aus Kamarina versorgt (I. p. 283 f.). Daneben unterhält er direkt Verbindung mit Alexandrien und Syrien; ja von China und Indien werden Dinge erworben. Dreimal wird sein Haus gefüllt mit antiken Gegenständen und dreimal wandern dann die Schätze als Geschenk in das königliche Kabinet. *Caylus* ist darauf aus, die nationalen Gruppen: Aegyptisches, Etruskisches, Griechisches und Römisches zu vervollständigen, er unterscheidet die bestimmten grossen Fabriken z. B. der Terracotten. Hat er in den früheren Jahren vorzugsweise auf Aegyptisches und Etruskisches sein Augenmerk gewandt, so beklagt er später immer lebhafter die Schwierigkeit ächt Griechisches zu erwerben, von seinem höheren Werthe lebhaft überzeugt. Nichts Glänzendes, nichts Bestechendes, nichts allein Schönes erstrebt er, sondern das Charakteristische und Lehrhafte; ja er spricht wohl mit einer gewissen Ironie von der blossen, langweiligen Schönheit.

Je ne fais pas un cabinet — la vanité n'étant pas mon objet; je ne me soucie point de morceaux d'apparat, mais des guenilles d'agate de pierre de bronze de terre de vitre, qui peuvent servir en quoi que ce soit à retrouver un usage ou le passage d'un auteur, sont l'objet de mes plaisirs, Correspondance I. p. 4. ‚Toutes les guenilles même de terre cuite qui tiennent aux Etrusques et aux Egyptiens fussent elles mutilées, me seront toujours utiles pourvu que l'on ait une idée de leur forme p. 8. Je vous ai temoigné du dégoût pour les morceaux de belle conservation, ces froids Apollon, ces belles prétendues Venus etc. p. 9. Au restè je suis bien faible en étrusque. — En général tous les morceaux ou les fragments de cette nation de quelque matière qu'ils pussent êtŕe, me feraient grand plaisir, p. 16. Diese Schwäche für das Etruskische rügt mit feiner Ironie *Paciaudi*: il me semble que vous êtes attaqué de la maladie avec la quelle est mort le pauvre *Gori* qui trouvait partout de l'Etrusque (Correspond. I. p. XXXVII). La beauté et la perfection du goût dans les morceaux me font autant de plaisir qu'à un autre, mais leur possession n'est qu'un plaisir solitaire. — Et quand les morceaux les plus humbles seraient plus chers que les beaux (ce qui n'arrive pas ordinairement dans la curiosité) on en serait consolé ou pour mieux dire on en serait charmé par le parti qu'on est assuré d'en tirer et l'utilité dont ou peut être aux artistes et aux hommes véritablement curieux. Ces distinctions et ces préférences ne peuvent se pousser aussi loin dans l'égyptien dans l'étrusque et dans le grec que dans le romain. Cependant les uns ont leurs prêtres d'Osiris et les autres leurs Hercules qui se ressemblent tous. Car pour le grec tout en est bon, et le commun même a un mérite de forme et d'élégance qui console de la répétition p. 28 f. Il est véritable que les guenilles que personne ne voudrait ramasser produisent des éclaircissements et des lumières quand une fois le plan est fait et les points de vue donnés p. 98. Un antiquaire doit se promener dans les siècles et présenter des morceaux qui prouvent également leur bon goût ou leurs erreurs p. 200.

Mit gespannter Aufmerksamkeit folgt *Caylus* den Nachrichten von Herculanum, er ist wenig erbaut von der Ausführung des ersten Bandes der Gemälde; er entwirft einen förmlichen Plan um von dort Dinge wie eine der Papyrusrollen zu entführen, aber er findet bei *Paciaudi* kein Gehör. »Mais guettons toujours Naples. Imitons le chat qui sans rien dire et sans faire des mouvements, guette la souris des heures entières et la prend. Nous avons la patience et peut-être l'argent. Ces deux moyens pourront nous faire réussir surtout y joignant l'intelligence italienne que vous avez plus sage et meilleure que personne« p. 128.

Ueber die Ausgrabungen von Veleja bei Parma, 1761—1765 mit grösstem Eifer und im Wettkampf mit denen von Herculanum von dem Herzog von Parma unter dem Minister *du Tillot* unternommen, wird *Caylus* befragt und benachrichtigt.

Aber nicht allein aus der Ferne holt er sich sein Material, Paris selbst in der Menge von Privatsammlungen bot ihm viel Werthvolles, er lässt römische Lager in Frankreich aufnehmen, römische Strassen mit ihren Meilensteinen blosslegen, er hat die ausgezeichneten Zeichnungen von *Mignard* südfranzösischer Monumente erworben, sie stechen lassen und bei seinem Tode schien das Erscheinen eines grossen, den Monumenten von Rom von *Desgodetz* würdig zur Seite stehenden Werkes darüber gesichert (Correspond. I. p. 310, 342, vgl. dazu II. p. 337 ff.).

Wir sehen, der vornehme Amateur hat aber nicht blos seine Unterhaltung im Auge, sondern den Nutzen der Wissenschaft wie der jungen Künstler. Er beschäftigt diese im Zeichnen und Stechen der Objekte, und so wächst mit der Sammlung und ihrem Wechsel immer neuer Stoff zu einem grossen Bilderwerk an, das nach den Gruppen des Aegyptischen, Etruskischen, Griechischen, Römischen getheilt mit knappem, sachlichem Texte begleitet wird. Nichts ist darin andern Werken entnommen, nichts gezeichnet, was *Caylus* nicht gesehen und von dessen Aechtheit er nicht überzeugt war, oder wo er ganz ausnahmsweise es als moderne Copie einer Antike bezeichnet, nichts, dessen Stoff, Behandlung, Massstab nicht angegeben waren. Darin liegt der grosse Fortschritt dieses Werkes gegenüber dem von *Montfaucon*, während die publicirten Werke selbst oft uns unbedeutend oder durch Zufall nahe gebracht erscheinen werden. Es ist der Recueil d'antiquités Egyptiennes, Etrusques, Grecques et Romaines, Paris 1752—1768, 7 Bde. 4. (der letzte Band erschien nach *Caylus* Tod). Deutsche Uebersetzung und Nachstiche von *Ad. Wolfg. Winterschmidt* in Nürnberg 1766 mit 107 Tafeln.

Die daneben von *Caylus* in den Akademieschriften seit 1744 veröffentlichten einzelnen Abhandlungen, von denen der bekannte Hallische Professor *Klotz* eine deutsche Uebersetzung, von *Meusel* gefertigt mit Einleitung von ihm selbst versehen veranstaltete (2 Bde. 4., Altenburg 1769), geben ein merkwürdiges Zeugniss einerseits von der man möchte sagen naturwissenschaftlichen Methode der Betrachtung der Antiken, wie andererseits doch von dem Versuche zu den Schriftquellen selbst zurückzukehren, sie genau zu interpretiren und danach antike Kunstwerke zu reconstruiren. Es kann keine Frage sein, dass *Caylus* durch seine Naturanlage wie seine künstlerische Thätigkeit, durch den Umgang mit Naturforschern wie *Jussieu*, *Réaumur*, *Majault* zu jener vor allem befähigt war. Seine Abhandlungen über den Obsidian, über das Porcellan der Aegypter, über Steinschneidekunst, über Perspektive der Alten, über Färbung des Marmors, über den Papyrus, besonders seine in den Abhandlungen 1752 und 1755 niedergelegten technischen Versuche zur Erneuerung der antiken Enkaustik beweisen dies. Die Ruinen von Persepolis hat er zuerst einer historisch-kritischen Betrachtung unterzogen und den persischen alten Reliefstil von dem der jüngern Zeit, der Arsakiden, meinte er, geschieden. Ebenso macht *Caylus* vollen Ernst mit einer sachlichen Erklärung des *Plinius*, *Vitruv*, *Pausanias*, *Philostratos*, auch der Schildbeschreibungen des *Homer* und *Hesiod*, wenn er auch hier von seinen philologisch mehr gelehrten Freunden wie *Mariette*, *Le Beau*, *Sallier*, *Barthélemy* abhängig war. Im Zusammenhang mit diesen philologischen Studien und zugleich mit seiner Fürsorge für junge Künstler stehen die literarischen Versuche den Künstlern Stoffe aus der klassischen Literatur mit sachkundigen Zugaben über das antike Costüm im weitesten Sinne nachzuweisen. So erschienen Tableaux tirés de l'Iliade et de l'Odyssée d'*Homère* et de l'Éneide de *Virgile* avec des observations générales sur le costume, 8. 1757; ferner l'Histoire d'*Hercule* le *Thebain* tirée des differents auteurs à la quelle on a joint la description des tableaux qu'elle peut fournir, Paris 1758, 8. *Caylus* beobachtet scharf die beginnende Bewunderung für *Homer* (une belle fureur), einfach und treffend sagt er: les impressions d'Homère sont toujours de durée parce que ses idées sont justes et grandes (Correspondance II. p. 67 f.).

Mit welchem Ernst und mit welchen Opfern *Caylus* an die Aufgabe herantrat, die antike Wandmalerei nach ihrer coloristischen Seite möglichst treu vor Augen zu stellen und dadurch die Bilder selbst von ihrem Untergange wissenschaftlich zu retten, beweist sein Recueil de peintures antiques imitées fidèlement pour la couleur et pour le trait d'après les dessins colorés faits par *P. S. Bartoli*, Paris 1757.

Er hatte in Paris 33 von *Pietro Sante* gemachte colorirte Aufnahmen von Gemälden des Grabmals der Nasonen, welche nach der Aufnahme zerstört wurden, darunter fünf noch ganz unbekannte entdeckt, liess sie stechen und hat 30 Exemplare davon auf das Genaueste coloriren lassen mit einem Aufwand von 12,000 Livres, Exemplare, deren Besitz jetzt eine grosse Seltenheit ist.

Caylus ist hierin wie in vielen anderen Versuchen seiner Zeit vorausgeeilt, seine nüchterne, sachliche, klare, vorsichtige Behandlung der antiken Kunst, der Scharfblick seines künstlerisch so geübten Auges, eigenthümlich gemischt mit der Zurückgezogenheit eines hohen, unabhängigen Cavaliers und Amateurs, mit einer feinen Lebensironie, die den vorwärts dringenden philosophirenden und ästhetischen Grössen der damaligen französischen Literatur abhold war, hat ihn allerdings nicht zum Reformator der Archäologie im vorigen Jahrhundert machen können, aber sie erscheint der heutigen Gesammtströmung der Wissenschaft fast verwandter, als die hochstrebende Begeisterung und das geniale Schauen eines *Winckelmann*.

Archäologische Studien in Deutschland.

Ueber Kaiser *Rudolf's* Kunstsammlungen in Prag und seinen Rath *Jacopo* 12
Strada s. *Urlichs* in *Lützow*, Zeitschrift für bildende Kunst, 1870, 5. Heft. Besonders werthvolle Stücke kamen 1600 mit der oben S. 120 erwähnten Sammlung des Cardinals *Granvella* aus dem Palast des Cardinals *da Carpi* in Rom, darunter der sog. Ilioneus in München, bereits 1562 von *Aldroandi* erwähnt (*Aldroandi*, Statue bei *Clarac*, Musée de sculpture III. p. CXCII.). *Strada* war bereits antiquarius des Kaisers *Maximilian II.* gewesen und dieser hatte sich sehr für das grosse Inschriftenwerk desselben interessirt (Quellenschriften V. S. 51). *Maximilian* hatte von Papst *Pius IV.* eine Reihe von Antiken erhalten, wovon das Verzeichniss veröffentlicht ist (a. a. O. S. 74).

Das Kunst- und Alterthumsinteresse ward in Tirol am Hofe von *Ferdinand* (1564—1594), Sohn des Kaisers *Ferdinand I.* eifrig gepflegt; ein merkwürdiges Zeugniss bot das Schloss Amras mit den trésors de l'histoire Romaine (*Patin*), mit Meilensteinen, Marmorwerken, reichster Münzsammlung von Gold- und Silbermünzen, mit erlesener Bibliothek. Nur Einzelnes ist noch dort in Amras geblieben, das andere nach Wien übertragen s. *v. Sacken*, Beschreibung der K. K. Ambraser Sammlung, Wien 1855.

Unter den bayrischen Herzögen des 16. und 17. Jahrhunderts ragen als Kunstmäcene und Sammler von Antiken hervor *Albrecht V.* 1550—1579, *Wilhelm V.* 1579—1594, dann Kurfürst *Maximilian I.* 1597—1651. Wir besitzen jetzt darüber werthvolle Mittheilungen auf Grund der Antiquitätenbände im bayrischen Reichsarchiv. Vgl. *J. Streber*, Denkschriften der Münchn. Akad. d. Wissensch., 1808, S. 377 ff.; *Fr. von Freyberg*, Von der Kunstliebe und dem Sammlergeist unserer Fürsten in Bayer. Annalen, 1832; Dr. *K. Christ*, Beiträge zur Geschichte der Antikensammlungen Münchens in Abhdl. d. K. Bayer. Akad. d. Wissensch., philos.-philol. Kl., Bd. X. 2, S. 359—399; Dr. *J. Stockbauer*, Kunstbestrebungen am bayer. Hofe unter Herzog Albrecht V. und Wilhelm V. in Quellenschriften VIII. 1874, bes. S. 25 ff.

Eine Reise nach Italien entscheidet bei einer geistig freien Erziehung in *Albrecht V.* für die Liebe zur Antike. Ihm zur Seite steht der Niederländer Arzt *Samuel Quichelberger*, welcher ein ganzes System für eine grosse Antiquitäten- und ethnographisch-industrielle Sammlung aufstellt (tituli theatri amplissimi). Der kaiserliche Antiquar *Jacob Strada* aus Mantua ist von 1565 bis 1570 der auswählende und die Antikenkäufe in Italien machende Beauftragte, gleichzeitig ein Schüler von *Tizian*, *Nicolo Stoppio* von Venedig und nach ihm *Bacchieri*. Die *Fugger*, *Marx* und *Hans Jacob* vermitteln das Finanzielle. Neben antiken Originalen kommen eine Menge Nachbildungen in Stuck-, Gypsabgüssen in Frage; ein geschickter Restaurateur wird aus Italien gesandt, man scheut sich nicht Antiken um des Transportes willen zu zerlegen, zu zerschneiden. Mit unglaublicher Naivetät sind alle Köpfe benannt. *Albrecht V.* erklärt aber, wie sehr ihm die integra et admiranda sacrae vetustatis monumenta am Herzen liegen, dass solches Verfahren unzulässig sei. Wir sehen, dass die Privatsammlungen (studio genannt) in Venedig, so der *Loredano*, der *Vendramin*, andere zu Mantua, zu Padua (Nachlass des *Pietro Bembo*) bereits zum Verkauf kommen; es handelt sich aber auch um Alterthümer aus Kreta (*Stockbauer*, S. 63), weiter um Geschenke des Papstes und der Cardinäle, wie *Farnese, Borromeo, Medici* u. a. aus Rom. Der Herzog weiss aber wohl, welche Hindernisse ihm im Wege stehen. Sunt enim procul dubio in urbe qui perditas potius aut ad Garamantas cuperent delatas antiquitates quam in Germaniam (p. 42.

Auch die Fundstätten und Sammlungen in Deutschland »heidnischer irdischer Schätze, Schalen, goldener Pfennige« werden dem Herzog nahegebracht. Wichtig war der Antikenerwerb aus dem Nachlasse des *Raymund Fugger* 1566 für 6000 fl.; auch die *Imhofs* aus Nürnberg bieten ihre Sammlung an. In die Bibliothek geht der ganze werthvolle Nachlass von *Hartmann Schedel* über, in das Münzkabinet die von *Strada* unternommene Riesensammlung von 9000 Zeichnungen nach Münzen in dreissig Bänden. Eine eigene Kunstkammer wird 1578 gebaut; dann aber unter Kurfürst *Maximilian I.* von *Peter Candid* 1600—1616 die prachtvolle Anlage des Grottenhofes im Zusammenhange des 1600 vollendeten Antiquarium, dessen innere Disposition bis zur Gegenwart sich unverändert erhalten hat. Ein herzoglicher Kammerdiener *Matthaeus Schelling* ist vor 1602 der erste antiquarius, Vorstand der Kunstkammer. Wissenschaftlich sind aber diese in München angesammelten, dann allerdings im dreissigjährigen Kriege geschmälerten, später in Schlösser theilweis zerstreuten Antikenschätze, Dank der das Geistesleben beherrschenden Macht des durch *Wilhelm V.* glänzend eingerichteten Jesuitenordens bis zum Anfange dieses Jahrhunderts unfruchtbar geblieben. *Charles Patin* schildert in seinen Relations historiques et curieuses de voyages en Allemagne etc. (Amsterd. 1695), welche für die Kunde vom Zustand der Kunstsammlungen Deutschlands um 1670 so überaus wichtig sind, den prachtvollen Salon des antiques im Schlosse zu München mit 354 Büsten in Bronze, Marmor, Porphyr etc., die Münzsammlung mit viel Unsicherem oder Imitirtem, aber er rügt die rauschenden und rein materiellen Vergnügungen des Hofes, die Armuth und Trägheit des Volkes, den Reichthum der Klöster.

Die Geschichte der archäologischen Studien und Sammlungen am Rhein und in der den geistigen Mittelpunkt bildenden Kurpfalz ist bis jetzt nur aus einer Reihe vereinzelter Thatsachen und dem gesammten geistigen Uebergewicht des pfälzischen Hofes und Landes zu entnehmen (vgl. oben S. 101); bei der Zersplitterung des urkundlichen Materials in verschiedenen Archiven und der theilweisen Zerstörung erst noch mühsam herzustellen. Schon Bischof *Johann von Dalberg*, der Begründer der rheinischen Humanistengesellschaft (1445—1503) hatte seinen Lieblingssitz Ladenburg als römische Stätte beachtet und dorthin in sein Schloss römische Ueberreste von Worms und weiter gesammelt, schon er hatte de origine et ratione monetae ein Buch verfasst. *Hubert Thomas Leodius*, der Sekretär und Biograph von Kurfürst *Friedrich II.* (1544—1566) hat bereits eine Schrift de Heidelbergae antiquitatibus (Append. ad Annales Palatinos, 1665) mit specieller Beziehung auf römische Denkmäler veröffentlicht.

Ueber *Ott Heinrich's* (1566—1569) Kunstsammlung fehlen uns noch alle näheren Nachrichten, und doch ist er der Schöpfer des edelsten Renaissancebaues in Deutschland, das von den eingehenden antiken Studien des leitenden Geistes zeugt, wie der glücklichste und liberalste Sammler werthvoller, besonders griechischer Handschriften, unter denen die Anthologia Palatina, deren Erwerbungszeit allerdings nicht genau bekannt ist, ein einzigartiger Schatz für die Archäologie genannt werden muss, und endlich persönlich der in Italien und dem Orient selbst gereiste Mann, in welchem das Interesse des Humanismus mit dem für Physik und Astronomie, selbst die praktische Ausübung der Mechanik sich zusammenfand.

Mit *Ott Heinrich* stand im lebhaftesten brieflichen Verkehr als literarischer Beirath Graf *Huldrich Fugger* (geb. 1526); in Rom Kämmerer beim Papst *Paul III.* (1534—1549), dann Protestant geworden, von seiner Familie unter Curatel gestellt, nach Heidelberg unter *Friedrich III.* (1559—1576) geflüchtet, in den Besitz wieder eingesetzt, beschäftigt *Henricus Stephanus* ganz als Drucker, stiftet 1584 seinen Bücherschatz in die Palatina; naturwissenschaftlich, antiquarisch, gelehrt, musikalisch, ein Träger ächt reformatorischen Geistes. Vgl. Pinacotheca Fuggerorum, Ulm ap. *J. Fr. Gaum*, 1755, n. 6; *Fr. Wilken*, Gesch. d. Heidelb. Büchersamml., 1817, S. 116 ff., 130; *Bayle*, Lexikon s. v. Handschriftlicher Nachlass in Heidelberg Cod. germ. Palat. n. 834. 841. Der Vater von *Huldrich, Raimund Fugger* (1489—1538) hatte eifrig bereits Antiken in seinem Hause zu Augsburg gesammelt, wetteifernd auch sein Bruder *Anton*. Jener hatte nicht allein aus Rom, aus Griechenland und Sicilien Bronzen, Münzen, Marmorgegenstände bezogen. Seine Sammlung schildert *Beatus Rhenanus*, Rer. germanic. libri III. Basil. 1531 im Appendix: Epistola ad D. Phil. Pirkheimerum p. 193 ff. Auch in Apian und Amantius Inscriptiones s. vet., Ingolst. 1534 sind Gegenstände aus dieser Sammlung veröffentlicht. Vgl. *Bursian* im Sitzungsbericht d. K. Bayer. Akad. d. Wissensch. phil. hist. Kl. 1874, S. 135 ff.

Ende des sechzehnten Jahrhunderts haben unter *Friedrich IV.* (1592—1610) die monumentalen Studien theils durch *Marquard Freher* im Zusammenhange der urkundlichen Landesgeschichte, theils durch den Verein ausgezeichneter philologischer Kräfte (*Fr. Sylburg*, *Aemilius Portus*, *Leunclavius*, *Christmann*, *Paulus Melissus*) und unternehmender Druckereien (*Commelin*, *Vögelin*) eifrige Pflege gefunden. Im Schlosshofe ward eine Mercurstatue aus der Umgegend mit Inschrift feierlich aufgestellt. *Marquard Freher* schrieb seinen commentariolus de Lupoduno antiquissimo Alemanniae oppido (Append. ad Auson. ed. Freher 1619), sein Werk de re monetaria veterum Romanorum et eorum apud Germanos imperio ll. II. mit zwei Anhängen älterer numismatischer Werke, 1603, Lopod. Vögelin.

Der kurfürstliche Bibliothekar *Janus Gruter* (*Gruytere*) gehört zu den Persönlichkeiten, welche durch ihre Lebensschicksale in die Mitte verschiedener Nationen und Wissenschaften gestellt, durch ausgebreiteten Briefwechsel ein Bindeglied bildend, mit eisernem Fleiss das von bedeutenderen Geistern Vorbereitete und vereinzelt Begonnene zu Ende führen und dadurch für lange Zeit, ja fast für Jahrhunderte als epochemachend erscheinen, ohne es geistig zu sein. Vgl. über ihn jetzt *Eckstein's* sorgfältigen Artikel in Ersch und Gruber, Encyklop. Sekt. I. Bd. XIV. p. 356—363. Wie *Rubens* aus einer angesehenen Antwerpener protestantischen Familie stammend, mit ihr in die Fremde getrieben, erwirbt er sich seine Bildung in England, dann in Leiden besonders bei *Justus Lipsius*, seinem unicus praeceptor. Wir finden ihn als Doctor juris auf Reisen in Frankreich, in verschiedenen Städten des deutschen Nordens, dann in Wittenberg als Professor der Geschichte, endlich seit 1593 dauernd in Heidelberg (1593—1627), zunächst auch als Professor der Geschichte, dann als Bibliothekar. Seine Lebensaufgabe wird nun: »at mihi criticis atque antiquitatibus immori necesse est.« Das Inscriptionum antiquarum totius orbis Romani in corpus redactarum opus auf *Martin Smetius* bisher nicht veröffentlichte Sammlung gegründet, um *Scaliger's* Schedae wie um die des *Pighius*, *Justus Lipsius* u. a. vermehrt, erschien 1603 auspiciis *M. Velseri* et *J. Scaligeri*, bald als corpus absolutissimum, als opus cui simile nec visum ante nec post videndum bezeichnet. Neue Ausgaben 1606, 1622, 1707. Daneben zeugt die Lampas s. fax artium liberalium h. e. Thesaurus criticus e bibliothecis erutus, Francof. 1609—1612 für *Gruter's* riesige Erudition und mannigfachste kritische Studien an griechischen und lateinischen, besonders historischen Schriftstellern, für sein ethisch-politisches Interesse, das an die Antike Betrachtungen für die Gegenwart knüpft. Seine Deliciae poetarum, seine Bibliotheca exulum beweisen so recht die oben betonte internationale und zugleich streng protestantische Stellung seiner Natur. Von feinerer Kunstempfindung für die Plastik ist bei ihm nicht viel zu merken, so viel er neben Inschriften auch Zeichnungen von Monumenten vor sich sah.

Die Fortwirkung der Gruter'schen Studien auf deutschem und zwar auf norddeutschem Boden tritt in *Lucas Holstenius*, im Holsteiner *Marquard Gude* (in Italien 1662), im Hamburger Arzt *Thomas Reinesius* (Syntagma inscriptionum — quarum omissa est mentio in vasto Jani Gruteri opere, Lips. et Francof. 1682) sehr zu Tage.

Joachim von Sandrart (1606—1688).

In Frankfurt geboren, lernt er hier bei *Theod. de Bry* und *Math. Merian* zeichnen, in Kupfer stechen bei *Sadeler* in Prag, geht dann zu *Gerhard Honthorst* nach Utrecht; 1627 finden wir ihn in Venedig, dann in Rom, wo er im nächsten Verkehr mit dem Marchese *Vincenzo Giustiniani* steht und dessen treffliche Antikensammlung (125 Statuen, 25 Basreliefs) zeichnet, Zeichnungen, nach denen die Kupfer der Galerie Giustiniana 1635 fol. gestochen sind. Auch mit *Galilei* ist er in Verbindung. Hier in Rom geht ihm la gran maniera Greca auf im Gegensatz zu der willkürlichen und übertriebenen Darstellung antiker Gegenstände durch die Manieristen. Nach Holland zurückgekehrt bildet er sich als angesehener Maler in Amsterdam eine Sammlung, die er zum Theil an den Grafen *Arundel* nach England verkauft. Nach dem westfälischen Frieden kehrt er nach Deutschland zurück, wo er in Pfalz-Neuburg in Stockau einen Besitz hatte und mit der Pfälzer Fürstenfamilie als Rath in enge Beziehung trat. Nürnberg wird sein Wohnsitz, und hier ein eifriges Mitglied des Palmenordens verfolgt er praktisch und theoretisch den Plan einer grossen deutschen Kunstakademie. Wie er *Albrecht Dürer's* Andenken wahrhaft erneute, sucht er in dessen Weise universal die ganze bildende Kunst zu erfassen und darzustellen. So erschien 1675—1679 *Sandrart's* l'Academia Tedesca della Architettura Scultura et Pittura oder Teutsche Akademie der Edlen Bau-, Bild- und Mahlereikünste, darinnen enthalten ein gründlicher Unterricht von diesen drei Künsten, Lehrsätzen und Geheimnissen neben aller egyptischen, griechischen, römischen, italienischen, deutschen Virtuosen Leben. Drei Theile, sechs Bände fol., Nürnberg und Frankfurt 1675—1679. Lateinische Uebersetzung von *Christ. Rhode* 1683—1685. Neue sehr erweiterte Gesammtausgabe von *Richard Volkmann* in acht Bänden 1769 bis 1785. Der zweite Band ist dem grossen Kurfürsten *Friedrich Wilhelm* von Preussen mit einer interessanten Vorrede gewidmet (s. dieselbe auch bei *Guhl*, Künstlerbriefe II. S. 334 ff.), ein anderer Theil. in besonderer Ausgabe, der über antike Sculptur handelt, dem Kurfürsten *Karl Ludwig* von der Pfalz, dem Freund und Gönner *Ezech. Spanheims*. In dieser grossen Kunstencyklopädie des hochgefeierten, auf dem Kupferstiche *Kilian's* als antiquitatum et elegantiarum technicarum promus condus consummatissimus bezeichneten Mannes hat die antike Kunst in vierfacher Beziehung besondere Behandlung gewonnen, in einer Auswahl antiker Gebäude Roms in Romae antiquae theatrum, wobei die Aufnahme in Grundriss, Aufriss und Ansicht des sog. Frontispizes des *Nero*, des Sonnentempels am Quirinal aus dem J. 1629 von bleibendem, weil Verschwundenes aufweisendem Werth ist; ferner in einer Auswahl von antiken Sculpturen und einigen Gefässen, den Admiranda sculpturae veteris, darunter fünfzig antiken Statuen; weiter in der auf *Plinius* ganz gegründeten Lebensgeschichte der antiken Künstler; endlich in der Iconologia deorum qui ab antiquis colebantur, welcher eine Uebersetzung der von *Carl von Mander* gelieferten Auslegung der Metamorphosen Ovids und eine Art Symbolik angeschlossen ist. Die Bedeutung des Werkes für Deutschland als das erste umfassende der Art in deutscher Sprache ist sehr hoch anzuschlagen, auch im Auslande fand es als Encyklopädie grosse Anerkennung unter den Künstlern, ebenso der künstlerische dabei waltende Gesichtspunkt, der in der technischen Vollendung der grossen Zeichnungen und Stiche sich zeigt. Für die wissenschaftliche Forschung, deren Methode und Hülfsmittel ist dasselbe allerdings im Verhältniss zu gleichzeitigen oder wenige Jahre darauf folgenden Leistungen der Niederlande, in Frankreich, in Italien höchst mangelhaft; wir reden dabei natürlich nur von der antiken Kunst, nicht von *Sandrart's* Verdiensten um die deutsche Künstlergeschichte. Neben werthvollen Berichten über die Auffindung der Statuen stehen mit gleichem Glauben erzählt ächte Künstleranekdoten aus Rom (z. B. bezüglich des Apollo von Belvedere und dem Zwitter, der Signora Francesca Greca, des Schleifers und dem horchenden Gärtner von Pisa und dessen Darstellung durch *Michel Angelo*, neuerlich benutzt von *Kinkel*, Mosaik zur Kunstgeschichte, Berlin 1876, S. 58 ff.). Die Masse der Statuen werden nie, selten überhaupt im Allgemeinen die Grösse angegeben; fast nie die Ergänzungen, selten der ursprüngliche Zustand, selten der Fundort, vereinzelt wohl auch der Aufbewahrungsort oder nur im Allgemeinen, so p. 38: in horto quodam Romae. Die Hauptmasse der von *Joachim Sandrart* selbst oder einem jüngeren *Johann Jakob Sandrart* gezeichneten Statuen gehört der Sammlung *Giustiniani* an, viele der *Medicis*'schen Sammlung, andere der Sammlung *Borghese, Farnese, Cesi, Ludovisi* oder dem Vatican; eine Statue, ein sog. Paris (Taf. ee) aber der Sammlung *Arundel* in England. Ein Werk des *Franz du Quesnoy* ist Tafel p ausdrücklich unter den Antiken aufgenommen; bedenklicher, wenn ein antiker Stein mit *Jakob* und *Rahel* aufgeführt wird. Wie wenig wir uns aber bei den meist trefflich gezeichneten und gestochenen Tafeln auf Genauigkeit verlassen können, zeigt allein der Laocoon mit der die rechte Seite des Vaters bedrohenden, sie umzüngelnden Schlange, wodurch die ganze Motivirung einfach auf den Kopf gestellt wird. Dass der kunsthistorische Theil des Werkes noch ganz andere Schwächen zeigt, von Kenntniss der Chronologie nicht viel verräth, bedarf kaum noch der Erwähnung, ist aber immerhin bei dem jüngeren Zeitgenossen des *Franciscus Junius* bemerkenswerth.

Ezechiel Spanheim (1629—1710) gehört einer jener reformirten deutschen Familien an, die in der religiösen und politischen Geschichte des 17. Jahrhunderts eine so bedeutende internationale Stellung eingenommen und in einzelnen Gliedern die Verbindung des Gelehrten mit dem praktischen Staatsmanne glänzend beurkundet haben. Sein Vater *Friedrich* (1600—1649) stammte aus Amberg in der Oberpfalz, studirte in Heidelberg und Genf, kam nach Frankreich und England und nahm als Professor in Genf und Leiden in der Philosophie eine angesehene Stellung ein. Der Sohn ist in Genf geboren, wandert mit nach Leiden 1642, wird dort eifriger Philolog, besonders durch *Daniel Heinsius* und *Cl. Salmasius* bestimmt; auch zuerst theologischer Schriftsteller, aber zum Schutz des Andenkens seines Vaters. 1651 finden wir ihn als Professor der Eloquenz, ohne jedoch zu lehren, in Genf. Da war es der

Kurfürst *Karl Ludwig* von der Pfalz (geb. 1617, regiert 1649—1680), der wahre Erneuerer des furchtbar verwüsteten und verwilderten Landes, welcher ihn nach Heidelberg an seinen Hof als Gouverneur seines Sohnes *Karl* berief und ihn zu seinem gelehrten Berather, dann nach *Pufendorf's* Weggang zu seinem diplomatischen Unterhändler und staatsrechtlichen Advokat machte. Hier bildet er nun das ausgezeichnete pfälzische Kunst- und besonders Medaillenkabinet. Für diesen Zweck benutzte er eine lange diplomatische Reise an die Fürstenhöfe nach Italien (1661—1664), hielt sich in Mantua, Florenz, Rom, Neapel, Sicilien und Malta auf, stand dem gelehrten und künstlerischen Kreise der Königin *Christine* von Schweden und der Prinzess, später Kurfürstin von Braunschweig, der Mutter König *Georg's* von England, *Sophie* von der Pfalz sehr nahe. Wir finden ihn dann als politischen Unterhändler, als Resident der Pfalz in Holland und England. Seit 1677 tritt er in Beziehung, seit 1680 in die Dienste des Kurfürsten *Friedrich Wilhelm* von Brandenburg wie König *Friedrich's I.* und hat 1678—1687 und dann nach 1697 von Neuem in Paris, nach 1702 in London als Gesandter gelebt. In Paris war er mit *Morell, Bignon* und *Nicaise* der Mittelpunkt der bei dem Herzog von *Aumont* sich allwöchentlich versammelnden numismatischen Gesellschaft (historiae per nummos illustrandae caussa). In Westminster liegt er begraben.

1660 gab er eine französische Uebersetzung der Caesares des *Julian* erläutert durch Münzen heraus (neue Ausgaben 1683, 1696, 1728). Sein Hauptwerk Dissertationes de praestantia et usu numismatum antiquorum erschien in Rom, der Königin *Christine* dedicirt, 1664, dann erweitert in Paris 1671 und endlich in London und Amsterdam 1706—1717 2 Bde. fol., von denen der zweite Band von *Isaac Verburg* herausgegeben ist aus *Spanheim's* Papieren, und besteht in einer Reihe einzelner dissertationes, z. B. an *Ottario Falconieri* (stirbt bereits 1678) gerichtet. Seine Observationes in sex Callimachi hymnos, auf *Graevius* Veranlassung niedergeschrieben, zeigen die umfassende gesunde Gelehrsamkeit. *Gispert Cuper* dedicirt er seine Abhandlung de orbe Romano (*Graev.* Antiquitat. Roman. vol. XI.). In der 1686 in Leiden erschienenen Historia imaginum restituta contra Nat. Alexandrum et Lod. Mainburgum trat er mit voller Gelehrsamkeit für den Bilderschmuck in der alten Kirche gegenüber einem unhistorischen Puritanismus ein. Zur Biographie vgl. die Vita breviter delineata ab *Isaaco Verburgio* in der Folioausgabe von *Ez. Spanheim*, II. 1716, p. VIII—XIX.; französisch geschriebene Commentaria einer Selbstbiographie befinden sich unter *Spanheim's* Papieren.

Spanheim hat im lebhaften Wetteifer mit *Marquard Gude*, dem eifrigen Epigraphiker, mit welchem er in der Villa Giustiniani in Gemeinschaft mit *Falconieri* sich regelmässig begegnete (Dissertat. XIII. Vol. II. p. 515 ff.), gegenüber der allgemein anerkannten Bedeutung der Inschriften die eigenthümlichen Vorzüge der Münzen und zwar von der künstlerischen Seite trefflich herausgehoben. »Quid commemorem caelaturae praestantiam ingenium artificum priscae artis elegantiam? Quid illam ipsam imaginum vim ac virtutem plane admirabilem praedicem, qua rerum hominumque non appellationes dumtaxat ac elogia sed simulacra ipsa, ipsa ora, ipsa momenta rei gestae haud infiguntur solum animo verum ante oculos ponuntur, qua diversos deorum habitus dignoscere, caeremoniis sacrorum interesse sacras aedes basilicas porticus theatra portus aquarum ductus aliaque publica opera, non nudos rerum titulos intueri solemnia denique ludorum quasi in quatuordecim aut in orchestra sedeas etiamnum spectare conceditur. Quid beneficium illud dissimulem quod ipsa marmora, ipsae statuae huic aeri unice imputant sive quo utique magna pars eorum levi adficeret nos hodie voluptate, inani certe desiderio torqueret, dum quos vultus eadem referunt, haud indicare quaerentibus possent? Quid jam orbis veteris depicti quasi in tabella effigiem adducam?« Von der Bedeutung der Münzen für die Geschichte der Schrift anhebend führt *Spanheim* uns durch die Welt der Pflanzen und Thiere auf den Münzen zu den Menschen, zur Geschichte und der ganzen Cultur der griechischen Welt, dann der römischen, er schliesst mit einer für die damalige Zeit sehr reichhaltigen Zusammenstellung der Tempel auf den Münzen, behält sich dagegen quae ad religionem gentilium consecrationem et suppellectilem veterum spectare videbuntur, für eine andere Gelegenheit vor. Dies ist das nie erschienene Werk de religione gentilium ex nummis illustranda.

Lorenz Beger (1653—1705).

Vgl. *J. Friedländer* über *Laurenz Beger* in Berliner Blätter für Münzkunde III. 1866, S. 1 ff.; *ders.*, Geschichte des Königl. Münzkabinets zu Berlin, 2. Aufl. Berlin 1877.

L. Beger aus einer noch blühenden angesehenen Bürgerfamilie in Heidelberg ward als ganz junger Mann *Spanheim* bekannt und durch ihn dem Kurfürsten *Karl Ludwig* empfohlen, dessen Münzsammlung er zu studiren Erlaubniss erhielt. Dem schönen Verhältniss zu *Beger* und der warmen Anerkennung desselben hat *Spanheim* bei *Beger's* frühem Tod 1705 in der neuen Bearbeitung seiner Dissertationes einen schönen Ausdruck verliehen, wie umgekehrt *Beger Spanheim* den Leitstern seines Lebens nennt (I. p. 38 f.). Er hatte von der Theologie, die er gegen seine Neigung studirt, zur Jurisprudenz sich gewandt, von da ist er ganz zu dem antiquarischen Studium übergegangen. In die juristisch-politische Sphäre fällt die pseudonyme Schrift von ihm unter dem Namen *Daphnaeus Arenarius* über die Polygamie. Im J. 1677 ernennt ihn der Kurfürst *Karl Ludwig* zum Bibliothekar, 1680 zum Antiquar, in welcher Stellung er unter Kurfürst *Karl* (1681—1685) und zuerst unter dem neuen katholischen Herrscher *Philipp Wilhelm* blieb. Auf Befehl des Kurfürsten in trefflicher Ausstattung des Druckes und der Kupferstiche erschien 1685 der Thesaurus ex thesauro Palatino selectus seu gemmarum et numismatum quae in electoratus cimeliarchio continentur elegantiorum aere expressa et convenienti commentario illustrata dispositio authore *L. Begero* sereniss. Elect. Palat. antiquario et bibliothecario, Heidelberg, *Philipp Delborn*. Der Kupferstecher war *Joh. Ulrich Kraus* von Augsburg. Die Gemmen werden in zwei Kapiteln behandelt unter dem Gesichtspunkte der Darstellung von Göttern und Heroen, wie dem der Menschen; die Münzen dagegen in drei Theilen: griechische Königsmünzen, griechische Städte- und Colonialmünzen, endlich römische Kaisermünzen; die Consularmünzen wie die barbarischen sind absichtlich bei Seite gelassen. Hier macht sich bereits in günstigster Weise das vorwiegende Interesse für das Griechische wie für den mythologischen Stoff geltend. Ausserdem sind noch einzelne plastische Monumente, die im Schlosse zu Heidelberg aufgestellt waren, abgebildet, besonders eine interessante 1507 bei Constanz gefundene archaische Bronzestatue eines Hermes oder Apollo.

Im Erbschaftsrecess über den Besitz der Pfalz-Simmernschen Linie fiel die Münzsammlung an den Kurfürsten *Friedrich Wilhelm* von Brandenburg und ward von *Beger* 1686 nach Cleve gebracht; dort persönlich dem brandenburgischen Minister *von Fuchs* bekannt geworden, wie er schon von *Spanheim* und *Pufendorf* empfohlen war, erhält er die dringende Einladung der Sammlung nach Berlin zu folgen. So ist er der französischen Invasion und der Zerstörung der Vaterstadt glücklich entgangen und gewinnt in Berlin, dem Zufluchtsort flüchtiger Pfälzer, eine angesehene Stellung, aber nimmt an der Heimath noch lebhaftesten Antheil. Den Untergang Trojas behandelt er mit persönlichem Interesse, denn excidium Trojae excidium patriae meae adumbrat! Hier nun der Gunst *Friedrich III.* oder als König *Friedrich I.* sich sehr erfreuend erhält er 1693 die Aufsicht über alle vier Abtheilungen der kurfürstlichen Sammlung: Bibliothek, Münzkabinet, Kunstkammer und Naturalienkabinet. Unter ihm ward die an Bronzen, Gefässen, Lampen neben Marmorwerken so überaus wichtige Bellorische Sammlung in Rom angekauft und nach Berlin gebracht; der aus Cleve übergeführte antiquarische Antikenschatz hatte auch den Nachlass des *Pighius* mit nach Berlin gebracht. *Beger* hat beides sofort auf das Eifrigste verwerthet. Er zieht sich einen Neffen *J. K. Schott* als Zeichner von Antiken heran und wissenschaftlich steht er im lebhaftesten Austausch mit *Spanheim*, der einen guten Theil der Schriften erst durchgesehen hat, sowie dem aus Paris geflüchteten reformirten Numismatiker *Andr. Morelli*. Eine überaus reiche literarische Thätigkeit drängt sich in die Jahre 1692—1705 zusammen. Bereits 1692 erscheint ein Spicilegium antiquitatis s. variarum ex antiquitate elegantiarum vel novis luminibus illustratarum vel recens etiam editarum fasciculi, Colon. March. fol. Es erfolgt dann unter *Spanheim's* Oberleitung eine gereifte und erweiterte Umarbeitung des Thesaurus Palatinus, der Thesaurus Brandenburgicus selectus s. gemmarum et numismatum Graecorum elegantiorum series, 1696, Col. March., Liebpert fol. An ihn schliesst sich dann als zweiter Band eine Continuatio thesauri an mit den Consular- und Kaisermünzen. Das als dritter Band des Thesaurus Brandenburgicus ausdrücklich bezeichnete, 1701 erschienene Werk umfasst ausser den Rariora von Gemmen und Münzen nun aber auch alle anderen Gattungen antiker Kunst, Statuen, Köpfe, Medaillons, Gefässe, Geräthe, Lampen, darunter einzelnes aus dem neuen Erwerb der Bellorischen Sammlung. Das Geschmacklose eines Dialogs im Text zwischen dem Archaeophilus, Dulodorus, Etastes ist nicht *Beger* eigen, begegnet uns überhaupt in den Werken der Zeit. Es ist dies das bedeutendste Monumentenwerk von einem Deutschen auf deutschem Boden erschienen vor *Winckelmann* und würde, wenn nicht überhaupt unter *Friedrich Wilhelm I.* das ganze künstlerische, speciell archäologische Interesse mit Verkauf der Antiken u. s. w. in Preussen gehemmt worden wäre, Berlin schon damals die erste Stellung in Deutschland für diese Studien gesichert haben. Rasch folgte dann die neue deutsche Ausgabe der Lucernae veterum sepulcrales von *Sante Bartoli* und *Bellori*, 1702 fol.

Mit richtigem Blicke erkannte *Beger* die Bedeutung der Herausgabe der tabula Iliaca von *Fabretti* für Sicherstellung der Scenen der griechischen Heroensage gegenüber einer willkürlichen Ausdeutungsweise; und er hat, indem er denselben nun aus dem ganzen Denkmälerkreise verwandte Darstellungen gegenüberstellte und sie mit den griechischen epischen Dichtungen verglich, in seinem Bellum et excidium Trojanum ex antiquitatis reliquiis delineatum, Berol. 1699, 4. zum ersten Male der Kunstmythologie sichere Wege gewiesen. In ähnlicher Weise behandelt er die Meleagersage (1696), die Sage der Alcestis (1703), die Poenae infernales des Sisyphos, Ixion u. s. w. (1703), die Sage des Odysseus (1703), endlich die Herculessage (Hercules ethnicorum ex variis antiquitatum reliquiis delineatus additis in fine modernis quibusdam ejusdem argumenti picturis, 1705 fol.), wobei die Zeichnungen von *Pighius* den Ausgangspunkt bilden. Das sobrium judicium ist ihm Forderung; er ist zugleich sich bewusst, dass antiquitatis studium hodie etiam ad juvenes descendit, quorum commodis vel praecipue erat studendum (Praef. ad Bellum Trojanum), also bewusst des bildenden Elementes der Archäologie in der Erziehung.

Von dem sächsischen Fürstenhause hat die ältere, die Ernestinische Linie nach der glänzenden Zeit der Kunstförderung unter *Friedrich dem Weisen*, *Johann dem Beständigen*, *Joh. Friedrich dem Grossmüthigen*, nur in Gotha und zwar am Anfang des 18. Jahrhunderts eine allgemein hervorragende Bedeutung für die antiquarischen Sammlungen. Schon Herzog *Ernst der Fromme*, dann aber vorzüglich dessen Enkel *Friedrich II.* hat eine Kunstkammer, der letztere besonders ein ausgezeichnetes Münzkabinet durch Ankauf der Sammlung des Fürsten *Anton Günther* von Schwarzburg zu Arnstadt 1712 gebildet. Die wissenschaftliche Frucht liegt vor in dem wahrhaft fürstlich ausgestatteten Werk der Gotha nummaria sistens Thesauri Fridericiani numismata antiqua etc. descripta auctore *Christiano Sigismundo Liebe*, Amstelodami, apud Wetstein et G. Smith, 1730 mit den Anhängen der Abhandlung von *Andreas Morellus* und der Briefe von *Ezechiel Spanheim* 1683, 1695. Auch in diesem Werke hat die griechische Münzkunde, welche für die Gesammtheit der Archäologie von so grundlegendem Werthe ist, in erster Linie Förderung empfangen.

In der Albertinischen mit *Moritz* zur Kurwürde gelangten Linie des Fürstenhauses hat Kunstinteresse im Sinne ihrer Zeit fast durchgängig gewaltet. Von Kurfürst *August I.* wird 1560 ein Ankauf von antiken Gegenständen gemeldet. Ueber die Bildung einer Kunstkammer spricht sich *Gabriel Kaldemark* in einem Bedenken an Kurfürst *Christian I.* im J. 1587 aus. Im J. 1717 werden von der Bibliothek die Münzsammlung und andere Alterthümer getrennt. Die nächstfolgenden Jahrzehnte bis 1740 aber haben unter Kurfürst und König von Polen *August II.* (reg. in Sachsen 1694, in Polen 1697—1733) und *August III.* (1733—1763) Dresden die einzigartige Stellung in Deutschland für die antiken Studien des vorigen Jahrhunderts verliehen. Als Rathgeber des Fürsten wirkte der Wittenberger Professor *J. W. von Berger* (stirbt 1751), als geschickter Unterhändler für Rom der Architekt und Ingenieuroffizier *le Plat*. So ward von Berlin das Beste an Bronzen und Marmorwerken der Brandenburgischen Sammlung, auch der Bellorischen 1723—1726 erworben; so wanderte die ganze Sammlung *Chigi* des Palastes bei St. Apostoli, so eine Auswahl von Statuen des Cardinals *Albani* 1729 über Amsterdam nach Dresden, so kamen aus dem Nachlasse des 1736 gestorbenen Prinzen *Eugen von Savoyen* die ersten edlen Zeugnisse der Auffindung von Herculanum eben dahin. Von einer würdigen Aufstellung in geschlossenen Räumen kann aber vor 1786 nicht die Rede sein; früher waren sie im Grossen Garten vertheilt oder in einer Art Bretterbude, später in sechs Pavillons aufgehäuft. Bereits war aber 1733 das erste Kupferwerk ohne jeden Text und in voller Naivetät der modernen Ergänzungen erschienen: *Le Plat*, Recueil des marbres antiques qui se trouvent dans la galerie royale et electorale de Dresde, 1733 fol.

Eine gelehrte Behandlung begann *J. Guil. de Berger*, De monumentis veteribus musei Dresdensis regii, Viteberg 1745.

Zur Geschichte der Sammlung vgl. die erste Beschreibung der K. Antikengalerie von *J. G. Lipsius*, Dresden 1798. 4.; dann *Böttiger* über die Dresdener Antikengalerie, 1814, Kl. Schriften II. S. 25—52, einzelne geschichtliche Angaben bei *H. Hase*, Verzeichniss der alten und neuen Bildwerke (5. Aufl. 1839), endlich *H. Hettner*, Bildwerke der K. Antikensammlung zu Dresden, 3. Aufl., Dresden 1873 und *Justi*, Winckelmann I. S. 272 ff.

Joh. Friedrich Christ (1700—1756) aus Koburg, stammt aus einer angesehenen fränkischen Beamtenfamilie, erhält eine vielseitige, auf das Moderne gerichtete Erziehung, studirt Rechts- und Staatswissenschaft, wird Begleiter junger Adliger auf Reisen, Cabinetssekretär in Meiningen, durch den Grafen *Bünau* Professor extraord. hist., dann seit 1734 Prof. ord. der Poetik in Leipzig und wirkt durch seine Vorlesungen anregend auf Männer wie *Lessing* und *Heyne*, überhaupt auf weite Kreise. Er hat auf seinen Reisen Holland, England, Oesterreich, Oberitalien besucht und eifrig Münzen, Gemmen, Gefässe, Handschriften, besonders Kupferstiche gesammelt. *Caylus* in vielem ähnlich, hat auch er praktisch besonders im Radieren sich ausgebildet, nicht um damit etwas Grosses in dieser Thätigkeit selbst zu schaffen, sondern um nicht als roher unkundiger Zuschauer der Zeichenkunst, der Führung von Pinsel, Meisel, Grabstichel und ihrer Werke zu leben; er hat sich mit der Technik aller Arten, so des Steinschneidens durch Besuchen der Werkstätten unmittelbar bekannt gemacht. Seine klassische Bildung ist noch überwiegend eine lateinische, besonders in den Dichtern wurzelnde, unter denen ihn *Plautus* am meisten beschäftigt. Mit vollem Bewusstsein der unerreichten Vorzüge der antiken Kunst hat er seinen Blick aber auch der modernen Kunst, insbesondere der Zeit der Renaissance zugewendet; er trägt sich mit dem Plane eines grossen Künstlerlexikons und gab ein Beispiel in dem Leben *Cranach's* und einem Monogrammenlexikon. Wie es ihm um eine ethische Einwirkung auf seine Zuhörer überall zu thun ist, so speciell in den Vorlesungen »über die Literatur« (s. oben S. 46. 51) um die elegans humanitas, um den guten Geschmack; in ihm selbst ist unter deutschen Gelehrten zuerst eine feine Stilempfindung ausgebildet, aber seine Behandlung ist durchaus eine aphoristische, an's Einzelne angeknüpfte. Eine Anzahl einzelner archäologischer Aufsätze ist in den Noctes academicae (1727—1729) niedergelegt; ferner Musei Richteriani dactyliotheca interprete *J. Fr. Christio*, Lips. 1743; auch das lateinische Verzeichniss zu *Lippert's* Daktyliothek ist von ihm begonnen, von *Heyne* vollendet 1755—1762. Lange nach seinem Tode erschienen seine Abhandlungen über Literatur und Kunstwerke, herausgegeben von *Zeune* 1776, 8.

Vgl. über *Christ*, *Strodtmann*, Beiträge zur Historie der Gelahrtheit Hamb. 1749, IV., S. 25 ff., *Ernesti*, Opuscula oratoria, Lugd. Batav. 1762, p. 171—182, jetzt besonders *Justi*, Winckelmann I. S. 374—381.

Johann Matthias Gesner (1692—1761) im J. 1734 nach Göttingen berufen, nachdem er in Weimar als Direktor und Bibliothekar, als Direktor in Ansbach, als Rektor der Thomasschule in Leipzig seine universale Gelehrsamkeit wie sein Lehrtalent und den feinen Takt für Erziehung zu einer venusta humanitas bewährt hatte; in Göttingen als Professor, Bibliothekar, Vorstand des ersten philologischen Seminars und als Leiter einer Klasse, dann der ganzen Societät der Wissenschaften thätig. In den Primae lineae isagoges in eruditionem universalem nominatim philosophiam historiam et philologiam in usum praelectionum ductae (Accedunt praelectiones ipsae per Jo. Nicol. Niclas, Lips. 1774, 2 Bde. 8.) wird einer besonderen Wissenschaft der Kunst eine Stelle noch nicht angewiesen, aber an verschiedenen Stellen Verständiges doch ganz im Sinne jener Zeit über den Werth solcher Studien gesagt. So empfiehlt er 245 ff. die Mythologie allen, die nach höherer Bildung streben, besonders den Hofleuten, auf dass sie Kunstwerke aller Art, besonders auch Tafelaufsätze der Conditorei und Feuerwerke richtig betrachten können (!); anerkannt wird die Verwandtschaft der pictoria mit der poesis, von einer Unterscheidung des Malerischen und Plastischen geschieht aber keine Erwähnung. Das Zeichnen (graphia 298) ist abgesehen von Architekten, nützliche Begleitung für die homines elegantes auf ihren Reisen und für die Knaben eine nützliche Ausfüllung der freien Zeit.

Die Bedeutung der Münzen, Inschriften und anderer Monumente für die fides historica wird herausgehoben (411 ff.), ihre Kenntniss ist besonders wichtig bei der peregrinatio, 561 ff. Als Appendix der Literaturgeschichte wird die historia artium v. g. pictoriae et cognatarum vitriariae metallicae aufgeführt.

Gleichzeitig wirkte ein entferntes Glied derselben Familie *Johann Jakob Gesner* als Direktor in Zürich in umfassendster Weise für Numismatik durch eine Reihe von Werken seit 1738, die mit Abbildungen ausgestattet, jedoch ohne schärfere Kritik abgefasst sind.

Ueber *J. Aug. Ernesti's* (1709—1781) archäologische Vorlesungen ist bereits oben S. 46 f. 51 die Rede gewesen; von einem selbständigen Antheil an der Förderung der Archäologie kann nicht gesprochen werden, wohl aber ist er ein erfreuliches Beispiel für die Anerkennung des neu den höheren Studien gewonnenen wissenschaftlichen Gebietes und von dem Gefühl einer Verwandtschaft der Schönheit und des Geschmackes in der Literatur und der Kunst der Alten.

Das volle Gefühl des bisherigen Mangels in der vorzüglich deutschen gelehrten klassischen Bildung in Bezug auf alle Kunstanschauung spricht *Heyne* richtig aus, dessen eigene Arbeiten aber bereits unter dem Einflusse des Geistes der neuen Epoche stehen, wenn er Opusc. V. p. 9 klagt: tam sero nostras aetates de litterarum artiumque studiis conjungendis cogitasse. Er sagt: nonnisi sero artium principia et rationes sub examen vocarunt philosophi et praeclarorum operum laudes et vitia exposuerunt viri docti, etsi plerumque dissidentibus judiciis, quod nec artifices satis haberent litterarum, litterati autem viri artium essent non satis gnari. — Scilicet ipsa tradendi ratione ac modo excitandus est sensus veri honesti pulcri, id quod fieri nequit sine exemplis litterarum artium vitae propositis, quibus afficiantur sensus, animus moveatur, excitetur generosus impetus decretum animi firmum et voluntas efficax.

§ 14. Die Wissenschaft der antiken Kunst gegründet auf Philosophie des Schönen und auf allgemeine Geschichte. *Winckelmann* und seine Nachfolger (1755—1828).

1 Die archäologischen Studien hatten um die Mitte des achtzehnten Jahrhunderts den weiten Umkreis ihrer Wissensobjekte wesentlich durchmessen und die Anerkennung ihrer besonderen Stellung neben Philologie, Geschichte, praktischer Kunstlehre sich errungen, aber diese Anerkennung wird ihnen wesentlich gezollt im Bereiche der vornehmen Gesellschaft, es ist immer der Amateur, welchem neben oder zugleich in dem Fürsten sie zunächst dienen. Andererseits haftet ihnen der Schein der Pedanterie und unfruchtbarer Gelehrsamkeit zum guten Theile mit Recht an, der schriftstellernde Archäolog kennt oft genug die Gegenstände seiner Arbeit nur aus trüben abgeleiteten Quellen; Anschauung und Gelehrsamkeit liegen meist weitab von einander. Untergeordnete Kunstzweige, wie Numismatik und Glyptik erscheinen als die eigentlichen Centra der wissenschaftlichen Arbeit.

2 Kein Wunder, wenn zunächst in dem Kreise der ausübenden Künstler wie der jungen modischen, aber ihre Muttersprache mit Eleganz hand-

habenden literarischen Geister die Frage über die Vorzüge der Alten und Modernen zum Nachtheil der ersteren entschieden ward!

3 Auf dem Boden von England und Frankreich hat zunächst eine neue Gestaltung der Archäologie sich vorbereitet, dort durch die Verbindung frischer politischer und ästhetischer von der Tradition losgelöster Theorien mit gründlichem philologischen Wissen und mit dem Reisedrang eines freien, in vollem Aufblühen seiner Seeherrschaft und seines Handels kühn unternehmenden Volkes, hier durch die geistreiche Diskussion über die Kunst in freien geselligen Kreisen und durch die encyklopädische Darstellung des Wissenswerthen und die Verwerthung realer Kenntnisse zur Ausgestaltung antiker, der Gegenwart als Spiegel vorgehaltener Gesellschaftsbilder. In diesem Sinne haben dort in England *Richardson*, *Addison*, *Turnbull*, *Spence*, *Hogarth*, ausser den Philosophen *Hutcheson*, *Shaftesbury* und *Edmund Burke* gewirkt, hier ein *Dubos*, *Batteux*, *Diderot*, *Watelet*, *Barthélemy*, in dem sich der Jünger eines *Caylus* der neuen Geistesrichtung anschloss, und in Deutschland hat *Christian Ludwig von Hagedorn* in Dresden die französische Kunstlehre mit eigenem Kunstverständniss verwerthet. Ueberall strebt man dem Originalen und einfach Wirkenden nach. Ganz natürlich, dass das Griechische mehr und mehr in der Literatur als das Original des Lateinischen erkannt ward, dass das Originalgenie des *Homer* und der Tragiker zu wirken begann, ja *Homer* Modeschriftsteller ward!

4 Die volle und umfassende Durchdringung der Archäologie von diesem freien, forschenden und zugleich edel formenden Geiste des 18. Jahrhunderts gelang aber nur deutschem Tiefsinne, deutschem Enthusiasmus und deutscher Arbeitskraft, aber gelang erst, nachdem solche deutsche Kraft in *J. Joach. Winckelmann* auf den mütterlichen Boden der Archäologie, nach Italien, nach Rom verpflanzt war, und ihm ein denkender und technisch hoch erfahrener Künstler in *Rafael Mengs* zur Seite getreten war. Und vorausgegangen war *Winckelmann* bereits der erste deutsche Kunstliebhaber im grossen Stil, *Philipp von Stosch*.

5 Es war eine fast providentiell zu nennende Gunst des Schicksals, dass gleichzeitig die antike Erde sich öffnete um ein ganzes antikes Städtebild in Herculanum und Pompeji hervorsteigen zu lassen, um in bisher ungeahnter Weise nicht allein in Etrurien, sondern im Gebiete der griechischen Cultur Unteritaliens und Siciliens Tausende bemalter Gefässe an den Tag zu fördern, dass griechische Tempel in Paestum wie in den griechischen Städten Siciliens aus langer Vergessenheit auftauchten und gezeichnet und gemessen wurden. Und englische und französische Architekten wandern über Rom nach Dalmatien, nach Griechenland, nach Kleinasien, nach Syrien. Nach zwei Jahrzehnten wird eine Reihe werthvollster, wissenschaftlich grundlegender Aufnahmen von Denkmälern aus Pola, Salona, Athen, aus Milet,

Ephesos, Byzanz, aus Palmyra, Heliopolis der Archäologie dargeboten. Eine dänisch-deutsche Expedition bringt die sicheren Unterlagen für Erfassung der persischen Monumente und Inschriftwerke wie der Franzose *Anquetil du Perron* die erste Bekanntschaft mit altpersischer Literatur. Und mit den ältesten Schriftwerken Indiens gleichzeitig werden die indischen Felsentempel in blendendem Zauber einer angeblichen Urkunst bekannt gemacht.

Auch die heimische Denkmälerwelt wird mit neuem Eifer gezeichnet 6
und würdig publicirt. Ueberall bilden sich freie Gesellschaften, zum Theil noch in Anlehnung an die steifen Formen der Akademieen zur Förderung archäologischer Unternehmungen; in periodischen Schriften wird von ihrer Thätigkeit Zeugniss abgelegt und dem gebildeten Publikum überhaupt von den neuen Funden Nachricht gegeben.

Zum ersten Male wird die Bildung der Antikensammlung eines 7
Staates durch Parlamentsbeschluss in England angeordnet, während gleichzeitig in Rom das päpstliche Museum zu einer die Privatsammlungen in sich aufnehmenden grossen Anstalt für die gebildete Welt erhoben wird.

Johann Joachim Winckelmann (1717—1768), ein Sohn der Altmark 8
und dem ärmsten Handwerkerkreise entstammt, an den Griechen, an deutscher Reichsgeschichte, an der jungen Naturwissenschaft und der modernen Literatur des Auslandes langsam zur Erkenntniss eines bestimmten, ihm dunkel seit der Kindheit vorschwebenden Zieles grossgezogen, veröffentlicht in Dresden 1755 unter den in Deutschland einzig günstigen Verhältnissen seine epochemachende Schrift über die Nachahmung der griechischen Kunst in der Malerei und Bildhauerkunst und stellt die Plastik, nicht wie bisher die Malerei, in die Mitte der bildenden Kunst und den Stil der Griechen als den bleibenden Massstab der Kunst in edler Einfalt und stiller Grösse. Seit Ende 1755 auf dem Boden Roms angelangt tritt er ebenso sehr mit den Repräsentanten der bisherigen gelehrten Archäologie wie mit dem praktischen Künstler und den neuen Entdeckungen in der Denkmälerwelt in Verbindung.

In drei Sprachen, deutsch, französisch, italienisch legt er seine Hauptwerke nieder, in der deutschen das entscheidende, die Geschichte der Kunst des Alterthums 1763, die Sendschreiben über die herkulanischen Entdeckungen und das letzte Werk, den Versuch der Allegorie 1766, in der französischen die Beschreibung der geschnittenen Steine des Kabinets Stosch 1759, in der italienischen das lange vorbereitete der Monumenti inediti 1767. Er hat in diesen seine Beherrschung zugleich des Interessenkreises und der Betrachtungsweise der französischen und italienischen Archäologie dargelegt, aber ist über sie weit hinaus gegangen in den Zielpunkten und der Sicherung der Methode. Er hat die Geschichte der Kunst als ein Glied in der Gesammtgeschichte der Menschheit eingefügt, die Kunst als eine Blüthe der Nationalbildung erkannt, er hat den Massstab ihrer Eigenthümlichkeit in dem Stile, d. h. der die Kunstidee ausprägenden Kunstform und die Aufeinanderfolge der Stile nachgewiesen. Die Masse der antiken römischen Orten entstammenden Antiken wird als Copie erkannt und ihr gegenüber nach originalen Schöpfungen geforscht. In der Erklärung wird gegenüber der historisirenden Weise der griechische Mythus als die allgemeine der Poesie wie Kunst gemeinsame Quelle erkannt. Noch klebt dem Versuche der Allegorie etwas von der kühlen, verstandesmässigen Weise der bisherigen Sinnbilderwelt an, aber die Nothwendigkeit der Erkenntniss einer bestimmten Kunstsprache, die auf der Naturbetrachtung und dem religiösen Vorstellungskreise des Alterthums beruht, ward durch *Winckelmann* ausgesprochen.

9 *Winckelmann's* Wirkung ist von vornherein eine internationale und durch ihn ist fortan ein solches Zusammenwirken der verschiedenen Nationen auf dem Gebiete der Archäologie als eine Forderung gegenüber aller kleinlichen, engherzigen Betreibung aufgestellt, wie sie für die philologische Schulwissenschaft ungestört noch lange sich erhalten hat. Die Gefahr, dass dadurch das Specialinteresse an den einzelnen Lokalfunden und Lokalsammlungen leiden werde und krampfhaft in der alten Weise der Betreibung beharre, ward weit überwogen durch den Gewinn, den in Deutschland zumal nun die bedeutendsten Geister der Nation durch ihre unmittelbare Mitwirkung, selbst bei unzureichenden Kenntnissen der Archäologie gebracht haben, durch das opferfreudige Interesse einer Anzahl von Fürsten und der bemittelten Kreise, besonders Englands, durch das neue Zusammenwirken der Wissenschaft mit ausübenden Künstlern.

10 Wohl mochte der geweckte Kunstenthusiasmus für die Antike und die unzünftige Weise seiner Betheiligung einen gewissen dilettantischen Charakter der rasch wuchernden Literatur aufdrücken, aber schon stand schützend in *Lessing* ein kritisch sichtender Geist zur Seite, der mit Vorliebe fast den untergeordneten Zweigen der Archäologie und der Einzelerklärung sich zuwandte.

11 Und von demselben Dresdener Boden, der *Winckelmann* gezeitigt, ging *Heyne* aus, um als Universitätslehrer in Göttingen nachhaltiges Interesse in der Jugend zu wecken und als unermüdlicher, stetig fortschreitender philologischer Schriftsteller den von *Winckelmann* rasch entworfenen Aufbau der Kunstgeschichte und Kunstmythologie von Periode zu Periode mit gründlichen Arbeiten aus einer umfassenden Lektüre zu begleiten.

12 Es fehlte ferner im Südwest und Südosten von Deutschland nicht an tüchtigen Kräften, dort in *Schöpflin* und *Oberlin* für die Monumentenkunde und Topographie, hier in *Fröhlich* und *Eckhel* für die Anwendung der geschichtlichen Betrachtung auf Numismatik und Gemmenkunde.

13 Welche Frucht aus dem Mittelpunkte der grossen deutschen Literaturblüthe der Archäologie erwachsen konnte, ergaben die Bestrebungen der Weimarer Kunstfreunde, vor allem *Goethe's* spätere, immer auf die praktische Verwerthung gerichteten archäologischen Studien und die Kunstgeschichte seines Freundes *Heinrich Meyer*; von diesem Kreise gehen auch *Böttiger's* leicht unterschätzte, weit ausgebreitete Arbeiten aus, denen der Dresdener Boden freilich später oft den Anschein leichter Salonunterhaltung gab.

14 Erst langsam regt sich ein eigenthümliches Interesse an der Wissenschaft der Antike in Berlin; der geistvolle, mit *Goethe* befreundete *Philipp Moritz* und sein künstlerischer Genosse *Carstens* bahnen der reinen Freude an der künstlerischen stilgemässen Ausprägung des antiken Mythus den Weg und die Architektur gewinnt durch *Genelli*, *Langhans*, *Gilly* und vor allem ihren grossen Schüler *Schinkel* die Richtung auf das sorgfältigste Studium der griechischen Welt. Die bisher trotz *Sulzer's* literarischer Betriebsamkeit so unfruchtbare Berliner Akademie gewinnt am Ausgang des Jahrhunderts in *Ferd. Hirt* einen rüstigen Arbeiter, der nach jahrelangem Aufenthalt auf römischem Boden nun für das individuell Bedeutsame oder die Charakteristik in der Kunst in systematischen und historischen Schriften nüchtern und verständig wirkte, die Berliner Münzsammlung in *Domenico Sestini* für kurze Zeit einen anregenden, kenntnissreichen und vielgereisten Bearbeiter.

15 Auf dem Boden Italiens mussten sich die Dinge etwas anders gestalten, wo ein breiter künstlerischer und literarischer Betrieb für die Antike in alter Uebung bestand und wo der unerschöpflich reiche Boden immer neue Bereicherung brachte. Es war begreiflich, dass kleinliche Specialisten und geistlose antiquarioli wie *Bracci* ihrem Groll gegen *Winckelmann* bei einiger besseren Kenntniss der Kunsttechnik in eigenen Werken Luft machten, es war natürlich, dass andere wie die *Amaduzzi*, *Venuti*, *Vasi* oder wie die Akademie der *Ercolanesi* noch die gewohnten Wege in unkritischer Publikation der Privatsammlungen und der immer neu anwachsenden Schätze von Herkulanum und Pompeji weiter gingen; es galt nun auch in grossen anschaulichen Bildern die neuen, bekannt gewordenen Stätten Unteritaliens wie Rom selbst vor Augen zu bringen, wie dies die Piranesi thaten.

Aber auch der treue Gehülfe und letzte Reisebegleiter *Winckelmann's Cavaceppi* gab im Anschluss an die Monumenti inediti seine grosse Sammlung der antiken Skulptur trefflich und instruktiv heraus. Und die eigentlichen wissenschaftlichen Kräfte wie *Bottari*, *Carlo Fea*, *Lanzi*, *Guattani*, *Nibby*, die *Visconti* haben durch Uebersetzen und Commentiren *Winckelmann's* sich neidlos als seine Schüler bekannt und als solche kunstgeschichtlich gearbeitet, haben in treuer und genauer Berichterstattung über die Funde den Faden fortgeführt und vor allem in geschmackvoller Erklärung der Sculpturen des Vatican wie anderer Sammlungen Roms den Mittelpunkt ihrer Thätigkeit gefunden.

16 Während Rom durch die französische Revolution in seinem kirchlich-politischen Bestand, bald in dem Bestand seiner Kunstschätze sich bedroht, ja seiner glänzendsten Kunstwerke beraubt sah (1797. 1798), bildete sich auf seinem Boden neben einem *Canova* ein kleiner Kreis überwiegend nordischer Künstler und Kunstforscher, wie *Carstens*, *Fernow*, *Jos. Koch*, *Zoega*, *Thorwaldsen*, die Gebrüder *Riepenhausen*, *Camuccini*, *Martin Wagner*, welche auch den kleinen Erzeugnissen der antiken Kunst, insbesondere den Terracotten unermüdlich nachgingen und vor allem den Reliefstil neben der runden Plastik scharf erfassten und trefflich reproducirten. *Zoega* ist als der eigentliche Begründer einer deutschen nüchternen und sorgfältigen Denkmälerforschung auf dem Boden Roms zu betrachten, in seinem Schüler *F. G. Welcker* ist die Brücke geschlagen zur späteren deutschen Archäologenschule in Rom.

17 In Neapel hatte neben dem eng geschlossenen Kreise der *Ercolanesi* der seit 1764 dort lebende englische Gesandte Sir *William Hamilton* seinen Enthusiasmus für Hellas, für die griechische Götterwelt und ihren Ideengehalt, für die Vasen und ihre Zeichnungen durch Ausgrabungen, durch die grosse und glänzende Publikation eines Vasenwerkes, durch mimische Darstellungen nach ihren Mustern Ausdruck gegeben. Der deutsche Maler *Tischbein* und vorher ein geistreicher Abenteurer *d'Hancarville* standen ihm dabei zeichnend und erklärend zur Seite. Was dieser in einem grossen Werke niedergelegt in abenteuerlicher Combination über eine Urweisheit bei den Skythen, über das gemeinsame Erbe der Völker des Orients, über ihre verhüllte Bildersprache in der griechischen Kunst, das fand einen nur zu fruchtbaren Boden in der ganzen geistigen Atmosphäre der für Freigeisterei und Geheimlehre gleich schwärmenden höheren Gesellschaft und machte den jüngsten Zweig der Archäologie, die Vasenkunde zum Tummelplatz der extravagantesten Auslassungen.

18 In England fand diese Lehre einen begeisterten hochbegabten Propheten in dem feinen Kunstkenner und Sammler *Henry Gally Knight*; dort aber auch die Vasenkunde ihre praktische technische Verwerthung durch *Wedgwood* wie die Anwendung des Vasenstiles auf die Zeichnung durch *Flaxmann*.

19 Der Beginn dieses Jahrhunderts wird durch mehrere tiefgreifende Ereignisse von Epoche machender Bedeutung für die Archäologie bezeichnet: es ist die französische Expedition nach Aegypten, die gewaltsame Concentration aller berühmten Antiken in Paris und die Bildung einer antiken Weltsammlung, es ist die Verpflanzung der Elgin marbles nach London und die glückliche Forschung opferbereiter Privaten auf dem Boden Griechenlands. Daneben her geht von der deutschen Philosophie und romantischen Schule der Poesie wie andererseits von der Er-

öffnung der indischen wie germanischen Sprach- und Gedankenwelt befruchtet und berauscht eine tiefere Erfassung des mythologischen Stoffes der antiken Kunst und eine überwiegend symbolische Auslegung der Kunstformen, ja ein begeistertes sich Zurückwenden zu den ersten Entwickelungsstufen der Kunst.

Die ersten Jahrzehnte nach *Caylus* Tod sind in Frankreich für die 20
Archäologie verhältnissmässig unfruchtbar gewesen. Wohl weiss *Etienne Falconet* als denkender und ausübender Künstler viel Nützliches zu sagen, aber seine breiten realen Erklärungen des *Plinius* können den Mangel philologisch-kritischer Behandlung des Textes nicht ersetzen. Die Unternehmung noch des alten Königthums durch *Choiseul Gouffier* zur Durchforschung des griechischen Ostens und die Sammlung griechischer Denkmäler ist nicht zum glücklichen Schlusse gekommen. *Fauvel*, in Athen zurückgeblieben führt diese Bestrebungen in bescheidener, aber nützlicher Weise weiter. *Quatremère de Quincy* und *Millin* sind die eigentlichen Repräsentanten der Archäologie der napoleonischen Zeit, beide hoch anerkennenswerth, jener mehr durch die Klarheit der Reconstruktion antiker Technik und die geschichtlichen Darlegungen, dieser durch die unermüdete und umfassende archäologische Periegese, durch die freundliche Förderung und Zusammenfassung fremder Arbeiten, endlich durch seine sinnige, der deutschen Richtung sich nähernde Erklärungsweise. Zwischen ihnen steht aber von Rom berufen *Ennio Quirino Visconti* als der Repräsentant gleichsam des universalen Charakters des ihm unterstellten Musée Napoleon.

Keine Nation hat eine solche Zahl hochgebildeter und bemittelter 21
Sammler von Antiken, keine eine so treffliche archäologische Reiseliteratur aufzuweisen als die englische und keine Zeit ist darin für die griechischen Lande so fruchtbar gewesen wie die Napoleonische Zeit. *Townley, Wilkins, Worsley, Dodwell, W. Gell, Cockerell, Martin Leake* stehen in erster Linie, denen sich der Däne *Bröndsted* ebenbürtig anschliesst. Eine selten glückliche Vereinigung verschiedener Kräfte von Architekten, Bildhauern, Archäologen, Baron *Stakelberg* an der Spitze führte zur Entdeckung und Sicherung der Sculpturen von Aegina und Phigalia. Die öffentliche Ausstellung der Elgin marbles und des Phigalischen Frieses in London, der Aegineten zunächst in Rom eröffnete eine neue Erkenntnissquelle und gab einen ersten sichern stilistischen Massstab der streng Griechischen.

Die neue, tiefsinnige Symbolik und Mythologie der deutschen Phi- 22
losophie hat sich mit jener von Neapel und England verbreiteten archäologischen Deutweise und mit einer ausgebreiteten antiquarischen Gelehrsamkeit vor allem in *Fr. Creuzer* vereint. Heutzutage, wo wir das Unzulängliche der Hülfsmittel jener Orient und Occident im Zusammenhang denkenden archäologischen Arbeiten längst erkannt haben,

wo die zahlreichen Irrthümer einer vor allen combinirenden, nicht erst kritisch prüfenden Weise längst berichtigt sind, würde es doppelt Unrecht sein zu verkennen, welche Begeisterung, welche tiefer gehende Betrachtung der Kunstdenkmäler damals durch *Creuzer* in Deutschland wie in Frankreich — wir nennen vor allem *Guignaut*, *Raoul Rochette*, *Roulez* — geweckt worden ist. Und andererseits ist von demselben Kreise der Romantiker aus vor allem in Architektur und Malerei das Bewusstsein der Eigenthümlichkeit der Antike in dem Gegenbilde der mittelalterlichen Kunst erst wahrhaft lebendig geworden, ein Bewusstsein, welches *Winckelmann* und seinen Nachfolgern noch abging.

Endlich darf der bedeutende Einfluss nicht verkannt werden, den die philosophische vergleichende Naturbetrachtung der thierischen und menschlichen Organismen in *Buffon*, *Peter Camper*, *Blumenbach*, *Gall*, *Goethe*, *Schelling*, *Oken* auf die Grundlage aller antiken Kunstlehre ausgeübt hat.

Zu § 14.

2 Der Streit der Modernen und Antiken greift in die vorhergehende Periode ein, er trat an die Stelle des Streites über Sculptur und Malerei, s. oben S. 96: so hatte unter den Italienern *Alessandro Tassoni* (stirbt 1635), Pensieri diversi (L. X. 19. p. 629—637), so *Algarotti* (1712—1764) Sopra la pittura (Opere VI. p. 57 ff.) sich daran betheiligt, so vor allen war *Perrault* in der Schrift Le siècle de Louis le grand, 1687 für die Modernen eingetreten. Vgl. *Blankenburg*, Zusätze zu *Sulzer's* Theorie der schönen Wissenschaften, I. S. 77 ff.

3 Zur Geschichte der englischen und französischen Aesthetik s. *Zimmermann*, Geschichte der Aesthetik, Wien 1858. S. 205—216. 221—300. *Hettner*, Geschichte der Literatur des achtzehnten Jahrhunderts. I. II. III. 1. 2, 1—3. 1855—1869, darin I. S. 177—195. 269 ff. 415—436; II. S. 101 ff., 132 ff., 254 ff.; III. 2. S. 83 ff. Ganz besonders *Justi*, Winckelmann I. S. 221—232. 298 ff. II. S. 130 ff.

Hutcheson, ein Schotte, schrieb Inquiry into the origine of our ideas of beauty and virtue, 1720: der innere Sinn ist ihm Organ für die Eindrücke schöner Verhältnisse.

Lord *L. Shaftesbury*, ein ächter Schüler *Plato's* und *Plotin's* hat der englischen vornehmen Gesellschaft die Einheit von Schönheit und Sittlichkeit nahe gebracht und als ihre Unterlage den instinctiven Sinn für das sittlich und für das sinnlich Schöne bezeichnet.

William Hogarth, der Maler der Hässlichkeit und Satire (1697—1764) hat, unterstützt von gelehrten Freunden, besonders von dem älteren *Townley*, dem Freunde *Voltaire's*, seine Analysis of beauty 1753 geschrieben mit sehr feinen Beobachtungen über die ästhetisch wirksamen Linien und die ästhetischen Momente im Aufbau der modernen Gestalt.

Aehnlich regte der Irländer *Edmund Burke* an in den Untersuchungen über den Ursprung unserer Ideen von dem Schönen und Erhabenen, 1756.

Jonathan Richardson (1665—1748) aus London, ursprünglich zum Advokaten bestimmt, wird tüchtiger Portraitmaler, eifriger Sammler von Handzeichnungen und kunstkritischer Schriftsteller mit seinem Sohne, der Italien bereist und das erste englische gewandte Reisebuch Italiens vom Kunststandpunkte aus schrieb. Hauptwerke: Essay on the theory of painting and two discurses. 1. An Essay on the whole art of criticism as it relates to painting. 2. An Argument in behalf of the science of a connoisseur, Lond. 1719. 8. Dann An Account of Statues Basreliefs Drawings and Pictures in Italy with remarks by Mr. Richardson, Lond. 1722. 8. Französische Uebersetzung mit einer Abhandlung von *Ten Kate*: Discours prélimin. sur le beau idéal, Amsterd. 1728. 8.

Der dritte Band von *Richardson*, welcher den Titel führt: Description de divers fameux tableaux desseins statues bustes basreliefs etc. qui se trouvent en Italie avec des remarques in der französischen, von den Autoren selbst genau durchgesehenen vermehrten, von *Rutgers* noch durch Beiträge bereicherten Ausgabe von 1728 war für seine Zeit epochemachend und seine Lektüre ist auch noch heute förderlich. Wir begreifen vollkommen, dass *Winckelmann* das Werk besonders genau ausgezogen hat und für das beste über Italiens Sammlungen geschriebene erklärt hat. Der Vorzug liegt in dem wirklichen Kunstverständniss, dass die antike und die moderne Kunst, besonders *Rafael* mit gleichem Interesse fasst, in der klaren, verständlichen und lebendigen Sprache, dann aber in der unermüdlichen eigenen Betrachtung der Antiken oft unter schwierigen Umständen, z. B. bei der Niobegruppe, bei den Colossen von Monte Cavallo, den Reliefs der grossen Triumphalsäulen, in der sehr umfassenden Lektüre der früheren Berichterstatter und in ihrer verständigen Kritik, wodurch die Geschichte der Sammlungen z. B. der des Grafen *Arundel* genauer dargelegt wird, endlich in der so wichtigen Benutzung und Vergleichung älterer Originalzeichnungen nach der Antike, um die Ergänzungen zu constatiren wie die Veränderung der Inschriften. Das Wichtigste ist aber die entschieden ausgesprochene Erkenntniss (S. 591 ff.), dass wir aus dem Alterthum nicht die besten und originalen Stücke auf römischem Boden erhalten finden, sondern nur Reste, Ueberbleibsel aus der unendlichen Fülle von Copieen, deren Originale wir uns erst wissenschaftlich reconstruiren müssen. Auch in den geschnittenen Steinen, deren Erhaltung eine bessere und vollständigere erschien, müsse man sich sehr hüten, die mit berühmten Namen wie eines *Dioskurides*, *Pyrgoteles* bezeichneten als sicher gestellt zu betrachten, und selbst die ächten geschnittenen Steine geben uns nicht vollen Ersatz für die grossen Sculpturen; sie verhalten sich wie die Miniaturen eines *Guil. Clovio* zu *Rafael*. Glaubt man nicht *Winckelmann* selbst zu hören, wenn er sagt: Loins que ce que je viens de dire sur ce sujet avilisse les morceaux admirables que nous avons le bonheur de posséder de l'antiquité, il ne fait au contraire que nous les rendre plus précieux et plus utiles. Car comme le plaisir que nous prenons à les voir consiste dans les idées également belles et relevées dont elles remplissent notre esprit, et en sera encore plus enrichi, si nous les portons plus haut que ce que nous avons jusqu'à des objets que nous nous imaginons, qui non seulement pouraient avoir été mais même qui suivant les apparences ont été éfectivement.

Jos. Addison (1672—1719), Staatsmann, Dichter, Herausgeber des Spectator, der epochemachenden literarischen Wochenschrift, hat zwei sehr interessante Dialoge geschrieben Upon the usefulness of ancient medals especially in relation to the latin and greek poets (Miscellaneous works by Tickell, Vol. III. Lond. 1753. 12. p. 1—175). Das Gespräch wird in einem Dorfe an der Themse zwischen zwei Virtuosen und einem Kunstkenner gehalten, alle drei sind weitgereist. Der Kenner führt in ein Münzkabinet, welches eine Miniaturgalerie genannt wird. Historische Maler wie die *Caracci* wissen den Werth der Münzen zu schätzen; wir können in den Münzen die verschiedenen Hände der Zeichner unterscheiden, wir würden etwa den Stil eines *Apelles* und *Protogenes* unterscheiden, wenn diese uns wie *Tizian* und *van Dyck* bekannt wären. Der Kenner ist sehr gegen die künstliche allegorische Erklärung, gegen a mystical allegory; er weist auf die Dichter hin, welche viel besser als Prosaschriftsteller den Gegenstand erkennen lassen, *Homer* und *Virgil* sind Fundgrube für alles. Vorgelegt werden Reihen von Münzen mit allegorischen weiblichen Gestalten, Eigenschaften, dann Land- und Stadtbildern. Die alten Münzen übertreffen die neuen an Stoff und Form.

Auf dem Wege von *Addison* ging *Jos. Spence* weiter (1698—1768) mit seinem Hauptwerke: Polymetis or an enquiry concerning between the works of the roman poets ant the remains of the ancient artists being an attempt to illustrate them mutually from one another. London, Dudley fol. 1747, Ed. II. 1755, Auszug von *N. Tindal.* Deutsch, Wien 1774. 1776, 2 Bde. Man kennt das Werk heutzutage in Deutschland wenigstens nur noch aus der durchgehenden Kritik *Lessing's* in seinem Laokoon (bes. VII. ff.), man hat den zweiten Theil seines Gesammturtheils allein acceptirt: »aber dennoch behaupte ich, dass sein Buch für jeden Leser von Geschmack ein ganz unerträgliches Buch sein muss«, den ersten Theil aber übersehen: »*Spence* schrieb seinen Polymetis mit vieler klassischen Gelehrsamkeit und in einer sehr vertrauten Bekanntschaft mit den übergebliebenen Werken der alten Kunst.« Das Letztere wird noch heute jeder kundige Leser mit grosser Befriedigung finden und dem Verfasser in seinem feinen und gesunden Urtheil über die damalige Behandlung, Ergänzung, Aufstellung, Erklärung der antiken Kunstwerke Anerkennung zollen. Viele Bezüge in den lateinischen Dichtern auf bekannte plastische oder malerische Motive sind schon von *Herder* in den kritischen Wäldern mit Recht in Schutz genommen. Die Grundfrage selbst über den Wechselbezug von Dichtern und Künstlern ist allerdings ungenügend gefasst, da sie von der griechischen Literatur zuerst ausgehen musste. Zur Sache selbst vgl. jetzt die sachkundigen Bemerkungen von *Hugo Blümner* in seiner Ausgabe des Laokoon, Leipzig 1876.

Der Polymetis ist in Form eines Dialogs zwischen *Polymetis*, *Musagetes* und *Philander* gehalten und geht von der geschichtlichen Betrachtung über Blüthe und Verfall von Poesie und Kunst in Rom aus, geht dann systematisch alle grossen Gottheiten, Götterheroen, dann die astralen und zeitlichen Mächte, die Luft-, Erd-, Unterweltbewohner durch und bekämpft im 10. Buch die Fehler und das Ungenügende der bisherigen Allegorie.

Georges Turnbull veröffentlichte A traitise of ancient painting containing observations on the rise progress and decline of the arts among the Greeks and Romains, London 1740 fol. mit Proben antiker Gemälde. Dabei kam die hohe Meinung zur Sprache, welche die Männer des Alterthums von der Malerei hatten, der Zusammenhang mit Poesie und Philosophie, die Anwendung in der Erziehung, weiter einige Bemerkungen über *Raphael, Michel Angelo, Nicolas Poussin* und ihre Benutzung ausgewählter Reste des Alterthums in Sculptur und Malerei. Die fünfzig alten Gemälde aus den Ruinen Roms nach Zeichnungen von *Camillo Paderni*, gestochen von *G. Turnbull.* Man sieht ein sehr weitschichtiges, interessantes Thema im Sinne einer neuen Zeit aufgestellt, aber die Lösung der Aufgabe ist durchaus unzureichend. *Winckelmann* findet den einzigen Werth in den Stichen, die »dem prächtigen und gemissbrauchten Papiere« beigefügt sind.

Unter den Franzosen erscheint *J. B. Dubos* (1671—1742), wenn auch selbst noch auf dem Boden historischer Erudition thätig, als der erste, welcher in freier eleganter Weise über Kunst und Kunstwerke wie über grosse politische Fragen diskutirt. In Beauvais geboren, an der Sorbonne erzogen, Geistlicher, mit reicher Abtei belohnt wird er als Diplomat unter Ludwig XIV. und XV. zu wichtigen Friedensverhandlungen verwendet, kennt er Holland, Deutschland, Italien, England; er hat viel gesehen, gelesen, erlebt und legt die ästhetischen Beobachtungen nieder in den Reflexions critiques sur la Poésie et la Peinture, Paris 1719. 12., wie er vor Jahrzehnten den Nachweis von vier Gordianen auf dem römischen Kaiserthron an der Hand der Münzen geliefert hatte (1695). Er betrachtet durchaus subjektiv das Schöne als Empfindung, als Befriedigung des Bedürfnisses nach lebhaftem Daseinsgefühl und stellt den Geschmack als sechsten Sinn zu den fünf bekannten.

Als ein viel äusserlicheres, aber systematisirendes und schulmeisterndes Talent erscheint *Charles Batteux* (1713—1780); gerade dadurch hat er auf Deutschland, auf die *Ramler* und Genossen einen überaus grossen Einfluss geübt. In der Vaterstadt Rheims durch eine Ode auf dieselbe bekannt geworden 1739, als Geistlicher ausgebildet, steigt er in Paris von einer Lehrkanzel zur andern, bis zu der der alten Philosophie am Collège de France empor, wird er 1754 Akademiker in der Académie d. I. et B. L., dann seit 1761 in der Académie Française. Er glaubt, dass es ihm gelungen alle Kunst auf Ein Princip zurückzuführen in der Schrift: Les beaux arts reduits a un même principe, auf die Imitation de la nature, also unter der Macht des Aristotelischen Begriffes der *μίμησις*, aber zugleich soll nicht alle Natur, sondern wieder nur die schöne Natur nachgeahmt werden; also wird doch wieder das Schöne als Voraussetzung eingeführt. Dieses Princip wird gut und übel allen Künsten aufgezwungen. Das Werk erschien 1746, dann 1753, ward mehrfach in's Deutsche übersetzt, besonders von *J. A. Schlegel* 1752. 1770. Das Original ward dann erweitert durch einen zweiten Theil zu dem Cours de belles lettres ou Principes de la Littérature, Paris 1747. 1755. 1764 und von *Ramler* für Deutschland bearbeitet. Seine umfangreichen Ausführungen gehören alle der Rhetorik, dann noch Tanzkunst und Musik an, abgesehen von der ungeheuren encyklopädischen Arbeit des Cours d'études (45 Bde. 1780) und der Histoire de causes premières an der Hand der Alten. Von der bildenden Kunst weiss *Batteux* fast nichts zu sagen.

Denis Diderot (1713—1784) aus Langres, einst Zögling der Jesuiten, seit 1749 der Herausgeber der alle Vertreter der der politischen vorausgehenden geistigen Revolution um sich sammelnden Encyclopédie (1737—1766), der feine Kritiker des Kunstsalons von 1765—1767 und darin Epoche machend für alle Zeit, hat für die klassischen Kunststudien durch seine zuerst in der Encyklopädie erschienene Abhandlung über das Schöne (Traité sur le beau in der Collection complète des oeuvres philosophiques littéraires et dramatiques par Diderot, Londres 1773 I. p. 303—353), durch seinen »Versuch über die Malerei«, den *Goethe* übersetzt und mit tief durchdachten kritischen Bemerkungen begleitet hat (Propyläen II, 1. 1798. p. 1 ff. aufgenommen in die sämmtlichen Werke, so *Goethe's* Aufsätze und Aussprüche über bildende Kunst, herausgegeben von *Christ. Schuchardt*, Stuttgart 1863, S. 85—129), dann durch die brieflichen Auseinandersetzungen mit seinem Freunde *Etienne Falconet,* dem Bildhauer aus den Jahren 1765—1770 (Mémoires Correspond. ouvrages inédits de Diderot, 2. Ed. T. III, Paris 1834, p. 185—459; vgl. dazu *Falconet*, Extrait d'une lettre à Mr. Diderot in Oeuvres de Falconet, I. II. Lausanne 1781, p. 151 ff.) überaus anregend gewirkt. Die geistige Wechselwirkung mit *Winckelmann*, der erst von den Encyklopädisten geübte Einfluss auf ihn, wie andererseits das rasche, bedeutsame, warme Interesse für die Kunstgeschichte *Winckelmann's* tritt in den Arbeiten von *Diderot* und *Falconet* überaus lebendig uns entgegen (*Justi*, Winckelmann II. 2. S. 247 f.). Vgl. über *Diderot* überhaupt *Hettner*, Gesch. d. Literatur II. S. 260 ff. und *Rosenkranz*, Diderot's Leben und Werke, Leipzig 1866, 2 Bde.

Der von *Diderot* entwickelte Gedanke: J'appelle donc beau hors de moi tout ce qui contient en soi de quoi réveiller dans mon entendement l'idée de rapports et beau par rapport à moi tout ce qui rappelle cette idée (Collect. I. p. 332), ferner la perception des rapports est donc le fondement du beau, nous n'admettons de rapport dans les belles choses que ce qu' un bon esprit en peut saisir nettement et facilement (p. 345) trifft in der That gegenüber allen Umschreibungen und Tautologien den Kernpunkt des Schönen. In den Briefen an *Falconet* bekämpft *Diderot* jene absolute und rücksichtslose Betonung der genialen Natur bei dem Künstler (le génie le pur don de la nature est la cause unique des grandes choses) entschieden gegenüber der Beziehung des Einzelnen zu der Mitwelt und vor allem zur Nachwelt, der Einordnung unter ein sich bildendes Urtheil der öffentlichen Meinung; ebenso führt er mit Geschick die Vertheidigung des *Plinius* in seinem kunstgeschichtlichen Abschnitte und charakterisirt gut den *Pausanias*; von seiner Beschreibung des einen Gemäldes des Polygnot in Delphi, der Einnahme Trojas (Mémoires III. p. 270—292) giebt er uns eine klare und an feiner Auffassung einzelner Gruppen reiche Darlegung. Er stellt den richtigen Gesichtspunkt auf: *Pausanias* schreitet in der Beschreibung von links zu rechts fort, das ganze Bild endet trefflich nach beiden Seiten mit der Abfahrt hier der Griechen, dort der Trojaner gegenüber dem von *Falconet* behaupteten ganz desultorischen Wege, *Pausanias* stehe in der Mitte und gehe bald rechts bald links, bald hinauf bald herunter. Der grosse Fortschritt in der freien und lebendigen Auffassung der Composition wie der Gruppe tritt uns hier gerade bei *Diderot* gegenüber *Caylus* sehr entgegen.

Er erklärt bestimmt, er habe nicht die »Antikomanie«, aber er hat den klaren Blick für die Aufgabe einer urkundlichen Geschichte aller antiken Kunst. Faisons l'histoire des beaux arts depuis Homère jusqu'à Polygnote par les monuments et j'entends par les monuments l'éloquence, la poésie, les moeurs, les usages, les coutumes, le goût, les vêtements, la décoration, les édifices, les ustensiles, la raison. Wir müssen in *Diderot*, dem von *Katharina* von Russland so hochgeehrten Rathgeber, der als ihr Bibliothekar auch in Paris einen Jahrgehalt bezog, den eigentlich leitenden Geist der Verpflanzung des westlichen Kunstlebens und der Kunstlehre nach Russland erkennen.

Etienne Falconet (1715—1791) ist eine für die Geschichte der Archäologie höchst Interessante, in seinen Schriften noch nicht eingehend gewürdigte und verwerthete Persönlichkeit. Es ist durchaus falsch ihn als einen polternden gallsüchtigen Tadler des Alterthums, seiner Werke und literarischen Quellen zu betrachten. Welche Anregung er *Goethe* gewährt, zeigt ein kurzer, trefflicher Aufsatz von ihm: »Nach *Falconet* und über *Falconet*.« Aus beschränkten Verhältnissen als Sohn eines Holzschnitzers erwachsen, erwarb er sich gelehrte Bildung nur ganz autodidaktisch; er beginnt im achtzehnten Jahre seine Studien als Zeichner und Bildhauer bei *Le Moyne*, dem Maler der Decke des Herculessaales in Versailles und dem Künstler einer Erzstatue von Louis XV. zu

Rennes 1754. Der Naturalismus eines *Puget* mit seinem Milon von Kroton, eines *Coustou* wirkt bestimmend auf ihn, doch neben der Schönheit du naturel auch les principes sublimes du plus bel antique. Ein *Bouchardon* galt dem jungen Künstler für einen, der mehr als andere sich auf den griechischen Geschmack verstehe. Rom, überhaupt Italien hat er nicht besucht, aber die berühmtesten Antiken an Gypsabgüssen genau studirt und anderswo, z. B. auch in den Niederlanden um die antiken Funde sieh eifrig bemüht. Dem Studium der Gypsabgüsse weist er auch später besondere Bedeutung zu: un beau plâtre est un babillard qui ne cache aucun secret, l'égalité de sa couleur les dit tous (Oeuvres I. p. 271). Mit *Caylus* in freundlichster Beziehung als junger Mann, voll Respekt vor seiner antiquarischen und Kunstkenntniss hat er selbst eine gründliche Scheu vor aller »Antiquomanie«.

Mit *Diderot* im engsten Verkehr schreibt er für die Encyklopädie die Artikel über die Bildhauerei, und veröffentlicht wesentlich einen Vortrag in der Académie des beaux arts, die Reflexions sur la sculpture (Oeuvres, Lausanne 1782, I. p. 1—54), welcher seine Stellung zur Antike bestimmt kennzeichnet.

Die griechischen Statuen sind immer der sicherste Leiter und die sicherste Regel für Präcision, Grazie und Adel der Form des menschlichen Körpers, aber die alte Sculptur ist mit Auswahl als Vorbild zu brauchen, es bedarf des discernement judicieux. Wohl herrscht ein allgemeiner Geschmack, dem die grossen Künstler, denen alle Natur offen liegt, Gesetze gegeben haben, im Alterthum, aber darin war das Wissen und Können nicht allen Künstlern gegeben. Als treffliche Werke des Alterthums erschienen der Borghesische Fechter, der Apoll von Belvedere, der Laokoon, Hercules Farnese, der Torso des sog. Antinous (Hermes) des Belvedere, Castor und Pollux, der Hermaphrodit Borghese und die Mediceische Venus. In der Behandlung der Haut wird aber neueren, besonders *Puget* ein Vorzug gegeben. Zur körperlichen Form muss le sentiment hinzutreten.

Sehr bestimmt spricht *Falconet* seinen Standpunkt aus in Bezug auf das Basrelief. Wohl erkennt er die Abhängigkeit von der Architektur an, aber er vermisst alle partie pittoresque am antiken Relief, ebenso in Bezug auf die Draperie wird sein Tadel laut über trockenen, stumpfen Faltenwurf, einer Draperie serrée, so bei den Töchtern der Niobe. Es ist ganz begreiflich, wenn *Falconet* in der Abhandlung Sur la peinture des anciens den Basreliefcharakter der antiken Malerei zuweist und den Mangel des Clair obscur sowie der rein malerischen Composition betont.

Durch *Diderot* wird *Falconet* der Kaiserin *Katharina* empfohlen und dorthin im J. 1766 berufen zur Ausführung der gewaltigen Reiterstatue Peter des Grossen von Erz auf einen Granitblock. Die Zeit des Petersburger Aufenthaltes 1766 bis Herbst 1778 ist die Zeit grössten künstlerischen Schaffens und zugleich literarischer Thätigkeit, aber auch eine Zeit schwieriger Kämpfe und schliesslich heftigster Anfeindungen.

Die literarischen Arbeiten knüpfen sich zu einem Theil direkt an die ihm gestellte schwierige Aufgabe, indem er die berühmteste Bronze-Reiterstatue des Alterthums, die des Marc Aurel nach einem Gypsabguss einer eingehenden Betrachtung unterzog und zu einer von der herrschenden absoluten Bewunderung sehr abweichenden Abschätzung kam (Observations sur la statue de Marc Aurele adressées à Mr. le Diderot, Oeuvres I. p. 157—348, nebst einer Reihe von Briefen und Entgegnungen); höchst interessant sind seine Beobachtungen über antiken Erzguss (Sur les fontes en bronze VI. p. 264 ff.).

Der andere Theil der Arbeiten hat sich den literarischen Quellen der antiken Kunst zugewandt, vor allem dem *Plinius*, dem *Cicero*, dann dem *Pausanias*, den er aber nur aus der Uebersetzung genauer kannte, wenn auch das Griechische citirt wird. Seine Uebersetzung und Commentar zu den drei Büchern des *Plinius* XXXIV—XXXVI. (Oeuvres III. IV., dann Passages de Pline V. p. 119 ff.) erregten einen grossen Sturm des Unwillens und heftige Kritiken, die zur Erwiederung reizten. *Brotier* erklärte 1779 in der Ausgabe des *Plinius* (VI. p. 350): haec omnia miscet turbat et corrumpit etc. *Falconet*, qui quod semel monuisse satis sit, iniquissima et indigna artifice censura hos Plinii libros perstrinxit. Heutzutage wird das Urtheil von *Falconet*, *Plinius* sei selbst kein tiefer Kunstkenner gewesen, sondern ein fleissiger, oft flüchtiger Excerptor, er wiederspreche sich vielfach, begehe Irrthümer, seine kanonische Autorität über die antike Kunst sei als solche nicht anzuerkennen, von der Wissenschaft durchaus fast wie selbstverständlich anerkannt. *Falconet* besass aber nicht historischen Sinn, nicht klassische Gelehrsamkeit, nicht ruhige und gleichmässige wissenschaftliche Arbeitsmethode genug, um die bunte Mosaikarbeit des *Plinius* aufzulösen in ihre verschiedenen Fäden, das Werthvolle zu scheiden und auf die Quellen zurückzuführen. Uebrigens stecken in dem Commentar von *Falconet* eine Menge interessanter und treffender künstlerischer Beobachtungen und Mühe genug hat er sich gegeben den Text selbst zu reinigen, gestützt auf ein wie er glaubt werthvolles Manuscript der Petersburger Bibliothek. Ueberall tritt bei ihm das Grundgefühl hervor: um künstlerische Dinge richtig und eingehend zu beurtheilen muss man Künstler sein oder von ihm die Kenntnisse erwerben, die Sprache der Kunst verstehen. Er spricht von einer Invasion der Literatur in das Gebiet der Kunst, der gegenüber der Künstler sein Recht zu wahren hat.

In der That ist durch *Falconet* und zwar, was wichtig, durch ihn als Bildhauer das Recht des Künstlers in Kunstgeschichte und Kunstkritik mitzureden mit voller Energie gewahrt worden. Derselbe *Falconet* hat aber auch die lebhafteste Empfindung für *Winckelmann's* congeniale Auffassung des Schönen gehabt und ausgesprochen; er sagt (Oeuvres V. p. 54): er habe nichts besseres über das Schöne in der Kunst als *Winckelmann* gelesen, den er zu seinem Bedauern nur in der Uebersetzung lesen konnte.

Im Herbst 1778 verliess *Falconet* missmuthig Petersburg, als sein Werk noch umhüllt stand von Gerüsten, selbst noch mit der böswilligen Anklage eines Arbeiters belastet. Er ging zuerst nach dem Haag, später nach Genf und der dortigen literarischen Gesellschaft pour l'encouragement des arts ist die erste Ausgabe seiner Werke gewidmet 1781. Er steht inmitten der grossen ästhetisch-kritischen Bewegung der Zeit in besonderem engen Verkehr mit *Josua Reynolds*, dem englischen Maler und ernsten Kunsttheoretiker. Sein Nachlass an Kunstwerken und wohl auch an Papieren ist an das Museum von Nancy gekommen (Cournault in Journal des beaux arts par *Siret* 1868. n. 19).

Claud. Henri de Watelet (1718—1786), sorgfältig in Kunst und Literatur unterrichtet, im Reichthum aufgewachsen, als Jüngling 1737 auf dem Boden von Rom in seinem Lebensplan innerlich befestigt, der Kunst durch Technik, durch das Wort, durch die Förderung anderer Talente zu dienen, hat denselben in Paris fortan in anregendster Gesellschaft noch eines *Caylus* verfolgt. Er steht auf der Grenzscheide alter und neuer Aesthetik und Kunstlehre. Sein erst 1760 veröffentlichtes Gedicht L'art de peindre schliesst diese ganze von uns von Italien und von dem 15. Jahrhundert an verfolgte Gattung der Poesie über bildende Kunst ab, viel bedeutender sind aber schon die beigegebenen Reflexions sur la peinture. In dem 1774 erschienenen Essai sur les jardins tritt er für das Princip der sog. englischen Gärten, also für das der Natur und des Malerischen in der Gartenkunst in Frankreich zuerst ein. Bei langem zweiten Aufenthalt in Rom 1764 wird er persönlich mit *Winckelmann* bekannt und wird er, der zuvor von demselben hart Getadelte, der Hauptvermittler der *Winckelmann*'schen Schriften in Frankreich. Das von ihm und *Levesque* lange vorbereitete Dictionaire de peinture sculpture et gravure erscheint nach seinem Tode durch *Levesque* 1792 in fünf Bänden in Paris und wird sofort von *Heydenreich* deutsch bearbeitet (Leipzig 1793, 5 Bde. S.). Vgl. bei *Heydenreich* Bd. I. Lobrede von *Vicq. d'Azys* auf *Watelet* und *Justi*, Winckelmann II. 2. S. 40—48.

J. J. Barthélemy (1716—1795) gehört nicht in den Kreis derjenigen Männer, die die Archäologie als Kunstwissenschaft des Alterthums vom Standpunkte einer neuen, lebendigen Aesthetik im modernen Bewusstsein des 18. Jahrhunderts mit begründet haben, er streift in seinen Studien das Künstlerische nur mehr, aber er ist derjenige Franzose, der das Bild des Alterthums als eines lebendigen, anschaulichen Ganzen zuerst aufzufassen und in schöner, einfacher Darstellung wiederzugeben verstanden hat, darin ein würdiger Genosse der Encyklopädisten, der dies thut auf Grund langer und vielseitiger Quellenstudien; er ist zugleich derjenige, welcher der antiken Numismatik und Epigraphik durch seine orientalischen Sprachkenntnisse weiteres sicheres Gebiet erobert und eine numismatische Paläographie begründet; er hat endlich seine einflussreiche, glückliche Stellung in den Kreisen des Pariser Hofes im Dienste der archäologischen Studien wohl benutzt.

Aus seinen eigenen Memoiren, die er 1790. 1791 schrieb, sind wir in anmuthiger und bescheidener Form über seinen Lebensgang unterrichtet; die Correspondenz von *Caylus* hat uns eine Fülle individueller Nachrichten gebracht. *Alfred Maury* in den Académies d'autrefois II. p. 207 ff. giebt eingehende Würdigung.

In der Provence, zu Aubagne bei Marseille geboren, zum Geistlichen bestimmt studirt er eifrig bei den Oratorianern, dann bei den Jesuiten in Marseille, zeichnet sich früh durch poetische Formgewandtheit und durch orientalische Sprachkenntniss aus. Durch *Cary* in Marseille wird er zum Studium antiker Münzen und Monumente geführt. Im J. 1744 wendet er sich nach Paris und findet in dem Vorstand der königlichen Münzsammlung *de Boze*, einen Gönner, der ihn in den Kreis von *Caylus*. *Réaumur*, *Sellier* einführt, bald seinen Vorgesetzten. Unter *de Boze* in die strenge Ordnung der Verwaltung einer Sammlung eingelebt hat er von 1754 bis nahe zu seinem Ende diese Sammlung in allen ihren Theilen wohl geordnet, durch die wichtigsten Erwerbungen z. B. die Sammlung *Pellerin* vermehrt und in Einzelabhandlungen verwerthet.

Entscheidend für ihn ist die Gunst des Herrn *de Stainville*, nachher Herzog von *Choiseul* und seiner Gemahlin, deren Hausgenosse er in Rom wird und welcher ihn als Minister noch mit allen Mitteln ausstattet; entscheidend für ihn wird die Reise nach Italien und der Aufenthalt in Rom 1755—1757, wo ihm jedwede Förderung entgegengebracht wird. Hier arbeitet er die Abhandlung über das Mosaik von Palestrina, von Neapel bringt er zuerst im Gedächtniss aufgefasst eine Seite Text herkulanischer Papyrusrolle und den ganzen Einblick der herkulanischen Funde. Hier in Rom geht ihm der Gedanke auf einer Gesammtdarstellung eines grossen culturgeschichtlichen Höhepunktes in einem grossen Reisebericht. Der erste Plan die Zeit von Papst Leo X. dazu zu wählen wird aber bald verdrängt von dem zweiten einer solchen Darstellung der griechischen Welt in der Mitte des vierten Jahrhunderts v. Chr. Die Aussicht auch Griechenland zu sehen, die *Barthélemy* durch *Choiseul* nahe gerückt wird, schwindet, aber unter *Barthélemy's* Anregung, von ihm literarisch unterstützt erfolgt die Reise des Neffen von *Choiseul*, *Choiseul Gouffier*. *Barthélemy* arbeitet inmitten eines durch vielfache Aemter reich besetzten Pariser Lebens dreissig Jahre lang an dem Werk Voyage du jeune Anacharsis en Grèce; Ende 1788 ist es vollendet und wird mitten im Beginn der Revolution mit grösster Theilnahme empfangen, ja von edlen Republikanern als ein grosses Werk der Ideale der Republik begrüsst. Der gelehrte und scharfsinnige Numismatiker wird der Vermittler einer lebendigen Erkenntniss der Griechenwelt an die gebildete Gesellschaft von ganz Europa. Wie sehr aber solche Gedanken im Geiste der Zeit lagen, bezeugen die von jungen hochgeborenen Fellows von Cambridge schon 1739—1741 geschriebenen Lettres Athéniennes, welche englisch 1741 in zwölf Exemplaren gedruckt, 1781 wiederholt, erst 1798 weit verbreitet werden.

1 Für die Einführung des griechischen Geschmackes in Leben und Sitte sind sehr charakteristisch die Amusements à la grecque ou les soirées de la Halle, Paris 1764. 12., sowie die Mascerades à la grecque dediées à Mr. le marquis de Felino (du Tillot) par son serviteur, erschienen Paris 1771 vielleicht schon von *Caylus* erfunden. Vgl. darüber *Nisard*, Note in Correspondance de Caylus I. p. 312. Ueber die in Paris herrschend werdende Homeromanie, die in der Fülle von Uebersetzungen, Umschreibungen sich kundgiebt, ist der Erguss von *Caylus* aus dem Jahre 1764 interessant. Il a pris, berichtet er an *Paciaudi*, parmi nous une belle fureur pour Homère. Il nous pleut des traductions de tous les côtés. Il n'y a pas de mal qu'on s'occuppe un peu de ce grand homme que vous et moi nous admirons pour le moins autant que bien d'autres (Correspondance II. p. 68). Epoche machend in seiner allgemeinen Wirkung ward die Arbeit von *Robert Wood*, An essay on the original genius and writings of Homer, London 1769. 1775. 4., sofort von *Michaelis* in's Deutsche 1773 übersetzt. Wie Hand in Hand damit in England und Frankreich zuerst in der Architektur eine Bewegung gegen den wilden Barockstil und das Rococo hergeht und man zu klassischen strengen Formen sich zurückwendet, das näher nachzuweisen ist hier nicht des Ortes. Der Jesuit *Laugier* bricht 1752 bereits in seinem Essay sur l'architecture den Stab über den herrschenden Stil. Auf deutschem Boden hat *Fr. Aug. Krubsacius* (1718—1790) praktisch und literarisch seit 1759 dafür gekämpft.

Dresden war in Deutschland der Mittelpunkt in der Mitte des 18. Jahrhunderts, wie wir schon oben berührten, nicht allein in der umfassendsten Kunstpflege, in Sammlung von Kunstwerken, in Vereinigung und Beschäftigung zum grossen Theil fremder französischer und italienischer Künstler, sondern auch der Ausgangspunkt der für Deutschland entscheidenden Kunstliteratur, welche zunächst in einer Verpflanzung der neuen französischen Gedankenwelt und Darstellung bestand.

Wichtiger durch die Energie seines Herrschtalentes in Kunstsachen, durch die Rathlosigkeit und den umfassenden Kreis seiner Sammelthätigkeit, durch das harte, abfällige Urtheil gegenüber dem in Deutschland Bestehenden und durch die wirkliche Kenntniss in der Geschichte der vervielfältigenden Künste, besonders Holzschnitt und Kupferstich ist *Karl Heinrich v. Heineken* aus Lübeck (1706—1791), 1746—1764 unter Graf *Brühl* allmächtig in Kunstsachen in Dresden, als durch seine direkte Beschäftigung mit der Antike, mit der er als Uebersetzer und Erklärer von *Longinus* Schrift über das Erhabene auftrat (Dresden 1737, 1742), wichtiger auch als durch anregende, fruchtbare Gedanken bringende Schriftstellerei (vgl. *Justi*, Winckelmann I. S. 288—292).

Christian Ludwig von Hagedorn (1713—1780) aus Hamburg, als sächsischer Diplomat beginnend, trat nach *Heineken* an die Spitze der Kunstanstalten Sachsens, ward der Gründer der Akademieen und der Förderer des Kunstunterrichts an Universität, niedern Schulen und für die Industrie. Selbst ausübender Techniker, ja Künstler (im Aetzen), glücklicher Sammler, beginnt er seine literarische Thätigkeit zuerst in französischer Sprache (Lettre à un amateur de la peinture 1755), macht aber dann Epoche für deutsche Kunsttheorie durch die »Betrachtungen über die Malerei« 1762. 2 Bde. Wohl ist er Schüler der Engländer und Franzosen auch in der Einkleidung des Ganzen, wohl bewegt er sich in einer Art von verstandesmässigem Eklekticismus zwischen Natur und Antike (vgl. S. 86 ff.), zwischen nordischer, niederländischer und italienischer Kunst, aber er hat die Nothwendigkeit der Stellung der Kunst im nationalen Leben erkannt, in Bezug sowohl auf Aufgabe als auf Behandlung und öffentliche Verwendung. Und er versteht es zunächst für die Landschaftsmalerei das Kunstwerk nicht schematisch abzuurtheilen, sondern es künstlerisch im Worte genetisch entstehen zu lassen, seine Beschreibungen sind meist Zeugnisse gehabter Empfindungen (p. XII). Kunsttheoretisch ist er *Winckelmann* ganz verwandt, aber er ergänzt ihn in dem Betonen der Anmuth, als der Seele der Kunst neben der reinen, hohen, ruhigen Schönheit. Seine Schrift ist voll von einer Menge eingehender Beobachtungen der Antike, z. B. in der Lehre von den Proportionen, von den Bewegungen, von farbigen Bildsäulen. Vgl. die gründliche Schrift von *M. Wiessner*, Akademie der bildenden Künste zu Dresden von ihrer Gründung bis zum Tode *Hagedorn's* 1780. Festschrift, Leipzig 1864; dann *Justi*, Winckelmann I. S. 352 ff.

Philipp Daniel Lippert (1702—1785) ist unter den Vertretern des Dresdener Kunstlebens für die antike Kunst der bedeutsamste. Glaserlehrling, dann in der Meissener Porcellanfabrik in langer Lernzeit, dann Zeichner für militärische Manöver, Zeichenmeister am Zeughaus, seit 1764 Professor der Antike an der Akademie erwirbt er sich autodidaktisch gelehrte Kenntnisse und verfolgt seit 1738 ein eng begrenztes Ziel mit seltenster Ausdauer, Sammlung von Abdrücken aller antiken geschnittenen Steine, Herstellung in neugefundenen Materialen und Verwerthung derselben in ausgewählten Sammlungen für den Unterricht in der Antike, indem er sie begleitet mit kurzen Erklärungen, dafür die Mitwirkung von *Christ* und dann von *Heyne* gewinnt. Er schliesst sich darin an die noch in voller Herrschaft bei der vornehmen Welt stehende Liebhaberei für Gemmenkunde (s. oben S. 147) an, aber sein Gesichtspunkt geht in der Auswahl auf die Förderung der Kenntniss antiker Kunst im allgemeinen Unterricht, wie unter den Künstlern, »zum Nutzen der schönen Künste und der Künstler« (Angabe des Titels). Es erschienen Dactyliothecae Lippertianae universalis signorum exemplis nitidis redditae Chilias I. explic. a *Joa. Fr. Christio* qui et nonnulla praefatus est de rei gemmariae veteris gratia singulari, Lips. 1755. 4., Chilias II. Lips. 1756. 4., Chilias III. a *C. G. Heyne* 1763. Eine Auswahl von zweitausend Abdrücken mit deutschem Verzeichniss und Erklärungen erschien Leipzig 1763. 4. und noch ein Supplement von 1049 Abgüssen, Leipzig 1776. 4.

»Jeder Stein wird eine Erklärung aus griechischen und lateinischen Geschichtschreibern oder Poeten haben. Jeder Seite gegenüber werde ich so viel nur möglich die Similia aus Statuen, Marmoren, Münzen, Lampen, Malereien und geschnittenen Steinen mit beifügen und die Autoren hinzusetzen, damit man auf einmal einen ganzen Conspectum der ganzen Antiquitäten zusammen habe: dass auch sogar Knaben die allerschwersten Stellen in Geschichtschreibern und Poeten nicht allein leicht verstehen, sondern sich auch eine gute Kenntniss von den dahin einschlagenden Büchern zuwege bringen können.« Handschriftliche Aufzeichnung bei *Justi*, Winckelmann I. S. 366.

Anton Raphael Mengs (1728—1779).

Vgl. *Bianconi*, Elogio storico del Cav. A. R. Mengs, Milano 1780; *N. Guibal*, Eloge historique de Mengs, Paris 1787; *G. N. Azara*, Vita di A. R. Mengs, (opere di C. Fea 1787). Von neuen Beurtheilern nenne *Reber*, Gesch. d. neuen deutschen Kunst, 1876, S. 57 ff. und besonders *Justi*, Winckelmann II. 1, S. 26—44.

In Aussig geboren, durch seinen Vater *Ismael Mengs* technisch und stilistisch an bestimmten Mustern von Kindheit an, frühzeitig in Rom mit despotischer Strenge erzogen, bereits seit 1745 in Dresden als Porträtmaler ausgezeichnet, seit 1749 durch die grossen Aufträge für die Hofkirche anerkannt, siedelt *Mengs* seit 1752 nach Rom bleibend über, bildet um sich einen Kreis von Künstlern und lernbegierigen Kunstfreunden, tritt hier in engsten Freundschaftsbund mit *Winckelmann* seit 1755, wird 1761 nach Spanien von Karl III. gerufen als Regenerator der Kunst und ihrer Akademie, wie ihn auch Italien und England neben Deutschland als den den grossen Meistern ebenbürtigen Künstler ehrte, stirbt in Rom 1779. Als pictor philosophus von *Azara* in der Inschrift des Pantheon bezeichnet, ist er durch seine Kunsttheorie wie durch die Fülle der Beobachtungen, die er in Gesprächen, lehrend beim Zeichnen nach der Antike und dem Nackten mittheilte, von grösstem Einfluss auf die Wissenschaft der antiken Kunst geworden. Seine Schriften sind wesentlich Gelegenheitsschriften oder Lehrschriften für den Unterricht der Schüler (Lezioni pratiche). Die erste ist die in Zürich erschienene »Ueber die Schönheit und den Geschmack in der Malerei« 1761. Die anderen sind zum Theil spanisch, zum Theil italienisch ursprünglich abgefasst. Gesammtausgabe veranstaltete der Ritter *Azara*, spanischer Geschäftsträger in Rom, 1780, Parma, Bodoni 1780, dann sehr verbessert und vermehrt *Carlo Fea*, Rom 1787. 4.; neueste deutsche Ausgabe von *Schilling*, Bonn 1843. 2 Bde.

Mengs geht durchaus auf eine mit klarem, wissenschaftlichen Bewusstsein geübte Kunst aus. Die Griechen stehen ihm deshalb so hoch, weil »sie einen Weg befolgten, der von den meisten gegenwärtigen Künstlern gänzlich abweicht, nämlich den Weg der Vernunft und nicht den der Praxis oder des Eigensinns« (D. Ausg. v. *Schilling* I. S. 260). Schönheit ist ihm Vollkommenheit des Körperlichen, Harmonie des Materiellen mit dem Begriff einer Sache; dieser Begriff ruht auf Erkenntniss der Bestimmung der Sache (S. 209). Die Griechen haben diese Erkenntniss bethätigt. »Obgleich ihre Werke, wie alles was aus Menschenhänden hervorgeht, nicht fehlerfrei sind, so ist ihnen der Geschmack der Vollkommenheit nicht abzusprechen. Wie der Wein, mag man ihn immerhin mit Wasser vermischen, dennoch seinen weinechten Geschmack behält, so bewahren und offenbaren auch ihre grossen Meisterwerke trotz der Gränzen, die dem menschlichen Verstande gezogen sind, dennoch den Geschmack der Vollkommenheit« (S. 248). *Mengs* theilt nun die Werke der Alten in drei Klassen, in solche, die nur in den wesentlichen Theilen diesen Geschmack der Schönheit offenbaren, in solche, die dies in den nützlichen Theilen thun, endlich in solche, die dies in allen Theilen thun. Dieser letzten ist daher das Prädikat der Vollkommenheit zu geben. Zu dieser rechnet er Laokoon und Herkules Farnese, zu der zweiten Klasse den Apollo von Belvedere und den Borghesischen Fechter. Unter den Modernen haben die drei Meister *Rafael, Tizian, Correggio* das neben den Alten Höchste geleistet, aber jeder in einem besonderen Gebiete.

Als die wesentlichen Theile der körperlichen Schönheit sind vor allem die Proportionen zu fassen. *Mengs* entwickelt aus genauer Beobachtung der Antiken seine Lehre von den drei Perioden der blühenden griechischen Kunst (I. S. 173): »in der ersten Periode hatte man die richtigen Proportionen entdeckt, in der zweiten wurden alle Kleinigkeiten und unnützen Dinge ausgeschlossen, die dritte Manier hatte sich die höchste Vollkommenheit der Kunst zum Ziele gesetzt und sie besteht in der Abwechselung als der Seele der Dinge.« Indem er *Winckelmann* und seine Zuhörer auf die ausgewählten wenigen grossen Meister hinweist, unterwirft er diese dabei der eingehendsten, nüchternen, ja trockenen Kritik, wofür uns *Justi* in den von ihm hervorgezogenen Bruchstücken einer Beschreibung der Werke des Belvedere (*Justi*, Winckelmann II, 1. S. 38 ff.) schlagenden Beweis liefert. Ebenso lehrreich ist die in zwei Schreiben an *Fabroni* niedergelegte Beurtheilung der Florentiner Niobegruppe, welche er »als Copie nach guten Originalen aber von Künstlern verschiedener Fertigkeit« bezeichnet. *Mengs* ist dabei nicht einseitig auf Werke der Sculptur gerichtet, die er durch sorgfältige Auswahl von Gypsabgüssen, die nach Dresden verpflanzt wurden, zur Anschauung bringt; er sammelt und studirt ebenso die griechischen Vasengemälde, die Herkulanischen Malereien wie die neugefundenen am Esquilin und endlich weist er, was sehr wichtig, der Architektur ihre Stellung durchaus mit und neben den andern Künsten in der Akademie zu. »Erfindung und Geschmack machen den Architekten aus, Mathematik und Physik sind seine Gehülfen, das erste ist gleichsam als der Kopf, das zweite als die Hände zu betrachten« (S. 269). *Mengs* hat schliesslich die bildende Kunst in ihrer Verwandtschaft mit Musik aufzufassen versucht; sein letztes Werk: eine Verkündigung Mariä componirt er in dem musikalischen Stil einer Corelli'schen Sonate. Die Vergleichung harmonischer Accorde mit Verhältnissen in der Baukunst wurde in *Mengs* Umgebung eifrig angestellt.

Philipp von Stosch 1691—1757.

Vgl. *Justi*, Winckelmann II, 1. S. 227—237. 250 ff. Ders., Philipp von Stosch und seine Zeit in von *Lützow's* Zeitschrift f. bildende Kunst, 1872. Juli-August. Ders., Antiquarische Briefe des Baron Philipp von Stosch, Rektoratsprogramm der Universität Marburg, 1871; ferner Correspondance de Caylus I, p. 50 dazu Note von *Nisard* (II. p. 256).

Geboren in Küstrin 1691 als Sohn eines Arztes und aus einer Familie, die ihren Adel im 16. Jahrhundert aufgegeben, wird er zum Jurist und Diplomat ausgebildet. Im J. 1715 reist er nach Italien, wird in Florenz und in Rom bei Hofe vorgestellt, tritt hier in freundschaftliche Beziehung zu *Filippo Buonaroti*, *Bianchi* und gewinnt die Gunst von Papst *Clemens XI.* und *Francesco Albani*. Durch Graf *Flemming* wird er dem sächsischen Hofe bekannt und königl. polnischer Rath, als sächsischer Diplomat wirkt er bei dem Congress zu Cambray mit, seit 1722 wird er geheimer Agent der englischen Regierung zur Ueberwachung der *Stuart* in Italien und lebt 1722—1731 in Rom; seit 1731 bis zum Tode ständig in Florenz. Schon 1721 spricht er den Entschluss aus vom Politiker zum Antiquar überzugehen, schon damals hat er grosse Sammlungen vor allem topographischer Art angelegt, wie er später lange an einer grossen antiquarischen Karte von Rom gearbeitet hat. Die geschnittenen Steine bilden mehr und mehr den Mittelpunkt seiner sammelnden und wissenschaftlichen Thätigkeit, aber daneben hat er auch mit römischen Münzen und deren genauer Gewichtbestimmung sich beschäftigt. Unter den geschnittenen Steinen sind es die Intaglios und ferner solche mit Inschriften, die er besonders sammelt: die Herstellung von treuen Glaspasten, wie sie zuerst von *Hamberg* für den Herzog von Orleans gefertigt wurden, wie dann von Pasten in undurchsichtigen Stoffen wird eifrigst betrieben; der Maler *Adam* aus Toul, der Kupferstecher *Picart*, der Steinschneider *Ghezzi*, dann vor allen der Nürnberger *J. J. Preisler* (1698—1771) und der steinkundige *Joannot* sind seine Gehülfen. Ein ausgebreiteter Briefwechsel mit *Paciaudi*, *Amaduzzi*, *Phil. Venuti*, *Bianchi*, *Carli*, wie die ihm nach dem Tode erwiesenen Ehren zeugen für seine angesehene Stellung in den antiquarischen Kreisen von Italien.

Die Gemmae antiquae caelatae sculptorum nominibus insignitae ad ipsas gemmas aut earum ectypos del. et aer. inc. p. *Bern. Picard.* Ex praecip. Europae museis sel. et comment. illustravit. *Phil. de Stosch*, Amstelod. 1724. f., auch in französischer Ausgabe erschienen, vereinen auf 70 Tafeln Gemmen mit angeblichen Künstlerinschriften und sollen zugleich dazu dienen den verschiedenen Kunstcharakter der einzelnen Steinschneider anschaulich zu unterscheiden. Die wichtige Entdeckung von *Baudelot de Dairval* und von *Andreini*, dass unter den Inschriften auf Steinen vor allem auch Künstlerinschriften stecken, nicht zunächst Namen des Dargestellten, war von *Stosch* mit Eifer aufgenommen und weiter verfolgt worden, allerdings noch nicht mit der dabei so nöthigen Kritik gegenüber Fälschungen; er selbst muss gegen bewusste Fälschung dabei in Schutz genommen werden (vgl. *Brunn*, Gesch. d. griech. Künstler II. S. 457 ff.). Mit Recht hebt *Mariette* (Traité des pierres gravées. I. p. 331) hervor, dass die übertriebene, sorgfältige, weiche, fast coloristische Behandlung von *Picart* gerade allen Darstellungen gleichen Charakter gegeben habe.

Stosch kam nicht mehr dazu seine Beschreibung der grossen Sammlung abzuschliessen, aber es bildet dieselbe mit ihren grossen auffälligen Irrthümern im einfachen Sehen des Dargestellten, mit ihren von der alten Weise noch inficirten Erklärungen die Unterlage zu der Arbeit von *Winckelmann*, der oft nur die Pasten nicht die Originale vor sich sah (vgl. den Beweis bei *Tölken*, Erklär. Verzeichniss der antiken vertieft geschnittenen Steine, Berlin 1835, p. XIII—XLVIII).

Die ganze Sammlung *Stosch*, sowohl der Originale, wie der 28000 Abdrücke von Steinen ward von Friedrich II. von Preussen angekauft und bildet einen Hauptbestandtheil der Berliner Sammlung, seit 1792 ward von *Schlichtegroll* das Werk begonnen: Choix des principales pierres gravées de la collection, qui appartenait autrefois au Baron *de Stosch* et qui se trouve maintenant dans le cabinet du Roi de Prusse, Nuremberg, aber nur bis 1805 fortgesetzt. Gypsabgüsse der *Stosch*'schen Sammlung wurden an alle preussischen Lehranstalten vertheilt als archäologisches Bildungsmittel.

Entdeckung von Herculanum und Pompeji.

Auf die Stätte von Pompeji war man durch den Kanal des Dominico Fontana 1592 bereits geführt; hundert Jahre später erklärt bereits *Bianchini* (Storia universale, Roma 1697. 4., p. 246) aus zwei 1689 gefundenen Inschriften, dass der Name Pompeji dieser Ruinenstätte gehöre. Im J. 1713 beginnt der Prinz von *Elboeuf*, welcher nach Neapel 1706 gekommen war, ein Landhaus am Ort Granatiello bei Portici zu bauen; beim Wassersuchen stösst man 1711 auf ein Gewölbe mit trefflichen Statuen darin, die an Prinz *Eugen* von Savoyen, dann aus dessen Nachlass nach Dresden kamen. Weitere Ausgrabungen wurden versucht, aber von der Regierung gehindert. Im J. 1738 baut der König ein Landhaus bei Portici, bei 80 Fuss Tiefe stösst man hier auf eine unterirdische Stadt, die unter Resina sich hinzieht, und zwar kommt man zunächst in das Theater, bald weiter auf einen Platz (forum), der aber mit Erde wieder ausgefüllt wird. König Karl (in Spanien der Dritte) nimmt daran persönlichsten Antheil und fördert die weitere Ausgrabung als rein fürstliche Unternehmung. Sein Palast zu Portici wird das sorgfältig gehütete Depot der neuen der Erde entstammenden Kunstschätze. Im J. 1748 werden von Bauern von Cività nahe dem Sarno Ruinen in einem Weinberge aufgedeckt, welche als die von Pompeji sich erweisen.

Die erste Schrift, welche davon Kunde jenseits der Alpen brachte, ist das Mémoire sur la ville souterraine découverte au pied du mont Vesuve, Paris, Imprimerie de Ch. Herissaut, avec approbation et privilège du roi, 1748. 8. Es ist dies der Bericht des französischen ausserordentlichen Gesandten, Marquis *de l'Hopital*, abgeschlossen im December 1747, in Form gebracht durch dessen Sekretär *Darthenay*, schon in einer Abschrift dem päpstlichen Vicelegaten von Avignon mitgetheilt und nach dieser in Avignon bei *Giraud* ohne Wissen des Autor abgedruckt. Die jetzt seltene, auf der Heidelberger Bibliothek befindliche Schrift ist klar und mit Kenntniss abgefasst und macht auf die epochemachende Bedeutung für Malerei und antike Bronzen besonders aufmerksam. Es folgen dann Lettres sur l'état actuel de la ville souterraine d'Herculanum par le Président de Brosses, welche in's Englische und Italienische sofort übersetzt werden; dann die Observations sur les antiquités d'Herculanum von *Cochin*, 2 Ed. 1755.

In Italien erhielt man 1748 zuerst Kunde durch die Symbolae literariae von *Gori* auf die Briefe von Martorelli hin zum grossen Verdruss der neapolitaner Regierung. In Neapel arbeitete *Bajardi* eine umständliche, alle Nebenfragen gelehrt erörternde Einleitung (Prodromo delle antichità di Ercolano) in zwei von sieben Quartbänden 1753. 1755, gab einen dürftigen Catalogo degli antichi monumenti dissotterati della discoperta città di Ercolano, Nap. 1754 in Folio. Ende des Jahres 1755 ward die Akademie der Ercolanesi gestiftet aus fünfzehn Mitgliedern, aus deren Mitte dann erst der erste Band der Antichità di Ercolano im J. 1757 hervorging. Der Arbeitskraft und dem Geschick von *Carcani* ward dann die rasche Folge der Bände (8 Bde. bis 1792) des grossen Werkes verdankt (*Justi* II. 1. S. 210).

Mit gespanntester Erwartung sah man diesem ersten Bande und seiner Fortsetzung entgegen; zum ersten Male wurde hier eine Reihe von Gemälden veröffentlicht, doch erkennt *Caylus* mit sichtlicher Enttäuschung sofort die nicht stilistisch entsprechende Ausführung. Noch überwog aber im wissenschaftlichen Publikum das Interesse an den Papyrusrollen und der Methode ihrer Enthüllung; ebenso beherrschte das Einzelinteresse am Funde ganz und gar das wichtigere Interesse an der topographischen und architektonischen Gestaltung trotz der einsichtigen Arbeit des die unterirdischen Orte beaufsichtigenden Ingenieurs *Karl Weber*.

Winckelmann's »Sendschreiben von den Herculanischen Entdeckungen an den Reichsgrafen *Heinrich von Brühl*« im J. 1762, das auf zweimaligem Besuche von Neapel und zuerst zweimonatlicher freier Beschauung fusste, hat nicht allein für Deutschland in umfassender, klarer und geschmackvoller Weise den Ueberblick der wesentlichen Resultate gegeben. Es schlossen sich daran 1764 die Nachrichten von den neuesten herculanischen Entdeckungen an *H. Füssly* in Zürich auf Grund einer dritten Reise nach Neapel 1763 an und schliesslich wurden 1779 die italienischen Briefe von *Winckelmann* an *Bianconi*, eigentlich bestimmt für den Kurprinz *Friedrich Christian* von Sachsen und seine Gemahlin auch veröffentlicht. *Caylus* begrüsst das Sendschreiben mit lebhaftester Freude und er war es, der dasselbe in das Französische übersetzen und auf das Sorgfältigste dort veröffentlichen liess.

Die griechischen Denkmäler in Unteritalien und Sicilien.

Die Tempel von Paestum, dem griechischen Poseidonia, nie verschüttet, von Zeit zu Zeit gesehen, doch nicht erkannt, als der einzige Ort Italiens, wo »wie durch einen Riss in den Vorhang der Blick sich aufthat in eine entferntere Welt« (*Justi*), in die althellenische Kunst, waren zuerst von Marchese *Gazzola* in Parma aufgenommen, gezeichnet 1754, die Aufnahmen wurden aber erst durch *Paoli* 1784 veröffentlicht. Inzwischen wird seit 1754 Paestum ein unter Gefahren aufgesuchter Wallfahrtsort für den feinen Kunstkenner und Architekten. Graf *Firmian* in Neapel schreibt an *Mehus* 1756: j'ai été à Pesto, j'y ai été frappé de la magnificence des vestiges de l'antiquité et le grand goût de l'architecture Dorique m'en a rendu amoureux (*Justi* II. 1. S. 219). *Winckelmann* besucht die Ruinen 1757 mit dem Reisebeschreiber *Volkmann* und die Tempel mit all ihrem Schutt erschienen ihm als »das Ehrwürdigste aus dem ganzen Alterthum«. Der französische Architekt *J. Germ. Soufflot* (1713—1781), der Erbauer des Pantheon zu Paris hatte im Anfange desselben Jahrzehnt die Tempel gezeichnet und 1764 erschien ein französisches Werk von *Soufflot* und *Dumont* fol. (vgl. dazu Correspond. de Caylus II. p. 63 f.). Den umfassendsten Anblick der ganzen Ruinenstätte gab dann das Werk von *Th. Major*: The ruins of Paestum 1768 (deutsch 1781). Von Paestum aus ward der Blick nun auch nach Velia, nach Tarent, Metapont, überhaupt in den Süden Unteritaliens gerichtet.

Auch die antiken Baudenkmäler Siciliens, besonders Tempel Agrigents sind in denselben Jahren zuerst durch den Theatiner *Giac. Pancrazi* aus Cortona auf Anregung reisender Engländer in einem grossen Kupferwerke, von dem zwei Bände 1751 und 1759 erschienen, den Antichità Siciliane behandelt worden. Die interessanten Berichte über den Zustand der Denkmäler im 16. Jahrhundert durch *Fazellus* de rebus Siculis 1558 waren lange unbeachtet geblieben. Nun kam das gelehrte Werk von *Jacob Philipp d'Orville*: Sicula, quibus Siciliae veteris rudera additis antiquitatum tabulis illustrantur, Amstelod. 2 Bde. fol. 1764 zu gelegener Zeit. Und dieses ruhte bereits auf der unmittelbaren Anschauung eines umfassend gelehrten, mit unermüdlichem Reisetrieb und philologischer Kritik ausgestatteten Mannes und war mit architektonischen Ansichten und Plänen, sowie Abbildungen von Sculpturen wie Münztafeln ausgestattet. *J. Ph. d'Orville* (1696—1751) entstammte einer französischen, erst nach Hamburg, dann nach Amsterdam übergesiedelten Familie, hatte aus innerem Drange die gelehrte Laufbahn statt der Kaufmannschaft gewählt; in Leiden ausgebildet unter *Burmann d. Aelt.* und *Jacob Gronov* bereist er wiederholt England, dann Frankreich, tritt in Paris mit *Montfaucon* u. a. in engen Verkehr, tritt 1724 die grosse Reise durch ganz Italien und durch ganz Sicilien an und kehrt nach jahrelangem Aufenthalt in der Fremde nach Amsterdam zurück. In ihm verbindet sich wie in *Montfaucon* eng das handschriftliche und monumentale Studium. Sein Freund *Franc. Oudendorp* hat für Leiden die archäologischen Studien in Verbindung mit einer Sammlung zuerst begründet. *D'Orville's* grosses Werk gab viele Jahre nach seinem Tode der Jüngere *Peter Burmann*, seinerseits in numismatischer und inschriftlicher Beziehung vermehrt heraus. Sicilien wird fortan ein Zielpunkt der Wanderungen reicher Kunstliebhaber, Maler und Architekten (vgl. *Justi*, Winckelmann II. 2.

S. 385 ff.; vgl. zu *Riedesel* auch Correspondance de Caylus I. p. 331, Paciaudi Lettere, p. LXXIII). *J. H. von Riedesel* (1740—1785, in Sicilien im J. 1767), der Däne *Münter*, der Hamburger *Bartels*, die Engländer *Swinburne*, *William Hamilton*, *Wilkins*, die Franzosen *Houel*, *de St. Non*. haben alle Zeugniss durch eigene Werke gegeben. Der einheimische Adel der Insel fängt an zu sammeln, Nachgrabungen zu veranstalten, Publikationen zu unterstützen. In erster Linie steht im vorigen Jahrhundert der Prinz von *Biscari*, *Ignaz Paterno* in Catania (1784 erschien sein Viaggio per tutte le antichità della Sicilia). Der Catanese *Sestini* beginnt seine Laufbahn als thätiger Numismatiker mit der Beschreibung der Sammlung bei Biscari in Catania, die gebildet war aus den unter der Lavaschicht veranstalteten Ausgrabungen. *Winckelmann* ist auch hier derjenige, welcher die Tragweite dieser Berichte erkannte, bereits 1759 aus den Aufnahmen der Tempel von Agrigent bestimmte Resultate für die Massenverhältnisse und Gliederung antiker Tempel zu ziehen suchte in den »Anmerkungen über die alten Tempel«, welcher im J. 1767 *Riedesel's* Wanderung, des ihm ganz Geistesverwandten in Briefen mit durchlebte. Im Anfang dieses Jahrhunderts 1804, dann 1808 sind in Agrigent auf königliche Kosten umfassende Ausgrabungen gemacht worden.

Die Nekropolen Etruriens und die griechischen Vasen.

Zur steigenden Etruscheria siehe oben S. 108. 116. *Justi*, Winckelmann II. 1. S. 245 ff.

Thomas Dempster (1579—1625), aus Schottland, Professor des römischen Rechts in Pisa schrieb das Werk de Etruria regali, das erst 1723 und 1726 in Florenz erschien mit dem an Abbildung reichen Anhang von *Philip Buonarroti*. Dieses Werk ward der Ausgangspunkt leidenschaftlichen Eifers und phantastischer Theorie über das hohe Alter und die Universalität etruskischer Kunst und Weisheit. *Passeri* schrieb zu *Dempster* seine Paralipomena 1767 fol., *Guarnacci* seine Origini Italiche 1767—1772, 3 Bde. In Volterra bildete *Guarnacci* das reichste aller etruskischen Museen, ein anderes in Cortona von *Onofrio Baldelli* der Stadt geschenkt ward Veranlassung eine etruskische Akademie zu gründen, deren eifrigste Glieder die Brüder *Venuti* und *Francesco Gori* waren, deren Versammlungen (Notti Coritane) alle vierzehn Tage statt fanden, deren Dissertationen neun Bände von 1738—1795 füllen. Auch in Rom hatte man angefangen etruskische Dinge zu sammeln. Der Bischof von Chiusi (Clusium) *Bargigli*, Oheim von *Guarnacci* hatte an Ort und Stelle eine Sammlung gebildet, sie kam an Cardinal *Gualtieri*, welcher dazu noch eine solche aus Neapel von *Valletta* kaufte; dieser ganze Besitz von *Gualtieri* kam in die Vatikanische Bibliothek (*Fea* zu *Winckelmann*, Briefe über die neuesten herculanischen Entdeckungen, § 28, Donauesch. Ausg., Geschichte der Kunst III. 4, 16). Im Jahre 1744 ward im Vatican von *Quirini* ein Zimmer für die Vasen hergerichtet. Ganz neue Denkmälergattungen werden nun Gegenstand eifrigster Nachsuchung und wunderbarer Erklärung, so die Bronzespiegel als Paterae bezeichnet, so die Bronzecisten als Cistae mysticae verehrt, so die Aschenkisten von Tuff und Alabaster, so die Scarabäen unter den geschnittenen Steinen, so insbesondere die gemalten Vasen.

Mit Ueberraschung entdeckten die Etruskologen, dass solche Vasen zahlreich als häuslicher Schmuck in Neapel verwendet wurden und aus campanischen Gräbern bosonders bei Nola stammten. Und ebenso bot nun Sicilien seine zahlreichen Funde schon in Sammlungen dar; der Name von Vasi grecosiculi ward damals bereits gehört. Auch sie mussten nun als Zeugnisse tuscischer Herrschaft in Campanien gelten. Die älteste bekannte Sammlung ist die eben erwähnte der Familie *Valletta*, die nach 1720 nach Rom verkauft ward. *William Hamilton*, der englische Gesandte, ist der erste, der mit leidenschaftlichem Eifer Vasen sammelte, ja Ausgrabungen dafür am Tifatagebirge veranstaltete, geschützt gegen die Rivalität des Königs Karl durch das alles andere verschlingende Interesse für Herculanum. Hier erkannte *Mengs* zuerst den griechischen Charakter 1759 und erwarb selbst eine Sammlung. Am Studium der *Hamilton*'schen Vasen bildete *Winckelmann* seine bis heute wesentlich bestätigte Anschauung vom Werth und Ursprung dieser kleinen Kunstwerke.

»Diese Gefässe sind wie die kleinsten geringsten Insekten die Wunder in der Natur, das Wunderbare in der Kunst der Alten — ebenso erscheint in den Gefässen mehr die grosse Fertigkeit und Zuversicht der alten Künstler als in den anderen Werken. Eine Sammlung derselben ist ein Schatz von Zeichnungen« (Geschichte der Kunst III. 4. § 35), vgl. *Justi*, Winckelmann II. 2. S. 388 ff.

Baudenkmale an der dalmatinischen Küste.

Nahezu ein Jahrhundert nachdem *Spon* seine Fahrt an der dalmatinischen Küste gemacht (s. oben S. 138 ff.), werden die grossartigen Bauten der römischen Kaiserzeit zu Pola und zu Spalatro (Salona) gemessen, gezeichnet und publicirt. Der treffliche französische in Rom gebildete Architekt *Clerisseau* begleitete mit dem Zeichner *Zucchi* 1757 den Engländer *Robert Adams* (1728—1792) nach Spalatro, seine Zeichnungen liegen zu Grunde den Ruins of the palace of the emperor Diocletian at Spalatro, London 1764, fol. 71 Taf. Schon vorher hatten die englischen Architekten *Stuart* und *Revett* als Vorübung ihrer auf Athen gerichteten Unternehmung im J. 1750 drei Monate von Venedig aus in Pola geweilt und hier anknüpfend an die Berichte von *Palladio* und einige Zeichnungen von *Serlio* von dem aber 1636 zerstörten Theater, die Zeichnungen vom Amphiteater, von dem Bogen der Sergier und einem Tempel entworfen. S. Antiquities of Pola in Antiquities of Athen, Vol. IV. Lond. 1816.

Die Alterthümer Athens und des griechischen Orients.

Im J. 1748 liessen zwei Engländer, der Maler *James Stuart* und *Nicolas Revett*, der Architekt, beide seit 1742 in Rom ein Blatt ausgehen über ein Unternehmen nach Griechenland, speciell Athen zur Aufnahme der dortigen Bauwerke. In demselben hiess es:

»Es giebt vielleicht in ganz Europa keine Gegend, die der Aufmerksamkeit des Freundes der schönen Literatur würdiger wäre und einen mächtigeren Reiz für sie hätte als das Gebiet von Attika und dessen Hauptstadt Athen, wir mögen nun auf die Rolle sehen, welche dieses Land wegen seiner grossen Männer, die sich in jeder Kunst sowohl im Frieden als im Kriege auszeichneten, in der Geschichte spielt oder auf die Alterthümer, die noch jetzt daselbst vorhanden sein sollen, Denkmale des richtigen Sinnes und erhabenen Geistes der Athenienser und unerreichbare Muster des Vortrefflichsten in der Sculptur und Baukunst.« Alle bisherigen Berichte darüber sind verworren und für den Architekten unbrauchbar, dagegen sind die Baudenkmäler von Rom durch gute Abbildungen in ganz Europa bekannt; Athen ist darin ganz vernachlässigt worden. »Werden daher nicht bald genaue Zeichnungen von denselben aufgenommen, so werden seine prächtigen Gebäude, seine Tempel, Theater und Paläste, die nun in Trümmern daliegen, in Vergessenheit gerathen und die Nachwelt wird uns den gerechten Vorwurf machen, dass wir ihr keine leidliche Vorstellung von dem aufbewahrt haben, was so vortrefflich war und unsere Aufmerksamkeit so sehr verdiente, sondern dass wir das Vollendetste einer Kunst untergehen liessen, während es vielleicht in unserer Gewalt war es zu erhalten.« »Wir haben uns daher entschlossen eine Reise nach Athen zu machen und nach unserer Zurückkunft solche Ueberreste dieser berühmten Stadt, welche man uns erlauben wird zu copiren und welche wir unserer Aufmerksamkeit werth halten werden, herauszugeben, indem wir nicht bezweifeln, dass ein Werk dieser Art den Beifall aller Freunde der schönen Künste erhalten werde; und wir sind gewiss, dass Künstler, die nach Vollkommenheit streben, mehr Vergnügen und mehr Belehrung finden werden, je näher sie an die Urquelle ihrer Kunst gelangen können: denn so darf man jene Beispiele, welche die grossen Künstler und die besten Perioden des Alterthums ihnen hinterlassen haben, nennen.«

James Stuart geboren 1713 in London, Sohn eines schottischen Seemannes, hatte mit Fächermalen Mutter und Geschwister ernähren müssen; er ging 1742 nach Italien und hatte hier neben dem Malen klassische Studien eifrig getrieben. Die Aufgrabung und Errichtung des Obelisken auf Monte Citorio hatte ihn zu einer wissenschaftlichen und technischen Abhandlung veranlasst: de obelisco Caesaris Augusti Campo Martis nuper effosso epistola *J. Stuarti* ad *Carolum Wentworth* comitem de Malton, Rom 1750 und war dadurch Papst *Benedict XIV.* bekannt geworden. *Nikolas Revett* geboren 1720 in Brandestonhall von angesehenen Eltern, klassisch unterrichtet, bildet sich zum Maler aus, geht 1742 ebenfalls nach Italien und tritt in enge Verbindung mit dem Künstler *Gavin Hamilton*, dem eifrigen Maler homerischer Stoffe und glücklichen Antikensammler und mit *Brettingham*. Eine gemeinsame Wanderung nach Neapel war vorausgegangen, ehe der grosse Plan Griechenland zu besuchen reifte. *Hamilton* scheint dafür *Stuart* und *Revett* sehr angeregt zu haben.

Die Ankündigung von *Stuart* und *Revett*, noch mehrmals wiederholt fand lebhaften Beifall und kräftige, materielle Unterstützung besonders durch Lord *Malton*, nachher Marquis *von Rockingham*, durch *James Dawkins* und *Robert Wood*. Inzwischen, ehe der Plan zur Ausführung kam, unternahm Lord *Charlemont* mit Freunden und dem Zeichner *Richard Dalton* eine Küstenfahrt im mittelländischen Meer nach Sicilien, Athen, Constantinopel, Kleinasien, Aegypten. *Dalton's* Zeichnungen erschienen in Auswahl 52 Tafeln 1751 in Kupfer gestochen, darunter neben Costümbildern auch Ansichten des Parthenon, anderer Bauten und einzelner Sculpturen. Im J. 1791 erschien eine andere Reihe: Antiquities and views in Greece and Egypt. Seine Zeichnungen nach 20 antiken Statuen Italiens, 1770 erschienen, erweisen ihn nicht als bedeutenden Darsteller der Antike. Er ward übrigens Vorstand der Gemälde und Alterthümer König Georgs III. Vgl. *Fiorillo*, Geschichte der zeichnenden Künste, S. 640—642; *Michaelis*, Parthenon S. 68, 98; *Wachsmuth*, Stadt Athen I. S. 80.

Im Januar 1751 fuhren die Reisenden *Stuart* und *Revett* von Venedig ab, kamen über Zante, Patras nach Korinth, wo der altdorische Tempel zuerst und zwar mit trefflichen Instrumenten gemessen und gezeichnet ward. In Athen haben sie von Mai 1751 bis März 1753, *Revett* noch bis Herbst 1753 verweilt in ununterbrochener Arbeit des Messens, Aufräumens, Zeichnens: *Revett* ganz für die Architectur arbeitend, *Stuart* in Gesammtansichten und Zeichnung der Sculpturen, besonders des Parthenon thätig. Zum ersten Male sind mit gewissenhaftester Treue, ohne jede Ergänzung oder verschönernde Glätte, mit genauen Messungen die attischen Bauwerke abgebildet und viele Irrthümer, falsche Voraussetzungen von *Spon* und *Wheler* beseitigt worden. Eine zweimalige Reise durch die Cykladen im J. 1753 und 1754 gab Gelegenheit zu Aufnahmen in Delos, Andros, Paros, ein mehrmonatlicher Aufenthalt zu Salonichi (Salonica, Thessalonike) zur genauen Zeichnung der Halle Incantada. Die Rückkehr fand über Smyrna und Marseille gegen Ende 1754 statt.

Der erste Band des epochemachenden Werkes der Antiquities of Athens mesured and delineated erschien erst 1761. 1762. Wegen der Verzögerung des Ganzen trennte sich *Revett* von *Stuart*, neuen Unternehmungen zugewandt, trat aber seine Zeichnungen an *Stuart* ab. Der Text ist durchzogen von einer herben Kritik von einem inzwischen erschienenen Werke des Franzosen *Jean David le Roy*: Les ruines de plus beaux monuments de la Grèce. Paris 1758. fol. 2. Ausg. 1770. Englische Uebersetzung 1759. Deutsche Bearbeitung von *Kilian*, Augsburg 1764.

Dieser (1728—1803), ein Sohn eines berühmten Uhrmachers in Paris, Schüler von *Joseph Vernet*, auch jung nach Rom gekommen, war durch *Stuart's* Unternehmen zum Wetteifer angeregt, mit trefflichen Empfehlungen und Ferman ausgestattet, traf 1754 in Athen ein und entwarf dort mit grossem Geschick und Eleganz aber ebenso grosser Leichtfertigkeit seine Zeichnungen, in der Bezeichnung der einzelnen Monumente ganz noch auf *Spon* und besonders *Wheler* fussend, ohne jede Prüfung der Quellen und oftmals in Wort und Zeichnung dichtend. Sein Werk rasch veröffentlicht nahm daher die Gunst der Priorität bei dem grossen Publikum *Stuart* vorweg.

Stuart als the Athenian hochgeehrt, in einträglicher Stellung zu Greenwich hat bis zu seinem Tode durch eine Reihe von Bauten die Formen des griechischen Stiles angewendet, ward aber in dieser hellenischen Theorie heftig bekämpft von dem Vertreter des Römerthums, dem Architekt des Königs *William Chambers*, welcher auch in Schriften seine Strictures upon grecian art niederlegte und den orientalischen, besonders chinesischen Geschmack verfocht.

Der zweite Theil der Antiquities of Athens erschien 1788 nach *Stuart's* Tod von *Newton* bearbeitet, der dritte ward von *Reveley* besorgt, der vierte 1816 von *Joh. Woods*, so dass alle Papiere auch über Salonichi, Korinth, Pola, die Inseln von *Stuart* und dazu *Revett's* neue Beobachtungen von 1765/66 und die trefflichen ergänzenden Zeichnungen von *Pars* zu den Parthenonsculpturen (*Michaelis*, Parthenon S. 71. 99) vielfach ergänzt benutzt sind. Die neue englische Ausgabe 1825—1827 von *Priestley* und *Weale* ist mit einer Menge neuer Beobachtungen von *Chandler*, *Dodwell*, *Wilkins*, *Clarke* u. a. bereichert. Als weitere Ergänzung von *Stuart* gab Sir *William Gell* 1817 die Unedited antiquities of Attica heraus, welche die Ruinen von Eleusis, Rhamnus, Sunium, Thorikos umfassen. Und endlich erschien 1830 noch ein Supplementband für Athen 1829/30 von *Cockerell*, *Jenkins*, *Kinnaird*, *Donaldson*, welcher dem Zeustempel von Agrigent, dem alterthümlichen Tempel von Cadacchio auf Corfu, dem Tempel von Phigalia und dem Schatzhaus des Atreus zu Mykenae gewidmet ist. Eine französische Uebersetzung von *Stuart* erschien 1808 und endlich eine deutsche Bearbeitung aller Theile, auch der Supplemente in Darmstadt bei *Leske*, 1829—1833 von *Wilh. K. Wagner*, *Fr. Osann* mit Zusätzen von *Creuzer* und *Otfr. Müller*. So ist das Unternehmen *Stuart's* und *Revett's* in der That der Ausgangspunkt der wichtigsten Publikationen echt griechischer monumentaler Kunst, um dasselbe hat sich förmlich die fruchtbare Arbeit der folgenden zwei Menschenalter für die griechische Welt krystallisirt.

Der Kreis begeisterter und reicher Gönner, welche diese Publikationen grösstentheils leiteten, hatte bereits 1733 zur Gesellschaft der Dilettanti sich organisirt und noch heute dauert ihre Thätigkeit fort. Zum ersten Male ward eine archäologische Expedition von einem Verein wissenschaftlicher Männer mit bestimmten Aufgaben und unter bestimmten, in einer Instruktion niedergelegten Normen ausgerüstet. An die Spitze ward *Richard Chandler* Dr. theol. und Mitglied der Universität Oxford, bekannt bereits als genauer Inschriftenkenner durch sein so eben erschienenes Werk der Marmora Oxoniensia, 1763, 3 Bde., gestellt, ihm zur Seite der bereits erprobte *Nicolas Revett* und der junge Maler *Pars*. Auf Grundlage der Tagebücher und Vermessungen und Zeichnungen erschienen die Antiquities of Jonia by *R. Chandler*, London 1769 fol. 28 Taf., die beiden Reisebeschreibungen von *Chandler* über Kleinasien und über Griechenland (Oxford 1770, deutsch Leipzig 1776. 1777), die Untersuchungen über die Troade (An Essay on the Troad or a review of the geography history and antiquities of the region of Troy with other classical and geographical essays), dann die Publikation der auf der Reise gesammelten Inschriften: Inscriptiones antiquae pleraeque nondum editae in Asia minore et Graecia praesertim Athenis collectae, Oxon. 1774 fol. In Griechenland war die nähere Kenntniss der Ebene von Olympia, die Erkenntniss der zum Zeustempel gehörigen Ueberreste wichtig, in Kleinasien sind die Ruinen von Ephesos, die Tempelreste von Priene, Milet, Mylasa, Sardes u. a. zuerst in Messung und Zeichnung der Wissenschaft gesichert worden. Die trefflichen Zeichnungen von *Pars* sind im brittischen Museum in Printroom niedergelegt (vgl. über die den Parthenon betreffenden *Michaelis*, Parthenon S. 71. 99).

Nach S y r i e n wandte sich *Robert Wood*, der nachherige Unterstaatssekretär Englands, der Verfasser des in Deutschland so zündenden Versuchs über das Originalgenie Homers, die Seele eine Zeit lang der Gesellschaft der Dilettanti 1751 mit *Dawkins* und *Bouverie* und hat die entlegenen, so zauberhaft wirkenden, der steigenden Zerstörung auch durch Erdbeben fort und fort ausgesetzten spät hellenistischen Ruinenstätten von B a l b e k (H e l i o p o l i s) und P a l m y r a zum Gegenstand des Specialstudiums gemacht; bis zum heutigen Tage sind die Werke: The ruins of Palmyra otherwise Tedmor in the Desert. 1753. fol. 5 Taf. und The ruins of Balbek otherwise Heliopolis in Coelesyria 1757 fol. 40 Taf. (deutsch von *Brucker* 1769. 1782) für diese Denkmälergruppe die grundlegenden, unschätzbar bei der fortgeschrittenen Vernichtung ganzer Bauwerke.

Goethe spricht unter dem Eindrucke dieser Unternehmung bei Besprechung von *Robert Wood's* Schrift über Homer es aus: »ausser den Britten besitzt keine der jetzigen europäischen Nationen den Enthusiasmus für die Ueberbleibsel des klassischen Alterthums, der weder Kosten noch Mühe scheut, um sie wo möglich in ihrem völligen Glanze wieder herzustellen.« (Sämmtl. Werke 33, S. 21.)

Ganz gleichzeitig mit der Unternehmung von *Stuart* und *Revett* nach Griechenland ward von Dänemark und zwar unter dem persönlichen Interesse des Königs *Friedrich V.* und *Christian VII.* seit 1766, auf Betrieb des Grafen *Bernstorff* zunächst für Bibelstudien mit einer berühmten wissenschaftlichen Instruction der Göttinger Societät der Wissenschaften, von *Michaelis* entworfen, eine Expedition nach A r a b i e n, I n d i e n, P e r s i e n und S y r i e n unternommen. Der zunächst als Mathematiker fungirende *Carsten Niebuhr* ward die Seele des Ganzen. In der von ihm abgefassten Description de l'Arabie, Amsterdam 1774, dann in dem grossen, erst lange nach seinem Tode ganz vollendeten Reisewerk (Reisebeschreibung nach Arabien und anderen umliegenden Ländern. 4. I. 1774; II. 1778; III. 1837, herausgegeben von *Gover* und *Olshausen*) ist die reiche Frucht genauester Beobachtungen während der sechsjährigen Reise

1761—1767) niedergelegt. Neben den ersten genauen Abschriften von längeren Inschriften in Hieroglyphen, in Keilschrift, neben vielen griechischen Inschriften, sind die genauen Aufnahmen und zuverlässigen Zeichnungen von ägyptischen Mauerwerken, von den Höhlentempeln auf Elephante, von den Palastruinen und Gräbern bei Tschil Minar von ganz unschätzbarem Werthe. An ihnen haben lange glänzendere Werke auch der Engländer, wie eines *Hodges*, eines *Robert Gough* gezehrt. *Niebuhr's* Werke sind dann erst die künstlerisch wirksamen, reicher ausgestatteten Kupferwerke von den Brüdern *Daniell* (Antiquities of India from the drawing of Thomas Daniell engraved by himself and Will. Daniell token in the year 1790—1793), von Lord *Valentia* (Travels I. II), von *Langlès* (Monumens anciens et modernes de l'Hindostan, Paris 1813 ff.) gefolgt. Von indischer Architektur und Skulptur wurden die grössten Vorstellungen erweckt und damit eine wichtige Parallele zur westlichen Kunstentwickelung gewonnen. War es ja doch dieselbe Zeit, wo durch *William Jonas*, *Colebrook*, *Wilkins* u. a. die indische Literatur nach Europa gebracht wurde, wo in Indien selbst durch die asiatische Gesellschaft zu Kalkutta, wie die literarische Gesellschaft in Bombay ein Mittelpunkt überhaupt für indische Alterthumskunde geschaffen wurde, dieselbe Zeit, wo *Anquetil du Perron* von Indien die heiligen Schriften der Parsi in Uebersetzung mitbrachte und auch Altpersien mit seinen Monumenten durch dieselben in ein ganz neues Licht gestellt wurde.

Archäologische Gesellschaften und Anstalten.

6 Wir sahen oben (S. 85) wie bereits *Pomponius Laetus* in richtigster Ahnung des der Archäologie wahrhaft Förderlichen eine Gesellschaft der antiquarii in Rom bildet, die eine Zeitlang auch nach ihm fortbestand, geschieden von den Vereinen philosophischer, poetischer, rhetorischer Unterhaltungen und Prunkübungen. Wir haben ferner auf die Ausbreitung einer zum Behufe naturwissenschaftlicher Untersuchungen in London zuerst 1645 gestifteten, seit 1663 königlichen Gesellschaft der Wissenschaften, auf die Erweiterung einer solchen Organisation auf dem Boden Frankreichs unter der starken monarchischen Leitung eines Louis XIV. auf das Gebiet der Künste wie der schönen Wissenschaften entsprechend französischer Bildung und Gesellschaftsweise mehrfach hingewiesen (S. 84. 135 f.). Diese etwas steife und äusserliche Akademieform breitete sich über ganz Europa aus und schloss in sehr wechselnden Namen bald besondere Abtheilungen für die bildenden Künste, wie für das Studium philosophisch-antiquarischer Art in sich ein. Das achtzehnte Jahrhundert zeigt nun aber eine Reihe besonderer Gruppirungen für die Monumentenforschung mehr und weniger unter dem Gesichtspunkt der Kunst, mehr und weniger in die Akademieform eingezwängt, fast alle fruchtbringend in regelmässigen Publikationen. London steht auch hier mit oben an durch die Gesellschaft der Dilettanti seit 1734, die Gesellschaft der Antiquarier seit 1752, speciell zunächst bestimmt für die Alterthümer des eigenen Landes, aber doch frei hinausgreifend in das ganze Gebiet der klassischen Archäologie. Seit 1770 ist die Archaelogia or miscellaneous Tracts relating to antiquity published by the society of antiquaries of London bis in dieses Jahrzehnt in einer ununterbrochenen Reihenfolge von 43 Quartbänden von dieser Gesellschaft erschienen, wie die Society of Dilettanti abgesehen von den oben erwähnten Unternehmungen in wahren Prachtwerken, wie den Specimens of ancient sculpture I. London 1809; II. 1835 fol. sich thätig erwiesen hat.

In Italien gründete *Benedict XIV.* (1740—1758) zu Rom eine Academia di antichità profane und eine di storia romana, deren Sitz auf dem Capitol war mit regelmässigen Zusammenkünften (vgl. *Justi*, Winckelmann II. S. 138 ff.). Die päpstliche Akademie dell archeologia ist eine Erneuerung derselben, seit 1821 sind ihre Atti erschienen, bis jetzt in 12 Bänden. In Cortona sahen wir schon oben, ward für die etruskischen Dinge eine Akademie von *Onofrio Baldelli* 1726 gegründet mit *Lucumonen* an der Spitze, deren Zweck war »die edle Zeichnung, die Majestät der Riten und Ceremonien, die Eleganz der Trachten, Sage und Geschichte der Etrusker darzulegen« (*Justi*, Winckelmann II. S. 245 f., 268 f.). Die Familie der *Venuti* war eine der thätigsten dabei. Auch in Florenz bildete sich 1735 die Società Colombaria, im Palazzo degli Pazzi, welche aber erst 1745 eine wissenschaftliche Bedeutung gewann, als gelegentlich eines grossen Bronzefundes von *Mantecchi*, auch ihr die Verwerthung der etruskischen Gräberwelt zugefallen war. Ihre Memorie di varia erudizione erschienen zuerst 1747. Die Stiftung der Academia di Ercolanesi zu Neapel speciell für die Ausbeute der Ausgrabungen von Herculanum und der dortigen Papyrusrollen im J. 1757 erwähnten wir früher schon. Ob die Academia del buon gusto zu Palermo ausser dem einen Bande Saggi di dissertazioni dell' Academia etc., Palermo 1755. 4. je etwas geleistet hat, ist mir nicht näher bekannt; jedenfalls war der Abbate *Domenico Schiavo* ein sehr eifriger und mittheilsamer Correspondent von *Caylus*.

Auf deutschem Boden hat die 1763 gestiftete, 1766 eröffnete kurfürstlich-pfälzische Akademie der Wissenschaften und schönen Literatur (et elegantiorum literarum) zu Mannheim während ihres ganzen Bestehens durch ein Menschenalter hindurch die römischen Monumente der Heimath in erster Linie zum Gegenstand ihrer Veröffentlichungen (Acta acad. palat. scientiar. etc. Vol. I—VII. 1766—1794) gemacht; ein *Schöpflin*, der Geistesverwandte von *Caylus*, hat ihr diesen Charakter aufgeprägt. Schon vorher 1757 war eine Akademie der Zeichnung und Bildhauerkunst gegründet worden unter dem Niederländer *Verschaffelt* (1710—1793). Hand in Hand damit ging die Bildung eines Antiquariums aus heimischen Funden und werthvollen Erwerbungen in Italien, besonders von etruskischen Aschenkisten im J. 1774, Hand in Hand ferner die Erbauung eines Saales für Gypsabgüsse im J. 1767 und die Eröffnung desselben für das Publikum (vgl. *Häusser*, Geschichte der Rheinpfalz I. Heidelberg 1856. II. S. 944. 954; Lebensbeschreib. v. *P. v. Verschaffelt*, Mannh. 1797. 8.).

Es ist bekannt, mit welcher Begierde *Goethe* 1771 von Strassburg, vom Eindruck des Strassburger Münsters weg, den Antikensaal zu Mannheim zu sehen eilte und welcher Eindruck ihm da geworden ist (Dichtung und Wahrheit B. XI Schluss, *Schuchardt*, Goethe's italienische Reise I. S. 18 ff.). Er schliesst mit den Worten: »dieses grosse mir durch's ganze Leben wirksame frühzeitige Schauen war dennoch für die nächste Zeit von geringen Folgen.«

Eines der merkwürdigsten Zeugnisse des überwältigenden, für unsere kühle Generation fast unfasslichen Eindruckes dieser Sammlung und zugleich der neuen, dabei waltenden Gesichtspunkte im Gegensatz zu allen bisherigen fürstlichen Kabineten giebt der Brief eines reisenden Dänen in *Schiller's* Rheinischen Thalia, in dem ersten Heft 1785 (S. 176—184), welches Fragmente aus *Schiller's* Don Carlos und seinen Vortrag über die Wirkung einer guten stehenden Schaubühne enthält.

Da heisst es: »Der heutige Tag war mein seligster so lang ich Deutschland durchreist. — Ich komme aus dem Saale der Antiken zu Mannheim. Hier hat die warme Kunstliebe eines deutschen Souverains die edelsten Denkmäler griechischer und römischer Bildhauerkunst in einen kurzen geschmackvollen Auszug versammelt. Jeder Einheimische und Fremde hat die uneingeschränkte Freiheit diesen Schatz des Alterthums zu geniessen. denn der kluge und patriotische Kurfürst liess diese Abgüsse nicht desswegen mit so grossem Aufwande aus Italien kommen, um allenfalls des kleinen Ruhmes theilhaftig zu werden, eine Seltenheit mehr zu besitzen oder wie so viele andere Fürsten, den durchziehenden Reisenden um ein Almosen von Bewunderung anzusprechen. Der Kunst selbst brachte er das Opfer und die dankbare Kunst wird seinen Namen verewigen. Schon die Aufstellung dieser Figuren erleichtert ihren Genuss um ein grosses. *Lessing* selbst, der hier gegenwärtig war, wollte behaupten, dass ein Aufenthalt in diesem Antikensaal dem studirenden Künstler mehrere Vortheile gewährt als eine Wallfahrt nach Rom. — Empfangen von dem allmächtigen Wehen des griechischen Genius trittst du in diesen Tempel der Kunst. — Du stehst auf einmal mitten im schönen lachenden Griechenland. wandelst unter Helden und Grazien und betest an wie sie, vor romantischen Göttern.«

Auch die Casseler Akademie von Landgraf Friedrich II. gegründet, wandte eine Hauptthätigkeit der Beschreibung der im Museum Fridericianum seit 1778 vereinten antiken Schätze, die in Rom besonders von *Gavin Hamilton* erworben waren, in dem einzigen Bande Mémoires zu. Die Göttinger Societät der Wissenschaften bald nach der Gründung der Universität 1751 gestiftet unter dem entschiedenen Vorbilde Englands hat schon durch *Gesner*, noch mehr durch *Heyne* die Archäologie geradezu in das Centrum ihrer historischen Klasse gestellt. In ihrer dritten Klasse, der der Historia, sind neben der ganzen Alterthumswissenschaft auch die elegantes literae besonders genannt. Interessant ist, dass die ersten Abhandlungen von *Gesner* Marmorreliefs und griechische Inschriften im Museum zu Cassel behandeln, welche hessische Soldtruppen der Republik Venedig bei der Besetzung von Athen 1687 mit sich nahmen. Spanien erhielt durch den Bourbonen *Philipp V.* 1738 eine Akademie der Geschichte, speciell der vaterländischen, durch *Karl III.*, den eifrigen Patron der Entdeckung von Herculanum, eine neue Organisation und einen Prachtbau San Ferdinando für die Akademie der Künste. Dort bildete sich eine Sammlung der heimischen römischen Alterthümer insbesondere aus Tarragona, hier neben einer Gypssammlung seit 1770 durch Geschenk, besonders von *Davila* aus Neapel nur kleinere Anticaglien (*Hübner*, die antiken Bildwerke in Madrid, Berlin 1862. S. 211. 223). Hier versuchte *Mengs* seit 1761 die wissenschaftliche Ausbildung junger Künstler, und die Reorganisation des spanischen Kunstlebens vor allem gegründet auf das Studium der Antike (*Mengs*, Opere pubbl. da Azara corrette etc. da C. Fea, p. 268 ff., besonders Raggionamento su l'accademia delle belle arti di Madrid, p. 287 ff.). In Schweden ward bereits 1668 ein Antiquitäten-Collegium gegründet.

Die ersten grossen Staatssammlungen.

7 *Nicolaus V.* (1447—1455) umfassende Bau- und Culturpläne zum Glanze des Papstthums hatten in dem Complex des Vatican auch Antikensammlungen wie Werkstätten von Künstlern aufgenommen (Vitae Paparum bei Muratori Script. Ital. III. 2 Col. 920 ff. 949), aber dreihundert Jahre vergingen, ehe nach der Seite der Kunstsammlung sie verwirklicht wurden. Schon *Sixtus IV.* hatte einige verstreut stehende Alterthümer dem Municipium Roms 1471 geschenkt, welche Hof, Treppen und Säle der Conservatoren als Curiositäten und Zeugnisse alten Glanzes schmückten. Auch *Pius V.* und *Sixtus V.* hatten andere Antiken geschenkt. *Julius II.* allein hat den kostbaren Antikenbesitz aus dem Privatinteresse des Papstes und seiner Familie herausgenommen und der von *Alexander VIII.* gebauten Villa di Belvedere und dem grossartigen Turnierhof mit Terrasse und oberen Garten zugewendet. Als reichen, zierlichen Wand-

schmuck verwendete *Sixtus V.* dafür die Antiken und besonders für das Gartenhaus von *Paul IV.* (1555—1559) und *Pius IV.* (1559—1565). Der Kunstsinn der folgenden Päpste ist ganz den Privatpalästen ihrer Familien und den Villen zugewendet (s. oben S. 113), während *Sixtus V.* (1585—1590) einen eigenen Prachtbau der Bibliothek errichten liess. Erst *Clemens XI.*, ein Albani (1700—1721) fasst unter dem wissenschaftlichen Einflusse von Männern wie *Bianchini* Pläne grosser monumentaler Sammlungen, so für Inschriften, Münzen, Büsten, christliche Alterthümer, Zeichnungen. Unter ihm wird zuerst auf dem Capitol in dem dem Conservatorenpalast gegenüberliegenden Bau eine Antikensammlung begonnen. Und diese wächst bedeutend unter *Clemens XII.*, einem Corsini (1730—1740) durch den Erwerb der ersten grossen Sammlung des Cardinals *Albani* 1734 und unter *Benedikt XIV.* (1740—1758), dessen Akademiegründung auf dem Capitol bereits hervorgehoben ward, und welcher daselbst eine Zeichenschule errichtete, kamen die herrlichsten Schätze dahin, wie die capitolinische Venus und ebenso eine erste ägyptische Sammlung.

Das capitolinische Museum ist die erste bis 1838 päpstliche, öffentliche Antikensammlung Roms. (Vgl. *Justi*, Winckelmann II, 1. S. 302 f.) *Clemens XIV.* Ganganelli (1769—1774) hat wie er in der Kirche der gewaltigen Geistesbewegung des 18. Jahrhunderts gegen den Jesuitenorden folgt, so auch im Gebiete des Kunstlebens dem Vatikan seinen Charakter als grosse, zusammenhängende, öffentliche Antikensammlung verliehen; sein Schatzmeister *Angelo Braschi*, als Papst *Pius VI.* (1774—1795) hat das Werk wesentlich vollendet, das Museum Pio Clementinum durch Ausbau der verbindenden Galerien und Umgestaltung und Einfügung des Belvedere in den ganzen Complex. Die antike Kunst tritt hier in würdigen Wetteifer mit dem Herrlichsten, was die moderne Welt geschaffen, wie mit den aufgehäuften Schätzen der klassischen Literatur. Die päpstlichen Sammlungen wurden so für Rom der natürliche, grosse und würdige Sammelplatz für allen beweglichen Familienbesitz, in den alle Kanäle gleichsam des persönlichen Kunstinteresses münden und der Vatican versammelt seit Ende des vorigen Jahrhunderts eine Elite der europäischen Gesellschaft vor den Antiken.

Ganz gleichzeitig mit dem Capitol und Vatican wurde im Nordwesten Europas auf ganz anderer politischen Unterlage und auch in wesentlich anderer geistiger Atmosphäre eine grosse staatliche Antikensammlung eröffnet, welche allein berufen war bleibend mit Rom zu wetteifern, das brittische Museum.

Wichtigste Quelle für die Geschichte desselben ist: Lives of the founders of the British Museum with notices of its chief augmentors and other benefactors 1570—1870 by *Edward Edwards*, London 1870. Vol. I. II. 8.

Die von ächtem Kunstgeiste, mit grossen Mitteln und mit geschickter Hülfe wissenschaftlich gebildeter Reisenden gebildete Sammlung des Grafen *Arundel* war, wie wir oben gesehen (S. 124 ff.; vgl. jetzt *Michaelis*, Entstehen und Vergehen einer Antikensammlung im Neuen Reich 1878. n. 24. 25), traurig verwahrlost, zerstreut, selbst in einzelnen Theilen wieder mit Erde bedeckt, unter das Strassenpflaster gekommen, hatte dennoch in seinen Marmorwerken das Haus der Pomfret geschmückt, war zum Theil in die Universität Oxford gewandert, ein anderer Theil war noch bedeutend genug um den Grundstock der Sammlung Pembroke zu Wiltonhouse zu bilden. Die Sammlung geschnittener Steine, dieser Lieblingsgegenstand vornehmer Amateurs, kam in den Besitz des berühmten *Marlborough* und ist auch der Verzettelung nicht entgangen. Nur die Arundelmanuscripte sind geborgen worden lange im Besitz der Royal Society der Wissenschaften, ruhen seit 1832 in den Räumen des brittischen Museums.

Wohl beginnt nun seit der Consolidirung der politischen Stellung Englands nach Innen und Aussen unter dem Hause Hannover-Braunschweig sowohl der Sammeleifer einzelner englischer Familien für die Ausschmückung ihrer Landsitze mit Antiken aus dem unermesslich reichen Erbe der schwindenden italienischen Aristokratie als auch die wissenschaftliche, philologische Verwerthung der in Oxford und auch etwas später in Cambridge vorhandenen Antiken, zunächst für Inschriften und Münzen. Die königliche Familie verhält sich aber durchaus interesselos und abweisend gegen diese Dinge. Um so wichtiger wird das Eintreten jener freien Gesellschaften, deren wir gedacht und endlich die im Parlament sich bahnbrechende Erkenntniss der Bedeutung wissenschaftlicher Sammlungen auch für den Nationalwohlstand.

Die Familie eines flandrischen Wollen- und Leinwebers *Courten* war um des Glaubens willen 1567 nach England eingewandert und hatte sich durch unternehmende Mitglieder auf Reisen, in Colonisation, so von Barbados, dann durch Geldgeschäfte grosse Reichthümer erworben. Ein Sir *William Courten*, der vierte des Namens (1642—1702), mit *Locke* und mit *Tournefort* befreundet, ganz französisch gebildet, hatte naturwissenschaftliche Studien besonders der Botanik mit grösstem Eifer ergriffen und dafür speciell, überhaupt aber alles Merkwürdige fremder Länder gesammelt. Seit 1684 war sein Museum von zehn Zimmern in Middletemple bei London der vornehmen Welt und Liebhabern geöffnet. Die Grabinschrift spricht es aus: gazarum per Europam indagator sedulus quas hinc illinc sibi partas negavit nemini sed cupientibus exposuit humanissime, non avarae mentis pabulum sed ingenii si quid naturae si quid artis nobile opus id quovis pretio suum esse voluit ut musis lucidum conderet sacrarium (*Edwards*, Lives of the founders etc. I. p. 273).

Diese Sammlung kam durch das Testament in den Besitz von *Hans Sloane*, eines Schotten (1660—1753). Dieser Arzt und Chemiker, ärztlicher Begleiter des *Christoph Monk*, Herzog von Albemarle nach Westindien, macht sich durch sein Werk über die Pflanzen Jamaikas 1696, dann die Beschreibung von Jamaika 1708 berühmt. In England hochangesehen als Arzt, der Nachfolger Newton's auf dem Präsidentenstuhl der Royal Society, bildet er eine grosse, zunächst naturwissenschaftliche Sammlung im Manorhouse, dann in einem neuen Gebäude zu Bloomsbury. Seine Münzsammlung wächst auf mehr als 30,000 Stück an, aber daneben sind Alterthümer aus Aegypten, Griechenland, Rom, Amerika darin vereint. In fünfzig Bänden war der Katalog über 200,000 Artikel des Ganzen angelegt.

Entsprechend dem Testament von *Sloane* 1749 ward durch eine Parlamentsakte von 1753 die Sammlung mit Haus und Garten zum Staatseigenthum gegen eine mässige Summe und unter der näherbezeichneten Aufsicht von *Trustees* erklärt. Ausdrücklich ist der Zweck: give help to useful experiments and inventions not only for the inspection and entertainment of the learned and the curious but for the general use and benefit of the public. So wird vereint mit der Handschriftensammlung von *Cotton* aus den Zeiten Jakob I. und mit den Handschriften von *Harley* das brittische Museum in Montaguhouse 1759 eröffnet. Zwei Räume sind den Antiquities gewidmet, einer den Münzen, alles Uebrige der Bibliothek und der naturwissenschaftlichen Sammlung.

Bald wächst der archäologische Bestand, so zunächst durch die Stiftung der Familie *Lethieullier* besonders von ägyptischem Boden 1756 und 1770, dann durch die erste grosse Vasensammlung vom Gesandten *Hamilton* aus Neapel

1772, dann durch die überaus reiche, mit feinstem Kunstsinne und reichen Mitteln in Italien (1765—1790) gebildete Sammlung von Antiken aller Art, besonders Marmorwerken von *Charles Townley* (1737—1805) seit 1805, endlich durch die ausgezeichnete Bronzesammlung von *Henry Gally Knight* seit 1824. Es wird seit 1805 ein eigenes Departement für die Alterthümer unter einem besonderen Keeper, zuerst *Taylor Combe* gebildet, während diese bisher nur ein Appendix der naturwissenschaftlichen Sammlung waren. Seit Anfang des Jahrhunderts kommen auch in der Alexandriasammlung, worunter der Inschriftenstein von *Rosette*, die ersten Trophäen englischer Seemacht in das Museum. Die weitere Geschichte desselben bezeichnet fast immer eine wesentliche Erweiterung der archäologischen Wissenschaft durch grosse Unternehmungen Einzelner oder des Staates in den Ländern der alten Cultur. Seit 1812 beginnt die Herausgabe der Ancient marbles des Museum.

Interessant ist die stetige Entwickelung der Nutzbarmachung der Sammlung, der Oeffnung an das grosse Publikum; noch 1770 musste man mit Anmeldungen zum Einlass von April bis August warten und es gab nur ein rasches ruheloses Durchführen der Besucher durch die Räume. Bis zum heutigen Tage ist trotz aller Veränderungsvorschläge die Verbindung der Kunst- und naturwissenschaftlichen Sammlungen in demselben Gebäude nicht gelöst, bis heutigen Tages zeichnet sich das brittische Museum aus durch seine musterhafte, übersichtliche, für das Lernen berechnete Aufstellung mit genauen, sichtbaren Angaben und trefflichen Katalogen. Der Geist der beschreibenden Naturwissenschaft ist ausdrücklich noch nach *Charles Newton's* Ausdruck auch der wahre Geist einer antiquarischen Sammlung.

Johann Joachim Winckelmann (1717—1768). 8

Biographische Quellen, Gesammtausgaben der Werke und Literatur über Winckelmann.

Es würde ein solches Verzeichniss hier unnöthig sein, wenn es dem neuesten und trefflichen Biographen von *W.*, *Carl Justi* gefallen hätte in seinem Werke: Winckelmann. Sein Leben, seine Werke und seine Zeitgenossen. Nach gedruckten und handschriftlichen Quellen dargestellt, Leipzig, Vogel. 8. I: W. in Deutschland, 1866. II: W. in Italien, Abtheil. 1. 2. 1872, eine Uebersicht über diese Quellen und Literatur zu geben, ja nur ein Register seinem Werke beizufügen.

Wichtige Unterlagen bietet dafür *J. Gurlitt*, weiland in Magdeburg, dann in Hamburg Direktor des Gymnasiums: Biographische und literarische Notiz von *J. W.* Programm der Schule Kloster Bergen, Magdeburg 1797, 4; Nachtrag in Allgemeine Einleitung in das Studium der schönen Kunst des Alterthums I, Magdeburg 1799, S. 36 ff., weiterer Nachtrag *Hanke* Programm 1820. 4, vereint in *Gurlitt's*, Archäologische Schriften gesammelt und mit Anmerkungen begleitet von *Cornel. Müller*, Altona 1831. 8, S. 371—422; fleissige literarische Zusammenstellung auch bei *Petersen*, Allgemeine Einleitung in das Studium der Archäologie 1829, S. 333 ff.; dann bei *Eiselein* in der Gesammtausgabe der Werke 1825: Literarbericht S. CLXVIII ff. Aus jüngerer Zeit fehlt eine solche Uebersicht gänzlich.

Handschriftlicher Nachlass: Zwei Bände, von *Gurlitt* gesammelt, besonders aus dem Besitze des Dr. *Uden* in Stendal, niedergelegt auf der Hamburger Stadtbibliothek, auch von *Justi* neu benutzt; ferner einundzwanzig Hefte in der Pariser Nationalbibliothek seit 1799, aus dem Besitz des Cardinal *Albani*, in welchem aber fünfundzwanzig Bände sich befanden (*Rosetti* nach *Vamprat*), zuerst benutzt zu Mittheilungen von *C. A. Hartmann* in den Studien von *Daub* und *Creuzer*, Heidelberg 1809—1811, Bd. V. VI, gleichzeitig in *Millin*, Magazin encyclopédique 1808—1810; ferner Papiere W's. auf der Bibliothek der École de medecine in Montpellier mit den

Vorarbeiten zum dritten Bande der Monumenti inediti, nach Abschrift von Prof. *Reuss* in Strassburg benutzt von *Justi*. Die voraussichtlich reichhaltigen Papiere im Vaticanischen Archiv sind unseres Wissens bisher unzugänglich gewesen.

Biographische Hauptquelle bildet der überaus reichhaltige und mannigfaltige Briefwechsel W's. eine unausgeschöpfte Fundgrube zur Erkenntniss seines Geistes wie seiner Zeit; die Herausgabe begann mit der Sammlung von *C. W. Dassdorf*, Dresden 1777. 8, nicht ohne willkürliche Verstümmelung, und der Briefe an seine Freunde in der Schweiz 1778. 8; unter den folgenden Publikationen nennen wir besonders die 29 Briefe an *Berendis*, den nachherigen Kammerrath in Weimar, herausgegeben von *Goethe* in Winckelmann und sein Jahrhundert 1805. 8, S. 1—160. Gesammtausgabe der Briefe von *Friedrich Förster*, 3 Bde., Berlin 1824. 25, auch als Schluss der Ausgabe der Werke von *Fernow* u. a., Dresden 1808—1820; noch vollständiger in der Donaueschinger Gesammtausgabe, 1825, Bd. X. XI. Fünfzehn Briefe an *Walther* in Dresden später herausgegeben von *Ebert* in den Mittheilungen f. Gesch., Literatur u. Kunst II. S. 111 ff. Auch hiermit ist der briefliche Nachlass von W. nicht erschöpft. Zu Urtheilen und Mittheilungen über W. aus seiner Zeit bringt die Correspondance de Caylus, 2 Bde. 1877, werthvolle Beiträge.

Es kommen authentische Berichte von Jugendfreunden, Zeugnisse u. dgl., wie dann besonders solche Berichte über die letzten Lebenswochen hinzu, von *Cavaceppi* erstattet im zweiten Bande der Raccolta d'antiche Statue, Rom 1769, die Processakten über seine Ermordung bei *Rosetti* mit Vorwort von *Böttiger*, über W's letzte Lebenswoche 1818, und das sorgfältige Buch von demselben *Rosetti*, il Sepolcro di W. in Trieste, worin eine Monografia di W., Venez. 1823. Alles wesentlich vereint bei *Fr. Förster* im dritten Bande der Briefe, S. 332 ff.

Gesammtausgaben der Werke W's. Die erste ward unternommen unter Anregung *Goethe's* von *Carl Fernow*, fortgesetzt von *Heinrich Meyer* und *Johannes Schulze*, abgeschlossen von *Johannes Siebelis* in acht Bänden, mit je 8 Kupfern, Dresden 1808—1820; dazu als Nachtrag also jene drei Bände Briefe. Es fehlen aber darin die Beschreibung der Sammlung des Baron *Stosch* und der Text zu den Monumenti inediti. Reichhaltige Anmerkungen sind zum Theil herübergenommen, besonders von *Fea*, theils selbst beigefügt.

Neue Abdrücke dieser Dresdener Ausgabe in zwei Bänden 4. Dresden 1829 und 1847. Einzige vollständige deutsche Ausgabe von *Joseph Eiselein*, Oberbibliothekar in Heidelberg, Donaueschingen 1825—1829, 12 Bde. 8. Abbildungen und Denkmale zu W's Werken fol. Donaueschingen 1835. Die in fremden Sprachen geschriebenen Werke sind darin in's Deutsche übersetzt.

In Italien erschien eine vollständige Ausgabe: Opere di C. G. Winckelmann, Prima ediz. completa. 12 Vol. 8. con 1 Vol. di 200 tav. in fol. Prato. 1830—1834.

Noch ist die deutsche Nationalschuld einer vollständigen, im Originaltext gegebenen kritischen Ausgabe der Werke W's. nicht getilgt und zwar einem Manne gegenüber, der so hohen Werth auf würdige äussere Ausstattung seiner Arbeiten legte und dem das Ausland in so vielfachen Uebertragungen gerecht geworden ist.

Schriften über Winckelmann: Anonym erschienen: Kurzgefasste Lebensgeschichte und Charakter des Herrn Präsidenten und Abt W. in Rom, 1764 (von *Paalzow* in Seehausen); *Justus Riedel*, Vorrede zur Ausgabe der Geschichte der Kunst durch die Wiener Akademie der Künste, 1776. 4; *Chr. G. Heyne*, Lobschrift auf W., Kassel 1778 (gekrönte Preisschrift, mehrfach in's Französische und Italienische übersetzt); *Huber*, Mémoire pour servir à l'histoire de la vie et des ouvrages de W. vor der französischen Uebersetzung der Geschichte der Kunst, Leipzig 1781. 4. auch in der von *Jansen* wiederholt 1794; *Herder*, Nachrichten über Schriften und Charakter W's. und Herculanum. Winckelmann's Geschichte der Kunst in den Aufsätzen: Zur schönen Literatur und Kunst, in sämmtl. Werke, Wien 1813. XI. S. 310 ff., s. oben S. 19; *Morgenstern*, Rede über W., Riga 1805. 4; *Goethe*, Winckelmann und sein Jahrhundert, in Briefen und Aufsätzen herausgegeben, Tübingen 1805. S. 387—472; Skizzen zu einer Schilderung W's.: *F. A. Wolf*, Ueber W's. Studienzeit in Kleinen Schriften in lateinischer und deutscher Sprache herausgegeben von *Bernhardy*, Halle 1869, II. S. 730—743; *Rosetti*, Monografia di W. 1823 s. oben; *Eiselein*, W's. ausführliche Biographie in Sämmtl. Werke I. p. I—CLXVIII; *Krech*, Erinnerungen an W., Berlin 1835. 4; *G. F. Schoemann*, W. und die Archäologie, Greifswalde 1845; *Janssen*, Winckelmann, 1847; *Friederichs*, W., Hamburg 1862; *O. Jahn*, W. als Festrede erschienen Greifswald 1844, neu und bereichert abgedruckt in Biograph. Aufsätze, 1866, S. 1—88; *B. Stark*, J. J. W., Sein Bildungsgang und seine bleibende Bedeutung, Berlin 1867. 8; *R. Förster's* kritische Würdigung von W's. That, Schöpfung der griechischen Kunstgeschichte und Kunstmythologie, Referat in Archäol. Zeit. XXX. 1873. S. 151 f.; W. ist Gegenstand eines dreibändigen historischen Romans geworden durch *Amalie Bölte*, Berlin 1865.

Goethe sprach es aus (Vorrede zu W. und sein Jahrhundert S. XVI): »wenn man dem würdigsten Staatsbürger gewöhnlich nur einmal zu Grabe läutet, er mag sich übrigens noch so sehr um Land und Stadt, im Grossen oder Kleinen verdient gemacht haben, so finden sich dagegen gewisse Personen, die durch Stiftungen sich dergestalt empfehlen, dass ihnen Jahresfeste gefeiert werden, an denen der immerwährende Genuss ihrer Milde gefeiert wird. In diesem Sinne haben wir alle Ursache das Andenken solcher Männer, deren Geist uns unerschöpfliche Stiftungen bereitet, auch von Zeit zu Zeit wieder zu feiern und ihnen ein wohlgemeintes Opfer darzubringen.« In diesem Sinne ist zunächst in Rom 1829 bei Begründung des Institutes eine jährliche Winckelmannsfeier eingerichtet und durchgeführt worden bis jetzt; in Berlin ist dies ebenfalls geschehen seit 1843 und durch besondere Programme dazu eingeladen worden; die Bonner Alterthumsfreunde der Rheinlande sind seit der Stiftung 1843 dem Beispiel gefolgt; auf einer Reihe Universitäten, zuerst in Kiel, Göttingen, Greifswalde, Breslau, Halle, an andern Städten wie Hamburg, Frankfurt, Mannheim ist bald mehr ständig, bald vorübergehend Winckelmann's Geburtstag durch Festreden gefeiert worden.

W i n c k e l m a n n ' s B i l d e r u n d D e n k m a l e. An seiner Grabstätte zu Triest in der Kirche S. Giusto ist ein Denkmal seit 1823 errichtet; im Pantheon zu Rom war auf des Cardinal Albani Wunsch von *Reiffenstein* eine Büste, modellirt von *Doll* aus Gotha aufgestellt 1772, dann in die Protomotheca des capitolinischen Museums versetzt. *D'Hancarville* entwarf das Bild eines Columbariums mit Sarg und Inschrift für W., gleich nach dem Tode für den zweiten Theil des *Hamilton*'schen Vasenwerkes, Erzstatue, modellirt von *L. Wichmann* 1859 in Stendal aufgestellt, neuerdings ein Denkmal in Dresden 1872 errichtet (*Hettner* in Lützow Zeitschr. f. bild. Kunst, VII. Beibl. S. 386 f.). Ueber die Bildnisse W's. s. *O. Jahn*, Biograph. Aufsätze S. 70—88. Medaillonbild von *Casanova* 1763 entworfen, gest. von *P. Colin* und von *G. C. Kilian*. Oelgemälde von *Raph. Mengs* aus der ersten Zeit des römischen Aufenthaltes für Ritter *Azara* gemalt, gestochen nach Zeichnung von *Salesa*, von *C. Senff*. dann von *M. Biot*. Im J. 1760 malte der dänische Maler *Hals* ein Bild von ihm. Am bekanntesten und verbreitetsten in Stichen sind die Oelgemälde von *Angelika Kaufmann* in Zürich aus dem J. 1764 und von *Anton Maron*, dem Schwager und Schüler von *Mengs* 1767—1768, in Weimar; jenes ward von der Malerin selbst auch radirt 1764, gestochen von *Mecheln*, von *J. E. Haid* 1782, radirt von *D'Alton*, neu gestochen von *Rahn* 1866 für *Justi's* Werk; dieses stach *Bause*, *Carattoni*, *Lips*, *Müller*, *Steinla* 1822, *Sichling*.

Johann Joachim Winckelmann ward am 9. Decbr. 1717 zu Stendal in der Altmark geboren als Sohn eines armen Schumachers und erreichte es nur mit Mühe statt dem Handwerk des Vaters zu folgen in die lateinischen Klassen der Stadtschule fortzurücken. Als lutherischer Chorschüler erwirbt er sich

Unterstützung und frühzeitig musikalische ernste Schulung, als Amanuensis des fast blinden Rektors *Tappert* eine reiche, mannigfaltige Lektüre. Frühzeitig regt sich in ihm der Reisedrang und die in der Nähe geöffneten altgermanischen oder slavischen Gräber mit ihren »Heidenbotten« beschäftigen ihn sehr und liessen ihn von einer Wanderung in Pilgertracht zu den Pyramiden träumen. Nach Berlin 1733 gewandert, um dort unter Conrektor *Damm* das in der Heimath ganz vernachlässigte Griechisch zu lernen, hört er wohl die öffentlichen Vorträge in der ganz französischen Akademie mit an, als Schüler erwirbt er sich nur das Urtheil: homo vagus et inconstans. Von bitterer Armuth verfolgt kehrt er in die Altmark zurück, um in Salzwedel seine Schulstudien abzuschliessen. Sein Bücherdrang, sein Hunger nach den seltenen griechischen Drucken liess ihn 1738 als fahrenden Schüler zu der Auktion von *Fabricius* nach Hamburg wandern.

Endlich 1738 bezieht er die Universität und zwar die junge, blühende Universität Halle, nach dem Wunsche der Eltern und gewiss der damals allein vorhandenen Möglichkeit Lehrer zu werden, zum Studium der Theologie. Mit Ausnahme des Hebräischen blieb er aber dem theologischen Studienkreis innerlich fremd. ebenso dem dort gerade mächtigen Einflusse der *Wolf*'schen Philosophie, ja selbst den ersten ästhetischen Vorträgen von *Baumgarten*, um so mehr zieht ihn deutsche Geschichte, Staats- und Völkerrecht bei dem Kanzler *v. Ludewig* und die Vorträge eines Arztes und eifrigen Münzsammlers, *J. H. Schulze* über griechische und römische Antiquitäten an.

Im J. 1740 finden wir ihn als Hofmeister in dem Städtchen Osterburg in der Altmark und eifrig mit der in dem adeligen Hause getriebenen französischen und englischen Literatur beschäftigt. Nach Jahresfrist wurden die Studien in Jena fortgesetzt in Medicin und höherer Mathematik bei dem Professor Hamberger; nach Paris zieht er zum Studium griechischer Codices, aber er wird zur Umkehr bei Frankfurt gezwungen. Fortan beschäftigen ihn ernste Studien *Newton*'scher Physik und der jungen in Holland gepflegten Wissenschaft vergleichender Anatomie. Noch später, wo er seinen Beruf in der Wissenschaft der Kunst längst gefunden hat, spricht er aus: »meine Betrachtungen sollen von der Kunst auf die Natur gehen«. »Die grössten Menschen in ihrer Art haben allezeit die Bahn betreten, selbst die Quellen zu suchen und zu dem Ursprunge zurückzukehren, um die Wahrheit rein und unvermischt zu finden. Diese Quelle ist die Natur.«

Als Hauslehrer in dem Hause des Oberamtmann *Lamprecht* findet er eine reiche französische Bibliothek in den Musestunden, und in seinem Schüler den Gegenstand schwärmerischer, ächt griechischer Liebe eines Platonikers zu einer jugendlichen Seele. Die Freundschaft überhaupt und speciell die schwärmerische Liebe zu männlicher Jugend hat sein ganzes Leben fortan erfüllt.

Endlich verschafft ihm ein trefflicher Gönner und begeisterter Vertreter griechischer Studien *Fr. Rud. Nolte* eine Lehrstelle in Seehausen. »Ich habe den Schulmeister mit grosser Treue gemacht und liess die Kinder mit grindigen Köpfen das A b c lesen, dieweil ich während dieses Zeitvertreibes sehnlichst wünschte zur Kenntniss des Schönen zu gelangen und Gleichnisse aus dem Homer betete«, sagte *Winckelmann* nach fünf Jahren einfach und ergreifend. »Ich habe vieles gekostet, aber über die Knechtschaft in Seehausen ist nichts gegangen« so empfand er noch später und der Gedanke an den geistlichen Inspektor *Schnakenburg* blieb als ein Stachel in seiner Seele.

Da eröffnet sich ihm ein anderer, freilich sehr bescheidener Wirkungskreis als dritter Bibliothekar des Reichsgrafen *Heinrich von Bünau* auf dessen

Landsitzen Dahlen und Nöthenitz in Sachsen. Sieben Jahre lang (1748—1755) hat er hier an einem grossen Katalog über die Literatur der deutschen und italienischen Geschichte wie des öffentlichen Rechtes und gleichzeitig an der urkundlichen Geschichte der Kaiserzeit der Ottonen gearbeitet; diese letzte Arbeit ist mit den weitern ungedruckten Bänden der seit 1728 erschienenen Reichshistorie von Bünau im Staube der Bibliothek versteckt geblieben. *Winckelmann* steht hier ganz in einer Thätigkeit, die einer Seite der Muratorischen Bestrebungen entsprach. Dass er nicht in der Polyhistorie unterging, davor schützte ihn die griechische Poesie und das Mass ihrer Form, davor das Studium der modernen Denker Englands und Frankreichs. »Wie ein Polyp« hing er an den griechischen Codices; in den Jahren 1753 und 1754 las er den Homer dreimal durch »mit all' der Applikation, die ein so göttliches Werk erfordert.« Daneben geht ihm in den Feierstunden das »Siebengestirn des himmlischen Sophokles« auf.

Winckelmann hatte den Weg von Nöthenitz nach dem benachbarten Dresden bald gefunden, wohin er schon als Student 1739 gewandert war, und in Dresden den Weg zu den neuangekommenen Antiken im grossen Garten, zu den Gemälden im Marstallgebäude. »Die reinsten Quellen der Kunst sind eröffnet, glücklich wer sie sucht und findet. Diese Quellen suchen heisst nach Athen reisen und Dresden wird immer mehr Athen für Künstler.« Zugleich gewinnt er in *Adam Oeser* (1717—1799), 1739—1764 in Dresden, dann in Leipzig als Direktor der neuen Zeichenakademie daselbst wirkend, einen überaus anregenden, beweglichen, künstlerischen, lebhaften Freund, der immer die Einfalt, das Naive, Sanfte, Anmuthige im Gegensatz zu allem Aufgeregten, Ueberspannten, Gezierten betonte, der die Beispiele dazu in der Antike, auch in dem kleinen Massstabe der Gemmenabdrücke fand.

Der Verkehr mit den bedeutenden Italienern des Hofes, mit dem Leibarzt *Bianconi* und mit dem päpstlichen Nuntius *Archinto* steigerte die lange lebendige Sehnsucht nach Italien auf das Höchste und führte zum Confessionswechsel von *Winckelmann* im Sommer 1754. »Der Zwang meiner Sentiments wird mir in Rom vieles bitter machen« spricht er aber aus.

Noch in Dresden veröffentlicht *Winckelmann* im Frühjahr 1755 die »Gedanken über die Nachahmung der griechischen Werke in der Malerei und Bildhauerkunst«, Dresden und Leipzig, *Walther*'sche Handlung, und dedicirt sie König *Friedrich August II.* Die lebhaften Discussionen, die die rasch vergriffene Schrift erweckt, veranlassten ihn selbst zu dem »Sendschreiben über die Gedanken etc.« noch im Sommer 1756; und wieder zu der »Erläuterung der Gedanken von der Nachahmung etc. und Beantwortung des Sendschreibens über diese Gedanken.« Zusammengedruckt sind diese drei Arbeiten in zweiter Auflage 1756 und gleichzeitig unter *Caylus*' Leitung in das Französische übersetzt. Die Absicht dieser Schriften geht auf eine Reformation der ganzen bildenden Kunst und auf Erneuerung des »guten Geschmackes« in der Gegenwart. »Die Griechen sind die einzig wahren Träger dieses guten Geschmackes gewesen; der kürzere und sicherere Weg dazu ist der der Nachahmung der Griechen, als der der direkten Nachahmung der Natur. Die griechischen Meisterstücke zeigen die schönste Natur, sie leiten daher zur richtigen Nachahmung der Natur an, aber sie zeigen noch mehr gewisse idealische Schönheiten, die von Bildern, blos im Verstande entworfen, gemacht sind.« »Einfachheit und stille Grösse« sind die Vorzüge der Griechen, unter den Modernen ist nur *Rafael* und *Poussin* in der Landschaft ihr am nächsten gekommen. »Die Malerei erstreckt sich auch auf Dinge, die nicht sinnlich sind, diese sind ihr höchstes Ziel und die Griechen haben sich bemüht dasselbe zu erreichen.« »Der Künstler hat ein Werk von Nöthen, welches aus der ganzen Mythologie, aus den besten Dichtern alter und neuerer Zeiten, aus der geheimen Weltweisheit vieler Völker, aus den Denkmalen des Alterthums auf Steinen, Münzen und Geräthen diejenigen sinnlichen Figuren und Bilder enthält, wodurch allgemeine Begriffe dichterisch gebildet werden.« Also das Ideal einer Kunstsymbolik wird hier gefordert für den Pinsel des Künstlers, der in Verstand getunkt sein soll.« »Die Geschichte ist der höchste Vorwurf, den ein Maler wählen kann.« Die blosse Nachahmung wird sie aber nicht zu dem Grade erheben, den eine Tragödie oder ein Heldengedicht, das Höchste in der Dichtkunst, hat.«

»Dieser Fisch soll in sein rechtes Wasser kommen«, diese Worte des Königs erhielten durch Aussetzung einer kleinen Jahrespension für einen Aufenthalt in Italien eine praktische Bedeutung. Im Herbst 1755 trat *Winckelmann* die Reise nach Rom an und langt den 18. Novbr. daselbst an. Seine Wohnung nimmt er zuerst auf Monte Pincio im Fremdenviertel. Im J. 1756 dem Papst *Benedikt XIV.* vorgestellt wird er zuerst durch die Erhebung des Cardinals *Archinto* zum Staatssekretär dauernd gefördert; er erhält seit 1757 Wohnung in der Cancelleria als Bibliothekar derselben, wird seit 1759 Hausgenosse des Cardinals *Francesco Albani*, seit 1761 Scrittore an der Vaticana, Mitglied der Akademie di San Luca in Rom, seit 1764 Antiquario della camera apostolica, Prefetto delle antichità di Roma. Die fremden Gesellschaften wetteifern mit der Zeit ihn zum Mitglied zu besitzen.

»In Rom ist die hohe Schule für alle Welt und auch ich bin geläutert und geprüft worden.« »Ich glaubte, ich hätte alles recht ausstudirt, und nun sehe ich, da ich hinkam, dass ich nichts wusste.« Solche Empfindungen fesselten ihn an Rom und in ihnen hat er sich zunächst in die Meisterwerke mit gläubiger Begeisterung vertieft, in lebendigem Austausch mit *Raphael Mengs* und in begeisterungsvollen Beschreibungen klingt der volle harmonische Eindruck aus. *Justi* hat das wichtige Manuscript dieser ersten Beschreibung der Statuen im Belvedere bisher nur in Florenz entdeckt, welche in dem Aufsatze über den Torso von Belvedere veröffentlicht war, aber zum Theil dann umgearbeitet und in die Kunstgeschichte verwebt war (s. oben S. 69) und genau analysirt (Preuss. Jahrbücher 1871. XXVIII. S. 581—609); er hat aber auch durch genaue Vergleichung desselben mit den in die Kunstgeschichte aufgenommenen Beschreibungen, die Verwandlung des Literator in den Denker, dessen der über die Kunst vom Hörensagen schreibt, in den der seine eigenen fünf Sinne gebraucht, gezeigt (S. 599).

Das, wie wir oben sahen, eben reich gefüllte capitolinische Museum, die Villa Medicis mit der Niobidengruppe, die Villa Borghese mit ihren alten, noch nicht nach Paris entführten Schätzen, die Villen Ludovisi, Mattei bilden die Hauptstätte des plastischen Studiums von *Winckelmann*. Er hat dann aber die volle Freude bei der seit 1735 neu begonnenen Thätigkeit von Ausgrabung, Sammlung, Aufstellung von Antiken in der eigens dafür organisirten Villa seinem Gönner, Cardinal *Albani* zur Seite zu stehen. Hier vor den Caryatiden, vor der Kanephore des Kriton und Nikolaus, vor der Pallas Albani, vor der Leukothea Irene, beide in München, vor dem Orpheusrelief, vor dem prachtvollen Grabrelief des athenischen Reiters hat *Winckelmann* seine Stilstudien zur Erkenntniss des strengen und hohen Stiles gemacht. Der lange vorbereitete Plan einer Publikation der Monumente dieser Villa mit Kupfern ist nicht vollendet worden oder vielmehr in einen weiteren Plan übergegangen (vgl.

Justi II, 1. S. 302 ff.). Dieser unmittelbare tägliche Verkehr mit den Antiken, dieser immer neu angeregte, oft über das Ziel hinausschiessende Enthusiasmus für das neu der Erde Entstiegene ist für *Winckelmann* das Schwungbrett geworden, um kühn und warm die Kunstgeschichte in grossen Zügen zu schreiben.

Ausserhalb Rom sind abgesehen von dem seit 1761 alljährlich besuchten Antium (Porto d'Anzo und Nettuno) Neapel und Florenz die Quellen wichtiger, neuer Anregung und der Anlass zu literarischen Arbeiten geworden. Im Herbst 1758 folgt er einer Einladung des Neffen *Muzel Stosch* nach Florenz und verweilt bis Mai 1759 daselbst, eifrigst nach dem letzten Willen des Oheims, des berühmten Antiquars *Philipp von Stosch* mit der Bearbeitung des Kataloges der *Stosch*'schen Gemmensammlung beschäftigt, die 1760. 4 (Description des pierres gravées du feu Baron de Stosch, Florenz bei Bonducci) in französischer Sprache erscheint und worüber auch deutsch ein kurzer Bericht gegeben wird (*Justi* II, 1. S. 227—270). Diese mit ausserordentlicher Anstrengung noch neun Monate in Rom fortgesetzte Arbeit gab *Winckelmann* erst die volle Anerkennung des die Monumente erklärenden Antiquars. War *Winckelmann* auch an die Unterlage des *Stosch*'schen Manuscripts und seine Erklärungen vielfach gebunden, war ihm die unmittelbare Vergleichung mit den Originalen im Fortgang der Arbeit nicht mehr möglich, beschränkte er sich auf ein Herausheben einer Anzahl der ihm stilistisch wichtigsten geschnittenen Steine, um sie mit eingehenden Betrachtungen zu begleiten, während sonst der Charakter eines kurzen Kataloges fest gehalten wurde, so gaben die genial und scharfblickend an die Spitze gestellten Gesichtspunkte dem Werke bei allen Kennern einen ganz ungeahnten Werth und die Fülle der Vergleichung mit andern Monumenten und zwar aller Klassen, besonders aus dem reichen Schatze von Zeichnungen nach Antiken im *Albani*'schen Besitze besondere Vorzüge. In der Vorrede erklärt er: »Man kann in einer Sammlung von geschnittenen Steinen, wie diese hier, die Fortschritte der Kunst in einem viel grösseren Umfange bemerken als in den grösseren uns noch übrigen Monumenten. Die Kenntniss der Kunst besteht hauptsächlich in der Verschiedenheit der Manier und des Stiles, sowohl der Nationen als der Jahrhunderte und in der Empfindung des Schönen; und eben dies habe ich an den ägyptischen, hetrurischen und griechischen Stücken in dieser Sammlung vorzüglich herauszuheben und bemerklich zu machen gesucht.« (Deutsche Uebers. bei *Eiselein* Werke IX. S. 279.) In Bezug auf die Deutung der Darstellungen, stellt *Winckelmann* den mythologischen Gedankenkreis und zwar »den der heiligen und historischen Mythologie« wohlgeordnet an die Spitze, er hebt schon hier hervor, dass über die Erzählung des trojanischen Krieges und Rückkehr der Herakliden selten Darstellungen herabgehen; er ist in Benennung historischer Portraits sehr behutsam.

Sonst ist Florenz für *Winckelmann* bedeutsam geworden durch die nähere Bekanntschaft mit dem Kreise eifriger Etruskomanen und durch die Beobachtung, dass der eigenthümlich etruskische, trockene, harte, eckige, auf das Masslose und Finstere gerichtete Stil auch in der florentinischen Kunst wiederkehre, ja sich in der Natur *Michel Angelo's* sich abspiegele.

Auf Neapel und auf die neue Welt von Herculanum und Pompeji war er schon von Dresden aus hingewiesen durch den Auftrag dem Churprinz *Friedrich Christian* durch *Bianconi* Berichte zu senden wie durch die enge verwandschaftliche Verbindung von Sachsen und dem Königshause von Neapel. Im Frühjahr 1758 reist er zum ersten Male dahin und besucht auch Paestum.

Die italienisch von 1758—1763 über einzelne Gegenstände der herculanischen Alterthümer geschriebenen Briefe an *Bianconi*, welche in den Besitz von *Amaduzzi* kamen, sind in Auszügen zuerst 1779 in der Antologia Romana bekannt gemacht, von *Dassdorf* in's Deutsche übersetzt, von *Fea* berichtigt und bereichert worden in der italienischen Ausgabe, durch *Fernow* danach neu in's Deutsche übertragen. Eine zweite Reise nach Neapel ward 1762 in Begleitung des jungen Grafen *Heinrich von Brühl* (1748—1792) unternommen und an diesen ist das Sendschreiben von den herculanischen Entdeckungen gerichtet, welches er im Anschluss daran in seiner Villegiatur zu Castel Gandolfo abfasste und begleitet von mehreren ihm irrthümlich zugeeigneten Zeichnungen nach Antiken noch im J. 1762 in Dresden bei *G. C. Walther* erscheinen liess. Der ausserordentliche Erfolg der Schrift drängte zu erneuter Anschauung. Im J. 1764 ward die Reise mit *Füessli* aus Zürich und dem jungen *Volkmann* aus Hamburg gemacht und diesmal stehen die Ausgrabungen und Funde von Pompeji nun ganz im Vordergrunde des Interesses der Reisenden, aber das unter *Carlo Weber* ausgeräumte Theater unter *Resina*, womit die herculanischen Ausgrabungen für lange Zeit ihren Abschluss finden. Neue »Nachrichten von den neuesten herculanischen Entdeckungen an *Heinrich Füessli* in Zürich« erschienen bereits 1764. Ein heftiges Pasquill von *Galiani* sprach unverholen den Aerger der Ercolanesi aus über den Eindringling, der auch das Geheimgehaltene gesehen, das Gesehene so kühn und zuversichtlich besprach. Noch einmal besucht *Winckelmann* Neapel im Jahre 1767, diesmal aber in erster Linie gelockt durch die Entdeckungen von *Hamilton* und die von ihm gebildete Vasensammlung, gelockt zugleich durch seinen neuen Freund, Baron *Riedesel*, den Bereiser Siciliens und dessen volle, feinsinnige Begeisterung für sicilische Bauwerke und Sammlungen.

Winckelmann's Reisepläne gingen schon früher über Neapel und Paestum hinaus. »Ich muss mir die Zufriedenheit verschaffen, Dinge gesehen zu haben, die keiner von allen Deutschen sehen wird, ich habe dazu erspart und habe nichts als einen Pilgerkittel nöthig« schreibt er nach dem Anblick von Paestum. Schon im Jahre 1758 wurden Verabredungen mit dem schottischen Zeichner *Morison* getroffen für eine Reise durch Calabrien und Sicilien; die Berichte von Engländern besonders von *Robert Mylne* über Girgenti, wie die oben besprochenen Werke über Sicilien regten ihn 1759 bereits an zu den »Anmerkungen über die Baukunst der alten Tempel zu Girgenti in Sicilien«, worin er den bisherigen gänzlichen Mangel von genauen Studien für den dorischen Säulenbau und speciell für die der höchsten Blüthezeit vorausgehenden Entwickelungsstufen hervorhebt und dafür in den sicilischen Monumenten, wie denen von Paestum zum ersten Male Unterlagen zur Kenntniss findet. Im Herbste 1767 sollte die Fahrt nach Sicilien, *Riedesel's* Spuren folgend, wirklich vor sich gehen, diesmal aber in erster Linie den Vasensammlungen in Katania, Taormina, Syrakus, dann aber auch Girgenti gelten, sie ward verhindert durch die Nachricht vom Besuche Joseph's II. in Rom. (Vgl. *Justi* II, 1. S. 367 ff., II. 2. S. 386 f.) Die trefflichen griechischen Münzen Siciliens sind es, die ihm das ihm sonst ferner liegende Münzenstudium besonders nahe brachten und kunstgeschichtlich werthvoll machten.

»Nichts in der Welt habe ich so sehnlich gewünscht, als Athen zu sehen«, so spricht er sich Neujahr 1760 aus und es ward schon eine kleine Gesellschaft dafür geworben, für Empfehlungsschreiben gesorgt u. s. w. Im J. 1761 eröffnete sich die Aussicht dies in Begleitung und auf Kosten der Lady *Oxford*, der Schwiegertochter des orientkundigen Lord *Walpole* zu thun;

wieder tauchte der Plan auf. bei dem Verkehr mit dem abentheuerlichen Lord *Montague*, der nach Aegypten und weiter seine Reise antrat, ja endlich in seinen letzten Lebensjahren schwankte die Wage zwischen Griechenland und Deutschland, doch der Freund, von *Riedesel* schiffte sich Ende Mai allein ein nach Smyrna (vgl. Justi II, 1. S. 367, II, 2. S. 38. 425). Was *Montfaucon* als eine Aufgabe für *Quirini* im J. 1723 (s. oben S. 143 f.) andeutete, die Untersuchung von Elis, das wird von *Winckelmann* in den 1767 erschienenen Anmerkungen zur Kunstgeschichte am Schlusse des ersten Theiles als bestimmte grosse Aufgabe der Archäologie hingestellt (Donauesch. Ausg. B. VIII, K. 3, § 20).

»Ich kann nicht umhin zum Beschlusse dieses Kapitels ein Verlangen zu eröffnen, welches die Erweiterung unserer Kenntnisse in der griechischen Kunst sowohl als in der Gelehrsamkeit und in der Geschichte dieser Nation betrifft. Dieses ist eine Reise nach Griechenland, nicht an Orte, die von vielen besucht sind, sondern nach Elis, wohin noch kein Gelehrter, noch Kunstverständiger hindurchgedrungen ist. Dem gelehrten *Fourmont* selbst ist es nicht gelungen in diese Gegenden zu gehen, wo die Statuen aller Helden und berühmten Personen der Griechen aufgestellt waren, denn da er sich den Grenzen des alten Elis genähert hatte, wurde er von seinem Hofe zurückberufen. Diese Reise musste mit eben der Vollmacht, die gedachter Gelehrte von der Pforte erhielt, unternommen werden, nämlich an allen Orten graben zu lassen, wie er denn die Trümmer der alten Stadt Amyklä im lacedämonischen Gebiete mit fünfzig Leuten, welche gruben, durchsuchen liess, wo unter anderem die seltensten und die ältesten griechischen Inschriften, die uns bekannt sind, entdecket wurden. Was war aber in Absicht der Werke der Kunst das ganze Lacedämonische gegen die einzige Stadt Pisa in Elis, wo die olympischen Spiele gefeiert wurden? Ich bin versichert, dass hier die Ausbeute über alle Vorstellung ergiebig sein und dass durch genaue Untersuchung dieses Bodens der Kunst ein grosses Licht aufgehen würde.«

Der geistige Niederschlag dieser Fülle von Eindrücken und Beobachtungen und zugleich der Fülle von Anregungen im Verkehr mit künstlerisch gebildeten, in freien Verhältnissen erwachsenen Personen verschiedener Nationen ist zunächst gegeben in einzelnen kleinen, zum Theil für eine deutsche Zeitschrift, die Bibliothek der schönen Wissenschaften bestimmten Aufsätzen. »Erinnerung über die Betrachtung der Werke der Kunst«, »Von der Gratie in Werken der Kunst« gehören hierher, dann noch aus 1763 die wieder in Quartformat gedruckte mit zwei Stichen geschmückte (Dresden, *Walther*) Abhandlung von der Fähigkeit der Empfindung des Schönen in der Kunst und dem Unterrichte in derselben, an den Freiherrn *Friedrich Reinhold von Berg* aus Livland, einen von *Winckelmann* begeistert geliebten Jüngling, gerichtet. Es sind dies mitten aus der Anschauung heraus niedergeschriebene Bemerkungen kunsterziehlicher Art für den jungen Reisenden wie für den Künstler selbst, es sind »einzelne Körner ausgestreut zu einer grösseren Aussaat, wenn sich Musse und Umstände finden werden.« Ueberall handelt es sich um die ganze Kunst, um die Antike gegenüber von *Rafael*, um das Verhältniss zu *Michel Angelo*, *Bernini*; überall geht *Winckelmann* von dem Gedanken, der Kunstidee aus, vom Verstande, wie er sagt, und dem besonderen eigenthümlichen Gedanken in den Werken der Kunst, er setzt ihm entgegen das Nachahmen, das Nachmachen, nicht die Nachahmung. Das Zweite ist ihm die Schönheit, die reine und die sinnliche Schönheit, in Ruhe und in der Bewegung (Grazie), gegründet auf die Beobachtung der Natur, bei der Betrachtung der Grazie zugleich auch auf den Nachweis der Erziehung und Ueberlegung, die aber zur zweiten Natur werde; das Dritte ist ihm die Beobachtung der Ausarbeitung, der Technik. Zu den ästhetischen Grundgedanken. s. oben S. 13. 18, Justi II, 1. S. 274—290. Daneben hatte *Winckelmann* viel gesammelt zu einem Werkchen über die Ergänzungen, von der Restauration der Antiken und immer mit dem praktischen Zweck den Rom besuchenden Kunstliebhabern und Künstlern zu dienen; die Schrift ward druckfertig Ende 1756, ward umgeschmolzen und dann zu einem Theil in das Hauptwerk der Kunstgeschichte aufgenommen. (Justi II, 1. S. 71 ff.)

In dem ersten Winter (1755/56) des römischen Aufenthaltes fällt bereits der Gedanke zu »dem Versuch der Historie der Kunst«, zur »Geschichte der Kunst«, ja wird dem Buchhändler in Dresden mitgetheilt. *W.* macht sich sofort an die neue Lektüre der dafür wichtigen griechischen Autoren, immer mehr laufen die allgemeinen, grundlegenden Betrachtungen über Kunst als Fäden zusammen zu dem grossen, einfachen Gewebe des allgemeinen Theiles, der bereits 1757 fertig ist; 1758 wird ein Theil des Manuscriptes nach Dresden gesandt und eine Auswahl von Denkmälern zum Stechen als Vignetten für das Werk getroffen. Ihm schwebt es vor ein Werk in deutscher Sprache zu schreiben, »desgleichen in deutscher Sprache noch niemals an's Licht getreten ist«; »man soll lernen, wie man würdig seiner und der Nachwelt denken soll.« Verhandlungen mit den Buchhändlern in Dresden, Leipzig, Zürich gehen hin und her. Inzwischen hat *Winckelmann* die Nothwendigkeit einer neuen, reicheren Bearbeitung erkannt und sofort macht er sich 1758 daran und mit Ende des Jahres 1761 wird diese neue Form des Werkes nach Deutschland gesandt. So kam endlich unter grossen auch durch die Kriegsereignisse hervorgerufenen Verzögerungen 1764 in Dresden die »Geschichte der Kunst des Alterthums« in Quartformat und grossem trefflichen Druck heraus. Sie ist dem Kurfürst *Friedrich Christian* dedicirt, der ein Gönner *Winckelmann's*, kaum zur Regierung gelangt starb. So allgemeines Aufsehen das Werk erregt, sind doch die zwölfhundert Exemplare lange nicht verkauft worden, noch 1824 hat der Verleger solche auf Lager.

Aber schon, wie das Werk erscheint, denkt *Winckelmann* an eine neue Bearbeitung. Eine französische Uebersetzung von Professor *Sellius* gemacht, erschien unter *Caylus'* besonderem Interesse 1766 in Paris bei Saillant und gleichzeitig in Amsterdam und gab dadurch dem Werke eine ganz ungeahnte rasche Verbreitung ausserhalb Deutschland. Ihre vielfachen Ungenauigkeiten reizten *Winckelmann* noch mehr zur baldigen Veröffentlichung der Ergänzungen und so erschienen bereits 1767 die Anmerkungen über die Geschichte der Kunst des Alterthums, 2 Thle. Dresden, Walther in gleichem Format aber engerem Drucke als die Geschichte, dedicirt an *Muzel Stosch*. In der sehr ausgedehnten Vorrede spricht sich *Winckelmann* eingehend über den Weg seiner Studien in Rom und seine Auffassungsweise des Kunststudiums aus. »Die Gelehrsamkeit soll in Abhandlungen über die Kunst der geringste Theil sein, wie denn dieselbe, wo sie nichts wesentliches lehret, vor nichts zu achten ist.« »Auch in diesem Studio wird man sich nicht in Kleinigkeiten verlieren, wenn die Alterthümer betrachtet werden als Werke von Menschen gemacht, die höher und männlicher dachten als wir und diese Einsicht kann uns bei Untersuchung dieser Werke über uns erheben. Eine denkende Seele kann am Strande des weiten Meeres sich nicht mit niedrigen Ideen beschäftigen; der unermessliche Blick erweitert auch die Schranken des Geistes, welcher sich anfänglich zu verlieren scheint, aber grösser wiederum in uns zurückkommt.«

Gleichzeitig wird aber von *Winckelmann* der wesentliche Inhalt der so bereicherten Kunstgeschichte für italienische Leser bearbeitet im Trattato preliminare del disegno e delle bellezze, als besondere Einleitung zu den Monumenti inediti.

Schon aber trägt sich der Verfasser mit einer völlig neuen Bearbeitung des Hauptwerkes; es soll, da in deutscher Sprache es buchhändlerisch nicht zulässig ist, nun von ihm selbst oder doch unter seiner Aufsicht französisch herausgegeben werden und zwar in Berlin. Ebenso bereitet sein Freund *Füessly* eine englische Uebersetzung vor. Und so lag im Februar 1768 die neue Bearbeitung wieder vor ihm und die Reise nach Berlin sollte vorzüglich im Interesse der französischen Bearbeitung durch den Akademiker *Toussaint* unternommen werden. Diese letzte Bearbeitung erschien 1776 in Wien auf Kosten der Wiener Akademie der Künste, durch *Justus Riedel* wenig genau geleitet.

So ist in der That *Winckelmann's* römisches Leben nichts anderes als ein Fortarbeiten an der Kunstgeschichte, als der centralen Form seiner Kunsterkenntniss (*Justi* II, 2. S. 416, vgl. überhaupt II, 2. S. 97—229. 280 ff. 370 ff. 412 ff.). Und *Goethe* spricht den Gesammteindruck dieses Schaffens treffend aus: »Und so ist alles was er uns hinterlassen als ein Lebendiges für die Lebendigen nicht für die in Buchstaben Todten geschrieben. Seine Werke verbunden mit seinen Briefen sind ein Leben selbst.«

Zu der Verbindung von System und Geschichte und zur Gliederung im Werk s. oben S. 48. 53. 61. 65.

»Die Kunst der Griechen ist die vornehmste Absicht dieser Geschichte: nicht blos Kenntnisse zum Wissen, sondern auch Lehren zum Ausüben werden darin vorgetragen.« »Muthmassungen aber solche, die sich wenigstens durch einen Faden an etwas Festem halten, sind aus einer Schrift dieser Art ebenso wenig als die Hypothesis aus der Naturlehre zu verbannen, sie sind wie das Gerüste zu einem Gebäude, ja sie werden unentbehrlich, wenn man bei dem Mangel der Kenntnisse von der Kunst der Alten nicht grosse Sprünge über viel leere Plätze machen will.«

Charakteristisch für die ganze, nahezu construirende und doch auf lebendige Anschauung des Einzelnen gegründete Methode *Winckelmann's* und für die Erkenntniss der centralen Stellung Griechenlands ist seine Eintheilung in zwei Theile, wo nach der ersten die Untersuchung der Kunst nach dem Wesen derselben enthält und dies für Aegypter, Phönicier, Perser, Etrusker, Griechen und Römer durchführt, der zweite nach den äusseren Umständen der Zeit unter den Griechen die Geschichte der Kunst betrachtet. In jenem Theile werden die einzelnen Völker und deren Stile wie nothwendige Positionen gleichsam betrachtet, in diesem für die Griechen Geschichte im engeren Sinne gegeben, aber auch keine Geschichte der Künstler, sondern der Kunst und Kunstschulen; auch hier tritt also das Biographische und persönlich Charakteristische ganz zurück.

Die Plastik ist für *Winckelmann* der Mittelpunkt seines Interesses, die Kunst des Auges ist ihm die Kunst der organischen, plastischen Formen. Zurück tritt dagegen die Farbe, zurück die Kunst, die die starre Masse mit mathematischen Formen gliedert, mit organischen belebt, die Architektur. Die Letztere ist in der Kunstgeschichte selbst gar nicht behandelt, wohl aber in den »Anmerkungen über die Baukunst der Alten« die im J. 1761 in Dresden in Quart erschienen. *Winckelmann* war vom Anblick der Tempel zu Paestum auf das Lebhafteste ergriffen, hier im Dorismus fand er die Schönheit, die aus Einfalt und Zierde hervorgeht; von hier aus bekämpft er *Vitruv* als Lehrmeister der Architektur, von hier aus verfolgt er das Fortschreiten der Verzierung als Verfall. Dabei wirkt *Winckelmann* auch hier noch mehr durch eigene Beobachtungen wie durch glückliche philologische Auslegung der Schriftstellen. Eine zweite Ausgabe der Anmerkungen ward von ihm vorbereitet.

Was *Winckelmann*, wie oben S. 198 berichtet ist, bereits in der ersten Schrift in Dresden als wichtige Aufgabe bezeichnet hatte, eine Kunstsymbolik oder Iconologie, diese veröffentlicht er Anfang 1766 als »Versuch einer Allegorie besonders für die Kunst« und widmet sie der Göttinger Gesellschaft der Wissenschaften. Neu mit Zusätzen bereichert und von Druckfehlern gereinigt ist die Schrift von Dr. *Alb. Dressel* 1867 aus *Winckelmann's* Handexemplar herausgegeben. Es ist nicht eine abgerundete Abhandlung über die Grundbegriffe von Allegorie, Symbolik, Sinnbild, Gleichniss, Attribut, sondern ein Lehrbuch der »Künstlersprache«, zum Theil in alphabetischer Form geordnet, ein mühsames Werk, aber seine »beste Arbeit« so meint er. Einfachheit, Deutlichkeit, Lieblichkeit sind für ihn Grundforderungen für eine gute Allegorie und er tritt damit dem ganzen Wust geheimnissvoller, überfüllter, unverständlicher Bilder der bisherigen Ikonologieen (s. oben S. 107) entgegen. Wenn irgend in einer Schrift *Winckelmann's* tritt hier das Missliche der Vereinigung eines praktischen Zieles, der Leitung des modernen Künstlers und der gelehrten und rein historischen Behandlung, Erkenntniss antiker Kunstsymbolik zu Tage. Aber auch hier weist er immer neu auf die Benutzung alter nur beiläufig von den Gelehrten beachteter Denkmäler selbst, er erwartet mit Recht von neuen Entdeckungen derselben neue Bereicherung dieser Kunstsprache.

Und *Winckelmann* war eben im Begriffe in einer grossen Publikation solche neue gefundene oder unbeachtet gebliebene alte Denkmäler seinen Zeitgenossen zu bieten. darin also in vollen Wettkampf mit den bisherigen grossen Leistungen der Archäologie, besonders mit dem gleichzeitigen Lebenswerk von *Caylus* zu treten. In der Vorrede zur Geschichte der Kunst, also Ende 1763 kündigt er das Werk an, welches »in welscher Sprache auf meine eigenen Kosten gedruckt, auf Regalfolio im künftigen Frühlinge zu Rom erscheinen wird. Es ist dasselbe eine Erläuterung niemals bekannt gemachter Denkmale des Alterthums von aller Art, sonderlich erhobener Arbeiten in Marmor, unter welchen sehr viele schwer zu erklären waren, andere sind von erfahrenen Alterthumsverständigen theils für unauflösliche Räthsel aufgegeben theils völlig irrig erklärt worden. Durch diese Denkmale wird das Reich der Kunst mehr als bisher geschehen, erweitert.« Das Werk war auf 200 Kupfertafeln berechnet und von *Casanova* wurden die Zeichnungen angefertigt. In der Vorrede zu den Anmerkungen der Kunstgeschichte 1766 ward das Werk nun um zehn Tafeln vermehrt, sowie um die einleitende Abhandlung der Kunst der Zeichnung mit Bestimmtheit für Ostern 1767 angekündigt. Und so erscheinen auch mit 216 Tafeln schliesslich die Monumenti inediti im Frühjahr 1767, ein Werk das als Vermächtniss auf alle Zeiten übergehen wird. »Und er schreibt es nicht allein, er besorgt es, unternimmt es und leistet als ein armer Privatmann das, was einem wohlgegründeten Verleger, was akademischen Kräften Ehre machen würde« (Göthe).

Die ganze Hälfte der behandelten Denkmäler sind Reliefs (112) und unter ihnen überwiegend Sarkophagreliefs; einen zweiten grösseren Bestandtheil bilden die geschnittenen Steine, eine kleine Elite der von *Winckelmann* besonders hochgehaltenen Köpfe schliesst sich daran und endlich ist keine andere Gattung von Denkmälern mit Ausnahme etwa von Gläsern und Elfenbeingegenständen ausgeschlossen. Ueberwiegend ist die Auswahl dem Besitze seines Gönners *Francesco Albani*, dem das Werk auch gewidmet ist, entnommen. Diese Bevorzugung des Reliefs und einer von einem künstlerischen Interesse gebildeten Sammlung gab diesem Werke einen gemeinsamen Charakter und sicherte der hier zuerst durchgeführten Methode der Interpretation ihre durchschlagende Wirkung. Um diese ist es *Winckelmann* vor allem dabei zu thun gewesen und er erscheint gerade dadurch uns hier wieder als ein neuer, als ein wahrhaft Epoche machender; wie er andererseits den rein künstlerischen Gesichtspunkt im Trattato preliminare noch einmal umfassend dargelegt.

»Der Hauptpunkt indessen, von welchem ich meinen Lesern Rechenschaft ablegen zu müssen glaube, ist die Methode, die ich bei der Erklärung der aufgestellten Denkmale befolgt habe. Ich hatte dabei zwei Grundsätze vor Augen: erstens nahm ich nicht an, dass die Alten in ihren Kunstwerken blos leere Phantasieen, sondern vielmehr lauter Gegenstände aus der Mythologie vorgestellet haben, zweitens dass ich aus diesem Grunde die Werke selbst auf die Götterlehre und Fabelgeschichte bezog und Achtung gab, auf welchen Theil derselben die hier aufgeführten besonders gehen.«

Winckelmann erläutert und limitirt diese Hauptsätze sofort in ganz wohlbedachter Weise, wie sie wesentlich noch heute gültig sind; er hat übrigens neben den Darstellungen mythologischen Inhaltes auch einen dritten Theil der griechischen und römischen Geschichte, einen vierten der Darstellung der Sitten, Gebräuche und Künste der Alten gewidmet.

Die Mängel des Werkes entwickelt aus den gleichzeitigen Recensionen und vom Standpunkt heutiger Anforderung eingehend *Justi* II, 2. S. 356 ff. Noch sind die Monumenti inediti nicht erschienen, so wird der Gedanke einer neuen Sammlung bereits lebhaft ergriffen und im Jahre 1767 und 1768 eifrigst eine neue Auswahl auserlesener Werke in Rom wie in Neapel getroffen, ja der betende Knabe von Sanssouci, die Amazonenvase (richtiger wohl der Amazonensarkophag) in Wien, Schalen aus Girgenti hereingezogen und der Kupferstecher *Mogalli* hat bereits Zeichnungen erhalten.

Es war nicht *Winckelmann's* Absicht gewesen, als er die Reise nach Rom antrat, Rom fortan zum ständigen Aufenthaltsorte zu machen, vielmehr lag es im Plane des kursächsischen Hofes ihm dann eine Stellung in Dresden als Aufseher der Antiken zu geben. Bald nach *Winckelmann's* Abreise brach der siebenjährige Krieg aus und Sachsen, besonders auch Dresden selbst mit seinen Antiken musste darunter unsäglich leiden. So konnte *Winckelmann* schon zufrieden sein, dass ihm sein Jahrgehalt von zweihundert Thalern, später die Hälfte nach den zuerst in Aussicht genommenen zwei Jahren fortgezahlt wurde. Ende 1763 starb schon nach wenig Monaten einer trefflich begonnenen Regierung der Kurprinz Friedrich Christian und so bildet das Jahr 1764 auch darin für *Winckelmann's* Verhältniss zu Sachsen einen Abschluss. Gleichzeitig waren die Fäden zu seinem Vaterlande Preussen, dem er einst unmuthvoll den Rücken gekehrt, vielfach angeknüpft und 1765 erging der Ruf an *Winckelmann* von Berlin zur Uebernahme der Stelle des k. Bibliothekars und er nahm ihn an, aber die Erklärung des Königs »für einen Deutschen sind tausend Thaler genug« brachte die ganze Angelegenheit zu Ende. *Winckelmann* ward es klar, dass Bande der edelsten Freundschaft und Dankbarkeit ihn an Rom und besonders an Cardinal *Albani* fesselten; dass er nur hier ganz unabhängig sein könne, dass Rom und die Welt der Denkmale, die Nähe der grossen, neuen Fundstätten der Kunst ihm für seine Studien und neuen Pläne unentbehrlich waren.

Aber die Heimath und die Freunde wiederzusehen, als der gereifte, hochanerkannte Mann die Stätten seiner Jugend und seiner Niedrigkeit wiederzubesuchen, die neue französische Ausgabe seiner Geschichte in Berlin zu betreiben, endlich Ruhe zu gewinnen für kurze Zeit, das steigert sich in *Winckelmann* zur Sehnsucht, wird zum festen Entschluss. Am 10. April 1768 verlässt er Rom, begleitet von *Cavaceppi*. Schon der Eintritt in die Tiroler Berge, die ihn auf der Reise nach Rom begeistert, wirkt auf ihn auf das Stärkste niederdrückend. Vergeblich strebt er in Augsburg, München, Wien eine tiefe Melancholie zu bemeistern, die ihn wie mit magischen Banden nach Italien zieht. Ohne seinen Reisegefährten kehrt er nach dem Süden um, erreicht zunächst Triest. Nach mehrtägigem Aufenthalt wird er im Gasthofe, in seinem Zimmer am Schreibtisch, auf dem er seine literarischen Anordnungen über die neue Ausgabe der Kunstgeschichte verzeichnet, von *Arcangeli*, mit dem er zufällig dort Bekanntschaft gemacht, überfallen, gewürgt und mit dem Messer durchbohrt. *Winckelmann's* Todestag ist der 8. Juni 1768. »Und in diesem Sinne dürfen wir ihn wohl glücklich preisen, dass er von dem Gipfel des menschlichen Daseins zu den Seeligen emporgestiegen, dass ein kurzer Schrecken, ein schneller Schmerz ihn von den Lebendigen hinweggenommen. Die Gebrechen des Alters, die Abnahme der Geisteskräfte hat er nicht empfunden, — er hat als Mann gelebt und ist als ein vollständiger Mann von hinnen gegangen. Nun geniesst er im Andenken der Nachwelt den Vortheil, als ein ewig Tüchtiger und Kräftiger zu erscheinen, denn in der Gestalt, wie der Mensch die Erde verlässt, wandelt er unter den Schatten und so bleibt uns Achill als ewig strebender Jüngling gegenwärtig. Dass *Winckelmann* früh gestorben kommt auch uns zu Gute. Von seinem Grabe her stärkt uns der Anhauch seiner Kraft und erregt in uns den lebhaftesten Drang, das was er begonnen, mit Eifer und Liebe fort und immer fortzusetzen.« (*Goethe*, Winckelmann und sein Jahrhundert S. 439 f.)

9 Zu den mit *Winckelmann* in enge Beziehung getretenen, von ihm aus angeregten und seine Gedanken verbreitenden Kreisen gehören vor allen die Schweizer (vgl. Justi II. 2. S. 48 ff.), der Kupferstecher *Joh. Georg Wille* (1715—1808) in Paris, hoch angesehen, eifrig bemüht *Winckelmann's* Bestrebungen materiell zu unterstützen und durch Uebersetzungen bekannt zu machen, der Kupferstecher *Christian von Mecheln* aus Basel, in Basel der Ordner und theilweise Begründer der dortigen Kunstsammlungen, der Beschreiber der Sammlungen des Belvedere zu Wien, der Dichter *Salomon Gessner* (1730—1787), dann die Familie *Füessli*, den Maler und Rathschreiber von Zürich *Hans Caspar Füessli* (1706—1781) an der Spitze, den Verfasser der Gedanken über die Schönheit und den Geschmack in der Malerei, Zürich (1762. 8), des Kupferstecherkataloges (1771. 8), dessen Neffe *Hans Heinrich Füessli* (1745—1832), welchen *Winckelmann* auf dem Boden Roms »zu dem grössten Alterthumsverständigen jenseits der Alpen« zu erziehen hoffte (1765), Jahrzehnte lang der Mittelpunkt aller kunsthistorischen und sammelnden Thätigkeit auf Schweizerboden, während der nach England verpflanzte und dort hoch geehrte *Heinrich Füessli* (1742—1825) ganz der phantastisch-nordischen, romantischen Richtung auch theoretisch sich hingab, endlich *Leonhard* und *Peter Usteri*.

Aus dem Kreise deutscher und fremder Adelicher trat, wie wir sahen, Freiherr *von Riedesel* (1740—88) in die engste Verbindung mit *Winckelmann* durch seine archäologischen Reisen, Graf *von Walmoden* aus Hannover sammelte unter seinen Augen in Rom seine Antiken (Justi II. 2. S. 318), trat der junge Herzog *Laroche Foucauld-Guyon* persönlich und brieflich in lebhaften Verkehr.

Unter den deutschen Fürsten, welche in Rom der künstlerischen Leitung *Winckelmann's* sich erfreuten, hat allein Herzog *Leopold Friedrich Franz von Dessau* (1740—1817) einen bleibenden, praktisch sich bethätigenden und erleuchteten Enthusiasmus für antike Kunst aus dem achtmonatlichen, gewissenhaft ausgekauften römischen Aufenthalt in Rom davon genommen (Justi II. 2. S. 318 ff.). Sein Begleiter und Freund *Fr. W. von Erdmannsdorf* (1736—1800) macht eingehende Architekturstudien unter *Clerisseau*, erliest sich *Vitruv* zum wissenschaftlichen Objekt und legt architektonisch Wörlitz an. Die dortigen werthvollen Antikenschätze sind 1765—1766, dann besonders auf einer zweiten Römerfahrt 1770 und endlich gegen Ende des Jahrhunderts durch Maler *Rehberg* in Rom angekauft worden. *Cavaceppi*, der Begleiter *Winckelmann's* auf seiner letzten Reise, ging nach Dessau weiter und hat besonders hier die Statuen restaurirt. Vgl. weiter unten über *Cavaceppi* und die Wörlitzer Sammlung, zunächst *Hosäus*, Wörlitzer Antiken, Dessau 1873.

Im Süden von Deutschland ist Graf *Franz von Erbach-Erbach* (1754—1823), eines der merkwürdigsten Beispiele dieser von dem durch *Winckelmann's* Persönlichkeit, Schriften und geistig beherrschten Kreise in Rom ausgehenden Anregung für antike Kunst. In früher Jugend 1769 kam er nach Rom und erhielt die ersten bleibenden Eindrücke; im J. 1791 kehrt er dahin zurück, tritt in engen Verkehr mit *Ennio Quirino Visconti* und macht durch ihn und Hofrath *Reiffenstein* die hochbedeutenden Ankäufe von Marmorwerken, von griechischen Gefässen, von Bronzen und von Papyrusrollen, die noch heute im Schlosse zu Erbach sich befinden und worüber ein kalligraphisch ausgestatteter mit Abbildungen versehener Katalog im J. 1808 abgeschlossen ward. Der Briefwechsel mit *Visconti* liegt noch handschriftlich daselbst. Gleichzeitig wurde die Durchforschung des Odenwaldes für den römischen Limes von dem Rathe des Grafen, *Knapp* in Angriff genommen; worüber das Werk: Römische Denkmäler im Odenwald 1813 berichtet; ja es wurde ein römisches Castell in Eulbach bei Erbach danach neu aufgebaut. Einige Antiken veröffentlicht *Creuzer*, Deutsche Schriften II, 1. S. 238 ff.; II, 2. S. 369 ff.; II, 3. S. 101. Kurze Notiz von *Görtz*, Arch. Zeitung 1856, Anz. No. 92. 93.

Nach Kopenhagen ward das Studium der griechischen Antike gebracht durch den Bildhauer *Hans Wiedewelt* (1731—1802), der in Paris unter *Coustou* zur Darstellung der Wollust des Fleisches in Marmor gebildet, 1754 nach Rom kommt, durch *Mengs* mit *Winckelmann* in Verbindung kommt, ein halbes Jahr mit ihm zusammen lebt und in lebhaftem Briefwechsel bleibt. Als Bildhauer, Direktor der Modellirklasse der Akademie, als Schriftsteller mit seinen Gedanken über den Geschmack an den Künsten im Allgemeinen 1762, mit der Herausgabe der *Guldberg*'schen Sammlung von ägyptischen und römischen Alterthümern 1786, hat er in den Kreisen, in deren Bereich *Klopstock*, dann *Oelenschläger* stand, gelebt, war er Lehrer von *Thorwaldsen* und *Carstens*.

In Schweden hat zwar nicht als *Winckelmann's* Schüler, aber in *Winckelmann's* Geist gewirkt *K. Aug. Ehrenswärd* (1745—1800), vgl. Preuss. Jahrbücher 1862. X. S. 19—49. Frühzeitig in der militärischen Laufbahn emporgestiegen, später selbst Admiral der Scheerenflotte, mit ausgezeichnetem Talent für Zeichnen und Bilden begabt, steht er in dem geistvollen Kreise von *Gustav III.* (1781—1792), welcher in Rom 1784 bedeutende Antikenkäufe machte und sie in dem Schlosse zu Stockholm aufstellte (Ex museo regis Sueciae antiquar. e marmore statuarum series integra adorn. *C. F. Fredenheim* 1794). Die Stiche sind in Rom von *Piroli* ausgeführt. Ihm zur Seite stand Schwedens Phidias, *O. T. Sergell* (1736—1813). Dieser hatte zwölf Jahre in Rom gearbeitet vor 1780 und nun in Schweden im Gegensatz zur französischen Weise, in der auch er erwachsen, die Antike als Muster fortan für seine Arbeiten aufgestellt. Auch *Ehrenswärd* reist 1780 nach Italien, beschreibt die Reise und veröffentlicht 1786 eine »Philosophie der freien Kunst.« Das Ideal der ächten Menschlichkeit ist ihm das klassische Alterthum und der reinste Ausdruck derselben die bildende Kunst. Mass und Freiheit ist ihm Kern des Griechenthums; der ideale Stil die naive Nachahmung sowohl der gesunden körperlichen Natur als auch der Wirkungen, welche gesunde innere Organe hervorbringen. Der Stil ist die Art, wie der Künstler auswählt und das Gewählte darstellt. Nach dem Menschen hat der Baum in der Natur die höchste Schönheit.

Christian Adolph Klotz (1738—1770, 1762 Prof. extraord. in Göttingen, 1763 Prof. ord. in Halle, seit 1766 Geh. Rath) ist ein hervorragendes Beispiel einer raschen, äusserlichen, gewandten Benutzung der durch *Caylus* und *Winckelmann* in die Wissenschaft und den ganzen geistigen Gesichtskreis der Zeit hereingeführten Erkenntnissquelle und Anschauungsweise und darf nicht einseitig aus *Lessing's* Polemik beurtheilt werden. Zwar kein Zuhörer von *Christ* mehr, benutzt er doch dessen Collegienhefte geschickt, wird durch *Lippert* auf das Gebiet der Münzen und geschnittenen Steine aufmerksam gemacht, steht er dabei in lebhaftem Verkehr mit den Schöngeistern der Halle'schen Dichtergruppe, dichtet selbst elegant lateinisch und versucht es in rastloser literarischer Emsigkeit der klassischen Philologie eine ästhetische Richtung zu geben. »Es ist gewiss, dass Herr *Klotz* mit gewisser Neigung nach dem Ruhme eines Antiquars, doch eines zierlichen strebt« *Hausen*, Leben und Charakter des Herrn Chr. Klotz, Halle 1772, S. 69. *Gleim* stellt 1767 Klotz, Lessing, Hagedorn zusammen. In der Schrift über das Studium des Alterthums 1766 polemisirt er gegen Büchergelehrsamkeit, verlangt vom Philologen auch Kenntniss der Kunst, auch Verständniss für moderne Kunst, fordert vor allem auf *Caylus* nachzustreben, dessen Abhandlungen, wie wir oben sahen, unter seiner Leitung in's Deutsche übersetzt wurden. Im folgenden Jahre erscheint bereits sein Beitrag zur Geschichte des Geschmacks und der Kunst aus Münzen, Altenburg 1767. 8, dann weiter das Buch vom Nutzen und Gebrauch der Gemmen und ihrer Abdrücke 1768. 8, worin S. 194—224 eine grössere Specialabhandlung: Amor in Steinen sich befindet. Vgl. überhaupt *Hausen* in d. o. a. Werke, *Mangelsdorf*, Vita et memoria Klotzii, Halae 1772; dann Briefe deutscher Gelehrten an H. Geh. Rath Klotz, herausgegeben von *J. A. Hagen*, Halle 1773. 2 Thle.; *Danzel-Guhrauer*, G. E. Lessing's Leben und Werke II, 1. 1853. S. 230—268.

Ein Geistesverwandter und Lobredner von Klotz, *Fr. Just. Riedel* (1742 bis 1785), Professor in Erfurt, dann in Wien und dort Herausgeber von Winckelmann's Kunstgeschichte, gab den ersten Theil einer Theorie der schönen Künste und Wissenschaften heraus, in welcher *Lessing* in vielen Stücken einen trefflichen Denker fand. Er führte auch das ästhetische Werk von *Franz Christ. v. Scheyb*, Orestrio, Wien 2 Bde. 1774 in die literarische Welt ein.

Gotthold Ephraim Lessing als Archäolog.

Noch giebt es keine umfassende Würdigung dieser Stellung *Lessing's*, wohl aber Grundlagen und Beiträge dazu in *Danzel-Guhrauer*, G. E. Lessing's Leben und Werke I. 1851. S. 67 ff. 360 ff.; II, 1. S. 10—73. 230 ff.; II, 2. S. 269 ff.; treffliche Bemerkungen in *Hettner's* Literaturgesch. des 18. Jahrhunderts III, 2. S. 557 ff.; ferner bei *Justi*, Winckelmann I. S. 464 ff.; II, 2. S. 434 ff. und *Alfred Schöne*, Einleitung zu Lessing's Werken, Berlin; *Hempel* XIII, 2. S. V—LXX.

Lessing ist als Student in Leipzig durch *Christ's* Vorlesungen 1746—1748 nicht allein im Gebiet der Literatur, speciell der Fabel, sondern auch in dem der sog. literarischen Archäologie angeregt worden. Dann sind es aber die oben näher charakterisirten englischen Aesthetiker, wie das Werk von *Dubos* und der Verkehr mit *Nicolai* und besonders mit *Mendelssohn*, dessen Aufsatz über die Quellen der schönen Künste und Wissenschaften 1756 erschien, die ihn die Theorie der bildenden Kunst und der Poesie im Zusammenhang durchdenken liessen. Der Vorbericht zu *Mylius* Uebersetzung der Zergliederung der Schönheit von *W. Hogarth*, 1754 (Lessing's Werke herausgegeben von *Lachmann* IV. S. 101 ff.) zeigt ihn als mathematisch geschulten und zugleich literarisch gelehrten Kopf. Er hält es für möglich »die äusseren Grenzen anzugeben, jenseits welcher die Wellenlinien den Namen der Schönheitslinien verlieren müssen.«

Lessing hatte mit dem Kunstliebhaber *Winkler* inzwischen Holland und die dortigen Kunstkabinete, besonders für die Kupferstiche besucht; von antiker Kunst war da mit Ausnahme der Sammlung *Wassenaer* in Amsterdam, die aber bereits 1750 nach Cassel verkauft ward, und von Münz- und Gemmensammlungen wie des Kabinets *Smet* ebendaselbst nicht viel zu sehen. Die von *Friedrich II.* angekaufte, 1753 in Charlottenburg zuerst aufgestellte *Polignac*'sche Sammlung von Statuen von *Lessing* gesehen, und allerdings in der wunderbaren Ergänzung der Hauptgruppe durch französische Zöglinge der Akademie in Rom von ihm erkannt (Werke XI. S. 242), auch die *Stosch*'sche Sammlung geschnittener Steine und Abdrücke hatte er durchgesehen. Wir finden aber nicht, dass von einer dieser Anschauungen aus *Lessing* zu seinem Laokoon angeregt sei, wohl aber ist derselbe nach seiner archäologischen Seite hin erwachsen aus einem eindringenden Studium der klassischen Quellen des Plinius, aus dem frischen Verkehr mit Homer und Sophokles, aus einer ausgebreiteten Bekanntschaft der antiquarischen, mit Kupfertafeln versehenen Literatur, natürlich *Montfaucon* an der Spitze, er ist endlich erwachsen aus der unmittelbaren diskutirenden Auseinandersetzung mit *Spence*, mit *Caylus* und mit *Winckelmann*, dessen frühere Schriften *Lessing's* Interesse und Hochachtung weckten, dessen Kunstgeschichte im J. 1764 erschienen einen Abschnitt in der Reihe der allmälig entstandenen Aufsätze (No. XXVI) bildete. *Lessing* selbst bezeichnet den Laokoon als Aufsätze »zufälliger Weise entstanden und mehr nach der Folge meiner Lektüre als durch die methodische Entwickelung allgemeiner Grundsätze angewachsen, mehr unordentliche Collectaneen zu einem Buche als ein Buch.« Im J. 1766 erschien bei *Voss* in Berlin der erste Theil des »Laokoon, oder über die Grenzen der Malerei und Poesie, mit beiläufigen Erläuterungen verschiedener Punkte der alten Kunstgeschichte.«

Eine zweite Auflage kam erst nach *Lessing's* Tod 1788 heraus von *Karl Lessing* mit den Vorarbeiten aus *Lessing's* Papieren vermehrt; diese sind berichtigt und erweitert in der Ausgabe der Werke von *Lachmann* XI. S. 125—169, auch mit der Vorrede zu der von *Lessing* selbst projektirten französischen Ausgabe; noch vollständiger und in ursprünglicher Form sind diese Nachträge in der *Hempel*'schen Ausgabe (VI. Berlin s. a. und noch XIX. S. 760, 1869 erschienen). Eine kurze französische Darlegung vom Ideengang Laokoons gab *Jansen*, der Uebersetzer Winckelmanns, im Aufsatze Des limites de la peinture et de la poésie, veröffentlicht in den Oeuvres philosophiques de F. Hemsterhuys, Louvain 1826. II. p. 293 ff. Nach der Ausgabe von 1788 erschien dann von *Vanderbourg* eine Uebersetzung zusammen mit anderen ästhetischen deutschen Schriften.

Die epochemachende Bedeutung des Laokoon liegt in erster Linie für alle Kunstwissenschaft in der Form der Darstellung, in der freien, anscheinend locker geschürzten, discutirenden, ja dramatischen Behandlung wissenschaftlicher Fragen, die überall anhebt vom einzelnen Punkt und überall getragen ist von scharfen, einmal acceptirten Normen, eine Form, wie sie ein *Diderot* gleichzeitig gerade für Kunstfragen meisterhaft gehandhabt, *Lessing* in Deutschland zuerst ebenbürtig gemacht neben dem hohen getragenen Flusse gleichsam prophetischer Begeisterung und anschaulicher Darstellung von *Winckelmann*.

Sie liegt ferner in der negativen Seite der Erörterung des Verhältnisses von Poesie und bildender Kunst, zu der die positive Seite des Nachweises ihrer nothwendigen und tiefer liegenden Berührungspunkte und Parallelen aber fehlt. Sie liegt weiter für die bildende Kunst in dem vollberechtigten Kampfe gegen die Allegoristerei, wie dort in dem Kampfe gegen die Schilderungssucht, aber jene Erwägungen sind verhältnissmässig dürftig zu nennen; sie liegt endlich in dem Einheitspunkt *Lessing*'scher und *Winckelmann*'scher Anschauung in Bezug auf die Schönheit als oberstes Princip, aber daneben ist die *Lessing*'sche Begrenzung der bildenden Kunst auf die Darstellung der körperlichen Schönheit im Gegensatz zu *Winckelmann* eine enge und einseitige. *Lessing* geht logisch streng von diesem Princip aus weiter zu der Ausschliessung aller derjenigen Antiken von dem Namen der Kunstwerke, bei denen ein äusserer Zwang gewaltet, speciell die Religion (IX), die überall mehr auf das Bedeutende als auf das Schöne sah; er verkennt dabei das nothwendige Princip der Entpuppung der Kunst aus dem Religiösen und die Bedeutung gerade jenes angeblich äusseren Zwanges für die Entwickelung des Stiles. Dieses Demonstriren aus dem Principe lässt *Lessing* bei dem plastischen Kunstwerke selbst Dinge gar nicht sehen, die den einfachen aber aufmerksamen Betrachter sofort in die Augen fallen. So setzt er Kap. V weitläufig die völlige Nacktheit des Laokoon und seiner Söhne als eine ästhetische Nothwendigkeit aus einander und bemerkt nicht das Dasein der Gewänder und ihre grosse Bedeutung sowohl für die Darstellung der vorausgegangenen Momente der Handlung wie für die Milderung der Gesammtlinien; er nimmt als selbstverständlich an, dass in der Gruppe beide Kinder mit dem Vater umgebracht werden, obgleich einer unverletzt ist. In der Reihe der »beiläufigen Erläuterungen«, die uns überall zur scharfen feinsten Diskussion vorbereiten, ächt philologischen Geist offenbaren, werden wir heutzutage kaum etwas finden, das nicht die spätere Untersuchung entschieden widerlegt hat, so die bestimmte Behauptung über den Sprachgebrauch des ἐποίησε als Kennzeichen der späteren Zeit; den geistreichen Einfall im borghesischen Fechter eine Statue des Chabrias zu sehen, hat *Lessing* selbst in seiner grossen, von allem kleinlichen Eigensinn freien Weise widerlegt, nachdem ihm *Heyne* die dagegen entscheidenden Stellen aus Diodor und Polyaen nachgewiesen (Antiquar. Briefe n. 37 Werke VIII. S. 115, vgl. dazu *Alfr. Schöne* a. a. O. S. XLI f.). Auch die 1771 in so prägnanten Sätzen ausgesprochene Behauptung, der Kopf der sog. Agrippina in Dresden sei neu, eine moderne Ergänzung (W. VIII. S. 529 f.) ist nach *Lipsius* (Beschreibung der kurf. Antikengalerie S. 382, *Hettner*, Bildwerke der Antikensammlung zu Dresden, 2. Aufl. 1869. n. 388) von *Lessing* selbst nach wiederholter Betrachtung als irrig erkannt worden, nicht aber, dass der Kopf zur Statue immer gehört habe. (Vgl. *Guhrauer* II, 2. S. 85 ff.)

Die jetzt beliebte Weise *Lessing's* Laokoon auf den Schulen, selbst auf nicht humanistischen Schulen zu lesen, zu commentiren an der Hand populärer Schulausgaben und damit zu vermeinen sei eine Einführung in die bildende Kunst überhaupt, speciell die antike gegeben, ist eine grosse Verkehrtheit. Die wirklich nützliche Lektüre des Laokoon kann nur auf der Universität geschehen mit Leuten freieren, auch einem *Lessing* gegenüber regen, kritischen Sinnes, mit den literarischen und archäologischen dazu nothwendigen Hülfsmitteln (ich erinnere nur an *Spence*) und unter der Leitung eines in der antiken Kunst selbst, nicht blos in einiger Literatur über Kunst bewanderten

Archäologen. Sehr brauchbares Hülfsmittel dazu ist die Ausgabe von *Hugo Blümner*. Berlin 1876, wo auch S. XII die neuesten sonstigen Bearbeitungen und Aufsätze verzeichnet sind.

Die antiquarischen Briefe, 57 an Zahl in zwei Abtheilungen 1768. 1769 erschienen sind mit ihren projektirten, in einzelnen Ausführungen erhaltenen vierzig Nachfolgern (LVIII—XCVII), mit den zwei Abhandlungen: Wie die Alten den Tod gebildet, 1769 und Ueber die Ahnenbilder der Römer, 1769 (erst 1792 unter *Lessing's* vermischten Schriften erschienen, von Anfang an auf viel grösseren Umfang angelegt) sind alle gegen *Klotz* gerichtet und haben als Meisterstücke polemischer Kunst gegenüber eitler Scheingelehrsamkeit auf die Mit- und Nachwelt gewirkt. Das umgekehrte Motto aus Thukydides *ἀγώνισμα μᾶλλον ἐς τὸ παραχρῆμα ἀκούειν ἢ κτῆμα ἐς ἀεὶ* ist allerdings für einen grossen Theil der Gegenstände und Resultate der Diskussion wahr geworden und es bleibt dieser Streit zwischen *Klotz*, *Riedel*, *Murr* und *Lessing* ein merkwürdiges Zeugniss für das heute fast unverständliche Interesse des damaligen gesammten gebildeten Publikums an Detailfragen, wie der Bildung der Furien, dem Vorkommen der Skelete in der antiken Kunst, über die Perspektive der Alten, über die Verwendung des Diamantes, des Rades beim Steinschneiden, über die Benennung der antiken Edelsteine, den Vortheil der convexen Oberfläche derselben für das Schneiden derselben, über das Alter des Vergrösserungsglases. Der antiquarische Gesichtspunkt, nicht der ästhetische wird fortan von *Lessing* absichtlich in den Vordergrund gestellt und in der That ist die Gründlichkeit und Vielseitigkeit, mit der *Lessing* diese Fragen durcharbeitet, die Klarheit mit der er sie vorführt, ein unschätzbarer Gewinn für diese Studien gewesen. Die Collektaneen zur Literatur zeugen vollauf für die Fülle der Gesichtspunkte, unter denen er las, für den weiten Bereich oft entlegenster Werke, aus denen er sich Belehrung suchte. Nie ist es ihm aber allein zu thun um das zufällige Vorkommen einer Erscheinung, um ein äusseres Zeugniss für eine solche. »Mir ist es selten genug, dass ich ein Ding kenne, und weiss wie dieses Ding heisst, ich möchte sehr oft auch gern wissen, warum dieses Ding so und nicht anders heisst« (*Guhrauer* II, 1. S. 246). Gerade das äusserliche Zusammensuchen von Belegstellen und Bildwerken bekämpft er in *Klotz*. »Er ist weit entfernt auf den Geist und die Absicht, auf die Brauchbarkeit und das Licht einer solchen Behauptung zu sehen. Er hält sich schlechterdings an die Allgemeinheit des wörtlichen Ausdruckes und glaubt *Winckelmann* widerlegt zu haben, wenn er ihm recht viele einzelne Fälle entgegenstellt, er mag diese Fälle schon ausgenommen haben oder nicht« (Kollektan. z. Litterat. W. XI. S. 400). Wenn ihm *Klotz* wohlbekannte Beispiele für das Vorkommen von Skeleten aus der antiken Kunst einfach zur Widerlegung des Satzes, dass die Alten den Tod nicht als Skelet dargestellt haben, entgegenhält, so ruft er aus: »welch elendes Studium ist das Studium des Alterthums, wenn das Feine desselben auf solche Kenntnisse ankommt, wenn der der Gelehrteste darinnen ist, der solche Armseligkeiten am fertigsten und vollständigsten auf den Fingern herzuzählen weiss! Aber mich dünkt, dass es eine würdigere Seite hat, dieses Studium. Ein anderer ist der Alterthumskenner, ein anderer der Alterthumskundige. Jener hat die Scherben, dieser den Geist des Alterthums geerbt. Jener denkt nur kaum mit seinen Augen, dieser sieht auch mit seinen Gedanken. Ehe jener noch sagt, so war das, so weiss dieser schon, ob es so sein könne.« Und wieder ist es die Unsicherheit, ja Zufälligkeit der Entdeckung einer Inschrift an einer Statue, die ihm die Worte entlockt: »Das Studium des Alterthums ist ein sehr armseliges Studium! Wie viel Ungewissheit auch da wo er nichts als Untrüglichkeit zu erblicken glaubt! Er sieht z. B. eine alte Statue, aus welcher er nicht weiss, was er machen soll, doch endlich entdeckt er eine Aufschrift darauf, und nunmehr scheint ihm nichts gewisser zu sein, als dass die Statue wirklich das ist, was die Aufschrift von ihr besagt. Als ob nicht auch die Alten aus Unwissenheit, aus Kinderei und wer weiss aus was sonst noch für Ursachen falsche Aufschriften hätten machen können!« (W. XI. S. 209.)

Lessing geht überall bei der bildenden Kunst von der literarischen, gelehrten Vermittelung aus, er erkennt mit scharfem Blick und mit der strengen Gewissenhaftigkeit des Kritikers die Schwächen, das Getrübte derselben, er ruht nicht, bis er diese Ueberlieferung feststellte, aber er hat nie in der Mitte der Antiken, nie in der unmittelbaren und fortgesetzten Beschäftigung mit den Objekten selbst gelebt, würde vielleicht seiner Natur nach auch nicht darin sich wohl gefühlt haben und so fehlt ihm gänzlich jenes anschauliche Denken, das *Winckelmann* im höchsten Masse besass, ohne welches überhaupt das plastische Kunstwerk nicht rein erfasst werden kann. Er construirt dagegen aus allgemeinen Sätzen gern die Möglichkeit oder Unmöglichkeit einer Darstellung. *Lessing* ist es beschieden gewesen zu erleben, dass die Hoffnungen auf eine Thätigkeit als Vorstand einer Antiken- und Kunstsammlung in Dresden, in Berlin, in Kassel, in Mannheim, im Zusammenhange auch mit der Pflege der dramatischen Kunst, sich zerschlugen.

Seine späteren Studien in Wolfenbüttel seit 1770 haben ihn wieder zunächst von den Büchern aus zu den Denkmälern und zur Technik, zu interessanten Untersuchungen über die Oelmalerei, über Glasgemälde gebracht, und hoch anzuerkennen ist das gleich starke wissenschaftliche Interesse, das er hier dem Mittelalter entgegenbringt. In dieser Nichtvoreingenommenheit geht er auch seinen Zeitgenossen wegweisend voran. Ein einziger kleiner Aufsatz, ein Concept über eine antike Bronzelampe ist dem Verkehr in Wolfenbüttel mit dem Herzog *Karl* entsprungen (Abdruck bei *Schöne* a. a. O. S. LIX).

Die Reise *Lessing's* mit dem Prinzen *Leopold von Braunschweig* im J. 1776 nach Italien war allerdings die Erfüllung eines Jugendwunsches, dessen Ausführung er bereits Anfang 1769 fest gehofft hatte, aber schliesslich von Wien aus improvisirt, gemacht »ohne die allergeringste Vorbereitung« und nicht in freier äusserer Stellung und innerlich freier Stimmung. Ueber das für einen Theil der Reise von Turin aus geführte Tagebuch hatte *Guhrauer* Mittheilungen (II, 2. S. 272 ff. Beil. S. 140) gemacht; es ist ganz abgedruckt in der Ausgabe der Werke von *Maltzahn* n. 29 im J. 1857, zuletzt in der *Hempel*'schen Ausgabe, XIX. S. 589 ff. Auch hier tritt uns ganz in erster Linie der emsige Literator entgegen, der seltene Werke, werthvolle Drucke und Handschriften für die Kunstgeschichte aufsucht, selten begegnet uns ein frischer, unmittelbarer Eindruck eines Kunstwerkes selbst. Bedeutsam ist es jedenfalls, dass *Lessing* auf der Heimkehr in Dresden mit *Dassdorf* über eine Herausgabe der *Winckelmann*'schen Werke verhandelte (W. XII. S. 473); dass er den Briefwechsel mit *Stosch* in den Händen hatte, um ihn in Auswahl herauszugeben, was in *Lessing's* Todesjahr noch durch *Fr. Nicolai* 1781 geschah. So schliesst sich *Lessing's* letzte archäologische Thätigkeit wieder an den einen schöpferischen Mann an, von dessen ersten Schriften er angeregt war und der ihm ein immer neues würdiges Objekt für seinen kritischen Scharfsinn war.

11 *Christian Gottlob Heyne* (1729—1812) in Chemnitz als Sohn eines armen Leinwebers geboren, unter den drückendsten Verhältnissen auf Schule und Universität (Leipzig 1748—1752) erwachsen, erhält endlich durch *Christ's* näheren

Verkehr bleibende Anregung für Archäologie, aber auch durch *J. A. Bach* für römisches Recht, während er *Ernesti* nicht näher tritt. »Mit Vergnügen erinnere ich mich *Christ* als Lehrer gehört und seinen vertraulichen Unterricht genossen zu haben und danke es dem Gelehrten, der vor zwei Jahren seine Vorlesungen an das Licht gestellt hat«, so *Heyne* im J. 1778 in der Vorrede zu der Sammlung Antiquar. Aufsätze S. V. Ein lateinisches Gedicht empfiehlt ihn dem Grafen *Brühl*, von dessen Versprechungen sich nur wenig erfüllt. Als Copist, dann zweiter Bibliothekar bei dessen Bibliothek wie der kurfürstlichen in Dresden, erfährt er an sich und seinen Collektaneen die Schrecken des Krieges. Uebersetzer, politischer Pamphletist, macht er sich 1755 zuerst philologisch durch Ausgaben Tibulls und Epiktets bekannt. *Winckelmann* lernt er nur äusserlich kennen, und Dresden wird auch ihm eine Stätte der künstlerischen Anregung; zu *Lippert's* letzter Sammlung schreibt er den Text 1763. Ein Aufenthalt als Hofmeister in Wittenberg 1759 bringt ihn in enge Verbindung mit dem Historiker *Ritter* und legt den Grund zu den ausgebreiteten welthistorischen Studien, die er als Uebersetzer von *Guthrie* und *Gray* 1765—1773 verwerthet. Auf *Ruhnken's* Empfehlung wird er 1763 von Münchhausen nach Göttingen berufen und entfaltet fast ein halbes Jahrhundert, lange Zeit der eigentlich leitende Geist an der Universität, eine umfassende Thätigkeit als Lehrer, Programmatar und Redner, Vorstand des Seminars, Oberbibliothekar, Sekretär der Gesellschaft der Wissenschaften (seit 1776) endlich als Redakteur der Gelehrten Anzeigen.

Charakteristisch für die ästhetische Strömung, in der auch *Heyne* stand, ist die erste Anzeige seiner Vorlesungen, wonach er zweimal wöchentlich nach *Batteux's* Werk: Les beaux arts reduits à un même principe, de elegantiorum artium litterarumque vinculo communi principio et fonte zu lesen vorhatte. Ebenso lud er zu seiner Antrittsrede ein mit der Prolusio de morum vi ad sensum pulchritudinis, quam artes sequuntur. Im folgenden Jahr 1764 kündigt er Numismatik und Gemmenkunde an. Seit 1767 hat er regelmässig bis zum J. 1804 Vorlesungen im Sommer auf der Bibliothek umgeben von den durch ihn in reichem Masse gemehrten Kupferwerken und auch von Gypsabgüssen über Archäologie gehalten, die er als Einleitung in das Studium des Alterthums bezeichnet (Antiquar. Aufs. I. S. IX) und diese Vorträge waren von vornherein von keinem specifisch philologischen Charakter getragen, sie waren auf die Erweckung des Kunstsinnes bei Jünglingen aller Studien, besonders solchen, die dann in Italien und im Auslande sich durch Anschauung weiter bilden wollten, berechnet und behandelten die einzelnen Göttertypen mit reicher Auswahl der Denkmäler. Kaum wieder haben Vorträge darin so nachhaltige Früchte getragen, wie diese von *Heyne*, wenn sie uns auch heutzutage in der 1822 in Braunschweig bei *Vieweg* erschienenen, nach fehlerhaften Collegienheften der Zuhörer zusammengestellten Publikation (s. oben S. 51) mangelhaft genug erscheinen. *Heyne* selbst sagt 1778, wie viel Mühe ihm die zweckmässige Anordnung gemacht und er habe jedesmal wieder Veränderungen in derselben vorgenommen. Ueber die Entwickelung des archäologischen Apparates der Universität s. *Wieseler*, Die Sammlungen des archäolog. numismat. Institutes der Georg August Universität, Göttingen 1859. S. 1 ff. *Heyne* selbst beschrieb in drei Abhandlungen die Nummi familiarum Romanarum der Sammlung 1777. 1778; ebenso 1796 das legatum tabularum pictarum Zschornianum, und einige vom König von Dänemark der Sammlung geschenkte Münzen 1781.

Die literarische Thätigkeit *Heyne's* für die Archäologie ist eine selten umfassende gewesen und berührt fast alle Zweige derselben, sie ist wesentlich niedergelegt in den Berichtigungen und Ergänzungen der *Winckelmann*'schen Geschichte der Kunst des Alterthums (Deutsche Schriften der Gött. Soc. der Wissensch. Bd. I. 1771), in der Sammlung antiquarischer Aufsätze I. Leipzig 1778, II. 1779, in dem achten Bande der Commentationes Societatis Scientiar. Gotting. 1763—66, in den 8 Bänden der Novi Commentarii 1769—1777, ferner den Commentationes mit 16 Bänden 1779—1807, endlich den Commentationes recentiores Bd. I. 1809. 10, dann in den Universitätsschriften, welche als Opuscula academica collecta et animadversionibus locupletata, 6 Bde. 1785—1812 und als Prolusiones nonnullae academicae, Londini 1790, gesammelt sind und endlich in der unabsehbaren Reihe von Recensionen der Göttingschen gelehrten Anzeigen. Mit richtiger Empfindung dessen, was der ganzen Wissenschaft der antiken Kunst vor allem mangelte, hat er den literarischen Quellen und ihrer sachgemässen Erklärung die grösste Aufmerksamkeit geschenkt, so *Plinius* (B. XXXIV und XXXV) und den Verzeichnissen seiner Quellen, so *Philostratos*, Imagines und *Kallistratos*, so den griechischen Epigrammen, so hat er die Beschreibungen des *Pausanias* für den amykläischen Thron und Kasten des Kypselos in einer noch heute werthvollen Weise behandelt. Auf *Heyne's* Weg sind *Jakobs*, *Welcker*, *Siebelis*, *Elster*, *Facius* in der Behandlung der hiefür wichtigen Schriftsteller weitergegangen.

Im Bereiche der Technik hat *Heyne* der die grössten Kunstwerke gerade betreffenden Elfenbeinarbeit und der Toreutik eingehende Untersuchungen gewidmet.

Für den Mittelpunkt der archäologischen Studien, die antike Kunstgeschichte war es ihm vor allem zu thun feste Haltepunkte der Epochen zu gewinnen (Antiquae artis epochae et auctores Opusc. V); dabei waren es die Anfänge der Kunst wie das Ausleben derselben, was ihn am eingehendsten beschäftigte. Bis zum heutigen Tage sind die Abhandlungen über die antiken Kunstwerke in Byzanz, über den Untergang derselben, über die Kunstpflege daselbst, aus den Jahren 1790—1795, so sehr sie auch der Revision bedürfen, durch keine neuere Untersuchung ersetzt. Auch um die etruskische Monumentenwelt hat er sich in den Jahren 1772—1776 durch den Versuch der zeitlichen Gliederung und insbesondere des religiösen darin niedergelegten Ideenkreises sehr bemüht. Und sein Blick war frei und geöffnet der Ausschau zum Orient, ebenso nach Phrygien und Persien, wie nach Aegypten. *Heyne* war darin so recht der Geistesverwandte *Herder's*.

Es lag ebensosehr in dem Gesammtcharakter der *Heyne*'schen Betrachtungsweise wie in den Verhältnissen eines Gelehrtenlebens ohne fortwährende Berührung mit den Entdeckungen, dass er für den Zusammenhang der Poesie, Kunst und Mythologie das feinste Verständniss hatte und die reichste Thätigkeit entwickelte. Epoche machend ist in dieser Beziehung seine Abhandlung von 1786: De auctoribus formarum, quibus dii in priscae artis operibus efficti sunt (Opusc. Vol. V). Er hat zuerst Specialarbeiten über einzelne Idealbildungen, so der Venus im Sinne der Preisaufgabe von *Caylus*, der Musen u. s. w., in Deutschland geliefert, und seine Commentare zu *Apollodor*, *Virgil*, *Homer*, *Pindar* sind durchzogen und belebt von diesen kunstmythologischen Gesichtspunkten. Es trat dies auch hervor in der prachtvollen Ausstattung der grossen Virgilausgabe in sechs Bänden vom J. 1800, würdig darin neben den *Winckelmann*'schen Originalausgaben zu stehen. Nicht umsonst lebte *Heyne* in einem Kreise künstlerisch angeregter, auch darin thätiger Menschen; ich erinnere an seinen Schwiegersohn *Georg Forster*, an seine Freunde und Gönner *Georg* und *Ernst Brandes*, an den Naturforscher *Blumenbach*, an Maler *Rehberg*, an Prof.

Fiorillo, den Begründer der allgemeinen Kunstgeschichte auf deutschem Boden (s. oben S. 34), an Prof. *Beckmann*, den ersten Historiker der Technologie, endlich an *Wilhelm Tischbein*, der 1798—1800 in Göttingen selbst sich niedergelassen. Für dessen Prachtwerk: Homer nach Antiken, 6 Hefte 1801—1804 schrieb *Heyne* den erläuternden deutschen Text. Es war für die feste Begründung der Archäologie der Kunst im Bereiche der deutschen Nation und zwar ebenso sehr im Kreise der Gebildeten überhaupt wie dann der historisch-philologischen Wissenschaft, ein grosses Glück, dass zu *Winckelmann's* schöpferischer Kraft und Prophetengabe, zu *Lessing's* sichtendem Scharfsinn und meisterhafter Darstellungskunst *Heyne's* langjährige, unermüdete, umsichtige, ausgebreitete und erwärmende Lehrthätigkeit hinzukam.

Ueber *Heyne* vgl. *Christ. Gottlob Heyne*. Biographisch dargestellt von *Arn. Hein. Lud. Heeren*, Göttingen 1813; dazu die wichtigen Recensionen in Jen. Liter. Zeit. 1813. n. 210 ff., Hallische Allgem. Liter. Zeit. 1813. n. 269 ff.; *Sauppe* in »Göttinger Professoren« p. 78 ff. Gerecht urtheilt über Heyne *Hettner*, Literatur-Gesch. des achtzehnten Jahrh. III, 3, 2. S. 339 f.; während ihn *Justi*, Winckelmann etc. II, 2. S. 230 ff. ohne jede wirkliche Kenntniss, scheint es, seiner Arbeiten und Wirksamkeit zum »Typus des deutschen Universitätsphilisters« stempelt.

»Der Herr Hofrath *Heyne* ist mein Lehrer in der Archäologie gewesen. Ein Mann, von dem ich es nicht erst sagen will, dass er den feinsten Geschmack mit der aufgeklärtesten Kritik und der ausgebreitetsten Gelehrsamkeit verbindet. Was ich von ihm sagen möchte, ist mir hier verwehrt. Wie er mir Freund und Führer war und ist! wie ich ihm mehr als blosse Bildung des Geschmackes in den Künsten, wie ich ihm die ganze Bildung meines Herzens verdanke«, so spricht sich *F. W. Basil. von Ramdohr* aus, einer der feinsten Kunstkenner und zugleich denkendsten Kunstschriftsteller der Zeit. Sein Werk: Ueber Malerei und Bildhauerarbeit in Rom für Liebhaber des Schönen in der Kunst, 2 Bde. Leipzig 1787 ist die bedeutendste kunstperiegetische Leistung für Rom unter dem Einflusse der neuen von *Winckelmann* begründeten Kunstwissenschaft, wichtig zugleich als die erste übersichtliche Beschreibung des Museum Pio Clementinum. »Ich will nichts schreiben was ich nicht gesehen und gefühlt habe. — Dass ich über die Werke, welche die Grazien und die Musen erzeugten rede, wie ihre Lieblinge, die Künstler sie dachten: mit Adel mit Anmuth, ohne Kälte, ohne Schwärmerei!« *Ramdohr's* Bemerkungen über Laokoon (I. S. 56—67) haben zuerst gegenüber der absoluten Bewunderung der einfachen Empfindung wahren Ausdruck verliehen: »bei der Bewunderung, die ich dem Laokoon zollte, lag nicht selten die Erinnerung an die Schwierigkeiten zum Grunde, die der Meisel bei dessen Verfertigung überwunden hatte.« Anknüpfend an *Winckelmann's* unverkennbare Vorliebe für die Werke der Villa Albani bemerkt er trefflich über den wahren und den damals recht in Mode gekommenen falschen Enthusiasmus (II, 1 ff.):

»Die frommen Regungen, die ihn hinrissen von den Zeugen des höchsten Genusses seines Lebens als von dessen Quellen zu reden, verdienen unsere nachsichtsvolle Verehrung, wenn wir gleich bei dem blossen Anblicke des nunmehro wieder Unbelebten, abgezogen von äusserer Veranlassung zum Enthusiasmus, denselben nicht immer mit ihm theilen können. Wenn die Begeisterung, mit der *Winckelmann* über manches Werk spricht, nicht stets durch dessen Schönheit gerechtfertigt wird, so dürfen wir nicht glauben, dass er seine Einbildungskraft in Arbeit gesetzt habe den Zuhörer durch erlogenes Feuer zu blenden. Nein, seine schöne Seele war vieler Irrungen fähig, aber keines absichtlichen Betruges. — Nur eine erkünstelte Begeisterung verdient unsere Verachtung, der Witz, der die Larve der Empfindung annimmt. Wenn *Winckelmann's* kalte Nachahmer unter uns Deutschen ihre erlogenen Gefühle in Ausrufungen und Bombast hüllen, die der gesunde Menschensinn verläugnet; wenn italienische Abbati uns mit auswendig gelerntem Redeschmuck in Galerien verfolgen, dann lasst uns diese verfolgen! Und ich habe euch oft verwünscht, ihr Ueberlästigen, die ihr mich von Bewunderung des Kunstwerkes auf Bewunderung eurer schönen Beschreibung abzuziehen suchtet.« *Goethe* las das Buch in Rom 1787, er nennt es »ein deutsches Produkt und was schlimmer ist eines deutschen Cavaliers«, »es ist darin viel Wahres und Gutes, gleich daneben Falsches und Albernes, Gedachtes und Nachgeschwatztes, Longueur und Echappaden« (Ital. Reise herausgegeben von *Schuchardt* I. S. 459).

Ramdohr's Betrachtungen über das Ideal der schönen Gestalt und der interessanten Handlungen und die verschiedene Stellung der Sculptur und Malerei dazu (II. S. 33 ff.) führen *Lessing's* Gedanken auf dem speciellen Gebiete der bildenden Kunst interessant und treffend weiter. Er hat in den zwei Bänden Charis oder über das Schöne und die Schönkeit in den nachbildenden Künsten (Leipzig 1793. 8) sie noch reicher entwickelt und dabei zugleich die Grundfrage subjektiver und objektiver Schönheit klar dargelegt. Seine Studien zur Kenntniss der schönen Kunst auf einer Reise nach Dänemark, Hannover 1792. 8 geben für Kopenhagen dem Archäologen werthvolle Ausbeute, während seine Abhandlung über das Schöne in der Malerei, insbesondere der Niederländer Schule bei der Bildergalerie des Freiherrn *von Brabeck*, Hann. 1792. 4 der modernen Kunst gilt.

Unter der überaus grossen Zahl gelehrter, literarisch thätiger Männer, die als *Heyne's* Schüler aus seiner Blüthezeit den Zusammenhang archäologischer und philologischer Studien in hervorragender Weise bethätigten und auf verwandte Gebiete befruchtend wirkten, nennen wir nur drei: *Heeren, Münter, Fr. Jacobs.* Andere wie *Gurlitt, Siebenkees, Schelling, Köhler, Morgenstern, Zoega* haben bereits in der Systematik ihre Erwähnung gefunden oder finden sie im weiteren Verlauf.

Arnold Herm. Ludwig Heeren (1760—1842) aus Bremen (geboren in Arbergen bei Bremen) hat 1779 in Göttingen studirt und ward von *Heyne* von der Theologie zur Philologie geführt, gleichzeitig von *Spittler* angeregt, ist von philologischen und archäologischen Arbeiten dann seit 1792 ganz zu allgemein historischen Studien übergegangen und hat als Historiker eine lange Wirksamkeit geübt. Seine Reise nach Italien, Frankreich, Holland 1785—87 in erster Linie für handschriftliche Arbeiten zu Stobäus unternommen hat ihn in Rom dem dortigen archäologischen Kreise, der um den nachherigen Cardinal *Borgia*, um *Zoega, Tischbein, Reiffenstein* sich gebildet, nahe gebracht, zu *Borgia* selbst in das engste Verhältniss gestellt, über dessen Museum ein genauer Bericht gegeben wird. Die fruchtbare Verbindung von Studien der Tragiker und Epiker mit dem des antiken Reliefs zeigt sich in seiner 1786 in Rom erschienenen Commentatio in opus caelatum etc., wie der Herausgabe eines Fragmentes einer Tabula Iliaca 1787. Vgl. archäologische und antiquarische Aufsätze in *Heeren's* Historische Werke III. 1821. S. 121—238. Noch wichtiger aber ist die durchgreifende Verwerthung der Monumente des alten Orients, besonders der persepolitanischen, in deren schriftlicher und sprachlicher Seite ihn *Tychsen* und *Grotefend* unterstützten, für die Ideen über die Politik und den Handel der vornehmsten Völker des Alterthums (Göttingen 1793 bis 1803, 2. Ausg. 1805 ff. 3. Ausg. 1815 ff. 4. Ausg. in histor. Werke Bd. 10—15, daraus besonders abgedruckt Zusätze und Umarbeitungen etc. 1827 ff.). *Heeren* hat mit klarem, verständigem Sinn und mit weitschauendem Blick für den Zusammenhang des Völkerverkehrs die Monumente, besonders die Reliefs betrachten gelehrt und ein gesundes Gegengewicht gegen alle mythologische Ueberschwenglichkeit gebildet. Ueber *Heeren* vgl. die eigenen Lebensnachrichten in Histor. Werke I. S. XI—LXXVIII.

Friedrich Münter aus Kopenhagen (1761—1830) studirte in Göttingen 1781—1783, war 1784—1787 in Italien, in demselben Kreise als *Heeren*, hat seit 1788 als Professor der Theologie, dann als Bischof von Seeland in Dänemark eine grosse Wirksamkeit gehabt. Als Knabe wird er bereits durch die Person und die Sammlungen von *Carsten Niebuhr* für Ethnographie und Monumentenkunde angeregt. »Bei ihm dem Freunde meines Vaters war ich wie einheimisch, seine Bibliothek, eine fast vollständige Sammlung von orientalischen Reisebeschreibungen stand mir offen, die ägyptischen Alterthümer und die Ruinen von Persepolis zogen mich unbeschreiblich an. In Göttingen war ich *Heyne's* fleissiger Zuhörer und seine Vorlesungen über die Archäologie gaben mir den rechten Blick auf das Alterthum. In Rom sah ich viel, oft unter *Zoegas* Anleitung und das Haus des Cardinals *Borgia* war eine wahre Akademie zur Bildung junger Archäologen. Ich brachte aus Rom, Neapel und Sicilien eine interessante Sammlung von alten Münzen mit, die ich nachher bedeutend vermehrt habe und sehe mich solchergestalt im Stande mit Hülfe von Münzen und anderen Alterthümern und einem ziemlich grossen Vorrath von Schriften über das Alterthum meine in der Jugend begonnenen antiquarischen Studien noch im Alter fortzusetzen.« (Vorrede, Sinnbilder und Kunstvorstellungen der alten Christen I, 1825.) *Goethe* nennt ihn einen energischen heftigen Mann, rühmt seine Münzen und hörte von ihm über sein Manuscript reden, »welches die Münzwissenschaft auf scharfe Kennzeichen wie die *Linné*'schen sind, zurückführt.« Im J. 1816 erschienen seine Antiquarischen Abhandlungen, *Heyne's* Andenken gewidmet, 1818 seine Abhandlung über Velia in Lucanien (Anhang zu Hegewisch, Colonien), 1819 Symbola veteris ecclesiae artis operibus expressa, 1825 Sinnbilder und Kunstvorstellungen der alten Christen. 2 Hefte 4, mit Abbild. *Münter's* Bedeutung liegt nicht allein in seiner Verpflanzung der in deutscher Weise getriebenen klassischen archäologischen Studien nach Dänemark, sondern in seiner Befruchtung der Archäologie der germanischen Vorzeit wie der altchristlichen Periode. Er hat die Begründung des nordischen Museums, dieser ersten Musteranstalt für jene Studien vor allem mit betrieben; er hat das Interesse und die philologische Methode der Denkmälererklärung für die ganze protestantische Theologie zuerst geweckt. Ihm und *Bellermann* wird zunächst verdankt, dass von einer christlichen Archäologie in Deutschland gesprochen werden kann; *Augusti* war gerade diese Seite bis dahin fremd geblieben. Vgl. *Myster*, Friedr. Münter in Theol. Stud. und Kritiken 1833, S. 13—52; *Piper*, Einleitung in die monumentale Theologie S. 777 ff.

Friedrich Jacobs aus Gotha (1764—1848), 1783—1785 Zuhörer *Heyne's*, mit ihm fortan im brieflichen Verkehr (Vermischte Schriften VI. S. 583—590. VII. S. 305 ff. 471), seit 1785 in Gotha als Lehrer, Bibliothekar, Vorstand der Münzsammlung u. s. w., 1807—1810 in München als Lehrer und Mitglied der Akademie thätig, zum Nachfolger von *Heyne* selbst ausersehen, hat die monumentale Seite der Archäologie mehr nur gestreift durch Abhandlungen über die Statue der sog. Cleopatra, über Memnonien, besonders durch die berühmte Rede: Ueber den Reichthum der Griechen an plastischen Kunstwerken, München 1810 (Verm. Schriften III. S. 415 ff. 463—550); aber er hat die Kunst der Griechen als eine Hauptblüthe ihrer gesammten Cultur in der Reihe seiner populären Schriften und Vorträge (z. B. Hellas, herausgegeben von *Wüstemann*, Berlin 1852) trefflich geschildert, hat darin auf König *Ludwig* von Bayern durch Vorträge anregend gewirkt. Wie *Jacobs* auf seinen Reisen, so der 1825 noch nach Italien unternommenen Reise, die in Florenz aber ihren Zielpunkt fand, immer zuerst die Bibliotheken, dann die Sammlungen besucht, so ist seine streng philologische, von feinem und glücklichem Scharfsinn begleitete Thätigkeit der Archäologie ganz direkt nach ihren literarischen Quellen zu Gute gekommen. So gab er 1797 in den Exercitationes criticae in scriptores veteres Voll. II zuerst die kyzikenischen Inschriften am Tempel der Apollonis aus einer von *Uhden* ihm übermittelten Abschrift des Codex Palatinus heraus, so ist seine grosse und unermüdlich sich erneuernde Thätigkeit für die griechische Epigrammenliteratur, in den 13 Bänden der *Brunck*'schen Anthologia graeca (1793—1803), dann in der Anthologia Palatina (3 Bde. 1813—1818), endlich in der Uebersetzung derselben (*Tempe* 1803 und in Vermischte Schriften II. 1823) kritisch und exegetisch nicht hoch genug anzuschlagen. Endlich ist der Ausgabe des *Philostratos* und *Kallistratos* (Lipsiae 1825), mit denen sich *Jacobs* schon früh befasst hatte, in Gemeinschaft mit *Welcker* unternommen dankbar zu gedenken. Zu *Jacobs* vgl. Personalien gesammelt von ihm selbst 1840, in neuer Ausgabe Vermischte Schriften Bd. VII. 1848.

12 *Johann Daniel Schöpflin* geb. 1694 zu Sulzburg im Badenschen, in Durlach dann Basel gebildet, studirte seit 1711 in Strassburg und hat dort seit 1770 als Professor angestellt als eleganter Redner, als Lehrer des Staatsrechts, als umfassender Forscher der Geschichte des Landes und seiner Monumente unter dem Gesichtspunkte der geschichtlichen Epochen eine hochbedeutende, internationale Wirksamkeit geübt bis zu seinem Tode 1771. »Er gehörte zu den glücklichen Menschen, welche Vergangenheit und Gegenwart zu vereinigen geneigt sind, die dem Lebensinteresse das historische Wissen anzuknüpfen verstehen. — Auf historische und antiquarische Gegenstände hingewiesen, ergriff er sie munter durch eine glückliche Vorstellungskraft und erhielt sie sich durch das bequemste Gedächtniss. Uebrigens gehört er auch als Autor dem gemeinen Wesen und als Redner der Menge. Seine Programme, seine Reden und Anreden sind dem besonderen Tage, der eintretenden Feierlichkeit gewidmet, ja sein grosses Werk Alsatia illustrata gehört dem Leben an, indem er die Vergangenheit wieder hervorruft, verblichene Gestalten auffrischt, den behauenen, den gebildeten Stein wieder belebt, erloschene, zerstückelte Inschriften zum zweitenmale vor die Augen, vor den Sinn des Lesers bringt. Auf solche Weise erfüllt seine Thätigkeit das Elsass und die Nachbarschaft; in Baden und der Pfalz behält er bis in's höchste Alter einen ununterbrochenen Einfluss, in Mannheim stiftet er die Akademie der Wissenschaften und erhält sich als Präsident derselben bis an seinen Tod« *Goethe* (Wahrheit und Dichtung, Thl. III. B. 11).

Ein sechsmonatlicher Aufenthalt in Paris 1725. 26 bringt ihn in nahe Beziehung zu dem Kreise eines *Montfaucon* und *Caylus*, eine Reise durch Südfrankreich und Italien giebt ihm einen Maassstab für römische monumentale Werke, macht ihn auch hier mit *Muratori*, besonders mit *Ficoroni* u. a. bekannt; ebenso besucht er London und Holland, 1738 finden wir ihn in Wien und schon 1735 hat man von Petersburg das Auge auf ihn geworfen; der Pariser Akademie angehörig sendet er dorthin werthvolle Beiträge, so die Abhandlung über die Brakteaten, aber in erster Linie steht ihm immer das Rheinland, und er hat als Gründer und Präsident der Akademie von Mannheim seit 1763 noch hochbejahrt die Ausgrabungen der Pfalz, so bei Weinheim, Ladenburg geleitet und benutzt. Die Alsatia illustrata und zwar als eine Celtica, Romana, Francica, Colmar bei *J. Fr. Schöpflin* 1751—61 in zwei Foliobänden erschienen, an die sich dann zwanzig Jahre später die Alsatia diplomatica, Mannheim 1773. 1775 anschliesst, welche bis in die französische Zeit die Geschichte zu führen bestimmt war und zu der dann die *Oberlin* übertragene Alsatia literata den Abschluss bilden sollte, ist die grösste monumentale und urkundliche historische Leistung für ein deutsches, von römischer Cultur ganz durchsetztes Land im Sinne der *Montfaucon*, *Mabillon*, *Muratori*, *Caylus* und besonders wichtig als gleichzeitig mit der überwiegend philosophisch ästhetischen Thätigkeit des vorigen Jahrhunderts.

Schöpflin hatte dabei eine grosse, vielseitige Sammlung von Inschriften, Marmorwerken, Gefässen, darunter auch gemalten unteritalischen Gläsern, Geräthen, Bronzen, Ziegelstempeln, Mosaiken, Wandmalereien, geschnittenen Steinen, Münzen, Runenstäben, einzelnen mittelalterlichen Werken, sowohl Lokalfunden als Erwerbungen aus Italien angelegt, die ein Gegenstand eifriger Beschauung der Fremden geworden war unter der Leitung des auch dem jungen *Göthe* befreundeten *Chr. W. Koch.* Die ganze Sammlung ward mit der Bibliothek der Stadt vermacht. Der treffliche Schüler *Schöpflin's*, *Jer. Jakob Oberlin* gab auf seine Kosten mit zahlreichen Abbildungen drei Abtheilungen der Sammlung: das lapidarium, marmorarium, vasarium als Museum Schöpflini 1771—1775 (Argentorati, Lorenz. 4) heraus. Es ist dies eine sehr tüchtige Arbeit mit genauer Angabe der Herkunft, des Zustandes der Monumente, mit einfacher Beschreibung und bewährt bereits den Einfluss *Winckelmann's* und *Caylus* auf die Auslegung der Darstellungen.

J. J. Oberlin (1735—1806) aus Strassburg, in seiner Vaterstadt langsam aufsteigend zum Bibliothekar, Rektor des Gymnasiums (s. 1787), Professor der Eloquenz, in der Revolution 1793 nach Metz geschleppt, mit dem Tode bedroht, dann wieder Bibliothekar der Bibliothek du Bas-Rhin hat als klassischer Philolog durch Interpretation, dann durch Vorlesungen über Archäologie und Diplomatik gewirkt. Sein zweites archäologisches Werk ist Orbis antiqui monumentis suis illustrati primae lineae, Argentorati, Schuler. 8. 1776. Ed. II 1790, einer aus Italien nach Russland zurückkehrenden deutschen Familie gewidmet. Wir haben hier den ersten bemerkenswerthen Versuch einer Monumentalstatistik auf der Unterlage der Geographie fortschreitend von Spanien durch ganz Europa, dann übergehend nach Asien, Afrika, endlich sogar Amerika; überall werden die ältesten Culturzeugnisse tabellarisch zusammengestellt und Italien besonders eingehend behandelt. Die Abtheilungen sind Architectonice, Icones, Tituli, Nummi, mit sehr genauen Unterabtheilungen für Architektur besonders; die Musea folgen getrennt; dann werden die historischon Abtheilungen geschieden, so z. B. aevum Gallicum, Romanum, Gothicum. Ein sehr reichhaltiges bibliographisches Register und Bericht über manch verschwundenes Monument, manche Sammlung macht auch noch heute das ganz vergessene Buch nützlich.

Wie an den Westgrenzen Deutschlands sich überwiegend die antiquarisch-historische Betrachtungsweise der antiken Ueberreste, besonders der Steinüberreste fortsetzte und daher auch Inschriftenkunde eine beachtenswerthe Pflege, eben im Elsass bei *Schöpflin* und seiner Schule, dann auch in der Schweiz besonders in Zürich bei *Breitinger*, *Gessner*, *Hagenbuch* fand (vgl. z. B. des letzten Epistolae epigraphicae, Tur. 1747. 4), so hat an den Ostgrenzen Deutschlands das archäologische Interesse sich ganz auf Numismatik und Kunst der geschnittenen Steine im 18. Jahrhundert concentrirt und es sind für diese Special- und Nebenfächer der Archäologie geradezu massgebende Werke in Wien, aus dem Studium des kaiserlichen Münz- und Antikenkabinetes, wie der grossen Privatsammlungen eines *Wiczay* zu Hedervar, eines *Festetics*, eines *de France*, der Abteien St. Florian, Lilienfeld und St. Blasien im Schwarzwald hervorgegangen. Die Namen *Heraeus*, *Froelich*, *Khell*, *Neumann* und vor allen *Eckhel* bleiben mit antiker Numismatik immer verknüpft; der Jesuitenorden hat sie grösstentheils alle einst zu seinen Gliedern (bis 1773) gezählt.'

Vgl. *Joseph Bergmann*, Pflege der Numismatik in Oesterreich im XVIII. Jahrhundert mit besonderem Hinblick auf das kk. Münz- und Medaillenkabinet in Wien I, II. Wien 1856. 1857. S. Aus den Sitzungsber. der philos.-histor. Classe d. k. Akad. d. Wissensch. 1856. Bd. XIX. S. 31—108. XXIV. S. 296—351. Ueber *Heraeus*, *Jos. Bergmann* ebendaselbst 1854. Bd. XIII. S. 539—625, Reisebriefe an ihn von *Leibnitz* S. 40 ff.; ferner 1856 a. a. O. XVI. S. 132 ff. Briefe an *Leibnitz*, endlich die einschlagenden Artikel in *Wurzbacher*, Biograph. Lexikon des Kaiserthums Oesterreich. Wien 1855 ff.

Hatte die für das gelehrte Leben Oesterreichs Epoche machende Thätigkeit von *Peter Lambeck* aus Hamburg (stirbt 1680), seit 1663 Präfekt der Hofbibliothek zu Wien auch auf Münzen und andere Alterthümer sich erstreckt und giebt er in einem Iter Carnuntinum Auskunft über das bei Petronell Gesehene und Gekaufte, lässt er den dortigen Triumphbogen und anderes zeichnen, verdanken wir seinen Commentarii Bibliothecae Caesareae (Ed. altera von *Kopitar* 1766) die bis heutigen Tages wichtigen Abbildungen der antiken Miniaturen aus Dioskorides, der Genesis und dem Calendarium, so datirt die erste umfassende archäologische insbesondere numismatische Thätigkeit am kaiserlichen Hofe zu Wien von dem Anfange des 18. Jahrhunderts, von der Ernennung des Schweden oder Meklenburgers *Karl Gustav Heraeus* zum Rath und Hofantiquar, nachher »Medaillon- und Antiquitäten-Inspektor« unter *Joseph I.* im J. 1709. Geboren 1671 in Stockholm als Sohn des aus Güstrow stammenden königlichen Leibarztes erhält er in Stettin und Frankfurt an der Oder seine gelehrte Bildung, macht dann mehrjährige Reisen, tritt in Verbindung mit den berühmtesten Gelehrten von Deutschland, Holland, Frankreich, kehrt 1694 nach Schweden zurück. Hier wirkte an dem vor 1667 bereits gegründeten Antiquitätencollegium als geschickter Zeichner, dann als Assessor und Bibliothekar angestellt *Elias Brenner* mit seiner vielsprachigen, hochgebildeten Frau *Elisabeth Brenner*, der Herausgeber des Thesaurus numismatum Suio-Gothonum. Durch ihn wird er diesen numismatischen Studien speciell gewonnen, dabei ein eleganter Latinist, Dichter, der zuerst durchgreifend in der deutschen Sprache den Hexameter anwendet, ein Mann von umfassendem Wissen, aber unruhig in seinem Thätigkeitsdrang. Seit 1701 finden wir ihn in Arnstadt als Vorstand des berühmten schwarzburgischen, dann nach Gotha (s. oben S. 159) verkauften Münzkabinetes und fürstlichen Hofrath des Fürsten *Christian Wilhelm* von Schwarzburg-Sondershausen. 1709 kommt er nach Wien und geniesst im hohen Grade die Gunst und das Vertrauen von *Joseph's* Nachfolger *Karl VI.*, bis ihn Verläumdungen schlimmster Art vom Hof entfernen und zugleich bergmännische Unternehmungen in Steiermark in materielle Noth stürzen und untergehen lassen.

Heraeus erscheint bei dem grossen von *Leibnitz* so eifrig betriebenen Plan der Gründung einer kaiserlichen Akademie der Wissenschaften besonders betheiligt. Durch ihn wird der Plan einer Vereinigung der verschiedenen Antiquitäten- und Münzsammlungen des alten kaiserlichen Besitzes seit *Maximilian I.*

und *II.*, dann der 1669 nach Wien zu Kaiser *Leopold I.* gekommenen Sammlung des Erzherzogs *Leopold Wilhelm*, Statthalters in den Niederlanden, dann vor allem des Kunstschatzes von Schloss Ambras in Tirol (s. oben S. 151) in entschiedener Weise in Angriff genommen. 1713 wird von Ambras die grosse Münzsammlung durch ihn unter schwierigen Verhandlungen übergeführt. *Karl VI.* hat den Plan alle Antiken seines Besitzes in Kupfer stechen zu lassen nach den Zeichnungen des *Antonio David Bertoli* aus Udine und der Anfang war 1724 dazu gemacht, ist aber nicht fortgesetzt. Und wunderbar muthet es uns, wenn *Heraeus* in einem längern Schreiben an den Kaiser um die Erlaubniss nachsucht »die wahren antiquen Steine, so in der Schatzkammer sind«, die er dann näher beschreibt, für *Montfaucon* zeichnen zu lassen, so würden sie »ohne Ew. K. M. Unkosten unter anderer Potentaten Schätzen der Welt vorgestellt« (Sitzungsber. d. k. Ak. d. W. phil. hist. Kl. VIII. S. 615 f.). Ganz überwiegend ist aber nicht das künstlerische und antike Interesse, sondern das des Hauses Oesterreich und des eigenen Glanzes der kaiserlichen Person und die Kraft von *Heraeus* wird vollauf in Anspruch genommen für die Historia metallica seu numismatica Austriaca, zunächst den Thesaurus numismatum recentiorum Caroli VI., von dem 26 Tafeln nach seinem Tode erschienen, 37 andere lange versteckt, erst durch *Steinbüchel* 1828 veröffentlicht sind. *Heraeus* soll endlich auch den Text zu dem ersten Versuch einer Architekturgeschichte in Bildern von dem geistvollen Architekten *Fischer von Erlach*, Entwurf einer historischen Architektur in Abbildungen etc. Leipzig 1723 geliefert haben nach *Wurzbacher* Biographisches Lexikon des Kaiserthums Oesterreich IV. S. 253.

Die von *Heraeus* bekleidete Stelle des Antiquitäten-Inspektors wird nur noch bis 1730 besetzt und zwar durch einen *Baptista Panaglia* und blieb leer bis 1767. Eine Zeitlang lebte auch in Wien und in kaiserlicher Gunst der Literator und Antiquar *Apostolo Zeno*, dessen reiche Münzsammlung von der Abtei Florian erworben ward. Erst unter *Maria Theresia* und ihrem Gemahl Kaiser *Franz I.*, seitdem der k. Leibarzt *van Swieten* an die Spitze der Hofinstitute gekommen war, im J. 1745, beginnt von Neuem eine entschiedene Pflege der Antikensammlungen und antiquarischen Interessen. Es sind Mitglieder des Ordens Jesu und Franzosen, welche in den Vordergrund treten und sich entschiedene Verdienste dabei erwarben aber im Sinne der alten von *Montfaucon, Vaillant, Muratori* gepflegten antiquarischen Wissenschaft. Charakteristisch ist, dass noch 1724 der durch seinen Aufenthalt im Orient und die Sammlung dortiger Inschriften bekannte Jesuit *Edschlager* im J. 1724 ein Lehrgedicht in Hexametern, eine Synopsis rei nummariae veterum schreibt. *Joseph de France* (1691—1761) aus Besançon wird Generaldirektor aller Schatzkammern und Galerieen in den Erblanden und bildet selbst eine reichhaltige Sammlung, das Museum Francianum, das im J. 1781 durch *Eckhel*, durch die Leipziger *Fr. Wolfg. Reiz* und *G. Heinrich Martini*, die Schüler von *Ernesti*, eine sorgfältige Beschreibung erhielt. *Valentin Jamerai Duval* (stirbt 1775) aus der Champagne wandert mit dem Herzog *Franz* von Lothringen nach Florenz, dann nach Wien als Direktor des Münzkabinetes und bearbeitet hier mit *Froelich* und *Khell* das die antiken Münzen behandelnde Hauptwerk: Numismata cimelii Austriaci Vindobonensis 1755, 2 Bde. fol. mit 127 Tafeln, um dann aber ganz mit den modernen Münzen und Medaillen sich zu beschäftigen.

Erasmus Froelich (1700—1758) aus Gratz, früh in den Jesuitenorden getreten, wird durch die Jesuiten *Edschlager* und *Granelli* für das Studium der Numismatik gewonnen, von denen der zweite 1733 auch die Utilitas rei nummariae veteris compendio proposita mit Nachträgen zu Vaillant in einem Buche behandelte. *Froelich* ward an die 1746 errichtete Ritterakademie, das Theresianum als Professor der Alterthümer und Geschichte und Bibliothekar gesetzt, und er benutzte dafür die der Anstalt geschenkte *Granelli*'sche Münzsammlung der Jesuiten. Er hat das Hauptverdienst an dem oben bezeichneten Werke und stellte in fünfzehn Classen ein System der antiken Münzen auf; die Notitia elementaris numismatum, quae urbium liberarum regum et principum ac personarum illustrium appellantur. Viennae 1758. 4, wie die erst 1757 erschienenen reichen Zusätze zu *Vaillant's* römischen Kaisermünzen griechischer Münzstätten bezeugen seine Zuverlässigkeit und Kenntniss im Gebiete der griechischen Münzkunde.

Als Schüler von *Froelich* und sein Nachfolger am Theresianum hat *Joseph Khell von Khellburg* (1714—1772) gewirkt. Unter *Maria Theresia* ward das von ihrem Vater *Karl VI.* einst begonnene Werk zum Abschluss gebracht und durch Vereinigung der grossen Münzsammlung von Kaiser *Franz I.*, welcher von Lothringen nach Florenz und von da nach Wien gewandert war, sowie der Sammlung des Theresianums mit dem inzwischen stark vermehrten alten kaiserlichen und Ambraser Kabinet in den noch heute davon eingenommenen Räumen der kaiserlichen Burg 1765 als naturae miranda et artis una cum omnium fere populorum monetis publicae utilitati et memoriae parentis et conjugis geweiht, 1784 ward auch die sonstige Antikensammlung von Schloss Ambras nach Wien in dem unteren Belvedere von *Eckhel* übergeführt.

Joseph Hilarius von Eckhel (1737—1798) hat nun dem mit diesen Hülfsmitteln ausgestatteten archäologischen Studium in Wien, in Oesterreich kann man überhaupt sagen, für lange den überwiegend numismatischen Charakter aufgeprägt, aber zugleich die Methodik und das System der Münzkunde als Glied der Philologie festgestellt. Vgl. *Friedr. Kenner*, Joseph Hilarius von Eckhel, Vortrag am 13. Jan. 1871, Wien 1871. 8. Er war geboren am 13. Januar 1737 in Enzesfeld bei Wien, trat mit vierzehn Jahren in den Jesuitenorden, feiert 1764 die Primiz, ist dann als Lehrer des Latein und Griechisch an verschiedenen Schulanstalten, zuletzt in Wien thätig. Durch *Khell* zur Numismatik geführt wird er 1772 von dem Orden »zur Erlernung der Antiquität« nach Italien gesandt und macht hier in Bologna, Florenz, Rom die umfassenden Studien an den Münzsammlungen, besucht auch Südfrankreich, 1774 wird der Abbé *Eckhel* von *Maria Theresia* unter *Duval* an das kaiserliche Münzkabinet gesetzt und 1776 ganz selbständig Direktor für die antiken Münzen; zugleich wirkt er von 1775 als Professor der Antiquitäten und historischen Hülfswissenschaften an der Universität. Rasch folgen seine grossen, lange vorbereiteten Werke: 1775 Nummi veteres anecdoti ex Museo Viennensi, 4. 17 Taf.; 1779 Catalogus musei Caesarei Vindob. numorum veterum distributus in partes duas etc. gr. fol. 2 Bde.; 1786 Sylloge numorum veterum anecdotor. thesaur. Caesarei, 4. 10 Taf., worin der Plan der ars critica numaria bereits als feststehend bezeichnet wird, und die Descriptio numorum Antiochiae Syriae s. specimen artis numariae quod rei veteris numismaticae studiosis exhibet; 1787 Kurzgefasste Anfangsgründe zur alten Numismatik. 8. 133 S., 2. Aufl. 1807; lat. Uebersetzung von *Katancsich* 1799. 1808; französische Bearbeitung 1825. 2 Bde.; 1788 Choix des pierres gravées fol. 40 Taf. (von französischen Kupferstechern hergestellt); 1792—1798 folgen die acht Quartbände der Doctrina numorum veterum mit den berühmten Prolegomena; die Addenda ad doctrinam gab aus *Eckhel's* Handexemplar *Steinbüchel* heraus, ebenso hatte *Eckhel* die reichen Goldmünzfunde von Ungarn und Siebenbürgen zu einer neuen Sylloge zu benutzen begonnen, welche ebenfalls von *Steinbüchel* 1826 in der Notice sur les medaillons en or beschrieben sind.

Eckhel geht von dem grundlegenden Gesichtspunkte des Münzrechtes aus und scheidet danach zwei grosse Massen der Münzen des römischen Staates und solche der griechischen und barbarischen Staaten, indem er hier Städte, Könige und Colonieen d. h. griechische Städte, die unter der römischen Herrschaft das Münzrecht erhalten oder errungen haben, scheidet; hierbei waltet nun der geographische Gesichtspunkt und unter diesem der chronologische. Mit Recht vergleicht man sein System mit dem *Linné*'schen an Uebersichtlichkeit, Einfachheit; aber es fehlt ihm der Gesichtspunkt der Entwickelung, der durchgreifenden grossen Epochen und des Nachweises des Zusammenhanges mit der ganzen Metrologie, es fehlt ihm auch der feine Blick für das Stilistische der Darstellung, welcher nur durch eine gleichzeitige, ernste Beschäftigung mit der grossen Plastik zu gewinnen ist. Musterhaft in der Kritik, die überall das Sichere heraushebt, das Unsichere, das Falsche ausscheidet, präcis und praktisch in der allseitigen Erwägung der einschlagenden Gesichtspunkte, so wie in der Ausscheidung aller breiten Exkurse in das allgemein Historische und Mythologische, hat *Eckhel* wahrhaft gelehrt die Münzen als transactae aetatis idoneos testes ac magistros (Prolegomena p. CLXXIX) zu betrachten und zu verwerthen.

Freund und Nachfolger von *Eckhel* war *Franz Neumann*, ebenfalls Geistlicher, von dem 1779. 1783 Populorum et regum numi veteres inediti, 2 Bde. 4. erschienen. Er modificirte das *Eckhel*'sche System im Bereiche der griechischen Münzen, indem er von den ältesten Münzstätten wie Aegina ausging. *Neumann's* Gliederung hat endlich *Steinbüchel* in dem Abriss der Alterthumskunde, Wien 1829 übersichtlich vorgeführt (S. 101 ff.).

Goethe und die antike Kunst. 13

Vgl. *Goethe's* Italienische Reise, Aufsätze und Aussprüche über bildende Kunst. Mit Einleitung und Bericht über dessen Kunststudien und Kunstübungen, herausgegeben von *Christ. Schuchardt*, Stuttgart 1862. 2 Bde. (ein guter Gedanke, aber sehr unvollkommen in materieller wie formaler Beziehung durchgeführt); jetzt reichste und kritisch behandelte Sammlung: *Goethe's* Schriften und Aufsätze zur Kunst, herausgegeben und mit Anmerkungen begleitet von *Fr. Strehlke*, Berlin, *Hempel* (Werke. Thl. XXVIII); weitere Quellen *Michael Bernays*, Goethe's Briefe an Fr. Aug. Wolf, Berlin 1868; *A. v. Zahn*, Briefe und Aufsätze von Goethe aus den Akten der Grossh. Kunstanstalten zu Weimar in Jahrbücher für Kunstwissenschaft. II. 1869. S. 325—347, IV. 1871. S. 259 ff.; *Hermann Uhde*, Goethe, J. G. von Quandt und der sächsische Kunstverein, mit ungedruckten Briefen des Dichters, Stuttgart 1878. S. 103 (grösstentheils schon veröffentlicht in Jahrbüchern f. Kunstwissensch. 1871. IV. und bei *Lützow*, Zeitschrift f. bild. Kunst, 1874); Darstellungen des Verhältnisses bei *Hettner*, Literaturgeschichte des 18. Jahrhunderts III. 3. Braunschweig 1869. 70, Abthl. 2, S. 50—108. 551. 565; *Goedeke*, Einleitung zu Goethe's Werken, Stuttgart 1867, Bd. XXVI. XXVII; fein ist dasselbe berücksichtigt bei *Classen*, Goethe's Verhältniss zur klassischen Philologie und Alterthumswissenschaft, Vortrag in Verhandl. der 20. Versamml. d. deutschen Philologen und Schulmänner zu Frankfurt, 1861, S. 13—26. Zu *Goethe's* ästhetischen Ansichten siehe oben S. 21.

Der erste bedeutsame Eindruck antiker Kunst ist *Goethe* in dem Antikensaal zu Mannheim im J. 1771 geworden (Wahrheit und Dichtung, Buch XI am Ende, Italien. Reise April 1788. S. 578, Ausg. v. *Schuchardt*). Wohl war er als Leipziger Student 1766 in der Zeichenakademie durch *Oeser's* anregende Mittheilungen auf *Caylus*, *Christ* und besonders auf *Winckelmann* hingewiesen worden, hatte dessen erste Schriften mit Andacht gelesen, hatte sich die Umstände vergegenwärtigt, unter denen sie entstanden waren, hatte mit Jubel dessen nahe Ankunft vernommen, war ebenso sehr durch die Todesnachricht im Sommer 1768 erschüttert worden, wohl ward er durch *Lessing's* Laokoon »von der Seite des Begriffes« höchlichst erfreut, aber gesehen hatte er in der Akademie nur Laokoon den Vater und den Faun mit Krotalen, dessen Abguss er sich nach Jahrzehnten noch in seiner Individualität und Umgebung denken konnte, und als er zur Theorie sich die Anschauung in Dresden suchte, suchte er die Gemäldegallerie auf und versenkte sich in die Niederländer, aber lehnte es ausdrücklich ab die Antiken in den Pavillons des grossen Gartens zu sehen. Der Strassburger Aufenthalt gab ihm bekanntlich jenen tiefen Eindruck von deutscher Baukunst im Gegensatz zu der landläufigen Vorstellung der allein mustergültigen Antiken. Und dennoch gerade von Strassburg weg eilt *Goethe* in Mannheim zu der berühmten Antiken- und Gypsabgusssammlung (s. oben S. 189). Er hat der Gruppe von Castor und Pollux die seligsten Augenblicke zu danken, ihn fesselt der sterbende Fechter, er wird beim Anblick eines Akanthuscapitells vom Pantheon etwas wankend im Glauben an die nordische Baukunst, aber vor allem sucht er die von *Lessing* aufgeworfene Frage, warum Laokoon nicht schreie, sich aus der ganzen Conception der Gruppe, zunächst aus dem Zusammentreffen zweier körperlicher Motive klar zu machen und schreibt darüber einen Brief an *Oeser*, der die Grundlage des Aufsatzes »über Laokoon« in den Propyläen 1798 ist. Dieser Aufsatz ist an Einfachheit, Klarheit und stufenweiser Entwickelung der Anschauung noch heute mustergültig.

Noch in Frankfurt (1772—75) schafft sich *Goethe* von Italienern auserlesene Gypsabgüsse von antiken Köpfen und kleinere Nachbildungen an, um sich so jenen grossen Eindruck, den er in Mannheim gewonnen, möglichst wieder zu beleben.

Einen sehr bedeutsamen Einfluss für die Eröffnung der antiken Kunst übt auf ihn sein Darmstädter Freund *Joh. Heinrich Merk*. Dieser besucht 1774 einige Male Mannheim um der Antiken und der Kupferstiche willen, er beschäftigt sich mit Münzen aus ästhetischen Gesichtspunkten, er zeichnet, malt, radirt, kauft und verkauft Kunstwerke und beschützt künstlerische Talente (*G. Zimmermann*, Joh. Heinrich Merk, seine Umgebung und Zeit, Frankfurt 1871. S. 455—495: bildende Kunst).

Merk's Auffassung hellenischer Kunst im Brief an eine Dame über Malerei und Maler (a. a. O. S. 482): »Die Schöpfung bleibt immer eben dieselbe, es mag dem Beschauer an Licht oder gar an Augen fehlen. — Die Kunst ist einmal wie die Werke *Homer's* griechisch geschrieben und derjenige betrügt sich, der da glaubt, sie sei deutsch. Zwei Augen gehören dazu, allein Augen, die Griechisch lesen können. Und das lernt sich nicht alsobald, manche lernen es ihr ganzes Leben nicht. Man will es sogar von ganzen Nationen sagen, allein das klingt zu hart.« »Das Sehen ist bei uns Künstlern was die Kunst zu leben bei den Menschen überhaupt« (S. 489).

Schon im Sommer 1775 fordert *Goethe Merk* auf seinem Vater klar zu beweisen, auf dass er ihn im Frühjahr nach Italien schicken müsse (*Bernays*, Der junge Goethe, Leipzig 1875, III. S. 99); im Herbst steht er auf dem St. Gotthardt, und widersteht der leidenschaftlichen Aufforderung seines Gefährten des Grafen *Stolberg* nach Italien hinabzusteigen, 1779 steht er zum zweiten Male da mit Herzog *Karl August* und wendet sein Auge zum zweiten Male »von dem gelobten Lande« ab, ohne das zu sehen er hoffentlich nicht sterben werde. Inzwischen ist *Goethe* unermüdlich im praktischen Ueben des Zeichnens, Radirens, Modellirens, im Studium der Anatomie, der Physiognomie, ja er selbst hält Vorträge über Osteologie für die Schüler der Zeichenschule. Und mit *Oeser* in Leipzig sind die alten Verbindungen wieder lebendig geworden.. Die italienische Reise, von *Goethe* 1786—1788 zur inneren Befreiung in künstlerischer und rein menschlicher Hinsicht unternommen, ist in ihrer Darstellung in einem einzelnen Bruchstück bereits 1788, sowie als Auszüge aus einem Reisejournal im deutschen Merkur 1789 f., als Ganzes in der Sammlung der Neuen Schriften seit 1814 veröffentlicht, als eine auch für die Wissenschaft der antiken Kunst den Schriften *Winckelmann's* ebenbürtige, bleibende geistige That, als eine immer frische Quelle förderlichster Anregung für jeden Archäologen zu bezeichnen.

»Die Begierde dieses Land zu sehen war überreif; da sie befriedigt ist, werden mir Freunde und Vaterland erst wieder recht aus dem Grunde lieb und die Rückkehr wünschenswerth, ja um desto wünschenswerther, da ich mit Sicherheit empfinde, dass ich so viele Schätze nicht zu eigenem Besitz und Privatgebrauch mitbringe, sondern dass sie mir und andern durch's ganze Leben zur Leitung und Förderniss dienen sollen.«

Im Antikensaale in München konnte *Goethe* noch bemerken, dass seine Augen auf diese Gegenstände nicht geübt waren (S. 59), in den Säulenlauben der Sammlung zu Verona kommt ihm bereits »der Wind der von den Gräbern der Alten herweht mit Wohlgerüchen über einen Rosenhügel entgegen« (S. 87), im Amphitheater daselbst führt ihn der Anblick der Ballonschläger zur frischen Auffassung der Stellung des Borghesischen Fechters, in Venedig beschäftigen ihn die griechischen Löwen des Arsenals und der treffliche Marcus Agrippa (S. 132), eine Fusswanderung am umbrischen Gebirge führt ihn zum Tempel der Minerva von Fuligno, nicht zum Dom von Assisi und er beobachtet die treffliche lokale Anlage desselben (S. 159), am Apollo von Belvedere erfährt er, wie der Marmor weit über alle Gypsabgüsse hinaus wirkt, ebenso vor der Rondanini'schen Medusa, deren »Mund ihm unaussprechlich und unnachahmlich gross ist« (S. 193. 412). Juno Ludovisi ist seine »erste Liebschaft« in Rom: seine Verse geben eine Ahnung davon; es ist wie ein Gesang Homers« (S. 199). Der sitzende Dionysos Farnese, der nach Neapel wanderte, ist durch *Goethe* zuerst in seiner vollen Schönheit erkannt worden (S. 408). Er umgiebt sich bei seinem zweiten Aufenthalt in Rom mit einer Auswahl erlesener antiker Abgüsse; »gross war der Schmerz, als er aus Rom scheidend von dem Besitz des endlich Erlangten, sehnlichst Gehofften sich lostrennen sollte« (S. 579).

Auch die untergeordneten Zweige der Kunst gewinnen jetzt für *Goethe* volles Interesse. Schon gleich im December 1786 erklärt er: »auch die römischen Alterthümer fangen mich an zu freuen; Geschichte, Inschriften, Münzen, von denen ich sonst nichts wissen mochte, alles drängt sich heran. Wie mir es in der Naturgeschichte erging, geht es auch hier, denn an diesen Ort knüpft sich die ganze Geschichte der Welt und ich zähle einen zweiten Geburtstag, eine wahre Wiedergeburt von dem Tage, da ich Rom betrat.« Nach einem Besuche der Sammlung von Capo di Monte schreibt er: »Mir bestimmen und bestätigen sich nunmehr so viele Traditionsbegriffe. Was von Münzen, Gemmen, Vasen einzeln, wie die gestutzten Citronenbäume, nach Norden kommt, sieht in Masse hier ganz anders aus, da wo diese Schätze einheimisch sind. Denn wo Schätze der Kunst rar sind, giebt auch die Rarität ihnen einen Werth, hier lernt man immer das Würdige schätzen« (S. 239). Ungern geht er in Palermo in das Münzkabinet des Fürsten *Torremuzza*, da er zu wenig von diesem Fache verstehe, aber er hat daran viel Vergnügen und Vortheil. »Aus diesen Schubkasten lacht uns ein unendlicher Frühling von Blüthen und

Früchten der Kunst, eines in höherem Sinne geführten Lebensgewerbes und was nicht alles noch mehr hervor. Der Glanz der sicilischen Städte, jetzt verdunkelt, glänzt aus diesen geformten Metallen wieder frisch hervor. Wie traurig hat man nicht unsere Jugend auf das gestaltlose Palästina und auf das gestaltenverwirrende Rom beschränkt. Sicilien und Neugriechenland lässt mich nun wieder ein frisches Leben hoffen« (S. 290).

Aus dem reichen Reiseportefeuille eines *Worthley*, das derselbe im Orient gebildet, interessiren ihn zunächst die Zeichnungen nach dem Parthenonfries. »Man kann sich nichts Schöneres denken als die wenigen einfachen Figuren« (S. 427). Und an die ägyptischen Sachen ist er mitten in Rom, in der Schmutzecke, in welcher der Obelisk von Monte Citorio lag, gekommen und er ruht nicht, bis er Abgüsse von Hieroglyphen und Bildern von der Spitze desselben abgenommen. Ueber die schönen präcisen farbigen Zeichnungen von *Cassas* aus Palmyra, Palästina, Constantinopel macht er sich sorgfältige Aufzeichnungen.

Neben der unermüdlichen, von Künstlern und Kennern wie *Tischbein*, *Hackert*, *Reiffenstein*, *Hirt*, besonders *Heinrich Meyer* geleiteten Anschauung geht die praktische, mannigfaltigste Uebung im Abzeichnen, Modelliren, geht ein täglicher Verkehr mit diesen Künstlern, gehen anatomische Studien aller Art, geht endlich das literarische Studium Hand in Hand. In Padua freut er sich eine gute Ausgabe der Werke des *Palladio* erwerben zu können; *Palladio*, dann der *Vitruv* in der Uebersetzung von *Galiani* sind seine treuen Begleiter bei römischer Architektur. *Winckelmann's* Kunstgeschichte, übersetzt von *Fea*, die neue Ausgabe hat er sich in Rom sofort angeschafft und findet sie in guter, auslegender und belehrender Gesellschaft sehr nützlich (S. 189). Mit welcher Rührung liest er *Winckelmann's* Briefe. »Vor einunddreissig Jahren, in derselben Jahreszeit kam er, ein noch ärmerer Narr als ich hierher, ihm war es auch so deutsch ernst um das Gründliche und Sichere der Alterthümer und der Kunst. Wie brav und gut arbeitet er sich durch. Und was ist mir nun aber auch das Andenken dieses Mannes auf diesem Platze!« (S. 190). *Mengs'* Schriften kann er im weitern Verlaufe des römischen Aufenthaltes mit so grossem Interesse lesen, weil er die sinnlichen Begriffe besitzt, die nothwendig vorausgehen müssen, um nur eine Zeile des Werkes recht zu verstehen (S. 558).

Und so schreitet die »neue Erziehung«, die sich an die neue Geburt in Rom für *Goethe* anschloss (S. 483), an der Hand der antiken Kunst ihm von Stufe zu Stufe vorwärts. »In der Kunst muss ich es soweit bringen, dass alles a n s c h a u e n d e K e n n t n i s s werde, nichts Tradition und Namen bleibe (S. 429). In unübertrefflich einfacher Weise zeichnet er sich die zwei Betrachtungen aus, die durch alles durchgehen, welchen sich hinzugeben man jeden Augenblick aufgefordert wird, die die Kardinalpunkte überhaupt der Wissenschaft antiker Kunst bilden, die Frage nach der zeitlichen Stellung des einzelnen Werkes, nach der kunstgeschichtlichen Epoche und zweitens die Frage nach dem vorbildlichen Charakter der griechischen Kunst. »Sie sucht zu erforschen, wie jene unvergleichlichen Künstler verfuhren, um aus der menschlichen Gestalt den Kreis göttlicher Bildung zu entwickeln, welcher vollkommen abgeschlossen ist und worin kein Hauptcharakter so wenig als die Uebergänge und Vermittelungen fehlen.« Er fügt eine Vermuthung sofort hinzu: »dass sie eben nach den Gesetzen verfuhren, nach welchen die Natur verfährt und denen ich auf der Spur bin.« Und so findet er sein Princip die Kunstwerke zu erklären und auf einmal aufzuschliessen, woran Künstler und Kenner (sich) zersuchen und zerstudiren, bei jeder Anwendung richtiger. »Die Thür habe ich offen und stehe auf der Schwelle und werde leider mich von da aus nur im Tempel umsehen können und wieder scheiden« (S. 435). Von den Gypsabgüssen der besten Statuen des Alterthums in der französischen Akademie nimmt er im April 1788 Abschied mit den Worten: »man fühlt, das Würdigste, womit man sich beschäftigen sollte, sei die menschliche Gestalt, die man hier in aller mannigfaltiger Herrlichkeit gewahr wird.« — Selbst vorbereitet steht man wie vernichtet. Hatte ich doch Proportion, Anatomie, Regelmässigkeit der Bewegung mir einigermassen zu verdeutlichen gesucht, hier aber fiel mir nur zu sehr auf, dass die Form zuletzt alles einschliesse, der Glieder Zweckmässigkeit, Verhältniss, Charakter und Schönheit« (S. 574).

Goethe hat jenes Versprechen, dass er diese Eindrücke der italienischen Reise nicht zu eigenem Besitz und Privatgebrauch mitbringe, sondern dass sie ihm und andern das ganze Leben hindurch zur Leitung und Förderniss dienen sollen, mit der ganzen Kraft seines Geistes und der ganzen Treue seiner Gesinnung erfüllt und es ist nicht seine Schuld, wenn die fortgesetzte literarische und praktische Thätigkeit nicht zunächst die Früchte gebracht hat, die er erwarten konnte; darin hinderte ihn die Kleinheit und die materielle Enge der Weimarischen Verhältnisse, in denen er lebte, hinderte der Mangel tieferen, entgegenkommenden Verständnisses Seitens der Häupter der Philologie, hinderte endlich der gewaltige, von einseitiger Leidenschaftlichkeit getragene Umschwung in der Gesinnung und dem Gedankenkreis der jungen Kunstschulen der Nazarener. Immerhin ist *Goethe's* Einfluss direkt auch auf junge tüchtige Archäologen und Philologen überhaupt nicht hoch genug anzuschlagen und es gehört zu dem eigenthümlichen Vorzuge dieser Studien in jenen Tagen, dass keine archäologische Erscheinung von irgend grösserer Bedeutung auftauchte, welche *Goethe* nicht auch mit dem treffenden, einfachen Worte begleitete oder in die literarische Welt einführte, dass sie ihre volle und einfache Resonanz in dem grössten künstlerischen Geiste des Jahrhunderts fand. Gleich nach der Rückkehr von Italien schrieb *Goethe* den kurzen trefflichen Aufsatz über Nachahmung der Natur, Manier und Styl im Deutschen Merkur 1789, gleichsam als Vorläufer weiterer Betrachtungen über bildende Kunst. Es schliesst sich daran die Darlegung der Grundgedanken in *Moritz'ens* Schrift, Ueber die bildende Nachahmung des Schönen, 1788 in demselben Jahrgange erschienen. Styl ist ihm der Ausdruck »um den höchsten Grad zu bezeichnen, welchen die Kunst je erreicht hat und je erreichen kann«, »Styl ruht ihm auf den tiefsten Grundfesten der Erkenntniss, auf dem Wesen der Dinge, insofern uns erlaubt ist, es in sichtbaren und greiflichen Gegenständen zu erkennen.« »An der Natur und an den Kunstwerken ist dieser Begriff allein zu studiren.«

Und so gehen in *Goethe* fortan seine naturwissenschaftlichen und Kunststudien Hand in Hand; seine Farbenlehre, seine Metamorphose der Pflanze, seine Studien zur vergleichenden Anatomie sind immer gedacht in jenem Sinne der Erkenntniss des Styles. Die überwiegend künstlerische Bedeutung derselben ist wohl anerkannt, aber sie selbst sind nicht von der Kunstwissenschaft ausgenutzt worden.

Zur vollen Entfaltung der Thätigkeit für bildende Kunst gelangt *Goethe*, als ihm in *Heinrich Meyer*, der in Rom ihm am nächsten unter den Künstlern getreten, ja 1797—1808 Hausgenosse geworden war, eine technisch erfahrene, klardenkende, stetig arbeitende Künstlernatur zur Seite getreten, und dieses Verhältniss ist bis zum Tode, in dem ihm *Meyer* nach wenig Monaten folgt, unverändert geblieben. Andererseits hat *Goethe* damals in *Schiller* seit 1795 die nothwendige volle Ergänzung seiner Natur nach der speculativen Seite und nach der Welt der Ideen gefunden. Und gleichzeitig ist er mit *Fr. Aug. Wolf* als dem bahnbrechenden kritischen Geiste im Gebiete der Alterthumswissenschaft in lebhafte Beziehung getreten. Andere Geister feinsinnigster Art, wie ein *Wilhelm von Humboldt* oder mehr einseitiger Art oder von vorwiegender Betriebsamkeit, wie *Hirt*, wie *Riepenhausen*, wie *Böttiger*, *Fernow*, *Riemer*, oder ein jüngeres Geschlecht wie die jung aufstrebenden Philologen *Johannes Schulze*, *Ferd. Hand*, *Göttling* bilden mit diesen in lockerem Verband, aber doch von *Goethe's* Zauber gehalten in wechselnder Reihe den Kreis Weimarscher Kunstfreunde (vgl. über diese: *Danzel*, Gesammelte Aufsätze, Leipzig 1855, S. 118 ff.).

Die Horen 1795—1797 sind von vornherein auch der bildenden Kunst gewidmet; es gilt der Aufhebung der Scheidewand zwischen der gelehrten und der schönen Welt. »Man wird streben die Schönheit zur Vermittlerin der Wahrheit zu machen und durch die Wahrheit der Schönheit ein dauerndes Fundament zu geben.« Eine Durchsicht der Aufsätze zeigt uns hier neben *Schiller's* Briefen über die ästhetische Erziehung des Menschen *Goethe's* Benvenuto Cellini, wichtige Arbeiten von *H. Meyer*, *Hirt*, *Humboldt* zur antiken Kunst, ja geradezu auch archäologische Reiseberichte. —

Kaum sind die Horen zu Ende gegangen, hat sich ein speciell der Dichtung gewidmetes Journal gebildet, so griff *Goethe* die andere den Horen gesteckte Aufgabe intensiver auf in den Propyläen (3 Bde. 1789—1800), zu denen er auf der Schweizer Reise 1797 mit *Meyer* besonders Vorbereitungen getroffen. Der Titel soll auch erinnern an die Propyläen der Akropolis, soll Denker, Gelehrte, Künstler anleiten, »sich in ihren besten Stunden in jene Gegenden zu versetzen, unter einem Volke wenigstens in der Einbildungskraft zu wohnen, dem eine Vollkommenheit, die wir wünschen und nie erreichen, natürlich war, bei dem in einer Folge von Zeit und Leben sich eine Bildung in schöner und stätiger Reihe entwickelt, die bei uns nur als Stückwerk vorübergehend erscheint. Welche neuere Nation verdankt nicht den Griechen ihre Kunstbildung? und in gewissen Fächern welche mehr als die deutsche?« Ein doppeltes Ziel haben die Herausgeber sich gesteckt, einerseits Einwirkung auf den Künstler nach der Seite der Wahl des Gegenstandes und nach der technischen Behandlung hin, andererseits Einwirkung auf den Kunstbetrachter, Vorbereitung zu einer wahren Kunstgeschichte. — »Nur auf dem höchsten und gemeinsamen Begriff von Kunst kann eine Kunstgeschichte beruhen; nur wenn man das Vortrefflichste kennt, was der Mensch hervorzubringen im Stande war, kann der psychologisch-chronologische Gang dargestellt werden, den man in der Kunst sowie in andern Fächern nahm.«

Aus dem lebendigen Austausch von *Schiller* und *Goethe* sind die für alle Kunstbetrachtung wichtigen Aufsätze darin, der Sammler und die Seinigen, Wahrheit und Wahrscheinlichkeit der Kunstwerke, Beispiele symbolischer Behandlung und der überaus reiche Schematismus über den sogenannten Dilettantismus oder die praktische Liebhaberei in den Künsten hervorgegangen; *Goethe* veröffentlicht darin nun die mit *Hirt's* Aufsatz in den Horen sich auseinandersetzende Betrachtung über Laokoon. Unbeirrt durch die Theilnahmlosigkeit des Publikums, ja durch den Widerspruch der zünftigen Gelehrsamkeit geht *Goethe* auf diesem Wege weiter, besonders thätig bis zum Jahre 1807; auf den praktischen Künstler soll gewirkt werden durch Aufstellung von Preisaufgaben (geschehen 1799—1805) und Beurtheilung derselben, in das Detail der literarischen Quellen der Kunst, auf *Polygnot's*

Beschreibung der Lesche zu Delphi (1803. 1805. 1828), auf die Gemäldebeschreibungen der *Philostrate* in besonderer Vergleichung zu den pompejanischen Bildern, auf *Statius* beschreibende Gedichte (1805. 1818. 1830), auf griechische Epigramme über Kunstwerke wie Myrons Kuh wird nun eingegangen, ja *Plotin's* Schönheitslehre studirt. Die neue Jenaische Literaturzeitung 1804—1809 wird das Organ dieser Bestrebungen; einzelnes war in der alten nach Halle verpflanzten seit 1799 von *Goethe* enthalten. Und gleichzeitig tritt noch einmal eine gemeinsame grosse Kundgebung hier nun im Dreiverein von *Goethe, Meyer* und *F. A. Wolf* hervor, der Band: Winckelmann und sein Jahrhundert. In Briefen und Aufsätzen herausgegeben von *Goethe* 1805. 8. Man kann sagen, mit diesem Werk und seinem köstlichen Inhalt der Veröffentlichung in Winckelmann's Briefen an *Behrends*, mit der Charakteristik von *Winckelmann* hat *Goethe* das Verständniss des Meisters der jungen Wissenschaft erst für unser Jahrhundert erschlossen und die treffliche Frucht einer Ausgabe der Werke *Winckelmann's* von den Weimarischen Freunden unternommen (s. oben S. 194) ist dieser duftenden Blüthe gefolgt.

Neben dem durch die Bearbeitung von *Benvenuto Cellini's* Leben dauernd erweckten Interesse für die Renaissance gerade in ihren kleinsten Produkten, den Münzen und Medaillen, neben der seit 1810 durch *Boisserée's* Zeichnungen des Kölner Doms und der Baudenkmale am Niederrhein und durch den persönlichen Verkehr mit ihnen neu aus Jahrzehnte langem Schlummer belebten und durch den öfteren Besuch der Rheingegenden und die Anschauung der altdeutschen Gemälde in *Boisserée's* Besitz genährten Theilnahme an deutscher Kunst und Art geht das unentwegte Studium der Antike her und ist bezeugt in einer Reihe kleiner Aufsätze und Besprechungen erschienener Werke im Morgenblatt und in der seit 1816 von *Goethe* gegründeten neuen Zeitschrift: »Kunst und Alterthum« (I—VI. 1816—1832), wie in seinen »Annalen«.

Seit 1816 steigert sich das Verlangen immer mehr die altgriechischen Marmorwerke zu sehen: »Die Begierde etwas dem Phidias Angehöriges mit Augen zu sehen ward so lebhaft und heftig, dass ich an einem schönen Morgen meinen Wagen ohne Vorbereitung nach Rudolstadt lenkte und mich dort an den erstaunenswerthen Köpfen von Monte Cavallo (so schlecht sie auch aufgestellt waren) für lange Zeit herstellte.« Vom Jahr 1818 sagt *Goethe*: »für die Einsicht in höhere bildende Kunst begann dieses Jahr eine neue Epoche«; er sah die Bildwerke von Phigalia in Zeichnungen, er erhielt aus der Schule des Malers *Haydon* dem Originale an Grösse entsprechende Zeichnungen einzelner Gestalten der Giebelfelder, und ihn bekräftigen die Worte derer, die die Gypsabgüsse wiederholt gesehen, »dass man hier die höchste Stufe der aufstrebenden Kunst im Alterthum gewahr werde.« Im lebendigsten Austausch mit den Berliner Künstlern *Tiek*, *Schinkel*, *Rauch* über die Elgin und Phigalean Marbles preist er sich glücklich »auch dies erlebt zu haben.« An keiner irgend bedeutenderen Publikation antiker Kunst, sei es der Bildercodex der Ilias, sei es das römische Denkmal zu Igel, oder das Werk über die geschnittenen Steine des Königs von Holland oder *Zahn's* colorirte Blätter aus Pompeji und Herculanum geht der alte *Goethe* gleichgültig vorüber. Noch zwölf Tage vor seinem Tode schreibt er an *Zahn* auf die Uebersendung einer farbigen Zeichnung des 1831 entdeckten Mosaiks der Alexanderschlacht in Pompeji: »Mit- und Nachwelt werden nicht hinreichen, solches Wunder der Kunst richtig zu commentiren und wir genöthigt seien nach aufklärender Betrachtung und Untersuchung immer wieder zur einfachen reinen Bewunderung zurückzukehren.«

Freilich erfuhr *Goethe* auch zur Genüge, wie unmöglich es oft sei antiquarische Meinungen über ein einzelnes Werk wie die Aechtheit der Silberschale des Canonicus *Pick* zu vereinigen, und es vergeht ihm wohl für lange die Lust und der Muth zu diesen Studien. Und mitten in der Lektüre der mythologischen Schriften von *Hermann, Creuzer, Welcker* u. a. empfindet er wohl »das viele Gute, das aus den Bemühungen dieser Männer entspringt«, aber er fügt hinzu: »mir wird das gefundene Rechte gleich wieder durch entgegengesetzte Individualitäten verscharrt und verschüttet. Die Masse von Worten nimmt zu, man sieht zuletzt von Sachen gar nichts mehr, dagegen aber Personen und wie ein jeder sich anders nimmt.«

Wie sehr die naturwissenschaftlichen Untersuchungen und Anschauungen *Goethe's* im Grunde auf der künstlerischen Betrachtung der Natur ruhen, ist bekannt; von Seiten der Archäologie aber kaum beachtet, wie z. B. in dem geschichtlichen Theile seiner Farbenlehre zuerst die Aufmerksamkeit hingelenkt ist auf das wichtige aber erst in neuester Zeit durch einzelne Untersuchungen gestreifte Gebiet der antiken Farbenlehre; die Uebersetzung der aristotelischen Schrift über die Farben bildet den wichtigen Kernpunkt zu weiterer Umschau. *H. Meyer* hatte 1807 mit dem Colorit der Alten sich eifrig beschäftigt und fing an einen Aufsatz darüber auszuarbeiten (Annalen J. 1807, Werke XXIII. S. 186 f.).

Endlich sei auch des mannigfaltigen Materiales antiker Kunst gedacht, das *Goethe* um sich gesammelt, welches uns in den drei Bänden der von *Chr. Schuchardt* und anderen abgefassten Beschreibung: Goethe's Kunstsammlungen, Jena, Druck von *Fr. Frommann* verzeichnet ist.

Heinrich Meyer aus Stäfa bei Zürich (1759—1832) nimmt auch abgesehen von seiner steten, unermüdeten und massvollen Beihülfe aller Goethischen Kunstbestrebungen persönlich eine sehr schätzenswerthe Stelle in der Geschichte der Archäologie der Kunst ein. Mit guter technischer Vorbildung, mit dem scharfen Auge des Künstlers verbindet er ruhige Consequenz der Arbeit und eine von aller Ueberschwänglichkeit abgewendete Einfachheit und Schlichtheit der Auffassung, welche von den Gebieten sich auch fern hält, die wesentlich mit ausgebreiteter, gelehrter, literarischer Kenntniss zu behandeln sind. Seine Mittheilungen über die Antiken, über deren Ergänzung, die stilistische vergleichende Charakteristik bezeichnen einen grossen Fortschritt gegen alles Frühere und sind noch heute werthvoll, wie seine einfachen aber stilvollen Zeichnungen der Antike in Sepia. Im Verkehr mit *Goethe* seit 1786, seit Ende 1788 mit einem kleinen Gehalt von Weimar aus noch in Italien bedacht, ist er zunächst beschäftigt mit einer monumentalen Statistik Italiens, auch Deutschlands, wofür er 1795 von Neuem länger in Italien verweilt. *Goethe* schreibt über diese Arbeiten 1797 aus der Schweiz an *Böttiger*: »über die Genauigkeit, mit welcher *Meyer* die Kunstschätze der alten und mittleren Zeit recensirt hat, werden Sie erstaunen und sich erfreuen, wie eine Kunstgeschichte aus diesen Trümmern gleichsam wie ein Phönix aus einem Aschenhaufen aufsteigt. Wie wichtig ein solcher neuer *Pausanias* sey, fällt erst in die Augen, wenn man recht deutlich anschaut, wie die Kunstwerke durch die Zeit und offenbare oder geheime Ereignisse zerstreut und zerstört worden.« Seit 1795 wird er literarisch thätig neben der künstlerischen Arbeit, zu lehren beginnt er seit 1807, wo er Direktor der grossherzogl. Zeichenschule wird. Die Ideen zu einer zukünftigen Geschichte der Kunst in *Schiller's* Horen 1795. II. S. 29 ff. geben das Programm zu seinen späteren umfassenden

Werken. Die damals eben in vollen Schwung kommende Ableitung des Griechischen von Aegypten oder Indien lehnt er ab, versucht es in einer Auswahl von Antiken auf dem Boden von Rom, Neapel und Florenz eine Stilgeschichte aus der Anschauung zu geben. Ein zweiter Aufsatz handelt über die Gegenstände der bildenden Kunst (Propyläen 1798 I. 1, S. 20 ff. 45—87).

Der Entwurf einer Kunstgeschichte des achtzehnten Jahrhunderts in *Goethe's* Winckelmann und sein Jahrhundert 1805, S. 163—386 bietet für die Auffassung der Antike viel Richtiges und Durchdachtes. Bei Gelegenheit der Besprechung des gewandten Bildhauers und Restaurators *Albacini* äussert er S. 357: »wir hegen übrigens die Meinung, dass gute sowohl als schlechte Restaurationen in den meisten Fällen überflüssig, ja man mag sie nun mit Hinsicht auf das Studium der Kunst oder der Alterthumskunde betrachten, verwirrend und schädlich sind«.

Meyer hatte von der Aldobrandinischen Hochzeit, diesem lange Zeit bedeutsamsten Zeugnisse strenger antiker Malerei eine Copie in der Grösse des damals leider stark übermalten Originales für Weimar gefertigt (vgl. *Förster* in Archäol. Zeitung 1875, S. 80 ff.); seine künstlerische Analyse des Werkes, seine Beobachtungen über die Farbentechnik, welche 1810 dem Werke *Böttiger's* über den Gegenstand eingefügt wurden, gehören noch heute zu dem Klarsten und Genauesten, was darüber geschrieben. Zu *Goethe's* Farbenlehre sind die Beobachtungen über das Colorit der Alten von ihm um 1807 gearbeitet worden. Ebenso hat *Meyer Böttiger's* Bearbeitung der Denkschrift über die Elgin Marbles mit Bemerkungen über den Kunststil begleitet (1817. S. Leipzig).

Den Blick auf das Ganze der Entwickelung hält er unablässig fest, wie *Goethe* öfters bemerkt; Vorträge wiederholt gehalten vor einem auserlesenen Kreise, an dessen Spitze die Grossherzogin *Maria Paulowna* von Weimar stand, geben zum Zusammenfassen immer neue Gelegenheit, zur genauen Ausarbeitung die Theilnahme an der mit Erklärung und Illustrationen begleiteten Herausgabe von *Winckelmann's* Werken. So erschien endlich 1824 die Geschichte der bildenden Künste bei den Griechen von ihrem Ursprunge bis zum höchsten Flor, Dresden 1824. 2 Bde., begleitet von einem Hefte Abbildungen (30 Tafeln). Nach seinem Tode fand sich ein wohl ausgearbeitetes Manuscript vor zu einer Fortsetzung: »Geschichte der bildenden Künste bei den Griechen und Römern. Zeit ihres Abnehmens, welches im J. 1836 von *F. W. Riemer* herausgegeben ist.

Dieses Lebenswerk eines »Künstlers nicht eines Gelehrten«, wie er sich in der Vorrede selbst bezeichnet, bildet wie den Abschluss der Thätigkeit Weimarischer Kunstfreunde, so den Abschluss der von *Winckelmann* unmittelbar ausgehenden Betrachtungsweise der antiken Kunstgeschichte. Auch in ihm fehlt ein wichtiges, grundlegendes Kapitel, das der Geschichte der Architektur und Tektonik; ebenso sind es die Denkmäler der italischen Sammlungen, welche den Massstab der stilistischen Entwickelung geben — und hierin hat *Meyer* Treffliches, auch noch bis heute nicht ausreichend Verwerthetes geleistet —; die neuen Entdeckungen ächt griechischer Sculpturen in Hellas sind wohl berücksichtigt, selbst auf vier Tafeln veranschaulicht, aber nicht lebendig erfasst und zum neuen Ausgangspunkt der Betrachtung gemacht. Auch jene tiefgehende Bewegung der Erforschung der Kunstideen selbst, wie sie bereits seit drei Jahrzehnten begonnen, ist spurlos an dieser Lebensarbeit vorübergegangen. Und begreiflicherweise fehlt bei allem Fleisse der Sammlung des

Materials und aller Verständigkeit der historischen Auffassung die lebendige Kunst historischer Darstellung. So begreifen wir sehr wohl den geringen Einfluss, den das Werk bei seinem Erscheinen ausgeübt, so Werthvolles es gerade im Zusammenhang mit einem ersten historischen Kunstatlasse darbot. Eine geschickte Auswahl von *Meyer's* Einzelaufsätzen und Stilcharakteristiken einzelner Werke würde auch noch heute ein dankenswerthes Unternehmen sein.

Karl August Böttiger (1760—1835).

Vgl. *K. W. Böttiger, K. A. Böttger*, Biographische Skizzen, Leipzig 1837. 8; Literarische Zustände und Zeitgenossen. In Schilderungen aus *K. A. Böttiger's* handschriftlichem Nachlass herausgegeben von *K. W. Böttiger*, 2 Bde. 1838. 8; *K. A. Böttiger's* Kleine Schriften archäologischen und antiquarischen Inhaltes gesammelt und herausgegeben von *Julius Sillig*, 3 Bde. 1837. 1838. 8.

Böttiger studirte in Leipzig und Göttingen, erhielt durch *Heyne* die bleibende Anregung für den gelehrten Betrieb der Archäologie, für bildende Kunst überhaupt durch den als Kunstschriftsteller wohl bekannten Freiherrn *von Racknitz* in Dresden. Im J. 1791 aus Kursachsen nach Weimar als Gymnasialdirektor berufen, *Wieland* und *Herder* besonders nahe gestellt, von *H. Meyer* mit sachlicher Kenntniss und praktischer Beihülfe wesentlich unterstützt, wird er eines der literarisch thätigsten Glieder des Kreises Weimarischer Kunstfreunde bis 1804. Seitdem nach Dresden als Leiter des Pageninstitutes berufen, dann seit 1813 Vorsteher der dortigen Antikensammlungen hat er durch alljährliche Wintervorlesungen von 1805 an, wie später durch kürzere Sommervorträge in der Antikensammlung in weiten Kreisen das Interesse für antike Kunst und ihre neuen Funde und Fragen angeregt und in unermüdlicher Betriebsamkeit journalistisch diese besprochen und Organe für Vereinigung der archäologischen Kräfte begründet. Dabei ist es ihm einerseits um die Stellung der Kunst im Gebiete der ganzen Cultur, des »Luxus und der Moden« zu thun, andererseits hat er von Anfang an den Zusammenhang vom Theater und bildender Kunst betont und ist überall auf die Mythologie als gemeinsame Quelle der Kunstideen zurückgegangen. Es fehlt ihm der Adel feineren Kunstsinnes und die Schärfe kritischer Untersuchung, es fehlt ihm der Tiefsinn für die Erfassung des Religiösen, aber an Fülle des detaillirten Wissens im Gebiete der Archäologie und Mythologie hatte er kaum seines Gleichen in seiner Zeit.

Die erste archäologische Arbeit ist aus dem J. 1794: Raub der Cassandra auf einem Nolanischen Gefäss. Arch. Vorlesung mit 3 Tafeln (von *H. Meyer*) 1794. 4. Es folgen Griechische Vasengemälde mit archäolog. und artist. Erläuterungen, 3 Hefte (das erste Unternehmen der Art auf deutschem Boden) 1797—1800; Archäologische Hefte, Abbildungen und Erläuterungen d. klass. Alterthums (mit *H. Meyer*) 1801. 4, sie werden begleitet vom Archäologischen Museum. I. Ariadne 1801. 8; aus der Dresdener Zeit ist die Arbeit über die Aldobrandinische Hochzeit 1810 mit *H. Meyer* unternommen und die Archäologische Aehrenlese 1811. I. 7 Taf. noch als Nachklang der Weimarischen Periode zu bezeichnen; doch drängte in jener Schrift bereits bei der Erläuterung der höhere Anspruch der alten Symbolik sich heran. Sonst sind die ersten Jahre in Dresden durch die Veröffentlichung der Vorlesungen, Andeutungen zu Vorträgen über Archäologie überhaupt 1806, wie der Archäologie der Malerei 1811 bezeichnet: die späteren durch die voluminösen, stofflich reichen Ideen zur Kunstmythologie 1826—36. 2 Bde. (vier Curse über Stammbaum der Religionen des Alterthums, über Jupiter, Juno, Neptunus, Amor und Psyche). Immer von Neuem versucht es *Böttiger* ständige Organe der Archäologie zu gründen so in der Amalthea oder Museum für Kunstmythologie und bildende Alterthumskunde, 3 Bde. 1821—1828. Leipzig 8, dann in Archäologie und Kunst in freien Heften I, 1. Breslau 1828. 8. In diesen Zeitschriften begegnen sich bereits die bedeutendsten, aufstrebenden Kräfte eines neuen wissenschaftlichen Standpunktes mit dem absterbenden Kreise der Weimarischen Kunstfreunde.

Friedrich August Wolf (1759—1824) und die Archäologie.

Vgl. *F. A. Wolf*, Kleine Schriften in Latein und Deutsch herausgegeben von *Bernhardy* 1869. 2 Bde.; *Körte*, Leben und Studien des Philologen F. A. Wolf 1833. 2 Bde.; *J. F. Arnoldt*, F. A. Wolf in seinem Verhältniss zum Schulwesen und zur Pädagogik, Braunschweig 1861. 8. 2 Bde.; *Lothholz*, Das Verhältniss Wolf's zu Goethe und Schiller in Verhandl. der 14. Versammlung deutscher Schulmänner und Philologen, Leipzig 1855. S. 135—147.; *Michael Bernays*, Goethe's Briefe an Fr. Aug. Wolf, Berlin 1868. 8 (mit trefflicher Einleitung). Vgl. zur Systematik *Wolf's* oben S. 10. 56. 61. 77 f.

Die zwei Vorlesungen von *Heyne*, welche *Wolf* während seiner Studienzeit in Göttingen (1777—1779) angenommen, kaum gehört, hatten ihn nicht auf das archäologische Gebiet hingewiesen, wohl aber die ausgebreitete Lektüre auf der Göttinger Bibliothek. Ein Exemplar von *Ernesti's* Vorlesungen über literarische Archäologie aus dem Jahre 1773 ist von ihm mit Zusätzen bedeckt worden. Je feiner sein Gehör für den Wohllaut des griechischen Rhythmus, der lateinischen Periode, wie der Musik war, je schärfer der sichtende Verstand ihn die Widersprüche der literarischen Tradition, die Fugen zusammengeschmolzener Dichtungen erkennen lässt, um so blöder, ungeübter ist sein Auge gegenüber der Formenwelt der bildenden Kunst, um so ungewohnter an eine ruhige Betrachtung, um so skeptischer seine Anerkennung der Möglichkeit die Bildwerke nach Zeiten und Stilweisen zu sondern, um so offener der Blick für die philologischen Schwächen der *Winckelmann*'schen Kunstgeschichte.

Aber *Wolf* besass jene »seltene Mischung von Geisteskälte und kleinlicher unruhiger Sorge um hundert an sich geringfügige Dinge mit einem alles beseelenden, das Einzelne verschlingenden Feuer und einer Gabe der Divination, die dem Ungeweihten ein Aergerniss ist«, er besass den lebendigen Drang, sich und seinen Zuhörern Rechenschaft zu geben über den allgemeinen Begriff, Gehalt, Zusammenhang und Hauptzweck jener Studien und die volle Empfänglichkeit für »die Blume aller geschichtlichen Forschung, für die grossen und allgemeinen Ansichten des Ganzen« und das gab ihm die Anerkennung einer Wissenschaft der Kunst der Alten, wie sie von hochbedeutenden Geistern, *Winckelmann* an der Spitze gefasst war. Gelesen hat er über Archäologie der Kunst nie; wohl aber für seine Vorlesungen überhaupt ein grosses Material zur Statistik der antiken Kunstwerke schriftlich aufgehäuft (*Körte* II. S. 303).

Wahrhaft näher gebracht der antiken Kunstwelt ist er aber durch den Verkehr mit *Goethe* und es bleibt eine der segensreichsten Wechselwirkungen zwischen Wissenschaft und Kunst jener seit 1795 begonnene und bis 1807 gesteigerte, bis *Wolf's* Tod 1824 immer noch fortgesetzte Verkehr der beiden Männer, die Wirkung der Prolegomena ad Homerum 1795 auf *Goethe* und *Goethe's* Kunststudien auf *F. A. Wolf*. *Wolf* wird herangezogen zu der Theilnahme an der Schrift über Winckelmann und sein Jahrhundert (neu abgedruckt bei *Bernays* S. 44. 126 ff., *Wolf*, Kleine Schriften II. S. 808 ff.), zu dem Programm der Weimarer Kunstfreunde über *Polygnot's* Gemälde in der Lesche zu Delphi (*Bernays* S. 60. 61. 134 f.); jedoch bleibt *Wolf's* Beihülfe bei *Goethe's* oben geschilderten Bestrebungen der Reconstruktion antiker Kunstwerke aus den Schriftstellern eine sehr unerhebliche. Und *Goethe's* Versuch *Wolf* durch den Augenschein von dem hohen Stil griechischer Werke bester Zeit vor den Gypsabgüssen der Wunderköpfe der Pferdebändiger von Monte Cavallo, die in Rudolstadt zu sehen waren, zu überzeugen mislang gänzlich.

Goethe ist es, der den Muthlosen nach der Schlacht bei Jena und dem Schluss der Halleschen Universität im November 1806 auffordert zur raschen Veröffentlichung. »Fassen Sie nur den Entschluss Schriften zu schreiben und diese werden immer noch werkhafter sein als manches andere. Warum wollen Sie nicht gleich Ihre Archäologie vornehmen und sie als einen compendiarischen Entwurf herausgeben? — Die Welt und Nachwelt kann sich alsdann Glück wünschen, dass aus dem Unheil ein solches Wohl entstanden ist. Denn es hat mich doch mehr als einmal verdrossen, wenn so köstliche Worte an den Wänden des Hörsaals verhallten.« Und so schrieb *Wolf* seine Darstellung der Alterthumswissenschaft 1807 als Eröffnung des Museums der Alterthumswissenschaft, das er mit *Philipp Buttmann* begann und mit einer Zueignung an *Goethe*, »den Kenner und Darsteller des griechischen Geistes«, in Worten einweihte, welche die Ziele der Wissenschaft für den Deutschen mustergültig aussprachen. *Goethe* hat durch sein Wirken und Wesen längst genügender und schöner beantwortet, als die beste Erörterung je vermochte, zu welchem Ziele die Studien des Alterthums führen (S. V). »So werde, so bleibe der Deutsche, ohne die Emsigkeit des blos gelehrten Sammlers zu verachten, ohne den blossen Liebhaber allgemeiner Bildung zurückzuweisen, überall der tiefere Forscher und Ausleger des aus dem Alterthum fliessenden Grossen und Schönen« (S. VIII).

In klarer Selbsterkenntniss spricht sich *Wolf* über die Schwierigkeit der archäologischen Studien aus, aber auch mit der im Laufe eines halben Jahrhunderts mehr und mehr erfüllten Hoffnung auf die Beseitigung derselben in der Zukunft. Er betont zunächst die objektiven Hindernisse in der Zerstreutheit der Monumente, in der Seltenheit und Unzuverlässigkeit der Abgüsse und Abbildungen u. s. w. und fährt dann fort:

»Schon durch diese Schwierigkeiten werden viele, die sonst das Alterthum im Ganzen zu umfassen wünschten, auf beständig von diesem schönen Theile desselben ausgeschlossen, aber weit grösser ist noch ein anderes Hinderniss. Zur Beurtheilung und zum Genusse der Werke der redenden Künste bringt oder erwirbt ein jeder, mehr oder minder leicht, dergleichen Vorkenntnisse, ohne die beides nicht zu erlangen ist: ganz anders ist dies bei den Werken der Zeichnung und Bildnerei, wo die elementarischen Uebungen und Fertigkeiten, die ersten Bedingungen alles wahren Kunstgenusses selten im rechten Masse in den jugendlichen Unterricht aufgenommen werden. Demnach könnte man — hier gleichfalls behaupten, dass am Ende nur die Wenigen zu echter vollendeter Kennerschaft gelangen dürften, die mit künstlerischem Talent geboren und mit Gelehrsamkeit ausgerüstet, die besten Gelegenheiten benutzten die nöthigen technischen Kenntnisse sich praktisch und theoretisch zu erwerben. Allein eben solche bedauern oft mit dem schriftstellerischen Alterthum zu wenig vertraut zu sein, als dass sie ihre Einsichten in die alten Kunstwerke als einen Theil unserer Wissenschaft treiben könnten. So bemächtigten sich dann derselben, zumal seit *Winckelmann's* grossem und besonders begünstigtem Vorgange manche Litteratoren, denen weder von den Gelehrten noch von den Künstlern eine Stimme gestattet wurde. Kein Wunder also wenn sich Einfälle und Träume über Kunstwerke und Künstler verbreiteten, dergleichen jemand über Dichter vorbringen könnte, der nie eine poetische Stimmung in sich empfunden, nie den kleinsten Versuch in der Dichtkunst gemacht, nur aus einigen Lehrbüchern erfahren hätte, wie etwa ein Gedicht entstehe. In diesem Betracht benahmen sich wenigstens ältere Archäologen mit sichernder Bescheidenheit, da sie die Werke der Kunst als blosse Denkmäler des Alterthums und sich als Erläuterer der am meisten in's Auge fallenden Attribute und ähnlicher Dinge anboten. Doch es litt hierunter viel zu sehr die Schätzung der Kunstwerke als solcher, um über der Tugend des Gelehrten das Interesse der Wissenschaft länger vergessen zu können. Sie mache daher in Zukunft ihre Ansprüche wie seither, unbekümmert ob man solche erfüllen möge. Sollten jedoch weiterhin gute Lehrer leichter zu gründlichen Studien der alten Sprachen führen und wird dann der wohlgeschlossene Kreis der Alterthumskenntnisse einer kräftigen Jugend vorgehalten, so zweifeln wir nicht, dass die wissenschaftlichen Anforderungen auch hier ihrer Erfüllung sich immer mehr nähern werden, je öfter und andringender sie hervortreten.«

In diesem Sinne hat in der That auch *F. A. Wolf* für den Zeichenunterricht auf den Gymnasien, ertheilt im Sinne des Aristoteles, in seinen Vorlesungen und Gutachten gesprochen. Er verlangt in den drei unteren Klassen Uebung des Gesichtsinnes durch Vorlage schöner Figuren, durch Abformung von kleinen antiken Kunstwerken, durch Mittheilung von kleinen Vorkenntnissen, wäre es auch nur durch Nomenclatur. Sein Abiturientenprüfungsreglement bestimmt: »von den edlern Künsten müssen den Abgehenden so viele Kenntnisse beiwohnen, als zu fester Begründung des guten Geschmackes dienen. Bei der Prüfung darüber muss ihnen ein oder anderes kleines Kunstprodukt zur Beurtheilung vorgelegt, auch von ihren Arbeiten im Zeichnen Proben aus dem letzten halben Jahre in rein gehaltenen Sammlungen gezeigt werden« (*Arnold* II. S. 322 f.).

Zu Berlin (s. oben S. 113. 156 ff.) fand zuerst *Friedrich der Grosse* in 14
Georg von Knobelsdorf (stirbt 1783) einen Jugendfreund, der »zum Maler und grossen Architekten geboren«, der auf längeren Reisen in Italien und Frankreich zum Künstler gereift war und mit der Macht einer unwiderstehlichen Neigung den König antrieb ihm zu folgen in der künstlerischen, an die klassischen Muster wieder sich anlehnenden Ausstattung der Residenz, aber nur allzu früh liess ihn der König selbst fallen, unbedeutenden Männern die Ausführung seiner Gedanken anvertrauend. Der Marquis *d'Argens*, der Bildhauer *Cavaceppi*, der sächsische Agent *Bianconi*, der französische Bildhauer *Lambert Adam* waren für *Friedrich* bei Ankauf von Antiken thätig, thätig bei Restaurationen und oft sehr gewaltsamer Anpassung an die Einfälle des Herrschers, in der Verwendung zum Schmucke des königlichen Schlosses und Gartens. Ueber den Versuch *Winckelmann* 1765 zu gewinnen s. oben S. 205, ebenso über den Ankauf der *Stosch*'schen Gemmensammlung für Berlin S. 180. Neben den eigenen Zimmern des Königs füllten die Antiken, besonders der Schatz der Sammlung des Cardinals *Polignac*, die dem Boden Roms und Umgebung entstammte, einen eigenen Antikentempel seit 1770 im Garten von Potsdam. — Die Bronze des betenden Knaben 1747, aus dem Besitze des Prinzen *Eugen von Savoyen*, dann eines Fürsten von Lichtenstein durch den König in eigenster Wahl erworben, war das erste vollendete Werk griechischer Kunstblüthe auf Berliner Boden. Vgl. *E. Curtius* in Monatsber. d. K. Akad. d. Wissenschaften zu Berlin 1878. Januar. S. 59—68; über den Adoranten speciell: Arch. Anzeig. 1865. S. 122 ff.

Die bereits 1690 in Berlin gegründete Akademie der Künste wie die der Wissenschaften ist ein Jahrhundert lang für die Pflege der antiken monumentalen Studien und selbst für förderliche kunsttheoretische Studien fast unfruchtbar geblieben. Kamen auch neben unbedeutenden Franzosen strebsame, einen frischen Geist mitbringende Schweizer zur Geltung, so war ihre Thätigkeit nach dieser Seite hin nirgends eine originale, wirklich sachliche. *Joh. G. Sulzer* (1720—1779), seit 1750 Mitglied der Akademie, seit 1777 Direktor der philosophischen Klasse, verpflanzt und popularisirt die französische Kunsttheorie auf deutschem Boden in dem berühmten, vielgelesenen Werke: Allgemeine Theorie der schönen Künste in einzelnen nach alphabetischer Ordnung der Kunstwörter auf einander folgenden Artikeln abgehandelt, Leipzig 1771. 2 Bde., 4 Bde. 1777; 1786—87, 1792—94; Nachträge von *Blankenburg* in 4 Bde. 1792 ff. In der Schrift: Die schönen Künste in ihrem Ursprung, ihrer wahren Natur und besten Anwendung betrachtet, Leipzig 1771. 8. 85 S., ist als Prinzip aller Kunst ausgesprochen Verschönerung der Natur. Des jungen *Goethe* Kritik traf mit den Worten: »wer von den Künsten nicht sinnliche Erfahrung hat, der lasse sie lieber«, *Sulzer's* Hauptschwäche (*Bernays*, Der junge Goethe II. S. 470 ff.); man lese *Sulzer's* Reisebeschreibung, um den gänzlichen Mangel an künstlerischer Beobachtung bei ihm bestätigt zu finden; überall Bemerkungen über das Nützliche, Angenehme, Zweckmässige, nirgends historischer oder künstlerischer Sinn.

Karl Philipp Moritz (1757—1793) aus Hameln, Professor in Berlin, eine durchaus selbständig denkende, dabei auf die Jugenderziehung unter *Basedow's* Einfluss gerichtete Natur voll Wanderlust und Schaffenstrieb, die sich selbst wesentlich in dem Leben *Anton Reiser's* geschildert hat. Die Beobachtung des Künstlerischen, welches aus Klarheit und Richtigkeit des Gedankens hervorgeht, in der sprachlichen und plastischen Form beschäftigt ihn bei seinem Aufenthalt in Italien 1786. 87 ernstlichst und bringt ihn mit *Goethe* in engste Beziehung. *Goethe* schreibt von ihm im August 1787 (Ital. Reise herausg. v. *Schuchardt* S. 424): »*Moritz* studirt jetzt die Antiquitäten und wird sie zum Gebrauch der Jugend und zum Gebrauch eines jeden Denkenden vermenschlichen und von allem Büchermoder und Schulstaub reinigen. Er hat eine gar glückliche richtige Art die Sachen anzusehen, ich hoffe, dass er sich auch Zeit nehmen wird gründlich zu seyn.« Näher wird der Plan von *Goethe* ausgesprochen (S. 431): »indessen hatte *Moritz* sich um die alte Mythologie bemüht — durch tagtägliche Gespräche, durch Anschauen so vieler wichtiger Kunstwerke regte sich in ihm der Gedanke eine Götterlehre der Alten in rein menschlichem Sinne zu schreiben und solche mit belehrenden Umrissen nach geschnittenen Steinen künftig herauszugeben.« Diese Götterlehre oder mythologische Dichtungen der Alten zusammengestellt von *K. Ph. Moritz*, mit 65 in Kupfer gestochenen Abbildungen nach antiken geschnittenen Steinen und andern Denkmälern des Alterthums erschien in Berlin 1791; die Auswahl aus der *Lippert*'schen und *Stosch*'schen Sammlung traf mit ihm *Asmus Carstens* und machte die einfachen, oft nur andeutenden aber bezeichnenden Umrisse. Dies den eleganten illustrirten Werken der Jetztzeit gegenüber so unscheinbare Werk muss der Grundanschauung und dem Tone der Erzählung nach als ein ausgezeichnetes anerkannt werden (vgl. oben S. 70). »Ein wahres Kunstwerk, eine schöne Dichtung ist etwas in sich Fertiges und Vollendetes, das um seiner selbst willen da ist und dessen Werth in ihm selber und in dem wohlgeordneten Verhältniss seiner Theile liegt.« — Bedeutsame Früchte dieses italienischen Aufenthaltes, über den er auch in den Reisen eines Deutschen in Italien, in Briefen, Berlin 1792. 93. 3 Thle., Bericht erstattet, und des Zusammenlebens mit *Goethe* und seinem Freundeskreise sind die ästhetischen Aufsätze: Ueber die bildende Nachahmung des Schönen, Braunschweig 1788; Die Grundlinien zu den Vorlesungen über Stil, Berlin 1791. 8. S. 8; Vorbegriff zu einer Theorie der Ornamente, Berlin 1793.

Moritz wäre als Gelehrter und Lehrer im Verein mit *Carstens* als ausübenden Künstler berufen gewesen Berlin bereits damals für die Kunstwissenschaft eine reformirende Stellung einzuräumen, sein früher Tod, zuvor die bureaukratische Massregelung von *Carstens* haben dies gehindert.

Diese Aufgabe fiel für die nächsten Jahrzehnte zu einem anderen Gliede der römischen Gesellschaft und *Goethe*'schen Freund *Aloys Hirt*, einem Manne von grosser Energie und Klarheit des Geistes, aber auch Starrheit, von ungleich weniger feinen Begabung als *Moritz* und *Carstens*. Er hatte bereits mit *Moritz* zusammen eine Zeitschrift: Italien und Deutschland 1781—1793 herausgegeben und darin interessante Entdeckungen veröffentlicht.

Aloys Hirt geboren 1759 in dem Fürstenbergischen Ort Behla auf dem Schwarzwalde, in Freiburg und Rottweil in geistlichen Anstalten gebildet, geht aus innerem Drang 1782 nach Rom und wird dort ein vielgesuchter gelehrter Cicerone durch viele Jahre. Werthvolle Reiseberichte über eine Reise nach Grottaferrata, an den Fucinersee, zum Monte Casino erschienen in den Horen, Jahrg. 1796. Als solcher kommt er mit *Goethe* in nahe, auch später fortgesetzte Verbindung. Seit 1796 ist er in Berlin als Professor an der Akademie der Künste und Mitglied der Akademie der Wissenschaften, bei Stiftung der Universität als ordentlicher Professor angestellt. Hochbejahrt stirbt er 1837.

Hirt wird von *Goethe* bezeichnet als »ein trockener, treuer, fleissiger Deutscher« (Briefe an Wieland S. 149 f.), als Meister und Herr im Einzelnen, wie er 1817 zum Besuch nach Weimar kam, mit welchem sich *Goethe* was die Grundsätze betrifft, niemals hatte vereinigen können (Annalen XXIII. d. Ausg. v. 1867 S. 271), ein Dogmatiker, dem *Schiller* am entferntesten sich fühlte; »Mannigfaltigkeit des eigenen Geistes und Biegsamkeit gegen fremde Gegenstände sind niemals seine Eigenschaften gewesen« (*Riemer*, Goethe's Briefe, S. 27.)

Hirt hat in einer sehr fruchtbaren und sachlich nützlichen Schriftstellerei theoretisch und historisch bedeutsam gewirkt und der Architektur zuerst die ihr gebührende Stellung im archäologischen Studium gesichert. In der Kunsttheorie wird von ihm schon in Rom gegenüber *Winckelmann* und seinen Nachfolgern das Charakteristische und Individuelle bedeutsam als Grundlage des Kunstschönen hingestellt (s. oben S. 22), »betreffe es die ideale Darstellung der Götter und Heroen oder jeden anderen gemeinen oder niedrigen Gegenstand«; die Aufsätze, welche dies aussprachen, Laokoon und Versuch über das Kunstschöne, erschienen in den Horen 1797. 3. Stück. S. 1 ff., 7. St. S. 1—35, 12. St. S. 19—28. Den Plan einer kritischen Geschichte der schönen Kunst hat er ein halbes Jahrhundert unermüdet verfolgt und zwar in dem Sinne den Ursprung der schönen Kunst aus dem Bedürfniss nachzuweisen. So leitet er den antiken Baustil von der Holzconstruktion ab.

Die Hauptschriften theilen sich in drei Klassen, voran stehen die architektonischen mit Baukunst nach den Grundsätzen der Alten, Berlin 1809 fol. und Geschichte der Baukunst bei den Alten, 3 Bde. mit Atlas 1821—1827, der dritte Theil die Lehre der Gebäude bei Griechen und Römern enthaltend. *Hirt* steht wesentlich noch auf dem Standpunkt der Mustergültigkeit und *Vitruv's* römischer Architektur, ihm fehlt die feine Empfindung für das Hellenische. Es folgt dann für das Gebiet der Kunstmythologie zur Veranschaulichung der künstlerischen Charakteristik das Bilderbuch für Mythologie, Archäologie und Kunst, Berlin 1805. 1816. 2 Hefte, Text und Kupfer und endlich schliesst die Geschichte der bildenden Künste bei den Alten, Berlin 1833. 8. Eine Reihe von Einzelarbeiten, zur Restauration von antiken

Bauwerken, wie des Salomonischen Tempels, des Tempels von Ephesos, zur Technik der antiken Plastik und Malerei, über einzelne Statuen, wie den sterbenden Fechter gingen den grossen Werken voraus oder begleiteten sie, Arbeiten, welche eine Sammlung verdient hätten. *Hirt*, lange Zeit gewohnt mit seinen Ansichten zu herrschen, erlebte noch die entschiedenste Bekämpfung von einer jüngern Generation, sowohl im Gebiete der griechischen Architektur durch den auf griechischem Boden heimischen *Heinrich Hübsch* (Griech. Architektur, Heidelberg 1822; Vertheidigung d. griech. Architektur gegen A. Hirt, Heidelb. 1824) wie auf dem der modernen Kunst durch *Waagen* (Hofrath Hirt als Forscher über die Geschichte der neuen Malerei, Berlin 1832).

Im Sinne von *Hirt*, zugleich auch von *Carstens* und *Zoega* bestimmt, hat in dessen badischer Heimath auch *Weinbrenner* (1766—1826) nicht allein praktisch gebaut, sondern auch mit Reconstruktion der antiken Bauwerke sich literarisch beschäftigt, s. *Schreiber*, Weinbrenner. Denkmal der Freundschaft, Heidelb. 1826; *Friedrich Weinbrenner*, Denkwürdigkeiten aus dem Leben von ihm selbst geschrieben, Heidelb. 1829; *Weinbrenner*, Restaurationen antiker Gebäude, 2 Hefte fol. Karlsruhe 1822. 1834 (ein drittes Heft lag ebenfalls in Zeichnungen bereit).

In Berlin selbst treten unter *Friedrich Wilhelm II.* Architekten auf, welche nicht allein griechische Vorbilder praktisch verwerthen, sondern auf ein tieferes wissenschaftliches Studium der Ueberreste und Quellen dringen. Vgl. *A. Hagen*, Deutsche Kunst in unserem Jahrhundert I. 1857. S. 1—27. 67; *Fr. Reber*, Geschichte der neuen deutschen Kunst 1876. S. 90 ff. Von entscheidendem Einflusse ist der bereits oben S. 207 erwähnte *Friedrich Wilhelm von Erdmannsdorf* (1736—1800) aus Dresden in Rom besonders durch *Clerisseau* geleitet, der organisirende Freund des Herzogs von Dessau, auf dessen Veranlassung *August Rode* Vitruv übersetzte und herausgab (Leipzig 1796, Berlin 1800). *Karl Gotthold Langhans* der Vater (1733—1808) aus Schlesien, ward der Meister des Brandenburger Thores. *Friedrich Gilly* (1771—1800), welcher früh gereift »die Reinheit und Würde griechischer Kunst als Grundlage des höheren architektonischen Studiums« (*Levezow*, Denkschrift 1801) hinstellte, aber auch Auge und Sinn für den gothischen Prachtbau von Marienburg geöffnet hat, entwickelt reiche Thätigkeit nach längeren Reisen in den Jahren 1798—1800. *Joh. Christ. Genelli* (vor 1771 geb., stirbt 1823), der Freund von *Carstens* hat sich eingehend mit der Reconstruktion der antiken Theatergebäude (1818) beschäftigt.

Domenico Sestini (1750—1832) aus Florenz, zum Geistlichen erzogen, ist bei dem Fürsten *Biscari* mit dessen Münzsammlung beschäftigt 1774, reist mit dem Grafen *Ludolf* nach Wien und in den Orient, besonders für numismatische Studien und Ankäufe, sammelt dann für Lord *Ainslie*, veröffentlicht darüber seine Lettres écrites à ses amis en Toscana, pendant le cours des voyages en Italie en Sicile et en Turquie 1780—82, französisch 1789. 3 Bde., ferner seine Voyage dans la Grèce Asiatique, à la peninsule de Cyzique à Brousse etc. 1789. Seit 1802 finden wir ihn in Berlin bis 1807, von wo er nach Paris sich begiebt, dann 1810 nach Toscana zurückkehrt, mit der Katalogisirung und Verwerthung der durch neue Ankäufe, besonders der *Knobelsdorf*'schen Münzsammlung vermehrten königlichen Sammlung (vgl. Descrizione delle medaglie rare del Museo Knobelsdorfiano, Berol. 1804). In Berlin erschienen seine Lettere e dissertazioni numismatiche, 1804—1806. 1813—1820. Er hat, wenn auch in Eilfertigkeit öfter sich irrend, der Täuschung mit Unrecht nur beschuldigt, dem Studium der griechischen Münzkunde im Sinne eines *Eckhel* und seiner Schule in Norddeutschland bedeutsamsten Anstoss gegeben. Sein abschliessendes Hauptwerk ist: Systema geographicum numismaticae in 10 Bänden, eingeleitet durch die Classes generales geographiae numismaticae, 1797. 4.

Karl Friedrich Schinkel (1781—1841).

Vgl. Aus *Schinkel's* Nachlass: Reisetagebücher, Briefe und Aphorismen. Mitgetheilt und mit einem Verzeichnisse sämmtlicher Werke *Schinkel's* versehen von *Alfred Freiherrn von Wolzogen*, 4 Bde., Berlin 1862—1864; *Franz Kugler*, K. F. Schinkel, Charakteristik seiner künstlerischen Wirksamkeit zuerst 1838 in den Halleschen Jahrbüchern erschienen, dann erweitert Berlin 1842, neu publicirt Kl. Schriften III. 1854. S. 305—370; *C. F. Gruppe*, C. F. Schinkel und der Berliner Dom, Berlin 1843; *C. Bötticher*, C. F. Schinkel und sein baukünstlerisches Verhältniss, Berlin 1837; *G. F. Waagen*, Schinkel als Mensch und als Künstler 1844 (Berl. Kalender), jetzt Kleine Schriften, herausgegeben von *Woltmann* 1876. S. 297—381; *Alfred v. Wolzogen*, Schinkel als Architekt, Maler und Kunstphilosoph, Berlin 1864. 8; *H. Grimm*, Ueber Schinkel und die Anfänge der modernen Kunst, Berlin 1867.

Schinkel's grosse Bedeutung für die Wissenschaft der antiken Kunst liegt nicht in einer überwiegend antiquarischen und gelehrten Richtung seiner Natur, nicht in grossen, vollendeten theoretischen oder historischen Werken, liegt vielmehr in der universell künstlerischen Begabung und Thätigkeit, welche der *Goethe*'schen gleichartig in dem hellenischen Kunstgeist und seinen Produkten die ächte Heimath, die mütterliche Erde fand, zu der sie immer wieder zurückkehrte, welche aber keine auch die kleinste kunstgewerbliche Aufgabe ideenlos auffasste, liegt in einem Bildungsweg, der ebenso sehr durch die Monumentenwelt Italiens, speciell Unteritaliens und Siciliens, wie durch die Werke eines *Winckelmann* und *Lessing* und die Klassiker ging, der durch die streng philosophische ethisch erweckende Lehre eines *Fichte* und *Solger* geregelt ward. Der Erkenntniss antiker speciell griechischer Kunst konnte nichts förderlicher zu Hülfe kommen als die Anschauung neuer hellenisch gedachter, hellenisch durchgebildeter, in einem grossen Zusammenhang mit der Umgebung, im Zusammenwirken der bildenden Künste geschaffener Architekturwerke. Und über die Wirklichkeit vollendeter *Schinkel*'scher Bauten hinaus bieten die *Schinkel*'schen Entwürfe und Architekturbilder, wie das Königsschloss auf der Akropolis zu Athen (10 Taf. 1834; 3. Aufl. 1861), wie das Schloss Orianda in der Krim (15 Taf., neueste Auflage 1861), bietet das Schinkelmuseum zu Berlin dem Archäologen die fördersamsten Studien. Und es fehlt unter diesen Zeichnungen endlich nicht an solchen, welche die Restauration antiker Bauwerke an der Hand der Schriftsteller sich streng zur Aufgabe gestellt haben, so die Zeichnungen der sieben Wunder der Welt oder des Altishaines von Olympia aus dem Jahre 1812 (Nachlass IV. S. 576), so die Restauration des Tuscum und Laurentinum des Plinius (zuerst im Album des Berl. Architektenvereins, Heft VII; dann neue Ausg. 1861). Freilich ist das grosse architektonische Lehrbuch mit 150 Tafeln von dem Meister nur vorbereitet worden, durch sein frühes Hinsiechen unterbrochen, aber die Aufsätze über »die architektonische Gliederung«, über »die Säulenordnungen«, die Vorbilder für Fabrikanten und Handwerker 1821—1837, die Aphorismen aus seinen Papieren (Nachlass II. S. 205 ff. III. S. 345 ff., *Wolzogen*, Schinkel etc. S. 97 ff.), die Reisetagebücher geben *Schinkel's* Grundgedanken über bildende Kunst und damit überhaupt eine Ahnung dessen, was er im Lehrbuch vorzutragen beabsichtigte, endlich eine von der Wissenschaft noch nicht benutzte Fülle unmittelbarer Beobachtungen. *Schinkel's* lebendige Lehre wird von *Kugler* charakterisirt: »Der Eindruck, den die schönsten Stellen in *Winckelmann's* Schriften nach dem

Lesen in uns hinterlassen, giebt ungefähr einen Begriff der Stimmung, welche durch *Schinkel's* Worte angeregt ward.« Die Stellung zur Antike spricht er selbst aus in den Worten: »Darum ist das klassische Studium der Kunst eigentlich für die höhere sittliche Ausbildung des Menschen unerlässlich. — Ein echtes Studium, besonders aber eine fleissige Uebung der Phantasie auf dem Grunde klassischer Kunst bringt allein Harmonie in die gesammte Bildung eines Menschen, der einer späteren Zeit angehört. Die Produktionen der schönen Kunst sind die feinsten Dokumente für die innern Anschauungen eines fein und sittlich schön ausgebildeten Gemüthes« (Nachlass III. S. 355). Und was *Schinkel* darin bleibend anregend auch wissenschaftlich geschaffen, spricht sein Schüler *Bötticher* treffend aus: »dass nur durch *Schinkel's* Werkthätigkeit der hellenischen Tradition auf unserem Boden eine neue Heimath bereitet wurde, ist eine vor Augen liegende Thatsache. Geschah es hierdurch nun, dass er einerseits für sich das besondere Ziel erreichte, welches er bei Erfüllung seines Vorwurfes zunächst im Auge hatte, so wirkt er andererseits für uns durch seine Werke belebend und unterweisend auf die Kunstforschung zurück, indem er uns drängte auf die so vor Augen gestellte Kunstweise einzugehen und kritisch forschend ihrer Principien und ihres ursprünglichen Wesens uns bewusst zu werden« (S. 24).

Italienische Archäologen.

15 *Domenico Agostino Bracci* (1717—1792), Florentiner, Abbate, viele Jahre Antiquar und Fremdenführer in Rom, von *Winckelmann* beiläufig kritisirt, veröffentlicht endlich italienisch und lateinisch 1784. 1786 zwei Foliobände: Commentarii de antiquis scalptoribus, qui sua nomina inciderunt in gemmis et cameis cum pluribus monumentis ineditis. Den von *Stosch* zuerst verfolgten Gesichtspunkten folgend geht er den ächten und falschen Künstlernamen auf geschnittenen Steinen nach und berichtigt aus langer Kenntniss des Kunsthandels, der modernen Steinschneider, wie der *Pichler* und *Sirletis* manche Irrthümer des von ihm bitter gehassten *Winckelmann*, veröffentlicht auch unbekannte Antiken. Vgl. *Justi*, Winckelmann II, 1. S. 270 ff.

Amaduzzi (*Giovanni Christoforo*) aus Savignano in der Romagna, lebt 1740 bis 1792. Er ist Schüler des Arztes und Antiquars *Giov. Bianchi* in Rimini, Professor der griechischen Sprache in Rom, Vorstand der Druckerei, ein unabhängiger Charakter, als Bibliothekar thätig durch seine Anecdota literaria ex mss. eruta, Roma 4. 1773—1783; als Archäolog hat er das grosse Bilderwerk, das *Ridolfino Venuti* (1705—63) unternommen hatte, zur Veröffentlichung gebracht: V e t e r a m o n u m e n t a quae in hortis caelimontanis et in aedibus Matthaeiorum asservantur, nunc in unum collecta et adnotationibus illustrata, wichtig für die Erkenntniss des bald zerstreuten und verborgenen grossen Antikenschatzes der Familie *Mattei*, aber noch im Charakter der älteren Publikationen, stumpf in der Zeichnung, ohne kritische Untersuchung des Thatsächlichen. Seine Correspondenz und Bibliothek ist im Stadthaus zu Savignano nach *Justi*, Antiquar. Briefe von Stosch, S. 19.

Die Familie *Venuti* ist in Cortona zu Hause und bereits für das Aufblühen der Etruscheria S. 183 erwähnt; drei Brüder sind besonders als Antiquare in nützlicher Weise thätig gewesen, *Filippo* (1709—1769), *Niccolo* und *Ridolfino*; dieser ist der bekannteste als topographischer Schriftsteller von Rom (Descrizione topografica ed istorica di Roma 1766. 2 Vol. 4; Descr. topogr. delle antichità di Roma, 1763. 2 Vol. 4), als Numismatiker und für Gemmenkunde (Sur les pierres chargées de caractères en relief). Wir finden ihn mit

Philipp Hackert mit Ueberführung der *Farnese*'schen Antikenschätze nach Neapel beschäftigt (*Goethe*, Werke XXVI. S. 145); er bildete in Neapel einen gesellschaftlichen Mittelpunkt und war selbst ein geschickter Zeichner (*Tischbein*, Aus meinem Leben II. S. 94).

Bartolomeo Cavaceppi (bereits seit 1735 thätig, stirbt gegen 1800) Bildhauer, Restaurator und Kunsthändler, der Begleiter *Winckelmann's* auf der letzten Reise bis Wien, dann in Dessau und Berlin thätig, ist nicht allein lange der bedeutendste Vermittler des Antikenerwerbes nach dem Norden, nach Deutschland und England hin gewesen, sondern hat im Gegensatz zur früheren naiven Willkür und Stillosigkeit das Restauriren auf feste Grundsätze und wissenschaftliche Kenntnisse der Stilgeschichte zurückgeführt. Vgl. *Justi*, Winckelmann II, 1. S. 322 ff. Sein grosses Werk: Raccolta d'antiche statue busti bassorilievi ed altre sculture restaurate di *B. Cavaceppi*, Rom 1768—1772. 3 Bde. giebt eine Uebersicht der durch ihn in Umlauf gesetzten Antiken in trefflichen Stichen. In der Akademie von S. Luca zu Rom befinden sich 75 Folianten Handzeichnungen von ihm nach antiken Resten.

Neben *Cavaceppi* sind *Franzoni*, *Penna* und besonders *Albacini* die überaus thätigen Restauratoren der Zeit gewesen, s. *Meyer* bei *Goethe*, Winckelmann und sein Jahrhundert 1805. S. 357.

Giuseppe Vasi (1710—17), Sicilianer, Kupferstecher, im Palazzo Farnese wohnend ist unermüdlich thätig für die Veduten der römischen Baudenkmale und das grosse noch heute unübertroffene Panorama Roms und hat die anschauliche Kenntniss dieser Dinge im vorigen Jahrhundert vor allen andern befördert. Hauptwerke ohne eigentlich wissenschaftliche Forschung: Itinerario istruttivo di Roma für acht Tage berechnet 1773. 1777, neu bearbeitet von *A. Nibby* 1818 (oft aufgelegt). Vgl. auch *Justi*, Winckelmann II, 1. S. 116.

Giovanni Bottari (1689—1775) aus Florenz, ein sehr gelehrter und feiner Kunstkenner. Zuerst für die *Corsini* und deren Sammlung thätig, wird er durch *Clemens XII.* Custode der Vaticanischen Bibliothek, steigt höher zum Almosenier, Cameriere u. s. w. unter *Benedikt XIV.* Er leitet die für Museumswerke epochemachende Veröffentlichung des Museo Capitolino, 4 Bde fol. 1741 bis 1783, unterstützt von *Foggini* und war für die Kunstgeschichte überhaupt, mittelbar auch für die antike durch die Herausgabe der Sammlung der Künstlerbriefe thätig. Vgl. *Justi* II, 1. S. 144 f.

Gianbattista Piranesi (1707—1778) aus Venedig, als Kupferstecher Schüler von *Vasi*, führt zuerst ein vagabundirendes Künstlerleben, schafft dann in Rom sich festsetzend mit der Radirnadel seine grossen, effektvollen Prachtwerke über Rom und Unteritalien wie über die antiken Prachtstücke der Tektonik von 1760 an; so Della magnificenza ed architettura dei Romani 1760 fol., Campus Martius antiquae urbis 1762. 2 Bde.; Emissario del lago d'Albano, Roma 1762; Antichità Romane, Roma 1766. 1784. 4 Bde. gr. fol.; Antichità della Magna Grecia; Antichità di Pompeia 2 Bde. Eine Gesammtausgabe seiner Werke erschien 1836 in 29 Bänden mit beinahe 2000 Blättern bei *Firmin Didot*.

Dieser *Rembrandt* des Südens stand mit seiner Auffassung und seinen Aufgaben im schroffen Gegensatz gegenüber der steigenden Begeisterung für das Hellenische, ein leidenschaftlicher Vorkämpfer des Römischen, aber des untergehenden Roms.

Vgl. *H. Meyer* in *Goethe's* Winckelmann und sein Jahrhundert S. 287; *Justi* II, 1. S. 362 ff.; *Nisard* zu Caylus Correspondance I, p. 43.

Seine Söhne *Francesco* († 1810) und *Pietro* und ihre ganze Familie haben mit diesen Stichen und einer förmlichen Antikenfabrik eine grosse, wenig geordnete Industrie getrieben, haben aber auch rasch in einem mässigen Format die Schätze des Musée Napoléon 4 Bde. 1804—1806 veröffentlicht.

Carlo Fea (1753—1836) geb. zu Pigna bei Nizza, Advokat, lange Bibliothekar der Familie *Ghigi*, hochverdient durch die oben S. 194 erwähnte Uebersetzung von *Winckelmann's* Hauptwerke mit trefflichen sachlichen Noten, Rom 1783. 1784, wie durch die grosse Arbeit Sulle rovine di Roma. Er hat seine selbständigen Arbeiten besonders auf die wichtigen unter französischer Herrschaft eingeleiteten, unter seinen Augen als des Commissario delle antichità betriebenen Ausgrabungen in Rom, auf das Colosseum, das Trajanforum, auf die dabei gefundenen wichtigen Inschriften, wie die Fasti consolari, auf die Beschreibung der Villa Albani, die Umgebungen Roms wie Ostia concentrirt; sie beginnen mit dem Jahr 1782 und sind besonders zahlreich 1813 bis 1820. Seine Miscellanea filologico-istorica ed antiquaria, 1790. 1836, 2 Bde. sind eine reiche Sammlung historisch-werthvoller Fundberichte. Interessant ist seine juristische Darlegung Dal diritto del principato sugli antichi edifizi publici sacri e profani in occasione del Panteo di Marco Agrippa, Rom 1806. *Jordan* (Topographie der Stadt Rom I, 1. S. 96) steht nicht an *Fea* geradezu als den Begründer der heutigen Topographie Roms zu betrachten.

Luigi Lanzi (1732—1810) als Geistlicher erzogen, Mitglied des Jesuitenordens, seit 1773 Intendant der Galerieen von Florenz, überaus vielseitig und zugleich mit gesundem historischen Sinn die in Italien so mächtigen lokalpatriotischen Vorurtheile überwindend. So hat er in der Abhandlung: Dei vasi antichi dipinti volgarmente chiamati Etruschi, Fir. 1806 den griechischen Ursprung und Charakter derselben voll anerkannt, so hat er den Grund zu einer umfassenden, methodischen Betrachtung der etruskischen wie der altitalischen Sprachen gelegt (Saggio di lingua Etrusca 1789, Saggio delle lingue Ital. antiche 1806); wie er eine Universalgeschichte der italienischen Malerei zuerst schrieb, so haben seine Notizie preliminari circa la scoltura degli antichi e i vari suoi stili, die den Anhang zum Saggio di lingua Etrusca bildeten, 1789 erschienen, begründet auf ein eindringendes Studium der in diesen Jahren um die Schätze der Villa Medici bereicherten florentiner Kunstsammlung, mit Recht noch einen deutschen Bearbeiter und Erläuterer gefunden (Leipzig 1816. 4).

Gius. Antonio Guattani (1748—1830) in Rom geboren, dort die grösste Zeit seines Lebens thätig, später in Mailand. Auch er geht von der juristischen Laufbahn zur archäologischen Thätigkeit über und zwar durch *Piranesi's* Umgang dazu bewogen, ist unter *Pius VI.* Aufseher der Sculpturen in Rom, durchzieht später Europa als Gemahl einer Sängerin, leitet die italienische Oper in Paris, kehrt von da nach Italien zurück. Für *Guattani* waren *Winckelmann's* Monumenti inediti das Vorbild für eine fortlaufende archäologische Publikation, deren fünf Jahrgänge 1784—1789 in der That als der erste und zwar sehr glückliche Anfang römischer monumentaler Annali zu bezeichnen sind, es sind dies die Monumenti antichi inediti ovvero notizie sulle antichità e belle arti di Roma, Roma, Pagliarini in Quartformat, begleitet von grösstentheils trefflichen Kupferstichen. Eine Roma descritta 2 Bde. 1805 folgte später, wie Memorie enciclopediche 1806—1810.

Wichtig ist darin die Vereinigung aller bildenden Künste, insbesondere die an die Spitze gestellten architektonischen Aufnahmen wie neuer Ausgrabungen, z. B. von Otricoli, so bereits bekannter Bauwerke, besonders wichtig die Fülle von Sculpturen damaliger Funde oder von Sammlungen, wie die der Familie *Rondanini*, die alsbald verkauft und zerstreut wurden. Es bleibt sehr zu beklagen, dass die mit 1789 beginnenden politischen Bewegungen diesem Organ für die monumentale Bewegung auf dem Boden Roms eine Grenze gesetzt haben. *Guattani* hat später noch an dem grossen Folioband des Museo Chiaramonti in Gemeinschaft mit einem *Visconti* gearbeitet.

Die Archäologenfamilie *Visconti* stammt aus Sarzano im Genuesischen, aus gleichem Orte mit den einstigen Herrschern von Mailand. Als *Winckelmann* 1768 Rom verliess, schlug er *Giovanni Battista Visconti* dem Cardinal *Rezzonico* zu seinem Stellvertreter im Amte des Aufsehers der Alterthümer vor (*Justi*, Preuss. Jahrbücher XXVIII. S. 617), das derselbe auch erhielt und bis zu seinem Tode 1784 bekleidete.

Ennio Quirino Visconti war sein Sohn, geboren in Rom 1751, gestorben 1818 und ist der weitaus Berühmteste der Familie.

Vgl. *Millin*, Annales Encyclop. 1818. II. p. 142 ff.; *Dacier*, Eloge, deutsch von *Schorn* im Kunstblatt 1820. n. 70—71; Biographie des Contemporains XXX. 1828. p. 252 ff. Gesammtausgabe der Werke von der Società tipografica de' classici Italiani in Mailand, Fortunato Stella 1818—1837; dabei die von *Labus* gesammelten Opere varie in 4 Bdn. 1827—1831, das Ganze abgeschlossen mit dem Florilegio Visconteo osia Estratto della principale erudizione delle opere di E. Q. V. che può anche servire à indice generale dell Abb. *Giov. Rossi*, 1848.

Ennio Quirino erschien als ein Wunderkind, das bereits mit drei Jahren öffentlich geprüft ward, dreizehnjährig eine italienische Uebersetzung der Hekabe des Euripides in Versen herausgab, in Gedichten, auch griechischen Epigrammen hohe Feste, die Ankunft des Kaisers Joseph II. in Rom z. B. feierte, aber dennoch über dem Vielwissen und Vielkönnen ein bestimmtes Lebensziel nicht verlor. Es war dies eine Gesammtdarstellung des Alterthums aus der ganzen Literatur und mit allen bildlichen Hülfsmitteln: dafür gewann er *Gaetano Merini* für Kartographie, *Morelli* für die Inschriften, *Eckhel* für die Münzen, *Zoega* für römische Topographie, *Lanzi* für die Antiken in Florenz. Zur Ausführung kam der Plan nicht.

Frühzeitig finden wir ihn, ausgestattet mit der unter den Italienern seltenen Kenntniss des Griechischen, neben philologischen Arbeiten beschäftigt mit Behandlung der Monumente der Scipionen (Rom 1775), mit den inschriftlichen Bestandtheilen der Sammlung *Jenkins* (1787), mit den Monumenten der Ausgrabungen von Gabii, mit den Denkmälern des Palastes und der Villa Borghese (1796. 1797), vor allem aber trat er ein nach dem Tode des Vaters, in das grossartige, durch Ausführung der Tafeln, wie durch den begleitenden Text ausgezeichnete Werk des Museum Pio-Clementinum unter der Fürsorge des Papstes *Pius VI.*; die Bände II—VII sind von 1784—1807 von ihm allein ausgearbeitet worden; *Zoega* sagt von ihm allerdings in bitterer Stimmung: »*Visconti* arbeitet mit Ruhm im antiquarischen Fach wie schon lange, erklärt das Erklärliche und Unerklärliche« (Zoega's Leben II. S. 184).

Im J. 1799 folgte *Ennio Quirino*, welcher bereits bei der Constituirung der römischen Republik 1798 das Amt eines Consuls zum bitteren Schmerz seiner Freunde angenommen hatte, dem französischen Raube der besten Kunstwerke nach Paris und hat seitdem als Antiquaire au musée central de France, als Conservateur des antiques du musée national, welches bald Musée Napoléon dann Musée Français ward, als Mitglied zweier Klassen des Institut national hochangesehen und vielseitigst in Anspruch genommen gelebt. Seine Notice des statues bustes et basreliefs de la galerie des antiques du Musée Napoléon zuerst 1800, zuletzt 1817 erschienen (abgedruckt Opere varie III. p. 267—540), ist ein Muster lebendiger, geschmackvoller, kurzer Einführung in die damals reichste Antikensammlung der Erde. Daneben hatte er auch den Text zu dem Prachtwerke des Musée Napoléon seit 1806 begonnen und 64 Monumente beschrieben; *Emeric David* ward der Fortsetzer.

Auf Veranlassung des Kaisers *Napoleon* unternahm er die Iconographie ancienne, vollendete die drei die Griechen behandelnden Bände 1808, während die Abtheilung der Römer (4 Bde.) 1817—1829 nach seinem Tode von *Mongez* vollendet ward, ein Werk, das, wenn auch jetzt sehr unvollständig, bis heutigen Tages die Grundlage aller antiken Portraitkunde ist. Im J. 1816 ward ihm vom englischen Parlament noch das entscheidende Urtheil als Sachverständiger über den Werth der Elgin Marbles übertragen und er gab in zwei Vorträgen in der Akademie, dann in dem Mémoire sur les oeuvres de sculpture du Parthénon, seiner entschiedensten Ueberzeugung von dem einzigartigen Werth dieser Sculpturen beredten Ausdruck.

Visconti als den italienischen *Winckelmann* zu feiern ist unrichtig, aber er ist der vollendetste Ausdruck der durch *Winckelmann* in der italienischen Nation erweckten Kunstempfindung und ihres Kunstverständnisses.

Auch der Bruder von *Ennio Quirino*, *Filippo Aurelio* († 1831) hat als langjähriger Direktor der Commissione delle belle arti in Rom und als Herausgeber des Museo Chiaramonti mit *Guattani* sich einen Namen gemacht, ebenso ein Neffe *Pietro*, Sekretär der römischen Akademie der Archäologie, während der Sohn *Lodovico Tullio* (1791—1853) in Paris als hochgebildeter, einsichtsvoller Architekt gewirkt hat. Noch heute wieder steht ein *Visconti*, *Carlo Lodovico* an der Spitze der städtischen archäologischen Commission in Rom.

16 In der Deutschen Gesellschaft in Rom hat nach *Winckelmann's* Tod *Joh. Friedrich Reiffenstein* (1719—1795), kaiserl. russischer Hofrath und Agent für die Ankäufe der Kaiserin *Katharina*, als Perieget, Lehrer und Vermittler in archäologischen Dingen durch drei Jahrzehnte gewirkt. Er betrachtete sich gleichsam als Erbe von *Winckelmann's* Mission und wusste durch methodisches Führen, durch praktische Uebungen, durch Versuche die antike Technik herzustellen, so die Wachsmalerei der Alten, auch Männer wie *Goethe*, zu interessiren. Ein Sendschreiben über die Glasarten der Alten ist noch in den Studien von *Creuzer* und *Daub* V. S. 272—292 bekannt gemacht.

Philosophisch durchgebildet als Anhänger und Verkünder von *Kant's* Lehre hat *Carl Ludwig Fernow*, geb. in Blumenhagen in der Ukermark (1763—1808), seit 1794 in Rom, zuerst als für die Kunst Epoche machend die Ausstellung der Zeichnungen und Gemälde von *Asmus Jakob Carstens* 1798 besprochen und nach dessen frühem Tod 1797 durch die Biographie (1806) ihn in weitern Kreisen bekannt gemacht, er selbst hat die letzten Lebensjahre in Weimar und Jena zugebracht. Die Römischen Studien 1806—1808 (3 Bde. Zürich, *Gesner*) enthalten lesenswerthe kunsttheoretische Aufsätze und Charakteristiken, auch einen antiquarischen über das bewegliche Theater des Curio und sind ein schönes Denkmal der deutschen Gesellschaft in Rom gestiftet, die sich mehr und mehr um *W. v. Humboldt* schaarte; er selbst schilderte römische Sitten- und Culturzustände treffend 1802.

Unter dem damaligen Kreise in Rom weilender Engländer treten *Gavin Hamilton* († 1797) und *Thomas Jenkins* seit 1768 in Rom († 1798) als eifrige und glückliche Sammler, Ausgräber, Händler von Antiken hervor, jener selbst ein geschickter Maler und von *Caylus* noch begeistert für Stoffe aus Homer zu seinen Bildern. Durch sie ward in Ostia 1775, in Monte Cagnolo, in der Villa des Hadrian gegraben, die Sammlungen *Barberini*, *Montalto* u. a. ihrer wichtigen Schätze entledigt.

Georg Zoega (1755—1809).

Zoega's Leben. Sammlung seiner Briefe und Beurtheilung seiner Werke durch *Friedrich Gottlieb Welcker*. Thl. I. Mit Bildniss; Thl. II. Stuttgart 1819. *Georg Zoega's* Abhandlungen. Herausgegeben und mit Zusätzen begleitet von *Fr. Gottlieb Welcker*. Mit 5 Taf. Göttingen 1817. 8.

Zoega gehört trotz der trefflichen Biographie *Welcker's* und der baldigen Sammlung seiner meist ungedruckten kleineren Abhandlungen zu den wohl oft mit Anerkennung genannten aber wenig wahrhaft gekannten, einen wichtigen Fortschritt bezeichnenden Archäologen. Seine Werke sind bis heutigen Tages weder methodisch noch sachlich wirklich ausgenutzt. In ihm vereinte sich philosophischer Tiefsinn und ein auf das Ganze immer gerichteter Sinn mit einer fast peinlichen Sorgfalt der Einzelforschung, einer seltenen kritischen Gewissenhaftigkeit und Beobachtungsgabe für das Unterscheidende, die ihn ganz an den Wendepunkt des philosophischen und kritisch-historischen Jahrhunderts stellen.

Er stammt aus einer oberitalienischen, Ende des 16. Jahrhunderts ausgewanderten und an den Hof von *Holstein Gottorp* gekommenen Familie. Die Sehnsucht nach dem Süden erscheint in dem 1755 in einem Dorfe Jütlands, Dahler bei Ripen geborenen Sohn eines Landpfarrers fast wie ein neu erwachter dunkler Heimathsdrang, obgleich andererseits eine seltene lebendige Auffassung nordischer Natur und nordischer Sage in ihm mächtig ist. Zeichnentrieb ist früh bei ihm rege. Er wächst auf in einem Gränzlande zwischen deutscher und dänischer Sprache, in Mögeltondern; beider Sprachen gleich mächtig hat er als Däne sich später immer mehr gefühlt. Nach kurzem Aufenthalte auf der Schule zu Altona studirt er von 1773 in Göttingen und wird hier zuerst noch von *Meiners* allgemein-philosophischen, kulturgeschichtlichen Vorträgen mehr als von *Heyne's* antiquarischen Vorlesungen angezogen. *Winckelmann* und *Lessing* werden eifrig gelesen. Den Sommer 1776 verbringt er bereits auf einer Reise, die ihn nach Süddeutschland, Wien, dann aber weiter bis Rom führt. In Leipzig 1776—77 übt kein Lehrer auf ihn besonderen Einfluss, er versenkt sich in Homer, über dessen Einheit und Person er früh zu kritisch sondernder Erwägung kommt, und spricht sich scharf gegen flachphilosophirende Auffassung der Religion aus. Von 1777—1779 folgen Jahre des unruhigen Suchens und Ringens nach klarem Lebensberuf, in der Heimath, in Kopenhagen, dann auf der Insel Fühnen in Hauslehrerstellung zugebracht. Noch schwankt er sehr zwischen schwärmerischer Naturbetrachtung und dem Bilde südlicher Kunst; aber schon spricht er aus: »kein Mann aus der Klasse, den ich so liebe, wie *Heyne*. Das Studium der Kunst ist noch unter allen Dingen, die man Wissenschaft nennt, dasjenige, was mich am meisten interessirt und kränkt mich oft, dass ich es·itzt ganz muss liegen lassen.«

Da bietet sich ihm eine Stellung als Reisebegleiter eines Herrn *von Heinen* auf einer Cavalierreise durch Europa. Mit Freude begrüsst er *Heyne* in Göttingen bei neuem, längern Aufenthalte daselbst und beginnt ihn wieder zu hören. »Herr *Heyne* will ein grosses Subjekt aus mir machen, — ich habe mich neulich freywillig und motu proprio bei ihm zum Archäologisten anwerben lassen, doch bin ich noch nicht völlig mit mir selbst einig, ob ich als schwerer Cavalerist oder ad genium saeculi nur Dragoner Dienst thun will« (S. 226). In einem späteren, einen Rückblick auf seine Studien werfenden Brief von 1781 spricht er sich sehr klar über diesen in ihm durch *Heyne's* Einfluss reifenden Lebensplan aus:

»*Heyne* hatte schon lange den Plan entworfen das Studium des Alterthums mit historischer Strenge zu behandeln und durch Anwendung auf die Geschichte der Menschheit wichtig zu machen. Aber gefesselt an einen Ort, wo seine Gegenwart unentbehrlich ist, durfte er an die Ausführung nicht denken, weil dieselbe Aufenthalt erforderte in denjenigen Ländern, wo die Geschichte der Menschheit aufgedeckt liegt in den Ueberbleibseln ihrer Werke, wo wir wie aus Urkunden einen grossen Theil desjenigen beurtheilen können, was wir sonst Schriftstellern, die voll Unrichtigkeiten und Widersprüche sind, auf ihr Wort trauen müssten. Er sucht einen jungen Mann, in dessen Seele er seine Ideen hineinlegen könnte, dessen Geist dem seinigen zu folgen im Stande wäre, der ungebunden und zugleich Enthusiast genug wäre, um seine Kräfte einer Wissenschaft zu widmen, die nur ihrer selbst wegen schätzbar ist, nicht in Rücksicht auf den damit zu machenden Erwerb. Meine erste Reise nach Italien hatte ähnliche Ideen in mir hervorgebracht, wir begegneten uns auf halbem Wege und obschon ich mich nicht im Stande glaubte das Ganze auszuführen und meine Gedanken zugleich auf andere Dinge gerichtet waren, so versprach ich ihm doch bei Antritt der zweiten Reise soviel zu thun als Lage, Umstände und andere nicht hintanzusetzende Geschäfte erlauben würden.«

Und so verfolgt *Zoega* auf der 1780 von Göttingen nach Wien und Italien fortgesetzten Reise diese archäologischen Interessen mit allem Ernste, soweit seine Mentorstellung es zulässt. Seine architektonische Charakteristik Venedigs zeichnet sich durch entschiedene Schärfe aus. Er hat es sich zum Gesetz gemacht nur Data zu sammeln, aber er fühlt bald, dass man auf die Art zum Datasammeln selbst ungeschickt wird; ohne gewisse Grundideen wird alles Oberfläche. Und so kehrt er doch zur Spekulation zurück.

Die Reise, welche auch auf Frankreich und England sich erstrecken sollte, wird durch einen Todesfall in Turin unterbrochen und *Zoega* steht von Neuem der vollen Ungewissheit auf halbem Wege gegenüber. Da ist es wieder *Heyne*, der ihm den Weg ebnet, ihm das volle Interesse des dänischen Staatssekretärs *Guldberg* gewinnen lässt. Es gilt das königliche Münzkabinet zu ordnen und wissenschaftlich die Anecdota benutzbar zu machen, dabei das Studium der Antiquitäten im Allgemeinen dem allgemeinen Verständniss nahe zu bringen. *Zoega* erkennt bei der Arbeit die Mangelhaftigkeit der Münzabbildungen in den Hauptwerken, ebenso den Mangel eines Hauptkataloges. Man beschliesst *Zoega* auf königliche Kosten für Numismatik und Daktyliotheken reisen zu lassen. Mit genauen Instruktionen reist er nun wieder über Göttingen, findet in Wien an *Eckhel* die kundigste Anleitung und das reichste Material zum Studium, die freie Einsicht in *Eckhel's* grossartige Vorarbeiten zum System der alten Numismatik. Damit ward *Zoega* in einem wichtigen Zweige der Archäologie und zwar unter der kundigsten, nüchternsten Leitung heimisch.

Vom Nuntius *Garampi* sehr empfohlen findet er in Italien, wohin er Ende 1782 abreist, beste Aufnahme, in Rom tritt er sehr bald ein in den engen, interessanten und frei sich bewegenden Kreis des Monsignore, nachherigen Cardinal *Borgia*, des Präfekten der Propaganda, welcher eine reiche Sammlung von Denkmälern der altitalischen Kunst, dann besonders von orientalischen Monumenten, speciell Aegyptischen und den einzigartigen Ueberresten der koptischen Papyrus in Rom und auf dem Schlosse seines Hauses in Velletri fort und fort mehrte und bereitwilligst dem Studium darbot. Die Verbindung mit *Borgia* ist ein Band für's Leben geworden und hat auf *Zoega's* Arbeitsobjekte den grössten Einfluss gehabt.

Waren seine Gedanken zunächst nach Griechenland gerichtet und ist er zur griechischen Kunst immer wieder zurückgekehrt, so öffnet sich ihm und seinem weitgreifenden, immer tiefer suchenden religionsgeschichtlichen Interesse eine neue Welt in Aegypten. »Meine Gedanken sind itzt in Aegypten und Morgenland und bei all' den alten aus der Mode gegangenen Göttern« (Brief von 1784 S. 414). Er fängt an Koptisch zu lernen und wird mit der Zeit anerkannt der erste gründliche Kenner des Koptischen, nicht allein unter Nordländern. Seiner Instruktion gemäss reisst er sich los von Rom, geht über Florenz nach Paris, wo er die Münzsammlung eingehend studirt. Da trifft aber die Nachricht vom Sturze seines Gönners *Guldberg* in Kopenhagen mit Krankheit und mit dem Bann seiner Seele zusammen, den Rom »seine Heimath« und ein italienisches Weib auf ihn gelegt. Er flieht von Paris nach Rom zurück und zerreisst zunächst alle Bande, die ihn mit Dänemark verknüpfen. Verheirathung und Confessionswechsel fielen zusammen.

Seit 1784 hat *Zoega* Italien nicht wieder verlassen, wohl haben seine landsmännischen Freunde alles gethan ihn nach Kopenhagen, dann nach Kiel wieder zu ziehen; die dänische Regierung hat ihn mit der Zeit mit Jahresgehalt und Ehren ausgestattet, ihn zum Agent, dann zum Generalconsul für Rom gemacht und *Zoega* ward der berathende Führer der in Rom sich aufhaltenden Dänen. Unter mannigfachstem häuslichen Druck hat er die ganze zähe Ausdauer und gewaltige Arbeitskraft bewährt; sie ward aber unwillkürlich auf Punkte gerichtet, die in den römischen Ereignissen und Interessen seiner hohen Gönner, des Cardinals *Borgia* und des Papstes *Pius VI.* begründet fernablagen von den Interessen der deutschen und nordischen Gelehrten und Gebildeten.

Im J. 1787 erschien *Zoega's* erstes Werk: Numi Aegyptii imperatorii prostantes in Museo Borgiano Velitraeo, Rom 1787. 4, 22 Taf. Die alexandrinischen Kaisermünzen von Antonius bis Diocletian, musterhaft in Abbildungen vorgeführt boten ein reiches Material, um die Brücke vom Klassischen zum Orient zu schlagen, um das Nebeneinandergehen ägyptischer und griechischer Religionsvorstellungen und Kunstformen zu beobachten. Das Werk von *Zoega* hoch anerkannt ist musterhaft in Präcision und eindringender Betrachtung der einzelnen Symbole und Bildwerke.

Eine neue Specialarbeit zunächst auf dem ägyptischen Gebiete ward ihm auferlegt durch *Garampi's* Vermittelung von Papst *Pius VI.* In den Jahren 1786. 1789. 1792 waren grosse Obelisken, die auf und in dem Boden Roms Jahrhunderte geruht, aufgerichtet worden, es galt ein Werk über diese und überhaupt die Obelisken abzufassen. Fünf Jahre lang hat er daran gearbeitet und als er fertig war 1797, ward die päpstliche Regierung in Rom gestürzt und erst vier Jahre später ward das von 1797 allerdings datirte grosse Werk De origine et usu obeliscorum ad Pium VI. papam etc., Roma fol. ausgegeben.

Es ist dies die erste, umfassende Monographie über diese Gattung antiker Monumente, geschrieben mit der ganzen Gelehrsamkeit der früheren Periode, aber zugleich mit dem Reichthume der neugewonnenen ethnographischen, sprachlichen und stilistischen Gesichtspunkte, ausgehend von der reichsten historischen Vorführung der Stellen klassischer Autoren, die oft erst emendirt werden auf Grundlage neuer kritischer Hülfsmittel, fortgeführt mit der ganzen Strenge in der Abbildung der Reliefs und Hieroglyphen nach dem Original oder auf Grund der sichersten Berichterstatter und Abzeichner und hinleitend auf den ganzen religiösen Bilderkreis Aegyptens.

Die Obelisken werden von *Zoega* in den Bereich der Denksäulen überhaupt wie andererseits der mannigfachen Säulenidole gestellt und so erhalten wir eine überaus reiche und klare Uebersicht über die ältesten Götterideale und das Wachsen der religiösen Vorstellungen Hand in Hand mit Ausbildung dieser Ideale. *Zoega* erkennt es vollkommen, dass eine durchschlagende Forschung für Erklärung der Hieroglyphen nur in bilinguen Inschriften gegeben sei, deren ein Fragment im britischen Museum mit Resten einer griechischen Schrift sich bereits befand (Brief an *Thomas Hill* S. 66. 72) und man muss es als ein eigenes Schicksal beklagen, dass das Werk bereits gedruckt aber noch unveröffentlicht war, als der Stein von *Rosette* bereits gefunden und von England gekapert war. Was die stilistischen Beobachtungen *Zoega's* über die ägyptischen Sculpturen und Zeichnungen betrifft, so sind sie ein grosser Fortschritt gegen *Winckelmann*, besonders ein Nachweis des Fortbestehens rein ägyptischer Bildweise, neben der hellenistischen hergehend, bis tief in die römische Kaiserzeit hinein. Erst die Arbeiten von *Lepsius* bezeichnen gegen *Zoega* eine weitere Stufe der stilistischen Beobachtungen. Das dritte Werk ägyptischen Inhaltes ist das Werk über die koptischen Manuscripte des Museum Borgianum, auch hier mit erster scharfer Scheidung der dialektischen Gruppen, nach längerer Verborgenheit in den Vorrathsräumen der Propaganda endlich 1810 im ersten Theil wenigstens veröffentlicht.

Regelmässige Mittheilungen über interessante archäologische Funde und Erscheinungen an den Kronprinzen von Dänemark gaben *Zoega* in ihrer Reihenfolge die Hoffnung ein kritisches Verzeichniss über die sämmtlichen Antiken in Rom zu liefern (Leben II. S. 78). Dieser Plan ward neben jenen abseitsliegenden Arbeiten nie fallen gelassen und *Zoega* las dafür im grossen Zusammenhang die antike Literatur und die älteren Reiseberichte durch. In erste Linie treten ihm dabei die Basreliefs, die über ganz Rom zerstreut, oft an den unzugänglichsten Oertern befestigt, nur mit dem Fernrohr genauer zu erkennen waren. Bereits 1796 giebt er an *Münter* genauen Bericht über die Arbeiten für ein solches Werk; 1800 nachdem der politische Umsturz in Rom und der kurze Traum einer idealen Republik, die *Zoega* ehrte und für die Wissenschaft in Anspruch nahm, vorübergerauscht, *Zoega's* frühere Gönner aber ganz zurückgedrängt waren oder todt, da nimmt er das lang projektirte Werk wieder auf, aber es fehlt die Aussicht auf die Mittel zur Veröffentlichung. Endlich 1807 erbietet sich *Piranesi*, der Sohn, der eben in Paris ein grosses Werk vollendet, dasselbe zu veröffentlichen und *Piroli* den Stich der Tafeln (S. 849). Aber nur ein Zwölftel des ursprünglichen Planes ist ausgeführt worden; das Werk ward auf zwei Bände beschränkt und umfasst wesentlich die Reliefschätze des Palazzo und der Villa Albani auf 115 Tafeln. Der Titel ist: Li Bassirilievi antichi di Roma incisi da *Tomaso Piroli* colle illustrazioni di *G. Zoega* publ. da *P. Piranesi*, Roma, Bourlia 1808. 2 Bde. fol., deutsche Ausgabe von *F. G. Welcker* 1810. Man braucht nur die zwanzig bereits von *Winckelmann* herausgegebenen Denkmäler in den Tafeln zu vergleichen, um den ausserordentlichen Fortschritt in der bildlichen Wiedergabe zwischen beiden Werken zu erkennen. *Zoega* betrachtete gerade die genaue Ueberwachung darin als eine erste und wesentliche Aufgabe; so schreibt er 1793 (II. S. 85): »es ist mir höchst angelegen, dass die Monumente gegeben werden wie sie sind, und ich lasse einem jeden Freiheit, sie auf seine Art zu erklären, im Gegensatz von dem, was unsere Antiquarier zu thun pflegen, die gewöhnlich Dissertationen über Kupferstiche schreiben, ohne sich um die Beschaffenheit der Monumente zu bekümmern.« In Bezug auf die Erklärung nahm sich *Zoega* die Freiheit einige Hauptgegenstände, wie die bakchischen, wie die Heraklessage, wie Cybele, Aeon, Mithras eingehender zu erörtern. Dies Werk von *Zoega* hat für die Auffassung des Stiles bestimmter Monumentengattungen Epoche gemacht; der von ihm entworfene Gesammtplan ist heutzutage für einzelne Reliefklassen durchzuführen unternommen.

Noch ein Werk war von *Zoega* begonnen, eine Topographie Roms, zunächst für den praktischen Zweck der Periegese ausgearbeitet, aus verschiedenen Jahren in französischer, italienischer und deutscher Sprache; natürlich konnte *Zoega* seiner Natur nach nicht einfach gäng und geben Traditionen folgen, sondern musste selbst entscheiden nach Prüfung, wie dies der allein veröffentlichte Aufsatz über das Capitol beweist (Abhandlungen S. 331 ff.). Er besass ausserdem in *Gaetano Marini*, seinem nächsten Freunde der letzten Jahre den kundigsten und gründlichsten Genossen (Leben II. S. 331).

Für die religionsgeschichtlichen Studien *Zoega's* sind die grossen Vorarbeiten für eine Ausgabe der orphischen Gedichte wie der Hymnen des Proklos bezeichnend, die er hinterliess.

Nachdem er den grössten Theil seiner Kinder begraben, 1807 seine Frau verloren, erlag er selbst am 10. Februar 1809 einer kurzen Krankheit und ist in Andrea delle Fratte zu Rom bestattet. Sein Medaillon von seinem Landsmanne *Thorwaldsen*, der von ihm auf das bedeutsamste geleitet war, gefertigt war für das Pantheon bestimmt.

Mit Recht sagt ein Freund seiner letzten Jahre, in der trefflichen Charakteristik (Leben II. S. 380 ff.) von *Zoega*: »in ihm ist die Trennung aufgehoben, in der so oft Alterthumsforscher und Geschichtsforscher, Wortgelehrter und Alterthumsgelehrter, Archäolog und Kritiker dergestalt auseinandergehen, als ob sie nicht von einem und demselben Geiste, von einer und derselben Kunst regiert werden sollten und ob nicht das Ganze und alle Theile verstehen und würdigen müsste, wer Einen meisterhaft bearbeiten will.«

Ueber Sir *William Hamilton* (1730—1803) s. *Justi*, Winckelmann II. 2. 17
S. 389 ff.; *Edwards*, Lives of the founders of the British Museum I. S. 200 ff.

Aus hochangesehener Familie entsprossen, mit einer reichen und hochgebildeten Frau, Miss *Barlow* seit 1755 verbunden, das Bild eines echt englischen Gentleman, wird er 1764 als Ambassadeur nach Neapel geschickt und hat mit wenig Unterbrechung bis kurz vor seinem Ende, bis 1800 in Neapel gelebt, naturwissenschaftlichen Studien der Vulkane wie archäologischen gleich leidenschaftlich ergeben, in den letzten Jahren beherrscht von *Emma Harte*, seiner zweiten Frau, die in geschickten Attituden und Schaustellungen die antiken Vorbilder benutzte. Seit 1766 war er thätiges Mitglied der Royal Society of London, der seine Berichte über Erdbeben, vulkanische Ausbrüche wie über die Ausgrabungen von Herculanum und Pompeji zugehen. Im J. 1766 bildete er die erste grosse Sammlung durch Ankauf und Ausgrabungen von Antiken, in Gegenständen aller Art und alles Materials, vor allem einzig die 730 Thongefässe, die 620 Bronzen, 300 Gläser. Ueber dieselbe erschien 1766. 1767 das erste grosse Werk in vier Bänden: Antiquités Etrusques. Grecques et Romaines du Cabinet de Mr. Hamilton, Naples fol. mit französischem und englischem Text von *d'Hancarville* und in einer damals ganz unbekannten Pracht der Ausstattung und Colorirung der Vasenbilder. Die Sammlung ward für 8400 Pfund Sterling vom britischen Museum angekauft. Im J. 1793 war bereits wieder ein zweites grosses Museum, *Hamilton's* Rumpelkammer, die *Goethe* 1787 sah, gebildet, besonders durch die überaus reichen Funde der Gräber von Nola gemehrt und über den Ankauf 1796 mit Preussen verhandelt; derselbe kam nicht zu Stande und diese Sammlung von Vasen ging in einem Schiffbruch bei Plymouth zu einem guten Theil zu Grunde; den Rest kaufte Lord *Hope* *Michaelis*, Archäol. Zeit. 1875 S. 16). Inzwischen hatte der Maler *Wilhelm Tischbein* 1751—1829, vgl. Aus meinem Leben von *J. H. Wilhelm Tischbein*, herausgegeben von Dr. *O. G. W. Schiller* 2 Bde. Braunschweig 1861. S., 1789—1799 Direktor der Kunstakademie von Neapel, selbst durch seine Schüler und durch die jungen Zöglinge der Kupferstecherschule von *Wilhelm Morghen* dieselben Zeichnungen und Kupferstiche davon gefertigt, und diese erschienen in einem grossen Werke von vier Bänden mit dem von *Hamilton* selbst und von *Italinsky* geschriebenen Text, englisch und französisch 1791—1795 mit dem Titel: Collection of engravings from ancient vases mostly of pure Greek workmanship discovered in sepulcre in the kingdom of two Sicilies now in the possession of S. W. Hamilton publ. by W. Tischbein. Ein Nachdruck ist als Recueil de gravures d'après des vases antiques tirés du cabinet du Mr. le chevalier Hamilton, Paris 1803—1809. 4 Vol. erschienen. Noch waren bereits an hundert Tafeln zu einem weitern Bande gestochen, welche nach *Schiller* zu *W. Tischbein*, Aus meinem Leben I. S. XVI in den Besitz von *Cotta* übergingen, aber bisher nicht veröffentlicht sind; nach *Welcker's* Zusatz zu *Müller's* Handb. d. Archäol. § 321, 5. S. 458 sind solche 1843 nach London durch *Steuart* gekommen.

Diese grossen Vasenwerke haben vor allem zur Bekanntmachung des ungeahnten Schatzes antiker Kunst- und Lebenserkenntniss durch die Vasenbilder in der gebildeten Welt beigetragen; es bildete sich ein förmlicher idealer Zeichenstil nach denselben aus, ziemlich schematisch den überwiegenden Erzeugnissen unteritalischer, spätgriechischer Kunsttechnik nachgebildet, heutzutage nicht mehr wissenschaftlich genügend, aber leicht unterschätzt. »Meinen Freunden und mir war besonders daran gelegen, die edle griechische Einfalt der Darstellung wieder zu erwecken; denn eben sie ist das grosse und vorzügliche Verdienst der Vasen, auf denen sie in einem höheren Grade als sonst gefunden wird« (*Tischbein*, Aus meinem Leben II. S. 180).

Hamilton ward auch lebhaft interessirt für den grossen und fruchtbaren Plan von *Tischbein*, der schon 1781 durch *Bodmer* in Zürich angeregt, in Neapel mitten in den Antikenschätzen begeistert ergriffen und unter den grössten Schwierigkeiten fortgeführt, aber nie vollendet ward: der Homer nach Antiken. Unter grossen Gefahren brachte *Tischbein* die Zeichnungen und Platten dafür 1799 nach Deutschland, nach Cassel zurück; in Verbindung mit *Heyne* wurden auf *Tischbein's* Kosten 1801—1804 die ersten sechs Hefte, dann noch Heft 7—11 bei *Cotta* mit Text von *Schorn* 1821—1823 veröffentlicht. Noch harrt auch hier ein reicher Apparat im *Cotta*'schen Besitz der Verwendung zur Fortsetzung.

Zu *d'Hancarville* s. *Lessing*, Collektanea zur Literatur XL. S. 232 (Ausg. v. *Lachmann*), *Justi*, Winckelmann II, 2. S. 381 ff. *Pierre Francois Hugues* — dies ist sein eigentlicher Name — war in Nancy 1719 geboren, tritt unter verschiedenen Namen in Berlin, Paris, Marseille auf, wird entlarvt, verfolgt, eingekerkert, ausgewiesen, schreibt eine Politique calculée, entwirft einen Plan zur Eroberung von Corsica, erscheint in Italien als leidenschaftlicher Kunstsammler und Kunstenthusiast, wird in Rom mit *Winckelmann* bekannt, den er schwärmerisch verehrte, wird in Livorno, Venedig ausgewiesen, reist in Sicilien, ist seit 1765 in Neapel bei Hamilton, besorgt die Herausgabe seines ersten Monumentenwerkes. Später hat er mit dem geschickten, überaus thätigen Kupferstecher *Fr. Anne David* (1741—1824) ein grosses Sammelwerk: Antiquités etrusques, grecques et romaines, Paris 1785—88 in fünf Bänden veröffentlicht ohne erheblichen Nutzen der Wissenschaft. In ihm lebt der Plan eines grossen religions- und kunstwissenschaftlichen Systems, niedergelegt endlich in den Recherches sur l'origine et le progrès des arts dans la Grèce sur leurs connexions avec les arts et les religions des plus anciens peuples connus, 1785. 3 Bde. 4. Er starb in Padua 1805.

Unter dem Einfluss von *d'Hancarville* steht auch der englische eifrige und 18
glückliche Antikensammler *Charles Townley* (1787—1805), der 1765—1773 in Italien weilte, s. oben S. 193.

Richard Payne Knight (1749—1824) ist ein merkwürdiges Beispiel von feinem Kunstgefühl, begeisterter Auffassung des Griechischen, von hoher Schwärmerei und abstruser skeptischer Naturphilosophie im Anschluss an *Lucrez*, ja von einseitiger sinnlicher Religionsauffassung. Als kränklicher junger Mann kommt er nach Italien, in die Umgebung von *Hamilton*, bereist 1777 Sicilien mit Maler *Hackert* und *Charles Gore* gründlich, worüber das Tagebuch in *Goethe's* Hände kam (s. *Philipp Hackert*, Cotta's Ausg. v. 1867. XXVI. S. 71—119, über Paestum S. 72 ff.), erwirbt hier treffliche Bronzen und griechische Münzen. Ein Metallfund von Isernia wird ihm Anlass zu einer ganzen Theorie griechischer Cultur: Remains of the worship of Priapus as existing at Isernia 1786. Untersuchungen über die Entstehung des griechischen Alphabets (Analytical essay 1791), Gedichte über die Landschaft (1794), über den Fortschritt der menschlichen Gesellschaft (1796), Versuche über die Verzierung des Landlebens (on rural ornament), über Homer, eine grosse Ausgabe Homer's (1808. 1813) gehen neben seinem Hauptinteresse her, dem der bildenden Kunst. Ein prachtvolles Museum von antiken Bronzen wie Handzeichnungen besonders, wird in London von ihm gebildet und dann der Nation geschenkt. Er ist einer der thätigsten und liberalsten Mitglieder der Society of dilettanti, giebt als solcher die Specimens of ancient sculpture egypt. etr. gr. and rom. from different collections in Great Britan 1809 heraus und begleitet das Prachtwerk mit grossen Einleitungen über die symbolische Sprache der alten Kunst wie über die Erhebung und den Verfall der antiken Sculptur. In England ward massgebend sein Analytical inquiry into the principles of taste 1805 und sein Kunsturtheil in den vornehmen Kreisen der Gesellschaft. Dem Werthe der Elgin marbles gegenüber verhielt er sich allzulang skeptisch. Vgl. über ihn *Böttiger*, Amalthea III. S. 408—418; *Edwards*, Lives of the founders I. p. 402 ff.; *Michaelis* im Neuen Reich 1877. I. n. 3. 4.

Eine späte merkwürdige Frucht dieser von *Hamilton* und *d'Hancarville* ausgehenden Auffassung der griechischen Vasenbilder ist das 1826 erschienene Buch von *Christie*: Disquisitions upon the painted greek vases and there probable connections with the show of the Eleusinian and other mysteres including a systematical classification of the greek fictile; derselbe Gedanke, die Vasenbilder als dramatische Schattenspiele aus den eleusinischen Mysterien zu erklären, hat noch bis vor Kurzem in *Georg Rathgeber* einen hartnäckigen, übergelehrten Verkünder gefunden.

England ist das Land, in welchem zuerst die Entdeckungen und Sammlungen der Werke griechischer Kunstindustrie, der echt griechischen Zeichnungen an den Gefässen eine praktische Verwerthung gefunden, wo der Techniker, der Zeichner, der Aesthetiker zusammengewirkt haben, um die Nachbildung der Antike glücklich zu erreichen und diese nun umgekehrt auch der wirklichen Erkenntniss antiker Kunst den wichtigsten Dienst erwiesen haben. *Josiah Wedgwood* (1730—1795), Glied einer Töpferfamilie in Burslem in der Grafschaft Staffordshire, körperlich schwer von Kindheit an heimgesucht begründet in Jvyhouse zu Burslem, dann seit 1769 in New Etruria eine Thonfabrik in Gemeinschaft mit *Thomas Bentley*, welche in Feinheit des Stoffes, in Farbe und Kunst, in Schönheit der Formen mit den von *Hamilton* nach England gebrachten griechischen Thongefässen wetteifert und welche sogar den Schmelz in Herstellung streifiger Flüsse, wie der Portlandvasen wieder herstellt, die noch 1785 von ihm nachgebildet wird. Vgl. *Emile Jouvaux*, Histoire de trois potiers celèbres, Paris 1874. Hinzutritt als plastischer Künstler, als Modelleur *John Flaxman* 1755—1826, aus York, selbst ein Kind eines kleinen Gypshändlers, auch er körperlich verkümmert, geistig, wie *Wedgwood* durch eigenes Studium herausgebildet an den grossen griechischen Dichtern, *Homer* an der Spitze, die er im Vasenstil mit Zeichnungen zu begleiten unternahm. Der in Italien im J. 1787 weiter entwickelte, bald hochgefeierte, mit grossen monumentalen Arbeiten überhäufte Künstler ist in seinem innersten Wesen mehr Prediger antiker Schönheit, mehr Erzieher zum Idealen und Gedankenhaften in Wort und Schrift, als schöpferischer Künstler. Niemand nimmt regeren Antheil in England an *Wolf's* kritischen Untersuchungen zu *Homer* als gerade er, der auch die projektirte grosse Prachtausgabe *Wolf's* zu illustriren unternahm! Vgl. *Schorn* im Kunstblatt 1827, S. 127. Seine eigene Sammlung befindet sich im University College in London.

19 Die französiche Expedition nach Aegypten in dem Jahre 1799 unternommen und mit der Kapitulation von Alexandrien 1801 beendet war begleitet von einer grossen Zahl wissenschaftlich und technisch gebildeter Männer; das Institut d'Égypte 1798 in Cairo gegründet zählte unter seinen vier Sektionen eine solche der Kunst, Literatur und Geschichte. *Vivant Denon* war die Seele dieser Sektion und seiner unermüdlichen Thätigkeit, seiner raschen Auffassung, seiner leichten Produktivität, nationalem Ehrgeiz verdankt die Welt die rasche Publikation der topographischen Aufnahmen, der Skizzen und Zeichnungen der wichtigsten Monumente Aegyptens bis nach Philae, das begleitende Tagebuch und die Erläuterungen in Voyage dans la basse et la haute Égypte pendant les campagnes du général Bonaparte, Paris, Didot ainé 1802, welche fast gleichzeitig auch in England compendiöser und mehrfach corrigirt erschienen ist. Es folgte dann das Riesenwerk der Description de l'Égypte mit der fünften Abtheilung, den Antiquités in drei Bänden.

Der materielle Ertrag an Monumenten, darunter der bilingue Rosettastein fiel in die Hände der Engländer unter Lord *Hutchinson* und vielfach verstümmelt wurden diese in England dem brittischen Museum überliefert. Auf englischem Boden ward durch *Thomas Young* zuerst 1819 der Anfang zur Entzifferung der Hieroglyphen mit dem Vergleich der Namensschilder von Ptolemäus V. und von Kleopatra gemacht und sofort von *Champollion le jeune* scharfsinnig dies weiter schon 1822 in seinem Briefe an *Dacier*, dann in seinem Précis du système hieroglyphique des anciens Egyptiens 1824 entwickelt. Der wissenschaftliche Gewinn für die klassische Archäologie ist ein sehr bedeutender, oft unterschätzter. Es ward für die ägyptische Monumentenwelt, für ihren Stil nun ein sicherer, chronologischer Massstab und für die Darstellungen selbst eine Grundlage der Interpretation geschaffen; es löste sich so von der klassischen Archäologie die ägyptische, die bisher wesentlich nur als Vorläufer oder Beiwagen gedient hatte, als besondere Wissenschaft ab und andererseits trat diese nun als wichtige Parallele zu unbefangenster Vergleichung auf, ja bot einen grossen, umfassenden zeitlichen Rahmen dar, in welchem für die Vorstufen der specifisch hellenischen Kunst reichlicher Platz geschaffen war. Der Hintergrund, aus dem die echt griechische Kunst sich abhebt, vertiefte sich nun und gab vor allem der Erkenntniss einer andern Kunststufe des Orients, der Babylonier und Assyrier Raum. Für den echt ägyptischen Charakter der Architektur, Plastik und Malerei waren nun erst Massenbeispiele und solche vollster Originalität gegeben. Zum vollen Bewusstsein sind diese wissenschaftlichen Früchte erst durch die folgenden friedlichen Unternehmungen eines *Rosellini*, dann der preussischen Expedition unter *Lepsius* gekommen, ausgesprochen besonders von *Bunsen* in Aufsätzen wie Observations générales sur l'état actuel de nos connaissances à l'âge des monuments de l'Egypte (Annal. d. Inst. archéol. VI), dann umfassender in seinem Werke: Aegyptens Stelle in der Weltgeschichte, 1845—1857. 5 Bde. Es bleibt aber der Ruhm Frankreichs diese Welt zuerst eröffnet zu haben und bis zum heutigen Tage in hervorragender Weise mit ihr sich beschäftigt zu haben.

Die Concentrirung der Kunstwerke, speciell der Antiken in Paris war eine praktische Bethätigung zunächst jenes absoluten Republikanismus, welcher Paris als wahre Stätte der edleren Geister aller Nationen und ihres Wirkens betrachten konnte, weiterhin der natürliche Ausfluss des Ehrgeizes eines Welteroberers. Zunächst war Italien das Opfer dieser Bestrebungen im Jahre 1796. 1797 und der Frieden von Tolentino 1797 besiegelte die Abtretung der werthvollsten Kunstschätze. In der Correspondance de Napoléon III, Paris 1859 p. 498 ff. n. 1798. 1799. 2425 befinden sich die officiellen Berichte und Aufnahmen von wegzuführenden Monumenten. Aus dem Spechio generale di tutti gli oggetti d'arti e scienze che portono di Roma per Parigi nel anno VI dell era republicana ersehen wir, dass aus Rom allein 153 Statuen und Gruppen, 219 Masken, Hermen, Statuetten, 145 Basreliefs, ausserdem eine Masse von Geräthen, von Bronzen, Münz- und Vasensammlungen auf vier in Livorno ankernden Fregatten eingeschifft werden sollen. Das Capitol, der Vatican, die Sammlung *Albani*, *Braschi* u. a. wurden des Besten beraubt, ein Scheinkauf führte später (1808) die Sammlung *Borghese* nach Paris. Gelehrte und Künstler wie *Denon*, *Picot*, *Dutertre*, *Barthélemy* hatten die Auswahl und Ueberführung zu leiten. Interessant sind die Auslassungen von *Quatremère de Quincy*, als eines unabhängigen Charakters und Kunstgelehrten, in den Sept lettres sur les suites que le transport des monuments des arts de l'Italie à l'étranger — et le pillage des musées doit avoir au préjudice des arts, Paris 1796. 8.

Er erklärt p. 33: que l'effet le plus actif des monumens sur ceux qui les étudient, résulte précisément de leur réunion, aber gerade dies lässt ihn gegen die Zerstreuung der römischen Monumente auftreten. Dans la funeste supposition d'un démembrement du Muséum de Rome, il est probable qu'on s'attacherait à defleurer ses collections, qu'on emporterait au risque de les briser les plus belles et les principales statues. Que resulterait-il de cette scission que l'un perdrait ce que l'autre ne gagnerait pas. Le Muséum de Rome perdrait dans les figures qui le forment le couronnement des leçons et des parallèles d'où résulte la theorie complète du beau. Le Muséum qui se formerait ailleurs de ces démembremens n'acquerrait pas l'ensemble et la base qui peut donner la valeur nécessaire à ces fragmens.

Mit Stolz ward auf einer Standarte, die dem Triumphzuge der Monumente auf dem Marsfelde von Paris am 25. Juli 1797 vorausgetragen wurde, verkündet: la Grèce les céda; Rome les a perdus-leur sort changea deux fois, il ne changera plus (Moniteur 1797 n. 313, dazu *Visconti*, Opere varie V. p. XXI).

Der Louvre, seit 1791 von der Nationalversammlung zur Aufnahme aller, nicht speciell zu dem Musée des monuments français gehörigen, in Schlössern und Klöstern freiwerdenden Kunstwerke und der Werke der Gegenwart bestimmt, ward nun der Sitz des Musée central, welches in ein Musée Napoléon sich umwandelte, das 1803 unter *Denon* vollständig organisirt war und die immer neue Kriegsbeute an Antiken aus Spanien, Niederlanden, Deutschland, Oesterreich in sich aufnahm. Noch fehlt eine urkundliche Gesammtdarstellung dieser Monumentenwanderung nach Paris. Es lässt sich nicht leugnen, dass die geschickte und glänzende Aufstellung eines Theiles dieser Schätze — Massen blieben unausgepackt in den Souterrains — dass die Liberalität ihrer Benutzung, dass die grossen Mittel, welche für eine würdige Publikation derselben verwendet wurden, den archäologischen Studien als solchen einen grossen Aufschwung gegeben haben. Hier war es möglich das weit Getrennte, nie zusammen Gesehene unmittelbar zu vergleichen, hier traten eine Menge bis dahin verborgen gehaltener, wieder vergessener Schätze — man denke an die der spanischen Schlösser — an das Tageslicht, hier konnte das literarische Studium mit dem der Anschauung zusammenwirken. Der Eindruck davon ist bei vielen deutschen Gelehrten ein unvergesslicher gewesen; ich nenne nur *Friedrich Thiersch* (Leben, I. 1866. S. 111), *Jakob Grimm* (Kl. Schriften I. S. S. 14), *Kortüm* (Geschichtl. Forschungen, 1863, S. 173—208), *G. F. Waagen* Kunstwerke und Künstler in Paris S. 75 ff.). Die literarische Thätigkeit wird sofort begonnen von *Alexander Lenoir*, dem verdienstvollen Mitgliede der zuerst eingesetzten Commission (vgl. *E. Vinet*, l'Art et l'archéologie p. 405 ff.), in der Description historique et chronologique des monuments anciens de sculpture déposés au musée de Paris, 4 Bde. 8. Prachtvolle Kupferwerke und geschickte Sammlungen von Umrisszeichnungen gehen neben einander her. Noch 1791 wurde das Musée français begonnen in Grossfolio, dann von 1803—1811 fortgesetzt, ein Werk des höchsten Kunstluxus, von *Visconti* und *Emeric David* für die Antike erklärt, aber nur mit etwa 90 antiken Monumenten (Neue Ausgabe 1829. 1830. Didot). Des trefflichen kleineren Werkes Les monuments antiques du Musée Napoléon von *Piranesi* herausgegeben ward bereits gedacht. Bei *Landon* (Annales du Musée, 1800 bis 1821, 21 Bde.), wie bei *Filhol* (Galerie du Musée Napoléon 1804—1815, 10 Bde.) erschienen die Antiken mehr als Zugabe zur modernen Kunst. Das zuletzt begonnene Werk Musée des Antiques in Grossfolio 3 Bde. 1812 bis 1817 von *Bouillon* und mit Erklärungen von *St. Victor* giebt eine Elite von Statuen und Köpfen, wie eine der reichsten Sammlungen von Reliefs und Geräthen in trefflichen Stichen. Wir überschauen hier gleichsam im Auszug und in der glänzendsten Technik das Beste antiker Sculptur römischen Bodens vor der Eröffnung echt hellenischer Kunststätten.

Die Verpflanzung der Elgin Marbles nach London.

Vgl. Memorandum of the subject of Earl of Elgin's Pursuits in Greece, 1. Ed. 1811, 2. Ed. 1815; The Elgin marbles from the temple of Minerva at Athens to which are added the report from the select committee to the house of Commons etc. London 1816 fol.; *Visconti* deux mémoires sur les ouvrages de sculpture de la collection d'Elgin 1816; *Quatremère de Quincy*, Lettres écrites de Londres à Rom adressées à Mr. *Canova* sur les marbres d'Elgin, Paris 1818; Denkschrift über Lord Elgin's Erwerbungen in Griechenland, mit Vorrede von *C. A. Böttiger* u. Anmerk. d. Weim. Kunstfreunde, Leipzig u. Altenb. 1817. 8; Text zur deutschen Ausgabe der Elgin'schen Marmorbilder, Darmstadt. Leske. fol.; *Edwards*, Lives of the founders of the British Museum 1870. I. p. 380—401; *Adolf Michaelis*, Der Parthenon 1871. S. 73 ff. und S. 348 ff.; *Der-*

selbe. Aufnahme der Elgin Marbles in London, Beitrag zur Geschichte des Geschmacks, Separatabdruck aus dem Neuen Reich 1877. n. 1—4. 29 S.

Thomas Bruce Earl of Kincardine Earl of Elgin geb. 1766 in Schottland, studirt in St. Andrews, geht nach Paris, tritt 1785 in die Armee, 1790 in den diplomatischen Dienst, wird 1795 Gesandter zu Berlin, 1799 Botschafter bei der Pforte. In Sicilien trifft er mit dem aus Neapel übergesiedelten Lord *Hamilton* zusammen und wird in den Plänen thätiger Kunststudien auf griechischem Boden, der Beschaffung plastischer Vorbilder für Architekten und Bildhauer von ihm eifrigst bestärkt. Der Sekretär *W. Hamilton*, der Kaplan Dr. *Hunt*, der Architekt *Harrison*, der italienische Maler *Lusieri*, italienische Modelleurs begleiten ihn wesentlich für diese Zwecke nach dem Orient.

Die grossen Schwierigkeiten nur um die Erlaubniss zu erhalten, in Griechenland zu reisen, zu zeichnen, abzuformen, Gerüste zu errichten, Ausgrabungen zu machen, schliesslich to remove what might discover as well as draw and model (qualche pezzi di pietra mit Inschriften oder Figuren wegzunehmen, im italienischen Text s. *Michaelis*, Parthenon S. 76. 355), werden nach der französischen Niederlage in Aegypten bald beseitigt. Er erhält den Ferman und seine Techniker gehen 1800 nach Athen, um hier fast drei Jahre mit grösserer Arbeiterzahl thätig zu sein; sie bereisen auch andere Theile Griechenlands. *Elgin* folgt selbst nach und so werden in umfassendster Weise Häuser am Parthenon abgebrochen, aus Mauern und Kirchen Denkmäler genommen, endlich vom Parthenon Statuen des Giebels, Metopen und der Fries, soweit er noch befestigt war, abgelöst und entfernt. Man rechtfertigt sein Verfahren vor der Welt mit der Thatsache der gänzlichen Verwahrlosung und der steigenden Zerstörung der besten Monumente von Jahr zu Jahr. Voraus war mit gutem Beispiel der französische Gesandte *Choiseul Gouffier* gegangen, dessen Antiken in *Elgin's* Hände kamen. Eine erste griechische Vasensammlung ward auf dem Boden Athens gebildet. Das erste mit der kostbaren Last beladene Schiff sinkt bei Cerigo und mit grossen Kosten wird ein Theil der Kisten wieder gehoben; die Hauptmasse der Kisten blieb in Athen noch 9 Jahre, in Gefahr den Franzosen anheimzufallen und kommt erst 1811 nach England, *Elgin* selbst, drei Jahr in französischer Gefangenschaft, kehrt erst 1806 zurück. *Canova* in Rom, dem 1803 von *Elgin* einzelne Sculpturen und Gypsabgüsse vorgelegt wurden, erklärt es für Sacrileg diesen Marmor mit seinem Meisel zu berühren und zu ergänzen; sie seien das Werk der geschicktesten Künstler, welche die Welt jemals besessen; nie sei denselben von fremder Hand nachgeholfen worden. Und so sprach *Canova* im vollen Gegensatz zu dem überaus thätigen Restaurationseifer der römischen Antiquare und Künstler zuerst das Princip der Nichtrestauration antiker Originalien aus.

Der ganze Gegensatz politischer Parteien im englischen Parlament, an dem auch die übrige Nation, so vor allen Lord *Byron* sich leidenschaftlich betheiligte, der Gegensatz der traditionellen Kunstauffassung, die in *Payne Knight* und *Wilkins* ihre Hauptstütze fand, spielt sich ab in den merkwürdigen von 1811—1816 geführten Verhandlungen über den Ankauf der Elgin Marbles durch die Nation. *Canova, Visconti, Quatremère de Quincy* nahmen thätig Antheil an dem Kampf für die neue, ungeahnte Kunstbereicherung. Am 7. Juni 1816 fiel die Entscheidung für denselben und damit kam das brittische Museum in den Besitz des wichtigsten Schatzes höchster griechischer Kunst. Der Archäologie ward damit zuerst das bis dahin nur in Abbildungen bekannte wichtigste Objekt griechischer Plastik zu bequemem Studium dargeboten und es ward mit diesen wie mit dem 1812 schon nach England gekommenen Fries von Phigalia der glänzendste Anfang der kunstgeschichtlichen Reihe antiker Originalien gemacht, deren sich das brittische Museum heute erfreut. Im J. 1819 kommen die ersten Gypsabgüsse zu *Danneker* nach Stuttgart; seine Worte: »sie sind wie auf Natur geformt und doch habe ich noch nie das Glück gehabt solche Naturen zu sehen« und »es thut mir weh mich von dem Apollo di Belvedere zu trennen, ich war schüchtern, ich hielt mich für frech auszusprechen, was ich jetzt noch (kaum) diesem Briefe anvertrauen mag« (*Michaelis* S. 26), bezeichnen schlicht und einfach den grossen Wendepunkt in der Erfassung des griechischen Kunstideals seit *Winckelmann*.

Französische Archäologen.

Ueber *Falconet* und *Barthélemy* s. oben S. 172—176.

Seroux d'Agincourt (1730—1814) aus Beauvais, ein Schüler von *Caylus*, welcher in unermüdeter Weise unter allem Wechsel des öffentlichen und privaten Lebens über dreissig Jahre den Lebensplan verfolgte, die Denkmäler als Grundlage zur Kunstgeschichte anschaulich vorzuführen, und in den Monumenten vom Ausgange des Alterthums bis zum 16. Jahrhundert die grosse Lücke zwischen antiker und moderner Kunst zu füllen. Seit 1778 war er nach Italien übergesiedelt, wo ihn 1787 *Goethe* besucht, 1809 noch *Morgenstern* sah (Morgenblatt 1810. n. 164). Erst lange nach seinem Tode trat 1823 das grosse Werk der Histoire de l'art depuis la décadence jusqu' à son renouvellement par les monuments mit Text und Abbildungen in sechs Bänden an die Oeffentlichkeit (s. oben S. 36), in seinen die altchristliche Zeit behandelnden Theilen auch für die klassische Archäologie werthvoll. Neben dieser Hauptaufgabe geht aber her die Liebe und Beschäftigung mit antiker Kunst und zwar im Sinne eines *Caylus*, die Freude gerade an den untergeordneten Zweigen der Technik das künstlerische Arbeiten und die Entwürfe der antiken Künstler zu studiren. Als Greis veröffentlicht er wie ein Vermächtniss aux elèves des beaux arts den Recueil de fragmens de sculpture antique en terre cuite, Paris 1814, gr. 4 in 37 von *Giov. Giacomo Macchiavelli* aus Bologna gestochenen Tafeln. Zum ersten Male wird hier diese wichtige Klasse antiker Denkmäler, die Thontechnik in allen Arten der Anwendung vorgeführt und so der Anfang zu weiteren Publikationen aus einer und derselben Gattung gelegt.

Choiseul Gouffier (1752—1817), der Neffe des oben S. 175 erwähnten Gönners von *Barthélemy*, des Herzogs *von Choiseul*, von diesem auch angeregt, besucht 1776—1782 Griechenland und Kleinasien, wird 1779 Mitglied der Akademie der Inschriften und veröffentlicht als solches ein Mémoire sur l'hippodrome d'Olympie im J. 1784. In demselben Jahre wird er von *Louis XVI.* als Ambassadeur nach Constantinopel gesandt und tritt hier mit seinen Interessen ganz in die Fussstapfen des Grafen *Nointel* ein Jahrhundert früher. Im J. 1787 begiebt sich der gebildete Zeichner *Fauvel*, welcher bereits 1780—82 in Griechenland sich aufgehalten hatte, in seinem Auftrage nach Athen und beginnt das Werk, dessen glückliche Durchführung dann in die Hände von *Elgin* übergeht. Eine Metope und eine Friesplatte des Parthenon kam durch ihn in französischen Besitz. Der Ausbruch der französischen Revolution, die Absetzung, ja schwere Lebensgefahr des treuen Royalisten haben die Frucht der Reisen und Arbeiten, die Voyage pittoresque von *Choiseul Gouffier* um Jahrzehnte in ihrer Publikation (1782—1822. 2 Bde. fol., deutsche Uebersetzung von *Reichard*, Gotha 1782. 2 Thle.), verschoben und ihre Bedeutung gegen die inzwischen erfolgte Veröffentlichung späterer englischer Reisearbeiten verringert.

Fauvel blieb in Athen zurück und hat als französischer Consul viele Jahre lang in nützlichster Weise die Zwecke anderer Reisenden, wie eines *Chateaubriand* unterstützt, vor allem aber zum ersten Male durch einen längeren Zeitraum Buch geführt über die zufälligen Funde in Griechenland und besonders in Athen und selbst durch Gräberöffnung, durch Sammlung von Fragmenten der archäologischen Forschung die griechische Heimath nahe gebracht. Seine in dem Magasin encyclopédique von 1808—12 niedergelegten Berichte sind erst in späterer Zeit, z. B. für Vasenkunde ausgebeutet worden von *L. Ross* und *O. Jahn* (vgl. *Ross*, Archäologische Aufsätze I, S. 1 ff.; *O. Jahn*, Vasensammlung K. Ludwigs S. XVII; *Michaelis*, Parthenon S. 72 f.). Er verdiente durchaus eine nähere Schilderung aus seinen Papieren, Schriften und Berichten der Zeitgenossen.

Ant. Louis Millin de Grandmaison aus Paris (1759—1818).

Vgl. die Biographie von *Krafft* in Annales encyclopédiques 1818. T. VI. p. 1—84; Nouv. Biogr. Univ. t. XXXV. 1861. p. 538 ff.

Aus reicher, ursprünglich italienischer Familie stammend, im Collège du Plessis für den geistlichen Stand erzogen, wendet er sich frühzeitig encyklopädischer Bildung zu, wird Employé an der Bibliothèque du Roi, lernt in Strassburg deutsche Sprache und Wissenschaft kennen und beginnt seine literarische Laufbahn mit Uebersetzungen aus dem Deutschen (Mélanges littéraires etrangères. 1785. 86), wesentlich naturwissenschaftlicher Abhandlungen; er ist ein eifriger Vertreter von Linné's System, begründet die Societé Linnéenne in Paris. Seine Mineralogie Homers 1790 zeigt schon den Uebergang zu antiquarischen Studien. Flüchtig aus Paris, ein Jahr lang gefangen, wird er 1795 Nachfolger von *Barthélemy* als Conservateur du cabinet des antiques und zugleich Professor des Griechischen und der Antiquitäten, seit 1806 Mitglied des Institut national. Mit frischer Kraft beginnt er 1795 und leitet das Magasin encyclopédique ou journal des sciences des lettres des arts bis 1816 und die Fortsetzung, die Annales Encyclopédiques, bis zu seinem Tode 1818. Dieses aus je sechs Jahresbänden bestehende umfassende Journal hat im Gebiete der Archäologie das Band der Studien der verschiedenen Länder, besonders Deutschlands und Frankreichs eng geknüpft und verdiente gerade für dieses eine eingehende Beachtung vom heutigen Standpunkte aus. Diese zusammenfassende Richtung von *Millin* fand in dem Grundrisse für seine Vorträge, der Introduction à l'étude des monumens antiques, speciell de l'architecture, des pierres gravées et des monnaies 1796—1826, in dem Dictionnaire des beaux arts (Paris 1806. 3 Bde.), in der neuen Bearbeitung des Dictionnaire de la fable pour l'intelligence des poëtes des tableaux statues etc. par *Champré*. Paris 1800. 1000 S., endlich in der noch heute wahrhaft nützlichen Galerie mythologique (1811. 2 Bde. Deutsche Ausgabe von *S. Tölken*, Berlin 1820, N. Ausg. 1860) ein reiches Feld der Thätigkeit.

Aber gleichzeitig hat *Millin* durch seine fleissigen und vielseitig anregenden Periegesen wie durch eine grosse Thätigkeit in Publikation neuer Monumente nützlich gewirkt. Wie er in den Antiquités nationales ou recueil de monuments qui peuvent servir à l'histoire de la France (1790—1798. 5 Bde. 4.) den Blick auf den eigenen monumentalen Besitz Frankreichs zurücklenkt, so ist seine Reisebeschreibung durch den Süden Frankreichs (1807—1811. 4 Bde.) bis zum heutigen Tag das reichhaltigste Werk über die römischen Monumente des Südens. Erst im J. 1811 kam er zu einer Reise nach Italien, die sich bis 1813 erstreckte; im J. 1816 und 1817 erscheinen die zwei Bände Voyage en Savoie en Piemont à Nice et à Gènes, dann die zwei Bände Voyage dans le Milanais etc. In Unteritalien hatte er mit der Gräberwelt von Apulien und mit Pompeji sich näher bekannt gemacht und in einzelnen grossen Publikationen (Tombeaux de Canose. 1812; Description des tombeaux à Pompei. 1812) behandelt. Unteritalische Vasenbilder und Sarkophage in Venedig gaben die Unterlage zu einer grösseren Schrift: Orestéide. 1817. 4., dem Anfang solcher zusammenfassender Behandlungen tragischer Sagenkreise.

In den Monumens antiques inédits ou nouvellement expliqués. Paris. 2 Bde. ist eine Fülle von Denkmälern aus älterem Besitze in Rom oder aus Privatsammlungen veröffentlicht. In den zwei Foliobänden der Peintures de vases antiques ist naturgemäss der Vorrath unteritalischer spätgriechischer Vasen bestimmend, wie er bei *Hamilton* auch herrschend ist, und der Einfluss der oben geschilderten, Mysterien und scenische Vorbilder freigebig verwendenden Deutungsweise in *Hamiltons* Kreise ersichtlich.

Ant. Chr. Quatremère de Quincy (1755—1849) aus Paris erhielt am Collège Louis le Grand seine gelehrte Vorbildung zum juristischen Beruf, zeigt dabei aber ein bedeutendes Zeichentalent. Nach Vollendung der juristischen Studien begiebt er sich nach Rom 1776 und treibt hier unter Anregung von *Clerisseau* eifrig Architektur, wird mit *Canova* näher bekannt. Auch in Paris finden wir ihn seit 1785 inmitten der neue Wege suchenden Künstlergesellschaft eines *David*, *Clerisseau* u. a. Als eifriger Vertreter der constitutionellen Monarchie steht er seit 1791 als Mitglied der Nationalversammlung ganz in der politischen Bewegung, sieht sich 1795 zum Tode, 1797 zur Deportation verurtheilt, zeigt sich dabei als unabhängigen Charakter, wie wir oben S. 253 bereits auch sahen. Seit 1799 ist er Mitglied des Generalrathes des Seinedepartements, seit 1816 Redakteur des Journal des Savants. Sein ganzes Leben begleiten die lebhaftesten Studien der Architektur, schon 1788 gab er ein Dictionnaire d'architecture heraus, noch in spätern Jahren sein Leben der berühmtesten Architekten vom XI. bis XVIII. Jahrhundert (deutsche Uebersetzung 1831. Darmstadt. 2 Bde.). Er war und blieb ein entschiedener Vertreter des Klassicismus in der Baukunst ohne eine tiefere Auseinandersetzung mit der mittelalterlichen Kunst. Die Beziehung zur Architektur, zum Räumlichen ist es aber, welche *Quatremère* fort und fort bei seinen gleichzeitigen langjährigen Studien über die griechische Sculptur im Auge hat und die ihn von vorn herein mit Zweifel erfüllte gegen die absolute plastische Vortrefflichkeit der Parthenonsculpturen, dieser sculptures de bâtiment, dann aber als er sie gesehen im J. 1816 und sich des neuen ungeahnten Eindruckes völlig bewusst wird, ihn in meisterhafter klarer und durchschlagender Weise ihren Stil, ihre Technik darstellen lässt in den Lettres à Mr. *Canova*. Rome 1818. War er es doch auch gewesen, der die ganze Bedeutung der wiederaufgefundenen *Carrey*schen Zeichnungen zuerst durchgreifend zur Geltung brachte!

Das grosse, vor dieser Anschauung im J. 1814 vollendete Werk: Jupiter Olympien ou l'art del la sculpture antique en or et en ivoire. Paris. gr. fol. ist der erste umfassende, mit Hülfsmitteln der Quelleninterpretation, der Monumente und endlich der praktischen Technik unternommene Versuch der Restauration nicht sowohl eines oder zweier berühmter plastischer Werke, sondern einer ganzen Klasse für immer der Anschauung entzogener Prachtwerke griechischer Kunst. Man muss, um sich des gewaltigen Fortschrittes darin bewusst zu werden, dieses Werk und seine Abbildungen nur mit den Restaurationen eines *Caylus* vergleichen. Und so viel wir im Einzelnen an diesen Restaurationen jetzt zu berichtigen finden, technisch und anschaulich ist seitdem nichts Gleiches durchgeführt worden. In dem Recueil des dissertations archéologiques, Paris 1836 sind noch andere, aber weniger bedeutsame Restaurationen, z. B. des Mausoleums versucht worden.

Toussaint Bern. Émeric David (1755—1839) aus Aix, ist ganz der Altersgenosse, auch Fachgenosse von *Quatremère,* auch mit ähnlichem Schicksal in der Revolution bedroht, dann einer der thätigsten Archäologen im Gebiete der Sculptur aber mit überwiegendem Verständniss für den Gedankeninhalt, für die religiöse Ideenwelt der Kunst. Auch er besucht 1775 Rom und Florenz, ist dann Advokat, und Maire von Aix seit 1791. Eine von ihm beantwortete Preisfrage: quelles furent les causes de la perfection de la statuaire dans l'antiquité (1800. 1805) führt ihn in die Literatur und in die Pariser wissenschaftlichen Kreise ein; wir fanden ihn bereits betheiligt an dem Musée français; seit 1816 ist er Mitglied des Institutes, seit 1825 der thätigste Theilnehmer an der Histoire littéraire de France. Wichtiger als seine chronologischen Versuche zur Classifikation der griechischen Sculptur (1817), seine Biographien antiker und moderner Bildhauer, seine Histoire de la sculpture sind seine späten kunstmythologischen Monographien über Jupiter (1833. 2 Bde.) und Vulcan (1837).

Englische und nordische Reisende in Hellas. 21

Im Anschluss an die oben S. 184 ff. näher geschilderten, von der Society of Dilettanti angeregten oder unterstützten Unternehmungen von *Stuart, Revett, Pars* und *Chandler* und zum Theil gleichzeitig mit der Thätigkeit von *Elgin* folgt Forschungsreise auf Forschungsreise der Engländer. Eine Durchsicht der in Horace *Walpole's* Memoirs relativs of European and Asiatic Turkey. London 1817. 4.; Travels in various countries of the east. London 1820. 4. vereinten Reiseberichte, die zwischen die Jahre 1780 und 1816 fallen, geben dafür glänzenden Beweis. Das Wichtige ist, dass überall die militärischen, merkantilen, diplomatischen Missionen in den Dienst des archäologischen Interesses treten, dass die Neigungen des reichen Sammlers über Italien hinaus in den griechischen Orient führen; das Wichtige, dass bestimmte Gesichtspunkte dabei fest ins Auge gefasst werden, so von *Dodwell* (1767—1832) und von *William Gell* (1777—1836), welche beide zwischen 1801 und 1806 in Griechenland, der letztere 1811—12 in Kleinasien, reisen, die Untersuchung der ältesten Städte und der sog. cyklopischen Mauern, und zwar auf dem Boden Griechenlands wie Italiens beginnen, dass mehr und mehr über den Dilettantismus der historische Topograph, der kunsthistorische Forscher hinausgeht; das Wichtige endlich, dass allerdings zunächst die gesammelten kostbaren Zeugnisse griechischer Kunst meist in Privatbesitz kommen, aber dann doch durch Kauf oder Stiftung in die grosse würdige Sammelstätte des britischen Museums oder in eine öffentliche Anstalt in Cambridge oder Oxford übergehen. Vgl. *Michaelis,* Gesellschaft der Dilettanti in Ztschr. f. bild. Kunst XIV. 1879. Sonderabdruck S. 20 ff.

An der Spitze steht Sir *Richard Worsley,* welcher 1785 Griechenland und Aegypten besucht, 1787 *Göthe* in Rom die Fülle seiner Zeichnungen von der Reise zeigt (Ital. Reise herausg. v. *Schuchardt.* S. 427. 431) und auf der Insel Wight seine, jetzt nach Brooklesby in Lincolnshire übertragene auserlesene Sammlung besonders griechischer Reliefs bildet; bereits 1794 erscheint das Museum Worslejanum mit erklärendem Text von *Visconti* und dieses wird später in deutscher und italienischer Ausgabe weiter verbreitet. Wie eng jetzt die gelehrten Arbeiten des Archäologen mit den praktischen Untersuchungen des Reisenden zusammenhängen, dafür zeugt die durch *Quatremères* Werk angeregte Erforschung des Bodens von Olympia durch *Spencer Stanhope* (Olympia or topography illustrative of the actual state of the Plans of Olympia. Lond. 1824.)

Den würdigsten Abschluss dieser archäologischen aber zunächst nicht gelehrten Reisenden Griechenlands bildet

William Martin Leake (1777—1860).

Vgl. Brief Memoir on the life and writings of the late lieutenant-colonel *W. M. Leake*. London 1864. 4.; danach *E. Curtius* Preuss. Jbb. 1876. XXXVII. S. 237—252.

In der Militärakademie zu Woolwich gebildet, begleitet er als Militär die türkische Armee in Syrien gegen die Franzosen, kommt nach Aegypten, reist durch Kleinasien, hält sich dann in Athen auf. 1804 ist er mit Aufnahme der Küsten von Hellas beschäftigt, 1805—1807 in fortgesetzter Durchforschung von Griechenland, Macedonien und Epirus. Der Statthalter *Ali Pascha* von Janina erscheint selbst als interessirt für dortige Funde. Seit 1815 aus dem öffentlichen Leben geschieden, lebt er der Ausarbeitung seiner Tagebücher, die nun in einer Reihe von einzelnen Werken von 1814: Researches in Greece bis 1847 zu den Reisen in Nordgriechenland, zuletzt den Peloponnesiaca, erscheinen. Seine Topographie von Athen 1821 einfach an die sachliche Periegese des *Pausanias* angeschlossen, ist der Ausgangspunkt unserer heutigen Forschungen über diesen Gegenstand und daher wiederholt übersetzt und neu edirt. Ueberall geht er auf das Thatsächliche, auf das Sichtbare, Messbare; aber er studirt auch das Neugriechische, wie er einer der Ersten war, der mit dem phonetischen Alphabet *Champollions* ägyptische Inschriften eingehend erklärte. Die Untersuchungen über Längenmasse, über Gewicht und Münze sind der natürliche Endpunkt seiner Arbeiten. Seine Numismata Hellenica 1854 mit dem Supplementband 1859 sind durch Zuverlässigkeit, durch die Beziehung zu den Fundstätten, durch die genaue geographische Untersuchung massgebend geworden.

P. O. Bröndsted (1780—1842) aus Jütland, der Landsmann und Geistesverwandte von *Zoega*, erhielt in Kopenhagen seine gelehrte philologische und theologische Bildung, studirt mit seinem Freund *Koës* vor allem die Griechen. Durch die dänische Regierung mit Mitteln ausgestattet, begiebt er sich 1803 nach Paris und lebt hier in deutschen Kreisen von *Bast, Bredow, H. B. Hase*; 1809 geht er nach Italien und steht in Rom in engem Verkehr mit *Thorwaldsen* und der deutschen Künstler- und Gelehrtencolonie. Für den Plan, auch Griechenland gründlich zu bereisen, gewinnt er ausser *Koës* drei künstlerische Freunde, den Nürnberger Architekten *Haller von Hallerstein* (1774—1817), den schwäbischen Landschaftsmaler *Linck* aus Kannstadt und den fein gebildeten, im Zeichnen wie Musik gleich bewanderten, phantasie- und gemüthvollen Baron *Otto Magnus von Stackelberg* (1787—1834) aus Esthland.

Haller an einem kleinen Hofe als Page erzogen, dann Lieutenant, hatte die Carlsschule in Stuttgart für Architektur besucht, war dann nach Berlin gegangen und bei Oberbaurath *Gilly* der Genosse des jungen *Gilly* und *Schinkels* geworden. Als k. bayer. Bauinspektor hatte er aus eigenem Drang die Reise in den Süden 1807 angetreten, von der er nicht wieder zurückkehren sollte.

Vgl. über ihn die Mittheilungen aus seinem brieflichen Nachlass von *Bergau* in den Grenzboten 1875. I. S. 201 ff., 254 ff.; 1876. I. S. 241 ff., 281 ff.; III. S. 269 ff.; der Nachlass selbst ist soeben an die Universitäts-Bibliothek von Strassburg übergegangen.

Stackelberg aus einem reichen hochadeligen Hause hatte in Reval, dann in Halle an d. Saale die Schulbildung erhalten, studirte in Göttingen 1803 ff. ward von *Fiorillo* für neuere Kunst lebhaft angeregt und entzog sich der diplomatischen Laufbahn im Interesse der ausübenden Kunst. Auch er wandert über

Dresden, wo er länger bleibt, und zwar mit Prof. *Tölken* nach Rom 1808 und scheint hier zunächst ganz der Malerei zu leben.

Vgl. über ihn *Gerhard*: Aus Stackelbergs Nachlass in den Hyperboreisch-römischen Studien zur Archäologie II. 1852. S. 287—322; ferner *C. Hoheisel* mit Auszügen aus den Tagebüchern und Briefen in der Baltischen Monatschrift 1863. Dezember; eine grössere Arbeit über ihn nach seinem reichen Nachlass wird dem Vernehmen nach im Schoose seiner Familie seit längerer Zeit vorbereitet.

Im Sommer 1810 gelangt die in Neapel sich zusammenfindende Gesellschaft unter vieler Schwierigkeit nach Griechenland, Ende September nach Athen. Hier gesellen sich zwei Engländer, der junge Architekt *Cockerell* und *Foster* zu ihnen, zuletzt auch *North* und *Douglas*, ebenso werden sie von *Fauvel* und besonders von *Gropius*, dem englischen Consul, unterstützt. Bis zum J. 1814 erstreckte sich unter mannigfachem Wechsel ihre gemeinsame Thätigkeit. Athen selbst und Attika besonders Sunion und Eleusis werden wiederholt in den Wintermonaten durchsucht; zum Parthenon von *Haller* wie *Cockerell* feine architektonischen Studien gemacht; *Bröndsted* hatte seine Geschichte, speciell seine Sculpturen sich zur Aufgabe gemacht und die Metopen wenigstens für das nie vollendete Werk eingehend und umsichtig behandelt im zweiten Band der Reisen und Untersuchungen in Griechenland (Paris 1820—1830. 4. 2 Bde.). Er untersuchte die Insel Keos (Zio) auf das Genaueste und die Monographie über dieselbe bildet den ersten Band seines Reisewerkes. Es ist dies in technischer Ausführung und philologischer Umsicht und Sorgfalt als eine durchaus reife wissenschaftliche Leistung zu bezeichnen.

Die Architekten *Cockerell* und *Haller* haben 1811 planmässig den Athenetempel auf Aegina, falsch als Tempel des Zeus Panhellenios aufgefasst, untersucht und bei den Ausgrabungen ringsum die Giebelsculpturen beider Fronten aufgefunden, welche nach Athen geschafft, von da später nach Zante, dort dem Verkauf ausgesetzt, durch *Hallers* uneigennützigen Eifer und *Martin Wagners* Entschiedenheit für den Kronprinz von Bayern erworben wurden. Die Aegineten bezeichnen in der methodischen Sorgfalt der Sammlung, der Zusammenfügung und stilgemässen Ergänzung wie in ihrem Kunstwerth als erste grosse zusammengehörige Stilprobe des archaischen und zugleich speciell des Stiles der äginetischen Kunstschule einen bedeutsamen Fortschritt der Wissenschaft, ein Resultat wesentlich deutscher Thätigkeit. Wie *Haller* der Finder, so sind *Wagner* und *Schelling* die ersten künstlerisch-technischen wie ästhetischen meisterhaften Ausleger derselben (Stuttgart 1817. 8.). *Cockerell* hat erst ein halbes Jahrhundert fast nach der Entdeckung seine feinen architektonischen Untersuchungen im Prachtwerk Temples of Jupiter Panhellenios at Aegina and of Apollo Epicurius at Bassae. London 1860 veröffentlicht.

Ein zweites bedeutsames Architekturwerk mit plastischem Schmuck, vor allem der Friese, ward das folgende Jahr 1812 wesentlich von demselben Kreise der Kunstfreunde, diesmal *Stackelberg* mit an der Spitze, auch nicht zufällig aufgefunden, sondern nach vorhergegangener gründlicher Bereisung des Peloponnes planmässig untersucht, gereinigt, ausgegraben, aufgenommen und die plastischen Schätze dann unter grossen Schwierigkeiten ebenfalls nach Zante, dann Malta gebracht, der Apollotempel von Phigalia. England erwarb diesen, zeitlich so nahe an die Elginmarbles sich anschliessenden Sculpturenschatz noch vor jenen. *Martin Wagner* hat in raschester Weise die davon gemachten Zeichnungen schon 1814 veröffentlicht; unter *Stackelbergs* zögernden Händen blieb das mit der grössten Liebe und feinem Sinn gepflegte Werk noch ein Jahrzehnt unvollendet und die Freunde in Rom, wie endlich der Verleger in Paris haben erst 1826 seine Publikation zu Stande gebracht. Der »Apollotempel zu Bassae und die daselbst ausgegrabenen Bildwerke« (Paris 1816. fol.) bleibt ein erstes rühmliches Zeugniss der Opferfähigkeit und Hingabe eines deutschen Kunstfreundes.

Während *Koës* schon 1811, *Haller* 1817 griechischem Klima und den Strapazen erlagen, ist *Bröndsted* 1814 nach Kopenhagen zurückgekehrt, um als Lehrer und Schriftsteller zu wirken, er hat von Neuem 1820 den Süden, die ionischen Inseln und Italien und Paris gesehen und seinen Reisestudien die vollste Reife gegeben, einzelne Monographien wie über die Ficoronische Cista geschrieben. Erst nach seinem Tode aber erschienen noch zwei Früchte dieser hoch anregenden Jahre, seine Reise i Graekeland. 1844 mit seiner Biographie von *Dorph*, wie seine Ansichten Sur les conditions des progrès de la Grèce actuelle 1844, ebenfalls mit biographischer Skizze von Bischof *Mynster*.

Stackelberg kehrt, von Griechenland nach Italien, nach Rom zurück und hat hier 1828 noch geweilt, mit seinen Arbeiten zögernd und doch immer thätig, neuen Eindrücken in Sicilien und Etrurien geöffnet, im engsten Kreise der hyperboreischen Freunde, besonders *Gerhards* und *Kestners*. Zum Theil erst nach seinem Tode erscheinen die von ihm selbst gezeichneten, mit materiellen Opfern gepflegten Werke: »Die Gräber der Hellenen«. Berlin 1837. fol. und sein La Grèce. Vues topographiques et pittoresques. 1834. fol., während die rasch entworfenen Griechischen Trachten schon in einzelnen Blättern in Athen selbst 1812 ff. bekannt geworden waren. Immer tiefer war er erfasst von dem Gedankenhaften des griechischen Mythus und er legte dies nieder in einem epischen Lehrgedichte, dessen Proben uns den ganzen Feinsinn seiner Naturauffassung bekunden. Es zog ihn ganz in den Zauberkreis von

22 *Friedrich Creuzer* (1771—1858).

Vgl. die Selbstbiographie: Aus dem Leben eines alten Professors. Mit literar. Beilagen und Porträt des Verfassers. Leipzig, Darmstadt 1848; Paralipomena der Lebensskizze eines alten Professors. Frankfurt 1858; *Guigniaut*, notice historique sur Fr. Creuzer lue à l'Institut de France 1863. Juillet; Paris, Didot. 1864; *B. Stark*, Friedrich Creuzer, sein Bildungsgang und seine wissenschaftliche wie akademische Bedeutung. Prorektoratsrede. Heidelb. 1874.

In kleinbürgerlichen Verhältnissen in Marburg geboren, erhielt er in Marburg Platonische Anregung, wird dann in Jena 1790—91 in die philosophische Bewegung der Kantschen Philosophie und der weltgeschichtlichen Betrachtung durch *Fr. Schiller* tief eingetaucht, hört und verkehrt bei *Christ. Daniel Beck* und dem jungen *Gottfried Hermann* in Leipzig 1799, lehrt in Marburg von 1799—1804, in engster Beziehung mit *Savigny*; nach Heidelberg 1804 gerufen, wirkt er an dieser Universität, nur kurze Zeit in Leyden als Professor verweilend, ununterbrochen vierzig Jahre lang, hier zunächst mitten im Kreise der Romantiker. *Creuzer* hat nie Italien gesehen, überhaupt nie länger unter dem unmittelbaren Einfluss monumentaler Sammlungen gestanden; durch Paris und München ist er lebhaft angeregt worden und er hat den einheimischen römischen Funden am Oberrhein in einer Zeit, wo das Interesse dafür sehr geschwunden war, fortgesetzte Aufmerksamkeit und literarische Thätigkeit gewidmet, ja selbst Münzen und Anticaglien gesammelt; er hat 1838 den wichtigen Fund des Mithreums von Neuenheim eingehend erörtert und publicirt, er hat noch 1846 die antiken Gemmen am Reliquienschrein der h. Elisabeth zu Marburg zum Gegenstand seiner Erklärungen gemacht. Mit einer ausgebreiteten Gelehrsamkeit verfolgt er wie *Böttiger* die neueren Erscheinungen der Archäologie, besonders von 1817 an. In drei Bänden sind seine deutschen Schriften: Zur Archäologie oder zur Geschichte und Erklärung der alten Kunst in der zweiten Abtheilung der Gesammtausgabe der Werke, Leipzig und Darmstadt 1846. 47 vereint. Er hat im Südwesten Deutschlands zuerst die Archäologie in den Bereich des akademischen Lehrcursus aufgenommen und die Monumente der kleinen Sammlungen der Höfe bekannt gemacht, er verstand es συμφιλοσοφεῖν καὶ συνενθουσιάζειν. In seiner Betrachtungsweise war eine Platonische Anschauung der Idee der Schönheit mit dem geschichtlichen Interesse für eine grosse Gesammtentwickelung vereint. Das Eigenthümliche war aber der volle Ernst, den er mit dem religiösen Charakter der antiken Kunst gegenüber einer ausschliesslichen Freude an dem Formalen des Schönen machte, das Studium des Symbolischen der alten Kunst. Seine ersten Schriften, ebenso die erste Ausgabe der Mythologie und Symbolik der alten Völker besonders der Griechen von 1811 (2. Ausg. 1818—21, 3. Ausg. 1837), einzelne Aufsätze, so über Philologie und Mythologie in ihrem Stufengang und gegenseitigem Verhalten (Heidelb. Jahrb. 1808. I. p. 21—24) gehören zu dem Durchdachtesten und Sinnvollsten, was darüber geschrieben. Er arbeitet daran, dass »der gewaltige Orient mit seiner Körperlichkeit herandringend die Gespensterfurcht deutscher Philologen endlich überwinden müsse«, er will eine Naturgeschichte der ethischen Religionen geben, die Stufen der Entwickelung von dem orientalischen Hylozoismus zum edelsten Formalismus der griechischen Welt nachweisen« (*Stark* a. a. O. S. 21 f.). »Den Zusammenhang und Geist des alten Glaubens, Dichtens und Bildens zu erforschen und in den Werken des Alterthums den religiösen Mittelpunkt nachzuweisen, halte ich für einen Hauptzweck meines Lehrberufs und meiner wissenschaftlichen Bestrebungen.« Er bildet in dieser Beziehung einen interessanten scharfen Gegensatz zu dem von *Phil. Moritz* (s. oben S. 236) ausgesprochenen Grundgedanken.

Bereits bei der Besprechung von *Göthes* Verhältniss zur antiken Kunst haben wir der wichtigen Förderung erwähnt, welche die Archäologie aus seiner Farbenlehre und Optik sowie seinen morphologischen, physiognomischen, anatomischen Studien empfangen hat. Ein gewichtiges Zeugniss für das Zusammenwirken der Naturforschung und Archäologie geben uns weiter die Arbeiten von *Peter Camper*, dem berühmten vergleichenden Anatomen Hollands (1722—1789). Er selbst war frühzeitig im Zeichnen unterrichtet, hatte mit entschiedenster Neigung in Thon bossirt, geätzt, in Oel gemalt, war in engerem Verkehr mit Künstlern, und besonders befreundet mit *Franz Hemsterhuis*, dem einzigen holländischen Aesthetiker jener Periode und feinsinnigen Sammler, dessen Lettre sur la sculpture auch in Deutschland Beachtung fand, und hat die antiken Kunstwerke aufmerksam verglichen und untersucht für Formen und Ausdrücke. Er hat selbst in spätern Jahren 1774, 1778, 1782 vor der Amsterdamer Zeichnenakademie Vorträge nach dieser Richtung gehalten, die nach seinem Tode gedruckt und von *Schaz* ins Deutsche übersetzt sind (Berlin 1793): Vorlesungen über den Ausdruck der verschiedenen Leidenschaften durch die Gesichtszüge — und über die Schönheit der Formen. Noch bedeutender ist das von seinem Sohne herausgegebene Werk: Ueber den natürlichen Unterschied der Gesichtszüge an dem Menschen verschiedener Gegend und verschiedenen Alters und über das Schöne antiker Bildwerke und geschnittener Steine etc. Deutsch von *Sömmering* 1794. Die wahre Bedeutung richtig getriebener Physiognomik für den Künstler hat in mustergültiger Weise *W. v. Humboldt* in dem an *Göthe* gerichteten Briefe aus Paris 1799 über das Musée des Petits Augustins aufgezeigt und auf die historischen Kunstwerke angewandt (Gesammelte Werke V. S. 363 ff.).

Auch *J. C. Lavaters* (1741—1801) Physiognomische Fragmente zur Beförderung der Menschenkenntniss und Menschenliebe. 4 Bde. 1775—78, kürzer 1783—87 in 3 Bdn. (franz. Ausgabe, Hayes. 1783—1803) enthalten interessante Reihen antiker Porträtköpfe wie Idealbildungen nach seiner Weise analysirt. Es liegen hier gänzlich heutzutage vergessen die Keime fruchtbarster Beobachtungen, welche aus gesichtetem und gesichertem reichen Material der Jetztzeit wieder aufzunehmen sind. In Göttingen hat der Verein ausgezeichneter antiquarischer und naturwissenschaftlicher Lehrer aus dieser ihrer Wechselbeziehung fort und fort Gewinn gezogen. *Blumenbach*, der Freund *Heynes, Heerens* und *Tischbeins*, schrieb sein Specimen historiae naturalis antiquae artis operibus illustratae, 1808 und auch noch später hat Prof. *Hausmann* sich bedeutende Verdienste um die technische Untersuchung antiker Arbeiten, so vor allem der Thongefässe, erworben.

Schliesslich mag *Lorenz Okens* (1779—1851) gedacht werden, der an der Spitze der von ihm gegründeten Wanderversammlung deutscher Naturforscher und Aerzte zu Dresden im Jahre 1826 den von *Böttiger* angeregten Gedanken einer grossen neuen, kritischen und erklärenden Ausgabe der Naturalis historia von *Plinius* aufnahm und zum Beschluss der Versammlung erhob, der selbst an die Spitze einer Liste von Beitragenden sich stellte, um für die Durchforschung der Codices *Sillig* und *v. Jan* auszurüsten (Isis 1828. Bd. XXXI. p. 455; 1829. Bd. XXXII. p. 317—331. 355—358); dass er in späteren Jahren einer der eifrigsten Forscher und archäologischen Wanderer auf dem Gebiete der römischen Topographie in der Schweiz und Schwaben war, ist in weiteren Kreisen kaum bekannt.

§ 15. Die letzten fünfzig Jahre archäologischer Studien. Grösste Ausdehnung und wissenschaftliche Leitung der Denkmälerforschung. Kritisch-historische Betrachtungsweise der antiken Kunst. 1828—1878.

Der Ausgang des dritten Jahrzehntes dieses Jahrhunderts weist die Gründung bedeutungsvoller Institutionen auf, welche durch Männer verschiedenartigster Gedankenrichtungen, aber von gleich hohem Sinne für das Alterthum eingeleitet und begründet, auf die Archäologie einen überaus förderlichen und regelnden Einfluss gehabt haben.

1 In Rom hatte sich schon im ersten Jahrzehnt dieses Jahrhunderts (1802—1809) unter der Aegide *Wilhelm von Humboldts*, in welchem mit dem staatsmännischen weiten Blick, mit philosophischem Tiefsinn und philologischer Spürkraft sich eine seltene Feinheit künstlerischer Empfindung verband, ein enger Kreis von Gelehrten und leitenden Künstlern, *Zoega*, *Thorwaldsen*, *Welcker* voran gebildet. Schon bei einem derselben leuchtete der Gedanke einer ständigen, von fürstlicher Liberalität getragenen Verbindung Lehrender und Lernender auf dem Heimathsboden antiker Kunst für höhere humanistische Ausbildung als ein nicht allzuschwer zu verwirklichendes Ziel auf.

2 Ein Jahrzehnt später ward von derselben Stelle eines deutschen, preussischen Diplomaten aus durch den Geschichtschreiber Roms, *B. G. Niebuhr* (1816—1823 in Rom) eine Vereinigung deutscher Gelehrten zur

Herstellung einer Beschreibung Roms im universalen Sinne wahrer geschichtlicher Erneuerung gestiftet und das Werk rüstig begonnen.

Endlich fand sich in Rom im J. 1828 ein Verein von Männern zusam- 3
men, den Nachfolger *Niebuhrs*, *Josias Bunsen*, *Gerhard*, *Panofka*, die Herzöge von *Blacas* und *Luynes*, *Millingen* und *Fea* an der Spitze, welche unter dem Protektorate Preussens, unter dem Schutze der grossen europäischen Staaten ein regelmässiges internationales Zusammenwirken von Gelehrten, Liebhabern und Künstlern zur Aufsuchung, Registrirung, Bekanntmachung antiker Kunstdenkmäler mit Rom als neutralem und günstigsten Sitz verabredeten und materiell ermöglichten. Das römische Institut archäologischer Correspondenz hat Dank vor allem dem kühnen Feuereifer und der Umsicht *Bunsens*, der Beharrlichkeit und verbindenden Kraft *Gerhards*, seitdem unter mannigfachem Wechsel der Personen und vorzugsweise gepflegten Interessen, unter allmäligem Vorwiegen deutscher Kräfte, seit wenig Jahren in ein deutsches Reichsinstitut verwandelt, diese Zwecke funfzig Jahre hindurch mit Beharrlichkeit in persönlichen Zusammenkünften und grossen Publikationen verfolgt. Es hat die rasche Kenntnissnahme neuer Funde vermittelt, grosse planmässig geleitete Sammlungen von Abbildungen antiker Denkmäler, genaue örtliche Erkundungen in die Hand genommen, den einzelnen auf klassischem Boden weilenden Gelehrten Halt und literarische Hülfe geleistet und endlich schon Generationen junger Archäologen in freiester Weise Anleitung und fruchtbare Aufgaben dargeboten.

Seine förderliche Rückwirkung auf Deutschland trat in der Stiftung 4
der archäologischen Gesellschaft zu Berlin und deren Organ, der Archäologischen Zeitung, wie in der Belebung jährlicher Festfeiern zu *Winckelmanns* Ehren zu Tage.

Es konnte nicht ausbleiben, dass die bereits bestehenden oder jetzt 5
erst neu gegründeten archäologischen Associationen einzelner Länder, einzelner Provinzen, ja kleiner Gebiete oder solche, welche begränztere Ziele, wie die Pflege der Numismatik verfolgten, nun gerade zum lebendigsten Wetteifer angeregt und zu einem klareren Bewusstsein ihrer begränzten oder modificirten Zielpunkte geführt wurden. Die Archäologie gewann für sich fortan eine feste Vertretung in den grossen wissenschaftlichen Corporationen der Staaten und die Möglichkeit bedeutender und fortgesetzter materieller Unterstützung ihrer einzelnen Aufgaben. Mit solcher genossenschaftlichen Thätigkeit hat endlich auch der Staat durch eigene von ihm angestellte Conservatoren und Commissionen sich in Verbindung gesetzt, hat sie organisirt oder ist mit ihr in einen nützlichen Wettstreit eingetreten.

Die Rheinlande, Oesterreich, die Schweiz, Belgien, 6
Frankreich legen Zeugniss ab von dem Gewinn solcher Associationen, wenn in ihnen das lokale Interesse und der Sammeleifer von wissen-

schaftlicher Bildung und schliesslich von einer obersten organisirenden Macht geleitet wird.

7 In Italien ist Pompeji zu einer Pflanzschule junger Archäologen gemacht und Rom geht als Hauptstadt des geeinten Italiens mit rühmlichem Eifer anderen italienischen Municipien voran.

In Spanien und Portugal regen sich Kräfte, um den lange vernachlässigten Schatz einheimischen Kunstbesitzes zu heben.

8 England hat seine alte corporative Selbständigkeit und Gliederung auch auf diesem Gebiete bewährt und dankt dem Reichthum seiner Aristokratie die Durchführung grosser archäologischer Pläne. Die nordischen Staaten haben das genossenschaftliche Element naturgemäss für die nordische Alterthumskunde in erster Linie nutzbar gemacht, ohne ganz der Antike zu vergessen. Russland verwendet bedeutende Summen in fester Organisation auf die Ausbeutung seiner südlichen Stätten rein griechischer Cultur wie auf die Oeffnung der Grabhügel skythischer, von der Kunst der Griechen nur leicht gestreifter Nationen. Auch Nordamerika beginnt an der Erforschung zunächst der für die biblischen Fragen wichtigsten Welt des griechischen Orients sich zu betheiligen und selbst Sammlungen für das klassische Alterthum anzulegen.

9 Fast gleichzeitig mit der Gründung des archäologischen Institutes wurden im Jahr 1830 zwei Museen in Deutschland eröffnet, in München und in Berlin, welche wesentlich erwachsen sind auf dem Boden ebensosehr einer an ächt griechischer Kunst bereits genährten erleuchteten Begeisterung deutscher Fürsten wie der Erkenntniss der Aufgabe nationaler Erziehung durch die antike Kunst. Ein historischer Gang durch die Kunstepochen konnte in der Glyptothek zu München parallel den kunstgeschichtlichen Arbeiten von *Fr. Thiersch* darzustellen gewagt werden, in Berlin die Gruppen auch der untergeordneten, sorgfältig classificirten Kunstzweige neben den Marmorwerken als eine grosse Einheit vorgeführt und der fürstliche Besitz als öffentliches Bildungsmittel benutzt werden. Ja noch weiter ward in Berlin eine Vereinigung von treuen Copieen aller antiken plastischen Hauptwerke in historisch entsprechenden Rahmen und bildlichen Illustrationen hergestellt, welche dem grossen Publikum zum ersten Mal eine anschauliche klare Uebersicht des antiken Gesammtbestandes und die Möglichkeit einer Vergleichung mit den Culturresultaten anderer Epochen der Weltgeschichte an die Hand gab.

10 Unmittelbar darauf brachte die den Interessen der Gegenwart und Zukunft allein dienende Weltausstellung von London 1851 in ihrem Gefolge zwei Stiftungen, den Krystallpalast von Sydenham und das Kensingtonmuseum, welche jenen kunsthistorischen Gang durch die Weltgeschichte geschickt in Nachbildungen popularisirt, und andererseits eine wechselnde Anschauung der antiken Privatschätze Englands darbietet zum Frommen künstlerischen Unterrichtes. Das österreichische

Museum für Kunst und Industrie hat auch die antike tektonische und industrielle Kunst ausdrücklich in ihre Bildungsmittel aufgenommen und ist für ihre Verbreitung und Benutzung thätig. Bereits hat die letzte Weltausstellung von Paris 1878 eine Exposition retrospective unter archäologischer Leitung aus sich heraus geboren und für grosse Zweige wie die Terracotten überraschende Massenanschauung gewährt. Der Gedanke regelmässiger internationaler archäologischer Congresse ist bereits einmal für die klassische Archäologie auch zu verwirklichen versucht worden, hat aber bisher nur für prähistorische Archäologie im Zusammenhang mit Anthropologie eine Continuität der Ausführung gewonnen.

Wichtiger als der Gewinn solcher zeitweiliger grosser und doch nur 11
mehr zufälliger Anhäufungen von Dingen und sich für sie interessirender Personen ist die immer schärfer sich im Bewusstsein der Gegenwart aussprechende Forderung der Gliederung der Museen in grosse mit Originalwerken geschmückte Centralpunkte der archäologischen Anschauung, in Provincialmuseen zur Darstellung antiker durchschnittlicher Kunstübung auf dem beschränkten Gebiete der unter römischer Herrschaft geeinten Landschaften und in strenger Beziehung zu den Fundstätten, endlich in Sammlungen anschaulicher Lehrapparate für die künstlerische Erziehung des ganzen Publikums wie der den klassischen Studien sich Widmenden. Damit hängt unmittelbar auch die Ausbreitung und die Fruchtbarkeit archäologischen Unterrichts an den höheren Lehranstalten zusammen.

Dieselben Jahre, welche das archäologische Institut zu Rom ent- 12
stehen sahen, brachten durch das Protokoll der Grossmächte von 1827 und die Londoner Conferenz von 1830 den ersten Abschluss der griechischen Nationalerhebung und die Bildung eines kleinen europäischen Staates auf althellenischem Boden. Es war verheissungsvoll, dass die erste militärische Hülfe, welche Griechenland zu Theil ward, in der französischen Expedition von Morea zugleich eine wissenschaftliche Aufgabe zu verfolgen hatte, und die ersten glücklichen nur rasch wieder abgebrochenen Ausgrabungen von Olympia gaben die Anwartschaft auf weitere reiche Funde hier wie anderswo. Seitdem hat Frankreich nicht aufgehört in Griechenland eine hervorragende archäologische Thätigkeit zu entwickeln. Das grosse Werk von *Le Bas* und seinen Nachfolgern wie die 1846 gegründete Ecole d'Athènes mit der Menge der von ihr ausgesandten kleineren Missionen giebt davon vollgültig Zeugniss. In bescheidener, oft durch die politischen Wirren gehemmter aber nachhaltig fruchtbarer und wahrhaft spontaner Weise haben aber deutsche Gelehrte, welche mit dem bayerischen jungen Königssohn dort einzogen, lehrend, reisend, aufzeichnend, die Reinigung des Bodens von Athen, die Bildung der Sammlungen leitend gewirkt. Der Name *Ludwig Ross* (stirbt 1859)

wird nächst *Friedrich Thiersch*, und mit *Ulrichs, Forchhammer, E. Curtius* immer in erster Linie, wenn von Griechenlands archäologischer Neuzeit geredet wird, genannt werden und der Grabhügel von *Otfried Müller* (stirbt 1840) an das edelste Opfer archäologischer begeisterter Arbeit auf dem Boden Delphis erinnern. Deutsche haben seit wenig Jahren in der Zweiganstalt des Institutes von Rom eine bleibende archäologische Institution gegründet und seit Herbst 1875 ist die vom deutschen Reich ausgestattete, in einzig uneigennütziger Weise unternommene Expedition beschäftigt, das Heiligthum von Olympia methodisch auszugraben. Noch immer fallen reiche Früchte der persönlichen Hingabe des einzelnen Kunstforschers und Liebhabers zu, so die Aufdeckung des Dionysostheaters zu Athen durch den Architekten *Strack*, so die Ausgrabungen *Schliemanns* in Troja und Mykenä.

13 Dass die Griechen selbst als Schüler der Franken in den letzten Jahrzehnten ebenbürtig mitarbeiten an den archäologischen Aufgaben ihres Bodens, dass sie selbst gesellschaftlich sich organisiren und auch ausserhalb Athen, ja selbst in den Ländern unter türkischer Herrschaft Sammlungen bilden und in periodischen Publikationen verwerthen, ist eine erfreuliche Frucht ihrer Befreiung und ihrer auf deutschen und französischen Anstalten erworbenen Bildung. Die Namen *Riso Rangabé*, *Pittakis*, *Eustratiades* und *Kumanudes* sind durch langjährige Thätigkeit in der Aufsicht der Alterthümer wie durch literarische Leistungen in erster Linie zu nennen.

14 Kleinasien und die entfernteren, von griechisch-römischer Cultur einst beherrschten Theile Vorderasiens sind fort und fort das Arbeitsfeld vor Allem englischer und französischer Reisenden gewesen und grosse, vom Staate geleitete wissenschaftliche Expeditionen sind dahin gerichtet worden. Noch ehe Halikarnass, Ephesos, Rhodos, Priene, Kypros ihren reichen Boden öffneten, Dank einem *Charles Newton*, *Salzmann*, *Wood*, *Cesnola* u. a., hatte man die Städteruinen von Lykien, Phrygien, Kappadokien durchforscht und hier die Gruppen einheimischer aber den Griechen verwandter Kunstformen im Verein mit den besonderen sprachlichen Zeugnissen und den sichtbaren Beweisen zeitweiliger Herrschaft der östlichen Weltmächte gefunden. Die Namen *Fellows*, *Spratt* und *Forbes*, *Steuart*, *Hamilton*, *Texier*, *Laborde*, *Perrot*, *Langlois*, die Thätigkeit von den Deutschen *Barth*, *Schönborn*, *Kiepert*, unter *Karl Ritters* universalem Einfluss bleiben immer mit diesen Fortschritten unserer Erkenntniss des Uebergangs griechischer zur asiatischen Kunst verbunden.

15 Die heutige Erkenntniss der Anfänge griechischer Kunst und der für sie wichtigen Einflüsse von Vorderasien datirt aber wesentlich von der Eröffnung der Schutthügel von Ninive und Babylon durch *Botta*, *Layard*, *Place*, *Fresnel*, *Oppert*, *Smith* seit dem Jahre 1843. Wie die unklare Mischung des Orients und Occidents, die plumpe aprioristische

Ableitung der griechischen Kunst von dort fortan kein Recht wissenschaftlicher Anerkennung beanspruchen kann, so führt die genaue Formenvergleichung zwischen Assyrien und Hellas zu den interessantesten Nachweisen einer bestimmten Zeit überwiegend assyrisch-babylonischen Einflusses unter phönicischer, von *Renan* näher erkundeter Vermittelung.

Die Aegyptologie ist heutzutage zu einer besonderen, umfassen- 16
den Wissenschaft Dank der Energie, Ausdauer und dem Scharfsinn der Nachfolger von *Champollion*, einem *Letronne*, *Lepsius*, *Birch*, *Brugsch*, *de Rougé*, *Mariette Bey*, *Dümichen* u. a. erwachsen, nie wird aber die ägyptische Kunstbetrachtung ohne eigenen Schaden sich losreissen können von der Kenntniss und Vergleichung klassischer Kunstdenkmäler und die klassische Archäologie hat heutzutage noch zu wenig Gebrauch gemacht von der Fülle des durch die Aegyptologen vorbereiteten Stoffes, besonders was hieratischen Stil, was Tempelanlagen, was den ägyptisirenden Geschmack des späteren Hellenismus betrifft.

Frankreich hat in Nordafrika, zunächst in Algerien, eine reiche 17
Domäne neuen wissenschaftlichen Materiales gewonnen, das nachbarliche Karthago ist von Franzosen und Engländern nach seinen phönicischen Unterlagen durchforscht worden und die massenhaften punischen Denkmäler mit ihren stumpfen, armen Formen bezeugen laut den eigenthümlichen Mangel des phönicischen Auges für alles Plastische. Die spätrömische Kunst ist nirgend so wohl conservirt, als in den Gränzgebieten der Sahara, dagegen griechiche Kunst trefflich in Kyrenaika.

Der von *Ed. Gerhard* im J. 1832 aufgestellte Grundsatz: monumen- 18
torum artis qui unum vidit, nullum vidit; qui millia vidit, unum vidit ist in seiner vollen Bedeutung heutzutage anerkannt. Gleichzeitig hatte Graf *Clarac* den 1820 entworfenen Plan einer genauen und handlichen Publikation des Musée du Louvre zu dem gewaltigen Umfang einer möglichst authentischen Darstellung aller antiken Sculpturüberreste der europäischen Museen ausgedehnt und durch dieses von *Alfred Maury* 1853 vollendete Werk eine praktische Illustration zu jenem Grundsatz gegeben. Die statistische Aufnahme der Monumente, die Beschreibung der einzelnen Museen wie ganzer Landestheile nach ihrem monumentalen Reichthum ist eine bevorzugte Aufgabe junger Archäologen, wie ein in einzelnen Ländern, so in Oesterreich, consequent verfolgter Gesichtspunkt staatlicher Leitung geworden. Ueber dieser ersten kunsttopographischen und museographischen Thätigkeit baut sich eine zweite auf, jene von *Zoega* in so trefflicher Weise für das Relief angebahnte Vereinigung und Vergleichung der Denkmäler ein und derselben Gattung. Waren es im Anfange dieser Periode die Pompejanischen Wandgemälde, vor allem aber die Vasenbilder, welche durch die reiche Fundstätte von Volci eine ungeheure Bereicherung erfahren, die man mit Vorliebe in grösseren Abbildungswerken publicirte, so machen sich

jetzt andere Gattungen, wie das Relief, die Terracotten auch wieder in ihren besonderen Gruppen geltend, die man nun aus möglichst vollständigem Apparat publicirt.

19 Die technischen Hülfsmittel der Reproduktion haben sich für die antike wie für jegliche Kunst ausserordentlich vermehrt. Bis Anfang des Jahrhunderts kannte und wandte man fast nur den Kupferstich an und gab dadurch ein nur zu gleichmässiges Gepräge den Nachbildungen. Die Lithographie, der Farbendruck, der neu entwickelte Holzschnitt, endlich die Photographie und neuestens die Phototypie sind in den Dienst der Archäologie getreten. Der Papierabdruck ward nicht allein für Inschriften, sondern auch für Reliefs ein sicher controlirendes Hülfsmittel. Wer wollte besonders den gewaltigen Umschwung verkennen, den die Photographie durch Raschheit wie Unmittelbarkeit der Wiedergabe der Archäologie schon gewährt hat, und doch wird man der mannigfachen Hemmnisse eingedenk bleiben müssen, denen sie gerade unterworfen ist, und wir werden, was Feinheit des Umrisses, künstlerisches Nachempfinden des Fragmentarischen betrifft, oft daneben nicht den an der Antike geübten Zeichner entbehren können, solche aber gerade in der Jetztzeit kaum mehr gewinnen.

20 Die Kritik und Interpretation der Monumente wird jetzt mit ganz anderer Umsicht und Behutsamkeit Dank dem bestimmenden Einflusse streng philologischer Weise geübt, wie sie durch *Gottfried Hermann* und *August Böckh*, durch jeden in eigener Art festgestellt und selbst auf archäologische Fragen angewandt ist. Wir werden in *F. G. Welcker* fort und fort den geistvollen und umfassend gelehrten Vergleicher und Verknüpfer poetischer und bildlicher Ausdrucksweise und Gedankenstoffes anerkennen, in *Otto Jahn* den Meister vorsichtigster Kritik und Auslegung der Monumente verehren. Gleichsam an der Gränze der rein ästhetischen Kunstbetrachtung der Göthischen Epoche und der historisch-kritischen steht noch das in seltener Abrundung und Formvollendung geschriebene Werk von *A. Feuerbach* über den Apoll von Belvedere.

21 Die Feststellung der antiken künstlerischen Sprache, der Motive, sowie der Symbolik der ganzen Gestaltenbildung bildet einen der fruchtbarsten Gesichtspunkte systematischer Betrachtung. In geistvoller Weise ist sie zunächst im Gebiet der Architektur und Tektonik durch die Schule von *Schinkel*, *Bötticher* an der Spitze, geübt worden; im Gebiete der bildenden Kunst im engeren Sinne verdanken wir *Wieseler* und besonders *Stephani* werthvolle Beiträge zu einer wirklichen Kunstsymbolik. Die Kunstmythologie, in ihrem ganzen Umfang von *Joh. Overbeck* zu behandeln unternommen, baut sich auf ihr, wie auf der umfassenden Kenntniss besonders der Münztypen auf; aber sie wird nie die Zurückführung auf eine religiöse Anschauung der Natur wie des menschlichen Lebens verabsäumen dürfen und nie ihr Anrecht an den Aufbau einer wahren Mytho-

logie den Sprachvergleichern ohne grossen Schaden der Wissenschaft allein überlassen. Der Verf. hat an dem Mythus der Niobe zuerst eine solche allseitige, endlich im Mythus zusammenführende literarhistorische wie archäologische Betrachtung durchgeführt.

Eine sichere Kunstgeschichte ist bedingt durch die genaueste 22
philologische Erforschung der literarischen Quellen und der immer neu sich mehrenden inschriftlichen Quellen, sie ist bedingt aber auch durch eine aufmerksame Beobachtung der Boden- und klimatischen Verhältnisse wie der National-, wie der Stammescharaktere. *Thiersch* hatte die Mängel der ganz noch durch *Winckelmanns* Werk bestimmten historischen Tradition richtig erkannt, im Einzelnen manches richtiger bestimmt, aber sein mit blendender Kühnheit aufgestelltes neues System widerspricht dem wahren Entwickelungsgange der technischen wie geistigen Cultur. Unter dem direkten Einflusse *Böckh*'scher auf Zahl und Mass wie auf das Walten von Ideen die Forschung der realen Verhältnisse des Alterthums zurückführenden Betrachtung, wie unter dem Vorbild von *Niebuhrs* genialer historischer Kritik und einer anschaulichen Reproduktion des antiken Lebens hat dann *Otfried Müller* seine Gliederung antiker Kunstgeschichte aufgestellt und sie in den Mittelpunkt seines archäologischen Systems gesetzt.

Wie *Ritschl* und *Mommsen* zuerst die sichere kritische Methode auf die römischen Inschriften angewandt und was die Grundlagen der Betrachtung, die Autopsie und die treueste bildliche Reproduktion betrifft, über *Böckh* weit hinausgegangen sind, so haben auch *Brunns* durch *Ritschl* und *Welcker* bestimmte kunstgeschichtliche Untersuchungen über *Otfried Müller* hinausgeführt. Die attische Kunstperiode hat heutzutage Dank den feinsinnigen Darstellungen von *Beulé* und *Friederichs*, wie der urkundlichen Begründung von *A. Michaelis* eine neue Gestalt gewonnen. Nothwendig mussten eine Menge methodischer Untersuchungen über die Quellen der antiken Kunstgeschichte nebenher gehen, in deren vollem Betrieb wir noch heute stehen. Und andererseits gab eben jene messende, zählende, abwägende Untersuchungsmethode, die *Böckh* gelehrt, nun auf die antike Plastik, insbesondere von *Conze* angewandt, neue, sichere chronologische Bestimmungen. Von ihr hat die Numismatik als Theil der Metrologie ihren fruchtbarsten Anstoss erhalten.

Unverkennbar tritt heutzutage dasjenige im Gebiet der archäologischen 23
Thätigkeit sehr zurück, was in der vorigen Periode von *Winckelmann* anhebend den Mittelpunkt gebildet hatte, jenes wirkliche oder vermeintliche Mit- und Nachempfinden antiker Kunstwerke und der dadurch bedingte Genuss, jenes fast schauende Erfassen der poetischen, hinter dem sichtbaren Werk liegenden Kunstidee, jenes nur durch künstlerisch eigene Uebung wie durch fortdauernden lebendigen Verkehr mit dem ausübenden Künstler, mit dem schöpferischen Dichter erworbene, unmittelbare Erfassen einer künstlerischen Form. Die Zahl der Künstler, welche wie

ein *Schadow*, *Schinkel*, *Thorwaldsen*, *Rauch*, und noch unlängst ein *von der Launitz* unmittelbar in die Antike sich lernend und beobachtend versenkten und nicht sich scheuten, aus Trümmern sie neu herauszuarbeiten, ist abgestorben; das schöne Gleichgewicht zwischen Künstlern und Gelehrten auf dem Arbeitsfeld der antiken Kunst hat aufgehört. Andererseits sind die Hülfsmittel der heutigen Naturwissenschaft noch nicht ausreichend von der Archäologie zur genauen Erforschung des Materials wie der Technik und der optischen Bedingungen angewandt. Und doch hat man sich von jenem ächten Idealismus ganz abgewandt, der an Plato anknüpfend, durch Philosophen und Dichter getragen, begeisterte Neigung und Hingabe für die hinter der Erscheinung des einzelsten Objektes auftretenden Urbilder erzeugte, ohne welchen ein wahrhaftes Erfassen des Kunstwerkes unmöglich wird.

24 In dem Ueberblick über die Geschichte unserer sichtlich in vollster Ausbreitung und Anspannung aller Kräfte begriffenen Wissenschaft haben wir die grossen Wendepunkte der Studien selbst, die einst massgebenden Persönlichkeiten kennen gelernt und ein möglichst unbefangenes und gerechtes Urtheil über das bereits Geleistete dadurch ermöglicht, um ohne jene nicht genug zu verurtheilende Beschränktheit eines einseitigen Standpunktes und ohne Selbstüberschätzung an die Darstellung des heutigen Inhaltes der Wissenschaft zu gehen.

Zu § 15.

1 Für diese letzte Periode hat bereits die wissenschaftliche sich selbst controlirende Thätigkeit ein reiches Material bald mehr in bibliographischer, bald mehr in monumentalstatistischer, bald mehr in persönlich berichtender oder raisonnirender Form aufgehäuft. *Eduard Gerhard* hat sich darin durch eigene unermüdete Arbeit wie durch die Einrichtung in der Gliederung der Archäologischen Zeitung die grössten Verdienste erworben. Er begann solche Uebersichten im Cottaschen Kunstblatt seit 1823 bis 1827 zu geben (vgl. Hyperbor. röm. Studien I. 1833. S. 87 ff.), er schloss mit ihnen die ersten Jahrgänge des Bullettino des archäologischen Institutes 1829—1832, sie wurden seit 1833 bis 1838 der wichtigste Bestandtheil in dem auf *E. Meiers* Betrieb mit der Hallischen Literaturzeitung in Verbindung gesetzten Archäologischen Intelligenzblatt. Die Jahrgänge der von ihm begründeten Archäologischen Zeitung (Berlin, Reimer) wurden seit 1844 von ihm neu eröffnet mit einem Jahresrückblick, der nach den drei Hauptgesichtspunkten der Ausgrabungen, Denkmäler, Literatur in feinsinniger, oft launiger Verknüpfung referirte; daran schloss sich eine von *W. Koner* besonders umsichtig zusammengestellte Bibliographie. Seit 1849 theilte sich die Archäologische Zeitung in Denkmäler und Berichte und in den Archäologischen Anzeiger, dem der Jahresbericht des Herausgebers und Bibliographie zufiel. Seit 1868 ist nach *Gerhards* Tod in neuer Folge die Einheit der Archäologischen Zeitung wieder hergestellt, unter mannigfach wechselnder Redaktion von *E. Hübner* (bis 1873), *E. Curtius* und *K. Schöne*, bis sie seit 1876 als Organ des deutschen archäologischen Institutes von Dr. *M. Fränkel* herausge-

geben wird. Die Jahresberichte sind seit 1869 von Dr. *Rudolf Engelmann* als eine reichhaltige Statistik der Denkmäler und Bibliographie bearbeitet worden.

Hinzu kommt aus *Otfried Müllers* Hand die trefflich geschriebene Uebersicht der griechischen Kunstgeschichte von 1829 bis 1835 in der Halleschen Allgem. Literaturzeitung, abgedruckt in dessen Kleinen deutschen Schriften. II. 1848. S. 638—751, der die in den Kunstarchäologischen Werken II. 1872. S. 91—185) mit Recht neu abgedruckte Recension über die Werke von *H. Meyer* und *Thiersch* aus den Jahren 1826. 27. voraufgeht. Den ersten Jahrgang des Philologus von *Schneidewin* und *von Leutsch* eröffnete Prof. *Walz* in Tübingen 1846 mit einem archäologischen Ueberblick S. 732 ff.: in derselben Zeitschrift gab der Verf. den kritischen und raisonnirenden Ueberblick über den Stand der Archäologie von 1852—1859 in Bd. XIV. S. 645—758, XVI. S. 85—118, XXI. S. 406—472. In ähnlicher Weise hatte *Bursian* in den Neuen Jahrbüchern für Philologie von 1856 und 1858 S. 421—441. 508—523. 1858. S. 87—116 und *Conze* in der Zeitschrift f. das österreich. Gymnasialwesen. Wien 1873, über die archäologischen Erscheinungen referirt. Der Verf. hat in dem umfassenden Unternehmen des von *Bursian* seit 1874 herausgegebenen Jahresberichtes über die Fortschritte der classischen Alterthumswissenschaft in Jahrg. 1873. Bd. II. S. 1466—1647 den ersten archäologischen Jahresbericht mit Ausschluss der Geschichte der Plastik und Architektur, über welche *Bursian* im Anschluss handelt, gegeben (vgl. die ausführliche Besprechung von *Perrot* Revue archéolog. N. Ser. 1876 Août p. 139—144). Die Jahresberichte über Unteritalien und Sicilien, über römische Topographie, über Geographie überhaupt, Numismatik, Epigraphik, Mythologie von *Holm*, *Jordan*, *Weil*, *Detlefsen*, *C. Curtius*, *Preuner* u. a. bieten dazu wichtige Ergänzungen.

Auch die Franzosen haben für diese zusammenfassende Thätigkeit einzelne werthvolle Beiträge geliefert. Sehr umfassend angelegt ist der von *Gabriel de Mortillet* unternommene, von *Caix de St. Amour* aber schon im zweiten Jahrgang fortgesetzte Indicateur de l'Archéologie, Bulletin mensuel illustré 1873. 1874, welcher schon von Anfang an sich auf Publikationen unbekannter Objekte ausdehnt. *Alfred Maury* gab 1867 ein Exposé des progrès de l'archéologie. Die in dem Bande l'Art et l'archéologie (Paris, Didier 1874) von *Ernest Vinet* mit anderen Aufsätzen vereinten Essais: Etudes archéologiques en Allemagne 1866. S. 47 ff., Institut archéologique de Rome S. 74 ff., Ecole française d'Athènes. 1868. S. 92 ff., Ecole française d'archéologie à Rome S. 115 ff. zeichnen sich durch individuelle Charakterisirung und einige persönliche Mittheilungen aus (s. Arch. Jahresbericht bei *Bursian* II. S. 1479 f.). Seine Bibliographie méthodique et raisonnée des beaux arts. 1874 ff. sind für die Archäologie noch nicht von besonderem Belang.

Wilhelm von Humboldt (1767—1835).

Gesammelte Werke. Bd. I—VII. Berlin, Reimer 1841—1848; *R. Haym*, Wilhelm von Humboldt. Lebensbild und Charakteristik. Berlin, Gärtner 1856; *Aug. Böckh*, Etwas über W. v. Humboldt gesprochen in der Berl. Ak. der Wissenschaften am 9. Juli 1835, abgedr. in Kl. Schriften II. S. 212 ff.

Humboldts Verhältniss zur antiken Kunst ruht zunächst ganz in dem Gedankenkreise und der Geistesrichtung von *Schiller* und *Göthe*; auch ihm ist dieselbe und Rom als die Hauptstätte ihrer Anschauung in erster Linie ein eigenes Bildungs- und Förderungsmittel, in ihm lebt eine eminent feine, sinnliche Erregbarkeit im unmittelbaren Anschauen und Erfassen der körperlichen Form und ein Idealismus, der »in dem körperlichen Theil seines Wesens dasjenige mit unverkennbarer Schrift ausgedrückt findet, was er in seinem moralischen zum Dasein zu bringen versucht«.

Auch *Humboldt* empfängt Anregung darin durch *Heyne* 1788 und tritt in *Heynes* Haus mit *Forster*, dem meisterhaften Darsteller künstlerischer Anschauungen in engen Verkehr. Welchen Einfluss eine Reise nach Paris 1789 mit *Campe* unternommen darin geübt, ist unbekannt. Aus dem Verkehr mit *Lavater* erwuchs *Humboldt* das grosse Interesse für Physiognomik; aber es läutert sich ihm im Verkehr mit *Schiller* und der *Kant*'schen Philosophie zu der kritischen, massvollen Anwendung auf Kunstwerke, deren wir bereits gedachten. Der Jenaischen Epoche gehören die zwei bedeutenden Aufsätze an: Ueber die männliche und weibliche Form. 1793 (Ges. Werke. I. S. 215—261) und Ueber den Geschlechtsunterschied und dessen Einfluss auf die organische Form (Ges. W. IV. S. 270—301). In jenen geht er von der feinsinnigen Charakteristik der griechischen weiblichen Götterideale aus, denn nur dem griechischen Künstler gelang es, das Ideal selbst zu einem Individuum zu machen, »den verborgensten Charakter eines Wesens in seiner noch unentfalteten Knospe zu pflücken und in dieser Zartheit mit einer bestimmten Gestalt zu umgeben« (G. W. I. S. 21 f.).

Es war dieselbe Zeit, wo er in enge Beziehung mit *Fr. A. Wolf* getreten, sich als ausschliesslichen Schüler der Philologie betrachtet wissen will, wo ihn die Griechen zunächst in *Pindar, Plato* und *Aeschylos* ganz »absorbiren«, wo er den Aufsatz über die Griechen an die Freunde zur erweiternden und kritischen Glossirung sendet; der Plan eines Gesammtwerkes: Hellas, bestehend in Uebersetzungen und Charakteristiken, wird entworfen. Für das Gebiet der Poesie legt er seine Auffassung der Aesthetik nieder in den Briefen über Hermann und Dorothea. 1798; für das der bildenden Kunst beginnt er in dem Aufsatz über das Musée des Petits Augustins zu Paris die Aesthetik praktisch an Beispielen durchzuführen. Dieser Gedanke begleitet ihn nach Spanien 1799—1800, beim Anblick der dortigen Kunstschätze wie der Ruinen des Theaters von Sagunt (G. W. III. S. 212; die wichtige Beschreibung der Gruppe von Ildefonso Jenaische Litteraturzeit. 1808. I. S. II f.). Ihm ist es volles Bedürfniss, »durch angeschaute Gegenwart der Sachen den Begriff derselben zu ergänzen«. Leider sind wir über die Früchte des spanischen Aufenthalts nach dieser Seite hin noch zu wenig unterrichtet, wohl aber über den folgenreichen Anstoss, den derselbe nach der Seite des Studiums eines Volkscharakters in seiner Sprache, in Spanien nach den Resten der iberischen Sprache für das Baskische *Humboldt* gegeben hat.

Noch geht er aber zunächst auf den Wegen der klassischen Kunststudien fort, aber mit dem vollen Gefühl des Gegensatzes des antiken und modernen Charakters und mit dem immer lebendiger werdenden Bewusstsein, dass die Sprache ihm das interessanteste Kunstwerk ist. Der lang gehegte Wunsch, nach Italien zu gehen, erfüllt sich in der diplomatischen Mission am päpstlichen Hofe (1802—1808), und auch noch viele Jahre später erscheint ihm die Rückkehr nach Italien, speciell nach Rom, als das Ziel seiner Wünsche. In einer Reihe von Gedichten vor allem in der grossen Elegie Rom (G. W. I. S. 343—360) und den Sonetten auf Rom (Ebendas. I. S. 394. 395), in den kleineren Gedichten auf Kunstwerke, wie Mars Ludovisi (S. 392), Juno Ludovisi (Ebendas. IV. S. 361), die Nymphe sog. Anchirrhoe (III. S. 400), nicht in archäologischen Specialarbeiten ist die Frucht dieses Aufenthaltes gegeben.

Rom »verlangt Ruhe«, Roms Einzigartigkeit ist ihm klar, Rom ist ihm »des Weltenlaufes Spiegel«, Symbol »der allgewaltigen und ewigen Zeit«. *Hum-*

boldt empfindet das gerade in einer Zeit, »wo Rom seiner besten Kunstschätze, der merkwürdigsten Ueberreste des Alterthums in schmachvoller Weise beraubt ist«, dass die Wirkung von Rom nicht auf das Studium der bildenden Kunst beschränkt ist. »Die Totalität der Römergeschichte und des Römerlebens im Kopfe in Rom herumgehen, ist eigentlich mein Leben«, schreibt er an *Wolf* (Ges. Werke. V. S. 262). »In die Museen und Galerien komme ich selten, um Basreliefs, Münzen, Gemmen kümmere ich mich wenig oder gar nicht, ich liebe nicht die im Hause eingeschlossenen Götter. Aber die Kolosse, deren Wunderköpfe Sie im Barbarenlande gesehen haben, die unter freiem Himmel stehen und auf Rom vom Quirinal herabsehen, sie grüsse ich ziemlich alle Tage«.

Rom selbst kann in seinem wahren Gehalt nur mit vollkommen gesammelten Gemüth »wie ein grosses Kunstwerk, nur indem man das Beste in seinem Innern in Bewegung setzt, empfunden und gefasst werden«. »Es bleibt ein ewiger Unterschied zwischen den Ländern und Städten, welche selbst der Schauplatz des classischen Alterthums waren, und denen, welche jener die Menschheit früh erwärmende Hauch nie berührt. Hier gleichen die antiken Kunstwerke nur aus der Ferne zusammengetragenem Geräth. Dort ist gleichsam der Boden selbst mit ihrem Keim geschwängert und scheint unerschöpflich viel Bäume und Früchte zu tragen« (Ges. W. II. S. 217).

Mit der Topographie hat sich *Humboldt* gleich zuerst ernst beschäftigt, aber »ein eigenes Studium daraus zu machen, hält er im höchsten Grade undankbar, weil über die meisten Dinge nicht ins Reine zu kommen ist, aber wenn man in Rom so lebt, kann man es einmal nicht lassen, wenigstens z. B. zu wissen, wie *Nardini* oder ein anderer gründlicher Mann die Sache bestimmt hat«. *Zoega* nennt er darin klassisch.

Konnte mit dieser geniessenden und sich wissenschaftlich resignirenden Auffassung *Humboldt* nicht unmittelbar thätig, Aufgaben stellend, andere antreibend auf den damals so kleinen Kreis der Archäologen in Rom wirken, so hat er doch sie genau gekannt und an sein gastliches Haus gefesselt, giebt er *Fr. A. Wolf* darüber wie über Sammlungen und Bibliotheken genauen Bericht und hat mit feinem Sinne unter *Rauchs* Beihülfe eine wahre Aehrenlese auserwählter Originale und Gypsabgüsse (man denke an das Puteal von San Calisto, an das Parcenrelief, 1809 von *Rauch* restaurirt, an einen weiblichen Torso) gehalten und daraus in dem Heimathsitz der Familie zu Tegel ein klassisches kleines Heiligthum geschaffen (*Waagen*, Schloss Tegel und seine Kunstwerke. Berlin 1859). Er hat das vollste Verständniss für einen Sammler, wie Baron *von Schellersheim*, der ein grosses Vermögen fast nur für Ankauf von Antiken, besonders Münzen und Gemmen verwendet (Ges. W. V. S. 255). Und es war *Humboldts* Haus auf Trinità di Monte der erste wahrhaft deutsche Mittelpunkt in Rom, wo Künstler und Gelehrte im freiesten Austausche sich begegneten, *Zoega, Welcker, Rumohr, F. A. Schlegel, Tieck, Sickler, Friderike Brun* geb. *Münter, Seroux d'Agincourt, Thorwaldsen, Rauch,* Brüder *Riepenhausen, Schick, Angelika Kaufmann, Reinhardt* u. a. (*Eggers,* Christ. Daniel Rauch I. S. 79 ff.). *Humboldt* war es endlich, der im Pariser Frieden 1815 vor allem die Rückgabe der Kunstschätze an ihre alten Besitzer und Sammlungen betrieb.

Die späteren Lebenswege *Humboldts* als Leiter des höhern Unterrichts in Preussen, als Gesandter in Wien, in London, als Staatsrath für die Bearbeitung der ständischen Verhältnisse haben anscheinend ihn weit ab von den ästhetischen und künstlerischen Arbeiten, von den klassischen Studien der ersten Manneszeit abgeführt, und dennoch treten diese wohl seltener und unscheinbarer, aber in noch vollendeterer Form auf. Bei der Stiftung der Universität Berlin trägt er sofort Sorge für edleren Kunstgenuss, zunächst für Anstellung eines Professors der Musik. »Kunstgenuss ist einer Nation durchaus unentbehrlich, wenn sie noch irgend für etwas höheres empfänglich bleiben soll: durch welche Kunst aber liesse derselbe sich bis zu den untersten Volksklassen hin reiner, mächtiger und leichter verbreiten als durch die Musik!« (Ges. W. V. S. 321.).

Von dieser Ueberzeugung getrieben stiftet und leitet er seit 1825 den Kunstverein im Preussischen Staat (Bericht von 1826, 1834. Ges. W. IV. S. 307 ff.; vgl. dazu *Eggers*, Christ. Dan. Rauch. II. 1877. S. 15 f.) und begleitet die Jahresberichte mit tief eindringenden, vom Einzelnen anhebenden Kunstbetrachtungen, so über das Porträt, über die verschiedenen Gedankenkreise, denen Kunstaufgaben zu entnehmen sind, über das Verhältniss des Romantischen zur Antike, deren Hauptforderungen bleiben: Correctheit, Wahrheit, Grazie der Gestalt, über den Nutzen, den die Vergleichung der Behandlung derselben Ideen in verschiedenen Kunstgattungen bringt, über *Göthes* Verhältniss zur Kunst.

Im Frühjahr 1829 ward er durch königliche Kabinetsordre an die Spitze der Kommission zur Einrichtung des Kunstmuseums in Berlin berufen und hat in meisterhafter Weise ihre für die Einrichtung von Antiken meist epochemachenden Arbeiten bis zum völligen Abschluss im Juni 1831 geleitet. Sein Immediatbericht an den König vom 21. Aug. 1830 auf 56 Folioseiten (Acta des Kön. Civilkabinets betr. Bau und Einrichtung des Museums in Berlin. Bd. III. 1830—1832) ist für die Darlegung der leitenden Grundsätze für Antikensammlungen ein überaus werthvolles Dokument; er ist abgedruckt in Wolzogen, Aus Schinkels Nachlass III. 1863. S. 298—328.

Humboldts wissenschaftliche Bedeutung der zweiten Lebensepoche seit 1810 ruht aber auf dem rein sprachlichen Gebiete, auf der in grossem Stile an einzelnen Beispielen durchgeführten Sprachvergleichung und der Begründung einer Sprachphilosophie, einer Erkenntniss der Sprachwissenschaft als eines integrirenden Theiles der Geschichtswissenschaft. Er steht als solcher am Anfang unserer heutigen Linguistik anscheinend ganz abgewandt, ja vielleicht feindselig der Kunstwelt des klassischen Alterthums.

Und doch ist seine Sprachphilosophie seiner Aesthetik eng verwandt (*Haym* S. 457 f.). »Die Sprache gerade im tiefsten und unerklärbarsten Theile ihres Verfahrens erinnert an die Kunst«. »Die Entstehung eines Wortes menschlicher Weise gedacht ist sehr der Entstehung der idealen Gestalt in der Phantasie des Künstlers gleich. Auch diese kann nicht von etwas Wirklichem entnommen werden, sie entsteht durch eine Energie des Geistes und im eigentlichen Verstand aus dem Nichts, von diesem Augenblicke aber tritt sie ins Leben und ist nun wirklich und bleibend« (Ges. W. III. S. 13 f.). »Die künstlerische Schönheit der Sprache ist eine in sich nothwendige Folge ihres übrigen Wesens, ein untrüglicher Prüfstein ihrer innern und allgemeinen Vollendung, denn die innere Arbeit des Geistes hat sich erst dann auf die kühnste Höhe geschwungen, wenn das Schönheitsgefühl seine Klarheit darüber ausgiesst.«

Humboldt hat hiermit zugleich den höheren Einheitspunkt der Sprach- und Kunstwissenschaft ausgesprochen und er hat ferner, indem er den Charakter des Griechischen Volkes in seiner Sprache feinsinnig aufspürt und ihm darin den germanischen Sprachcharakter gegenüberstellt, beide aber in das Centrum der Sprachenwelt setzt (*Haym* S. 578 ff.), dem Studium des antiken, vor allem hellenischen Volks in Sprache und Kunst seine bleibende Bedeutung in der neuen Wissenschaft gesichert.

Böckh spricht von *Humboldt* treffend aus: »Genährt durch das klassische Alterthum, blieb er diesem stets mit gleicher Liebe und Bewunderung zugewandt; seine reifere Jugend griff ein in die alles damals belebenden dichterischen, ästhetischen und speculativen Richtungen der grossen Bildner unserer Literatur und Philosophie, aber wie Platons frühere dichterische Studien auch über seine späteren philosophischen Werke einen wundervollen Glanz verbreiten, so verklärt *Humboldts* nachmalige Forschungen, in welchen er den ganzen Erdkreis in dieser Beziehung umspannend, früher kaum Geahntes in einem Masse leistete, welches die Kraft des Einzelnen zu übersteigen scheint, die Glorie einer von dem Urbilde der Schönheit ursprünglich erfüllten Seele« (Kl. Schriften. II. S. 214).

Indem *Humboldt* endlich die Aufgabe des Geschichtschreibers darstellen will (Abhandl. d. Berl. Akad. d. Wissensch. hist.-philos. Kl. 1820—21. S. 305—322, Ges. Werke. I. S. 1—25), sieht er sich veranlasst, »das leichter erkennbare Verfahren des Künstlers auf das mehr Zweifeln unterworfene des Geschichtschreibers anzuwenden. »Die historische Darstellung ist wie die künstlerische Nachahmung der Natur. Die Grundlage von beiden ist das Erkennen der wahren Gestalt, das Herausfinden des Nothwendigen, das Absondern des Zufälligen« (S. 8); diese wahre Gestalt ist dort die mathematische und organische Form, hier die in der Geschichte wirksamen, schaffenden Kräfte, die Ideen, die erscheinen in Individualitäten einzelner Personen wie ganzer Nationen«. Und *Humboldt* gelangt auch hier wieder zu den Hellenen als demjenigen Volk, »das eine weder vorher noch nachher jemals dagewesene Idee nationaler Individualität aufstellt« (S. 20). »Beispiele von Krafterzeugnissen, von Erscheinungen, zu deren Erklärung die umgebenden Umstände nicht zureichen, sind ihm aber das Hervorbrechen der Kunst in ihrer reinen Form in Aegypten und vielleicht noch mehr die plötzliche Entwickelung freier und sich doch wieder gegenseitig in Schranken haltender Individualität in Griechenland, mit welcher Sprache, Poesie und Kunst auf einmal in einer Vollendung dastehen, zu der man vergebens seine allmäligen Wege nachspürt« (S. 20).

Worte *Welckers* (Zoegas Leben II. S. 398 f.), im J. 1819 gedruckt, sprechen den in *Zoegas* Umgebung und in dem deutschen, von *W. von Humboldt* in Rom gebildeten Kreis wahr und lebendig von Einzelnen empfundenen Mangel eines grossen wissenschaftlichen Vereins in Rom für Archäologie im weitesten Sinne und für ihre Jünger trefflich aus:

»Hätten mehrere deutsche oder sonst nordische Höfe, dazu vereinigt, durch einen einflussreichen Mann, der in die Bildung der Zeit einzugreifen getrachtet und verstanden hätte, daran gedacht, dort wie Frankreich für seine Künstler eine Akademie, so auch eine wissenschaftliche Anstalt zu errichten, wie vortheilhaft und folgenreich konnte *Zoega* benutzt und beschäftigt werden. Dass doch ein *Leibnitz* gelebt und diesen Gedanken gefasst hätte, der so einleuchtend scheint und mir einmal beim ersten Einfall sogar leicht ausführbar schien in dem Alter, wo man nur seine Wünsche und den Gegenstand seines Strebens fühlt und weniger bemerkt, was die Welt trennt noch was sie beherrscht. Nur wenige aber bis zur Meisterschaft geübte Alterthumsgelehrte an die Spitze einer Schule von jüngeren gestellt, dort mit ihnen die Dichtung und die Kunst der Sprache und die Geschichte, die Natur und das Treiben der Alten zu betrachten, fast alles so viel näher und lebendiger, so viel anziehender und anschaulicher, welche Wirkungen hätten sie vereint hervorbringen können! Fast jeder, der in Philologie, Geschichtschreibung, allgemeiner Bildung das Gewöhnliche zu überschreiten gedacht hätte, würde unter solcher Aufforderung den kleinen Aufwand und Mühe des bald gewohnten Weges leicht verschmerzt haben, um einen Ort zu besuchen, der, wenn nicht für alle Welt, wie *Winckelmann* ausruft, doch gewiss für sie die Hohe Schule gewesen wäre. — Rom hat dabei den Vortheil in dieser Hinsicht, dass es keine herrschende Stadt ist und dass es dem Vaterlande nicht entfremdet, indem es uns mehr aus der Zeit herausversetzt in die Vergangenheit und nicht zu einem fremden lebenden Geschlecht hinzieht, sondern an etwas Ideales fesselt.«

2 *Barthold Georg Niebuhr* (1776—1831).

Vgl. Lebensnachrichten über B. G. N. aus Briefen desselben und aus Erinnerungen einiger seiner nächsten Freunde. 3 Bde. Hamburg 1838. 1839; *Franz Lieber*, Erinnerungen aus meinem Zusammenleben mit B. G. N. Aus d. Engl. übersetzt v. K. Thibaut, Heidelberg 1837; *Johannes Classen*, B. G. N., eine Gedächtnissschrift zu s. hundertjährigen Geburtstage. Gotha 1876.

Niebuhr liebte »die Kunst auch nur mit vielen andern Dingen und nach vielen andern Dingen« (Lebensnachr. II. S. 301), er ist »ebensowenig als die alten Römer ein Enthusiast für die Kunst, in der Art wenigstens, dass er in ihr leben und durch sie sich für das schadlos gehalten finden kann, was eigentlich seiner Natur angemessen ist«. »Wo das Lebende anekelt, wie kann der, welcher nur durch Menschengeist und Menschenherz sich selbst gehoben und glücklich zu fühlen vermag, an Bildsäulen, Gemälden und Gebäuden Ersatz finden? Wer kann bloss von Gewürz und Wohlgerüchen leben?« (a. a. O. S. 268). Ja er geht in einer leidenschaftlichen Diatribe gegen *Göthes* italienische Reise im Jahre 1827, die er später schwerlich geschrieben hätte, so weit zu sagen: »ich weiss sehr wohl, dass ich in das andere Extrem gehe, — dass ich nicht allein im göttlichen Tyrol, sondern in Moor und Haide unter freien Bauern, die eine Geschichte haben, vergnügt lebe und keine Kunst vermisse« (II. S. 289). Immerhin zeigen seine holländischen Cirkularbriefe aus den Jahren 1808—9 (Nachgelassene Schriften nicht philol. Inhalts. Hamb. 1842. S. 1—312) sehr viel scharfe und lebendige Beobachtungen für den Charakter der Bauwerke, auch der Urdenkmale der Steinzeit, und die holländische Malerschule. In Italien gewann er ein besonderes Interesse für die vorrafaelische Malerei; unter den jungen Künstlern in Rom hat er *Cornelius* vor allem hochgestellt und gefördert, *Thorwaldsens* Sinn für formale Schönheit und Richtigkeit stösst ihn mehr ab (L. N. II. S. 204); seine Förderung in Denkschriften ist der jungen deutschen, religiösen Malerei zugewendet (*Schöne*, im Neuen Reich S. 513—532; *Lützow*, Zeitschr. f. bild. Kunst. 1875. II. S. 337 ff.). Mit *Rumohr* hatte er aber engen Verkehr und lebhafte Verehrung für ihn. So ist eine nähere Einwirkung *Niebuhrs* auf das Kunstelement in der Archäologie und seine Träger nicht nachweisbar.

Um so bedeutsamer ist aber *Niebuhrs* Empfänglichkeit und geniale Benutzung des Anschaulichen der Denkmälerwelt für Erfassung des antiken Lebens. Die Vorlesungen über römische Geschichte in Berlin 1810/11. 1811/12 gehalten erregten den Wunsch, nach Italien zu gehen, gewaltig. »Ist man so vorbereitet, dass man wie in einer Heimath dort sich zurecht finden könnte, dass man die Ruinen, den Boden selbst durch eigenes Anschauen verstehen und in einer ewigen Kette von Verbindung dessen, was man sieht und was man weiss, leben würde, so ist es schmerzlich, die Vollendung seiner inneren Anschauung durch reale entbehren zu müssen« (L. N. I. S. 490). »Dass man die Alten nicht versteht, wenn man Gegenstände ihres täglichen Lebens, die uns mit ihnen gemein sind, nicht in der Gestalt sich anschaulich denkt, unter welcher diese ihren Augen gewöhnlich waren« (Kl. histor. u. philol. Schr. I.

1828. S. 2). »Wie würde man die Philologie segnen, wenn man wüsste, wie zauberischen Genuss es gewährt, in der schönsten Vergangenheit lebendig zu werden. Das Lesen ist der kleinste Theil, die Hauptsache das einheimisch seyn in Griechenland und in Rom in den verschiedensten Zeitaltern« II. S. 91). In diesem Sinne gab er dem Kronprinz nachher Friedrich Wilhelm IV. Unterricht und geht ein auf dessen Traum, »in Griechenland Herr zu sein, um unter den Trümmern zu wandeln, zu träumen und zu graben«. So entwirft *Niebuhr* umfassende Pläne für Ausbeutung Roms 1815, erkennt, dass man Gehülfen dafür nöthig habe (L. N. II. S. 146). Und immer steht ihm auf der Reise nach Rom 1816 der Beruf für die römische Geschichte unter allen literarischen Entdeckungen wie in Verona oben an. »Ich habe auf der ganzen Reise Land, Gegenden, Sitten, Einrichtungen mit Anstrengung und unzähligen Erkundigungen studirt und allerdings bestätigt gefunden, dass die meisten Reisenden sich um das Wichtigste wenig bekümmerten und so gut wie nichts sahen und hörten.« So findet er in Terni fünfzig altrömische Häuser, studirt die Gränzscheidekunst und die Weinbereitung der Alten (II. S. 244). In Rom sind ihm lange »die unermessliche Menge von Gewölben und Bögen von Ziegelsteinen, vornehmlich auf dem Palatinus in den Kaiserpalästen, nicht nur uninteressant, weil sich dabei nichts denken lässt, sondern wüst und widerlich; allmälig sieht man sich an sie hinan u. s. w. und so findet sich *Niebuhr* in die Topographie des alten Roms hinein (L. N. II. S. 337 Jan. 1818). Und so bildeten sich in ihm feste Ansichten aus dieser stillen, genialen Intuition und aus der Gabe aus einzelnen Theilen ein Ganzes zu erkennen, über die Hauptpunkte des ältesten Roms wie Forum, Carinae, Velia u. s. w.; *Bunsen* bekennt sich ihm dankbar für die ganze Fülle der anregenden Beobachtungen. Wie ein geschichtliches Bild der Stadt Rom aus der Geschichte der Verwüstungen hervorgehen könne, hat er in dem Aufsatze »Abriss der Geschichte des Wachsthums und Verfalls der alten und der Wiederherstellung der neuen Stadt Rom« gezeigt, der unmittelbar nach der Rückkehr nach Deutschland 1823 geschrieben ward (veröffentlicht im Cottaschen Kunstblatt, dann aufgenommen in die Beschreibung Roms 1830. I. S. 111—126, wobei einmal 1822, das andere Mal (Vorw. S. XX) 1824 als Entstehungszeit angegeben wird, endlich abgedruckt in den Kl. histor. u. philolog. Schriften I. 1828. S. 417—427).

Niebuhr vermittelte auch den Abschluss der Verhandlungen zwischen *Cotta* und *Platner* 1818 über eine neue Bearbeitung der *Lalande-Volkmann*schen Beschreibung Roms (*Lalande*, Voyage en Italie. 8 Bde. 1769. Venez.; *Volkmann*, hist.-krit. Nachr. von Italien. 1778. 3 Bde.), in welcher er den antiquarischen Theil zu überwachen versprach. Dieser Plan erweiterte sich durch *Niebuhr* und *Bunsen*, auf den bald die ganze Last der Gesammtleitung fiel, zu einer neuen umfassenden, nach allen Gesichtspunkten der Natur, Geschichte und Kunst entworfenen Beschreibung Roms, welche 1825 öffentlich im Kunstblatt (1825. n. 7) angekündigt ward. Zu *Platner* treten *Bunsen*, *E. Gerhard*, *Emiliano Sarti*, *Röstell*, *Hoffmann*, *Urlichs*, hinzu. Die zwei ersten Bände 1830 und 1832 sind noch mit *Niebuhrs* Namen geschmückt; auf seinem Sterbebette empfing er noch den ersten, seit 1827 gedruckten, 1830 erst ausgegebenen Band und hörte die Vorrede mit Freude vorlesen (L. N. III. S. 301). Die folgenden Bände erschienen 1837. 1838. 1842 und erst die letzten Jahre haben in *Urlichs* Urkundenbuch (Codex urbis Romae topographicus. Wirceb. 1871. 4.) noch die gleich beim Beginn mit geplante, von *Gerhard* vorbereitete Ergänzung theilweise gebracht. Der von vorn herein aufgestellte, dann freilich sehr modificirte Gesichtspunkt, dass das Werk zugleich ein Handbuch für Reisende sei, hat demselben gerade in den grundlegenden Theilen sehr geschadet neben dem Weggange *Niebuhrs* von Rom, und so musste *W. A. Beckers* philologische Gelehrsamkeit und Gewissenhaftigkeit in der Topographie Roms 1843 sich scharf gegen diese Schwächen wenden. Die Controversschriften von *Becker, Preller, Urlichs* 1845 ruhten weniger auf principieller Verschiedenheit, als auf dem verschiedenen Masse der Kritik gegenüber der Art der Ausführung.

Niebuhr wird es in erster Linie verdankt, dass, wie *E. Curtius* schön bemerkt (Rom und die Deutschen im Alterthum und Gegenwart S. 55), der ganze Ausbau der Geschichte Roms im Alterthum und Mittelalter und die wissenschaftliche Behandlung seiner Denkmäler, soweit sie bis jetzt gelungen ist, in der Hauptsache eine Frucht deutscher Arbeit ist.

Das Institut für archäologische Correspondenz in Rom.

Zur Gründung und Entwickelung vgl. *Ed. Gerhard*, Bullettino 1830. p. 145 ff., 1831. p. 113 ff., 1832. p. 129 ff., zusammengefasst in Thatsachen des archäologischen Instituts in Rom. Berlin 1832. S. 31 S. (vgl. dazu Anzeige von *E. H. Tölken* Jbb. f. wissensch. Kritik. 1833. Febr. n. 33); Derselbe, Notice sur l'Institut de correspondance archéologique, Rome 1840. S. 34 S., ferner Notizie intorno l'instituto 1860, *Th. Panofka*, Notice sur l'Institut de correspond. archéologique. Paris 1833. S. 28 S.; *R. Lepsius*, Memorie del Instituto. II. 1865. p. IX—XXVI.; Reglements de l'Institut de correspondance archéologique. Annali 1829. fasc. III.; Abänderungen und Zusätze 1834. 1836. Annali VI. p. 5 ff.; von *Kestner* eine solche Notice 1846; Statut v. 25. Januar 1871; Statut v. 18. Mai 1874 des Kaiserl. deutschen archäologischen Instituts; Bericht über die Thätigkeit v. 1876—1877 in Archäol. Zeitung XXXV, 4. 1877. S. 199 ff. Vgl. vor allem jetzt Geschichte des Instituts von *Adolf Michaelis*, Festschrift zum 21. April 1879. Berlin 1879. 187 S. Eine Semisäcular-Erinnerung von Dr. *Paul Weizsäcker* in N. Jbb. f. class. Philol. 1879. Hft. 3. S. 145—155.

3 *Christian Karl Josias von Bunsen* (1791—1860).

Memoirs of Baron Bunsen. London 1868. 2 Bde.; Ch. K. Jos. v. Bunsen. Aus seinen Briefen und nach eigenen Erinnerungen geschildert von der Wittwe. Deutsche Ausgabe, durch neue Mittheilungen vermehrt von *Friedr. Nippold.* 3 Bde. Leipzig 1868 —1871; *Ranke*, Aus dem Briefwechsel Friedr. Wilh. IV. mit Bunsen, Leipzig 1873; vgl. noch *C. H. Abeken* in Unsere Zeit. 1861. S. 337—377; *Pauli* in Allgem. deutsche Biographie. III. S. 541 ff.; Life and letters of Frances Baron Bunsen by *Aug. J. C. Hare.* 2 Vol. London 1879; Academy 8. Febr. 1879; Liter. Beilage der Karlsruher Zeitung. Mai 1879. Die archäologische Thätigkeit *Bunsens* ist in diesen so überaus reichhaltigen Mittheilungen sehr kurz und fragmentarisch behandelt; der religiöse und speciell kirchenpolitische Gesichtspunkt hat den wissenschaftlichen sehr zurückgedrängt. *Bunsens* Nachlass bedarf dafür einer sachverständigen Ausbeutung und ist dem Verf. in zuvorkommenster Weise von Herrn Georg von Bunsen zur Verfügung gestellt worden.

Bunsen 1791 in Corbach im Waldeckschen geboren, in materiell beschränkten Verhältnissen aber unter dem Einflusse eines kleinen gebildeten Hofes herangewachsen, studirte 1808 Theologie in Marburg, seit 1809 Theologie und Philologie in Göttingen. Welchen Einfluss der im hohen Alter stehende *Heyne* auf *Bunsen* noch geübt hat, hat derselbe bei dessen Tode 1812 in ergreifender Weise ausgesprochen (*Nippold*, Bunsen. I. S. 359 f.) Von einem bei *Fiorillo* 1811 gehörten umfassenden kunstgeschichtlichen und systematischen Colleg über die Kunstlehre existirt noch ein sorgfältig geschriebenes Heft. Es ist der universalgeschichtliche Geist eines *Joh. von Müller* und *Herder* und das hohe Bewusstsein der Pflichten eines deutschen Philologen, das ihn frühzeitig erfüllte. Der nach jahrelangem Aufenthalt in Italien zurückgekehrte *Tölken* gehört zu dem engen angeregten Freundeskreise *Bunsens*. Die Preisarbeit über das attische Erbrecht 1812 macht ihn zuerst bekannt und giebt ihm bleibendes Interesse für die universale Bedeutung des Familienrechtes. Eine längere Bildungsreise mit dem jungen Deutschamerikaner *Astor* führt ihn nach Wien und Oberitalien; zu *Schelling* tritt er 1812, 1814 zu *Creuzer* in nähere und bleibende Beziehung: *Schellings* Rede über das Verhältniss der Kunst zur Natur (s. oben S. 22) ist für *Bunsen* noch im J. 1836 das eigentliche Evangelium der Kunstwissenschaft.

Nach Göttingen zurückgekehrt und in einen engen Freundschaftsbund mit *E. Schulze, Lachmann, Lücke, Brandis, Reck, Abeken* gestellt, fasst *Bunsen* sein wissenschaftliches Ziel dahin auf: »in das Studium des Alterthums, d. h. in das Erfassen des Ganzen der menschlichen und insbesondere europäischen und zwar germanischen Menschheit den Orient so hereinzuziehen, dass ihn der Teufel nicht wieder herausbringen soll und zweitens Deutschland zum Mittelpunkt dieses Studiums zu machen, soweit es in meinen Kräften steht.« Der Orient tritt so für ihn in den Vordergrund, aber insofern er sich europäischer Geistesgeschichte einfügt, resp. vorausgeht. Noch 1846 spricht er aus: »Der deutsche Philolog kann ebensogut die Bibel und die Pandekten sich auslegen als *Theokrit* und *Eustathius*, beides aber nicht ohne *Homer, Plato* und *Thucydides* auslegen gelernt zu haben« (Nippold II. S. 338). »Was den Griechen zu *Phidias* und *Perikles* und *Sophokles* Zeit *Homer* und die homerische Welt, das ist uns die gesammte hellenisch-römische Welt zugleich mit der jüdischen und der eigenen germanischen« (Winckelmannsrede 1836, im handschriftlichen Nachlass). Schon damals schwebt ihm ein Plan der Geschichte der Menschheit vor, ein Erkennen der Ideen in ihrer zeitlichen Erscheinung, kurz »Gott in der Geschichte«. Als Hauptgesichtspunkte erscheinen ihm Sprache, religiöse und bürgerliche Gesetzgebung.

Für dieses hochgesteckte Ziel beginnt *Bunsen* umfassende germanistische und orientalische Studien in Kopenhagen, Berlin, Paris und bereitet sich für eine Reise nach Indien vor, nach seiner damaligen Anschauung an die Quellen orientalischer Cultur.

Der unerwartete Abschluss des Verhältnisses zu *Astor* im Sommer 1836 zu Florenz nöthigt *Bunsen* nach Rom und führt ihn zu *Niebuhr* und auf die Bahnen des klassischen Alterthums auf zwei Jahrzehnte zurück. Das rasch geschlossene Familienband mit der englischen Familie *Waddington* entwickelt sein tiefes religiöses Interesse nach kirchlicher Seite, für Liturgie und Kirchenbau. *Niebuhr* nennt er den Leitstern seines Lebens, zu dem er seit 1811 schon aufgeblickt, und ihm dankt er die Entwickelung seiner ökonomischen und politischen Anschauungen auch für das Alterthum.

Bunsen steigt rasch vom Privatsekretär zum Gesandschaftssekretär und nach dem Besuch des Königs *Friedrich Wilhelm III.* zum Legationsrath, seit 1827 zum Gesandten. In dieser Stellung hat *Bunsen* 1827—1838 in einzigartiger Weise um die Förderung der archäologischen Studien durch seinen weitausschauenden Geist, durch die kühne und glückliche Leitung internationaler Verhandlungen, durch geschickte Vermittelung wichtiger Ankäufe von Antiken für das Berliner Museum, durch die Freude an anderer Thätigkeit, durch die Freiheit und Gastlichkeit eines breit angelegten Familienwesens sich verdient gemacht. Bei seinem Scheiden von Rom sprach *Abeken* im Namen der Wissenschaftsgenossen es aus: »sie sahen in ihm den Mittelpunkt eines geistig angeregten Lebens scheiden, der seitdem nicht wiedergekehrt ist für Rom und das dort nur durch einen Deutschen erhalten werden konnte, der nach dem geistreichen Ausdrucke des Franzosen *Ampère* der Repräsentant nicht nur der preussischen Regierung bei dem päpstlichen Stuhle, sondern auch der deutschen Wissenschaft bei dem römischen Alterthum war«. So haben in seinem Hause als Genossen *Ambrosch*, *W. Abeken*, *Kellerman*, *Ch. Meyer*, *Urlichs* länger geweilt, so schliesst sich der Bund mit *Kestner*, *Platner*, *Gerhard*, *Welcker* und *Rumohr*, so noch mit dem greisen oben (S. 250) erwähnten *Italinsky*, so tritt *Bunsen* mit Architekten, Bildhauern, Malern, wie *Cornelius*, *Thorwaldsen*, *Knapp*, *Hessemer*, *Schnorr von Carolsfeld*, *Grahl* in Beziehung, die auch praktisch Früchte trug, so verkehren italienische, englische und französische Gelehrte wie *Thirlwall*, *Nott*, *Arnold*, *W. Gell*, *Chateaubriand*, *Champollion*, *Leopardi* bei ihm in seiner Geselligkeit.

Hatte *Bunsen* für das gewöhnliche Treiben einer einzelnen Wissenschaft wenig, zu oft zu wenig Sinn (Nippold I. S. 179), fühlte er sich oft unbefriedigt »von der öden Arbeit antiquarischer und kritischer Untersuchung und mochte sie für eine Zeitverschwendung halten« (I. S. 437), so hält er doch daran fest, »dass ein jeder sich bestreben muss, eine Zeit lang in diesen Diamantminen zu arbeiten« und er fühlt, »dass das Wenige, was er im Stande sei für höhere Arbeiten zu schreiben, nur dadurch eine mehr als augenblickliche Bedeutung erlangen kann, dass er dabei eine Verbindung von philologischer, historischer und philosophischer Untersuchung und Methode in die Wagschale lege, zu welcher er durch den Lauf seines Lebens und das Bedürfniss seiner Natur geführt ward.« In der am Winckelmannsfest in der Villa Albani am 9. Decbr. 1836 gehaltenen Festrede über »*Winckelmanns* bleibende Bedeutung für Wissenschaft und Kunst« spricht er die zwei Forderungen an den historischen Forscher der Wissenschaft des Schönen scharf aus: schärfste und genaueste, ja gründliche Auffassung des Einzelnen und zweitens die Ueberzeugung, dass dieses Einzelne nicht erforscht und verstanden werden möge, ohne dass die Idee des aus zerstreuten Einzelheiten Zusammenzusetzenden im Geiste des Forschers lebe. Und in diesem Sinne hat er auf dem Boden Roms sich nicht gescheut in die Einzelheiten der römischen Topographie, so in die Untersuchung über das römische Forum und über die zwei Höhen des Capitols, auch erfolgreich sich zu versenken, hat er mit der Architektur der römischen Basiliken sich befasst, ist er zu den neu eröffneten Fundstätten griechischer Vasen in Volci wiederholt gereist, hat er die etruskischen Felsengräber von Castel d'Asso, die Wandgemälde von Corneto untersucht, in trefflichem Vortrage die nächsten Aufgaben der römischen Archäologie vorgeführt und klar die Probleme der Vasenmalerei wie der etruskischen Sprache, die Nothwendigkeit einer Inangriffnahme eines Corpus lateinischer Inschriften dargelegt.

Hat diese treibende Unruhe das Hinaus- und Hinaufstreben zu grossen welthistorischen Ausblicken, ehe das Einzelne durchgearbeitet ist, allen Werken von *Bunsen* und gerade auch den antiquarischen den Mangel ruhiger Vollendung aufgedrückt, so war dieses Amt eines »ausschauenden Seemanns im Mastkorb, der rasch und leicht die fernen Klippen entdeckt«, verbunden mit der Innerlichkeit seiner Begeisterung und selbstloser Freude an Arbeiten des Andern ganz besonders geeignet, ein Zusammenwirken von Kräften zu Stande zu bringen, wie dieses unter den Archäologen des jungen Institutes die Jahre 1828—1838 einzigartig macht. Er hat die Gunst der Preussischen Herrscher für diese Anstalt rasch erworben und seit jenem denkwürdigen Aufenthalt des damaligen Kronprinzen nachmaligen Königs *Friedrich Wilhelm IV.* in Rom 1828 selbst als ihr Generalsekretär warm erhalten, er hat ihr den überwiegend deutschen Charakter aufgeprägt und ihr einen festen Wohnsitz in Rom in einem auf seinen Namen gekauften Territorium eine Heimath bereitet, er hat sein Organisationstalent in einem schwierigen Wendepunkte des Instituts 1835 bewährt; er hat endlich durch Reihen topographischer Vorträge das grössere Fremdenpublikum dem Institute gewonnen.

Theilt *Bunsen* mit *W. von Humboldt* den Universalismus der historischen Anschauung, so unterscheidet er sich wie *Niebuhr* dadurch ganz von ihm, dass das Künstlerische nur in zweiter Linie für ihn steht und ihm eine feine Empfindung für die bildende Kunst abging. »Die schönen Künste waren eine Ursache beständigen Vergnügens für *Bunsen*, ohne streng genommen Gegenstand eines eigenthümlichen Geschmackes in künstlerischem Sinne für ihn zu sein. Er nahm sie nur insofern als Wirklichkeiten, die eines verständigen Mannes würdig seien, als er in ihnen die würdige Grundlage und die verständliche Aeusserung von Grundsätzen und Gefühlen erkannte, die ein Recht haben zu bestehen, sittlicher, religiöser, philosophischer, humanitärer; unter den letzten verstand er die Abspiegelung der Verschiedenheiten im Menschen, welche der feinere Sinn in den Volksmelodien unterscheidet« (Nippold I. S. 332 f.). So urtheilt wenigstens seine Frau, welche sogar von einem instinctiven Widerwillen gegen Topographie und antiquarische Gelehrsamkeit spricht gegenüber den biblischen, liturgischen und hymnologischen Untersuchungen (I. S. 341), gewiss mehr in ihrem Sinne als dem *Bunsens* selbst. Und wir müssen in der That sagen bei all den umfassenden ägyptologischen Studien *Bunsens* ist uns nirgends in dem ganzen Werke über »Aegyptens Stelle in der Weltgeschichte« auch nur Eine scharf stilistische Beobachtung über die ägyptischen Denkmäler entgegengetreten und der Abschnitt über Kunst ist daher im Schlussband sehr dürftig ausgefallen; er selbst hatte aber allerdings schon 1839 ausgesprochen, sein Werk werde nur von Sprache, Chronologie und Religion handeln (II. S. 98). Aber *Bunsen* erkennt mit voller Freudigkeit in andern an, was ihm darin fehlte, er rügt an der englischen Bildung die gänzliche Entfremdung von der Kunst, verlangt vom vollendeten Künstler, dass er ein vollendeter Denker sei, er hat das volle Verständniss für leitende künstlerische Naturen wie *Cornelius* und *Mendelssohn*, er betrieb den Ankauf der *Rafael*'schen Teppiche für Berlin, er verlangte einen Kuppelbau für den Dom, aber vergeblich, und er verlangte mit Energie, dass am Denkmal *Friedrichs des Gr. Winckelmann* neben *Kant* und *Lessing* einen Platz erhalte, ja er freute sich der nicht verwirklichten Aussicht, Generaldirektor der Museen in Berlin 1838 zu werden.

Seit 1825 finden wir *Bunsen* ägyptischem Alterthum zugewendet, die Anwesenheit *Champollions* in Rom befestigte in ihm die Ueberzeugung der Richtigkeit des 1824 zuerst veröffentlichten Systems der Entzifferung der Hieroglyphen. *Bunsen* war fortan von der hohen Bedeutung dieser Studien getragen, er fügte sie ausdrücklich ein in die Ziele des archäologischen Institutes 1832 und vertrat sie durch Arbeiten darin; er ist der Hauptträger dann des Gedankens der preussischen Expedition von 1842 gewesen. »Das ägyptische Studium ist besonders durch den Mangel an wahrer Philologie und klassischer Geschichtskritik, wie sie *Niebuhr* gelehrt und geübt hat, in einer grossen Krisis. Mehrere bedeutende Entdeckungen sind nicht gemacht worden, weil man in der philologisch-historischen Basis schwach war. Zweitens fehlte es für die ägyptische Sprachforschung an Material. Nur ein deutscher Philolog kann den Schatz von *Rosellini* heben« (I. S. 350). Mit diesen Worten forderte *Bunsen Lepsius* auf, sich diesen Studien zu widmen. Mehr und mehr trat Aegypten an die

Stelle, die in den Idealen der Jugend Indien eigenommen. Mehr und mehr trat endlich die zeitliche Vergleichung der grossen Culturkreise Aegypten, Assyrien und Babylonien, dessen Alterthum ihm *Layard* und *Rawlinson* erschloss, Palästina und die arische Urzeit ihm als Hauptaufgabe entgegen, wie solche Synchronismen darzustellen versucht sind in Aegyptens Stelle in der Weltgeschichte 1845—1851 (englisch 1857), noch weitergehend in der Geschichte der Sprachen und Urreligionen in Christianity and mankind. London. 2 Bde.: Outlines of the philosophy of universal history applied to language and religion.

Man begreift wohl, wie sehr *Bunsen* bei aller Treue für persönliche Freundschaftsbeziehungen zu Archäologen wie *Gerhard* und *Welcker* der klassischen Archäologie entfremdet ward. Noch 1844 feiert er in England den Geburtstag Roms mit römischen Genossen in feierlicher Weise. In seinen letzten Jahren trug er sich mit dem Plane eines ethnologischen Institutes, wovon ein Zweig das ägyptische wäre, das erwachsen sollte aus der deutschen morgenländischen Gesellschaft.

Ist *Bunsen* als der Organisator des archäologischen Instituts zu Rom und Begründer seiner materiellen Sicherung zu betrachten, so ist *Eduard Gerhard* die wissenschaftliche Seele, das innere Bindeglied der verschiedenen Elemente, der unermüdliche Träger seiner Arbeiten durch fast vierzig Jahre (1828—1867) gewesen.

Eduard Gerhard (1795—1867).

Ed. Gerhard. Lebensbild von *Otto Jahn.* Berlin 1868. Vor den Gesammelten Abhandlungen von Gerhard Bd. II. und gesondert erschienen. Vgl. auch *E. Vinet*, l'art et l'archéologie. Paris 1874. p. 47 ff.; *Ad. Michaelis* in Grenzboten 1868. II. S. 445—463; *Stark*, Augsb. Allg. Zeitung 1867. n. 164. 165.

Eduard Gerhard, geb. 1795 in Posen, aus schlesischer Familie, der Enkel des Kirchenhistorikers *Nösselt* in Halle, frühzeitig von literarisch gelehrten Interessen erfüllt und in aussergewöhnlichem Fleisse ihnen hingegeben, ist seit 1812 Studiosus in Breslau, seit 1814 in Berlin, wird hier von *Böckh* ganz bestimmt und nimmt Theil an dessen Pindarischen Arbeiten. Seine erste Arbeit Lectiones Apollonianae 1816 zeigt ihn eng vertraut mit alexandrinischer Poesie, seine zweite, die Ausgabe der Schrift des Maximus περὶ καταρχῶν vertraut mit ihren superstitiösen Ausläufern. Schon in Berlin steht er in regem Verkehr mit Genossen gleicher Studien, besonders mit *Wernicke* und *H. E. Meier*. In Breslau eröffnet er in den Philologischen Blättern den Kampf gegen die Sachsen, gegen die Hermannische Schule. Nach kurzer Lehrthätigkeit und gedrückt von schwerem Augenleiden in Posen tritt er 1819 die Reise nach dem Süden an, die in 1820 sich hineinzieht und umkreist selbst ganz Sicilien.

Zwischen 1822 und 1836 fällt *Gerhards* so überaus erfolgreiche Thätigkeit auf italischem Boden. Immer wieder kehrt er nach Rom zurück von dem mehrfachen Aufenthalt in Neapel, von den Wanderungen in Etrurien, in Apulien und Calabrien, in den Apenninen, in Sicilien, von den zeitweisen Besuchen in der Heimath wie in Paris, und es schliessen die Wanderjahre endlich 1836/37 mit einer Bereisung von Griechenland.

Gerhard gewinnt die grösste Lokalkenntniss des Südens, die genaueste Einsicht in die Sammlungen, tritt in mannigfachste Beziehung zu den Lokalantiquaren und kehrt immer wieder zu strengeren philologischen Studien und in die Gemeinschaft deutscher Arbeiter zurück. Ihm tritt dabei die ganze Bedeutung massenhafter und sicherer Monumentenkenntniss wie die Zersplitterung des Materials und der arbeitenden Kräfte vor Augen. Er hat in der Beschreibung der Antikensammlung des Vatican in der Beschreibung Roms (II, 1 1831.

S. 1—283) und in der kunsthistorischen Einleitung dazu I. 1830. S. 277—334), in der Beschreibung von Neapels antiken Bildwerken Stuttgart 1828. I.) und vor allem in dem so grossartig angelegten, leider durch buchhändlerische Entmuthigung und Inconsequenz zu bald unterbrochenem Werke: Antike Bildwerke (Stuttgart 1827—1839), ebensowohl jenes praktisch bethätigt, wie die vorzügliche Begabung für ein Zusammenwirken mit anderen im Sinne grosser archäologischer Ziele erwiesen.

Sein Standpunkt ist dabei ein von dem der Weimarischen Kunstfreunde wesentlich abweichender; nicht um Kunst und Alterthum, sondern um Alterthum und Kunst handelt es sich. »Wenn allerdings nur ein durch Produktion erhöhtes Kunstgefühl es hoffen darf, die Trefflichkeiten eines Kunstwerkes dem Geiste des alten Künstlers nachzufühlen, so stellen doch andererseits Zeit, Bestimmung und Bedeutung jedes Kunstwerk in eine Mitte, die umfassender und gewiss nicht unwichtiger als sein Verhältniss zur verwandten Reihe gleichzeitiger Kunstwerke, ausser dem Gefühl auch die gesammte Anschauung und Erkenntniss des alterthümlichen Lebens in Anspruch nimmt (Beschreib. Roms I. S. 278). Und hier fordert *Gerhard* vor allem zu einer Gesammtbetrachtung antiker Kunstvorstellungen auf. Er will »jene Symbolik der alten Welt, welche nach dem Widerschein himmlischer Erscheinungen auf Erden suchte und die edelsten Gegenstände der wirklichen Welt im Spiegel göttlicher Abkunft zu erblicken begehrte, in den Göttersagen nicht voreilig aufsuchen, ehe er selbst in den spielendsten Vorstellungen eines untergeordneten Göttergefolges und selbst im schlichtesten Gewand der Alltagswelt einen bald mystischen bald rein symbolischen Bilderkreis gefunden hat« (a. a. O. S. 315). Der Ausgangspunkt seiner Betrachtungen ist ihm nun die Gräberwelt mit der ganzen Fülle ihrer auch unscheinbarsten Ausschmückung und Ausstattungsgegenstände, die er den eingehendsten Studien unterwirft, freilich mit der stillen Voraussetzung, dass in den bakchischen Mysterien ein Hauptgedankenkreis ihrer Bilder gegeben sei. Von da aus glaubt er unbedenklich zu der Erläuterung des ganzen gewaltigen antiken Bildervorrathes fortschreiten zu können und er erklärt die vorherrschende symbolische Bedeutung als eine wichtige Bedingung aller Kunstübung und Kunsterklärung. Diese Grundsätze sind gleichzeitig in der Abhandlung Venere Proserpina illustrata da *Odoardo Gerhard*. Poligrafia Fiesolana 1826 an dem Nachweis eines vielfach erscheinenden Cultusidoles wie im »Prodromus mythologischer Kunsterklärung« (Begleitschrift zu den Antiken Bildwerken 1828) ausgesprochen und angewendet.

In dieser religiösen, symbolischen Auffassung der ganzen antiken Kunstwelt, in diesem hingebenden Eifer immer neuer Aneignung monumentalen Stoffes, in dem frischen Erfassen südlicher Landes- und Volksnatur begegnete sich aber *Gerhard* in Rom mit Geisteswandten, mit Baron *Stackelberg*, mit *Kestner*, mit seinem jüngeren von Paris gekommenen Landsmann *Panofka*. Und auch die 1822—1823 in Italien weilenden *Thiersch*, *Schorn*, *Hagen* rechneten sich zu diesem Kreise der Hyperboreer in Rom. Mit ihnen und mit *Leo von Klenze* war ein grosses Gesammtwerk über Italiens Kunst und Alterthum verabredet, wovon aber nur der erste Theil mit *Thiersch* Reise in Oberitalien und *Schorns* Beschreibung von Ravenna und Loreto 1826 erschien. Man las zusammen *Pausanias*, *Philostratus*, *Hygin*, man suchte Monumente auf, man machte grössere Wanderungen in Latium, man vereinte sich endlich zu gemeinsamer Publikation. Die Società iperboreo-romana erhielt ihre Weihe im Juli 1825 durch ein griechisches Dedikationsgedicht von *Gerhard* vor jener Venere Proserpina. Die Kupfertafeln zu zwei Heften der Monumenti inediti dieser

Gesellschaft waren gestochen, der Text geschrieben 1826, als der Buchhändler *Cotta* zurücktrat. Und so haben wir nur Dank *Gerhards* zäher Ausdauer und alles zum Abschluss bringender Treue einen Nachlass jener Gesellschaft in den hyperboreisch-römischen Studien für Archäologie I. 1832 und II. 1852 erhalten.

Der Gedanke einer in regelmässigen Publikationen hervortretenden, in Rom zunächst wurzelnden europäischen archäologischen Gesellschaft, eines Portofranco archeologico internazionale aber wuchs aus jenem engeren Freundschaftskreis kräftig, Dank der Einsicht und Opferfreudigkeit hochgestellter Männer hervor. Er ward von dem jungen Herzog *Albert de Luynes* (1803—1867), dem archäologischen Zögling von *Panofka*, dem Ehrendirektor des griechisch-ägyptischen Museums in Paris, welcher unerkannt eben in Italien zu grossartigen Ausgrabungen auf dem Boden Metaponts und anderer griechischer Städte Unteritaliens weilte, mit Lebhaftigkeit ergriffen; Paris schien für einen Augenblick der günstigste Ort der Centralleitung und der Publikationen. Da trat *Bunsen* glücklich dazwischen, das Protektorat ward von dem in Rom weilenden Kronprinz von Preussen, um den sich die deutsche Kunst und Wissenschaft begeistert schaarte, angenommen und am 9. December 1828 ward von *Bunsen, Gerhard, Kestner, Thorwaldsen, Fea* die Organisation einer solchen Gesellschaft festgesetzt, welcher sofort dann *Nibby, Millingen, Panofka, Stackelberg, Welcker, Rumohr* und nach einigen Jahren *Luynes* beitraten. Als die zehn Gründer betrachtete man: *Blacas, Bunsen, Fea, Gerhard, Kestner, Luynes, Millingen, Panofka, Thorwaldsen, Welcker*, denen zwanzig Ehrenmitglieder sich anfügten. Am 21. April ward das Institut für archäologische Correspondenz in Rom eröffnet, und fand bald eine gastliche Stätte im Palazzo Caffarelli, im preussischen Gesandtschaftshotel. Der Beginn der Monatshefte des Bulletino ward schon vom Januar datirt. Bereits im ersten Jahre traten in Deutschland *Böckh, Böttiger, Creuzer, Hirt, O. Müller, Meier, Schorn* u. a. bei, in Paris *Guigniaut, Quatremère de Quincy, Lenormant, de Laglandière* und der damalige Gesandte Frankreichs in Rom, der eifrige Kunstsammler und feine Kenner, der Herzog von *Blacas d'Aulps* nahm das Ehrenpräsidium an. In der That konnte ein günstigerer Beginn einer solchen ersten europäischen Association für rein wissenschaftliche ideale Zwecke nicht gedacht werden und ein klug erdachtes und benutztes, weitschichtiges System von Klassen der Mitglieder (Associati, Membri honorari, ordinari, corrispondenti), von Direktoren, Sekretären, Assistenten, Bibliothekaren, Archivaren, Schatzmeister gab die Möglichkeit einer vielseitigen, auch Frauen und Institute umfassenden Betheiligung. Vier Sektionen wurden sofort gebildet für Italien, Deutschland, Frankreich, England, in der That ein glücklicher Gedanke auch für das Heranziehen der lokalantiquarischen Thätigkeit ausserhalb Italiens, freilich nie wirklich ausgefüllt. Auch Griechenland war sofort herangezogen worden, Rom war das Centrum, doch war für Paris der Sitz eines zweiten dirigirenden Sekretärs (*Panofka*) und der Druck eines Theils der Schriften vorgesehen. *Gerhard* spricht das Ziel der neuen Gründung mit den Worten aus: »Das archäologische Institut umspannt die Gränzen, sammelt den Stoff und vermittelt das Verständniss der gesammten antiquarischen Denkmälerkunde«; Alterthumsforschung, Kunstgeschichte, lebende Kunst reichen sich in ihm die Hände. Es war von vornherein abgesehen auf möglichst rasche und allseitige Beachtung aller neuen archäologischen Thatsachen, auf ihre Verbreitung durch Abbildung oder durch kurze Notizen, auf lebendigen Austausch der archäologischen Kenntnisse und Unterstützung des Einzelnen durch Anlegung eines archäologischen, umfassenden Apparates. Im internationalen Interesse und mit der nur Deutschen eigenen Selbstverleugnung war als Sprache der Mittheilung das Italienische, Französische, ausnahmsweise das Lateinische allein anerkannt.

Fr. Creuzer begrüsste die neue Gründung mit den trefflichen Worten: »wenn die Hauptstadt der Künste unstreitig als der angemessenste Vereinigungspunkt eines solchen europäischen Instituts betrachtet werden muss, theils wegen der Mittel, welche die Sammlungen Roms nebst dem an Antiken unerschöpflichen Boden der Stadt und ihrer Umgegend, sowie das Zusammenströmen der Künstler und Kunstfreunde aller Länder mit den neuen Erscheinungen, die hier zur Beschauung kommen, im reichsten Masse darbieten, theils weil das hier vorwaltende Kunstelement, vereint mit dem beständigen Anblick der grossen Denkmale des Alterthums den Männern, welche hier zu diesem Vereine zusammengetreten, eine Stimmung mittheilen muss, welche uns gegen alle Kleinlichkeit, Neid, Eifersucht und Rechthaberei, gegen das hemmende Monopolienwesen kurz gegen alle Leidenschaften, die sonst wohl manchen Akademieen ankleben, hinlängliche Bürgschaft gewähren, so können wir im Interesse der Künste und Wissenschaften diesem Institute ungestörten Fortbestand und gedeihliches Wachsthum wünschen« (Deutsche Schriften. II. Abth. 2. Bd. S. 167 f.).

Die literarische Thätigkeit war von vornherein auf die regelmässige Publikation von zwölf Tafeln Abbildung von Monumenti inediti in grossem Format, auf ein Jahrbuch, Annali mit bildlichen Beigaben (Tavole d'aggiunta), auf das monatliche Bullettino gerichtet. Sie sind in ununterbrochener Folge zu je fünfzig Bänden der Annali und des Bullettino, zu zehn Bänden Monumenti angewachsen. Ein Versuch von Dr. *Emil Braun*, sie in Einer Publikation zu vereinen, ist 1851—54 gemacht worden, aber ist völlig in dem gehofften Erfolge grösserer Popularisirung mislungen. Auch der zeitweise Versuch der französischen Sektion besondere, parallel gehende Annalen (Nouvelles annales) erscheinen zu lassen, brachte nur zwei Bände hervor, den ersten 1837—1839 und der zweite erschien erst 1845. Die Sektion erlosch als solche 1848, trotz des Herzogs von *Luynes* immer opferwilliger Theilnahme. Sorgfältige Repertorien (Repertorio universale) sind 1837. 1847. 1857. 1864. 1874 erschienen. Noch eine dritte Reihe hatte *Gerhard* gleich anfangs ins Auge gefasst, Memorie dell' Instituto für grössere Abhandlungen; 1832 erschien der erste Band, ein zweiter feierte 1865 *Gerhards* Doktorjubiläum.

Selbst eine periodische Publikation von Abgüssen kleiner Kunstwerke war von den Gründern in Angriff genommen, dafür *Thorwaldsens* Thätigkeit und *Kestners* Leitung in Anspruch genommen, die Impronte gemmarie scoperte dal anno 1829 raccolte e formate dall' incisore *Tommaseo Cades* und zugleich ein Supplimento alle impronte gemmarie delle raccolte di *Stosch*, *Lippert e Tassier*; der Text zu jenen ward von *Gerhard* selbst, dann *Emil Braun* unternommen. Bis zum Jahr 1839 sind acht solcher Centurien erschienen, damit blieb dies so nützliche Unternehmen Dank der Gleichgültigkeit des Publikums liegen. Wir müssen es als überaus glücklichen Gedanken bezeichnen, dass das Institut sofort zu solcher Art technischer Vervielfältigung sich anschickte. *Emil Braun* hat späterhin den Gedanken wieder aufgenommen und für die Wissenschaft und deren Lehre die Galvanoplastik durch Gründung einer eigenen Fabrik neben dem Institut nutzbar gemacht; manche Abformung, mancher Gypsabguss ist durch das Institut vermittelt worden. Eine Organisation und von Männern der Wissenschaft geleitete grössere Thätigkeit solcher Vervielfältigung empfiehlt sich auch noch jetzt für das Institut.

Solche Publikationen von Rom aus waren gar nicht möglich ohne die Bildung eines Archivs an Abzeichnungen, Copien aller Art nach Antiken und einer archäologischen Bibliothek zu liberalem Gebrauch der Mitglieder. Ebenso galt es jahrelange Ansammlung von Copien, von Mittheilungen der lokalen Zeugen, von Reiseberichten eigens dafür abgesandter Archäologen für bestimmte ins Auge gefasste Unternehmungen, die unter den Auspizien des Instituts und auch schliesslich mit seinen Mitteln begonnen wurden; ein Riesenkatalog aller antiken Monumente zunächst Italiens war als Aufgabe gestellt, ein Corpus inscriptionum Italicarum, speciell auch etruskischer Inschriften, ward von *Bunsen* und *Lepsius* geplant, ein lateinisches Inschriftenwerk von *Kellermann* und *Sarti* vorbereitet; eine antike Geographie Italiens ward von *Bunsen* als Ziel hingestellt und als Mittelglied zwischen der Topographie Roms und diesem Plan lag bereits seit 1829 die Karte der römischen Campagna von *Westphal* vor (Berlin 1829). *Brunns* Rilievi delle urne etrusche. Bd. I. 1872, ist eine reife Frucht solcher vom Institut gestellter und vorbereiteter Specialaufgaben.

Es war ein wahrhaft rettender und in seinen Folgen segensreicher Entschluss von *Bunsen*, mitten in einer schweren Krisis den Bau eines eigenen Hauses für das Institut im Garten des deutschen Hospitals zu unternehmen und zugleich in der Casa tarpea den Beamten des Instituts einen Sitz, wie jungen Archäologen die Möglichkeit der Wohnung zu gewähren. Bereits im Frühjahr 1836 ward der Bau des Institutes feierlich eingeweiht, damit ihm volles Heimathsrecht auf römischem Boden verliehen. Ein Neubau erhebt sich an derselben Stätte seit 1876.

Der persönliche Verkehr der leitenden Stifter und Mitglieder unter einander und mit der jährlich ab und zuströmenden Zahl junger Gelehrter, Künstler und Kunstfreunde, erschien von vornherein selbstverständlich, musste aber bald bestimmte Formen annehmen, so sehr man auch die Langeweile und Aeusserlichkeit akademischer Sitzungen vermieden wünschte. Zu den zwei Festversammlungen an *Winckelmanns* Geburtstag und am 21. April, dem Geburtstag Roms, kamen wöchentliche Adunanzen zwischen December und April hinzu als Stätte mannigfachster Mittheilungen und Vorweisungen.

Doch auch diese genügten nicht; in dem ersten Jahrzehnt sind mehrere Winter hindurch Reihen von Vorträgen über Topographie Roms, über Kunstgeschichte u. dgl. gehalten worden und dem Institute fügten sich nun jene altgeübten Periegesen, jene Giri ein, die schon *Winckelmann, Reiffenstein, Zoega* u. a. geleitet, ebenso für weitere Kreise wie für den engsten Kreis jüngerer anzuleitender Archäologen. *Emil Braun* hat wenn irgend einer darin anregend gewirkt; dem Verf. dieses Werkes widmete er z. B. in dem unruhigen Winter 1847—48 ganz allein jede Woche einen vollen Nachmittag und liess sich über einzelne Monumente schriftliche Berichte vorlegen. Und so ist in der That jener leitende, erziehende Gesichtspunkt, der einem *Welcker* für eine solche Anstalt vorgeschwebt, auch mit verwirklicht worden in dem Institut, das nur für den freien raschen Austausch gewiegter Kunst- und Alterthumsforscher gegründet schien. Derselbe erhielt aber auch in neuester Zeit eine materielle Unterlage. Die Ertheilung von Reisestipendien für junge Philologen für archäologische Studien unter der Leitung des Institutes erfolgte von der preussischen Regierung zuerst 1856, statutarisch seit 1860 (Archäol. Anzeiger 1860. S. 44*); seit 1874 sind fünf Stipendien dafür ausgesetzt, von denen eines dem Studium der christlichen Archäologie bestimmt ist.

Das archäologische Institut hat schwere Krisen glücklich bestanden und hat im Laufe der Jahre seinen internationalen Charakter allerdings gutentheils eingebüsst, aber seine Institutionen fester ausgebildet und noch eine Zweiganstalt neben Rom in Athen gegründet. Nachdem die Frage, ob nach Paris, ob nach Berlin der Schwerpunkt des Instituts zu verlegen sei, seit 1835 viel und heftig verhandelt war, ward **Rom** definitiv als Sitz derselben und zwar im eigenen Hause anerkannt und Fürst *Metternich* Präsident. Das Institut verlor aber 1838 seinen Generalsekretär *Bunsen* durch Weggang von Rom. *Panofkas* Thätigkeit schloss für das Institut wesentlich 1836, während *Gerhard* auch von Berlin aus bis zu seinem Tode 1867 der intellektuelle Mittelpunkt blieb. Zeitweise wirkten *Kellermann*, *W. Abeken*, *Franz*, *Ambrosch*, *Lepsius*, *Papencordt*, *Urlichs* am Institut. Die zeitweilige Ablösung der Section française ward nach wenig Jahren (1837—1840) beseitigt. Ein glückliches Geschick liess zwei Männer, *Emil Braun* 1834—1856, und *W. Henzen* seit 1841 neben einander andauernd als Sekretäre wirken, die sich in seltener Weise im Gebiete der Kunstarchäologie und Mythologie und andererseits der Epigraphik und historischen Forschung ergänzten, und *Braun*, seit 1841 dirigirender Sekretär, ward im Jahr 1857 durch *Heinrich Brunn*, der schon mehr denn ein Jahrzehnt früher in Rom geweilt (1843—1854), vollauf ersetzt.

Entscheidend war die von der Preussischen Regierung 1857 verfügte ständige Dotation der beiden Sekretärstellen aus ihren Mitteln (seit 1842 war sie für mehrere Jahre bewilligt worden), sowie jährlicher Beiträge zu den Schriften und für die Erhaltung des Gebäudes und damit die seit 1853 nothdürftig durch einen Buchhändler gedeckte Geldnoth beseitigt. Durch die Verlegung der Centraldirektion nach Berlin 1869 schritt man auf dem Wege der Nationalisirung und Centralisirung des Instituts fort. Am 5. Januar 1871 gab König *Wilhelm* von **Preussen** als Protektor des Institutes demselben eine neue Organisation, wobei dasselbe in enge Verbindung mit der **Berliner Akademie der Wissenschaften** gebracht ward, ohne seinen Namen und einzelne internationale Bestimmungen zu verlieren. Am 18. Mai 1874 ward die vom Bundesrath und Parlament genehmigte Umwandlung des Institutes in ein deutsches **Reichsinstitut** vollzogen und damit Ziele, Mittel und Verwaltungsform neu geordnet. In der Centraldirektion von eilf Mitgliedern sind vier derselben nicht in Berlin ansässig, fünf Mitglieder der Akademie. Noch gehört ihr Herr *de Witte* als auswärtiges Mitglied an, seit 1840 in dieselbe gewählt. Das Ziel ist in den Worten jetzt ausgesprochen: »das Institut hat zum Zweck auf dem Gebiet der Archäologie und dem verwandten der Philologie die Beziehungen zwischen den Heimathländern alter Kunst und Wissenschaft und der gelehrten Forschung zu beleben und zu regeln und die neu aufgefundenen Denkmäler der griechischen und römischen Epoche in rascher und genügender Weise zu veröffentlichen.« Die wichtigste und durch die Entwickelung der Wissenschaft geforderte und durch die jetzige Entwickelung Griechenlands und der Verkehrsverhältnisse ermöglichte Erweiterung der Stiftung ist die Stiftung einer Zweiganstalt in **Athen** unter Leitung eines dort ansässigen Sekretärs. Statutengemäss werden fortan in den Wintermonaten in Rom wie in Athen »zunächst für die in Rom und Athen weilenden Stipendiaten des Instituts, überhaupt aber für sämmtliche in Rom und in Athen zu ihrer gelehrten Ausbildung weilende Deutsche unentgeldlich theils eine Periegese der Monumente vorgenommen, theils archäologische oder epigraphische Vorträge gehalten oder Uebungen geleitet.« Die Eröffnung in Athen fand statt am 9. December 1874.

Das literarische Centralorgan des Reichsinstitutes ist seit 1875 die **Archäologische Zeitung** in Berlin; als besondere periodische Publikation des Instituts erscheint daneben die **Ephemeris epigraphica** seit 1872 in Rom. In Rom erscheinen unverändert Annali Monumenti und Bullettino, in

Athen dagegen die Mittheilungen des deutschen archäologischen Institutes in deutscher Sprache seit 1875. Daneben werden im Anschluss zum Theil an frühere Unternehmungen grosse monumentale Gesammtwerke über einzelne Denkmälergattungen, so über die etruskischen Urnen von *Brunn*, über die Terracotten von *Kekulé* ausgeführt, und was wir für ganz besonders erspriesslich erachten, ein kartographisches Werk auf neuen Vermessungen beruhend allmälig für ganz Attika durchgeführt.

Neben diesem »mächtigsten Triebrade der Archäologie«, wie *O. Müller* das römische Institut 1835 bereits nannte (Kl. Schriften II. S. 639), haben auch die früheren Hebel, wodurch vereinigte Kräfte in Bewegung gesetzt wurden, ihre Wirksamkeit nicht verloren; ja eine Fülle neuer Hebel sind angesetzt worden. Wir geben im Folgenden einen Ueberblick solcher speciell der Archäologie allein oder einzelnen Theilen dienender Gesellschaften und Organe oder allgemeinerer wissenschaftlicher Vereine, in denen die Archäologie seitdem eine anerkannte Stellung gefunden; der vielfache Wechsel im frischen Beginn und raschen Absterben, welcher für die Jugendlichkeit der Wissenschaft zeugt, erschwert ungemein jeden Ueberblick.

4 In Berlin wirkte *Gerhard*, 1833 zum Archäolog des Museums ernannt, 1835 ordentliches Mitglied der Akademie der Wissenschaften, 1843 a. o. Prof. an der Universität, 1844 ord. Prof., seit seiner ständigen Rückkehr aus dem Süden 1857 unermüdet bis zu seinem am 12. Mai 1867 erfolgten Tode für eine archäologische Genossenschaft und deren Veröffentlichungen. Schon 1833 erschien von ihm in Berlin ein Festprogramm des Institutes, ein zweites 1835; seit 1841 beginnt die ununterbrochene Reihe der Berliner Winckelmannsprogramme zugleich mit der Constituirung einer archäologischen Gesellschaft daselbst. Sie hat seitdem als Bindeglied aller archäologisch thätigen Kräfte Berlins und vielfach auch der andern deutschen Archäologen gedient, vor allem durch die Mitwirkung bei der Archäologischen seit 1843 von *Gerhard* begründeten Zeitung (s. oben S. 272). Auch lange, ehe sie officielles Organ des Institutes ward, hat sie zur Orientirung auf dem ganzen Gebiete wie zu einer raschen Publikation neuer Denkmäler auf den jährlich edirten zwölf Bildtafeln gedient.

5 Unter der grossen, nur allzugrossen Zahl deutscher Geschichts- und Alterthumsvereine, welche periodisch Schriften mit Monumententafeln publiciren, deren Gründung durchgängig nach den deutschen Freiheitskriegen, meist erst nach 1830 erfolgt ist, bieten die Vereine der Gegenden am Rhein und an der Donau naturgemäss das meiste Interesse für klassische Archäologie. Wenn auch seit 1863 ein Correspondenzblatt des Gesammtvereins deutscher Geschichtsvereine existirt, so ist dennoch eine Uebersicht der Arbeiten und Funde noch sehr erschwert und die archäologische Forschung leidet immer noch ebensosehr an der Zerreissung des Arbeitsgebiets durch moderne Landesgränzen wie an dem Mangel einer durchgängigen Befruchtung der Lokalinteressen durch die Gesammtwissenschaft der Archäologie (vgl. *Stark* in *Bursian* Jahresbericht II. S. 1603 ff.). Die oben S. 189. 207. 218 ff. besprochenen Anfänge grösserer Organisationen antiquarischer Arbeit am Rhein gingen in der Zeit der politischen Umwälzungen an der Wende des Jahrhunderts unter; vereinzelte ehrenwertheste Bestrebungen machten sich in Baden, der bayrischen Pfalz, in Hessen, in Mainz, am Niederrhein geltend; die Namen *Creuzer*, *Lehne*, *Leichtlen*, *Wielandt*, *Knapp*, *Jäger*, *Gräff*, *Jaumann*, *Raiser*, *Emele*, *Grieshaber*, *Habel*, *von Stichaner*, *Stälin*, *Wilhelmi*, *Arnd*, *Dorow* u. a. sind dafür Zeugniss. Wie wenig aber der rastloseste Eifer und Fleiss des vereinzelten Gelehrten ohne genügende Methode und Gesammtkenntniss noch zu leisten vermochte,

beweist der Codex inscriptionum romanarum Rheni. 2 Thle. 1837. Darmstadt. neue Bearbeitung 1851—1864 als Codex inscriptionum Rheni et Danubii I—IV. von Hofrath *Steiner* in Seligenstadt.

Bereits 1820 war in Bonn unter dem Ministerium *Hardenberg* und unter 6
dem eifrigen Betrieb des Hofrath *Dorow* ein Museum vaterländischer Alterthümer gegründet worden mit dem bestimmt ausgesprochenen Zweck: »um die interessanten Fragmente aus der römischen Zeit vor Zerstörung und Zerstümmelung sicher zu stellen und durch eine genauere Bekanntschaft mit der Vergangenheit die Liebe zum vaterländischen Boden schon zu vermehren und die gelehrte Welt mit diesen schätzbaren Ueberresten des Alterthums näher bekannt zu machen.« Das Letzte geschah fast allein durch *Dorows* zwei Werke: »Opferstätten und Grabhügel der Germanen und Römer am Rhein«. 2 Hfte. Wiesbaden 1819—21 und die Denkmale germanischer und römischer Zeit in den rheinisch-westphälischen Provinzen. 2 Bde. Stuttgart 1823. 1827. Ein Centralmuseum rheinländischer Inschriften unternahm noch *Laurenz Lersch* im Anschluss an diese Bonner Stiftung.

Mit dem Jahre 1842 beginnt aber eine neue Aera für die rheinischen Alterthumsstudien durch den von Männern, die im Archäologischen Institut zu Rom herangebildet waren und dessen eifrigste Förderer in Deutschland waren, gestifteten Verein der Alterthumsfreunde in den Rheinlanden. Derselbe fasste sofort das ganze Rheingebiet ins Auge und hat bis zur Gegenwart unter mannigfachem Wechsel der Personen, aber unter der Theilnahme von *Schlegel*, *Urlichs*, *Welcker*, *Ritschl*, *O. Jahn*, *Bergk* und von den Archäologen ganz Deutschlands als wichtiger Einigungspunkt der Berichte, Fundnotizen, der Publikationen, grösseren topographischen, museographischen, erklärenden Arbeiten sich wirksam erwiesen. Vollgültiges Zeugniss dafür legen die fünfundsechzig Hefte seiner Jahrbücher mit dem Gesammtregister, legt die Reihe zum Theil glänzender Publikationen der von 1845 bis 1875 erschienenen Winckelmannsprogramme, legen endlich besondere Unternehmungen wie das Corpus Inscriptionum Rhenanarum von *Brambach* 1868 ab.

In den Versammlungen deutscher Philologen und Schulmänner ward 1850 in Berlin zuerst eine besondere archäologische Sektion beantragt, sie hat seit 1864 seit der Versammlung von Hannover als ständige Gliederung sich nützlich erwiesen und die Hauptversammlungen selbst haben immer mehr archäologische Vorträge und besonders Demonstrationen in sich aufgenommen. Aus dem Gesammtgebiet der Archäologie haben besondere Zweige in gesonderten Organen sich kund gegeben, so ward 1863 von *Brugsch* und *Lepsius* eine Zeitschrift für ägyptische Sprache und Alterthümer begründet. Verhältnissmässig karg ist der Antheil, den die deutsche morgenländische Gesellschaft in ihren grossen zahlreichen Arbeiten seit 1846 an der altorientalischen Archäologie genommen hat: fast allein die Münzkunde ist darin eingehends berücksichtigt worden. Viel fruchtbarer für Archäologie waren die Zeitschriften f. allgem. Erdkunde von *Koner* seit 1848, für Bauwesen von *Erbkam* seit 1851.

Es haben sich numismatische Gesellschaften in Berlin, in Wien gebildet und in mannigfachem Wechsel sind Zeitschriften erstanden und auch zum Theil wieder verschwunden, so *Grotes* Blätter für Münzkunde, Hannover 1840 ff., *v. Köhne*, Numismatische Zeitschrift Berlin 1841 ff., Mittheilungen der numismatischen Gesellschaft zu Berlin 1846—1857, die Berliner Blätter für Münz-, Siegel- und Wappenkunde 1866 ff., *v. Sallet*, Zeitschrift f. Numismatik Berlin seit 1873, Numismatische Zeitung von *Huber* und *Karabazek*. Wien seit 1869.

Die deutschen philologischen Zeitschriften, wie *Jahns* Jahrbücher für Philologie und Pädagogik, seit 1826 mit dem begleitenden Archiv, deren Fortsetzung für Philologie seit 1855 durch *Fleckeisen*, mit den Supplementbänden, die Zeitschrift für Alterthumswissenschaft von *Zimmermann* 1834—1842, von *Bergk* und *Caesar* seit 1843—1857. wie das Rheinische Museum für Jurisprudenz, Geschichte, Philologie von *Niebuhr, Böckh*, aber seit 1827 speciell für Philologie von *Welcker* und *Näke* begründet, seit 1842 von *Welcker* und *Ritschl* erneuert, heute von *Bücheler* und *Ribbeck* geleitet, der Philologus von *Schneidewin*, dann von *Leutsch* seit 1846 begonnen, nebst dem philologischen Anzeiger, Hermes Zeitschrift f. klassische Philologie von *E. Hübner* seit 1866, die Berliner Zeitschrift f. Gymnasialwesen seit 1847, die Zeitschrift f. österreichische Gymnasien seit 1850 haben der Archäologie selbst in besonderen Rubriken und in Jahresübersichten Raum geboten. Die Hellenika, ein Archiv archäologischer, philologischer und epigraphischer Abhandlungen von *L. Ross* in Halle 1846 endete kaum begonnen, und auch die von *Urlichs, Stark, v. Jan* unternommene Eos, süddeutsche Zeitschrift f. Philol. und Gymnasialwesen, Würzburg 1864—1866, mit eigenem archäologischen Beiblatt, erlosch wieder nach frischem Aufleuchten. Ebenso haben die allgemeinen literarischen Blätter, wie die Hallische 1785—1849 und Jenaische Allgemeine Literaturzeitung in ihrer dreimaligen Erneuerung 1804—1841. 1842—1848. 1868 ff., die Berliner Blätter f. wissenschaftliche Kritik, die Wiener Jahrbücher für Literatur bis 1848, die Heidelberger Jahrbücher für Literatur 1805—1872, die Münchener gelehrten Anzeigen 1835—1860, das literarische Centralblatt von *Zarncke*, seit 1850 reichen Antheil an der archäologischen Literatur, vielfach in Generalberichten über einzelne archäologische Disciplinen genommen.

Unter den deutschen Akademieen hatte die Berliner seit den neunziger Jahren des vorigen Jahrhunderts in *Hirt* und *Levezow*, dann in *Buttmann* und *Tölken* kundige Vertreter der Archäologie gewonnen; neben den grundlegenden antiquarischen Arbeiten von *Böckh* hat die Archäologie der Kunst seit den dreissiger Jahren eine überaus literarisch fruchtbare Pflege durch *Gerhard* (seit 1836) und *Panofka* erfahren und einen reichen Schatz von Bildtafeln veröffentlicht; durch *Lepsius* und *Curtius* ist sie den grossen Arbeiten über ägyptische Kunst und Mythologie, wie über antike Topographie mehr zugewandt. Ein grosses bleibendes Verdienst hat aber die Akademie um die klassische Archäologie sich erworben, indem sie zuerst seit 1816 den Plan eines urkundlichen Codex aller Monumenta literata fasste und bis zum heutigen Tage an seiner Verwirklichung arbeitet (vgl. weiter unten). Ihrer leitenden Stellung zum archäologischen Institut ward bereits gedacht.

Die Münchener Akademie der Wissenschaften, 1759 gegründet, war seit ihrer Erneuerung 1807 durch *Friedrich Jacobs* (1807—1810) und durch *Schelling* auf die antike Kunst und ihre Ausdeutung wie die Betrachtung des glänzenden bayrischen Erwerbs der Aeginetica hingewiesen. *Fr. Thiersch*, seit 1813 Sekretär der philolog.-historischen Sektion, war Jahrzehnte lang der Mittelpunkt dieser universalen wie auch der landschaftlichen Interessen in ihr als Generalconservator der Alterthümer in Bayern und sie hat in *H. Brunn* jetzt den hervorragenden Vertreter strenger stilistischer und auslegender Forschung, wie in *Christ* und *Bursian* Arbeiter im Gesammtgebiet der Alterthumskunde. Die antike Münzkunde hat dabei immer kundige Vertreter, besonders in *Streber* gefunden, und ebenso neuerdings die Aegyptologie in *Lauth* ihren eifrigen und unermüdlichen Sachwalter. Neben *Thiersch* wirkte *Ludwig Schorn* als Professor an der Kunstakademie durch eine unermüdete und der antiken Kunst ernst dienende Leitung des ersten deutschen Kunstblattes seit 1816.

Der Göttinger Societät der Wissenschaften in ihrem Bezug zur archäologischen Arbeit ward bereits oben S. 190 gedacht. An *Heynes* unermüdliche Thätigkeit schliesst sich zunächst die Betheiligung der in Rom durch reichste Anschauung befruchteten, feinsinnigen und umfassenden Geisteskraft *F. G. Welckers* (in Göttingen 1813—1818), und er war es, der in seiner Zeitschrift für Geschichte und Auslegung der alten Kunst (Göttingen 1819), welche nur Einen Band allerdings mit den trefflichen Zeichnungen *Riepenhausens* geschmückt füllte, selbst den Versuch zur Schaffung eines archäologischen Centralorganes machte. *Otfried Müller* hat dann von 1820—1840 in den Göttinger Gelehrten Anzeigen und den Commentationes die reiche Fülle von Besprechungen fast der ganzen gleichzeitigen archäologischen Literatur und grosse Untersuchungen, wie die Antiquitates Antiochenae, niedergelegt. Was alles seit 1840 die Gelehrten Anzeigen, die Nachrichten und die Abhandlungen der Societät *Wieseler*, *E. Curtius*, *Sauppe* an archäologischer Belehrung verdanken, gehört noch der Gegenwart an.

Der jüngsten deutschen Gesellschaft der Wissenschaften, der Leipziger, kam gleich bei ihrem Beginn die frische Arbeitskraft, die Schärfe der Methode und der an den Monumenten selbst geübte Blick eines *Otto Jahn* und *Theodor Mommsen* zu Gute. Wir stehen nicht an mit ihren Leipziger Arbeiten in Berichten und Abhandlungen seit 1849/50 einen entschiedenen Fortschritt auf der ganzen Linie der archäologischen Aufgaben zu markiren. Aeltere Fachgenossen, wie *Göttling*, *Preller*, vereinten sich freudig mit ihnen und Jüngere, wie der Verfasser, wie *Bursian*, wie *Overbeck*, folgten.

Die 1850 gegründete Wiener Akademie der Wissenschaften hat mit richtigem Takte gleich von Beginn ihrer Thätigkeit die Statistik der archäologischen Funde, die Ausbeutung der reichen, wenig beachteten Fundstätten, wie Aquileja, Salona, wie Cilly, wie Petronell, wie Alt-Ofen, die Beschreibung der einheimischen Sammlungen vor allem ins Auge gefasst. Die Archäologie begegnete sich darin mit der österreichischen Geschichtsforschung wie mit den Aufgaben einer Centralcommission für die Erforschung der einheimischen Baudenkmale. Das Archiv der Geschichtsquellen wie die Jahrbücher der Centralcommission seit 1856 werden daher neben den Sitzungsberichten und Abhandlungen der Akademie von Werth für die Arbeiten eines *Arneth*, *Seidl*, *Sacken*, *Kenner*, *Bergmann*. Wie fruchtbar diese mehr provincialen und antiquarischen Studien im Dienste der allgemeinen Archäologie der Kunst gemacht werden können, zeigte die Thätigkeit von *Al. Conze*, welcher 1872 eine Reihenfolge von Römischen Bildwerken einheimischen Fundortes in Oesterreich im Auftrage der Akademie zu veröffentlichen begann und bereits legen die Archäologisch-epigraphischen Mittheilungen aus Oesterreich von *Benndorf* und *O. Hirschfeld* herausgegeben (2 Bde. 1877. 78) Zeugniss ab von der tüchtigen Schulung junger Philologen für Aufgaben der Denkmälerbeschreibung. Und daneben fehlt es an einzelnen Beispielen liberalster und unermüdeter Hingabe der Liebhaber für das Alterthum nicht, z. B. in der Person des Freiherrn *von Jabornegg-Altenfels* für Kärnten oder *Jenny* und *Douglas* in Vorarlberg, nicht an feinen Kunstkennern, wie *Franz von Pulsky* in Pest, oder treuestem Sammelfleisse, wie bei Pfarrer *Akner* in Siebenbürgen. Ueber die Gränzen des österreichischen Kaiserstaates weit hinaus greifen die zwei von *Al. Conze* ebenfalls angeregten und geleiteten Unternehmungen der Akademie, die Untersuchung der Insel Samothrake in den Jahren 1874 und 1875 und eine Gesammtausgabe der griechischen Grabreliefs (Sitzungsber. d. Akad. d. Wissensch. phil.-hist. Kl. LXXVI, 5 ff. und Anzeiger d. philolog. hist. Cl. 1879. n. IX).

Was ein tüchtig geleiteter, von der Liebe zur Heimath unterstützter Verein von Fachgenossen und Liebhabern zu leisten vermag, dafür zeugt die Thätigkeit der Antiquarischen Gesellschaft zu Zürich seit 1842 in erster Linie, in engstem Kreise die Gesellschaft für vaterländische Alterthümer in Basel seit 1843. *Ferdinand Keller* hat als unermüdeter kundiger Präsident die frisch nach der Schweiz hereingerufenen und auch bald wieder zurück sich wendenden deutschen Kräfte mit der stetigen Theilnahme der Schweizer selbst zu verknüpfen verstanden. Die Mittheilungen der Antiquarischen Gesellschaft erscheinen seit 1841 mit werthvollen Illustrationen und umfassenden Arbeiten, wie *Bursians* über Aventicum, wie *Mommsens* lateinische Inschriften der Schweiz; seit 1867 ist ein Anzeiger für Schweizer Alterthumskunde (Indicateur d'antiquités Suisse) für kleinere Mittheilungen hinzugekommen und die neue, wichtige Aufgabe der Archäologie, Herstellung archäologischer Karten, ist für die Ostschweiz und einzelne Cantone bereits gelöst. In diesem Vereine hat die prähistorische Archäologie ihren ersten grossen, nachhaltigen Anstoss durch die Untersuchung und Betrachtung der Pfahlbauten erhalten. *Wilhelm Vischer* (1808—1874), der Schüler *Otfr. Müllers, Göttlings, Böckhs*, der gründliche Bereiser Griechenlands und epigraphische Forscher hat als Schweizer mustergültig für die Sammlung und Bekanntmachung einheimischer römischer Funde gewirkt (Kleine Schriften II. S. 391—584). *Vischer* hat auch für das Neue Schweizerische Museum, das 1865 auf dem Grunde eines Vereins schweizerischer Gymnasial- und Universitätslehrer begonnen ward, durch seine wichtigen Mittheilungen über Athen und das Dionysostheater das archäologische Interesse mehrere Jahre gesichert. Auch die lange für die klassische Archäologie nahezu unfruchtbar gebliebene französische Schweiz hat jetzt im Musée *Fol* seit 1874 eine vom Staat Genf ausgehende periodische Publikation erhalten.

Holland, dessen hervorragenden Antheil an dem ersten Aufschwung des antiquarischen und auch speciell des kunstarchäologischen Studiums wir oben geschildert haben (S. 120—180. 182), hat wohl im vorigen Jahrhundert noch durch die Schenkung der Sammlung *Papenbroek* an die Universität Leiden 1738 eine auch gleichzeitig durch die Philologie in *Oudendorp* (Oratio de veterum inscriptionum et monumentorum usu legatoque Papenbroekiano. Lugd. Batav. 1745) anerkannte Grundlage zu einer grossen öffentlichen Sammlung erhalten, deren Vermehrung auch fleissig verzeichnet ward von *te Water* (Auctarium legati Papenbroekiani 1802), *Reuvens* (Incrementa musei antiquarii. Annales acad. Lugd. Batav. 1822—1832), *Leemans* (Monumenta mus. Lugd. ebendaselbst seit 1836 und im Nederlandscher Staatscouranter) und *von Janssen*. Aber der richtige Grundgedanke, der den Amsterdamer Rathsherren leitete, gerade mit der Universität die Sammlung in Verbindung zu setzen, hat nur im geringsten Masse zum Schaden dieser Studien in Holland Verwirklichung gefunden.

Das Reichsmuseum in Leiden ist heute ganz abgetrennt von jeder Lehrkanzel an der Universität, ja von jeder Anregung zu akademischen Vorträgen und Uebungen, und verfolgt nichts weniger als den Zweck der archäologischen Ausbildung. Holland hat an jenem wichtigen Process der wissenschaftlichen Umgestaltung der Alterthumswissenschaft durch Philosophie, Poesie und Historie, den wir in der früheren Periode geschildert, einen ausserordentlich geringen Antheil genommen. Der einzige, *Franz Hemsterhuis*, der Sohn des Philologen *Tiber. Hemsterhuis*, welcher von *Herder* besonders angeregt war, hat in eigenthümlicher und kenntnissreicher Weise seine Ansichten über das Schöne der Sculptur in einem Briefe an *de Smet* niedergelegt und selbst eine erlesene Sammlung geschnittener Steine gebildet, welche an die Fürstin *Gallitzin* kam und *Göthes* besondere Aufmerksamkeit in Anspruch nahm, später dann als Grundstock zu der königlichen Sammlung im Haag gedient hat (*Göthe*, Ital. Reise, Aufsätze und Aussprüche über bildende Kunst II. S. 484—486).

Wohl verfolgte der Minister der Napoleonschen Herrschaft, *Meermann*, selbst ein geschmackvoller Sammler, darin grössere Ziele, und die nicht geglückte Berufung von *Creuzer* nach Leiden im Jahr 1809 war ein Versuch einer Neubelebung der Alterthumsstudien. Auch seit der Neubildung des Königreiches der Niederlande 1815 wurden bei dem persönlichen Kunstinteresse des Königs zuerst wichtige Fortschritte zu einer öffentlichen Fürsorge für die Archäologie schon gemacht, 1816 durch Gründung des königlichen Münz- und Kabinets der geschnittenen Steine im Haag (*de Jonge*, Notice sur le cabinet des médailles et pierres gravées 1823). Eine bedeutende Vermehrung erhielt die Leidener Antiquitätensammlung durch königliche Geschenke, wie einer Anzahl Vasen des Prinzen *Canino*, durch die Freigebigkeit eifriger und kunstsinniger Reisenden, höherer Militärs und diplomatischer Agenten, wie *Rottiers* 1819 in Griechenland, *van Lennep* in Kleinasien, wie *Humbert* in Afrika und Italien u. a., durch einzelne grössere Ausgrabungen römischer Hauptstätten, wie Forum Hadriani bei Voorburg (1827—1831), durch Anstellung endlich eines eigenen Professors der Archäologie, des überaus thätigen und durch Reisen mit den Hauptsammlungen Europas bekannten, nur zu früh verstorbenen *Reuvens*, seit 1818—1836 (*Leemans*, Epistola de vita Reuvensii ad *L. J. F. Janssen*, Praef. Bibliothecae Reuvensianae. Lugd. Bat. 1838). Eine eigene Zeitschrift von *Westendorp* und *Reuvens* mit dem Namen Antiquiteiten ist bald wieder erloschen; auch die Annales academiae Lugduno-Batavae haben ihre Museumsberichte aus *Leemans* Feder eingestellt; dieser selbst, der Freund *Gerhards*, hat sich seit fast vierzig Jahren ganz der ägyptischen Monumentenkunde zugewendet.

Der unermüdliche Conservator am Reichsmuseum, *L. J. F. Janssen* (1806—1869), hat in seinen Oudheidkundigen Mededelingen (4 Thle. 1842—1846), Verhandlingen en Mededelingen 1853—1859. Arnhem. 3 Bde., Oudheidkunde in Nederland, in den Abhandlungen der Kön. Akademie d. Wissenschaften, Abtheilung Letterkunde, 1865. Tfl. IX, dann in populären Artikeln des Allgemeenen Konst en Letterbode bis zu dessen Ende 1861, den dünnen Faden archäologischer Thätigkeit in Holland und ihre Verbindung mit den grossen Fragen und Entdeckungen der rasch fortschreitenden Gesammtwissenschaft, wie deren Genossenschaften fortgeleitet; er hat unermüdet, seitdem er sich von der Theologie zur Archäologie wandte 1831, zunächst in Cleveland, seiner Heimath, dann in der Betuwe, bei Nymegen, bei Duurstede am Altrhein, endlich in Süd- und Nordholland, wie in Drenthe und Friesland Grabhügel geöffnet und über ihren Inhalt berichtet und der germanischen wie römischen Vorzeit sein Interesse zugewendet; er hat andererseits die Hauptgattungen der antiken Monumente des Museums zu Leiden in besondern Schriften mit Abbildungen beschrieben, er hat auf das Pompeji Hollands bei *Katwyk* unverdrossen hingewiesen (vgl. *du Rieu* ter nagedachtenis van R. L. J. Janssen in Nederlands Spectator 1869). Seine Schriften haben ausserhalb Hollands viel mehr Beachtung gefunden, als in der Heimath, wo die klassische Philologie in ihren Hauptvertretern sich kurzsichtig und vornehm von jeder Berührung mit Archäologie fernhielt. Auch darf der Mangel geschickter Zeichner für die Antike in Holland und eine gewisse Kargheit in der Ausstattung der Publikationen nicht verschwiegen werden. Nach dem Tode von *Janssen* hat Bibliothekar *du Rieu* in Leiden, der in Rom mit Kunst und römischer Topographie eingehend sich neben handschriftlichen Studien beschäftigt, allein dessen Aufgabe für Vermittelung der archäologischen Arbeiten für holländische Leser übernommen.

Belgien, welches an Strenge und Allgemeinheit des klassischen Unterrichtes mit Holland sich nicht zu messen vermag, bietet in dem Betrieb der archäologischen Studien seit 1830 ein viel günstigeres Bild dar. Allerdings erscheint die klassische Archäologie oft nur als Eingangspforte für die hier so blühenden Studien der Kunstgeschichte des Mittelalters. Die treffliche technische Ausbildung der Ingenieurs, Zeichner und Liebhaber kommt ihr zu Gute. Im Schoosse der 1772 gestifteten Académie des sciences, des lettres et des Beaux arts, welche 1816 erneuert, 1845 noch neu organisirt ward, erscheint die Archäologie als Theil der Section des lettres seit 1845, sie ward durch *Reiffenberg* im weiteren Umfange der Kunstgeschichte lange vertreten (1823—1850), dann speciell durch *Roulez* (1835—1878), aber auch durch *Bock* (1804—1870) aus Aachen. Die Staatsuniversitäten Gent, Brüssel und Lüttich haben archäologische Lehrstühle und unter den Inhabern derselben hat *Roulez* (stirbt 1878) in Gent, der Schüler von *Creuzer*, der langjährige, thätige Theilnehmer des Institutes zu Rom einen weit über die Gränzen seines Vaterlandes hinausgehenden Ruf sich erworben, mag man an seine Reihe von feinsinnigen Erörterungen von Vasenbildern in den Bulletins der Belgischen Akademie (Vol. V—XIII) und besonders an die schöne Publikation der Vasen von Leiden denken (Choix de vases peints du Musée d'antiquités de Leide, Bruxelles. fol. 1854), oder an seine grossen und sorgfältigen Arbeiten über die monumentalen Zeugnisse der römischen Verwaltung Belgiens in den Schriften derselben Brüsseler Akademie (Annuaire de l'acad. des sciences et belles lettres de Belgique 1839—1879; Centième anniversaire de fondation. 1872. I; Thonissen Rapport p. 86 f. 146 ff.; über *Roulez* Rede von Aug. Wagner 1878). In *Jules de Witte* hat Antwerpen dem archäologischen Institut in Rom gleich nach der Gründung, besonders der französischen Abtheilung, einen der thätigsten Mitarbeiter von *Gerhard* und *Panofka* geschenkt und derselbe wirkt noch heute in Paris als freies Mitglied der Akademie wie Leiter einer archäologischen Zeitung, wie in seiner Heimath, ihm verdankt die vor drei Jahrzehnten mit prunkendem Namen gestiftete, mehr der Adelsgeschichte Brabants zugewandte freie Académie d'archéologie de Belgique eine Reorganisation und nützliche Thätigkeit seit 1865 in ihren Annalen.

Unter den sonstigen provincialen und städtischen archäologischen Vereinen Belgiens nimmt das Institut archéologique zu Lüttich eine geachtete Stelle ein; durch Unternehmung von Ausgrabungen, durch Sammeln und Publiciren in dem Bulletin, welches bereits 1870 den zehnten Band aufzuweisen hatte. In Lüttich haben *Schayes* und *Serrure* dafür gewirkt, jetzt *Schuermans* und *Bormans*, von denen *Schuermans* um die römischen Thongefässe und deren Siglen (Sigles figulines) ein anerkanntes Verdienst sich erworben hat. Ueber diesen freien Vereinen stehen endlich vom Staat eingesetzt die Commissions d'art et d'archéologie, deren Bulletin regelmässige Berichte auch über die vom Staat angeordneten Ausgrabungen giebt. Dass die Münzkunde ein eigenes belgisches Organ besitzt, die Revue numismatique belge seit 1866, sei daneben bemerkt.

Auch einen ganz hervorragenden Kunstliebhaber und Sammler hat Belgien in den letzten Jahrzehnten in dem langjährigen diplomatischen Vertreter des Landes bei dem päbstlichen Stuhl, in *E. de Meester de Ravestein* besessen. Im engen Verein mit den Sekretären und Mitgliedern des archäologischen Instituts zu Rom hat er dort umsichtig nach allen Seiten der Antike gesammelt, er hat dann in seiner Heimath zu diesem Besitze eine werthvolle Reihe römischer Funde Belgiens aus Tongern, Venloo, Rumpst, Elewyt hinzugefügt, sie würdig aufgestellt, schliesslich aber dem Staate für das Museum zu Brüssel geschenkt. Die zwei Quartbände Musée de Ravestein. Catalogue descripti par E. de M. de R., Liège 1871. 1872, sind eine der werthvollsten Leistungen im Gebiete der wissenschaftlichen Katalogisirung.

Die leitenden Grundsätze hat er selbst klar ausgesprochen: le but de celui qui collectionne doit être de recueillir avec patience de conserver avec piété de classer avec méthode et de transmettre d'âge en âge les débris matériels de l'historie. — Nous savons que les descriptions des objets antiques exigent une science profonde variée et un goût sûr; cette science nous n'osons nous flatter de l'avoir; mais nous savons aussi que la publicité des collections est leur âme et le nerf des études et nous pensons qu'une publicité imparfait est préférable à un silence qui laisserait dans l'oubli les reliques dont les savants connaîtront maintenant au moins l'existence.

Die Archäologie in Frankreich.

Wir haben oben des hervorragenden Antheils gedacht, welchen **Frankreich** an der Begründung des archäologischen Institutes nahm, der Stellung von Paris neben Rom in demselben, der zeitweiligen Abtrennung der Section française wie der allmälig wachsenden Entfremdung von demselben; *de Witte* erscheint einzig noch heute in dem umgewandelten Institut als würdiger Repräsentant der früheren fruchtbaren Betheiligung der Pariser Gruppe. Gleich beim Beginn hatten einzelne, hochstrebende und fruchtbare jüngere Archäologen sich fern gehalten, so *Raoul Rochette* (1783—1854), welcher ganz gleichzeitig mit *Gerhard* und durch ein Werk gleichen Titels und ähnlicher Gesichtspunkte, seine Monumens inédits 1828, seine specifisch archäologische Befähigung, daneben seine Lehrgabe durch den Cours d'archéologie glänzend bewährt hatte; an die Stelle von *Millin* in der Aufsicht der Antiken des Louvre, dann der Sammlung der Bibliothek getreten, zeigte er sich ihm ähnlich in der unermüdeten und raschen Verarbeitung alles neuen archäologischen Stoffes; seine Berichte im Journal des Savants begleiteten fünfundzwanzig Jahre lang raisonnirend die neuen Entdeckungen und die Memoiren der Académie des Inscriptions et belles lettres sind durch ihn reich an grossen und sehr lehrreichen, wenn auch oft leicht geschürzten Abhandlungen. Seine Arbeiten umfassten die ganze Peripherie der Archäologie von dem assyrischen Orient und Aegypten bis zur christlichen Zeit, von den Küsten des schwarzen Meeres bis Algerien, trafen aber auch das Centrum in den Untersuchungen über Künstlernamen (Lettre à Mr. Schorn), über die pergamenische Kunstschule, wie über den ganzen Bereich der Darstellungen der griechischen Heldensage. Vgl. über ihn *Gerhard*, Archäol. Anzeigen 1855. n. 75; *E. Braun*, Discorso Annal. 1854. p. III ff. Es gereichte der Wissenschaft nur zum Nutzen, dass in derselben Akademie ihm und *Guigniaut*, dem trefflichen Uebersetzer und Emendator von Creuzers Symbolik, in *Letronne* (1787—1848) ein scharfer kritischer mehr auf Mass und Zahl, auf das Antiquarische und auf Kritik der Quellen gerichteter Geist berichtigend und auch polemisirend zur Seite stand (*Longpérier*, Notices sur A. Letronne. Paris 1849. 32 S.).

Vor dem Anfang der vierziger Jahre ist aber eine sehr grosse Hebung der archäologischen Thätigkeit in Frankreich zu datiren und Männer wie *de Witte* und der Herzog von *Luynes*, wie *Charles Lenormant* (1802—1859), *Adrien de Longpérier*, wie *L. de Laborde* (1807—1869), *Felix Lajard* (—1858), *de la Saussaye*, *Duchalais*, *E. Vinet*, *Alfr. Maury* treten in den Vordergrund, die grossentheils den entschiedensten Einfluss und Richtung ihrer Studien von Deutschland aus erfahren haben. Während in Deutschland die Archäologie mehr und mehr mit der klassischen Philologie sich durchdringt und abschliesst, macht in Frankreich das Band mit den hochblühenden orientalischen Studien sich geltend und ebenso wird ihre Pflege durch das technische Geschick seiner Militärs und den Geschmack reicher Liebhaber gefördert. Ein grosses Feld eröffnete sich der kunsttopographischen Forschung in Afrika seit der Eroberung von Algier und die Militärs zeigen sich zugleich als geschickte Zeichner der Antiken. Im Osten gewann der politische Einfluss von Frankreich in Athen eine feste Stätte der Arbeit und in Syrien und Aegypten freie, ungehinderte Bahn für seine wissenschaftlichen Reisenden. Eine grössere Zeitschrift für den weitesten Umfang der Archäologie ward 1844 mit einem orientirenden Vorwort von *Charles Lenormant* eröffnet, die Revue archéologique und hat allen politischen Wechsel, alle Wechsel der Gunst und des Gegentheils unter der Leitung von *de Witte*, *Longpérier*, *Vinet*, *Perrot* überdauert. Im selben Jahre begannen die von specifisch christlich-katholischen und mittelalterlichen Interessen getragenen Annales archéologiques von *Didron* zu erscheinen, welche die klassische Archäologie im Gebiete der altchristlichen Kunst vielfach streifen und dieser besonders auf der Grundlage der christlichen Epigraphik sichere Grundlage geschaffen haben. Auch die seit 1859 erscheinende Gazette des beaux arts von *Charles Blanc* hat den Entdeckungen im Gebiete der Archäologie und den archäologischen Tagesfragen fortwährend Aufmerksamkeit geschenkt und einzelne stilistische auserlesene Gegenstände würdig publicirt.

Neben der Revue archéologique traten immer neu einzelne, meist grössere Unternehmungen begleitende oder an einzelne Institute oder Missionen geknüpfte Blätter mit bildlichen Publikationen auf, die aber auch wieder schwinden, so das Bulletin archéologique de l'Athénéum français, Paris 1854—1856, so seit 1872 die Gazette archéologique, geleitet von *de Witte* und *Fr. Lenormant*, mit reichhaltiger und trefflicher Publikation von Monumenten besonders aus einheimischen Fundorten, ohne aber irgend eine ersichtliche nähere Fixirung der Methode oder des Umkreises der Arbeiten.

Wichtig war die regelmässige Aussendung junger Gelehrter wie für Diplomatik, Literärgeschichte, so für Archäologie und die Schaffung eines eigenen Organs für die Veröffentlichung ihrer an das Ministerium eingesandten Berichte, die Archives des missions scientifiques et littéraires. I. Ser. 1846. II. Ser. 1867 ff., III. Ser. 1874 ff. Das Bulletin de l'école française d'Athènes seit 1868, das Beiblatt des Annuaire de l'association pour l'encouragement des études grecques en France, Monumens grecs publiés par l'association etc. Paris 1878. 4., das Bulletin de correspondance hellénique seit 1879 sind besondere Organe hervorgerufen oder mittelbar bedingt durch die von dem Ministerium *Salvandy* 1846 gegründete École française d'Athènes und die dabei leitenden Gesichtspunkte einer Hebung der griechischen Studien in der gelehrten wie künstlerischen Bildung Frankreichs. In drei Sektionen zerfiel von vornherein die Anstalt, in die Section des lettres, des sciences und de l'architecture; nur die erste und dritte hat eine wirkliche Entwickelung gehabt und reiche Früchte getragen, die mittlere zur Erforschung der Naturverhältnisse Griechenlands, also unter einem auch für die Alterthumskunde wichtigen Gesichtspunkt gegründet, ist kaum benutzt worden. Die topographischen Arbeiten der ersten Sektion haben die Naturverhältnisse oft glücklich berücksichtigt. Aus der Schule von Athen, die im französischen centralisirenden Geist fest, schulmässig organisirt ist und einen stattlichen Bau mit Bibliothek u. s. w. sofort erhielt, sind alle hervorragenden jüngeren Archäologen Frankreichs hervorgegangen, wie *Beulé*, *Fr. Lenormant*, *Guérin*, *Perrot*, *Heuzey*, *Dumont*, *Foucart*, *Wescher* und eine Reihe von grossen Arbeiten sind in diesem zweijährigen Cursus zuerst angeregt worden.

Wie in der École d'Athènes von vorn herein der wissenschaftliche Gesichtspunkt herrscht und die ausübende Kunst des Architekten in seinen Dienst gestellt wird, so hat nun auch nach zwei Jahrhunderten die berühmte alte Académie de France zu Rom (s. oben S. 135) eine wissenschaftliche Vervollständigung erhalten durch eine École française d'archéologie de Rome mit sechs Stellen für Studirende der Archäologie; ihr Gedanke ward von *Thiers* und *Jules Simon* seit 1872 verfolgt, die Institution im November 1874 gesetzlich gesichert und im November 1875 eröffnet (*Ravaisson*, Rev. archéol. N. S. XII. 1876. p. 353—357 mit unbegründeter Polemik gegen die gar nicht im Original gelesenen Bemerkungen des Verf. in *Bursian*, Fortschritte der Alterthumswissenschaft II. S. 1480). Für die specielle Vertretung der Numismatik ward 1843 gleichzeitig mit der Revue archéologique die Revue numismatique von *E. Cartier* und *L. de la Saussaye* in Blois gegründet, von *de Witte* und *Longpérier* in neuer Serie seit 1856 und mit trefflichen Kräften fortgeführt.

Die einheimische Archäologie Frankreichs datirt ihren Aufschwung und ihre bemerkenswerthe Organisation von der ersten Zeit der politischen Restauration und von jener merkwürdigen geistigen rückläufigen Bewegung im Gebiete von Religion, Poesie und Kunst nach 1816. Sie ist aber dann seit der Julirevolution durch eine sehr bedeutende Persönlichkeit, durch *de Caumont* in Caen neu organisirt und wahrhaft nutzbar gemacht worden. Seit 1817 hat die Société nationale des Antiquaires de France ihre Mémoires et dissertations zuerst in grössern Zwischenräumen, dann alljährlich herausgegeben und daneben erscheint seit längerer Zeit ein Bulletin. Von jenen liegen seit 1817 uns 39 Bände vor. Der Sitz der Gesellschaft ist durchaus in Paris, nur in Paris giebt es membres residents und zwar in begränzter Zahl, alle Mitglieder in den Departements sind wie die fremden, auswärtigen Associées correspondants. Das Ziel ist ein wissenschaftlich literarisches und die Arbeiten greifen oft über die Gränzen Frankreichs hinaus.

In einem inneren Gegensatze zu dieser Organisation bei wesentlicher Gleichheit der Objekte des Interesses wurde von *de Caumont* zu Caen (1801—1872) die Société française d'archéologie als eine grosse Vereinigung der provincialen Kräfte und mit regelmässigen Zusammenkünften gegründet. Diese provincialen Vereinigungen hatten nach den Namen der alten Provinzen, nach Departements, endlich nach den grossen Zonen du Centre, de l'Ouest, du Midi, du Nord, de l'Est sich gebildet; sie fanden nun in jener Société ihr natürliches Bindeglied. *Caumont* erkannte sehr richtig die nächste Aufgabe in fleissiger Bereisung der einzelnen Departements, in statistischer Aufnahme der Monumente, in der thätigen Fürsorge für deren Erhaltung und in der Unterstützung archäologischer Unternehmungen. Das Bulletin monumental ou collection de mémoires et de renseignements sur la statistique monumentale de la France erreichte unter ihm die Zahl von 39 Bänden, die in neuer Serie fortgesetzt werden. Eine ganze Reihe Schriften über Statistique oder Repertoire archéologique einzelner Provinzen sowie entsprechende Karten gingen aus diesen Bestrebungen hervor. Ein Institut de Provinces mit fester Organisation von Inspektoren der Departements für die Denkmäler ist wesentlich sein Werk. *Prosper Mérimée* hat als Generalinspektor der Monuments historiques eine Reihe nützlicher Reiseberichte in mehreren Bänden vereint. *Caumont* hat endlich das grosse Verdienst durch kurze praktische Handbücher auch für die niedern Schulen, so durch seinen Cours d'antiquités monumentales (1836—39), sein Abécédaire d'archéologie gallo-romaine 1850, seine Archéologie militaire ein bestimmtes Mass klarer Kenntnisse der Kunstepochen, speciell auch der römischen, im Volk verbreitet zu haben. Wir wollen dabei nicht verhehlen, dass die Archäologie der eigentlich klassischen Gegenden des südlichen Frankreichs und ihrer Monumente wie ihrer Sammlungen nicht in entsprechendem Masse durch diese Associationen oder durch staatliche Fürsorge gefördert sind; das Bedeutendste ist hier doch von Einzelnen, so schon von *Alexandre de Laborde* in den zwei Foliobänden mit Tafeln: Les monumens de la France 1816—1836, von *Boissier* und *Montfalcon* für Lyon, von *Caristie* für Orange geschehen. Dagegen haben die altgallischen Denkmäler wie die der Uebergangszeit in das Mittelalter der sog. merovingischen Zeit, deren Studium Abbé *Cochet* unermüdlich verfolgt, sich der besonderen Fürsorge von oben, speciell von Napoleon III. erfreut. Zunächst für den Zweck des kaiserlichen Werkes über das Leben Cäsars ward eine topographische Untersuchung aller in Frage kommenden Punkte, befestigter Lager, Strassen u. s. w. unternommen und so 1861 die wichtige Carte de la Gaule sous le proconsulat de César unter Beihülfe des Dépôt de la guerre durch die eigens dazu eingesetzte Commission hergestellt. Die Nachforschungen über Alesia, Gergovia, Bibracte förderten reiches Material für ein eigenes Museum der gallischen Welt in St. Germain zu Tage.

Seit den für die Archäologie so wichtigen Jahren 1843—44 erweitern sich auch die Publikationen der Akademie der Inscriptions et Belles lettres durch die Mémoires présentés par divers savants à l'académie roy. des I. et B. L. mit der besonderen Abtheilung: Antiquités de la France T. I—V. Welchen unterscheidenden Charakter von den bisher genannten Associationen die Société française de numismatique et d'archéologie, seit 1861 thätig, für sich beansprucht, ist uns unklar; *Lemaitre* ist der Herausgeber der von vorn herein sehr weitschichtig angelegten Mémoires der Sektionen, unter denen Ceramique, Sigillographie, Heraldique, Stathmétique, Archéologie préhistorique, Architecture monumentale, Epigraphie, Geographie historique, Histoire et ethnographie, Histoire de l'art figuriren.

Frankreich hat endlich bis in die neueste Zeit des unschätzbaren Vorzuges reicher, kunstsinniger und schliesslich auch wissenschaftlich erleuchteter und für die Wissenschaft opferbereiter Liebhaber der antiken Kunst nicht entbehrt; der Geist eines *Caylus* ist daselbst nicht erloschen und der Kunsthandel führt naturgemäss da immer neue Objekte der Wissenschaft zusammen, und ermöglicht ihre Veröffentlichung, wo die lebhafteste Nachfrage und der rascheste Wechsel des Besitzes sich zeigt. Das edelste Beispiel solcher Liebhaber ist

Herzog *Honoré Albert de Luynes* (1802—1863), dessen wir oben bereits in seiner massgebenden Bedeutung für das archäologische Institut gedachten. *E. Vinet* in seinem Artikel über ihn (l'art et archéologie p. 468 ff.) nennt ihn notre comte d'Arundel. Er ist eifriger Sammler in seinem Schlosse Dampierre vor allem für Vasen, Steine, Münzen, Bronzen, Gold- und Silbersachen und schenkt schliesslich die ganze Sammlung dem französischen Staat, der Sammlung der Bibliothek (Moniteur 1862. 3. Dcbre.; Arch. Anzeig. 1863. S. 24*). Der Untersuchungen auf dem Boden Unteritaliens in dem Jahre 1825 und des trefflichen Werkes über Metapont ward schon gedacht. Auf seinen Anlass und seine Kosten wurden die grundlegenden Werke über die Monumente der Normannenzeit wie der Hohenstaufen von *Huillard Bréholles* publicirt (1844. 1855).

1840 ist er in Aegypten und unterstützt daselbst *Mariette* später. Besonders ist es die Numismatik der Perserzeit, sind es die cyprischen Schriftdenkmäler, welche er noch mehr durch eigene Musterarbeiten (Essai sur la numismatique des Satrapes, 1846; Monnaies et Inscriptions Cypriotes 1852), als durch die Liberalität für andere Arbeiten zum ersten Male wissenschaftlich fördert und nutzbar machte. 1854 finden wir ihn am todten Meer in Studien und er bereitet ein grosses Werk vor, das Graf *de Vogüé* herauszugeben beschäftigt ist. Immer wieder kehrt er zur Antike, »au sanctuaire du beau« zurück und er scheut nicht die grössten Kosten, um die antike Technik, wie die der Goldelfenbeinwerke an einer Nachbildung der Parthenos durch *Limart* anschaulich vorzuführen.

Neben *duc de Luynes* verdienen besonders der *duc de Blacas d'Aulps* Vater († 1839) und Sohn († 1865), Graf *Alexandre de Laborde* (1794—1842; vgl. *Guigniaut*, Notice historique de la vie et des oeuvres de V. Al. de Lab., Paris 1868. 4.) und dessen Sohn *Léon de Laborde* (1807—1869), der Reisende in Syrien, Arabia Petraea und Kleinasien, genannt zu werden in der doppelten Beziehung der Liberalität wie der wissenschaftlichen Förderung. Eine lange Reihe von Sammlern zieht sich vom Grafen *Pourtalès Gorgier*, *Vicomte de Beugnot*, *Magnoncourt*, *Durand*, zu den *Opperman*, *Janzé*, *Raifé*, den Brüdern *Rothschild* herab.

Das neue Italien und die Archäologie. 7

Kein Land ausser Deutschland war bei der Stiftung des archäologischen Institutes so interessirt und in allen seinen einzelnen Gebieten und Liebhabern wie Gelehrten so betheiligt als Italien, kein Land besass aber auch schon ältere gesellschaftliche Institutionen, die der Archäologie als Specialwissenschaft des Landes so dienten, keines endlich war in seinen einzelnen Staaten so zerrissen und zertrennt als Italien. So war es möglich, dass man von einem verschiedenen Charakter der Archäologie in Neapel, in Rom, in Toskana, in Turin, Modena oder Venezien wohl reden konnte, so aber auch, dass der grösste und angesehenste Forscher Italiens *Bartolomeo Borghesi* aus Savignano (1782—1859), dessen Briefwechsel ganz Italien umspannte (Oeuvres de Borghesi publ. par Desjardins. Vol. 6—8: Epistolae) im kleinsten Staate Italiens, in der Republik San Marino sein Leben lang seinen Sitz hatte.

Um nicht zu reden von der 1816 erneuerten päpstlichen Akademie der Archäologie (S. 189) mit ihren langsam erscheinenden Quartbänden der Acti (Vol. I—XIV. 1821—1864), so stiftete in engem Verkehr und in Wetteifer mit dem archäologischen Institut *Avellino* (1788—1850, vgl. Hallesche Monatschrift 1850. S. 173 ff.) 1842 für den engern Bereich Süditaliens das Bulletino archeologico napolitano, welches von *Minervini* in unermüdeter Regsamkeit in Neuer Serie fortgesetzt wurde und vor allem den unteritalischen Vasenschatz bekannt machte. Das Bulletino ward seit 1861 in ein Bull. archeologico italiano verwandelt, aber konnte sich nicht lange mehr halten. Selbst das abseits gelegene, selten von Fremden besuchte Sardinien erhielt Dank dem patriotischen Eifer des Cavaliere *Spano* seit 1855 ein eigenes Bullettino archeologico Sardo. In Norditalien wurden die Schriften der Turiner Akademie (1759—1878) für einheimische archäologische Forschung besonders fruchtbar durch den Architekten *Carlo Promis* (1808—1873, vgl. *Schoene*, Archäol. Zeitung 1878. S. 1 ff.; Memorie e lettere di C. Promis architetto storico ed archeologo Torin. raccolte da *Gior. Lumbroso*. Torino 1877. In ihm war der Architekt, Ingenieur, der patriotische Mann mit dem eifrigen

Epigraphiker und urkundlichen Forscher innig verschmolzen; er ward gerade in Rom 1828 durch die Gründer des archäologischen Institutes dauernd für diese Studien gewonnen, und so bezeichnen seine Arbeiten über Alba Fucentia, über Aosta, Susa, Turin, Muster für die Herstellung der antiken Städtepläne auf Grundlage der Gegenwart und methodischer Bodenforschungen.

Eines der merkwürdigsten Beispiele leidenschaftlicher Kunst- und Antikenliebhaberei der Neuzeit, eines in Ausgrabungen, Ankäufen, Ansammlung von Kunstschätzen, endlich aber auch in glänzenden Publikationen verschwenderisch thätigen Privatmannes, der aber schliesslich in schwere Criminalhaft verfällt, bietet uns in den Jahren 1840—1860, also noch in den Zeiten des alten zerrissenen Italiens, der Römer Marchese *Campana*, Direktor des Leihhauses, welcher in *Emil Braun* seinen begeisternden, kühn vorwärts drängenden wissenschaftlichen Berather gefunden. Veji, Caere, Volci, Cumae, Ruvo, ganz Grossgriechenland, wie die Gräber an der Via Latina unmittelbar bei Rom, die Villen bei Albalonga, gaben den Stoff zu der unschätzbaren Sammlung im Monte di pietà, in dem Hause di Babuino und der grossen Villa am Caelius, in der keine Gattung der Antiken unvertreten war, aber vor allem der reichste Goldschatz neben den edelsten Terracottabildungen hervorragte. Die Cataloghi del Museo Campana aus dem J. 1858 (im Auszug Archäol. Anzeig. 1859. S. 23* ff.) in acht seiner zwölf Abtheilungen geben von den Schätzen Zeugniss, zwischen denen Petersburg und Paris sich getheilt haben; ebenso die 120 Tafeln des unvollendet gebliebenen Prachtwerkes: Opere in plastica aus den Jahren 1842—1851, endlich die Gallerie des Marbres antiques du Musée Campana à Rome par *H. Decamps*. 1868.

Der Verf. hat Dank der Einführung *Emil Brauns* im Winter 1847—48 Gelegenheit gehabt, diese einzigartige Sammlung in allen ihren Theilen monatelang zu studiren; ein dabei von ihm ausgearbeiteter Katalog ist in den Händen *Brauns* geblieben und verschwunden.

Rom hat in *Car. de Rossi* fast gleichzeitig mit einem solchen Kunstmäcen aber auch einen Gelehrten ersten Ranges erzeugt, welcher in Verbindung mit dem deutschen archäologischen Institut gross gezogen, in seltener Weise Epigraphik, Topographie und eine kritisch geschulte geschichtliche Forschung mit dem lebhaftesten und feinsten Interesse für den religiösen Inhalt der Kunst in sich vereint und auf die christliche Archäologie neben der klassischen eine ebenbürtige Methode angewandt hat. Sein Bullettino di archeologia christiana ist seit 1863 ununterbrochen erschienen (1863—1870. N. Ser. 1871 ff.) und er ist eine Hauptstütze bei dem grossen lateinischen Corpus Inscriptionum (s. oben S. 35).

Die politische Einigung Italiens, begonnen seit 1860, vollendet 1870, hat im Gebiete der archäologischen Interessen grosse Veränderungen hervorgerufen und eine wichtige Gesammtorganisation zu Stande gebracht. Zunächst machte sich der politische Einfluss Frankreichs während der langjährigen Besetzung Roms auch hier geltend; Kaiser *Napoléon* erwarb den Besitz der Farnesischen Gärten auf dem Palatin und sein ganzes Interesse, welches er der Geschichte *Caesars* und der Begründung der Monarchie in Rom entgegenbrachte, führte hier zu der glänzenden Aufdeckung der Kaiserpaläste durch *Rosa*, welche ebenso topographisch, wie künstlerisch besonders in Bezug auf die Dekoration und edelste Wandmalerei unschätzbare Resultate ergeben hat (*Léon Renier* und *Perrot*: Les Peintures du Palatin in dessen Mémoires d'archéologie d'épigraphie et d'histoire. Paris 1875. p. 74—140). Ein zweites grossartiges Unternehmen *Napoléons III.* war die Herstellung von Gypsabgüssen nach der Trajansäule, welche dann von *Fröhner* in Lichtdruck in fünf grossen Foliobänden veröffentlicht sind.

Die nationale Organisation der archäologischen Unternehmungen beginnt mit 1860, der Vertreibung der Bourbonen, mit der Stellung von *Giuseppe Fiorelli* an die Spitze des Museums von Neapel und der Ausgrabungen von Pompeji. Demselben ward bald der Auftrag zu Theil, eine Generalrevision des Zustandes der archäologischen Studien im ganzen Königreich Italien vorzunehmen, ein Auftrag, dessen er sich 1867 entledigte Rapporto sulle scoverte fatte in Italia dal 1846 al 1866. 8. Napoli 1863. Auszug bei *Beulé*, Fouilles et découvertes I. p. 195 ff.). Pompeji hat jetzt erst durch die Organisation der Ausgrabungen, durch die Gründung einer eigenen Archäologenschule daselbst und durch die im grossen historischen Geiste durchgeführte Gliederung der literarischen Arbeiten diejenige Bedeutung für die Wissenschaft erhalten, die ihm gebührt. Die Ausgaben für die jährlichen Ausgrabungen wurden bestimmt geregelt, die Arbeiter unter tüchtige Controle und zwar eines Ingenieurs (*Ruggiero*) und Archäologen (*Petra*) gestellt. Es gilt nicht mehr auf interessante Funde hin sie auszugraben und ganze Erdmassen liegen zu lassen, sondern das ganze Stadtbild mit besonderer Beachtung der einzelnen historischen Schichten gleichsam allmälig nach Strassen und Häuserinseln vor Augen zu stellen. Die Scuola archeologica di Pompei 1866 von der Regierung gegründet, bezweckt jungen wissenschaftlichen Nachwuchs heranzuziehen; in strengem Concurrenzexamen geprüfte junge Männer sollen dort in täglichem Verkehr mit den Monumenten, unterstützt durch eine gute Handbibliothek sich praktisch ausbilden und die neuen Schätze wissenschaftlich verwerthen: zugleich ist auch Nichtitalienern dadurch in Pompeji selbst Wohnung und jede Erleichterung der Arbeit geboten. Zum ersten Male ist bei einer grossen folgenreichen Entdeckung immer ein klares, urkundliches Bild des ganzen Fortganges der Arbeiten seit dem ersten Funde geboten durch die zwei Bände Pompejanarum antiquitatum historia seit 1860, durch das jährlich erscheinende Giornale degli scavi (Ser. I. 1860—66. N. Ser. 1868 bis zur Gegenwart); endlich durch die grossen zusammenfassenden Berichte: Gli scavi di Pompei (Quartband 1862—1872) mit beigefügten wissenschaftlichen Beilagen und zahlreichen Abbildungen. *Fiorelli* ist aber auch der erste Generalconservator des ganzen Königreiches Italien geworden, umgeben von einer Centralcommission für diese Interessen. Von dieser gehen die Jahresberichte der Notizie degli scavi über das ganze Königreich aus. Wohl konnte nun auch der Plan eines grossen Manuale topografico archeologico dell' Italia gefasst werden, der auf Grund der Arbeiten der monumentalen Statistik in den einzelnen Commissionen sich aufbauen sollte, es scheint aber bis jetzt bei dem ersten Fascikel derselben von *Luigi Torelli* aus dem Jahr 1872 in den Atti des Instituto Veneto di scienze lettere ed arti Ser. IV. Vol. I. stehen geblieben zu sein. In jeder Provinz ward eine Commission delle antichità e belle arti gebildet und man strebt danach, dass in den einzelnen grösseren Communen sich Municipalcommissionen dafür organisiren mit eigenen Mitteln und Bildung besonderer Museen dafür.

Mit glänzendem Beispiel geht darin das Municipium der Reichshauptstadt Rom voran, seit Mai 1872 ist die Commissione archeologica, zunächst bestehend aus den Herren *Castellani*, *C. L. Visconti*, *Lanciani*, *Rosa*, *Vitelleschi*, *P. Ercole Visconti*, *de Rossi* und *Lanciani* gebildet, das capitolinische Museum zum städtischen gemacht, und seit Ende 1872 erscheint alle Monate ein mit Tafeln trefflich ausgestattetes Bullettino über die bisher im capitolinischen Museum und sonstige städtischen Besitze noch vorhandenen, unausgenutzten

Schätze, über die neuen Ausgrabungen besonders bei dem eröffneten neuen Stadttheile, wie auf dem römischen Forum und dem Zugang neuer Funde zu dem Museum.

Neben Rom verdient vor allem Bologna genannt zu werden durch die treffliche Leitung der städtischen archäologischen Arbeiten. Ein grosses Museo civico ist durch Prof. *Fabretti* eingerichtet und bereits 1871 mit gedruchtem Cataloghi aus der Hand von *Brizio* und *Zannoni* versehen; neben der von der Stadt gekauften werthvollen Sammlung des Malers *Pelagio Palagi* aus Mailand ist eine Reihe Sääle angefüllt mit den Resultaten der Ausgrabungen einer grossen etruskischen Necropole unter dem Kirchhofe der Certosa und derselbe Ingenieur *Zannoni*, der die Ausgrabungen geleitet, hat die anschauliche, mit Plänen u. s. w. illustrirte Aufstellung geleitet und beabsichtigt in einem grossen Werk die Resultate des Ganzen seit 1876 zu veröffentlichen.

An den äussersten Gränzen Italiens im Norden und Süden erscheinen jetzt von sachkundiger Hand geleitet regelmässige Publikationen der Archäologie, so in Turin die Atti della società di archeologia di Torino (I. II, 1. 2. 1874—1879) und in Palermo das Bullettino della commissione di antichità e belle arti in Sicilia seit 1864. Hier in Sicilien wirken im glücklichen Verein ein ausgezeichneter Architekt *Cavallari* und ein Numismatiker und umfassender Archäolog *Antonio Salinas* zusammen, sowohl in Leitung der Ausgrabungen wie in Bildung eines grossen Museo Nazionale zu Palermo und in Organisation des archäologischen Unterrichtes (vgl. *Salinas*, del Museo nazionale di Palermo e del suo avvenire, 1874).

Wohl in keinem Lande hat der politische und sociale Umschwung der Dinge in den zwei letzten Jahrzehnten auch auf die Pflege der archäologischen Studien einen solchen Einfluss gehabt als in Italien, in keinem ist das Bedürfniss der Organisation der Arbeit und der gegliederten, staatlichen Fürsorge so gross als gerade in Italien. Die Zahl der reichen, hochherzigen und gebildeten Liebhaber nimmt dagegen durchaus ab; so ward die Sammlung des Napoleoniden Kardinal *Fesch* schon 1816 zerstreut, es starb 1840 *Bonaparte* Prinz von *Canino*, dessen Name mit den reichsten Vasenfunden immer verbunden bleiben wird, es starb 1863 einer der thätigsten der *Duca di Serradifalco*, der Herausgeber der fünfbändigen Antichità di Sicilia (1834. 1842), so ging Marchese *Campana* unter in gerichtlicher Verstrickung, so verliess der Graf von *Syracus* Italien seit 1869, so treten die grossen römischen päbstlichen Nepotenfamilien, so die Familien von Florenz, von Venedig, ganz zurück und ihre Paläste veröden, ihre Kunstschätze wandern still über die Alpen, auch über den atlantischen Ocean. Noch fehlt es aber nicht an einzelnen Beispielen thätigsten opferbereiten Eifers für die Wissenschaft der Archäologie, so besonders auf dem Gebiet der etruskischen und norditalischen Alterthümer, wie Graf *Gozzadini* zu Villanova und zu Marzabotto bei Bologna, zwei der interessantesten Nekropolen geöffnet, in seinem Schlosse die Sammlungen aufgestellt und darüber unter anderem das Werk: Un antica necropoli a Marzabotto nel Bolognese 1865. 20 Taf.; 1870. 17 Taf. veröffentlicht hat (*Hirschfeld*, Archäol. Zeit. N. F. III, 4. 1871. S. 93—104), wie Graf *Giovanelli* von Trient die nordetruskischen Denkmäler zuerst bekannt gemacht, wie Graf *Conestabile della Staffa* aus Perugia (1824—1877) der besonnenste und gelehrteste Förderer der Denkmälerstudien in Südetrurien bis vor kurzem thätig war.

Gerade diese Männer haben frühzeitig die wichtige Verbindung der archäologischen und naturwissenschaftlichen Studien erkannt, welche sich seit zwei Jahrzehnten gerade in der Emilia der Erforschung der sog. Terramaren und

Palefitten, der Pfahlbauzeit mit grösstem Erfolge zuwandten. In den naturwissenschaftlichen Zeitschriften von Reggio, Modena, Mailand, Turin sind die Entdeckungen von *Gastaldi*, *Pigorini*, *Chierici*, *Bruzzi*, *Coppi* niedergelegt (vgl. die Literatur bei *Pigorini*, Matériaux pour l'histoire de paléontologie italienne. Bibliographie, Parma 1874).

Spanien beginnt erst in neuester Zeit wieder im Bereiche der archäologischen Studien genannt zu werden und nicht allein nur als ein Objekt und zwar schwer zu besichtigendes Objekt fremden Reiseinteresses sich darzustellen. Schon *Caylus* erklärt: si l'on voulait fouiller, l'Espagne nous aurait instruits autant et peutêtre plus qu' aucun autre pays (Correspond. II. p. 117, Recueil d'antiquités VII. p. 328). Des *Antonio Agostino* Bedeutung und seine Thätigkeit für Taragona ward oben S. 165 gedacht.

Wir verdanken *Emil Hübner* alle unsere genauere Kenntniss des historischen Verlaufes dieser Studien wie des jetzigen archäologischen Zustandes von Spanien (vgl. Berliner Monatsberichte 1860—1862, Bullettino d'Inst. archeol. 1860—1862, Die antiken Bildwerke in Madrid. Nebst einem Anhang, enthaltend die übrigen antiken Bildwerke in Spanien und Portugal. Berlin 1862; C. I. L. Vol. II. 1869. Praef. p. I—XXXVII.) Er ist den Spaniern selbst ein wahrer Erwecker zu erneuter archäologischer Thätigkeit geworden.

Das Königthum war es hier, Karl V. und Philipp II. an der Spitze, welches antike Sculpturen neben modernen und Nachbildungen in Marmor und Bronze aus Italien zum Schmucke des Alcazar, wie dem des Escorial, der Lustschlösser Aranjuez, Buen Retiro, Ildefonso bringen liess. Der Thätigkeit von *Rubens* und vor allem von *Velasquez* für Philipp IV. beim Ankauf von Antiken und deren Copien in Italien ist noch näher nachzugehen. Mit den *Bourbons* beginnt aber erst ein umfassenderes und auch wissenschaftlich mehr fruchtbares Interesse für antike Kunst. *Philipp V.* kauft die Antikensammlung der Königin *Christina* von den Erben des *Odescalchi* und nach zwanzig Jahren stellt man sie auf in Ildefonso. Das darüber auf Befehl der Königin *Isabella Farnese* hergestellte Prachtwerk mit Abbildungen durch den Pater *Azello* ist bis heute Manuscript geblieben. Er stiftete eine Academie der Geschichte in Madrid 1738 mit dem Hinweis auf die heimischen Ueberreste, und eine kleine Sammlung bildete sich neben der Bibliothek derselben. Die Memorias der Akademie sind von 1738 bis jetzt auf acht Bände gediehen; sie enthalten wesentlich alles Bemerkenswerthe für einheimische Archäologie bis zu den Abhandlungen des jetzigen Antiquars *Antonio Delgado*, ein Bullettino derselben veröffentlicht seit 1860 Fundberichte. *Karl III.* brachte in seine neue Residenz 1759 das in Herculanum und Pompeji lebhaft geweckte Interesse für die Antike und eine Reihe von werthvollen Gegenständen mit, er bestimmte den Sammlungen für Kunst und Naturwissenschaften das grosse Gebäude der Academie von San Fernando, er liess durch *Rafael Mengs* eine neue Organisation der Kunstakademie, wie er hoffte, alles Kunstunterrichts, ausarbeiten und einführen; die *Mengs*'sche Gypsabgusssammlung ist nach dessen Tode in dasselbe Gebäude der Akademie gekommen (s. oben S. 190). Damals bildete der Freund Winckelmanns und von Mengs, der Aragonese *Don José Nicola de Azara*, eine werthvolle Sammlung vor allem von Büsten in Rom zum Theil aus den eigenen, 1779 bei Tivoli in der Villa der Pisonen angestellten Ausgrabungen und schenkte sie dann seinem König. Damals verfasste *Don Antonio Ponz* in des Königs Auftrag zur Abwehr ungünstiger, abfälliger Reiseberichte Fremder das umfassende Werk Viage de España 1772—1773. 2 Bde.; 1777—1794. 18 Bde. 8., noch heute die wichtigste Unterlage für alle Statistik der Kunstwerke in Spanien.

Aber eine wirkliche Belebung der Archäologie im Sinne eines *Winckelmann* und *Heyne* ist in Spanien diesen Anfängen nicht gefolgt. Der Franzose *Alexandre de Laborde* war doch der einzige, der in seinen grossen Werken: Voyage pittoresque et historique de l'Espagne. Paris 1806—1820. 2 Bde. fol.; Itinéraire descriptif de l'Espagne. 3. Ausg. Paris 1828. 6 Bde., eine Reihe römischer Monumente der spanischen Provinzen veröffentlichte, der die wichtige Monographie über das Mosaik von Italica schon 1802 abfasste. Auch das Werk des *Cean-Bermudez*, Sumario de las antiguedades romanas que hay en España en especial las pertenecientes á las bellas artes, Madrid 1832. fol., trägt den Stempel oberflächlicher Sammelei ohne jegliche Kritik.

Hübner schildert den Zustand der spanischen Archäologie in den Provinzen mit folgenden Worten (die antiken Bildwerke in Madrid S. 278 f.): »der Einblick in die alten Kulturverhältnisse, welchen Provincialsammlungen bieten konnten, ist mit nur seltenen Ausnahmen unmöglich und wird es bleiben, so lange selbst die Gebildeteren die Sorge für die Denkmäler einzig der Regierung zuweisen und von deren Unterstützung abhängig machen. (Commissionen für Erhaltung der Denkmäler bestehen zwar in allen Provincialhauptstädten, doch ist von ihrer Wirksamkeit bisher nur an wenig Orten etwas zu merken S. 280.) Freie Vereinigung von Privaten, wie sie in Deutschland, England und Frankreich für solche Zwecke mit Erfolg wirkt, ist dem Geist der Nation wenig entsprechend und daher bis jetzt nur in ganz vereinzelten Ausnahmen, zu denen Tarragona gehört, vorgekommen. Keiner will Beiträge zur Aufbringung der Kosten zahlen; nur wenigen ist es um die Sache selbst zu thun. Aller Orten sind zahlreiche früher vorhandene Denkmäler nicht mehr aufzufinden. Die Kriege und Revolutionen des vorigen und dieses Jahrhunderts zum geringsten, zum grössten Theil die Gleichgültigkeit und Unwissenheit der Bewohner selbst sind Schuld an diesen Verlusten. Uebrigens zeigt sich die Zunahme des Wohlstandes der Nation auch darin, dass die Neigung zu sammeln, besonders für Münzen eine grössere Ausdehnung gewinnt.«

Tarragona, der politische und militärische Mittelpunkt des römischen Spaniens, hat in neuerer Zeit, zuerst 1820, dann noch 1840 planmässige Ausgrabungen gesehen und hier bildete sich eine sociedad arqueologica mit einem literarisch thätigen Mann *Albinaña* an der Spitze; aber gerade in Tarragona fand sich sofort plumpe Täuschung bereit mit einem phönicischen Heraklesgrab neben antiken Ueberresten zu prunken. Auch in Sevilla besteht eine diputacion arqueologica Sevillana.

In Madrid ist die Bildung eines grossen königlichen Museums aus den königlichen Schlössern und Landsitzen seit 1819, vollendet 1839 mit einer grossen Sculpturensammlung aber auch Vasensammlung auch der Anfang ernsterer archäologischer Studien; im Wetteifer damit wird das Ziel einer Nationalsammlung zur Vereinigung der zersplitterten sonstigen Sammlungen erstrebt. Und so sind die beiden *Madrazo*, *Delgado*, *Berlanga*, *Zobel de Zangroniz*, *Guerra*, *Carderera* und andere auch literarisch thätig. Ein Museo espagnol di antiguedades unter Redaktion von *Delgado* (*D. Juan de Dios de la Roda y Delgado*) erscheint jetzt mit bunter Sammlung aus alter und neuer Zeit. Grosse und eigenartige Aufgaben bieten sich der spanischen Archäologie in dem Studium der iberischen Münzen, der merkwürdigen celtiberischen Steinsculpturen, der Fülle der Silberfunde in Clypei, Schalen u. dgl., endlich der neuentdeckten antiken Bergwerkstätten in Riotinto dar.

Auch in Portugal beginnt eigenes archäologisches Leben sich zu regen, wenngleich auch hier Deutsche, wie *Hübner*, vor ihm *Christian Bellermann* (Erinnerungen aus Südeuropa. Berlin 1851. S. 195—304), nach ihm *Gurlitt* (Berliner Monatsberichte 1868 ff., Archäol. Anzeiger 1868. S. 15), eine Gesammtbetrachtung des dort Vorhandenen allein anstellten. Die Ruinen einer römischen Stadt bei Nossa Senhora da Troia, gegenüber Setubal, veranlassten die Stiftung einer sociedade archeologica Lusitana, welche einige Hefte Annaes seit 1850 edirte und in Oporto ist das Museo publico von einem Herrn *João Allen* mit Antiken beschenkt. Das Erscheinen einer Archeologica artistica, seit 1872, wie einer Renascenza seit 1878 sind immer Zeichen des wachsenden Interesses.

England hat, wie oben S. 188 dargestellt wurde, seit der Mitte des vo- 8
rigen Jahrhunderts eine der frühesten, vor allem aber die kräftigste Organisation des freien, durch Reichthum und Wetteifer unterstützten Interesses für die antike Denkmälerwelt gegründet und bis heute erhalten, sowohl was die in die Ferne gehenden Bestrebungen als was die Erkundung des heimischen Bodens betrifft. Vgl. überhaupt *A. Hume*, the learned societies and printing clubs of the united kingdom with Supplement by A. L. Evans. London 1853. Neben der Gesellschaft der Dilettanti seit 1734 und der schon 1572 begonnenen, aber erst mit 1752 durch königliche charter of incorporating anerkannte der Antiquaries zu London (mit 44 Quartbänden 1770—1876) ward im Jahre 1843 eine neue Gesellschaft gegründet unter dem unmittelbaren Vorbilde des archäologischen Instituts zu Rom, also ganz in demselben Jahre, als wir neue Organisationen in Frankreich kennen lernten. Jedoch nur Ein Band des Archäological Journal erschien als einheitliche Lebensäusserung. Dann spalten sich die Veröffentlichungen in zwei Reihen, die eine als Organ der British archeological association, die andere als Organ des Royal archeological institute of Great Britain and Ireland, bereits mit 34 Bänden bis jetzt vertreten. Als einen Vorläufer können wir den nur zu 10 Nummern angewachsenen Archaeologist and Journal of antiquarian science, redigirt von *Halliwell* aus dem J. 1842 betrachten. Auch hier klingt der Gegensatz von Centralisation und dem Einzelleben in den Provinzen, von officiöser Leitung und rein privater Thätigkeit durch. Beide halten regelmässig Meetings in London, jene beruft allein die grossen archäologischen Congresse, die durch ganz England schon gewandert sind, ihren englischen Charakter streng eingehalten haben. Die Gränzen der Archäologie sind dabei weit über die klassische Welt hinaus geschoben, ebenso in die altbritische, ja vorhistorische Urzeit, wie andererseits durch das Mittelalter bis in das 16. und 17. Jahrhundert, die alte englische Literatur spielt dabei eine ebenso grosse Rolle als die Denkmäler, so dass die klassische Archäologie nur sporadisch werthvolle Beiträge erhielt und ganz von klassischer Philologie getrennt ist.

Fast noch bedeutender als diese regelmässigen Publikationen der drei antiquarischen Gesellschaften von England sind die Publikationen einzelner landschaftlicher Gesellschaften meist unter Protektion und unterstützt von den reichen Geldmitteln der hohen englischen Aristokratie. Obenan steht in dieser Beziehung der Verein von Northumberland, welcher, 1813 gegründet, in New Castle upon Tyne (pons Aelius) seinen Mittelpunkt gerade am römischen Gränzwall hat. Hier wirkt seit Jahrzehnten der unermüdliche Eifer eines Specialforschers, des Geistlichen *Collingwood Bruce* und die einsichtsvolle Liberalität des *Herzogs von Northumberland* zusammen. Das vallum Hadriani mit allen seinen Castellen ist blosgelegt und in Karten und Abbildungen aufgenommen. Eine Reihe von Bänden Archaeologia Aeliana ist erschienen und endlich das meisterhafte Werk von *J. C. Bruce*, Lapidarium septentrionale or a description of the monuments of Roman rule in the north of England. Published by the society of antiquaries of Newcastle upon Tyne. 1870—1873. Im Süden sind die Grafschaften Kent, Sussex am besten durch die Thätigkeit ihrer Gesellschaft in Ausgrabungen und Berichten vertreten, dagegen stösst man in den Schriften der Cambridge archaeological society von *Wales* und seiner Werke seit 1846 nur selten auf antike Denkmäler. Mit der ganzen Zähigkeit des anglosächsischen Stammes hat auch hier ein einzelner Mann, *Roach Smith*, sich der Erforschung der römischen Unterlagen von London gewidmet, eine Sammlung, die in das britische Museum übergegangen ist, gebildet und eine Reihe von Schriften: Collectanea antiqua 1854—1868 darüber herausgegeben.

Merkwürdig sticht gegen diesen Eifer für Lokalforschung und die dafür bestehenden Vereine die Zersplitterung Englands in seinen weither aus allen Ländern der antiken Cultur zusammengebrachten, auf einzelnen Landsitzen oder in den Stadtpalästen des reichen Adels meist mehr versteckten als aufgestellten Privatsammlungen und vor allem die Armuth an darüber erschienenen oder sie verwerthenden wissenschaftlichen Werken hervor. Wohl wird seit einiger Zeit diesem grossen Mangel durch zeitweise Ausstellung des Privatbesitzes in London im Kensingtonmuseum oder durch besondere Ausstellungen auch in anderen Städten, wie Liverpool, einigermassen gesteuert. Den grossen aber noch im alten, antiquarischen, das Stilistische wenig beachtenden Sinne gemachten Publikationen der Monumenta Kempiana 1720, Middletonianae antiquitates 1745, des Museum Meadianum 1758, Marmora Oxoniensia 1763, Aedes Pembrokianae 1788 folgten wohl im Anfange dieses Jahrhunderts noch einzelne stilvollere und von kundigsten Händen eines *Visconti*, eines *Millingen* mit Text begleitete Publikationen wie das Museum Worslejanum 1794, die Sammlung von *Blundell* zu Ince bei Liverpool 1809, das Werk über Woburn Abbey 1822, das Museum Disnejanum 1847, vor allem die 'Ancient unedited monuments, 2 Bde. von *Millingen*, endlich das Prachtwerk der Specimens of ancient sculpture, 2 Bde. 1809, 1835 von der Gesellschaft der Dilettanti; wohl hat die treffliche Arundel society or society for promoting the knowledge of art, seit 1849 gebildet, auch die Herstellung von sorgfältigen Copien nach antiken Meisterwerken, wie den Elginmarbles, in die Hand genommen. Dagegen wird man auch in der Cambridge Antiquarian society, deren Verhandlungen seit 1840 erscheinen, selten einem auf Monumente bezüglichen Aufsatze begegnen und doch hat Cambridge in *William Gell* einen trefflichen Archäologen als Zögling besessen und es fehlt an werthvollen antiken Monumenten im Universitätsgebäude nicht. Die erste wissenschaftliche Corporation des Reiches für die humanistischen Studien, die Royal society of literature seit 1823 gegründet, berücksichtigt fast nur inschriftliche Funde antiker Natur. Aber dieser würdige Eifer hat sehr nachgelassen und vor allem haben die englischen Universitäten gegen ihre eigenen Schätze sich mehr als gleichgültig verhalten, wie sie auch einen archäologischen Unterricht der akademischen Jugend nicht kennen. So ist es gekommen, dass es Deutsche seit *Otfried Müllers* Nachrichten (1825 Kunstarchäol. Werke II. 1872. S. 74—91) und seit *Waagens* grossem Werke über die Kunstschätze (Treasures of art in England. 5 Bde.) bis zu *Conze*, *Matz* und besonders *Michaelis* (Archäol. Zeitung N. F. VII. 1875. S. 1—70. Taf. 1—6) waren, welche die wissenschaftliche Kenntniss dieser versteckten Schätze erst überhaupt uns erworben und dieselben der Wissenschaft geöffnet haben.

Das britische Museum, dessen Geschichte wir bereits S. 191—193 kurz behandelten, wird mehr und mehr das grosse Reservoir, in welches das Beste der Privatsammlungen, sobald es dem Verkauf ausgesetzt wird, oder in freier Schenkung einströmt und welches andererseits die tastbaren Resultate der von Einzelnen mit hingebendem Eifer oft durch lange Jahre verfolgten archäologischen Reisen und Ausgrabungen in sich aufnimmt. Gerade hierin tritt der durchgreifende Unterschied der englischen Selbstverwaltung und des parlamentarischen Staatswesens von den Regierungsprincipien anderer Länder entgegen. Archäologische Unternehmungen gehen fast nie von der Regierung aus, sie erscheinen als Privatsache, die aber dann, wenn sie Erfolg haben, unterstützt, ja wohl ganz in öffentliche verwandelt werden. Mit der Aufnahme der Elginmarbles in das Museum 1816 (S. 255) beginnt die eigentlich wissenschaftliche Bedeutung derselben für Archäologie und jede neue Abtheilung der ägyptischen, assyrischen, lycischen, karthagischen, kyrenäischen, halikarnassischen u. a. Monumente gab Anlass zu grossen wissenschaftlichen Publikationen, wie zu kurzen übersichtlichen Katalogen.

Die Beamten der Sammlungen (keepers und assistent keepers), ein *Taylor Combe*, *Eduard Hawkins*, *Henry Ellis*, *Cockerell*, *Vaux*, *Birch*, *Georg Smith*, *Harrison*, *Charles Newton*, *Poole*, *Frank*, *Murray* waren und sind die natürlichen Vertreter der einzelnen archäologischen Fächer, ohne irgendwie lehrend und unmittelbar mittheilend auf das Publikum im Grossen wie auf eine Auswahl besonders befähigter junger Köpfe zu wirken oder überhaupt in einer wissenschaftlichen Vereinigung organisirt zu sein. Immer noch trägt die Organisation des Museums, welche in ihm die Sammlung von Alterthümern mit der ganzen descriptiven Naturwissenschaft und zugleich einer riesenhaften Bibliothek zusammenkettet, die andern keeper unter den ersten der Bibliothek stellt und alle unter ein Curatorium mit wesentlich finanziellen Gesichtspunkten, einen mit dem Stande der heutigen Wissenschaft vielfach contrastirenden Charakter.

So hat in England mit seinem einzig reichen archäologischen Material und dem Ansehen dieser Studien in den vornehmsten Kreisen ein wissenschaftliches, der ganzen klassischen Archäologie aber auch ihr allein gewidmetes Organ bis jetzt sich nicht halten können; das trefflich begonnene Museum of classical antiquities von *Edw. Falkener* und *Lloyd* ist mit zwei Bänden 1851 zu Ende gegangen. Wohl behauptet aber das specialistische Numismatic chronicle and Journal of the numismatic society von *Akerman* begründet, in neuer Serie seit 1861 von *Vaux*, *Evans* und *Madden* fortgeführt, seine angesehene Stellung; die numismatische Gesellschaft selbst ward 1837 eröffnet. Das Athenaeum und die Academy erscheinen als die raschesten Vermittler archäologischer Notizen und Bibliographie.

Die drei germanischen Reiche des Nordens, Dänemark, Schweden und Norwegen in ihrer ganzen wissenschaftlichen, religiösen und künstlerischen Anschauung eng mit Deutschland verknüpft, folgen im Gebiete der klassischen Archäologie, soweit sie sich an ihrer Arbeit betheiligen, wesentlich dem von da ausgehenden Impulse, sie haben dagegen naturgemäss die Führerschaft im Gebiete der germanischen Alterthumskunde Dank früher trefflicher Organisation in einer Gesellschaft und dem Reichthum und der relativen Einheitlichkeit ihrer Funde lange geführt. Für Dänemark haben wir früher in *Wiedewelt*, *Münter*, *Zoega*, *Thorwaldsen*, *Bröndsted* die wichtigsten Mittelglieder kennen gelernt (S. 207. 217. 245 ff.) zwischen Italien, deutscher Wissenschaft und dem Norden. Die grossartige testamentarische Stiftung *Thorwaldsens* (1770—1844) an die Stadt Kopenhagen vom Jahr 1837 hatte dem Thorwaldsenmuseum auch alle die mannigfaltigen Antiken, besonders eine Auswahl geschnittener Steine, die er in Rom gesammelt, zugewiesen (*Eugène Plon*, Thorwaldsen. Deutsche Ausg. von Max Münster. Wien 1875. S. 341). Was der Kunstsinn von *Christian VIII.* (1786—1848), welcher als Kronprinz selbst Ausgrabungen in Nola und Cumae veranstalten liess, an trefflichen Vasen, besonders auch aus Athen als Privatsammlung zusammengebracht hat, ist mit allem Besitz eines Kunstkenners nun zu einem Antikenkabinet vereint. Wenigstens in guten Beschreibungen und Katalogen, für das Thorwaldsenmuseum von *L. Müller* 1847. 1856, für das Antikenkabinet von *Sophus Birket Smith* (1861. 1862) sind diese Schätze nutzbar gemacht, aber jede umfassendere archäologische Publikation daraus ist unterblieben (vgl. *Wieseler*, Gött. gel. Anzeig. 1863. St. 49. S. 1921 —1952). Einzig Professor *Ussing* an der Universität, schon durch seine Erstlingsschrift 1844 dem Studium der griechischen Vasen zugeführt, in Rom und in Athen auch durch längeren Aufenthalt heimisch, nimmt durch Abhandlungen in der dänischen Gesellschaft der Wissenschaften (Vidensk. Selsk. Skr., Raekke historisk og filosofisk Afdeel. 1873. 1874) an einer archäologischen Forschung Theil; das Specialgebiet der Numismatik ist allerdings durch den Vorstand des Münzkabinetes in Rosenborg, *L. Müller*, glänzend vertreten.

Noch viel beschränkter ist der wissenschaftliche Antheil Schwedens an der antiken Kunst, nachdem unter *Gustav III.*, wie oben S. 207 f. dargelegt ward, in *Winckelmanns* Geist eine Antikensammlung gebildet und über antike Kunst philosophirt war, nachdem auch *Esaias Tegnèr* für antike Kunst ein offenes Auge und offenes Herz gezeigt hatte; jedenfalls ist es schon ein Gewinn, dass die Antiken des König *Gustav III.* seit dem Jahr 1865 in dem Nationalmuseum aufgestellt sind (vgl. *Gerhard*, Archäol. Anzeig. 1853. n. 60. S. 394* ff., *Heydemann* ebendas. 1865. S. 147*, *Wieseler*, im Philolog. XXVII, 2. 1868). Dem Verf. ist als hiergehörig nur eine verständige und mit Sachkenntniss geschriebene übersichtliche Darstellung über das Dionysostheater zu Athen von Prof. *Linder*, Stockholm 1865, bekannt geworden, mitgetheilt in einer Bau- und Ingenieurzeitschrift.

Mit fast leidenschaftlichem Eifer und glücklichem Erfolge hat das nordische Interesse der gebildeten Welt sich der Erforschung der heimischen, der Island, Grönland, ja die Küsten Nordamerikas umfassenden nordischen Volks- und Culturbeziehungen zugewandt. *Münters*, des Schülers von *Heyne*, Theilnahme an der Gründung eines nordischen Museums ward oben S. 217 gedacht. Die seit 1812 gegründete königliche Gesellschaft für nordische Alterthumskunde hatte zunächst die Bekanntmachung der altnordischen Literatur und historischen Quellen sich zur Aufgabe gestellt und dieses in grossartiger Weise unter Zusammenwirken der drei nordischen Nationen und unter Beihülfe deutscher, französischer, englischer Forscher bis 1836 wesentlich gelöst; seitdem sind die Ziele besonders durch *Thomsen*, *Hansen*, *Nilsson*, *Worsaae*, *Montelius*, *Hildebrand* weiter gesteckt worden, indem die allseitige Erforschung der Denkmäler in Angriff genommen ward und dafür der in seiner Art noch heute mustergültige Leitfaden zur nordischen Alterthumskunde, 1837 mit Abbildungen veröffentlicht ward. Man begann zugleich die Doppelreihe einer Zeitschrift, der Annalen (Aarböger, später Antiquarisk tidsskrift genannt) in dänischer und der Mémoires in deutscher und französischer Sprache, wie ja auch Abtheilungen deutscher, französischer, englischer Mitarbeiter gewonnen wurden. Eine Antiquarisk Tidsskrift for Sverige erscheint seit einiger Zeit. Die Eintheilung in eine Steinzeit, Bronzezeit, Eisenzeit, so sehr sie auch im Verlaufe der Untersuchungen beschränkt und modificirt ist, war auch für die südeuropäische Archäologie von wesentlicher Bedeutung. Ueberhaupt hat die sorgfältige Untersuchung der Gräber und ihres Gesammtbestandes an Funden, der Moorlager, der Steinringe, der Steinpfeiler, der elementarsten Bearbeitungen der Erdoberfläche, die genaue Bestimmung der ältesten Instrumente für Bearbeitung von Gegenständen, die Untersuchung der Zusammensetzung der Bronze, die Beachtung der linearen Verzierungen, Studien, welche im Norden zuerst methodisch betrieben wurden und in trefflich geordneten Museen zu Kopenhagen und Stockholm ihren Niederschlag fanden, auf die heutige klassische Archäologie ausserordentlich befruchtend gewirkt. Gleichzeitig danken wir der Thätigkeit dieser nordischen Alterthumsvereine eine Fülle von Thatsachen über römische und griechische Gegenstände, besonders Waffen, Schmucksachen, Münzen, welche in nordischen Moor-Grabstätten gefunden sind; wir weisen nur auf den berühmten Moorfund von Thorsberg im Schleswigschen 1859 und die Arbeiten von Prof. *Engelhardt*, die sich daran anschliessen, hin, ebenso auf den ersten umfassenden Versuch einer Vereinigung der darauf bezüglichen Thatsachen bei *Wiberg*, der Einfluss der klassischen Völker auf den Norden durch Handelsverkehr. Deutsche Uebers. Hamburg 1867.

In Russland knüpfen sich an den Namen und die Institutionen *Peter des Grossen* auch die ersten wissenschaftlichen Arbeiten archäologischer Art. Es sind Deutsche, die sie eröffnet, Deutsche, die bis heute auf dem Gebiete der klassischen Archäologie die Führer und Arbeiter gewesen sind, trotzdem die deutsche Sprache, die neben der lateinischen das Organ der Akademie war, mehr und mehr von der russischen verdrängt wird (vgl. Tableau général méthodique et alphabétique des matières contenues dans les publications de l'académie impériale des sciences de St. Pétersbourg depuis sa fondation. I. Petersb. 1872). Die 1725 gegründete, 1726 eröffnete Akademie der Wissenschaften zählte zu ihren ersten Mitgliedern *Theophil Siegfried Bayer* (1694—1738) aus Königsberg, welcher seine chronologischen historischen Arbeiten zur griechischen Geschichte, dem achäischen Bund z. B. und zur Geschichte der griechisch-asiatischen Reiche auf ein genaues Münzstudium gründete, welcher aber auch den Scythen und ihren Wohnsitzen bereits seine Thätigkeit zuwandte, welcher die erste kunstarchäologische Arbeit de Venere Cnidia in crypta conchyliata horti imperatorii ad aulam aestivam et in duobus nummis Cnidiis einer 1718 von *Peter dem Grossen* in Rom erworbenen und im Park am Sommerhaus aufgestellten Venusstatue widmete (Comment. IV. p. 259—274. 1729).

Erst unter *Katharina II.* (1762—1796) wird eine breitere Unterlage für Kunst und Kunststudien geschaffen. Die Akademie der Wissenschaften erhält 1764 ein neues Statut. Die 1758 gegründete Akademie der Malerei, Bildhauerei und Baukunst wird durch eine allgemeine Zeichenschule erweitert, *Iwan Schuwalof*, *Stroganof* und *Stählin* befreien sie aus der einseitigen Bewunderung des Franzosenthums und des wilden Rococo. Ein grossartiger Apparat in Copien, Gypsabgüssen, endlich in Originalen wird aus Frankreich, England und besonders Italien beschafft, wobei *Falconet* und *Reiffenstein* mitwirken (s. oben S. 172 ff. 244). Aus dem Ankauf der Sammlungen *Crozat*, *Orléans*, *Brühl*, *Odescalchi*, *Walpole*, *Houghton Hals*, *Lyde Brown* in Wimbledon erwächst die grossartige und vielseitige Kunstsammlung der Eremitage besonders seit 1779, aber noch ist man weit entfernt davon, dieselbe dem Publikum überhaupt zu öffnen, was erst Kaiser *Alexander* verfügte. Vereinzelt begegnen uns unter *Katharina II.* auch kleine archäologische Arbeiten über Funde auf russischem Gebiet, so 1785 über antike Silbermünzen, die bei Pleskow gefunden wurden, von dem Reisenden *Pallas*, welcher auch in der Krim antiken Resten nachging. Die Eroberung der Krim 1783, die Kriege mit der Türkei und die Erwerbung der ganzen Nordküste des schwarzen Meeres bis zum Dniestr seit 1792 brachte zugleich eine von antiker Cultur durchdrungene Länderstrecke in russische Hände, welche im Verlauf dieses Jahrhunderts der wissenschaftlichen von Petersburg aus geleiteten Arbeit das weiteste und ergiebigste Feld eröffnen sollten.

Diese wissenschaftliche Arbeit beginnt aber erst wahrhaft mit der Regierung *Alexander I.* (1801—1825). Die klassische Philologie und Archäologie erhält ihre feste Stelle in der Section des sciences politiques d'histoire et de philologie und der weiteren Theilung und Bildung der Classe historico-philologique. Der langjährige Präsident der Akademie *Sergei Ouvaroff* (1786—1855, seit 1818 Präsident) hat selbst an diesen Studien, besonders der archäologischen Ausbeutung Südrusslands lebhaftesten Antheil genommen und durch Stiftung des Journal des Ministeriums der Volksaufklärung 1834 ein Organ allgemeinster Gesichtspunkte dafür gebildet. *Heinr. K. E. Köhler* aus Sachsen (1765—1838), Schüler *Heynes*, hatte 1804 der Akademie Lettres sur plusieurs médailles de la Sarmatie d'Europe et de la Chersonnèse Taurique vorgelegt, er besuchet Taurien 1805. 1808 und seine Abhandlungen über die Inseln und den Dromos des *Achilles* 1823, über den Fischfang im schwarzen Meer 1828 machen Epoche für die archäologische Forschung am schwarzen Meere. Seine Studien wenden sich dann wesentlich den geschnittenen Steinen zu und seine oft überscharfe und ungerechte Kritik anderer Sammlungen, von der Petersburger ausgehend, macht ihn gefürchtet. Die Akademie hat seine Schriften in sechs Bänden sammeln und von *Ludolf Stephani* herausgeben lassen 1850—53. Neben ihm wirkte *Friedrich Gräfe* aus Chemnitz (1780—1851), seit 1820 in der Akademie für die Bearbeitung der griechischen in Südrussland gefundenen Inschriften, während *K. Morgenstern* (gestorben 1852), auch ein Schüler *Heynes*, in Dorpat als langjähriger Lehrer für Kunst und Alterthum das Interesse weckte. Erst mit *Ludolf Stephani* aus Sachsen (geb. 1816), seit 1850 Mitglied der Akademie, ward voller Ersatz für *Köhler* gegeben und eine überaus fruchtbare Arbeitskraft für die Verwerthung der Schätze der Eremitage, der neuen Erwerbungen aus dem Süden Russlands wie aus Italien, für umfassende Denkmälererklärung und gelehrte Untersuchung einzelner historischer Streitfragen gewonnen. Neben den grossen monographischen Arbeiten weisen die Akademieschriften eine lange Reihe Parerga archaeologica auf (I—XXVI. 1851—1867).

Einem kunstgelehrten Deutschen, *Leo von Klenze*, ward der prachtvolle Umbau und Innenbau des Museums der schönen Künste der Eremitage 1839—1851 übertragen.

Die Akademie der Wissenschaften hat aber auch von anderer Seite als der streng klassischen der Archäologie ihre Aufmerksamkeit zugewendet, von der Seite der Statistik, Ethnographie und Anthropologie. *Peter von Köppen* (1793—1864) aus Kiew hatte schon 1822 eine Uebersicht über die Hauptklassen der Denkmäler von Alterthum und Kunst zu geben unternommen, er hat über Tumuli und Gräberfunde in Russland 1838. 1839 berichtet. *Karl v. Baer* (1792—1876) hat durch seine genauen Schädeluntersuchungen die Raçenunterschiede der in den Grabhügeln Russlands Bestatteten erst festgestellt, er hat selbst über Steinsetzungen u. dgl. eingehend gehandelt und unermüdet zur Ausrüstung archäologisch-ethnographischer Expeditionen aufgefordert.

Das Bedürfniss besonderer freier Vereinigung zu archäologischen Arbeiten hat auch in St. Petersburg seit mehreren Jahrzehnten sich gezeigt, so veröffentlichte die Société impériale archéologique de St. Pétersbourg mehrere Bände Mémoires, in welchen vor allem der Schweizer *Eduard von Muralt* werthvolle Beiträge geliefert, ist aber seit Jahren ganz still; so gründete *B. v. Köhne* eine ähnliche Société d'archéologie et de numismatique, von der zwei Bände Mémoires und Bulletin erschienen sind. Von durchgreifender Bedeutung ward aber erst die unter *Alexander II.* (seit 1855) erfolgte Bildung einer staatlichen archäologischen Commission mit dem Grafen *Sergei Stroganoff* an der Spitze, mit einem festen Budget für Ausgrabungen und Publikationen und mit Benutzung der tüchtigsten wissenschaftlichen Kräfte bei Leitung der Ausgrabungen, wie eines *Leontieff* und *Görtz* von Moskau, *Zabéline*, *Radloff* zu Barnaul, *Lutzenko* in Kertsch, *Tiesenhausen*, *Lerch*, *Gross*, worin *Waxel*, *Dubois de Montpéreux*, *Blaramberg*, *Aschik*, *Sabatier*, *Becker* mit so gutem Beispiel auf eigene Hand vorangegangen waren und wofür seit Jahren auch eine eigene kaiserliche Gesellschaft in Odessa thätig ist.

Die unerschöpfliche Fundgrube des Gräberberges bei Kertsch, welcher seit 1825 zu öffnen begonnen wurde, die 1831 in dem Hügel Kul Oba, 1858 im Pavlovskoi kurgan gemachten Ausgrabungen, ferner die der Halbinsel Taman gegenüber, die gewaltigen Gräberhügel in dem Gouvernement Jekaterinoslaw, in den Kirghisensteppen geben reichen Stoff zu dem jährlichen prachtvoll ausgestatteten Compte rendu de la commission impériale archéologique, welcher seit 1859 begleitet von einem Atlas erschienen ist und zu dem seit 1866 periodisch veröffentlichten Recueil d'antiquités de la Scythie mit Atlas. An den jährlichen Rapport sur l'activité de la commission, der uns in musterhafter Weise über das Gesammtfeld der Entdeckungen in Russland unterrichtet, schliessen sich die eingehenden, oft monographischen Arbeiten *Stephanis* über die Funde, aber auch über anderen Antikenbesitz der Eremitage an. Die Commission hat sich zugleich seit 1863 mit allen statistischen Commissionen des Reiches in Verbindung gesetzt, ihnen ein specielles Programm der Behandlung mitgetheilt, um so allmälig eine Statistik und archäologische Karte von Russland zu Stande zu bringen.

In Moskau hatte sich schon 1804, von Neuem nach der französischen Invasion seit 1815 eine Gesellschaft für russische Geschichte und Alterthümer gebildet, welche in russischer Sprache ihre »Jahrbücher und Arbeiten«, seit 1846 ihre »Vorträge« veröffentlicht und ein Prachtwerk der Denkmäler des moskowitischen Alterthums zur byzantinisch-russischen Kunstgeschichte erscheinen liess. Auch Kiew und Kasan, selbst Tiflis haben dafür eigene Gesellschaften.

Der Verwerthung dieser nationalrussischen Sammlungen und Publikationen für das Nachleben der antiken Kunst in Miniaturen, Tafelgemälden, Geräthen ist noch entgegenzusehen, wie bereits die Specimina palaeographica codicum Graecorum et Slavonicorum der bischöflichen Bibliothek zu Moskau 1863 für die griechische Paläographie benutzt sind. Welch reiche Fülle von Specialarbeiten von Seiten der Russen, so von *Iwanowski*, *Samokoasof*, für ihre nationale Archäologie bereits vorliegen, ergeben die Berichte von *Alex. Rambaud* über den archäologischen Congress zu Kasan in der Revue archéologique 1878. Septbre. Oct. Novbre. Decbre., sowie der Anfang der deutschen Bearbeitung dieser russischen und polnischen Studien durch *Albin Cohn* und *Mehlis*, Jena 1879. Aber Moskau hat auch eine eigene kaiserliche archäologische Gesellschaft seit 1864 erhalten, welche der Antike sich zuwendet und früher von *Leontieff*, jetzt von Prof. *Görtz* grössere Arbeiten über die südrussischen Ausgrabungen, so die auf der Halbinsel Taman, veröffentlicht.

Endlich sei als eines wichtigen Mittelgliedes zwischen den deutschen, nordischen und russischen Bestrebungen für Archäologie der Thätigkeit der Esthnischen gelehrten Gesellschaft gedacht, die seit 1836 gegründet, seit 1846 neu organisirt, durch Leitung von Ausgrabungen, durch Bildung eines eigenen reichen Museums in Dorpat, durch die auf acht Bände angewachsenen Verhandlungen grosse Verdienste um genaue Statistik der Funde und gründliche Darlegung der dabei betheiligten Culturen, so auch der griechischen in den reichen Münzfunden sich erworben hat. Professor *Kruse*, einst in Halle ein thätiges Mitglied des thüringisch-sächsischen Alterthumsvereins, hat nach Dorpat verpflanzt den fruchtbarsten Anstoss gegeben (s. oben S. 39. 41); *Baer* den Gesammtüberblick über die Gräberwelt in Livland geliefert und heutzutage fehlt es nicht an besonnenen Arbeitern, wie von *Hartmann*, *Grevingk*, *v. Berkholz*, *Döring*, *Stird* u. a. Vgl. *Winckelmann*, Bibliographia Livoniae historica 1869—70; 2. Aufl. 1878.

Der östlichste Vorposten romanischen Volksthums, das junge Rumänien, selbst auf einem an römischen Resten reichen Boden erwachsen, hat der klassischen Archäologie in seinem Museum zu Bukarest eine würdige Stelle angewiesen und es war im Winter 1874—1875, als zuerst in romanischer Zunge der eifrigste und kundige Vertreter dieser Studien, *A. J. Odobescu*, einen freien Cursus an der Universität über einen Theil der Geschichte der Archäologie hielt, bis zur Zeit von *Montfaucon*, auch gedruckt als Istoria Archiologiai, studio introductivu la acésta sciintia. I Anticitatea. Renascereo. Bucuresci, Libraria Socecu. 1877. Auch das Südslaventhum in Agram hat soeben ein Bulletin einer croatischen archäologischen Gesellschaft ausgehen lassen. Ueber die Organisation der archäologischen Studien in Ländern griechischer Zunge s. weiter unten.

Auch Nordamerika beginnt für den Kreis klassisch archäologischer Interessen allmälig sich zu öffnen, nachdem es lange Zeit nur für die Erforschung der untergehenden Welt seiner eigenen Urbevölkerung (s. oben S. 41) und in einzelnen Associationen und ausgezeichneten Reisenden für die Erforschung der biblischen Stätten des Orients geistige Kräfte und materielle Mittel einzusetzen schien, wofür die Reisewerke eines *Robinson* und die Arbeiten der Biblical Society zeugen. Im J. 1806 schenkte *Napoleon I.* die ersten Gypsabgüsse nach Antiken der Louvresammlung an die 1805 in Philadelphia gebildete erste Kunstgesellschaft, die Pennsylvanian academy of fine arts. Die praktischen Zeichenschulen, welche in immer steigendem Masse sich seit der ersten Zeichenakademie von New York 1826 über den gewaltigen Staatencomplex ausbreiten, haben lange Zeit allein antike Gypsabgüsse und vereinzelt Antiken sich erworben. Einzelne Universitäten, voran die Yale university in Newhaven in Connecticut und die Syracuse university besitzen jetzt ein College of fine arts und fangen an einzelne archäologische Vorträge in ihren Studienplan aufzunehmen, wofür *George Comfort* zuerst in seinen Esthetics in collegiate educations 1867 warm eingetreten ist. Soeben beginnt ein *Howard* Art club des Howard College zu Cambridge seine Publikationen mit einer Arbeit über Hypäthraltempel. Grosse Kunstmuseen sind seit 1870 in New York, Boston, Washington und San Francisco gegründet. Und bereits wandern grosse Antikensammlungen, auf den klassischen Stätten gebildet, nach Nordamerika, so die Sammlung cyprischer Alterthümer von dem amerikanischen Consul in Cypern *Cesnola* gebildet, so die ägyptische Sammlung des *Robert Hay* 1828—1833 in Aegypten zusammengebracht. So bricht sich auch in Amerika die Erkenntniss Bahn, dass die Antike als das wahre und wirksamste ästhetische Erziehungsmittel zu betrachten ist und dass sie vom Techniker nicht richtig begriffen und ausgenutzt wird, wenn nicht die Wissenschaft fort und fort mit ihr sich beschäftigt und ihre Wunder erst dem modernen Geschlechte auslegt und verständlich macht.

9 Die Glyptothek in München und die anderen Antikensammlungen daselbst.

Vgl. *Leo v. Klenze*, Sammlung architektonischer Entwürfe für die Ausführung bestimmt oder wirklich ausgeführt. Erstes Heft. München 1831; *Leo von Klenze* und

Ludwig Schorn, Beschreibung der Glyptothek. München 1837; *L. Urlichs*. die Glyptothek Sr. Majestät des K. Ludwig von Bayern. München 1867. 8.: *Derselbe*, Joh. Martin von Wagner. Ein Lebensbild. Würzburg 1866; *Heinr. Brunn*, Beschreibung der Glyptothek, München 1868; *W. Christ* und *Lauth*, Führer durch das kön. Antiquarium in München. 1870. 8.; Friedr. Thiersch's Leben. Herausgegeben von *Heinrich Thiersch*. München 1866. 2 Bde. bes. I. S. 115. 149. 268; *A. Hagen*, die deutsche Kunst in unserem Jahrhundert. 2 Bde. Berlin 1857. S. 173 ff. II S. 188 ff., 268; *Reber*, Geschichte der neuen deutschen Kunst. Stuttgart 1876. S. 553 ff.

König *Ludwig von Bayern* (1786—1868) auf der Universität in Göttingen 1804—1805 für antike Kunst und Griechenthum angeregt, durch *Jacobs* darin gefördert und befestigt, 1805 zum ersten Mal in Rom und durch den Pfälzer *Müller* herumgeführt, fasst 1806 nach der Schlacht bei Jena den Vorsatz, eine deutsche Ruhmeshalle, eine Walhalla und eine Sammlung antiker Bildwerke, »die nichts Schlechtes sondern nur Ausgezeichnetes enthalten soll«, dem gegenwärtigen Geschlecht zur Nacheiferung zu bilden. Ein viel grösseres Projekt nahm 1814 der Kronprinz mit auf den Weg nach Paris: alle italienischen Kunstwerke nach Rom zu schaffen und dort in einem europäischen Museum unter dem Schutz aller Mächte aufzustellen« (Thiersch's Leben I. S. 115). Unter jenen ersten zwei Plänen ward der letztere zuerst mit aller Ausdauer, mit allem Eifer und Umsicht ausgeführt. Die ersten Ankäufe in Rom fallen mittelmässig aus; wie lebhaft und auf bestimmte Ziele gerichtet das Interesse des jungen Fürsten war, ergiebt ein Brief desselben an Maler *Reinhardt* über Ausgrabungen in Ostia (Augsb. Allg. Zeit. 1874. Beil. 3. Juli n. 157). 1820 ward die Sammlung Bevilacqua in Verona glücklich durch Direktor *Dillis* erworben. Seit 1810 ist *Martin Wagner* aus Würzburg, der treueste und glücklichste Berather des Fürsten, der zum historischen Maler erzogen, dann aber der Bildhauerei zugewandt, durch *Göthe* und die Weimarer Kunstfreunde durch Preise ermuntert, seit 1803 in Paris, dann für sein Leben an Rom gefesselt ward. Mit *Rauch* verkehrte der Prinz 1812 täglich wochenlang und ihm verdankte er den Hinweis auf die Statue des Ilioneus (*Eggers*, Rauch I. S. 112). Die alten Sammlungen *Rondanini*, *Braschi*, *Barberini*, *Mattei*, *Ruspoli*, später auch *Albani* geben Werthvolles zum neuen Werk, kostbare Schätze wie der Barberinische Faun, oder wie der lang vergessene sog. Ilioneus aus Wien früher in Prag wandern nach München. Die Aeginetischen Bildwerke werden 1812 von *Wagner* in mühevollster Fahrt nach Griechenland gekauft, 1815 nach Rom gebracht, mit *Thorwaldsen* restaurirt, welcher selbst praktisch den archaischen griechischen Stil zu verwerthen bemüht war, und seit 1820 im Aeginetensaal zu München aufgestellt (s. oben S. 261). Der etruskische Bronzeschatz von *Dodwell* repräsentirt daneben den hochalterthümlichen Stil. Es war nahe daran, dass auch der Fries von Phigalia nach München, nicht nach England gelangte. Auch die Repräsentanten römischer Porträtkunst werden mit allem Eifer gesucht. Es galt von altägyptischen Monumenten den Gang der Kunst bis zu spätrömischen Sarkophagen in Musterbeispielen vorzuführen. Im J. 1814 ward das Programm zu dem Museumsgebäude gleichzeitig mit dem der Walhalla und einem Invalidenhause ausgegeben und der Hannoveraner *Leo von Klenze*, klassisch gebildet, Schüler von *Genelli* und den Berliner Architekten, dann von *Durand* in Paris, erhielt den Auftrag des Baus der Glyptothek, der 1816—1830 vollendet ward. *Klenze*, dem das Ziel vorschwebt, der *Schinkel* des Südens von Deutschland zu werden, hat das Verdienst, guterhellte Prachträume hergestellt und die Bedeutung der farbigen Dekoration zum Hintergrunde der Marmorwerke im vollen Widerspruch mit der damals herrschenden Meinung erkannt und veranschaulicht zu haben: ebenso ging er als Architekt auf die Gliederung der Räume unter dem kunstgeschichtlichen Gesichtspunkte völlig ein; es war dies durchaus ein neues, bisher praktisch nicht beachtetes Princip, eine Verwirklichung der Gedanken *Winckelmanns*, er hat endlich in Reinheit und Pracht zugleich der Dekoration griechische Stilgesetze im Süden Deutschlands zuerst erfüllt und vergegenwärtigt. Gleichzeitig ward 1830 der Grundstein der Walhalla gelegt und die Glyptothek dem Publikum eröffnet.

Der Sculpturensammlung tritt seit 1826 die Bildung einer weiteren Antikensammlung für die Kunst der Terracotten, Keramik, der Bronzen, der edeln Metalle an die Seite; auch hierin wirkte der unmittelbar richtige Blick und das unermüdliche Interesse des »für Deutschthum und Hellenenthum gleich begeisterten« Königs, die Energie und Erfahrung von *Martin Wagner* und von *Fr. Thiersch* zusammen. Die Schätze der Gräber von Unteritalien, von Sicilien, von Vulci, in den Sammlungen der Gräfin *Lipona*, der Gemahlin *Murats* wie des Prinzen von *Canino* vor allem niedergelegt, die griechischen Reiseerwerbungen von *Dodwell* und von *Linkh* wandern nach München. So ward die einzigartige Vasensammlung König *Ludwigs* und der Bestand des jetzigen Antiquariums in den vierziger Jahren gebildet.

Bezeichnend für diese Münchener Antikensammlungen ist ihr privater Charakter als persönliches Eigenthum einst des Königs Ludwig, nun seiner Erben und die dadurch gegebenen mannigfachen Beschränkungen, ebenso die lokale und sonstige Absonderung der drei Hauptsammlungen unter sich wie von jeder anderen verwandten Sammlung, z. B. von dem Münzkabinet, der lange fühlbare Mangel jedes Contakts mit lehrender Thätigkeit und den speciellen Hülfsmitteln derselben, endlich die im Verhältniss zum eminenten Werth der Gegenstände sparsame unmittelbare wissenschaftliche Ausnutzung, ja die lange fast principielle Abweisung aller bildlichen Veröffentlichungen. Ausser den oben angeführten kurzen Katalogen sind die Münchener Antiken von *Lützow* (München 1861—1869) und die musterhafte Beschreibung der Vasensammlung von *Otto Jahn* (München 1854) die einzigen grösseren Publikationen darüber.

Das Berliner Museum der Antiken.

Noch fehlt jeder Versuch einer Geschichte dieses mit dem Fortschritte der archäologischen Studien in den letzten fünfzig Jahren unzertrennlich verbundenen grossartigen Institutes; nur für eine Abtheilung, für die Münzen, haben wir von Dr. *J. Friedländer* eine werthvolle Geschichte des königlichen Münzkabinetes zu Berlin. 2. Aufl. Berlin 1877, aber gerade diese vermeidet principiell jede Darlegung der allgemeinen, bei der Bildung des Museums einst massgebenden allgemeinen Gesichtspunkte. Der Verf. hat Dank der zuvorkommenden Liberalität der vorgesetzten Behörden Einsicht genommen von dem überaus reichen Aktenmaterial, welches sich in dem Archiv der Generaldirektion der Museen, wie in dem geheimen Staatsarchiv befindet, hier als Acta des Königl. Civil-Cabinets betr. Bau und Einrichtung des Museums zu Berlin und in einer zweiten Reihe betr. die Kunstsammlungen des Museums zu Berlin. Eine dritte Quelle ist in den Akten des Cultusministeriums zu suchen. Wir müssen es als eine Ehrenschuld der Nation an die Stifter und Förderer dieses Institutes betrachten, dass das zweite halbe Jahrhundert seines Bestehens womöglich mit einer urkundlichen Darlegung seiner Entwickelung begonnen werde. Einzelne wichtige urkundliche Materialien liefern *A. von Wolzogen*, Aus Schinkels Nachlass. III. 1863. S. 217. 327. über den Museumsbau in Berlin, IV. Zeichnungen und Entwürfe S. 274—281 und *Friedrich* und *Karl Eggers*, Christian Daniel Rauch. II. Berlin 1878. S. 243—272.

Friedrich Wilhelm III. erklärte bald nach seiner Thronbesteigung (November 1797) die sämmtlichen Sammlungen, welche bis dahin Privatbesitz des Königshauses gewesen waren, zum Staatseigenthum und wollte sie dadurch der wissenschaftlichen Benutzung eröffnen. Die Akademie erhielt die Oberaufsicht, welche sie durch eine aus *Meierotto*, *Gedike* und *Hirt* bestehende Commission übte, deren Einwirken jedoch keine Spuren hinterlassen hat (*Friedländer* a. a. O. S. 16). Wohl wurden aus dem Potsdamer Antikentempel Münzen und Antiquaillen wieder in die Kunstkammer und das Antikenkabinet des Schlosses zu Berlin zurückgebracht, während die Statuen dort verschlossen blieben, aber noch ward der Vorschlag, diese Sammlungen an zwei Tagen unentgeldlich zu öffnen, auf Betrieb des über Antiken, Kunstkammer, Münzsammlung und Naturalienkabinete gesetzten Predigers *Henry* abgeschlagen, bestand doch dessen Besoldung in dem von jedem Besucher der Sammlung zu zahlenden Dukaten! Derselbe *Henry* entwarf übrigens 1805 einen Plan zu einem eigenen Museum. Das Jahr 1806 schob alle solche Gedanken weit zurück, ja schädigte auf der Flucht die Sammlungen nach Memel durch Verlieren von Münzen und Gemmen bedeutend und sah eine reiche Auswahl des Besten an Antiken aller Art nach Paris entführt, darunter 264 Werke in Marmor und Bronzen. Am ersten Jahrestag der Schlacht bei Jena (14. Oktober 1807) fand eine Ausstellung davon im Musée Napoléon zu Paris statt, worüber ein Katalog: Statues bustes basreliefs bronzes et autres antiquités peintures dessins et objets curieux conquis par la grande armée dans les années 1806 et 1807 dont l'exposition a eu lieu le 14 Oct. 1807 première anniversaire de la bataille de Jéna. Paris, Dubray Imprimeurs du Musée Napoléon 1807. S., existirt. Die Bitte um Gypsabgüsse aus dem Musée Napoléon ward wohl zugesagt, aber nicht erfüllt. Jahrelang vergingen, ehe das nach Memel Geflüchtete zurückkam.

Im Jahr 1815 erfolgte die Rückgabe der entführten Schätze aber unvollständig (76 Cameen fehlten, 4000 Münzen). Es war ein Ereigniss von tiefgreifender Bedeutung, Begeisterung weckend in weiten Kreisen, als vom 4. Oktober 1815 an »die Gemälde und Kunstwerke, welche durch die Tapferkeit der vaterländischen Truppen wieder erobert worden, im Saale der Akademie der Künste zu Gunsten der verwundeten Krieger des Vaterlandes öffentlich ausgestellt wurden« (s. Verzeichniss). Wenige Wochen darauf (18. Novbr. 1815) wird bereits »die Anlegung eines Museums, wozu es in dem Universitätsgebäude an Raum fehlt«, in dem benachbarten Akademiegebäude und zwar in den von Cavallerieställen eingenommenen Flügeln als beschlossen bezeichnet und die Verhandlungen mit dem Kriegsministerium eröffnet. Im Frühjahr 1816 wird der erste Bauplan entworfen von dem Hofbaumeister *Rabe* und der Aus- und Umbau der Akademie bald begonnen. Es ist der Plan in denselben gewaltigen Bau die Akademie der Wissenschaften, die der Künste, die Singakademie, das Museum der Antiken, der modernen Kunstwerke, die Sammlung von Gypsabgüssen, die Sternwarte, selbst die Anatomie zu vereinen und mit der Universität in enge Verbindung zu setzen.

»Ich habe seit längerer Zeit die Absicht, die in hiesiger und meinen übrigen Residenzen befindlichen, mir zugehörenden Gemälde, deren Zahl durch die aus meiner Chatulle vor Kurzem angekauften Sammlung des Kaufmann Jolly bedeutend vergrössert worden ist, an Einem Orte zu vereinigen und zweckmässig zum Nutzen und Vergnügen des Publikums aufzustellen; hierzu sowie überhaupt zu Einrichtungen eines Museums für alle Zweige der Kunst war bisher das Akademiegebäude ausersehen«, schreibt der König (Kabinetsordre v. 27. März 1822). Ausdrücklich erklärt der König, dass auch die sog. Kunstkammer in dieses Museum aufgenommen werden soll (Kabinetsordre v. 12. Okt. 1820) und ernennt den Cultusminister *von Altenstein* zum Leiter der ganzen Angelegenheit. Hofrath *Hirt* ist beauftragt, die freie Auswahl aus allen Antiken und Gemälden der Schlösser zu treffen, »welche der Aufnahme in ein Museum für würdig erachtet werden«. Die vor dem Neuen Palais bei Potsdam im Freien aufgestellten antiken Statuen sind so schadhaft, dass sie von selbst herabstürzen können und die Baumeister dafür nicht mehr gutsagen; ihre Ueberführung wie die anderer Werke findet zunächst lebhafte Entgegnungen von dem Hofmarschall *von Maltzahn*. Die 1822 eingesetzte Commission, welcher *Hirt* und *Schinkel* angehören, legt 10. Juli den Gesammtplan des Akademiebaues vor mit dem Anschlag auf mehr als 760,000 Thlr. Sie ist aber der Ansicht, dass »der Zweck jenes die Regierung Sr. Majestät für die spätesten Jahrhunderte verherrlichenden Institutes erst dann in vollem Masse erreicht werden kann, wenn dasselbe zwar unter der erforderlichen Aufsicht, jedoch mit der grösstmöglichsten Liberalität nicht nur den wissenschaftlichen Studien, sondern auch zur Erweckung eines allgemeinen Geistes für Kunst und Wissenschaft dem grossen Publikum geöffnet wird.«

Da legt *Schinkel* im Januar 1823 einen ganz neuen Plan für Erbauung eines eigenen Museums im königlichen Lustgarten, in der Nähe des Schlosses vor und dieser wird gegen den Widerspruch von *Hirt* von der Commission adoptirt und vom König angenommen (April 1823). *Schinkel* studirt auf einer Reise in Paris wie in London und Italien die bisher vorhandenen, relativ besten Raumanlagen für Kunstmuseen. In den nächsten fünf Jahren (1823—1828) wird der Bau des sog. Alten Museums vollendet, im reinsten römischen Stile der Prachthalle und mit der inneren, den Zwecken der Sammlung in neuer durchdachter Weise entsprechender Gliederung, der erste dem Ziele einer nationalen Kunstbildung durch das Medium der Kunstgeschichte umfassend dienende Kunstbau. Die hart angefochtene aber nicht durch eine bessere beseitigte Inschrift von *Hirt* bestimmt das Gebäude: studio antiquitatis omnigenae et artium liberalium. Die baulichen Formen selbst erscheinen als edelstes Bildungsmittel im Sinne des Hellenenthums.

Gleichzeitig wird unter der Leitung von *Rauch* und *Friedrich Tieck* eine massvolle und im Stile sorgfältige Restauration der aus allen Verstecken zusammengeholten und dazu neu erworbenen Antiken durchgeführt. Neue Erwerbungen werden in Rom wie für neuere Kunst durch Herrn *von Rumohr*, so für die Antike durch *Emil Wolff* seit 1822 gemacht, so die treffliche *Diana Colonna*. Selbst eine Reise auf die griechischen Inseln 1829 ward dafür von *Wolff* unternommen. Die ägyptische Kunst und Kunstindustrie in allen ihren Verzweigungen ward durch den Ankauf der Sammlung *Passalacqua* in Paris gegen Ende 1827 in glücklichster Weise vertreten und durch den ägyptischen Besitz von *Minutoli*, *Pourtalès*, Graf *Sack* vervollständigt. *W. von Humboldt* konnte bereits am Schluss von 1827 den Plan der Aufstellung eines ägyptischen Museums im Palais Monbijou vorlegen. Ein besonderes Interesse wandte sich der Ausbildung der Vasensammlung zu, welche 1805 durch einen bedeutenden Ankauf von Gefässen aus Grossgriechenland und Sicilien des Grafen *Henin* begründet, binnen zehn Jahren 1822—1832 durch Erwerbung grosser Sammlungen, so besonders des Grafen *Koller*, ebenfalls aus Süditalien und Sicilien, so durch die der Sammlung *Dorow* und *Magnus* aus Volci und Chiusi rasch zu einer der ersten Europas emporstieg. Immer steht dabei der erziehliche Gesichtspunkt, Förderung künstlerischer Nationalbildung im Vordergrunde. Unter diesem ward der Ausbildung der Gypsabgusssammlung, deren Zugehörigkeit zum neuen Museum gleich bei der Begründung betont war, besondere Sorgfalt geschenkt; Künstler, Techniker und Gelehrte, wie *Rauch, Schinkel, Levezow, Wolff, Beuth, Hirt, Bunsen* wirkten darin zusammen; es gilt solche von den Aegineten zu gewinnen, ebenso aus der Dresdener Sammlung, den Elgin Marbles aus England, von den Florentiner Niobiden, das Beste aus Rom; auch von Bronzen und Terracotten wurden solche beschafft. *Bunsen* reichte im September 1828 eine umfangreiche Denkschrift ein (abgedruckt bei *Wolzogen*, Aus Schinkels Nachlass III. S. 288—297; vgl. auch den Brief *Bunsens* an *Niebuhr* 17. Sept. 1828 bei Nippold I. S. 337), welche darauf zielte, den Schwerpunkt der ganzen Sammlung nicht in Originale, sondern in eine möglichst vollständige Gypsabgusssammlung, Bildung eines grossen bildlichen Apparates und Herstellung guter Copien der Hauptwerke *Rafaels* und *Michel Angelos* zu verlegen, dem Museum eine historische Vollständigkeit zu geben, die kein anderes besitze. Nothwendig musste eine Auseinandersetzung dabei des künstlerischen und archäologischen Interesses erfolgen und Männer wie *Rauch* und *Schinkel* energisch den Gesichtspunkt einer Sammlung werthvoller Originalien wahren.

Die im Oktober 1828 organisirte Commission zur Einrichtung des Museums, welche *Schinkel, Rauch, Fr. Tieck, Waagen* unter ihren Mitgliedern zählte, aus welcher *Hirt* definitiv bald austrat, fand in *W. von Humboldt* den umsichtigsten Vorsitzenden und in dem Minister *Altenstein* die wärmste und vorleuchtende Unterstützung, in dem vom König herzugezogenen Kronprinzen den mächtigsten Fürsprecher ihrer Intentionen. Der Immediatbericht *W. von Humboldts* den 21. Aug. 1830 an den König (abgedruckt bei *Wolzogen* III. S. 298—327) wie der Ministerialbericht *von Altenstein* den 27. Sept. 1830 nach wesentlicher Erfüllung des ertheilten Auftrages und nach der am 3. August 1830 erfolgten Eröffnung des Museums sind mustergültige principielle wie praktische Darlegungen über Museen, speciell Antikensammlungen.

»Die Errichtung des Museums und die neue Gestaltung sämmtlicher Kunstsammlungen gehört zu den wichtigsten aber auch seltensten Ereignissen der Geschichte«, »der Gesichtspunkt ist gegenüber der Kunstliebhaberei eines Regenten ein ganz neuer, sein Volk im grössten Umfange der Segnungen der Kunst theilhaft zu machen.« »Es muss so sehr es auch nur Befriedigung der Schaulust scheint, dem grossen Publikum und zwar ohne Beschränkung auf Stand und Bildung Gelegenheit gegeben werden, sich dem Eindruck der Kunstideale hinzugeben. Der Gewinn der Vereinigung aller Kunstzweige in Einem Museum wird betont, die Erhöhung und Belebung allgemeiner Bildung und Wissenschaft neben der Wichtigkeit für den jungen Künstler und für das Gewerke; die Kunst soll im Leben den gemeinen flachen Luxus bekämpfen und Sittlichkeit und Religion unterstützen; Herstellung guter Kataloge und Bekanntmachung der Kunstschätze in eigenen Werken wird sofort materiell auch in Betracht gezogen.« So *Altenstein*.

W. von Humboldt erklärt: »nichts schien uns so wichtig als das Museum, dessen so ausgezeichnet grossartige Stiftung ein beständiges Denkmal des Schutzes und der erhabenen Begünstigung bleiben wird, welche Ew. K. Majestät der Kunst und denen, welche sich ihr widmen, angedeihen zu lassen geruhen, der öffentlichen Benutzung, für die Allerhöchstdieselben es bestimmt haben, sobald als immer möglich zu übergeben.« Die Commission hat es als ihre Pflicht empfunden, »auf eine systematischere und in allen ihren Theilen übereinstimmende Weise das Museum einzurichten, als dies bei den meisten neuen grossen Sammlungen hat der Fall sein können.« Eingehende Darlegungen werden gegeben über die Aufstellung der Statuen, über ihre Restauration, über ihre Anordnung, über fernere Ankäufe, über die Aufstellung der Vasensammlung, über das Verhältniss der Gypsabgusssammlung zur Antikensammlung — Darlegungen, die

die höchst glückliche Vereinigung rein künstlerischer und mehr gelehrter Interessen bezeugen.

»Vollkommen neu ist die Aufstellung von Statuen an Säulen. Sie existirt in keiner der bisherigen Sammlungen, war aber den Griechen nicht fremd. Man hatte jedoch längst die Unbequemlichkeit der Stellung der Statuen an den Wänden gefühlt, wo sie nothwendig zum Theil das Licht gegenüber oder im Rücken haben, man mag sie nun dicht an die Wand anschliessen oder einen angemessenen Raum zwischen ihnen und der Wand lassen. Die Stellung der Säulen gewährt den Statuen einen dunkeln Hintergrund, auf dem sie sich angemessen abheben, sie empfangen zugleich eine richtige Beleuchtung und können von allen Seiten betrachtet werden. Sie gewähren zugleich den Vortheil, nicht zu viel auf einmal zu übersehen; dabei wird man doch auch den Reichthum des in Einem Saal Enthaltenen gewahr und durch die Aufstellung einzelner Statuen zwischen den Säulen, sowie durch die Benutzung und Verzierung der Wände ist der Eindruck der architektonischen Einheit des Saales erhalten worden.«

Für die von *Rauch* und *Tieck* »meisterhaft« geleitete Restauration galt der Grundsatz: »dass man solche Statuen ergänzt, wo der Mangel der fehlenden Theile den Anblick und den Genuss des Ganzen fühlbar stört, dagegen diejenigen unrestaurirt lässt, welche wie z. B. Torse auch in ihrer Verstümmelung noch ein Ganzes darbieten und deren Restauration, da man zu viel hinzufügen müsste, eher den Charakter zu verändern drohen würde.« Probeaufstellung von Restaurationen in Gypsen werden zu eigener Prüfung des Künstlers und zur Beurtheilung durch das Publikum empfohlen.

Zur Ordnung der antiken Bildwerke in der Aufstellung wird bemerkt: »es lassen sich nur auf eine viel weitere und weniger sichere Weise Abtheilungen nach der Verschiedenheit der Zeit und des Styles und des Charakters machen (als bei den Gemälden) und auch eine Anordnung nach den Gegenständen hat nicht rathsam geschienen mit strenger und allzu systematischer Consequenz durchzuführen. Es stellen sich einer solchen Anordnung bei jeder Antikensammlung unübersteigliche Hindernisse in den Weg, wenn man auch abrechnet, dass dieselbe auf jeden Fall ermüdend sein würde und nur mehr den antiquarischen Studien als dem Künstler und Kunstfreund Nutzen gewähren würde. Dagegen empfiehlt sich eine chronologische und systematische Aufstellung gar sehr bei Gypssammlungen, die vorzugsweise zum Studium sowohl der Kunst als des Alterthums dienen müssen.«

Es ist die Gliederung der Antiken zu Berlin in einen grossen Göttersaal, in einen Heroensaal, Römer- und Griechensaal als eine sehr einfache und der Raumvertheilung sich anpassende Anordnung überwiegend systematischer Gesichtspunkte zu bezeichnen, ein interessantes Gegenbild zur historischen Anordnung der Glyptothek. Die grosse neu gewonnene Vasensammlung darf nicht partienweise und als Verzierung aufgestellt werden, sie muss ungetrennt in angemessen verzierten eigenen Räumen, die mit dem Antikensaale in Verbindung stehen, aufgestellt werden, ebenso alle Bronzen, kleinere Kunstgegenstände, Gemmen und Medaillen, die also von der Kunstkammer im Schlosse losgelöst werden und nun zur grossen Antikensammlung als zugehörig eingeordnet werden.

Am 3. August 1830 ward das Museum dem Publikum unter grösster Betheiligung eröffnet; im Juni 1831 schloss die Commission unter *W. von Humboldts* Vorsitz die Thätigkeit. Das im J. 1835 vom König bestätigte Statut für das »zur Förderung der Kunst und der auf die Betrachtung und das Studium der Kunstwerke sich gründenden Bildung errichtete« königl. Museum zu Berlin (Berlin, Decker 1838) trägt durchaus den Stempel des umfassenden, grossartigen, auf liberalste Benutzung und Verwerthung der Kunstschätze, der Kunst in erster Linie gerichteten, dann aber auch der Wissenschaft alles unterordnenden Gründungsplanes. Als zu dem k. Museum zugehörig werden die auch ausserhalb des Museumgebäudes befindlichen ägyptischen, ethnographischen Sammlungen, die mittelalterlichen Kunstgegenstände, die Handzeichnungs- und Kupferstichsammlung ausdrücklich bezeichnet und unter einen Generalintendant, dann Generaldirektor gestellt, aber dem Cultusministerium untergeordnet. Die technischen Direktoren der einzelnen Hauptabtheilungen (für die Antiken zwei, für die Sculpturen einer und einer für das Antiquarium) nebst ihren Assistenten sind verpflichtet zur Veröffentlichung der Kataloge, zur Nutzbarmachung der Sammlung durch erklärende Schriften, wie zu jeder bereitwilligen Auskunft an die Besucher.

Eigenthümlich und durchaus neu ist die Ernennung eines eigenen Archäologen des Museums, welcher zur »Vervollständigung des Antikenvorrathes, in dem für die kunstgeschichtlichen Thatsachen des Alterthums die hinlänglichen Beläge dargeboten werden sollen, planmässige Ankäufe zu vermitteln hat, zweitens zur wissenschaftlichen Benutzung der Sammlung die nöthigen archäologischen Hülfsmittel wie z. B. Abformungen, Abbildungen und Zeichnungen in der Sammlung nicht vorhandener resp. unedirter Denkmäler herbeizuschaffen hat, drittens die vorhandene Sammlung durch öffentliche Mittheilungen sowohl durch Druckschriften als auch durch mündliche Vorträge dem wissenschaftlichen und gebildeten Publikum des Aus- und Inlandes nutzbar zu machen hat.« Wir erkennen in dieser Stellung den entschiedenen Einfluss des von *Bunsen* entwickelten Museumplanes, eingefügt in die artistische Commission des Museums, welche neben den Direktoren Künstler und Kunstverständige auf drei Jahre gewählt zu ihren Mitgliedern hat. Bereits 1834 erschien der wissenschaftliche mit Tafeln der Gefässformen und Inschriften ausgestattete Katalog der Vasen des Antiquarium von *K. Levezow* (stirbt 1835), welcher seit Anfang des Jahrhunderts als Assistent des Kunstkabinets thätig um künstlerische Veröffentlichung und verständige Erklärung der Denkmäler (so die sog. Familie des Lykomedes 1804) sich hoch verdient gemacht hatte, dann 1835 der ausführliche Katalog der antiken vertieft geschnittenen Steine von *E. Tölken* (stirbt 1865), welcher ein grosses Werk einer Auswahl von fünfhundert Denkmälern des Museums mit Ausschluss der Gefässe vorbereitet hatte. Weniger befriedigen konnte der Katalog der Sculpturen von *Fr. Tieck* 1830, der dann durch *Ed. Gerhard* immer neu revidirt und erweitert wurde; die ausführliche Beschreibung von Berlins Antiken Bildwerken 1836 von *Gerhard* blieb leider bei dem ersten Band stehen. *Friederichs* unternahm dann eine streng von historischen Gesichtspunkten ausgehende, für den Lehrzweck besonders berechnete Beschreibung: Berlins Antike Bildwerke, von welcher 1868 der erste Band über die Gypsabgüsse im Neuen Museum, 1871 ein zweiter über Kleinere Kunst und Industrie im Alterthum, dieser erst nach seinem frühen Tode erschien.

Das Berliner Museum ward in seinen Vasen und Terracotten, Spiegeln, kleinen Bronzen Dank dem unermüdlichen Eifer *Gerhards* und *Panofkas* durch eine Reihe von Prachtwerken auch bekannt gemacht, während der Sculpturenschatz darin nur zu lange vernachlässigt ist. Auch das Münzkabinet erhielt durch *Pinder* 1863, dann durch *Friedländer* musterhafte kurzgefasste Kataloge.

Die volle Verwirklichung der bei der Gründung des Museums 1816 ausgesprochenen, dann seit 1828 noch weiter entwickelten grossartigen Intentionen der preussischen Könige ward erst gegeben mit der Begründung des Neuen Museums durch *Friedrich Wilhelm IV.* seit 1841. Schon waren 1839 Ankäufe gemacht von Grundstücken, um für die Kunstkammer und die Gypssammlung geeignete Räumlichkeiten nahe dem Museum zu gewinnen. In dem die Gedanken des Königs formulirenden Bericht des seit 1839 in Thätigkeit stehenden Generaldirektors *von Olfers* vom 20. Jan. 1841 ist ausgesprochen: es soll eine Gesammtanlage, eine »Freistätte für Wissenschaft und Kunst«, für Universität und Museen auf der Spreeinsel geschaffen werden; es sollen die bedeutenden Sculpturen aller Länder und Epochen von der ältesten Zeit durch das Mittelalter bis in die neueste Zeit in Abgüssen vereint werden. Zugleich galt es in der architektonischen Gestaltung der Räume den verschiedenen stilistischen Charakter der darin enthaltenen Sammlung zu vergegenwärtigen.

Und so hat das von *Stüler* erbaute, im Aussenbau seit 1847 vollendete, in der inneren Einrichtung erst 1859 völlig fertig gestellte Neue Museum im engen Zusammenhang mit dem alten Museum die grosse ägyptische mit dem reichen Ertrag der grossen Expedition von *Lepsius* ausgestattete Sammlung (seit 1850), die germanische und slavische Welt der Denkmäler nebst der was die Antike betrifft grössten Gypsabgusssammlung der Welt und zwar in Prachtsälen, die dem Stile der Kunstperiode entsprechend gebildet sind, in sich aufgenommen. Die Organisation einer grossen Gypsgiesserei im Museum sichert ihm auch eine fortgesetzte Wirkung auf die zahlreichen Anlagen anderer archäologischer Sammlungen. Mit der im Jahr 1868 erfolgten Ablösung des Münzkabinetes vom Antiquarium und seiner reichen Ausstattung und Leitung durch specifische Directoren, die aber dem Gesammtverband des Museums angehören, ist diesem wichtigen Glied der antiken Denkmälerwelt volle Würdigung zu Theil geworden. Und endlich bildet die Neuordnung und liberalste Zugänglichkeit der archäologischen Bibliothek in besonderen Museumsräumen den Abschluss aller für die Wissenschaft der antiken Kunst und deren Studien in Betracht kommenden Hülfsmittel.

In der Geschichte der inneren Organisation des Museums seit dem Statut von 1835 spiegelt sich einerseits der nothwendige Kampf bei Ueberleitung der Anstalt aus dem Charakter einer königlichen in eine staatliche, von der Volksvertretung controlirte, von verantwortlichen Ministern gedeckte ab; andrerseits hat Centralisation im Generaldirektor und Selbständigkeit der einzelnen Abtheilungen und ihrer Direktoren sich immer neu ausgleichen müssen und endlich ist unverkennbar der universal künstlerische und zu Kunst erziehende Gesichtspunkt der Gründung mit dem Vortreten des streng wissenschaftlichen, antiquarisch-historischen Zielpunkts in Einklang zu setzen. Dreimal ist bereits das Statut von 1835 umgestaltet: 1855, 1868 und zuletzt Ende 1878 (Staatsanzeiger 1878 19. Novbr. Nr. 273). Der Generaldirektor erscheint nur noch als Betriebsdirektor einer grossartigen vielgegliederten Fabrik, deren einzelne Abtheilungen durch die technischen Direktoren nach dem Maassstab der ihnen zugetheilten Mittel möglichst selbständig verwaltet werden; wichtig ist zugleich die Zertheilung jener ursprünglich einheitlichen artistischen Commission in eine Reihe von Commissionen von Sachverständigen.

10 Der Krystallpalast zu Sydenham ward ausserhalb London durch eine Actiengesellschaft mit dem Material der Weltausstellung zu London 1851 in den Jahren 1852—1854 errichtet »als Buch der Unterweisung für Männer und Frauen aller Länder, Völker- und Weltgegenden«. In vier grossartigen Höfen mit Nebenräumen ward ein Bild der Kunstgeschichte des Alterthums vorgeführt unter der kundigen Leitung von *Owen Jones*, dem berühmten Verfasser der Grammatik des Ornamentes, von *Bonomi*, *Fergusson*, *Sharpe*, *G. Scharf*, *Semper*, *Digby Wyatt* und zugleich sind eigene Handbücher für jeden Hof abgefasst. Die Polychromie der antiken Kunst ist hier praktisch mit grossartigen Mitteln durchgeführt und in verschiedener Weise in ihrer Anwendung neben einander vorgezeigt worden. Vgl. *Ernst Guhl*, Krystallpalast zu Sydenham und dessen Kunstsammlungen. Berlin 1855; Morgenblatt 1854. S. 739 ff.

Die Londoner Weltausstellung von 1851 gab gleichzeitig Anlass zu einem zweiten grossartigen Kunstinstitute, dem South Kensington Museum, als dessen Urheber und Förderer der Prinzgemahl *Albert* zu betrachten ist. Es galt hier zunächst eine allseitige vorbildliche und lehrende Unterweisung der Handwerker und Fabrikanten, wie der Lehrer des Volkes durch gute Vorbilder in Originalen und Nachbildungen und zwar nach Material und Inhalt wie Form. es galt zugleich eine fortwährend reichliche Ausstellung von Kunstwerken, die im Privatbesitz befindlich auf beschränkte Zeit aber hier der Nation zur Beschauung dargeboten wurden. Neben der italienischen Renaissance hat die Antike hier ihren vollberechtigten Platz erhalten und Metallgegenstände, Terracotten, griechische Vasen, Schmuckkästchen von seltenster Auswahl sind hier ausgestellt. Das neugebildete Comittee of Council on education hat in seiner Abtheilung für Kunst und Wissenschaft eine Reihe wohlfeiler, trefflicher Nachbildungen von Kunstwerken mit erklärendem Text veröffentlicht.

In Wien hat eine gleiche Erkenntniss des weiten Abstandes zwischen den Leistungen der Kunstindustrie und den Errungenschaften der Kunstgeschichte und Aesthetik im Jahre 1864 zu einem ähnlichen Unternehmen Anlass gegeben. das unmittelbar vom Kaiser gefördert und anerkannt, eine immer steigende Bedeutung Dank der unermüdeten Thätigkeit der Vorsteher und Beamten eines *v. Eitelberger*, *Jakob Falke*, *Schestag* und der Unterstützung von Vertretern der Wissenschaft wie *Brücke*, *Lützow*, *Conze*, *Glaser* u. a. gewonnen hat. bereits seit 1871 einen Palast mit seinen Sammlungen, Lehr- Lese- und Uebungssälen füllt, es ist das österreichische Museum für Kunst und Industrie. Vgl. Festschrift zur Eröffnung des neuen Museumsgebäudes. Wien 1871; *Eitelberger von Edelberg*, Gesammelte kunsthistor. Schriften. II. Wien 1879. S. 81 ff.; 120 ff. Wichtig ist auch hier die volle Anerkennung der antiken Kunst als Bildungsmittel der Gegenwart und die Verwerthung antiker wissenschaftlicher Studien für Vorbilder und Vorträge, wichtig die Einrichtung grosser praktischer Anstalten für Vervielfältigung der Antike in Abgüssen (siehe Wegweiser durch d. k. k. österr. Mus. Wien 1876) und Photographien und die literarisch fortgesetzte Thätigkeit im Museum wie im Repertorium für Kunstwissenschaft. *Eitelberger* sagt a. a. O. S. 114: »die Werke der alten Kunst sind für die moderne Kunst von ganz ausserordentlicher Bedeutung und es ist unerlässlich nöthig, dass die moderne Produktion sich an ein grosses Kunstprincip anlehnt und die Traditionen aus früheren Zeiten nicht geringschätzt«.

Aus gleichem Geiste hervorgegangen und an gleicher Stätte, wenn auch nicht direkt innerhalb des Museums ausgeführt, ist die seit 1869 von *Conze* in ununterbrochener Folge durch neun Jahre fortgesetzte Publikation von Vorlegeblättern für archäologische Uebungen, wozu allerdings *Heinrich Brunn* in München schon einen bescheidenen Vorläufer geliefert hatte. Es sind dieselben für Vasenkunde vor allem bereits ein unschätzbares Hülfsmittel methodischer Betrachtung weit zerstreuter oder auch hier emendirter oder gar zuerst veröffentlichter Denkmäler geworden.

Auch in den Weltausstellungen selbst hat die antike Kunst zu Paris im Jahre 1878 Einzug gehalten, in der Exposition retrospective des Trocadero unter der trefflichen Leitung von *Adrien de Longperier* (vgl. *Bode* in Beiblatt z. *Lützow* Zeitschr. f. bildende Kunst. 1878 Aug. September; französisch in Revue archéolog. 1879 Fevr. p. 94—103; im Erscheinen begriffen: Les beaux arts et les arts décoratifs à l'Exposition univers. de 1878 par *Beaumont*, *Darzel*, *Faly*, *Mantz* sous la direction de Mr. *Louis Gonse II*. L'art ancienne 4. 1879. Das antike Kunstgewerbe hat vor allem in der Thonbildnerei durch eine unschätzbare zeitweise Vereinigung der Privatschätze das wissenschaftliche wie allgemeine technische Interesse geweckt. Schon kann man eine Exposition purement numismatique vom 8. Jahrhundert ab bis zur Gegenwart planen (Revue archéolog. 1878. Dcbre p. 378 ff.).

Internationale archäologische und kunstwissenschaftliche Congresse für Alterthumskunde und Geschichte sind bereits gehalten worden zu Antwerpen 1867 Congrès archéologique internationale Anv. 1866—67. Compte rendu Bruxelles 1868) und zu Bonn im Jahre 1868 (Verhandl. d. Internat. Congresses zu Bonn. Herausgeg. von *E. aus'm Weerth.* Bonn 1871) und für Kunstwissenschaft zu Wien 1874, jedoch noch ohne durchschlagenden Erfolg und allseitige Betheiligung; mehr gelang dies wie oben S. 41 gezeigt ward für prähistorische Archäologie im Zusammenhange der Anthropologie. In Deutschland hat die klassische Archäologie ihr Band mit der klassischen Philologie strenger festgehalten auf den grossen Philologenversammlungen (s. oben S. 291) als mit dem Gesammtverband deutscher Alterthumsvereine auf ihren Jahresvereinen. Für eine ihrem Wesen nach so internationale Wissenschaft wie die klassische Archäologie ist, werden jene über das engere Vaterland hinausgehenden Vereinigungen mehr und mehr Bedürfniss werden.

11 Zu dem Unterricht in der Kunstwissenschaft und den für diesen Zweck in der Gegenwart gebildeten Apparaten s. die oben S. 3 Note 4 angeführte Literatur, ferner die Berichte von *R. Engelmann* in Berliner Zeitschr. f. Gymnasialwesen 1874—1879. In Deutschland hat in unermüdeter Weise *Gerhard* auf Beschaffung archäologischer Lehrapparate in Abgüssen, Zeichnungen, literarischen Hülfsmitteln hingearbeitet, so ward in Berlin 1851 ein solcher für die akademischen Studien gegründet; so schrieb *Gerhard* Ueber archäologische Sammlungen und Studien, zur Jubelfeier der Universität Berlin 1860, so stiftete er seine gesammelten Schriften in alle Universitätsinstitute dieser Bestimmung. Daneben verdient das christliche Museum der Universität 1849 von Prof. *Piper* gebildet und methodisch vermehrt auch für die antike Kunst alle Beachtung. Von Künstlern, die die archäologischen Lehrapparate in eigenthümlicher Weise bereicherten, ist vor allem *von der Launitz* einst in Frankfurt a/M. und *Lindenschmit* in Mainz zu nennen. Jener (1797—1869) hat nach allen Seiten hingewirkt, zunächst durch treffliche Auswahl und Herstellung von Abgüssen, dann durch Bildung von topographischen und Costümmodellen, von denen das der Akropolis vollendet und vielfach verbreitet ist, endlich durch die grosse Reihe von »Wandtafeln zur Veranschaulichung antiken Lebens und antiker Kunst«. Kassel 1870—1878. *Lindenschmit* verdanken wir die meisterhaften Nachbildungen kleinerer Kunstgegenstände von Metall wie ganzer Waffenausrüstungen, wie sie im römisch-germanischen Centralmuseum zu Mainz vereint und zugleich für Sammlungen hergestellt werden. In Frankreich war man 1845 überaus beeifert bei der Ecole des beaux arts ein universales Gypsmuseum zu gründen (Archäolog. Zeitung 1845. S. 13 ff.), dasselbe ward bald nachher wenigstens von Seiten der Wissenschaft, für die es auch nicht zunächst gegründet war, gänzlich ignorirt und selbst auch nicht vermehrt (*Stark,* Städteleben, Kunst und Alterthum in Frankreich. S. 474 ff.). In neuester Zeit hat *Ravaisson,* welcher bereits 1853 einer Commission für den Zeichenunterricht in den Lyceen angehörte und den Bericht abfasste, mit warmer Ueberzeugung die Nothwendigkeit der Beschaffung guter Copien ächt griechischer Kunstwerke gegenüber den gäng und gäben, stumpfen oft modernisirten Abgüssen römischer Kunst betont und eine Art Mustersammlung zu bilden begonnen. (Vgl. *Ern. Vinet* l'art grec au Palais de l'Industrie in Art et Archéologie 1874. p. 271 ff.).

Unter den deutschen Universitätssammlungen ist die Göttinger die älteste, deren Anfänge bis 1767 hinaufgehen, welche doch erst 1825 unter *Otfried Müller* einen eigenen Antikensaal im Bibliotheksgebäude, dann seit 1837 in dem neuen Gebäude der Aula erhielt (*Wieseler*, die Sammlungen des archäologischen und numismatischen Instituts der Universität Göttingen 1859. S. 1 ff.). Es folgt dann die Sammlung zu Bonn, die reichste aller Universitätssammlungen, durch den grossen und freien Sinn des Minister von *Altenstein* seit 1819 begründet, und durch einen gedruckten Katalog zuerst 1827 von *Welcker*, dann von *Overbeck*, *Jahn*, zuletzt 1872 von *Kekulé* auch weiteren Kreisen bekannt. Es folgten Breslau seit 1825 (Katalog von *Rossbach* 1861 und 1876). Leipzig seit 1834, seit 1843 in einem eigenen Lokal (Katalog von *Overbeck*), Kiel 1840, seit 1857 in einem besonderen Gebäude der Kunsthalle, Jena seit 1845, mit Katalog von *Göttling* (3. Aufl. 1854), Königsberg mit Katalog von *L. Friedlaender*, Würzburg seit 1832 als Aesthetisches Attribut gestiftet, seit 1865 wissenschaftlich organisirt und mit der *Wagner*'schen Stiftung verbunden durch drei Hefte eines erklärenden Verzeichnisses von *Urlichs* 1865—1872 bekannt geworden, Heidelberg 1850 begonnen, 1866 organisirt und seit 1870 in einem eigenen Lokal, Tübingen ursprünglich kleines Münz- und Tuxsches Antikenkabinet (s. *Christ. Walz*, Katalog derselben), dann Gypsabgüsse in der Bibliothek, Erlangen, mit kleiner Sammlung, aber ohne eigentlich archäologischen Unterricht, Giessen, wo der von *Welcker* 1827 gelegte Grund einer Sammlung keinen rechten Fortbau erhalten; für die Universität München bildete *Brunn* neuerdings einen trefflichen archäologischen Apparat mit Katalog von 1877; Strassburg hat mit der Neustiftung der Universität 1872 grosse Mittel für eine archäologische Sammlung erhalten, die eine der reichsten Deutschlands zu werden verspricht. Die Verbindung der technischen Hochschulen mit Universitäten, wie in Zürich (vgl. *Kinkel*, Gypsabgüsse der archäol. Sammlung zu Zürich. 1870) ermöglicht, wenn der kunstwissenschaftliche Gesichtspunkt dabei massgebend bleibt, eine besonders reiche Ausstattung; anderswo wie in München hat man getrennte Sammlungen beliebt.

Unter den deutschen Gymnasien erfreuen sich manche jetzt einzelner archäologischer Lehrmittel, ein eigenes Gypsmuseum besitzt wohl nur Pforta, worüber der Katalog von *O. Benndorf* 1864 veröffentlicht wurde. Bereits 1821 hatte Minister *von Altenstein* eine Anzahl Gypsabgüsse, ausgewählt von dem gründlichen Kenner alter Kunst, Prof. *Lange* seit 1830 Rector der Schule († 1830), gestiftet; weiteres vermittelte *A. W. von Schlegel*; 14 Jahre später, 1836 erfolgte zuerst die Aufstellung, 1844 kommen neue Abgüsse, aber auch sie fanden nur provisorische Aufnahme in einem Gartenhause; erst 1863, also nach mehr denn 40 Jahren (!), kam es zu einer eigentlichen geordneten Aufstellung.

Die Residenzen und grösseren Städte haben seit den letzten dreissig Jahren neue Kunstinstitute und darin auch Gypsabgusssammlungen nach kunstgeschichtlichen Gesichtspunkten gebildet, mehr und weniger mit echtem Antikenbesitz verbunden erhalten. Die auf Grundlage der 1794 zuerst ausgestellten *Mengs*schen Gypssammlung errichtete grosse Sammlung in Dresden hat seit 1857 ihre würdige Aufstellung und treffliche Ordnung erhalten (Katalog von *H. Hettner* seit 1857 in immer neuen Auflagen). Wir nennen Frankfurt a/M. mit dem 1816 gestifteten, 1828 erst rechtlich gesicherten, 1833 im eigenen Bau eingesetzten, 1878 in das neue Gebäude übergeführten *Städel*schen Kunstinstitute, dessen Gypsabgüsse *Ed. v. d. Launitz* ausgewählt und beschrieben hat. Karlsruhe (1846 eröffnet), Stuttgart (1842 eröffnet, reichhaltig aber magazinartig zusammengehäuft), Cöln (Museum *Wallraf-Richartz*, begonnen für Antike

1819, seit 1861 im neuen Gebäude), Oldenburg (im Augusteum), Schwerin, Braunschweig, Hannover (Museum für Kunst und Wissenschaft 1856 vollendet) Weimar (Museum), Altenburg (bisher im Pohlhofe als Stiftung des Ministers von *Lindenau* seit 1848 unter Mitwirkung von *Ed. Braun, Quandt* und *Schulz* gebildet), Cassel (in dem 1779 erbauten und mit Antiken ausgestatteten Museum Fridericianum erst nach 1871 methodisch ausgebildet, s. Katalog von *Pinder* 1874), Hamburg (Museum für Kunst und Gewerbe eröffnet im neuen Gebäude 1879). Selbst mitten im Preussischen Litthauen hat ein für die Antike begeisterter Kunstfreund *F. v. Fahrenheid* zu Beykuhnen »einen Olymp herrlicher Götter- und Heroengestalten unter einem grauen Himmel, unter der Herrschaft kalter Wolken und Winde um sich versammelt« und diese Sammlung liberal geöffnet. (Verzeichniss 2. Aufl. 1873).

Unter den abbildlichen Hülfsmitteln der Archäologie machen entschieden nach *Meyers* Bilderheft zur Kunstgeschichte (s. oben S. 231), nach *Millin* (S. 257) und *Hirt* (S. 237) Epoche durch wissenschaftliches System, kundige Auswahl, Treue und Schärfe der Zeichnung die Denkmäler der alten Kunst nach der Auswahl und Anordnung von *C. O. Müller*, gezeichnet von *C. Oesterlei*, erster Band (Geschichte der Kunst) 1832—1835, in neuer Bearbeitung von *Fr. Wieseler* 1854; zweiter Band (Kunstmythologie) fortgesetzt und umgearbeitet von *Wieseler*, Heft 1—5 1856—1861, dritte Bearbeitung Heft 1. 1877.

Ferner ist zu nennen ausser *Brauns* Blättern und *Conzes* Uebungstafeln in acht Serien und *von der Launitz* Wandtafeln (s. oben S. 324) der Atlas von Tafeln zur Geschichte der Plastik von *J. Overbeck*, Leipzig 1870. Den Schulzweck haben streng im Auge die gut gewählten Tafeln: Grundformen der antiken classischen Baukunst von *Ernst Wagner* und *Gust. Kachel*. Heidelberg 1869. Unter den allgemeineren, die Geschichte oder Kunstgeschichte veranschaulichenden Werken nennen wir ausser den S. 36 angeführten noch aus älterer Zeit *Horner*, Bilder des griech. Alterthums oder Darstellungen der berühmtesten Gegenstände und wichtigsten Kunstwerke Altgriechenlands. Zürich 1823. I—III; *Steinbüchl*, Antiquar-Atlas 1830; *Kärcher*, Bilder antiken Lebens; aus späterer Zeit *Weisser*, Bilderatlas zur Weltgeschichte. Alte Geschichte I, 1. 2. 1862. Text von *H. Merz*, und aus neuester Zeit *Jos. Langl*, Denkmäler der Kunst. Bilder z. Geschichte mit Text 1876. Wien; *Seemann*, Kunsthistorische Bilderbogen mit Textbuch zur Kunst des Alterthums 1879. und die zum *Brockhaus*schen Conversationslexikon erschienenen Atlanten von *Essenwein* und *Carrière* zur Architektur und Plastik. Für wissenschaftlichen Gebrauch lassen diese populären Abbildungen durch Mangel an Präcision, sorgfältiger Auswahl der Vorbilder, sowie an allen genaueren Grössenangaben viel zu wünschen übrig.

12 Das neue Griechenland und die archäologischen Studien.

Ein merkwürdiges Beispiel des seit Beginn des Jahrhunderts auf griechischem Boden selbst bei den türkischen Machthabern sich regenden archäologischen Interesses bietet der furchtbare *Ali Pascha*, der allmächtige Pascha von Janina (1788—1821), ein Albanese, und sein Sohn *Veli Pascha* in Morea (1807—1810): vgl. *Gervinus* Geschichte des XIX. Jahrhunderts V. 1861. S. 45 ff., *Mendelssohn-Bartholdy*, Geschichte Griechenlands von Eroberung Constantinopels. I. S. 78 ff. — *Pouqueville*, welcher bereits Morea und Albanien bereist hatte, ward französischer Generalconsul in Janina 1806—1815. Dr. *Frank*,

Arzt von *Veli Pascha*. Jener legte die breite Grundlage unter *Ali Paschas* Schutz zu seinem die ältere Reiseliteratur von Hellas umfassenden und würdig abschliessenden Werke: Voyage de la Grèce, 1820—21. 2. Ausg. 1826. Damals wurden 1792 wichtige Bronzefunde in Paramythia in Albanien gemacht, darunter ein Exemplar des Apoll von Belvedere, damals in Argos Ausgrabungen durch *Veli Pascha*, andre in Olympia von Türken angestellt (vgl. *Pouqueville*, Voyage de la Grèce IV. p. 161. ed. 1820; Magazin encyclopédique 1811. II. p. 142, *Stephani*, Apollon Boedromios 1860 S. 4 f. *Gervinus* a. a. O. V. S. 100, *J. Schliemann*, Mykenae 1878. S. 55 nach dem Berichte des Arztes *Pyrlas* aus dem Jahre 1857).

Die Wegführung der Elginmarbles, und die vieler anderer Kunstwerke regte neben dem allgemeinen durch *Adamantios Korais* vor allen dem Vorbilde des alten Hellas und seiner Literatur zugewandten Bildungsdrange unter den Griechen im Jahre 1812 an zur Stiftung der Hetaerie der *Philomusoi*, gefördert durch *Capodistria*, durch Kaiser *Alexander* von Russland und Kronprinz *Ludwig* von Bayern. Ihr nächster Zweck ist Erhaltung der Denkmäler, Gründung eines Museums, Errichtung einer Bibliothek in Hellas (*Mendelssohn*, Hetärie in *Sybels* histor. Zeitschr. XVI. 1866. S. 294 ff.). Und so ward in der That von *Psyllos* in Athen eine kleine Sammlung angelegt, so bildete sich in Aegina das erste hellenische Museum in den unteren Räumen des dortigen Waisenhauses, gefördert durch *Fauvel* und *Gropius*.

Schon 1814 hatte Kronprinz *Ludwig* von Bayern Landbesitz auf der Insel Melos erworben, um dort Ausgrabungen zu machen. Im Jahre 1820 kaum ein Jahr vor dem Ausbruch des Aufstandes der Sulioten zu Pyrgos (6. Dcbr. 1820), der Erhebung von *Ypsilanti* zu Jassy (März 1821), der Moreoten zu Patras (April 1821) ward von griechischen Bauern der Insel Melos jene herrliche Aphrodite gefunden, welche von dem jungen französischen Gesandschaftssekretär *Marcellus* unter mannigfachen Schwierigkeiten erworben und auf langsamer, wechselvoller Seefahrt nach Frankreich entführt wurde, gleichsam die herrlichste Morgengabe des erstehenden Hellas an das westeuropäische Philhellenenthum, ein Werk, dessen Werth durch keine der späteren Entdeckungen in Schatten gestellt wird (vgl. über die Geschichte der Statue und die sofort sich daran schliessende Literatur eines *Dumont d'Urville*, *Quatremère*, *Clarac*, *St. Victor* u. a. jetzt die Heidelberger Dissertation von Dr. *Friedr. Göler von Ravensburg*: die Venus von Milo, Heidelberg 1879.).

Die furchtbaren Kämpfe von 1821—1827 drängten jedes künstlerische oder archäologische Interesse auf griechischem Boden zurück, ja die lange Vertheidigung der Akropolis von Athen durch Griechen unter *Guias* und Philhellenen unter *Fabrice* gegen den türkischen Vezier *Kuitagi*, die wiederholten Entsetzungsversuche haben die antike Herrlichkeit der Akropolis mehr fast als irgend ein früheres Ereigniss vernichtet (*Mendelssohn* I. S. 429—456).

Die Schlacht von Navarin (20. Oktbr. 1827) durch die vereinten Flotten der Engländer, Franzosen und Russen rettete das hellenische Volk und Land von Morea vor der furchtbar fortschreitenden Vernichtung durch die Egyptier unter *Ibrahim Pascha*. Die in Koron Ende August 1828 landende französische Expedition unter General *Maison* betrat den griechischen Boden mit einer wissenschaftlichen Mission neben der befreienden. Architekten, Geographen, Landmesser, Naturforscher, Archäologen folgten den Truppen, welche das Klima und die Fieber der verödeten Landschaften zehnteten und ihre Verwendung für grosse Ausgrabungen auf wenige Monate (Februar bis Juli 1829) beschränkten. Die naturwissenschaftliche Abtheilung löste sich nach viermonatlichen, angestrengten

Arbeiten, durch Fieber sehr geschwächt in Monembasia im Juni auf; *Bory de St. Vincent* setzte fast allein seine geographischen Arbeiten für die Inseln fort. Ihm hatte sich der damals aus Aegypten zurückkehrende Archäologe *Lenormand* angeschlossen. Die archäologische Sektion vereinte sich mit der künstlerischen. Der junge *Edgar Quinet*, der die Expedition begleitete, hatte sich an seinen Lehrer *Creuzer* gewandt um sich bestimmte Aufgaben zu erbitten, und neben Olympia sind es die alten Pelopidensitze Mykenä, Tiryuth, Argos, welche zu genauester Untersuchung vorgeschlagen werden (*Creuzer*, Aus dem Leben eines alten Professors S. 157 f.; Opuscula selecta p. 125 f.; *Stark*, Friedrich Creuzer, s. Bildungsgang in seiner wissenschaftl. wie akad. Bedeutung, Heidelberg 1874. S. 62 f.; *Creuzer* an *Thiersch* in *Thierschs* Leben. II. S. 45).

Olympia war in den gelehrten Discussionen der Pariser Akademie seit 1813 vor allem auch nach seiner politischen Stellung sehr hervorgetreten. Andererseits hatte der enthusiastische *Sickler* einst dem römischen Kreise um Humboldt angehörig, an den Lieblingsgedanken *Winckelmanns* die Ausgrabung von Olympia neu erinnert (Kunstblatt 1821. Nr. 2. 3. 4); er forderte zu einer Subskription der Deutschen auf und sah bereits in einer frei zu wählenden deutschen Stadt ein herrliches Olympiamuseum als würdiges Winckelmann-Denkmal errichtet. Ein thatkräftiger Engländer *Spencer Stanhope* hatte 1813 auf eigene Hand mit dem Zeichner *Alason* die Stätte besucht, vermessen und die ersten genauen Aufnahmen und Ansichten gefertigt. Mitten im griechischen Freiheitskampf erschien das Werk: Olympia or topography illustrating of the actual state of the plain of Olympia and of the ruins of the city of Olympia. Fol. 1824. Nun legten französische Soldaten 1829 den Tempel des Zeus Olympios wesentlich bloss und die ersten Metopen des Tempels wichtigsten Stiles wanderten mit vielen anderen Resten nach Paris; nun ward die Vermessung des Peloponnes unternommen, an die sich dann durch den französischen Generalstab auch die von dem nördlichen Griechenland anschloss.

Die Resultate der Arbeiten der französischen Gelehrten und Techniker (Savants et arstistes), die bis 1831 sich erstreckten, das letzte rühmliche Unternehmen bourbonischer Monarchie, sind in dem grossen eben so sehr auf die Naturverhältnisse. auf Orographie, Klimatologie, auf alle Zweige der beschreibenden Naturwissenschaft wie auf die Monumente sich erstreckenden Werke: Expedition scientifique de Morée 1831—1838 niedergelegt. In ihrem bildlichen und überhaupt technischen Theile sind die Abschnitte Architecture, Sculpture, Inscriptions et Vues du Peloponnèse, des Cyclades, de l'Attique I. 1831. II. 1839, Dank den Herren *Abel Blouet*, *Raovisié*, *Poirot*, *Trézel* und *Gournay*, höchst verdienstvoll, dagegen der gelehrte historisch-philologische Theil der Commission de Morée entsprach nicht den gehegten Erwartungen. Das Interesse von *Quinet*, der obendrein bald krank ward, wandte sich vielmehr dem Studium des Volkes selbst zu. Da trat in Paris als erklärende Hülfe *Philipp Le Bas*, der Schüler von Boissonade ein, welchem die Erklärung der Monuments de l'antiquité figurée. 3 Hefte 1835. 1837 verdankt werden; der Abschluss der Erklärung ward aber von den Herausgebern nicht gebracht und *Le Bas* legte in einem grossen Aufsatz in den Nouvelles annales des archäologischen Institutes 1842 seine Untersuchungen über Aegina auf Inschriften gestützt nieder.

Diese Arbeit gab Anlass zu einer zweiten französischen Unternehmung 1842—1844, durch den Minister *Villemain* ins Werk gesetzt, zunächst im Wetteifer mit der grossen Thätigkeit der Deutschen auf griechischem Boden auf eine möglichst vollständige und genaue Sammlung der Inschriften berechnet, aber auch auf Betrieb von *Le Bas* zu einer umfassenden archäologischen Untersuchung der Monumente erweitert.

Philipp Le Bas hatte von 1823 an eine Reihe von Jahren in Rom als Hauslehrer bei der Königin *Hortense* zugebracht und hatte hier dem italienischen wie deutschen Kreise von Archäologen nahe gestanden; als Schüler von *Boissonade* mit tüchtiger griechischer Sprachkenntniss ausgestattet wendet er sich dann von Rom der griechischen Welt besonders zu und wirkt in Paris als Lehrer der Ecole normale und Mitglied der Akademie. Mit dem 1. Januar 1843 ward die Reise nach Griechenland angetreten in Begleitung des geschickten Zeichners *Eugène Landron* und des jungen *Fleuri Musson*. Die Rückkehr erfolgt Ende 1844. Neben dem hier zum ersten Male durchgängig angewendeten Abklatschen und dem Copiren der Inschriften galt es kleine Ausgrabungen zu machen, die plastischen kleineren Monumente zu zeichnen und abzuformen, einzelne interessante Denkmäler mit Inschriften anzukaufen. Athen, der Peloponnes, die griechischen Inseln, die nordwestlichen Theile Kleinasiens, besonders eine bis dahin noch nie von Archäologen betretene Gegend die Phrygia Epiktetos zwischen Rhyndakos, Hermos und Sangarios, dann die Westküste Kleinasiens, besonders auch Karien wurden durchsucht und eine reiche Ernte von 5000 Inschriften und 450 monumentalen Zeichnungen mitgebracht. Der Plan des darüber zu publicirenden Werkes war auf zwölf Bände berechnet in vier Abtheilungen: Itinéraire, Inscriptions grecques, Monuments d'antiquité figurée, Architecture, in handlichem Grossquartformate; 1847—48 erschienen einzelne Lieferungen von Voyage archéologique en Grèce et en Asie Mineure fait par ordre du gouvernement français pendant les années 1843 et 1844 et publié sous les auspices du ministère de l'instruction publique par *Philippe Le Bas* avec la cooperation d' *Eugène Landron*. Paris, Firmin Didot.

Mehrere Jahre hörte die Unterstützung der Regierung auf, von 1853 wurden durch *Fortoul* neue Mittel bewilligt. *Le Bas* starb darüber hin und *W. H. Waddington*, sowie *Foucart* übernahmen die Fortsetzung der Bearbeitung der Inschriften; andre Theile, besonders das Itinéraire sind bedeutend beschränkt worden, dagegen der Inschriftenbestand durch die Reise von *Waddington* in den Jahren 1861, 1862 sehr erweitert und auf Syrien und Cypern ausgedehnt (vgl. Revue archéolog. 1863. Mars. p. 797 ff.). Es ist das erste grosse französische archäologische Reisewerk, welches im Sinne der heutigen, exakten philologischen Wissenschaft unternommen und durchgeführt ist, unschätzbar für die Inschriftenkunde wie für die Kenntniss ächt griechischer Reliefdenkmäler. Erschienen sind bis 1879 einige Bogen des Itinéraire, der Text der Inscriptions grecques für Griechenland und die Inseln, der Commentar ist von *Foucart* fortgeführt, für die Inscriptions de l'Asie mineure, Syrie von *Waddington*: von den Monuments sind 153 Tafeln, von der Architecture 96 Tafeln, beide ohne Text erschienen.

Zur École française d'Athènes s. oben S. 298 und besonders *E. Vinet*, Art et archéologie. 1874. p. 92 ff. und *Beulé*, Fouilles et découvertes I. Paris 1873. Am 11. September 1846 ward die Anstalt durch königliche Ordonnanz auf Antrag des Ministers *Salvandy* gegründet »pour l'étude de la langue de l'histoire et des antiquités grecques« und zwar allein bestimmt für Zöglinge der École normale. Der Plan erweiterte sich auch zu einer Abtheilung der Sciences und der Architektur, ist wesentlich nur für den erst bezeichneten Zweck und auch im geringern Grade für das Sprachstudium, also in der That für Archäologie unterstützt durch Architekten und für historische Geographie verwirklicht. Man erweiterte auch einige Jahre die Möglichkeit des Eintritts, kehrte dann ganz zu dem Verhältniss zur École normale zurück, wie ja bestimmte Aufgaben den jungen Archäologen von der Oberbehörde zur Ausführung gestellt werden. Die Jahresberichte wurden früher von *Guigniaut*, dann von *Egger* abgefasst. Die wechselnde Gunst oder Gleichgültigkeit der Ministerien hat auf die Veröffentlichung der Arbeiten sehr eingewirkt, manche werthvolle Arbeit ist unedirt geblieben.

Unter der grossen Zahl nützlicher und verständiger Arbeiten der Schule von Athen heben wir besonders ihre Thätigkeit hervor für die Akropolis von Athen, speciell für die Aufräumung des Zugangs und der Befestigungen vor den Propyläen durch *Beulé* (Acropole d'Athènes 1853. 2 Bde.) und *Tetaz*, wie für die Aufnahme der Felsenstadt in Athen durch *Emile Burnouf* (Archives des missions scientifiques Paris 1856. T.V. vgl. auch Acropole et la ville d'Athènes, Paris 1878), dann die erfolgreichen Arbeiten für Eleusis und seine heilige Strasse durch *Charles Lenormant* den Vater, den Entdecker des trefflichen Reliefs der eleusinischen Gottheiten 1860 und den Sohn *François* (Monographie de la voie Eleusinienne. Paris 1864; Recherches archéolog. executées à Eleusis dans le cours de l'ann. 1860. Paris 1862), die Untersuchung des Bodens von Delphi und den reichen zu Tage tretenden Inschriftenschatz durch *Wescher* und *Foucart* (Mémoire sur les ruines et l'histoire de Delphes, Paris 1865. *Beulé*, Fouilles et découvertes. I. p. 85—156: l'École d'Athènes à Delphes), die Erforschung von Nordthessalien, Akarnanien und Macedonien, durch *Heuzey* und *Daumet*, (*Heuzey*, le mont Olympe et l'Acarnanie. Paris 1860. Mit 16 Taf.; *Heuzey* et *Daumet*, Mission archéologique de Macedonie et recherches executées dans cette contrée et dans les parties adjacentes de la Thrace en l'année 1861. Paris 1864 ff.), die Untersuchung des uralten Heiligthums auf Delos durch *Lebèque* (*Lebèque*, Recherches sur Délos, Paris 1876, *Burnouf* Revue archéol. N. S. XXVI. p. 105 ff., *Ussing*, Abhandl. K. Dän. Gesellsch. d. Wissensch. 1874. n. 1; *Stark* in *Bursians* Jahresber. üb. d. Fortschritte der kl. Alterthumsw. I. S. 152 f.), endlich die durch *Albert Dumont* im Zusammenhang und im Wetteifer mit deutschen Arbeiten betriebenen Untersuchungen über die Stilperioden der griechischen Keramik auf Grund sorgfältiger Fundberichte und Vergleichung der Ornamente (Peintures ceramiques de la Grèce propre. Paris 1874, Mélanges archéologiques. Paris 1873).

Friedrich Thiersch (1784—1860).

Martin Thomas, Gedächtnissrede auf Thiersch. München. 1860. 4; Fr. Thiersch's Leben herausgegeben von *Heinrich W. J. Thiersch.* Zwei Bde. Leipzig und Heidelberg. 1866; Verzeichniss der Schriften von Dr. *K. v. Lützow.* Anmerk. zu *Pözl* Rectoralrede. München 1860.

Thiersch gehört zu denjenigen Männern, die mehr durch ihre Persönlichkeit weithin anregend wie durch die Resultate ruhig und methodisch geführter Forschungen sachlich fördernd gewirkt haben. Er hatte die strenge grammatische und metrische Schulung unter *Gottfried Hermanns* Leitung (1804—1805) an sich erfahren und verband sie bleibend in seinen Arbeiten mit der reichen realen Anschauung des Alterthums durch *Heyne*. Eine lange umfassende Wirksamkeit für die Belebung der Alterthumstudien und vor allem der darniederliegenden griechischen Studien in Süddeutschland war ihm beschieden (1809—1860); aber er hatte auch bald durch Reisen den reichen Gewinn grosser Kunstanschauungen erfahren — und die Begeisterung für griechische Poesie und Kunst war zugleich mit der Hingabe an die Befreiung und Erneuerung des modernen Hellenenthums unauflöslich verknüpft. Wenn irgend ein Mann in Deutschland, hat er das Band zwischen deutscher Bildung und dem heutigen Griechenland geknüpft. Wir finden ihn 1813 als Privatmann, dann 1814—15 als Commissar für die Wiedererlangung der Kunstschätze in Paris und er verkehrte viel mit *Millin*, *Choiseul* und *L. Q. Visconti*. Er besuchte 1815 England und sah die Elginmarbles und den Fries von Phigalia.

»Welch ein Feld hat sich mir in der Archäologie aufgethan, wie unermessliche Steppen neben schönbebauten Fluren. — Ueber die älteste Kunstepoche in Griechenland habe ich eine Abhandlung geschrieben, die denk' ich manches Neue enthalten soll.« (Brief an Lange. 4. Aug. 1813. Thiersch's Leben I. S. 106.

Dies ist der Ausgangspunkt zu seinen drei Abhandlungen, die 1816. 1819. 1825 der Akademie vorgetragen wurden »über die Epochen der bildenden Kunst unter den Griechen«, über deren Grundgedanken und polemische Stellung zur Winckelmannschen Anschauung wir unten zu sprechen haben. Sie sind characteristisch für Thiersch neben den Arbeiten zu *Pindar* und der nie vollendeten Lebensaufgabe der Bearbeitung von *Aeschylos*. In Wien, in Dresden in Verkehr mit *Böttiger*, und zufällig auch mit *Thorwaldsen* in Berlin, dann vor allem auf der längern Reise nach Italien 1822—23 mit *Aug. Hagen*, auf welcher ihm aber Unteritalien polizeilich verschlossen blieb, endlich im täglichen Verkehr mit den Schätzen der erstehenden Glyptothek erweitert er fort und fort seine Anschauung der Antike.

Schon in Paris mit *Koraes* und dem Kreise nach Bildung strebender Griechen befreundet, trat *Thiersch* 1814 als Philhellene mit dem Plan eines Athenaeum für junge Griechen in München auf, 1821 fordert er zur Bildung einer deutschen Legion zur Befreiung Griechenlands auf und ward dadurch den Regierungen, besonders Oesterreich und Russland mehr als verdächtig. Im September 1831 trat *Thiersch* die Reise nach Griechenland an begleitet von dem Architekten *Metzger*, zu dem sich später noch *Semper* und *Gury* gesellten; im August 1832 verliess er Griechenland. Er erscheint als der erste Deutsche, fast der erste Westeuropäer, welchem der freieste, unmittelbarste Verkehr mit den Griechen selbst neben der Erforschung der Denkmälerwelt gelang, indem allerdings Archäologie und Politik auch unmittelbar sich verband. In sieben grossen Ausflügen, vier im Peloponnes, zwei in Mittelgriechenland, einer Rundfahrt durch die Kykladen und einer Küstenfahrt an der Westküste Kleinasiens gewann er ein umfassendes Bild der griechischen Kunststätten. Ueberall erkennt er die zu stellende Aufgabe, regt er an, so in dem damals noch in Trümmern liegenden Athen zur Bildung einer archäologischen Gesellschaft, so beginnt er Ausgrabungen in Delphi an den Terrassenmauern, so durchmustert er in Aegina die einzige existirende Sammlung griechischer Funde und macht mit seinen Architekten die richtigsten Beobachtungen über Polychromie der Alten (II. S. 347), so besucht er Sparta und corrigirt Müllers Karte der Gegend, ebenso auch Olympia mit den französischen frischen Ausgrabungen, so Paros und entdeckt dort wichtige Inschriften, so Ithaka mit der Nymphengrotte, auf die ihn *Forchhammer* aufmerksam gemacht. Der grosse Plan eines vierbändigen Reisewerkes mit *Metzgers* Zeichnungen wird aber nicht ausgeführt, *Thiersch* sah sich von dem eignen Königshause, für dessen Spross Otto er die griechische Königskrone vor allem mit errungen, mit Misstrauen und absichtlicher Entfernung von der Fortführung der griechischen Beziehungen belohnt und entsagte für lange allen auch wissenschaftlichen Plänen in Bezug auf Hellas. In den Denkschriften der Münchener Akademie sind eine Anzahl Abhandlungen als Reisefrüchte erschienen; *Metzgers* Zeichnungen sind viel zu spät in Auswahl herausgegeben. Nicht darf so musterhafter und wenig gekannter Leistungen unter König Otto nach Athen gezogener Bayrischer Techniker vergessen werden, wie des Panoramas von Athen von *Stademann*. Immer schwebt *Thiersch* ein umfassendes Werk über Griechenland als eine grosse von der deutschen Dynastie dort zu erfüllende Aufgabe vor der Seele (II. S. 512), ähnlich wie die Déscription de l'Egypte von Frankreich begonnen und durchgeführt war. »Geographie und Topographie, Geologie und Naturbeschreibung, alles mit Vergleichung der Nachrichten der Alten, genaue statistische Volkskunde nach jeder Seite hin, endlich die Alterthümer, die Ruinen, noch unbekannte Inschriften und Kunstwerke sollten hier vereinigt werden«. Die Vertheilung der Arbeit sollte an Männer der Wissenschaft und der Kunst aus Griechen und Deutschen ausgewählt erfolgen.

Thiersch war es noch vergönnt zum zweiten Male Italien 1845 mit jüngern Freunden zu sehen und dabei auch Sicilien zu besuchen; auch Griechenland betrat er mit seinem Sohne, dem jungen Maler 1852 zum zweiten Male, besuchte einzelne Inseln auf königlichem Kutter und liess im Erechtheion einige Ausgrabungen machen, um für seine Auffassung dieses vielgestaltigen und vielumstrittenen Bauwerkes als alten Königspalast Bestätigung zu finden.

Mit der grossen Gabe rascher Orientirung und fertiger Rede hat Thiersch über die neuen Probleme der archäologischen Arbeit, so über Herkunft und Alter der hellenischen bemalten Vasen in Vorträgen und Abhandlungen sich ausgesprochen. Welch anregende, begeisternde Kraft grade in seinen seit 1835 besonders regelmässig gehaltenen Vorträgen über Archäologie gelegen, davon hat Prof. *Thomas* warmes Zeugniss abgelegt (II. S. 387). Wie er von vornherein nichts weniger als abgeschlossen dem Orient sich gegenüberstellt, so hat er in spätern Jahren die gesammte Kunstgeschichte zum besonderen Gegenstand seiner Studien gemacht, selbst eine allgemeine Aesthetik 1846 veröffentlicht. Als Sekretär, dann Präsident der Akademie und Generalconservator der Sammlungen hatte er reiche Gelegenheit seine Vielseitigkeit zu bewähren, vor allem auch den einheimischen Funden Aufmerksamkeit zuzuwenden. Bereits 1816 hatte *Thiersch* die wichtigen Ausgrabungen auf dem Walserfeld bei Salzburg mit geleitet und beschrieben.

Wie *Thiersch* zur Bildung der Münchener Vasensammlung entscheidend mitgewirkt, so hatte er in seinem eigenen, schönen Hause eine Reihe zum Theil erlesener antiker Originale (aus Griechenland und Italien, sowie aus Deutschland z. B. aus dem Nachlass Heynes) und seltenster Abgüsse sich angesammelt, welche in dem Katalog von *Lützow* 1860 beschrieben und in die Sammlung von Karlsruhe, theilweise in die Universitätssammlung von Heidelberg übergegangen sind.

Ludwig Ross (1806—1859).

Erinnerungen und Mittheilungen aus Griechenland. Mit Vorwort von *O. Jahn*. Leipzig 1863; *O. Jahn*, Biographische Aufsätze. Leipzig 1866. S. 133—165; *K. Keil*, Nekrolog in Ludwig Ross Archäologische Aufsätze. Zweite Sammlung. Leipzig 1861. S. IX—XXI.

L. Ross aus altschottischem Geschlecht stammend war auf dem Bauerngut Altekoppel bei Bornhöved in Holstein 1806 geboren. Auf den Schulen zu Kiel und Plön gebildet, hat er seit 1825 in Kiel zuerst medicinische und ornithologische, dann geschichtliche und philologische Studien gemacht. Eine 1832 erschienene Geschichte der Herzogthümer Schleswig und Holstein zeugt von der tiefen Anhänglichkeit an die Heimath und dem lebendigen politisch-nationalen Interesse. In Kopenhagen als Hauslehrer in einem Kaufmannshaus gewinnt er weiteren Gesichtskreis, schon in Hamburg bei Verwandten Interesse für

See- und Völkerverkehr. Mit einem dänischen Reisestipendium für Griechenland, das Land seiner Wünsche, um 1832 ausgestattet wendet er sich zuerst nach Leipzig, um unter *Gottfried Herman* griechische Studien noch gründlicher zu treiben und kommt 1832 Ende Juli über Triest nach Nauplia.

Von 1832—1845 hat er in Griechenland gelebt, bald (1833) als Unterconservator der Alterthümer für den Peloponnes, dann seit 1834 nach Athen als Oberconservator der Alterthümer des jungen Königreichs versetzt, seit 1837 als Professor der Archäologie an der neuen Universität Athen bis zur Septemberrevolution 1842 thätig, dann noch mehr als zwei Jahre dort mit preussischem Gehalt seinen Studien lebend. In lebhaftestem Verkehr stand er dabei mit Griechen und allen reisenden deutschen Gelehrten, vor allem mit dem ganz im Orient einheimischen österreichischen Internuntius zu Constantinopel *von Prokesch-Osten*, dem genauesten Kenner und grössten Sammler griechischer Münzen.

Kein Gelehrter der neuern Zeit hat sich um die genaue thatsächliche Erkundung des alten Griechenland und seiner Monumente im weitesten Umfang, um die Förderung der Arbeiten auf griechischem Boden, sowie um die rasche und energische Verbreitung der gewonnenen Thatsachen gleiches Verdienst erworben wie *Ross*. In erster Linie stehen seine genauen Abschriften neuen inschriftlichen Materials, das vor allem dem Corpus Inscriptionum graecarum und den *Böckh*schen Arbeiten zu Gute kam; dann seine scharfen und charakteristischen Aufnahmen und Beschreibungen von Monumenten, vor allem ältester Zeit und der Gräberwelt, seine energische und erfolgreiche Thätigkeit in der Aufräumung des Zuganges zu den Propyläen wie des Innern der Akropolis im Verein mit *Schaubert* und *Hansen*, mit denen er gemeinsam ein grosses Werk: »Die Akropolis von Athen nach den neuesten Ausgrabungen« glänzend mit der Publikation über den wieder aufgefundenen und neu aufgerichteten Tempel der Nike Apteros (1838. Fol.) eröffnete. Niemand hat so fleissig die griechischen Gegenden zunächst des festen Landes des Königreiches, dann die Inseln desselben, dann Rhodus, Cypern und die Südküste Kleinasiens durchwandert und in schlichten, lebendigen und genauen Berichten davon Zeugniss gegeben. Vgl. Reisen und Reiserouten in Griechenland I. 1841; Griechische Inselreisen I—IV. 1840. 1843. 1845. 1852; Königsreisen. 2 Bde. 1848. 1851; Kleinasien und Deutschland 1850. Mit richtigem Blicke erkannte er die Bedeutung der mittelalterlichen Dokumente und älterer Reiseberichte für die heutige Topographie und er ist ebenso eifrig und glücklich für die Berichte eines *Pasch van Krienen* aus den Jahren 1770 wie den Anonymos aus dem 15. Jahrhundert eingetreten, wie er die Mönchschronik der *Ἀνάργυροι* mit ihrer vierhundertjährigen Verödung Athens, auf welche *Fallmerayer* fusste, in ihrer Nichtigkeit erwies.

Mit scharfem Ohr hat er das Dialektische des Neugriechischen verfolgt, wie mit offenem Auge neugriechische Volkssitte. Er war der erste, der den jetzigen Griechen die Archäologie der Kunst in ihrer eigenen Sprache nahe brachte mündlich und literarisch in dem ersten Theil des *Ἐγχειρίδιον τῆς ἱστορίας τῶν τεχνῶν. Διανομὴ πρώτη. Ἱστορία τῆς τέχνης μέχρις ἁλώσεως Κορίνθου. Ἀθήνησι* 1841.

Durch die Fülle lokaler Anschauungen besonders der griechischen Inselwelt von dem engen Contakt orientalischer und griechischer Welt, ebenso von dem Alter und der Ursprünglichkeit, wie der Leibhaftigkeit historischer Legenden überzeugt trat *Ross* als warmer Vertreter der gewaltigen orientalischen Vorstufe für Griechische Cultur wie als scharfer und einseitiger Bekämpfer auflösender und die priesterlichen Träger der Cultur beseitigender Kritik ein. Es fehlte ihm dabei die feinere Empfindung für die vollendete Kunst und ihre Abstufungen gegenüber den Vorstufen.

So kam es, dass *L. Ross* 1845 nach Deutschland zurückgekehrt und als Professor in Halle thätig, sich hier in einem entschiedenen Gegensatz zur herrschenden Auffassung des klassischen Alterthums fand und ritterlich aber auch oft barock eintretend für seine Ansichten trotz aller immer auf das Ganze gerichteten Thätigkeit nicht die Wirkung übte, die ihm die Fülle seiner reellen Belehrung aus der Welt der Anschauung sichern konnte. In schweren Leidensjahren ging er selbst noch an die Sammlung seiner Archäologischen Aufsätze (Leipzig 1855. Mit Abbildungen), denen *K. Keil* die starke zweite Sammlung mit Atlas 1861 anfügte.

Ross ebenbürtig zur Seite stand auf griechischem Boden und im Amte eines Professors der lateinischen Literatur und Alterthumskunde an der Universität Athen der früh verstorbene *H. N. Ulrichs* (1807—1843) aus Bremen. In Leipzig, Bonn und München akademisch gebildet ging er 1833 als begeisterter Philhellene nach Griechenland und begründete lehrend und schreibend den Unterricht der Griechen im Latein an Gymnasium und Universität. Mit dem trefflichsten Darsteller griechischer Landschaft *K. Rottmann* hat er Nordgriechenland durchwandert. Mit feiner klassischen Bildung und mit umsichtigstem kritischen Takt ausgestattet hat er in den Jahren 1833—1843 auf vielfachen Wanderungen werthvolle topographische und monumentale Studien gemacht, so über die Häfen von Athen, über Theben, Euböa, über Delphi und Krissa, über den Theseustempel und Pnyx zu Athen, endlich über Troja. Dem ersten Band seiner »Reisen und Forschungen in Griechenland« 1840 folgten die aus seinen Papieren von *Henzen* italienisch publicirten »Viaggi ed Investigazioni nella Grecia« Annali XVIII. p. 1—45 cff. XX. p. 1—59 und die deutschen Darstellungen und Einzelarbeiten vereint im zweiten Band der Reisen und Forschungen 1863 von *A. Passow* herausgegeben.

P. W. Forchhammer aus Schleswig-Holstein, studirt in Kiel und Leipzig, hält sich in London und Paris auf, dann in Rom 1832 und giebt zuerst nähere Nachricht über die Metopen von Olympia (Bullett. 1832. p. 28), geht dann 1833 nach Athen, wo ihm eine für die Fixirung der Topographie wichtige Beobachtung und die Identificirung des Berges Hagios Georgios mit den alten Lykabettos verdankt wird (Zur Topographie Athens, Brief an Otfr. Müller, Gött. 1833). Mit entschiedenem Scharfblick und unentwegter Energie geht er der Erforschung der Wasserverhältnisse Griechenlands und den alten künstlichen Entwässerungs- und Quellenanlagen in Athen, Böotien, Phokis, Thessalien, Delphi nach (vgl. Apollons Ankunft in Delphi, 1840; Topographia Thebarum heptapylarum, Kilon. 1854; Halkyonia. An Böckh. 1857); später 1838 in Begleitung von *Spratt* denen auf der Ebene von Troja, Untersuchungen, deren Resultate in den Hellenika, Griechenland im neuen das alte, I. Berlin 1837 und in der Topographischen und physiographischen Beschreibung der Ebene von Troja, Frankfurt 1863 (mit grosser Karte) vereint niedergelegt sind und welche auch von denjenigen, welche seine einseitige Betonung dieser Naturerscheinungen für Auslegung der Mythologie nicht theilen können, als werthvoll und neu anerkannt werden müssen. Auch Aegypten ward 1838 von ihm besucht. Seine weitern Arbeiten haben vor allem die Topographie von Athen (z. B. Kieler philologische Studien 1841. S. 275 ff.) und attische Mythendeutung zum Mittelpunkt (vereint im Daduchos 1875). *Forchhammer* hat für die lebendige anschauliche Auffassung des griechischen Alterthums und für Verbreitung des archäologischen Interesses im Norden durch seine Wirksamkeit in Kiel seit lange anregend gewirkt.

Im Auftrage des Königs *Otto* unternahm der sächsische Geolog und Bergmann *L. G. Fiedler* in den Jahren 1834—1837 eine Bereisung aller Theile des jungen Königreiches, besonders auch der Inseln zunächst vom naturwissenschaftlichen Gesichtspunkte aus. Die Resultate, niedergelegt in den zwei Bänden seiner Reisen 1840, 1841 und mit guten Zeichnungen versehen, sind aber auch der archäologischen Erkundung, z. B. für die Gräber der Inseln und für die wichtige Frage des Kunstmaterials in reichem Masse zu Gute gekommen.

Am 6. April 1840 betrat *Otfried Müller* (1797—1840) begleitet von *Adolf Schöll* und *Theodor Pressel* und dem Zeichner *Neise* den Boden von Athen, nachdem er bereits seit September 1839 Deutschland verlassen und in Rom, Neapel auf einer Wanderung durch Sicilien reiche Studien gemacht (vgl. *W. Abeken*, C. Otfr. Müller in Rom. Skizze aus dem Nachlass des Verf. in Zeitschr. f. Geschichtswissenschaft II. 1844). Bei dem beständigen Streben in seiner Wissenschaft sich von dem Leben der Alten nach allen Beziehungen eine wahre und wirkliche Anschauung zu machen, musste er an Ort und Stelle Himmel und Erde anschauen, wo jenes Leben einst entstanden und vollendet war. Er war durch seine Studien in Griechenland wie zu Hause, wie er denn auch vor seiner Reise gesagt haben soll, er wisse in Athen so gut Bescheid, dass er keinen Führer brauche. — »*Müller* wollte in Italien und Griechenland nicht blos gleichsam die Probe machen für das schon Erforschte, sondern in neuen Forschungen und Erlebnissen an Ort und Stelle sich erst die rechte volle Weihe geben zu dem Hauptwerk, der Krone seines Lebens, der Geschichte des griechischen Volkes, wozu er seit Jahren aufs zweckvollste alles bereitet hatte (ein Werk auf zwölf Bände berechnet). Gewiss rechnete er auch auf das Glück, besonders in Griechenland auch im Einzelnen Neues zu entdecken, und in der That nahm er in seinem feinen ahnenden Geiste und in dem Reichthum seines Wissens die Wünschelruthe mit, welche leicht auch die tieferen Stellen traf, wo Schätze verborgen waren.« (*Lücke*, Erinnerungen S. 42 f.)

In Athen von seinem Schüler und geistigen Erben *E. Curtius* begrüsst und fortan begleitet weilt er zunächst fünf Wochen; vierzig Tage durchzieht er den Peloponnes mit dem Hochgefühl freudiger Arbeit und des Gewinnes an neuen Anschauungen. »Unsere Kreuz- und Querfahrten im Peloponnes«, so schreibt er den 27. Juni, »auf die wir vierzig Tage gewandt, haben wir ohne bemerklichen Unfall vollendet und viel Freude daran gehabt. Wir haben herrliche, zum Theil noch schneebedeckte Gebirge, lachende Thäler, höchst romantische Schluchten, alles voll von Bächen, Quellen und Vegetation besonders in der letzten Zeit herrlichen Oleanderbüschen gesehen und manches Palaeo-Castro auf steiler Felsenhöhe im Schweiss unseres Angesichtes bestiegen, auch einige neue d. h. so viel mir bekannt, noch nicht von andern angegebene Tempel- und Städteruinen aufgefunden. Die Hauptsache war uns aber immer die klare Anschauung, die man von der sehr verschiedenartigen Conformation und natürlichen Prädestinirung der griechischen Landschaften und Hauptorte gewinnt, und bei der Schärfe, womit die Natur selbst hier zeichnet, prägt sich diese Anschauung so tief ein, dass ich hoffe, sie bei meinen ferneren Arbeiten immer gegenwärtig zu behalten«.

Nach einem zweiten kürzeren Aufenthalt in Athen wandte sich *Müller* nach Nordgriechenland, Böotien, Phocis und Doris durchziehend mit Delphi als dem wichtigsten Schlusspunkt und einem Mittelpunkt seiner Studien. Daselbst hatte die griechische Regierung eine umfassende Ausgrabung unter Versetzung des Dorfes Kastro durch den Architekten *Laurent* begonnen aber nicht fortgeführt. Glückliche Versuche liessen ihm unterirdische Kammern unter der Tempelfläche finden und die mit Inschrift bedeckte Stützmauer länger blos legen. Hierbei unter der Julihitze von Erschöpfung und Fieber ergriffen tritt er die Rückreise an und stirbt nach Athen zurückgebracht am Tage der Ankunft 1. August 1840.

Am 2. August ward er auf dem Kolonos, nahe der Akademie wie der Geburtstätte des Sophokles begraben und die Stele mit griechischem Epigramm erhebt sich darüber weithin sichtbar, aber in öder nächster Umgebung. Ihm zur Seite ist nach Jahren *Charles Lenormant* begraben.

»Man kann wohl sagen, dass er eines schönen Todes gestorben ist und herrlich begraben liegt, ja dass ihm die Fieberphantasie nur grossartige freudige Bilder Griechenlands vorgeführt und allen Schmerz des Heimwehs erspart hat. Aber welch ein kleiner Trost für das grosse Leid, das sein Tod erweckt, und welch ein Jammer, dass er nicht wiederkehrt. Nach dem Verlauf der Zeit, — mag man sich so trösten und ihn über alle glücklich preisen; uns und dem tiefer fühlenden Recht unserer Gegenwart ist damit nicht geholfen. Ich wollte lieber, sein Grab wäre an barbarische Stätte gekommen, nachdem er noch lange in der Welt gewirkt und die ganze Ernte seines Ruhmes gehalten hätte«. (*Jakob Grimm.*) Vgl. überhaupt *E. Curtius*, Intelligenzblatt zur Hall. Allg. Literaturzeit. 1840. n. 45. 46; *Schöll*, Kunstblatt 1840. n. 72.

Die reichen unmittelbaren Früchte von *Müllers* Reise sind nur theilweise veröffentlicht von seinen Reisebegleitern. Nur ein Heft von drei in Aussicht genommenen ist erschienen in den Archäologischen Mittheilungen aus *C. O. Müllers* nachgelassenen Papieren, herausgegeben von *Adolf Schöll*, welches Athens Antiken-Sammlung enthält, die erste und bisher in ihrem umfassenden Charakter einzigartige wissenschaftliche Beschreibung der Ueberreste antiker Sculptur auf dem Boden von Athen, geordnet nach kunstgeschichtlichen Epochen. Die Ergebnisse des Delphischen Aufenthaltes sind niedergelegt in den Anecdota Delphica (Berol. 1843) von *Ernst Curtius*.

Das Grab von *Otfried Müller* in Athen ist ein Zielpunkt und Markstein geworden für die Wanderungen deutscher Gelehrten nach Griechenland. *Fr. G. Welcker* (1784—1859) trat im Januar 1842 seine griechische Reise von Rom aus an, nachdem er Jahrzehnte früher auch in Rom den Plan gefasst, mit Dr. *W. Henzen* und im weitern Verlauf von *H. Kiepert* begleitet; in achtmonatlicher Wanderung hat er Peloponnes, Nordgriechenland, die Inseln und ein Stück des westlichen Kleinasiens besucht; noch 1865 veröffentlichte er das so überaus reichhaltige Tagebuch einer griechischen Reise (2 Bde. Berlin); vorher hatte er in wichtigen Abhandlungen, so über den Felsaltar des höchsten Zeus auf dem sog. Pnyxhügel, über den Löwen von Chaeronea, über einzelne Inschriften von griechischen Inseln, die ihm gewordenen Anschauungen verwerthet.

K. W. Göttling aus Jena (1793—1869) hat zweimal Griechenland besucht, 1840 und 1853, nachdem er schon im Jahre 1828 Sicilien durchwandert und seine wichtige Abhandlung über Selinunt und seine Tempelruinen in der Zeitschrift Hermes 1829 zum Theil veröffentlicht hatte. In einer Reihe geistvoller Einzelvorträge, die uns Stadt- und Landschaftsbilder geben (Tirynth, Argos und Mykenae, Plataea und Leuktra, Korinth, Othrys), wie in Einzeluntersuchungen über athenische Lokalitäten, die Gegenstand lebhafter Diskussion bildeten, wie Pelasgikon und Pnyx, Poikile Stoa, Apollogrotte, Kynosarges hat er den Gewinn der Reisen niedergelegt (Gesammelte Abhandlungen aus dem klass. Alterthum. I. Halle 1851; II. Halle 1863; Opuscula academica. Lips. 1870; vgl. dazu *G. Lothholz*, C. W. Göttling I. Stargarder Gymnas. Progr. 1876).

Wilhelm Vischer aus Basel (1808—1874; vgl. oben S. 294) hat 1853, dann 1862 mit *E. Curtius, Bötticher* und *Strack* Griechenland besucht und das

Königreich nach allen Richtungen durchzogen, in wohlabgezweckter und umsichtiger Darstellung seine Erinnerungen und Eindrücke aus Griechenland (Basel 1857) veröffentlicht, wie die streng wissenschaftlichen Untersuchungen in den Archäologisch-epigraphischen Beiträgen aus Griechenland (Basel 1855, jetzt vermehrt aufgenommen in den Kleinen Schriften II. Basel 1878).

In die vierziger Jahre fallen noch die in eigenen Büchern behandelten Studienreisen von *Lud. Stephani* durch das nördliche Griechenland (1843. Leipzig), von *L. Ussing* ebenfalls Thessalien besonders zugewandt im Jahre 1846 (dänisch erschienen 1847, deutsch als Griechische Reisen und Studien 1857), in die fünfziger Jahre zunächst die mit *Göttling* 1852 zusammen unternommenen Fahrten von *L. Preller* (1809—1861) und *H. Hettner*, von diesem in seinen Griechischen Reiseskizzen 1853 mit besonderer Beziehung zur Frage der Polychromie geschildert, von jenem in frischer, mündlicher Darstellung auf der Philologenversammlung in Göttingen 1852 und in einer Reihe werthvoller Untersuchungen über Argos, Chaeronea und besonders über Delphi und Krissa, wie über einzelne antike Sculpturen verwerthet (Ausgewählte Aufsätze, herausgegeben von *R. Köhler*. Berlin 1864 mit dem Verzeichniss der Schriften S. 543 ff., vgl. über *Preller* selbst die Gedächtnissrede von *Stichling*. Weimar 1863.) *Conrad Bursian* hat seinen längeren Aufenthalt in Griechenland 1853—54 im engen Verkehr mit den Griechen selbst zu seinen umfassenden topographischen Vorstudien der Geographie von Griechenland (2 Bde. 1862. 1872) benutzt; speciell Euboea nach *Baumeisters* Reise mit seinen hochalterthümlichen Ueberresten durchforscht und mit *Riso Rangabé* das von *Ross* für eine Ausgrabung in Olympia gesammelte Geld für eine erfolgreiche Ausgrabung am Heräum zu Argos verwendet, dessen plastische Ueberreste nur noch der Bekanntmachung harren (Bullettino 1854. II. p. XIII ff.; *Rangabé*, Sendschreiben an *Ross*. Halle 1853; *Beulé*, Fouilles et découvertes I. p. 78—84). Im April 1860 traten *Al. Conze* und *Ad. Michaelis* mit *Perranoglu* eine Rundreise von Athen durch den Peloponnes, dann Mittelgriechenland an, welche nach der ersten Juniwoche endete. Der Reisebericht an das archäologische Institut zu Rom (Rapporto d'un viaggio fatto nella Grecia nel 1860 in Annali XXXIII. Roma 1861, dazu Philolog. XIX. S. 163—183 mit Tafeln) enthält eine Fülle sicheren Details und besonders eingehende Würdigung von Sculpturen archaischer Kunst in Megalopolis, Sparta, Delphi, Orchomenos.

Alexander Conze hatte bereits 1859 seine erste Wanderung durch die von *Schlottmann* und *Blau* von Constantinopel aus zuerst flüchtig besuchten thrakischen Inseln (Thasos, Lemnos, Imbros, Samothrake) gemacht und beschrieben (Hannover 1860); eine zweite im Jahre 1864 umfasste dann auch Lesbos, und auch diese Insel wurde eingehend geschildert (Reise auf der Insel Lesbos: Hannover 1865). Er hat dann die österreichische Regierung zu einer eigenen Expedition von ihm mit *Hauser* und *Georg Niemann* im Jahre 1873 um Samothrake genau zu erforschen vermocht, deren Resultate in dem grossen Werke: Archäologische Untersuchungen auf Samothrake. Wien 1875. (Mit 72 Tafeln) vorliegen. Und dieser ist eine zweite bereits gefolgt, deren Resultate wir aus Berichten in der Wiener Akademie 1878 in Kürze kennen.

Die Zahl der jüngern deutschen Archäologen, welche Griechenland besuchen, hat sich stetig gemehrt seit den, wie oben gezeigt ward, gestifteten und gemehrten archäologischen Stipendien und eine Anzahl von Specialaufgaben, besonders für die Beschreibung der einzelnen Sammlungen Athens sind durch dieselben, wir nennen *K. Schillbach*, *C. Curtius*, *Kekulé*, *R. Schoene*, *Benndorf*, *Hirschfeld*, *Heydemann*, *Gaedechens*, *Lolling* u. a. gelöst worden. — Umfassende

Werke wie *Curt Wachsmuths* Die Stadt Athen im Alterthum. I. 1874. mit den vorhergehenden Bausteinen zur Topographie von Athen (im Rhein. Mus. f. Philol. XXIII S. 1—65. 170—186, XXIV S. 33—51) konnten auf solcher Unterlage der Anschauung erst unternommen werden. Auch ein kürzerer Besuch des griechischen Orients konnte noch heute bei reicher archäologischer Erfahrung nicht nutzlos für die Wissenschaft bleiben, wie ein solcher von dem Verfasser im Jahr 1871 ausgeführt und in den Reisestudien Nach dem griechischen Orient 1874 beschrieben ist, wie ihn *Fr. Wieseler* im Jahre 1873 gemacht und darüber in einer Reihe von Abhandlungen über athenische Sammlungen (Nachr. Gött. Ges. d. W. 1874), wie über Bosporos und Constantinopel (1875) berichtet hat.

Ernst Curtius war es unter den Deutschen beschieden in jungen Jahren und in günstigster Umgebung in Athen, überhaupt in Griechenland heimisch zu werden (1837—1840), hier im Sinne *Otfried Müllers* und *Böckhs* neben jenen Anecdota Delphica die umfassende, auf eigenster Anschauung ruhende historisch-topographische Beschreibung des Peloponnesos (Berlin 1851. 1852, darin I. S. 139 f. Skizzirung seiner Reisen) vorzubereiten, welche als ein in mustergültiger Form abgefasstes Werk deutscher archäologisch-historischer, auf griechischem Boden heimisch gewordener Forschung dasteht. Ueber seine Inselreisen spricht Curtius in den Recensionen über *Ross* Inselreisen und Inscriptiones ineditae (Hallesche Allg. Lit. Zeit. 1843. S. 53 f.; 445). »Der leise Hauch der griechischen Camöne«, der ihm beschieden und den die Nähe des Jugendfreundes und Genossen in der Fremde (1839—40), *Emanuel Geibel* immer neu belebt, hat seinen Schilderungen der griechischen Welt, so der Akropolis von Athen (1844), der Insel Naxos (1846), so von Olympia (1852), so von der Kunst der Hellenen (1853), vom alten und neuen Griechenland (1862 vgl. überhaupt Alterthum und Gegenwart, Berlin 1877) den vollen Reiz der poetischen Vergegenwärtigung verliehen und die Wirkung der hellenischen Archäologie auf den Kreis der Gebildeten gesichert, hat endlich den Stachel in den Seelen der Zuhörer hinterlassen, der zu thätiger Förderung archäologischer Unternehmungen reizte.

Es ist die attische Topographie und vor allem die Erforschung der ältesten unauslöschlich in den Felsboden eingesenkten Spuren des religiösen wie politischen Lebens, welches seit dem Vortrage über die Agora in Athen in der Hamburger Philologenversammlung 1855 *Curtius* zu einer Reihe der eingreifendsten Specialuntersuchungen in den Attischen Studien (I. II. Göttingen 1862. 1865) auf Grund wiederholter Besuche Athens (1862. 1871. 1874. 1876—77) veranlasst hat und welche schliesslich durch die von Offizieren des preussischen Generalstabs, voran Major *von Strantz*, unternommenen genauesten Aufnahmen des Bodens von Athen und der angrenzenden Demen, hoffentlich endlich ganz Attikas auf sichersten Boden gestellt wird (sieben Karten zur Topographie Athens, Gotha 1868; *Curtius* und *Kaupert*, Atlas von Athen, 1879).

In noch glänzenderer Weise gelang es *Curtius* das Interesse des deutschen Kronprinzen und durch ihn des Kaisers zu erwerben und die Bewilligung der Mittel von der deutschen Reichsregierung für eine grossartige und methodische Ausgrabung von Olympia zu erreichen. Diese seit Herbst 1876 in immer neuen Wintercampagnen stetig fortgesetzten, von jungen Archäologen (*G. Hirschfeld* und *G. Treu* an der Spitze) wie Architekten unter Oberaufsicht der Berliner Commission geleiteten und von so reichem Erfolg begleiteten Ausgrabungen sind ein denkwürdiges Zeugniss grösster deutscher Uneigennützigkeit und wissenschaftlichen Eifers, wie sie Epoche machen in der Methode umfassender, nichts unbeachtet lassender Arbeit. (Mittheilungen über die Ausgrabungen von Olympia. I. 1877. II. 1878. *Curtius*, Olympiaausstellung in Berlin. 1879).

In Gemeinschaft mit *Curtius* waren im Frühjahr 1862 zwei klassisch durchgebildete Berliner Architekten, Schüler von *Schinkel*, *J. K. Strack* (geb. 1806) und *K. Bötticher* mit Erfolg thätig, ihre wichtigen Arbeiten zur hellenischen Architektur, ausgrabend, messend, zeichnend, neu an den Thatsachen zu prüfen und zu vervollständigen. *Bötticher* hat seine fernern Untersuchungen auf der Akropolis, insbesondere am Erechtheum, selbst in ausführlichen Berichten Berlin 1863, Ergänzungen im Philologus XXI—XXV; Supplementband III S. 287 ff.) dargelegt; *Strack* gelang es mit der Sicherheit der mathematischen Berechnung und mit dem Glücke des Finders das Centrum des verschütteten, nur nach vereinzelten Steinsitzen in der Form zu berechnenden Dionysostheaters grabend zu erreichen und den Anfang zu jenen überaus interessanten Ausgrabungen zu machen, welche die griechisch archäologische Gesellschaft dann in die Hand nahm. Warten wir auch noch immer auf *Stracks* eigenes Werk über das Dionysostheater, das zu seinem früheren Werke über das altgriechische Theater (Potsdam 1848) die wichtigste Bereicherung geben würde, so ist der ganze Schatz von Inschriften und tektonischen wie plastischen Werken aus dem Theater der Wissenschaft schon zu Gute gekommen (vgl. besonders *W. Vischer*, Kl. Schriften II. S. 324—390, *Rusopulos* und *Ziller* in der Ἐφημερὶς ἀρχαιολογική 1863). Baurath *Adler* ist in dem letzten Jahrzehnt für die architektonische Reconstruction antiker neugefundener Monumente so der Stoa des Attalos wie für die Ausgrabungen selbst der gewichtigste und thätigste technische Berather, wie *Ziller* aus Dresden der in Athen ganz einheimisch gewordene Sachverständige und für alle Archäologen kundigste Berather. Neben diesen deutschen Architekten verdient vor allen der Engländer *F. C. Penrose* genannt zu werden, der seit 1846 die genauesten Studien über athenische Bauten und Curvaturen angestellt und veröffentlicht hat (1857).

Das deutsche Philhellenenthum, das so viele junge Kräfte sich verzehren liess in bitterem Unmuth getäuschter unklarer Hoffnungen, hat immerhin einzelne hocherfreuliche Beispiele aufzuweisen von Männern, die von der politischen Begeisterung und dem unklaren Unternehmungsdrang zu fester Verfolgung wissenschaftlicher oder realer Ziele fortgeschritten sind und mit der ganzen Hingabe des Liebhabers die griechische Welt in Vergangenheit und Gegenwart studirt haben. In erster Linie steht hierin der Dr. jur. *J. G. von Hahn* aus Homburg bei Frankfurt (1811—1869), welcher seit 1833 in Griechenland weilte, als Jurist Jahre lang thätig, seit der Revolution von 1843 aus dem Staatsdienst entlassen, auf Euböa angesiedelt war, dann als österreichischer Consul seit 1847 in Jannina und später (1851—1869) in Syra gelebt und auf vielfachen Reisen Albanien und Rumelien nach allen Richtungen und unter den verschiedensten Gesichtspunkten kennen gelernt und die Ergebnisse seiner Forschungen mit grössten materiellen Opfern in Werken niedergelegt hat. Liegt der Hauptwerth seiner Arbeiten, vor allen der Albanesischen Studien (2 Bde. 4. Leipzig 1853) und der griechischen und albanesischen Mährchen (Leipzig 1864. 2 Bde.) einerseits auf sprachlichem Gebiete in der Erforschung des Albanesischen und seiner Dialekte, sowie in der fleissigsten Sammlung und vergleichenden Ausdeutung der Volksmythen und Volksmährchen im Zusammenhang der Mythengeschichte, andererseits auf den geographischen Untersuchungen wichtiger Handelsstrassen; so hat er der Monumentenkunde, zunächst den baulichen Zeugnissen sog. pelasgischer Zeit, und der Kenntniss von den Strassenzügen werthvolle Notizen zugeführt und auch hier die Isolirung der Hellenen von dem Complex der Bevölkerung der Balkanhalbinsel mit Recht bekämpft. Er hat in lebhaftestem Interesse für Homer und die homerische Frage selbst zuerst reiche photographische Aufnahmen auf der troischen Ebene machen lassen, und Ausgrabungen auf dem Balidagh geleitet, deren Resultat er in der Schrift: Ausgrabungen auf der homerischen Pergamos. Leipzig 1865 vorlegte.

Ein instinctives Philhellenenthum, der Zauber der homerischen Poesie, der in die weite Ferne führende auf Entdeckungen ausgehende Reisedrang, die rasche Aneignung und das Hineinleben in fremde Sprachen und Weisen, die rücksichtslose auf ein geahntes Ziel losgehende Energie haben zusammengewirkt rasch den Kaufmann *Heinrich Schliemann* zu einem der bekanntesten und glücklichsten archäologischen Finder der Jetztzeit zu machen. Im Jahr 1869 erschien seine Selbstbiographie und seine Reiseschilderung: Ithaka, Peloponnes und Troja unter dem stolzen Namen Archäologische Forschungen. In den Jahren 1871. 1872 und 1873 stellte er seine Ausgrabungen auf Hissarlik neben der Stätte der späteren Steine in immer tieferer Durchschneidung des Bodens und mit reichen, auch materiell werthvollen Fundgegenständen an und gab davon in dem Werke Trojanische Alterthümer und einem Atlas mit 217 Tafeln 1874 Bericht. Das Werk, mit dem ganzen Geschick des weltgewandten, überall die eigenen Thaten verkündenden Geschäftsmannes in die Oeffentlichkeit gebracht, musste ebenso sehr zu scharfer Kritik seiner naiven Verquickung oft haltloser Hypothesen mit den thatsächlichen Berichten herausfordern, als andererseits das lebhafteste Interesse besonders von Seiten der prähistorischen, den ältesten Culturschichten nachgehenden Archäologie erwecken (vgl. *Stark*, Recension in Jenaer Literaturzeitung 1874. Art. 330. 15 S., *Stark*, Neueste Litteratur zur trojanischen Frage, ebendaselbst. Jahrg. 1877. n. 44. 46 S.). Während in Troja erst die weitere, umsichtiger geführte Fortsetzung von Ausgrabungen zu bestimmten Resultaten führen kann, hat *Schliemann* abgesehen von seinem Aufwand für Niederwerfung des Thurmes auf den Propyläen bereits 1876 (Juli bis December) in Tiryn th und besonders in Mykenae innerhalb der historisch genau fixirten Stätten mit rühmenswerther Energie und Unermüdlichkeit den Boden durchsucht und bekannte Monumente aufgeräumt. Das Werk über Mykenae (Leipzig 1878) mit reichen und sorgfältigen Abbildungen ausgestattet bietet reiches, durchaus neues Material zur ältesten Kunstgeschichte der griechischen Welt und zur Fixirung asiatischen Einflusses.

13 Wir haben bereits früher (S. 327 und 331) der Bildung einer hellenischen Hetärie mit für Erhaltung der eigenen Denkmale 1812, der Gründung eines Museums in Aegina seit 1828, der ersten Aufforderung zu einer archäologischen Gesellschaft 1832 durch *Thiersch* gedacht, ebenso (S. 333) der Einsetzung eines Conservatorenamtes (*ἐφορεία*) unter König *Otto*. Zusammenhängende eigene Thätigkeit der Hellenen für die Archäologie ihres Landes beginnt erst mit nachhaltigem Erfolg seit 1837, wo *Pittakis* Conservator der Alterthümer ward und die *Ἑλληνικὴ ἀρχαιολογικὴ ἑταιρία* gegründet ward und eine Zeitschrift *Ἐφημερὶς ἀρχαιολογική* begann. Nach den ersten zehn Jahren erlahmt sie gänzlich, wird dann aber 1848 durch *Riso Rangabé* (geb. 1810) erneuert und zeigt regelmässige Thätigkeit bis 1854. Dann völliger Stillstand. Seit 1858 beginnt wohl eine neue Epoche der Veröffentlichungen (*Περίοδος Β'*), aber daneben bestand eine zweite Gesellschaft: *τῶν φιλαρχαίων* für Ankauf von Alterthümern, endlich 1869 vereint sich diese mit der älteren Schwester, führt ihr Geldmittel zu und seitdem entfaltet die archäologische Gesellschaft eine rühmliche vielseitige Thätigkeit; daneben die Thätigkeit vor allem von *Eustratiades*, dem Generalconservator, von *Philippos Ioannu*, von *Kumanudes*, dem Sekretär, dem Präsidenten *Stamatakis*, *Mylonas*,

Dimitriadis, *Rhusopulos*, *Lampros*, *Pervanoglu*, *Kastorchis* und ihre Jahresberichte: *Πρακτικά* sind neben der Zeitschrift seit 1859 regelmässig erschienen, sie geben uns ein genaues und von jeder Ruhmredigkeit freies Bild dieser Thätigkeit. Die Geldmittel werden durch regelmässige Beiträge von Mitgliedern (15 Drachmen mindestens), durch grössere Beiträge der Universität Athen, seit Kurzem auch des Cultusministeriums, einzelner Demen, endlich einzelner besonderer Wohlthäter, besonders Griechen im Ausland beschafft; endlich hat eine Lotterie mehrere Jahre grössere Summen eingebracht, so dass z. B. 1877 doch über eine Summe von 244,292 Drachmen Rechnung abgelegt wurde. Die Gesellschaft unternimmt Ausgrabungen oder setzt glücklich eingeleitete fort, wofür das Dionysostheater von Athen, die Gräberstrasse, die Südseite der Akropolis, die Gräber von Spata, Mykenae gewichtige Zeugnisse sind; sie verwendet Summen zur Erhaltung oder Wiederaufrichtung in ihrem Bestande bewahrter Monumente, sie beaufsichtigt gewissermassen durch eigene sachkundige Ephoren Ausgrabungen, die in den Provinzen von Privaten (wie in Tanagra) oder Gemeinden gemacht werden. Sie erwirbt weiter Antiken, besonders Marmorwerke, Bronzen, Terracotten, Gläser aus den ihr zur Kenntniss kommenden Funden, sie nimmt derartige Geschenke an, sie registrirt die Funde sorgfältig und macht sie durch Aufstellung bald dem Publikum sichtbar. Eine archäologische Bibliothek hat sich allmälig am Sitz der Gesellschaft gebildet. Die Parterre und unteren Räume des Gymnasiums Varvakion sind heutzutage bereits überfüllt mit Gegenständen ihres Besitzes; eine neue Reihe, besonders die wichtigen Mykenischen Funde und solche von Spata haben ihre Aufstellung in den Räumen des Prachtbaues des Polytechnikum gefunden. Der Rath der Gesellschaft sorgt für baldige, gedrängte Berichte über die Gegenstände, während eigene Publikationen von Tafeln oder von raisonirenden Artikeln der Ephemeris oder andern Zeitschriften, voran dem *Φιλίστωρ* seit 1860, dem nun schon eine Reihe von Jahren bestehenden *Ἀθήναιον* überlassen bleiben. So stellt sich heutzutage die einheimische Archäologie gleichberechtigt neben die französische Ecole d'Athènes und das deutsche archäologische Institut und Griechenland selbst ist der erste und natürliche Verwalter eines allerdings der ganzen gebildeten Welt angehörigen Schatzes.

Es würde ungerecht sein, andererseits der Thätigkeit der eigentlichen Regierungsstelle im Ministerium, der *Ἐφορεία* der Alterthümer zu vergessen und der mannigfachen freilich sehr zerstreuten unter Aufsicht stehenden Sammelorte in Athen, welche sowohl auf der Akropolis in einem niedern engen Gebäude wie in dem zu prächtig begonnenen, immer noch unvollendeten Museum der Patissiastrasse vereinigt werden sollen; ebenso der trefflichen grossen Münzsammlung, welche im Universitätsgebäude unter *Postolakkas* kundiger Leitung bereits wohlgeordnet aufgestellt ist. Ebenso steht zu hoffen, dass den vereinzelten Beispielen kleinerer Provincialmuseen wie in Argos, in Sparta, in Korfu, andere folgen und dass auf dem Boden Olympias ein eigener würdiger Bau für Aufbewahrung der dortigen Schätze sich erhebe.

Endlich sind auf griechischem Boden von Griechen bedeutsam umfassende Werke unternommen worden, wir nennen nur drei von *Riso Rangabé*, dem Sohne des Freiheitsdichters, und selbst hoch anerkannten Diplomaten, früher Professor in Athen Antiquités helléniques ou Repertoire d'inscriptions et antiquités découvertes depuis l'affranchissement de la Grèce. 2 Bde. 4. Athen 1855. von *Kumanudis* die unschätzbare Inschriftsammlung: *Ἀττικῆς ἐπιγραφαὶ ἐπιτύμβιοι*. Athen 1871. 8. und das neueste, so wichtige Werk über Dodona und die dortigen Ausgrabungen von *Konst. Karapanos*. Paris 1878.

Ueber die Gränzen des kleinen Königreichs hinaus dehnen sich jetzt die Bestrebungen der Griechen zur Sammlung, Erhaltung, Registrirung und Veröffentlichung ihrer eigenen Denkmälerschätze. Voran steht darin der Ἑλληνικὸς φιλολογικὸς σύλλογος zu Constantinopel, in dem entsprechend dem kosmopolitischen Charakter der Stadt, andere, Deutsche wie *Mordtmann*, *Dethier*, oder Engländer wie *Millingen*, der Sohn des trefflichen Archäologen thätig mitwirken. Dann ist Smyrna, seit Jahrhunderten wie wir schon früher angedeutet (S. 139), ein Sitz von fremden Kunstliebhabern und Sammlern, auch in diesem Jahrhundert ausgezeichneter Numismatiker wie *Borrell*, als Heimath von *Koraïs* der Krystallisationspunkt der griechischen Bildung im Osten geworden. Der Gründung der Σχολὴ εὐαγγελικὴ in den ersten Jahrzehnten desselben hat auch eine wissenschaftliche Organisation sich angeschlossen. Museum und Bibliothek, gefördert von einer Gesellschaft, welche auch Jahresberichte seit 1875 unter dem Namen: Μουσεῖον καὶ βιβλιοθήκη τῆς εὐαγγελικῆς σχολῆς (I. 1873—1875. II. 1875—1876) und besondere Schriften, wie die Smyrnaike von *Tzagyroglu* veröffentlicht. Die aufblühenden griechischen Schulen im Bereiche der Türkei sind die ersten und natürlichsten Sammelstätten der archäologischen Funde und die Seminare für eine archäologisch wissenschaftliche Thätigkeit.

14 Kleinasiatische Entdeckungen.

Unverkennbar ist seit der Bildung des griechischen Königreichs das überwiegende wissenschaftliche Interesse Englands und Frankreichs von Griechenland ab und dem Orient unter türkischer Herrschaft zugewandt. Ebenso sehr haben dabei Handels- und politische Interessen mitgewirkt, wie andrerseits die glänzende Entfaltung orientalischer Sprachkunde, besonders des Arabischen, Türkischen und Persischen, auf dem Boden von Paris. Von zwei französischen Regierungen, der Julidynastie wie dann der Napoleoniden, sind grosse zusammenhängende Unternehmungen nach Kleinasien gesandt worden, ebenso dahin manche Aufgaben der Zöglinge der Ecole d'Athènes gesteckt worden; das spontane englische Interesse von Reisenden hat sich Kleinasien in ganz hervorragender Weise zugewandt und es fand sich dann durch die rege Theilnahme der Gesandten und diplomatischen Agenten wie der Kriegsmarine, endlich durch reiche Geldverwilligungen unterstützt.

Im Jahre 1833—1837 unternahm auf Befehl des französischen Unterrichtsministeriums *Texier* seine Untersuchungsreise durch Kleinasien, welche über alle Theile der Halbinsel mit Ausnahme der südlichen Taurusgegenden und Ciliciens sich erstreckte. Das grosse Werk Description de l'Asie mineure, Paris, Didot 1849 enthält in zwei Bänden Plans et topographie eine Fülle von Aufnahmen und Zeichnungen bisher ganz oder nur wenig gekannter Monumente allerdings in mehr eleganten als treuen Darstellungen und ohne philologische feste Unterlage. Wichtig war besonders die eingehende Behandlung des Tempels von Aizanoi zu vollendeter griechischer Kunst, wie Assos, dessen alterthümlicher Fries nach Frankreich gebracht ward; auch der lange Amazonenfries von Magnesia am Maeander, von *Texier* 1836 untersucht, kam 1842 in den Louvre. Die kappadokischen Felsensculpturen von Pterion sind 1834 entdeckt und zuerst bei *Texier* gezeichnet. Das noch umfassender angelegte, auf eingehendsten Studien an Ort und Stelle beruhende Werk des Russen *Tschichatscheff*: l'Asie mineure 1833 ff. will ausdrücklich auch eine archäologische Beschreibung geben, diese ist aber nicht erschienen.

Im Jahre 1852 bereiste *Victor Langlois* im Auftrag der Regierung als ein Zögling der Ecole d'Athènes unter monumentalen und sprachlichen Gesichtspunkten Cilicien und Südarmenien, 1854 erschien der Rapport sur l'exploration de la Cilicie et de la petite Arménie, 1861 das grosse Werk Voyage en Cilicie mit reichem Gewinn an griechisch-römischen Monumenten und Münzen der Küsten. Tarsus und seine Umgebung war gleichzeitig auch von Dr. *Barth* und von *Barker* auf die alterthümlichen Baureste der assyrischen Funde wie auf die Schuttmassen mit Terracotten genauer untersucht worden (Archäol. Anzeiger 1849. n. 25. *Barker*, Lares and Penates or Cilicia and its governors. London 1853).

Das unmittelbar wissenschaftliche und praktische Interesse, welches *Napoleon* an der ältesten Geschichte Galliens wie an dem Leben und Thaten *Caesars* und der *Caesar*ischen Familie nahm, veranlasste auch eine wissenschaftliche Expedition im Jahre 1860 und 1861 nach Kleinasien zur Erforschung der Stätten und der etwaigen Ueberreste gallischer Sprache und Cultur im Bereiche Galatiens. An die Spitze wurden drei Männer, der Philolog und Archäolog *Georges Perrot*, der Zeichner *Edm. Guillaume* und der Architekt *Jules Dalbet* gestellt. War nun auch das Resultat für die oben bezeichnete specifisch gallische Hauptfrage eine wesentlich negative (vgl. *Perrot*, Mémoires d'archéologie, d'épigraphie et d'histoire. Paris 1875 p. 226—287), so ist der Gewinn unter allgemeinen archäologischen Gesichtspunkten ein sehr bedeutender. Die Reisenden deckten in Ancyra das wichtige Heiligthum des *Augustus* und der *Roma* vollständig auf und brachten die wichtigsten Ergänzungen des griechischen Textes zu der berühmten, für die Archäologie unschätzbaren Inschrift mit des Augustus Index rerum a se gestarum; sie erweiterten unsere Kenntnisse altphrygischer wie bithynischer Monumente, und endlich sie gaben photographische genaueste Aufnahmen und durch längern Aufenthalt in unwirthlichen Gegenden ermöglichte Beschreibungen der von *Texier* ungenau und unvollständig gezeichneten Denkmäler von Pterion bei Boghazkioi und Eujuk. Ebenso ist der inschriftliche Gewinn ein sehr bedeutender gewesen. Die Vollendung des grossen Werkes: Exploration archéologique de la Galatie et de la Bithynie 1864—1872 (2 Vol. fol. mit 80 Tafeln und 7 Karten) erfolgte erst nach dem Sturze Napoleons; voraus waren gegangen von *Perrot* Souvenirs d'un voyage en Asie Mineure. Paris 1866; die kunstgeschichtlichen Resultate sind kurz mit Abbildungen dargelegt in den Mémoires d'archéologie p. 10—73, die politisch-historischen in der Schrift de Galatia provincia Romana. Lutet. Parisior. 1867.

In dem letzten Jahrzehnt haben die Franzosen in neuerwecktem Wetteifer mit den wichtigen Unternehmungen der Engländer auch der griechischen Kunstwelt an kleinasiatischer Küste sich zugewendet. Auf Kosten der Brüder besonders des *Alfred Rothschild* sind die gewaltigen Architekturreste und Friestheile vom Tempel des Apollo Didymaeos bei Milet durch Ausgrabungen weiter blosgelegt und zum Theil nach Frankreich gebracht worden (Augsb. Allg. Zeit. 1873. n. 361 nach Berichten von *Ravaisson* und das glänzende Werk L'architecture ionique en Ionie. Le temple d'Apollo Didymeen von *Rayet* ist 1876 in Paris erschienen.

Die englische Gesellschaft der *Dilettanti* hatte, wie wir früher sahen, die kleinasiatische Küste seit Jahrzehnten zum Gegenstand ihrer besonderen Studien mit bedeutenden materiellen Hülfsmitteln gemacht; noch 1820 weilte *Donaldson* in ihrem Auftrag auf dem Boden von Karien und das Interesse ihres Sekretärs (seit 1830) *Hamilton*, des einstigen jungen Genossen von Lord *Elgin*, der lange im Orient gelebt, wusste die Aufmerksamkeit der in ihren Mitteln ziemlich erschöpften Gesellschaft immer wieder dorthin zu richten. Dazu kommt nun der überaus lebendige freie Reisedrang der Engländer auf türkisch-asiatischem Gebiete; in frischen, anspruchslosen und doch reichhaltigen Berichten sind wir von den Reisen eines *Arundell* (Visit to the seven churchs of Asia minor. L. 1828. Discoveries in Asia minor 1834), eines *R. W. Hamilton* (Researches in Asia minor. 1842. 2 Vol.), eines *Pashley* (Travels in Crete. 1837), bis zu den jüngsten Berichten eines *Fanshawe Tozer*, (Researches in the highlands of Turkey 2 Bde. 1869), eines *Davis* (Anatolica. 1874), und vor allem den kundigen Darstellungen des langjährigen Missionärs im Innern Kleinasiens, *Henry van Lennep* (Travels in little known parts of Asia minor. London 1870) unterrichtet. Einen wichtigen Fortschritt in der Erkenntniss bestimmter und eigenartiger Denkmälergruppen bezeichnen aber und heben sich dadurch über das allgemeine Niveau solcher Reisewerke hinaus zunächst der dünne Folioband von *Stewart*, Description of some ancient monuments still existing in Lydia and Phrygia. London 1842, welcher grosse Abbildungen der Felsengräber im Thale von Doganly in Phrygien, die *Leake* zuerst 1800 besuchte, wie der Monumente von Sipylos bringt, natürlich durch die Expedition von *Perrot* nun bedeutend überflügelt ist, dann aber in noch viel höherem Masse die Bereisungen von Lykien und den angränzenden Hochgebirgsgegenden.

Was bisher nur gestreift war von den die Küsten vermessenden Seeoffizieren, ist von General *Beaufort* (1811—12) das Thal des Xanthos, die gewaltigen Gebirgsterrassen Lykiens mit der Masse seiner zum Theil aus den Felsen frei gehauenen Grabtempel, Sarkophagen, Theatern, das ward nun durch das Tagebuch und Zeichnungen von *Charles Fellows* über wiederholte Reisen (Journal written during an excursion in Asia minor. London 1839. Account on discoveries in Syria during a second excursion. London 1841; Xanthian marbles 1842; *Watkiss Lloyd*, the Nereid monuments. London 1849, wie der Berichte der Reisegesellschaft *Daniels*, der in Asien starb, *Spratt* und *Forbes* (Travels in Lycia, Milyas and the Cibyrate, London 1846. 2 Vol.) unmittelbar massenhaft vor Augen gerückt. Eine bis dahin kaum beachtete, aus Homer und Herodot etwas gekannte kleine Nation trat als volle Individualität zugleich auch mit wichtigen Schrift- und Sprachdenkmälern und eigenartiger aus dem Holzbau hervorgegangener Architektur mit einer Fülle feinstilisirter Reliefs uns entgegen. Dazu kam ein Werk von edelstem griechischen, ja attischen Kunststile. Und nicht blos im Buch, auch in Realität sollten diese Dinge in Europa geschaut werden. Kriegsschiffe führten ganze Grabmäler und Massen von Sculpturen nach England und das britische Museum erhielt seine eigenen Lycian works neben den Elginsälen. Für die Erkenntniss der Kunst des sechsten wie vierten Jahrhunderts v. Chr. waren wichtige anschauliche Dokumente gegeben; es war ein Stück griechischer Welt geistig erobert worden.

Zehn Jahre später ward ein Zögling der Universität Oxford, dem die traurige Vernachlässigung der Antikenschätze in Oxford und der Mangel jeder archäologischen Unterweisung daselbst zum Stachel brennendsten Eifers für Anschauung der Antike und für ihre lebendige unbefangene Würdigung geworden war, als Consul nach Mitylene auf Lesbos gesetzt, *Charles Newton*. In siebenjährigem Aufenthalte (1852—1859) an kleinasiatischer Küste hat er unablässig getastet auf antikem Boden, um Schätze der Kunst zu heben zunächst auf den Inseln z. B. auf Lesbos, auf Kalymna, Kos, dann auf dem Festland, bis es ihm gelang in Halikarnass und in Knidos die wichtigsten Entdeckungen zu machen.

Schon 1846 hatte Lord *Strangford de Redcliffe* einen Ferman vom Sultan erhalten, und aus den Festungsmauern von Budrun fünfzehn Platten eines schwungvollen Frieses mit Amazonenkämpfen abzubrechen und fortzunehmen: dass sie einst das Mausoleum geschmückt, konnte man mit einigem Recht vermuthen. *Newton* folgte richtigen Muthmassungen von *Donaldson* und lokalen Aufnahmen von *Spratt*, vor allem den eignen genauen Beobachtungen, als er 1856, von der Regierung mit bedeutenden Geldmitteln unterstützt, im Centrum der amphitheatralisch aufstrebenden Gärten und Landhäuser bei Budrun die in der Erde geborgenen gewaltigen Trümmermassen bloslegte und Treppen, Area, Umfassungsmauer und Hauptkern des Baues mit der Fülle herrlicher ionischer Säulen und Gebälke, Steinstufen und vor allem Sculpturen pentelischen Marmors zu Tage brachte. In Knidos wurde das Heiligthum der Demeter mit vollendeten Marmorwerken und ein ausgezeichnetes Grabmal mit einem ruhenden Löwen entdeckt. Die Säulengänge vor dem Britischen Museum füllten sich an mit den aus Halikarnass, Knidos und endlich von der heiligen Strasse des Didymaeum zur See fortgebrachten architektonischen und plastischen Schätzen. Tragen die von *Charles Newton* darüber verfassten Werke (Papers respect the excavations of Budrun. London 1858. 25 fol. 10 Taf.; A history of discoveries at Halicarnassus, Cnidos and Branchidae. lettor fol. 2 Vol. 8. London 1862; Travels and discoveries in the Levant. 2 Vol. 8. mit Tafeln. London 1865) ein sehr ungleiches Gepräge, bald mehr das lebendiger, naiver Reisebeschreibung und farbiger Geschichtserzählung, bald wieder auf das Detail der Inschriften und der Bauglieder eingehender archäologischer Gesammtbehandlung, so ist ihre rasche und so reich illustrirte Bekanntmachung von unschätzbarem Werth. Man kann sagen, das Mausoleum ist ebenso sehr architektonisch wie plastisch alsbald der Brennpunkt wissenschaftlicher Discussionen, ästhetischer wie technischer scharfer Beurtheilungen geworden. Karien tritt zwischen Ionien und seine Kunst und Lykien andererseits als das wichtigste Mittelglied fortan in die Kunstgeschichte ein. Vgl. *Beulé*, Fouilles et découvertes II. p. 237—327 und die reiche in der Kunstgeschichte genauer anzuführende Literatur über das Mausoleum.

Der Architekt *Pullan*, welcher *Newton* bereits im Verlaufe der Ausgrabungen und besonders bei der Reconstruktion zur Seite gestanden, hat seine Thätigkeit auf kleinasiatischem Boden fortgesetzt und ihm verdankt man seit 1870 die grossen Ausgrabungen von einem Tempel der Athene zu Priene, wie schon nach 1860 solche Dionysostempel zu Teos und das britische Museum die von dort und von Teos entführten plastischen Schätze. Vgl. *Texier* and *Pullan*, The principal ruins of Asia minor. London 1865. Ephesos seit *Cyriacus* von Ancona in seinen weitläufigen Ruinen wiederholt besucht, und trotz seiner Nähe zum europäischen Haupthandelsplatz Smyrna wegen seiner Unsicherheit berüchtigt und gefürchtet und daher ganz ungenügend gekannt, musste mit dem Wunderbau des Artemistempels die archäologische Forschung immer neu anziehen. *Edward Falkener*, einer der geistvollsten und idealsten englischen Architekten, hatte im Jahre 1844 die ersten trigonometrischen Messungen der gewaltigen Ruinenfelder mit Berghöhen und Sumpfstätten gemacht: er hat dann die Berichte der Alten und die vorhandenen Ruinen von Theatern, Gymnasien u. s. w. zu einem glänzenden Restaurationsversuch in der nordischen Heimath nach Jahren verwebt (Ephesos and the temple of Diane. 1862). Der Eisenbahnbau von Smyrna nach Aidin (Tralles) führte unmittelbar bei Ajasluk hochhin am Ruinenfeld von Ephesos hin und dies gab dem in Smyrna heimischen Architekten *Wood* Anlass die Entdeckung des Dianentempels mit unablässigem, durch keinen Misserfolg entmuthigten Eifer und grossem Kostenaufwand durch eine Reihe von Jahren als Lebensaufgabe zu verfolgen. Im Jahre

1870—71 ist nach vielen andern wichtigen Funden das Ziel und zwar an einer unerwartet dem jetzigen Verkehrswege nahe gelegenen Stelle erreicht und mit den Riesensäulen und ihren Sculpturen ein kunstgeschichtliches Räthsel gelöst worden. Auch hier griff die britische Regierung der erprobten Hingabe eines Privaten rechtzeitig unter die Arme und die wichtigsten Zeugnisse dieser ephesischen Kunst wanderten nach London. Vgl. *J. P. Wood*, Discoveries at Ephesus including the site and remains of the great temple of Diana. London 1877; *Stark* in *Lützows* Zeitschrift f. bild. Kunst 1872. Aprilheft; derselbe, Nach dem griech. Orient 1874. S. 207—232. *E. Curtius*, Beiträge z. Geschichte u. Topographie Kleinasiens. Berlin 1872. S. 34 ff. Taf. I ff.; Derselbe, Ephesus. Ein Vortrag. Berlin 1874. 4.

Die beiden Inseln Rhodos und Cypern, die erste besucht von fast allen Orientreisenden, die andere einst ganz von europäischer, vor allem französischer Cultur beherrscht, waren Anfang der vierziger Jahre von *Ludwig Ross* in ihrer eigenthümlichen kunsthistorischen Bedeutung, in ihrer internationalen Stellung erst erkannt und daraufhin bereist worden, wie bereits erwähnt ward; ihm verdankt man die Fülle jener Künstlerinschriften rhodischer Schule von Lindos, (Archäol. Aufsätze II. S. 584—618), ihm Zeichnungen wichtiger Brunnen, Häuser und Grabmäler (Ebendas. II. S. 384 ff. Taf. IV. V. VI), ihm Kenntniss jener Felsenhöfe von Paphos (Archäol. Zeit. 1851. n. 28. Taf. XXVIII; Archäolog. Aufsätze II. S. 408 ff. Taf. VII. VIII. IX) und manch wichtiges Denkmal assyrischer Plastik in Berlin (*Stark*, Kyprischer Torso in Archäolog. Zeit. 1863, N. 169 ff.). Franzosen, Engländer, Amerikaner haben gewetteifert nun davon durch grosse Ausgrabungen den thatsächlichen Nutzen zu ziehen und in schönen Werken die anschaulichen Resultate mit Anwendung der Photographie bekannt zu geben.

August Salzmann, wohl deutscher Herkunft, welcher als Architekt in Palaestina eingehende Forschungen gemacht, wies zuerst in Ausgrabungen in der Nekropole von Kameiros auf Rhodos, die in den Jahren 1858 und 1860 gemacht wurden, die Uebereinanderschichtung verschiedener Cultur- und Kunststufen von rein phönikischer bis zu spätgriechischer auf, und heutzutage sind die Prachtbeispiele von da in Paris und London wichtige historische Dokumente des Kunststiles. Vgl. *Aug. Salzmann*, Necropole de Camiros Journal des feuilles executées dans cette necropole pendant les années 1858 et 1865. Paris. 60 Taf. fol. max. 1867—1873.

Auf Kypros haben in den letzten dreissig Jahren die Auffindung assyrischer Denksteine mit assyrischer Keilschrift aus Larnaka (Kition), ferner einer Erztafel mit eigenthümlicher kyprischer Schrift in Dalin (Idalion), von Silberschalen theils assyrischen, theils ägyptischen Stiles die Aufmerksamkeit vergleichender Archäologen in hohem Grade gelenkt; besonders seitdem der Herzog von *Luynes* in dem Werk Numismatique et inscriptions Cypriotes, Paris 1852 den einzig richtigen Weg sorgfältigster Sammlung und treuer Abbildung der cyprischen Münzen, in denen bildliche Darstellung, Inschrift und Fundort richtig zusammenwirken, betreten. Der Graf *de Vogüé* stellte 1862 eifrige Nachforschungen an (Mélanges d'archéologie orientale. Paris 1868); gewaltige Steinmonumente, so die Schale von Amathus sind nach Frankreich geführt. Andererseits hat der Italiener *Cesnola*, zugleich im Dienste Amerikas stehend, die erfolgreichsten Ausgrabungen bei Larnaka, besonders in Dalin (Idalion) angestellt. Vgl. Antiquities of Cypros discovered principally on the sites of the ancient Golgos and Idalion by General *Palme di Cesnola* photogr. by Stepton for a fleckar mode by *A. Fr. Newton*. London 1873; *Palme di Cesnola*, Cyprus its ancient cities tombs and temples, London 1877, deutsche Uebersetzung von *L. Stern.* Jena 1879.

Es blieb deutschem Scharfsinn vorbehalten den Schrift- und Sprachcharakter dieser cyprischen Inschriften im Vergleich mit lykischen wie altgriechischen genau festzustellen, seitdem eine bilingue cyprische Inschrift von *Hamilton Lang* bekannt gemacht war (Transactions bibl. archéol. I, 116—128), die allerdings schon *Cockerell* 1820 entdeckt hatte. Nach dem verunglückten Versuch von *Röth* (Die Proklamation des Amasis; 1855) haben *Johannes Brandis* (Berliner Monatsber. 1873) und *Moritz Schmidt* sich darum wesentliche Verdienste erworben; ebenso war es ein Deutscher, *Johannes Döll,* dem wir die gründlichste Musterung der monumentalen Schätze *Cesnolas* verdanken (die Sammlung Cesnola beschrieben. Petersburg 1873; Abdr. aus den Mémoires de l'Acad. imper. des sciences de St. Petersb. VII. Ser. 1. LXIX. n. 4).

Der Antheil der Deutschen an der Erforschung Kleinasiens erscheint bis vor Kurzem durchaus sporadisch; wohl werden treffliche antiquarische Monographien über einzelne Städte und Inseln unter Anregung von *Böckh* und *Otfried Müller* gearbeitet, ich nenne nur die Ephesiaca von *L. Guhl* (Berlin 1843); wohl werden die sprachlichen Untersuchungen z. B. über die phrygischen Inschriften von Deutschen, so von *Bötticher-Lagarde* und *Gosche,* ethnographische über die Leleger von *Kiepert* (Monatsber. d. Berl. Akad. d. Wissensch. 1862) geführt; wohl ist es *Karl Ritter,* der Begründer einer allgemeinen vergleichenden Erdkunde, welcher in seinen zwei Bänden über Kleinasien, diese Brücke von Asien nach Europa, (XVIII. 1856. XIX. 1859: der dritte erwartet noch immer von *H. Kiepert* seine Veröffentlichung) die umfassendste Darstellung der monumentalen Topographie an der Hand der ihm oft nur in Handschrift vorliegenden Reiseberichte giebt. Aber die deutschen Reisenden haben wie *Ritter* selbst 1837. 1838, wie *Kiepert* 1842, wie *Franz,* wie *Barth* 1848, wie *E. Sperling* 1862, in rascher Wanderung, ohne Begleitung von Technikern, ohne staatliche Ausstattung und Schutz einzelne Theile und meist nur die des westlichen Kleinasiens, *Barth* auch das entlegene Kappadokien 1858 und Cilicien 1848 (vgl. Archäolog. Zeitung 1849. S. 20ff.; 1859. n. 126. S. 50ff.) durchzogen und ihre Berichte selbst mehr beiläufig gegeben. Die Briefe *Ritters* sind zuerst von *Koner* in Zeitschrift f. allgem. Erdkunde N. F. XIII. S. 307 ff., dann vollständiger von *Kramer* in *Ritters* Biographie II. S. 210—259 gegeben. Die einzigen Ausgrabungen, die von einem Deutschen gemacht wurden, sind die der lydischen Königsgräber, zunächst des Alyattesgrabes, von dem preussischen Consul *Spiegelthal* in Smyrna Anfang des Jahres 1853 unter pekuniärer Unterstützung eines Baron *Beer-Negendank,* aber die darüber gegebenen Mittheilungen von *Olfers* (in den Berliner Abhandlungen. 1858. S. 539—55. Tafel V) lassen nur lebhaft beklagen, dass dieselben plötzlich abgebrochen wurden, ehe sie zu einem so sicher zu erwartenden Gesammtresultat führten, und *Spiegelthal* selbst in eine politische Katastrophe verwickelt ward.

Als ein seltenes Beispiel hingebendsten, von wissenschaftlichen Gesichtspunkten und seltenen Kenntnissen geleiteten archäologischen Reisedranges erscheint der Posener Gymnasialprofessor *J. Aug. Schoenborn* (1801—1857). Aber auch ihm entging die Frucht seiner Entdeckungen und auch er fand nicht den frischen Muth baldiger zusammenhängender Veröffentlichung seiner Reiseberichte. Nur einzelne kleinere Abhandlungen wie über den Zug Alexanders durch Lykien (Progr. 1848), über die lykischen Bergnamen, über den Apollodienst 1854 sind von ihm geschrieben. Die Reiseberichte sind benutzt in dem betreffenden zweiten Bande der *Ritter*schen Erdkunde von Kleinasien, (XIX. S. 738ff.), im

Corpus Inscr. Graec. Vol. III, auf *Kieperts* Karte Kleinasiens. Glücklich, dass zehn Jahre nach seinem Tode die unschätzbare Sammlung lykischer Inschriften nach Papierabklatschen und seiner Bearbeitung noch durch *Moritz Schmidt* in Jena veröffentlicht und mit werthvoller linguistischer Untersuchung versehen ward (the Lycian inscriptions after the accurate copies of the late Augustus Schoenborn etc. by *Moritz Schmidt*. Jena, London, Paris 1868); in einem Anhang ist von Direktor *Karl Schoenborn* in Breslau ein Lebensabriss gegeben, wie persönliche Mittheilungen auch einem Schüler, Direktor *K. Kock*, Epistola ad Martinum prof. Posnaviensem verdankt werden.

Schoenborn's erste Reise mit *Kiepert* und *Löw* unternommen, dann aber meist allein durchgeführt, fällt in die Jahre 1841—42. Von Smyrna aus beginnen die einzelnen Kreuz- und Querzüge in den hohen, kaum betretenen Gebirgslandschaften des Taurus, dann hinab nach Lykien. Die zweite Reise trat *Schoenborn* im August 1851 an und sie galt vor allem Cilicien, Pamphylien und Pisidien. Interessante Untersuchungen wurden den wohl erhaltenen Theaterruinen von Aspendos und Adalia gewidmet (Ueber die Skene der Hellenen 1838).

Glücklicher als *R. Schillbach*, welcher lange krank in Adalia lag, war *Gustav Hirschfeld*, der im Auftrage der Preussischen Regierung als der jüngste wissenschaftliche Reisende von Pamphylien durch die Gebirgspässe von Isaurien auf das Hirschplateau drang und seine vorläufigen Reiseberichte wie einzelne Städtebeschreibungen in den Berliner Monatsberichten (1874. S. 710—726; 1875. S. 1—27. 121 ff.) niederlegte.

15 Die Entdeckung und Durchforschung von Ninive, Babylon und Persepolis.

Vgl. *H. J. Chr. Weissenborn*, Ninive und sein Gebiet mit Rücksicht auf die neuesten Ausgrabungen im Tigristhale. Erfurt 1851. II. Fortgesetzte Mittheilungen über die neuesten Ausgrabungen in Mesopotamien. Erfurt 1856. 4.; *Beulé*, Fouilles et découvertes. II. p. 131—236. Ninive et l'art assyrien.

»Dass zu Ninive unter den ungeheuren Schutthaufen Colosse begraben sind, erfuhr ich zu Rom von einem unirten chaldäischen Geistlichen, dessen Dorf auf der Stätte der Stadt liegt. Als er Knabe war, hatte der Zufall ein solches Bild zum Theil ans Licht gebracht, wo denn die Türken das sichtbar gewordene alsbald zerschlugen.

Etwas früher oder später wird es doch in jenen Gegenden mit der türkischen Herrschaft und Bestialität vorüber sein und der Wissenschaft die Ausbeute der verborgenen Schätze offen stehen. Bereitet den Weg die ihr es vermöget, durch Verständniss der Zendsprache zur Entzifferung auch der assyrischen Keilschrift.«

»Ninive wird das Pompeji Mittelasiens werden, eine unermessliche und noch unberührte Fundgrube für unsere Nachkommen — denen ein Champollion für die assyrische Schrift nicht fehlen wird — hoffentlich schon für unsere Kinder.«

So schrieb *Niebuhr*, der Sohn von *Carsten* Niebuhr 1829 prophetisch und mahnend im Rheinischen Museum (III. S. 41). Im Juni 1845 schreibt *K. Ritter* aus Paris (Kramer II. S. 334): »ich sah denn meine alte Sehnsucht, die *Flandin*schen Zeichnungen der Paläste und Sculpturen von Ninive zu sehen, vollkommen befriedigt. Drei starke Cahiers der Originalzeichnungen des sehr gefälligen Mr. *Flandin* haben mich über die grossartigsten Denkmale der alten Welt in die grösste Verwunderung gesetzt, auch vier mitgebrachte grosse Sculpturen in Marmor von Königsköpfen habe ich gesehen, die einzigen, die bis jetzt nach Paris gekommen sind. Mein Freund *Mohl* sagt mir aber, dass er einen Brief von *Botta* aus Mosul erhalten, nach welchem die Colosse von Ninive schon auf Flössen nach Bagdad eingeschifft sind.« Im Sommer 1846 wurden die ersten assyrischen Reliefs von Ninive im Louvre öffentlich ausgestellt, 1848 von *Adrien de Longpérier* mit feinsinniger »Notice des monumens exposés dans la galerie d'antiquités assyriennes« dem Publikum nahe gebracht, 1847 die ersten englischen Schätze aus Nimrud im britischen Museum gezeigt, 1851 bereits eine Assyrische Galerie daselbst eröffnet. Heutzutage nach dreissig Jahren wird kaum eine archäologische Gypsabgusssammlung existiren, welche nicht ein Beispiel des assyrischen Reliefstiles besässe und jede heutige Kunstgeschichte enthält ein umfangreiches Kapitel über assyrische Kunst: die klassische Archäologie bedient sich ihrer Erkenntniss als einer sichern Parallele und vielfach Unterlage für Untersuchung der Werke altgriechischen Stiles; die vergleichende Culturgeschichte des Alterthums hat zu Aegypten das wichtigste Correlat gewonnen.

Kinneir erkannte zuerst die Mossul am Tigris gegenüberliegenden Hügel Kojundjik und Nebbi Junus als künstliche tumuli: *James Rich* hielt sich 1820 kurz vor seinem Tode (1821) länger in Mosul auf und entwarf einen Grundriss der Gegend als der Stätte von Ninive; erst 1836 ward derselbe in dem »Narrative of a Residence in Kurdistan« mitgetheilt. *Ainsworth* bestätigte 1840 und vervollständigte diese Messungen (Travels and Researches in Asia Minor, Mesopotamia, Chaldaea and Armenia. London 1842. II, 138f.).

Da begann der französische seit 1840 in Mosul weilende Consul *Botta* 1843 die ersten Ausgrabungen zunächst an jenen Hügeln, dann aber in dem 16 Kilometer entfernteren Khorsabad: es galt die Umwallung und die Säle des Palastes von Sargon (Hisil Sargon) mit reichstem Erfolge bloszulegen. Die französische Regierung stellte Geldmittel zur Verfügung und den trefflichen, in Persien erprobten Zeichner *Eugène Flandin*. Es kamen die ersten Sendungen jener Reliefplatten und Stiermenschen von Alabaster und Marmor nach Paris. Von 1848—1850 erschien das Prachtwerk: Monument de Ninive découvert et decut par Mr. *R. E. Botta* mesuré et dessiné par Mr. *E. Flandin*, ouvrage publié par ordre du Gouvernement sous les auspices de M. le Ministre de l'Interieur et sous la direction d'une commission de l'Institut. Paris. Fol. T. I—V. Der Nachfolger von Botta, *Rouet* untersuchte die Felssculpturen von Malthaia und Bavian. Man kehrte aber dann nach Khorsabad zurück und im Laufe von sechsundzwanzig Monaten, der Jahre 1852—1855 wurden durch *Victor Place* und den in Babylon erprobten Architekten *Felix Thomas* die genauesten, auf die baulichen Constructionen besonders bezüglichen Ausgrabungen ausgeführt, deren Resultat in dem Prachtwerk: Ninive et l'Assyrie par Victor Place avec des Essais de restauration par Felix Thomas. 2 Vol. fol. 1867 ff. niedergelegt ist. Der grösste Theil der Schätze ging auf den Flössen des Tigris durch räuberischen Ueberfall zu Grunde. Noch harrt die weitere Aufgabe der Ausgrabung eines einzelnen der verschiedenen nachgewiesenen Stadtquartiere der Lösung.

Fast gleichzeitig hatten die Engländer, mehr südlich abwärts am Tigris die Schutthügel von Nimrud, die Stätte des xenophontischen Larissa zu untersuchen begonnen. Der im Orient heimische *Austin Henry Layard* legte 1845 durch *Stratford Canning* gefördert, hochalterthümliche, selbst aber schon im Alterthum zum Theil wieder zerstörte und umgebaute Paläste blos und es wurde durch Nimrud gegenüber Khorsabad eine kunstgeschichtliche Entwickelung im Bereiche der assyrischen Kunst selbst nachweisbar. Rasch folgten sich die Publikationen: Niniveh and its remains with an account of a visit to the Chaldaean christians. London 1848. 2 Vol. 8., dazu die Monuments of Niniveh, London 1849. Im Auftrag des britischen Museums wurde nun eine zweite auch auf Babylon, wie auf Bairan, auf die Gegend von Circesium am Chaboras sich ausdehnende Expedition unternommen, deren Resultate in den Discoveries in the Ruins of Niniveh and Babylon with travels in Armenia, Kurdistan and the Desert, London 1863 und in der zweiten Reihe der Monuments of Niniveh, London 1853 veröffentlicht wurden. Von besonderem Interesse war die Fülle auch der Gegenstände von Metall, Elfenbein, Thon, Glas und der Fund von Werken mit assyrischer und Hieroglyphenschrift. *Layard* begann von Neuem 1846 die Untersuchung der Mosul am nächstliegenden Stätten von Kojungik und Nebbi Junus und es gelang nun auch hier Palastanlagen blos zu legen.

Als die jüngste Unternehmung auf diesem in seinen nachweisbaren Ueberresten immer weiter sich ausdehnenden Gebiete, ist die von *George Smith* zu bezeichnen, welche im Jahr 1873 auf Kosten eines Tageblattes, des Daily telegraph, dann 1874 auf Kosten des brittischen Museums ausgeführt wurde, aber für die Gewinnung und Auslegung von Texten förderlicher als für das archäologische Gebiet geworden ist. Vgl. *George Smith,* Assyrian discoveries on account of explorations and discoveries on the site of Nineveh during 1873 and 1874. London 1878. Die Ausgrabungen hatten in Nimrud und Kojundjik Statt und gingen vor allem aus auf geschichtliche Texte der aus den biblischen Berichten bekannten Könige. Noch nicht genug sind die von *Smith* erwähnten, vielfachen Zeugnisse der späteren Besetzung der Stätte von Ninive mit griechischer und römischer Cultur auch nur verzeichnet noch gewürdigt.

Bereits sind wir aber auf dem grossen Gebiete oberasiatischer Kunst zur unschätzbaren Vergleichung und gegenseitigen Controlirung der bildlichen und schriftlichen Zeugnisse und zweitens zur Möglichkeit sicherer chronologischer Datirung für Monumente durch Feststellung der Gleichzeitigkeiten gekommen. Die Entzifferung der Keilschriften, von *Niebuhr* 1829 als wichtige Aufgabe der nächsten Generation bezeichnet, ist in der That Schritt für Schritt gelungen und geht auch in ihrem noch dunkelsten Theile der Lesung der dritten, sog. akadischen Schrift Babylons allmälig immer grösserer Sicherheit entgegen. Was *G. F. Grotefend* als Student in Göttingen am Anfang des Jahrhunderts (1802) glücklich begonnen an einer Keilschrift von Murghab mit Kyrosnamen, was er dann nach Jahrzehnten in umfassenden Studien fortgeführt (Erläuterungen der Persepolitanischen Keilschriften. Hannover 1837. 4. ferner 1840: Zur Erklärung der babylon. Keilschrift, 1852 Tributliste des Obelisken von Nimrud), woran mit der genauern Kenntniss des Altpersischen *Burnouf* in Paris und *Westergaard* in Kopenhagen sich versucht, womit vor allem *Lassen* in Bonn (Altpersische Keilschriften von Persepolis 1836) umsichtig und die Unterlagen kritisch prüfend sich beschäftigt, all dieses ward durch die genaue Veröffentlichung der hoch an Felsen bei Behistan (Bagistana) befindlichen, von Kurden glücklich abgeklatschten Inschrift- und Relieftafel des Darius mit griechischen Namenüberschriften neben den drei Keilschriften und die zusammenhängende Entzifferung der persischen Keilschrift durch *Rawlinson*, den langjährigen Durchforscher der entlegensten Theile von Medien und seiner Gränzgebiete im Jahre 1846 (The Persian cuneiform inscription at Behistan decyphered and translated, zuerst in den Transactions of the Asiatic society. Vol. IX, dann im Journal der Geographical Society XII. 1846) in Schatten gestellt. Fortan war das altpersische aus vierzig Zeichen bestehende Alphabet festgestellt und wo bilingue

Inschriften neben einander stehen, in dem persischen Text der wesentlich gleiche Inhalt eröffnet und zugleich in den Trennungszeichen für Personen- wie für Volksnamen das wichtigste Hülfsmittel für bestimmte Zeichengruppen gefunden.

Es folgte die wesentliche Fixirung der zweiten Keilschrift als der einer turanischen oder tartarischen Sprache angehörigen Schrift durch *Edwin Norris*: Memoir on the scythic version of the Behistan inscription, London 1853 und *M. Haug*: Schrift und Sprache der zweiten Keilgattung. Göttingen 1855. *Rawlinson* selbst und nach ihm *Hincks* hatten sich im Vergleich der Behistaninschrift mit solchen von Ninive wie babylonischer Backsteine an die dritte Schrift mit der grössten Fülle der Zeichen und dem richtig vorausgesetzten semitischen Sprachcharakter gemacht und mit dem gefährlichen Mittel der Annahme polyphoner Zeichen seine Textauslegungen gegeben, *Rawlinson* in dem Memoir on the Babylonian and Assyrian Inscriptions (Journ. of the R. Asiatic Society XII), *Hincks* in mehreren Aufsätzen der Transactions of the R. Irish Academy XXII. XXIII. *Fox, Talbot, Menantry, Fr. Lenormant, Sayce* haben selbständig weiter in Vermehrung der publicirten Texte gearbeitet. Das Mass der Sicherheit und der Nachweis, wie jene angebliche Polyphonie wesentlich auf den Abkürzungen und Neugestaltungen assyrischer und babylonischer Namen beruht, wies *Johannes Brandis* trefflich nach in der Schrift: Ueber den historischen Gewinn aus der Entzifferung der assyrischen Inschriften. Berlin 1866, dessen Rerum Assyriarum tempora emendata (Bonn 1853) das chronologisch Sichere herausstellte.

Wir haben hier die weitere Geschichte der Assyriologie, die bereits zu einem eignen wissenschaftlichen Complex, Dank vor allem den umfassenden Sammlungen der Assyrischen Glossen von *Edw. Norris* (I. 1866. II. 1870), dann dem Scharfsinn und der Kenntniss des grammatischen Baues semitischer Sprachen von *Julius Oppert* Etudes assyriennes. Paris. 1851. Elements de la grammaire Assyrienne. Paris 1860—1868, dann den reichen Textveröffentlichungen von *G. Smith* in dem oben erwähnten Werk erwachsen ist, und die daran geknüpfte Polemik deutscher Gelehrten, wie *Schrader* und *v. Gutschmid*, nicht zu verfolgen. Einen Ueberblick über den bisherigen Gang und gegenwärtigen Stand der Keilentzifferung für den klassischen Philologen bot *Wellhausen* im Rhein. Mus. f. Philol. XXXI, 2. S. 153 ff.

B a b y l o n. Ruinenstätte an beiden Ufern des Euphrat nahe Hillah, nie ganz vergessen seit *Carsten Niebuhr* (s. oben S. 186), oft besucht und in dem Birs Nimrud wie einzelnen Schutthügeln auch beschrieben und mit den Beschreibungen der klassischen Schriftsteller verglichen, ist doch erst seit 1850 zum Gegenstand eigener archäologischer Unternehmungen gemacht, jedoch lassen ihre Resultate gerade für den monumentalen Ertrag sich nicht mit den ninivitischen Ausgrabungen vergleichen. Des Aufenthalts und des sporadischen Verfahrens *Layards* daselbst ward bereits gedacht. *Napoleon III.* liess 1853/54 eine Expedition unter *Fresnel* und *Oppert* nach Babylon gehen, jedoch die Krankheit und der Tod des ersteren hemmte und unterbrach schliesslich die begonnenen Arbeiten. Wir verdanken *Oppert* eine grosse Terrainkarte mit Bezeichnung des Stadtumfanges, genaue Massbestimmungen des babylonischen Fusses, die wichtigen Ziegelinschriften und deren Lesung. Seine Auffassung der Ruinen el Kasr oder Babil auf der Westseite des Flusses als das eigentliche Belosgrab und das Herabdrücken von Birs Nimrud als zu Borsippa gehörig, aber nicht zu Babylon unterliegt noch grossen Bedenken. Noch harren die Haupthügel der Ausgrabung. Vgl. Expedition scientifique en Mesopotamie par *Oppert*. I. Atlas. II. Principes de l'interprétation de l'ecriture cunéiform. Paris 1858—1863.

Archäologisch viel ergiebiger und interessanter sowohl für die Kunstformen der altbabylonischen Cultur wie der Zeugnisse hellenistischer Cultur waren die Reisen und Arbeiten von *Taylor* und *Loftus*, welche mit den militärischen Arbeiten der Commission zur Bestimmung der türkisch-persischen Grenze und zur Untersuchung der Tigris- und Euphratmündungen zusammenhängen, in Südchaldäa und Susiana. Sie sind im Jahr 1849—1852, dann für eigentliche Ausgrabungen im Jahr 1854 gemacht worden. Vgl. *Loftus*, Travels and researches in Chaldaea and Susiana with an account of excavations at Warka and Shush in 1849—1852 under the orders of majorgeneral Sir T. W. Williams of Cars. London 1857. Eine einzige Trümmerstätte, wie die von Warka (Ereck, Orchae) gab in seltener Erhaltung grosse stufenförmige Backsteinbauten mit reicher farbiger Bekleidung in Stuck oder buntgefärbter Mosaik von Thonkegeln, mit einer decorativen Behandlung von Halbsäulen, die entschiedenen Spuren der Ueberwölbung und auf der andern Stufe die wichtigsten Thonsiegel auch mit griechischen Legenden der Seleukidenzeit.

Auch Susa (Shush), die wahre Residenz des persischen Reiches in heisser Niederung vor dem persischen Hochgebirge, ward von den Reisenden dreimal besucht und der Boden mit Ausgrabungen getastet. Was hier an vollendeter persischer Kunst und an griechischer Säulenform und Inschriften gefunden ist, erscheint nur als lockender Fingerzeig, Susa als nächste grosse Aufgabe zu betrachten, um hier die Wechselwirkung zwischen griechischer und asiatischer Kunst und zweitens auch rein griechische Werke einer Kunstthätigkeit am persischen Hofe kennen zu lernen.

Persien, das räumlich von Europa entfernteste der oberasiatischen Culturländer war, wie wir oben gezeigt, am frühesten in den Gesichtskreis der europäischen wissenschaftlichen Interessen eingetreten. Auch in dieser letzten Epoche der archäologischen Studien ist es früher als Mesopotamien zum Zielpunkte künstlerischer und wissenschaftlicher Unternehmungen und zwar von Frankreich aus gemacht worden.

Derselbe *Charles Texier*, den wir an die Spitze der kleinasiatischen Darstellungen stellten, hat auch den weitern Osten und besonders Persien mit Persepolis als Zeichner bereist; die »Description de l'Arménie, de la Perse et de la Mesopotamie«, Paris 1842—49 ist die Frucht dieser Studien, ebenso geschickt und elegant in den Zeichnungen, wie wenig genau in den architektonischen Aufnahmen und Copien der Inschriften. Eine viel bedeutendere Leistung ist das grosse Werk: La Perse ancienne. Paris 1846—54. 4 Bde. fol., 1 Bd. Text, 2 Bde. Relation du voyage von dem Maler *Eugène Flandin* und dem Architekten *Pascal Coste*, welche der französischen Gesandtschaft nach Persien in den Jahren 1840. 41 beigegeben waren und einer von *Burnouf*, *Lebas* und *Leclerc* entworfenen Instruktion folgten. Es ist ihr entschiedenes Verdienst auf eine Reihe der Untersuchung harrender grosser altpersischer Ruinenhügel, einzeln stehender dem Denkmale Murghab analoger Monumente im innern Farsistan, so bei Fassan, Darabgerd, Schiras. aufmerksam gemacht zu haben.

Seitdem ist wirklich Bedeutendes für die persischen Monumente nicht geschehen. Wohl verfolgte eine preussische Gesandtschaftsreise nach Persien unter *Jul. von Minutoli* und begleitet von dem Aegyptologen *Brugsch* in den Jahren 1860. 1861 auch wissenschaftliche Intentionen, besonders auf ihrer Reise nach Hamadan, Isfahan, Tschihl Minar, Schiras und Bender Buschehr (vgl. *H. Brugsch*, Reise d. K. Preuss. Gesandtschaft nach Persien 1860. 1861, Berlin 1862. 1863; mit zahlreichen Abbildungen), aber abgesehen von der Erkrankung einzelner Mitglieder und dem schliesslichen Tod des Hr. *von Minutoli* fehlte der

Unternehmung die gründliche Vorbereitung auf bestimmte Aufgaben und wir müssen sagen, jede technisch und kunstarchäologisch durchgebildete Kraft.

Man muss es wahrhaft beklagen, wenn so capitale Fragen, wie die der Identificirung von den Ruinen von Murghab und besonders des Mesched Madr i Suleiman mit Pasargadae und mit dem Grab des grossen Kyros (vgl. II. S. 206 f.), nach den wichtigen sprachlichen, kunsthistorischen und geographischen Erwägungen eines *Lassen*, *Kugler*, *Urlichs*, *Ritter*, zusammengefasst von *Stark* (Philologus XIV. S. 750 f.) einfach ignorirt werden. Die hohle Rhetorik der Worte »jeder knirschende Stein unter unseren Füssen erinnert an die Manen des Kyros, an den Glanz und Ruhm seiner Zeit nicht ohne trübe Seitenblicke auf die heutigen Epigonen des alten Perserstammes werfen zu lassen« wiegt eine einzige scharfe Beobachtung über das kleinste architektonische Detail oder über die so merkwürdig kahle, kurze Inschrift des Kyros nicht auf. — Wir sind dem berühmten Reisenden dankbar für eine Bemerkung über Steinmetzzeichen auf alt- und neupersischen Monumenten (II. S. 61. 154. 251), aber irgend methodisch verfolgt ist sie von ihm auch nicht worden.

Auch über Persien weithinaus in die Grenzgebiete von Indien und Baktrien erstreckt sich heutzutage das besonnene wissenschaftliche Interesse des klassischen Archäologen. Die beiden im J. 1838 erschienenen Abhandlungen von *Karl Ritter* und von *Lassen*, von jenem die Stupas (Topes) oder architektonischen Denkmäler der indobaktrischen Königstrassen und die Kolosse von Bamiyan, von diesem: »Zur Geschichte der griechischen und indoskytischen Könige in Baktrien, Kabul und Indien durch Entzifferung der altkabulschen Legenden auf ihren Münzen« haben die festen Wege dazu an der Hand der Münztypen und Münzlegenden, der architektonischen Grundformen, der alten Handels- und Pilgerstrassen des Buddhismus gewiesen. Man ist seitdem beschäftigt gewesen, die Fundstätten von Münzen, Thongefässen, Bildwerken im Indusgebiet, besonders bei Peschawer genauer zu erforschen, so *Alexander Cunningham*, Archaeological Survey of India. 3 Vol. 1871—1873, so der Deutsche *Alex. Leitner*, aus dessen Sammlungen auch verschiedenes nach Berlin gelangt ist (vgl. *E. Curtius*, griechische Kunst in Indien in Archäol. Zeitung 1875. S. 90 ff. Taf. 12). Die indische Kunst hat heutzutage für uns die Bedeutung einer urthümlichen und vorbildlichen verloren, welche am Ende des vorigen Jahrhunderts man in frischer Begeisterung ihr beimass (s. S. 188), aber sie hat ihre Stelle unter den hochwichtigen Kunstgebieten des unter dem Einfluss des Hellenismus stehenden Orients gewonnen.

Kaum ist ein Land alter Cultur soviel bereist worden in alter und neuer Zeit, als Syrien und Palästina (vgl. die Reiseliteratur bei *Ritter*, Erdkunde XV. S. 1—152), kaum irgendwo hat aber die mitgebrachte religiöse Anschauung und Voraussetzung, wie die Massenhaftigkeit lokaler, oft sehr junger und auf leichtgläubige Reisende berechneter Legenden so bestrickend gewirkt und die thatsächliche, genaue monumentale Erforschung des Landes so gehemmt als in Syrien und Palästina. Von tiefgreifendem Einfluss war auch hier der Eroberungszug Napoleons nach Egypten und im Winter 1799 nach Syrien bis vor Akka und an den See Genezareth. Der Zauber des französischen Namens wirkt nun am Sinai und Tabor und ebenso die sichtbar eingreifende Macht der Engländer. Damals wurde die »Voyage pittoresque de la Syrie, de la Phénicie, de la Palestine et de la basse Egypte« von *Cassas* in Paris an VII zu publiciren begonnen. Genaue und unbefangene Reisende folgen nach: *Seetzen* durchzog 1805—1807, später der Baseler *Burkhardt* (Travels in Syria and Holy land, 1822 mit Vorwort von *Martin Leake*), dann *Buckingham* auch (Travels in Palestine, 1825) die Sinaitische Halbinsel und das transjordansche Land. Zum ersten Male traten aus dem Dunkel der Wüsten- und deren Grenzlandschaften griechisch-römische Städteruinen wie Gerasa, Bostra auch im Süden hervor, wie bereits Palmyra und Balbek schon im vorigen Jahrhundert bekannt waren. Die interessanteste Stätte war entschieden die Felsenstadt Petra am Wadi Musa südlich vom todten Meere, die in den trefflichen Zeichnungen zur Reise von *Leon de Laborde* und *Leisant*, welche in den Jahren 1825, 1826 Aegypten, die sinaitische Halbinsel und Syrien bereisten (Voyage dans l'Arabie Pétrée. 1830—1833 fol.), zum ersten Male wie ein Wunder der Natur auftauchte.

Eine wirkliche Erkenntniss der phönicischen und überhaupt altnationalen Kunst jener Gegend konnte aber erst auf Grund umfassender Sprachforschung der semitischen Sprachen und einer Sammlung authentischer Zeugnisse derselben in den Inschriften sich auferbauen. Dies Verdienst erwarb sich *Gesenius* in dem grossen Werk der »Scripturae linguaeque phoeniciae monumenta quotquot supersunt«. Lips. 1837. 4. P. I—III, welches gleichzeitig dem Thesaurus philolog. criticus linguae hebraeae et chaldaeae vet. testam. Lips. 1835—1852 erschien. Nun erst war der Auffindung und Entzifferung neuer Inschriften Sporn und Regel gegeben. Und bald lohnten wichtige Funde den geweckten Eifer. Epoche machen die Felssculpturen und vergeblich bezweifelten ägyptischen und assyrischen Inschriften auf phönicischem Boden am Nahr el Kelb (Lykosfluss) bei Beirut, beschrieben und abgebildet von *Lepsius* (Berl. Monatsber. 1854. Juni) und *L. de Laborde* (Voyage de l'Asie mineure etc. pl. 31—33; Revue archéol. Ser. I. Vol. XI), dann vor allem die Sarkophaginschrift des Königs *Eshmunazar* von Sidon, im J. 1855 entdeckt, unschätzbar mit den tektonischen und plastischen Formen eines ägyptisirenden Sarkophags. Eine ganze Literatur, an der fast alle Forscher dieses Sprachgebietes *Rödiger*, *Schlottman*, *E. Meier*, *Ewald*, *Dieterich*, *Quatremère*, und, besonders auch archäologisch fruchtbar, der Herzog *Albert de Luynes* und der Graf *de Vogüé* betheiligt waren. Altphönicische Grabstätten wurden nun unter und neben römischen Ruinenstätten untersucht; die phönicischen Inschriften der Münzen, auf Gewichten, auf geschnittenen Steinen damit verglichen und bestimmt.

Der Amerikaner *Edw. Robinson*, ein Schüler von *Gesenius* durchzog gleichzeitig mit seinem Reisegenossen *Ed. Smith* als nüchterner, überall nach Zeit und Raum messender, jede Tradition unbefangen prüfender Forscher nach allen Richtungen Palästina. Seine Werke: Palästina und die angränzenden Länder (1838 ff. 1841 deutsche Uebersetzung); Neue biblische Forschungen, (Berlin 1857); Physikalische Geographie des heiligen Landes (1869) müssen als epochemachend bezeichnet werden. Seit dieser Zeit hat eine ausserordentliche Thätigkeit besonders für die monumentale Topographie von Jerusalem sich entfaltet, an der in erster Linie der Schweizer *Titus Tobler* literarisch prüfend, wie dann Amerikaner, Engländer und Franzosen in gesellschaftlicher Organisation (Palestine Exploration Fund) ausgrabend sich betheiligt haben. Kunstgeschichtlich wichtige Fragen wie die Structur der grossen Unterstützungsmauern des Tempelplateaus, wie das Alter und die Umgestaltung der Königs-, Propheten- und Richter-Gräber bei Jerusalem sind dabei in den Vordergrund getreten. Heutzutage darf an solchen Stätten wie Jerusalem nicht sowohl die einfache Frage gestellt werden, ist dies urcanaanitisch, altjüdisch, hellenistisch, römisch, sondern welche Umwandlungen haben an alten heiligen Plätzen oder Grabstätten sich vollzogen, wie lassen sich die neuen Mauerschichten über alten, wie die neuen Ornamentirungen der Felsenarchitekturen von der ältesten Anlage unterscheiden (vgl. *Stark* Jahresbericht Philolog. XIV. S. 741).

Den ersten umfassenden Versuch einer Verarbeitung des damals bekannten monumentalen Stoffes zu einer Darstellung der Kunst der Phönicier macht *Eduard Gerhard* 1846 in den Abhand. d. Berliner Akademie p. 579 ff. (bereichert abgedruckt in Akademischen Abhandlungen II S. 1 ff.), wozu der Reisende *Barth* aus eigener Anschauung wichtige Ergänzungen für die Monumente in Malta, Karthago, Syrien gab (Arch. Zeitung 1848. N. 27; Anzeiger 1850 N. 14). Leider gelangte *Movers* nicht mehr dazu zu seinem umfassenden im Geiste der neuen deutschen Geschichts- und Mythenforschung abgefassten Werke: Die Phönicier (I. 1839: Mythologie; II, 1: politische Geschichte und Staatsverfassung; II, 2: Colonien, 1850; II, 3: Handel und Schifffahrt, 1857) die Schlussabtheilung mit der Behandlung von Kunst und Industrie anzufügen. Der Verf. dieses Werkes hat in seinem Buche »Gaza und die philistäische Kunst« Jena 1852 auf dem engen Gebiete der philistäischen Städte altnationale und hellenistische Kunst getrennt behandelt und bestimmte Formen für jene besonders nachgewiesen.

Vor allem galt es aber nach solcher Verarbeitung des literarischen und monumentalen Stoffes neue lokale Untersuchungen umfassender Art auf eigentlich phönicischem wie altcanaanitischen und verwandten Volksboden anzustellen. Und dies ist das grosse Verdienst der Franzosen in mehreren Unternehmungen, in der von *Napoleon III* im J. 1860 angeordneten »Mission en Phénicie«, übernommen und durchgeführt von *Ernest Renan*, in den auf eigene Kosten gemachten Reisen von *de Saulcy* (Voyage autour de la mer morte, 1853: Voyage en terre sainte, 2 Bde. Paris 1865), in dem grossen Unternehmen des Herzogs von *Luynes* für Erforschung der östlichen und südlichen Gränzgebiete Palästinas, geleitet von dem dort bereits früher, besonders in Hauran gereisten *Melchior de Vogüé* (Voyage d'exploration à la mer morte à Petra et sur la rive gauche du Jourdain, Paris). Das 1864—1874 erschienene Werk von *E. Renan* (Texte. Atlas fol.) hat uns über die Eigenart und den objectiven Werth der phönicischen Kunst eine Fülle in vieler Beziehung negativer aber wichtiger Thatsachen gebracht, »une certaine condamnation de l'art phénicien«. Der Tempelhof von Marathus, die Mauern der Insel Aradus, die Mauersubstructionen und Dämme von Sidon und Tyrus, die bedeutenden Nekropolen daselbst, die Denkmäler am Hermos und zu Hebron constatiren ebensosehr die grosse Urthümlichkeit des Steinquaderbaues und der Felsarchitekturen, die Weichheit abgerundeter, kolbenförmiger Denkmalsformen, die Stumpfheit aller altsemitischen Sculptur, wie den gewaltigen Einfluss ägyptischer Kunst in einer bestimmten Epoche, vor allem des siebenten Jahrhunderts (vgl. *de Rougé* an *E. Renan*, Revue archéolog. 1863. Mars).

Die Gegend jenseit des todten Meeres, das alte Moab ist auf einmal in den Vordergrund des Interesses durch jene Reisen getreten; neben der wichtigen Stele des Königs *Mesa* hat sich aber hier ein gefährlicher Handelsartikel in Thonfiguren geltend gemacht, dessen rascher massenhafter Erwerb in Deutschland und leidenschaftliche Vertheidigung durch gelehrte Theologen nur zu sehr bewies, dass Sprachkenntniss und archäologische Kenntniss oft nicht vereint sind und ungeübte, voreingenommene Augen geneigt sind das Absonderliche und gänzlich Stillose für Urthümlichkeit auszugeben. Vgl. die durchschlagende Schrift: Die Aechtheit der Moabitschen Alterthümer geprüft von *E. Kautzsch* und *A. Socin*, mit Taf., Strassburg 1876. Ein vollgültiger Beweis unserer heutigen umfassenden und sichern Kenntniss der Monumente von Palästina und Syrien liegt uns jetzt vor in dem von Prof. *Socin* ausgearbeiteten, mit Karten und Abbildungen reich ausgestatteten *Baedeker* für diese Länder, Leipzig 1875, für welchen ebenso sehr *Socins* eigene Forschungsreisen wie die Aufnahmen transjordanischer Städte von *Kiepert* benutzt sind.

16 Die Aegyptologie seit *Champollion* und die klassische Archäologie.

Während die Resultate der grossen französischen Expedition von 1798—1801 in dem gewaltigen Hauptwerk allmälig an das Licht traten und die Entzifferung des Hieroglyphentextes auf dem Steine von Rosette seit 1819 und 1822 gelang, (s. oben S. 252 f.) und der Schlüssel für die ägyptische Literatur durch *Champollion* gefunden ward, waren Private eifrig beschäftigt auf eigene Hand ägyptische Monumente, die Gräberwelt und einzelne nachbarliche monumentale Gruppen wie auf den Oasen und in dem nördlichen Nubien, ja bereits in Aethiopien zu erforschen, haben andererseits einzelne klassische Philologen den bereits in griechischen und römischen Inschriften gemachten Gewinn für die Erkenntniss des griechisch-römischen Lebens daselbst zu verwerthen und mit Kritik das vermeintliche Alter einzelner entscheidender Denkmäler wie den Thierkreis von Denderah zu prüfen begonnen oder mit den griechischen Quellen der ägyptischen Chronologie sich eingehend beschäftigt.

So hat *Caviglia* auf eigene Hand die grosse Sphinx zu Gizeh grossentheils vom Sande befreit 1816, so drang *Belzoni* in das Innere einzelner Pyramiden und öffnete Gräber (Narrative of operations and discoveries within the pyramids etc. Lond. II edit. 1821; Description of the tomb discovered. Lond. 1822), so haben 1836 *Perring* und *Vyse* in musterhafter Weise die Masse der Pyramiden und ihre innere Structur durch mühsame Arbeiten bestimmt (Operations at the pyramids of Gizeh, London 1840—43, mit Atlas), so wurden die grossen und kleinen Oasen von *Drovetti* und *Cailliaud* 1815—1818 besucht (*Jornard*, Voyage à l'Oase de Syonah etc., *Cailliaud*, Voyage à l'Oase de Thèbes et dans les deserts à l'orient et à l'occident de Thèbes), so zog General von *Minutoli* 1821. 22 durch die libysche Wüste zum Tempel des Jupiter Ammon und dann nach Oberägypten (Reise herausgegeben von *Tölken*, Berlin 1824. 1827), so bereisten *Hoskins* (Travels in Ethiopie 1835. 4) und *Burkhardt* Nubien, so gab *Cailliaud* bereits Beschreibung und Abbildung der Pyramidengruppe von Meroe (Voyage à Meroe 1819—1822. 2 Bde. Tafeln, 3 Bde. Text). *Prokesch-Osten*, dem wir im ganzen griechischen Orient als tüchtigen Förderer archäologischer Studien begegnen, war für Aegypten durch Herstellung einer Karte thätig (vgl. auch seine Erinnerungen aus Aegypten und Kleinasien 3 Bde. Wien 1829—1831). Ein deutscher Architekt *Chr. Franz Gau* aus Cöln (1790—1853), in Paris gebildet unter *Debret* und *Lebas* hatte 1814 Sicilien und Unteritalien bereist, in Pompeji unter *Mazois* sich in der Aufnahme und Darstellung von Ruinen vorgebildet und machte nun das nördliche Nubien zwischen den zwei Katarakten mit der Fülle grossartiger Felsentempel (Ipsambul, Girsheh, Dakkeh, Kalabsheh u. a.) zum Gegenstand seiner eifrigen Studien; der reiche Schatz an griechischen Inschriften, den er mitbrachte, wurde von *Niebuhr*, der sich für *Gau* lebhaft interessirte, und von *Letronne* mit genauem sprachlichen und sachlichen Commentar veröffentlicht (*Gau*, Antiquités de la Nubie, Stuttgart 1821—28).

Letronne (1787—1848 s. oben S. 293) hat gleichzeitig mit diesen Bereicherungen des Stoffes der Betrachtung als klassischer Philolog mehr als irgend ein anderer auch unter den Deutschen das ägyptische Alterthum zum Gegenstand scharfer Prüfung der Quellen und zusammenfassender Bearbeitung gemacht; seine Arbeiten: Recherches pour servir à l'histoire de l'Egypte pendant la domination des Grecs et des Romains 1823, über den Zodiacus (Observations critiques et archéologiques sur l'objet des représentations zodiacales, 1824), über das Osymandyeion, über die Memnonsäule (La statue vocale de Memnon, Etude historique, Paris 1833), endlich sein Gesammtwerk über die griechischen Inschriften Aegyptens (Recueil des inscriptions grecques et latines de l'Egypte 2 Bde. fol.) zeugen dafür. *Böckh* hat bereits 1821 eine ägyptische Urkunde auf Papyrus in griechischer Cursivschrift nach einer Copie des *Papyrus Anastasi* von *Ideler*, *J. Bekker* und *Buttmann* unterstützt, herausgegeben und eingehend erläutert (Kl. Schrift. V. S. 105 ff.), er hat später von Seiten der Chronologie, Astronomie und Metrologie den Quellen ägyptischer Geschichte wie *Manetho* mit der ganzen Energie und Umsicht seiner Methode sich zugewandt (1845). *Georg Parthey* verdient daneben als Reisender (Wanderungen in Sicilien und der Levante, 1834—1840 Thl. II: Nilthal), als umsichtiger Forscher über Philae und seine Denkmäler (Diss. 1830), über das Museum von Alexandria (Preisschrift 1838), über das Orakel des Jupiter Ammon, über spätgriechische Papyrus, wie über das Koptische genannt zu werden.

Noch aber bedurfte es für Aegypten grosser, gemeinsamer Unternehmungen verschiedenartig wissenschaftlich und technisch vorgebildeter Männer, die mit reichen Mitteln und dem Ansehen staatlicher Missionen ausgestattet waren, um die massenhaften Schätze zu heben und würdig zu veröffentlichen. Zunächst war es *Leopold II* von Toscana, der dies unternahm im Jahr 1828 unterstützt zugleich von der Regierung *Karls X*. *Rosellini*, Professor in Pisa und *Champollion* wurden an die Spitze gestellt, sechs Franzosen, sechs Toskaner bildeten die Gesellschaft, die im August 1828 Aegypten betrat. Leider kehrte *Champollion* durch die Julirevolution genöthigt, 1830 nach Europa zurück, um 1832 zu sterben. Nach seinem Tode erschienen als Frucht der Reise: Monuments de l'Egypte et de la Nubie, 1835, in 4 Bde., wie *Champollion*, Lettres écrites d'Egypte et de Nubie en 1828 et 1829, Paris 1833. *Rosellini* hat mit der grössten Hingabe die Zwecke der Expedition, die geschichtlichen Darstellungen an den Tempeln, die genaue Untersuchung der Gräberwelt und die Abzeichnung der unendlichen Fülle ihrer alle Seiten des Lebens umfassenden Malereien verfolgt und in dem grossen, auch polychrom ausgestattetem Werk: I monumenti dell Egitto e del la Nubia 1832—1844 (8 Theile Text, 3 Foliobände Abbildungen) die Resultate niedergelegt. Die Gliederung ist eine systematische: Monumenti storici, civili und del culto und dadurch die Uebersicht der einzelnen Objekte der Darstellung, wie z. B. der künstlerischen Thätigkeit eine sehr bequeme und förderliche. Die Schwäche liegt aber in dem historischen Theile und demgemäss in der geringen Unterscheidung des Stilistischen. Wesentlich waren die Darstellungen der Blüthezeit des neuen Reiches entnommen und überhaupt war das Bewusstsein der ältern Stufen noch nicht lebendig geweckt. Nahe lag für den Toskaner die unmittelbare Vergleichung der neuentdeckten Felsengräber von Castel d'Asso in Etrurien mit den Gräbern von Mittelägypten besonders Benihassan.

Bunsen war es, der wie wir oben sahen, die ganze Bedeutung des *Rosellini*'schen Materials sofort erkannte, aber auch die Schwächen der Arbeit (s. oben S. 283), und nach einem deutschen Philologen mit historisch-philologischer Schulung die Schätze wirklich zu heben sich umsah, ebenso eifrig den

Plan verfolgte den Kronprinzen, dann König *Friedrich Wilhelm IV* zu einer grossen wissenschaftlichen Expedition nach Aegypten zu bewegen. In *Richard Lepsius* aus Naumburg (geb. 1812) fand *Bunsen* eine selten dazu befähigte Persönlichkeit, in welcher frühzeitig an den Domen der Heimath und des Rheins, vom Vater geleitetes architektonisches Interesse mit streng klassischer Bildung, offener historischer Sinn für die Erforschung des Alterthums in *Böckhs* Weise mit vorzüglicher Begabung für Lösung von schwierigsten Problemen in alten Schrift- und Sprachdenkmalen (De tabulis Eugubinis 1833) sich einte, in welcher endlich Energie, die zu leiten verstand, mit Weltgewandtheit sich zusammenfand. Im Jahre 1836 hatte *Lepsius* die Lettre à Rosellini sur l'alphabet hieroglyphique veröffentlicht, 1838 bereits eine der interessantesten, von *Champollion* schon aufgestellten Fragen vergleichender Archäologie behandelt über den Zusammenhang der Pfeilersäulen in den Gräbern von Benihassan mit der ältestgriechischen Säule (Annali IX. 1838); 1839 wollte er bereits Aegypten bereisen. Dank der unermüdeten Thätigkeit *Bunsens* und vor allem dem warmen Interesse und der einflussreichen Vermittelung von *Alexander von Humboldt* ward die wissenschaftliche Preussische Expedition auf Befehl König *Friedrich Wilhelm IV* 1842—1845 mit reichsten Mitteln und tüchtigen, gelehrten und technischen Kräften (*Abeken, Erbkam, Bonomi, Wild, Weidenbach, Franke*) nach Aegypten und Aethiopien unternommen.

Im Jahre 1849 gab *Lepsius* vorläufige Nachricht über die Expedition und ihre Ergebnisse; im J. 1852 erschienen seine Briefe aus Aegypten, Aethiopien und der Halbinsel Sinai, in welche einige bereits früher veröffentlichte Aufsätze aufgenommen sind. Vollendet liegen seit 1865 die zwölf Foliobände des Prachtwerkes der Expedition: Denkmäler aus Aegypten und Aethiopien mit über 800 Tafeln Abbildungen vor uns und zwar in historischer Gliederung als Denkmäler des alten, des mittlern, des neuen Reiches und der griechischen wie römischen Welt. Das ägyptische Museum in Berlin ist, wie bereits oben erwähnt wurde, mit der monumentalen Ausbeute der Expedition ausgestattet und nach derselben historischen Anordnung von *Lepsius* eingerichtet, davon auch eine Auswahl von Bildtafeln erschienen.

Der grosse Fortschritt des *Lepsius*'schen Unternehmens liegt in dem streng historischen Gesichtspunkt, der dabei gewaltet, in der Fülle urkundlicher Monumente für die einzelnen geschichtlichen Epochen und in dem weiten, umfassenden Interessenkreis, der darin gefördert ist. Die Gräber von Sakkarah, das Labyrinth in der Landschaft Fayun, die Tempel und Gräberwelt der Westseite Thebens, Philae, die unternubischen Felstempel, Monumente von Meroe, von Naga, von Napata, die ägyptischen Sculpturen am Sinai und am Nahr el Kelb in Phönicien geben den localen Umkreis der Arbeiten. »Dass die äthiopische Kunst ein spätes Nebenreis der ägyptischen ist« ist durch *Lepsius* endgültig bewiesen. Von besonderem Werth sind die architektonischen Darlegungen nicht allein über berühmte, glänzende Bauwerke, sondern über die einfachen Gräberformen, die erstmaligen genauen Abbildungen bestimmter elementarer Formen, so des Bogens von Backstein in ägyptischen Gräberhöfen bei Theben; ebenso sehr aber auch der Nachweis der Veränderung des Kanons der menschlichen Proportionen zwischen dem alten und neuen Reich, wie der äthiopischen Bildung. Dem Vorkommen griechisch-römischer Kunst wird alle Aufmerksamkeit geschenkt, mag es sich um eine bronzene Venus in Saba am blauen Nil gefunden oder um eine ionische Halle am M. Porphyrites in der arabischen Bergkette handeln. Zum ersten Male wurden durch Gypsabgüsse, die an Ort und Stelle gemacht sind, wie durch Papierabklatsche die treusten Reproduktionen entferntester Monumente neben der künstlerischen Zeichnung gegeben.

Lepsius hat neben und seit der Herausgabe des grossen Werkes eigentlich allein unter den deutschen Aegyptologen, unterstützt durch vereinzelte Thätigkeit seines Begleiters *Erbkam* darin, den archäologischen, mythologischen und kunsthistorischen Gewinn aus der Masse der neu auftretenden Monumente gezogen. Unter der Reihe seiner akademischen Arbeiten heben wir hervor die über einige ägyptische Kunstformen in ihrer Entwickelung, über die Metalle ägyptischer Inschriften (Abhdl. Berl. Akad. d. W. 1871. S. 1 ff.), über das Grab Ramses II, über die altägyptische Elle (Abhdl. 1865. S. 1—64).

Wohl hat *Lepsius* ein Recht gegenüber den klassischen Archäologen sich in jener Abhandlung z. B. zu äussern: »Kunstgelehrte zeigen für das Positive in der ägyptischen Kunst meist noch weniger richtige Auffassung als bedeutende Künstler, von denen hier nur der feinsinnige *Rauch* als eine hervorragende Ausnahme aufgeführt sein mag, der mit vollem Verständniss und grösster Bewunderung die ausgezeichnetsten Denkmäler zu beurtheilen pflegte«. Er darf es aussprechen: »Die alte Welt in ihren frühen asiatischen Culturstätten und an den Küsten des Mittelmeeres erweist sich schliesslich als ein Ganzes, dessen einzelne Glieder eng unter einander verbunden waren, volle gegenseitige Kenntniss von einander besassen und sich daher auch den gegenseitigen Einwirkungen nicht entziehen konnten, soweit ein jedes Volk nach seinem Stammescharakter, seinen geschichtlichen Bedingungen und der gesammten Eigenart denselben überhaupt zugänglich war«.

Mit diesem Ausdrucke gegenseitiger Einwirkungen und mit diesem richtigen limitirenden Zusatz ist eine besonnene, kritisch prüfende Auffassung des Einflusses Aegyptens wie des assyrischen Orients auf Griechenland gegeben, die weit abliegt von jener masslosen, der klassischen Philologie und ihrer strengen Methode offen den Krieg erklärenden mechanischen Ableitung der europäischen Kunst und Religion von Aegypten und von Assyrien, die *Julius Braun* († 1869) mit leidenschaftlichem Eifer und Talent der Darstellung verfocht.

Wohl ist ein Fortschritt in seinen Arbeiten von den »Studien und Skizzen aus den Ländern der alten Cultur« (Mannheim 1854) zur »Geschichte der Kunst auf dem Boden der Ortskunde« (Wiesbaden 2 Bde. 1856—58) zur »Naturgeschichte der Sage« (2 Bde. 1864. 65) zu den »Gemälden mohammedanischer Welt« (1870) nicht zu verkennen, aber unverändert bleiben solche Sätze stehen, wie: »jede Nation kopirt von ihrem in der Cultur vorgeschrittenen Nachbar soviel sie nur immer kopiren kann und eine originelle Cultur kann niemals aufkommen, wenn eine andere entwickeltere bereits daneben liegt« (Gesch. d. Kunst I. S. 324), ferner »Veränderungen sind vorgekommen, aber keine Entwickelungen«; Sätze die jeder wahrhaft historischen Betrachtungsweise in das Gesicht schlagen, mag man nun das Gebiet der Kunst oder das des Glaubens und der Sage betrachten, welche die Grundlagen aller geschichtlichen Erscheinungen, die Volkscharaktere und die noch tiefer liegenden Charaktere der grossen Völkerfamilien gänzlich negiren.

Der grossen Expedition von *Lepsius* folgten weitere von der preussischen Regierung ausgehende wissenschaftliche Unternehmungen nach Aegypten, die von *Heinrich Brugsch* in den Jahren 1853. 1854 (Reiseberichte aus Aegypten, Leipzig 1855; Aegyptische Gräberwelt, Berlin 1867; Wanderung nach den Türkis-Minen in der Sinaihalbinsel, Leipz. 1866; Geographische Inschriften altägyptischer Denkmäler I. II. III. 1857 ff.), dann von *Heinrich Dümichen* im J. 1863—1865, welcher vor allem der Blosslegung und genauesten Erforschung des grossen Tempels von Denderah sich gewidmet hat (Bauurkunden der Tempelanlage von

Denderah, Leipzig 1865; Recueil de monuments egyptiens par Brugsch et Dümichen, 4 Thle. 1862—1866). Ihr Gewinn liegt aber ganz überwiegend im Gebiete der Geographie wie des Rituals und andrerseits der Kenntniss der demotischen Schrift; allerdings verspricht die genaueste urkundliche Bestimmung der einzelnen Theile des Tempels von Edfu, die *Dümichen* gegeben (Strassburg 1877), manchen Gewinn für die schärfere Erkenntniss der sacralen Bestimmungen der Tempel auch anderer Nationen.

Noch eine dritte Reihe von archäologischen Forschungen auf ägyptischem Boden sind zu nennen, zuerst ausgegangen von Frankreich, dann aber fortgesetzt von den Vicekönigen von Aegypten, zuerst von *Said Pascha*, dann *Ismail Pascha* (seit 1863), der zugleich ein rasch wachsendes Museum zu Bulaq bei Cairo angelegt und so im Pharaonenlande selbst ein Centrum der Denkmälerkunde geschaffen hat. Dass auch schon seit längerer Zeit eine archäologische Gesellschaft in Alexandrien gebildet ist, unter Betheiligung der verschiedenen Nationen, so des Griechen *Nerutsos*, sei dabei erwähnt.

Mariette, ein junger Beamter des Louvre, ward 1850 nach Aegypten geschickt um syrische und koptische Manuscripte anzukaufen; statt dessen auf die Fülle der Sphinxfunde von Sakkarah aufmerksam gemacht beginnt er am 1. Mai 1850 die Ausgrabungen einer Sphinxallee bei dieser Stätte und gelangt so zur Entdeckung des berühmten im Sande begrabenen Serapeum von Memphis. Eine Fülle von Stelen und andern Funden wandert nach Paris in den Louvre und giebt der dortigen Forschung eines *de Rougé* und anderer reichen Stoff; das Serapeum wird dann die reiche Fundgrube für das heimische Museum. Für die klassische Archäologie ist in dem Serapeum ein noch unausgebeuteter Schatz des hellenistischen Kunstlebens und der Mischung griechischer und ägyptischer Gedanken- und Formenwelt gegeben, indem neben der ägyptischen Gräberreihe dann eine solche mit Monumenten von *Psammetich* bis in die römische Epoche reichte. Auf 100 Tafeln hat *Mariette* in dem Werke Le Serapeum de Memphis, Paris 1857—1860 eine Auswahl des Entdeckten gegeben. Zur Geschichte der Auffindung vgl. *Beulé*, Fouilles et découvertes II. p. 103 ff.

Eine Reihe weiterer erfolgreicher Ausgrabungen schliessen sich an diese erste Entdeckung an, so legte *Mariette* 1853 auf Kosten des Herzogs von *Luynes* die Sphinx von Gizeh nebst Tempel völlig bloss (*Beulé* II. p. 120 ff.), so wurden die Schutt und Lehmhaufen von Sais (Tanis) im Delta durchforscht, so in Abydos hochwichtige Tafeln der Königsreihen gefunden, so am grossen Tempel zu Karnak und endlich zu Edfu (Apollinopolis) eine grossartige Aufräumung durchgeführt (*Mariette-Bey* Karnak, Etude topographique et archéologique 1875. 57 Taf.; ferner Denderah, Description du grand temple de cette ville, 4 Thle. 1870—74).

Die Stadt, welche als erster Zielpunkt allen von Europa kommenden erscheint, Alexandrien, welche das grossartigste griechische Emporium und Cultursitz Aegyptens war, war bis vor kurzem lokal am wenigsten durchforscht; man sah und berichtete kurz von den Obelisken, deren einer soeben nach England übergeführt, und der sog. Pompejussäule, und vereinzelte Funde von ächt griechischen plastischen Werken zeugten für den klassischen Reichthum des Bodens. Da war es das Interesse des Kaisers *Napoleon III* an der Geschichte Caesars, hier an dem Verlauf des Bellum Alexandrinum, welcher in grossem Massstab die topographische Aufnahme des zum kleinsten Theil nur mit Häusern besetzten Umfangs von Alexandrien durchführen liess. Ein Mémoire sur l'antique Alexandrie von *Mahmud Bey* 1867 war die Frucht der

Arbeit, welche durch *Kiepert* in Kürze auch deutschen Kreisen näher gebracht ist (Abdruck aus der Zeitschrift f. Erdkunde, Berlin 1872; Bullettino 1873. p. 44 ff.).

Auch die modernste Unternehmung in Aegypten, der Suezkanal, hat in Alcantala nahe dem Kanal eine griechische Säulenhalle und Nekropole mit griechischen bemalten Gefässen zu Tage gefördert (*Gioia* bei *Fröhner*, Musée Parent I. p. 15 ff., *Benndorf*, Griech. u. sicil. Vasenbilder Taf. 29 N. 16). So erweist sich Aegypten täglich mehr als das reichste Monumentalland der Welt, als das wahre Reservoir für allen schriftlichen und bildlichen urkundlichen Niederschlag der alten Welt. Und eine umfassende Archäologie der klassischen Kunst wird von ihrem Standpunkte aus Aegypten eine fortgesetzte und eindringende Aufmerksamkeit schenken.

Die afrikanischen Südgestade des Mittelmeeres, westlich von 17 Aegypten, welches das Alterthum von Libyen immer schied, sind mit einer Fülle von Ruinenstätten bedeckt; im Osten finden sich die Zeugnisse rein griechischen Lebens in der Halbinsel Barka, der alten Kyrenaika. Andererseits dehnt sich das weite Territorium der Syrten wie von der alten Provinz Africa, von Numidien und Mauretanien, wo die phönicisch-libysche Cultur sich ganz ausgelebt, wo ihr dann die römische Verwaltung gefolgt ist mit einer ausserordentlichen Blüthe des materiellen Lebens bis tief in byzantinische Zeit hinein. So nahe diese Küsten dem europäischen Verkehr liegen, so lebhaft derselbe im Mittelalter zwischen den arabischen Herrschern und den Küsten Spaniens und Italiens war, so unnahbar wurden sie seit der Bildung der Barbareskenstaaten und der türkischen Uebermacht im sechszehnten Jahrhundert für alle friedlichen Reisenden (seit 1533 ward Algier von *Schereddin Barbarossa* erobert). Erst die Zeit *Ludwig's XIV.* ist es, welche auch hier einzelne wissenschaftliche Kunde von ganz verschollenen Stätten bringt. *Spon* erwähnt einen Schweizer Chirurgen *Girard*, welcher die Alterthümer von Tripolis gezeichnet habe (Miscellan. antiquit. C. VIII). Es kommt der französische Consul *Lemaire* im J. 1706 von Tripolis gen Osten auf das Plateau von Barka und findet die Ruinen von Kyrene richtig bei einer prachtvollen Quelle des Apollo, der Ain esh Schedah (vgl. *Paul Lucas*, Second voyage II. p. 126 Paris), ja er macht bereits auf eine dort gefundene griechische Vase mit dem attischen Archontennamen Hegesias (324 v. Ch.) aufmerksam. Mancherlei Nachrichten brachten *Paul Lucas* (1710. 1723), bedeutend mehr der zwölf Jahre in Tunis als englischer Caplan wohnende Dr. *Shaw* im J. 1738 (Travels of Barbary and the Levant; franz. Uebersetzung 1743. 4), dann *Peyssorel* und *Desfontaines* (Voyages dans les régences de Tunis et d'Alger publ. par Dureau de la Malle, Paris 1838), endlich *Bruce*, welcher 1763 von Lord *Halifax* beauftragt ward »by procuring interesting informations and by making additions of the royal collection of drawings of ancient cities and monuments«. Ein deutscher Arzt *Hebenstreit* hat damals zuerst eine kleine Sammlung antiquarischer Funde besonders römischer Inschriften von Afrika veröffentlicht (De antiquitatibus Romanis per Africam repertis 1733. 4); den Bericht der Reise selbst legte er in vier Briefen an *August II.* von Polen und Sachsen nieder, welche ein halbes Jahrhundert später gedruckt sind (*Bernouilli*, Sammlung von kleinen Reisen, Berlin 1780, N. IX—XII; französisch von. *Eyries*, Nouv. Annal. de Voyage, XLVI. p. 7—90).

Erst in diesem Jahrhundert werden aber fast zwei Jahrzehnte erst nach der Eröffnung Aegyptens durch die Franzosen diese archäologischen Bestrebungen für das Nachbarland Aegyptens im grossen Umfange und in rascherer

Folge wieder aufgenommen. Es waren Italiener und Engländer, diese zunächst bei der Vermessung der Seeküsten des Mittelmeeres, welche die Fünfstädte von Kyrenaika (das Gebel Akhdar) besuchen und deren Ruinen, besonders die Nekropolis von Kyrene beschreiben, auch Zeichnungen, Messungen und astronomische Ortsbestimmungen mitbringen. Zuerst der Arzt des Bey von Tripoli und Begleiter einer militärischen Excursion 1817 *Della Cella,* Viaggio di Tripoli, Genua 1819 (ins Engl. übersetzt Lond. 1822), dann die englischen Seeoffiziere *Fild* und *H. M. Beechey,* Proceedings of the Expedition to explore the Nord Coast from Tripolis, 1821. 1822.

Weit übertroffen werden diese Arbeiten aber durch das umfassende, mit einem Folioband von hundert Tafeln ausgestattete Werk von *J. Raym. Pacho,* Relation d'un voyage dans la Marmarique, la Cyrénaique, les oases d'Andjélah et de Maiadéh, Paris 1829. *Pacho* ist ein wahrer Märtyrer der Archäologie, der unmittelbar bei der Vollendung des Werkes in tiefer Melancholie der Ueberanstrengung sich das Leben nahm. Aus einer ursprünglich schweizerischen Familie in Nizza stammend, 1794 geboren, zum Juristen bestimmt, durch eine Reise in Italien für Kunst und Alterthum entschieden, ausübender Maler, geht er nach Alexandrien, unterstützt von dortigen Schweizern und von *Salto* nimmt er überall auf, reist zu den Oasen 1823. Da erfasst er die von der geographischen Gesellschaft in Paris gestellte Aufgabe einer Erforschung von Kyrene mit vollster Energie und gewinnt in dem Orientalist *Müller* einen Genossen. 1824—1825 ist er in der Kyrenaika in angestrengtester Thätigkeit. Seine reichen Portefeuilles legt er in Paris vor, erhält von der geographischen Gesellschaft und dem Institut einen Preis. *Letronne* bearbeitet die von ihm mitgebrachten Inschriften. Auf Kosten der Regierung erscheint das Werk in würdigster Ausstattung.

Der einzige jetzige belebte Hafen jener Gegend Benghasi, die alte Euesperitae Berenicae bot in seiner Nekropolis eine überraschend reiche Fundstätte griechischer und specifisch attischer Vasen; die Nachgrabungen von dem französischen Consularagenten *Vattier de Bourville* im Jahre 1848. 49 (Revue archéologique V. p. 230 ff., VI. p. 56 ff.; *Beulé,* Fouilles et découvertes II. p. 90 ff., le vase de Bérénice) haben unter den hundert nach Paris gewanderten Gefässen drei Panathenäenvasen mit Archontennamen bekannt gemacht. Von Benghasi sind ebenso nach England werthvolle Vasenreihen gelangt. Wir müssen die Eröffnung dieser Fundstätte als eine für die Geschichte des griechischen Vasenhandels in ferne Länder ähnlich epochemachende bezeichnen, wie die Eröffnung der Grabhügel von Kertsch.

Zwei englische Seeoffiziere, *Murdoch Smith* und *Pocher,* der erstere bereits mit *Charles Newton* bei den Entdeckungen von Halikarnass thätig, unternehmen im Frühjahr 1860 von Malta aus auf einem Segelschiff auf eigene Hand die Fahrt nach Benghasi und beginnen mit einigen Arbeitern Ausgrabungen auf dem hohen Plateau von Kyrene; ein altes Grab dient ihnen als Wohnort und Sammelstätte. Eine überaus reiche Ernte an plastischen Werken, grossen Statuen, wie Reliefs lohnt ihre Blosslegung von fünf Tempeln, darunter des Tempels des Apollo, des Dionysos, der Aphrodite; der letzte Tempel ergab allein 6 Statuen, 29 Statuetten, 3 Büsten, 26 Köpfe, 3 Inschriften. Ein Plan des Ruinenfeldes wird zugleich entworfen. Ein Kriegsschiff führt ihre Schätze nach England und im britischen Museum füllten sich die Verschläge der Colonnade mit der Masse kyrenischer Sculpturen. Zeigen diese auch überwiegend den Stil der griechisch-römischen Kunst unter *Hadrian,* so fehlt es an einzelnen Beispielen ächt griechischen Stiles nicht und unser Bild der antiken Kunstwelt hat besonders durch die Auffassung des afrikanischen Portraittypus und solcher Personificationen, wie der Libya, der Kyrene selbst bedeutend gewonnen; ebenso ist die malerische Dekoration der griechischen Gräber schon durch *Pacho,* dann durch *Smith* und *Porcher* durch ganz neue Beispiele uns nahe gebracht. Die History of the recent discoveries at Cyrene by *Murdoch Smith* and *Porcher,* London 1864 ist für diese südlichen Gränzpunkte des Hellenenthums fortan eine neue Quelle archäologischer Erkenntniss.

Man ist gewohnt Tripoli und die Syrtengegend als den Ausgangspunkt der grossen, so überaus folgenreichen Entdeckungsreisen der Deutschen und Engländer in die Sahara und den Süden Afrikas während der letzten dreissig Jahre zu betrachten; man beachtet kaum, dass es ein Schüler *Böckhs* und *K. Ritters* in Berlin, ein deutscher Philolog war, dessen Erstlingsschrift sich mit dem Handel von Korinth beschäftigt, *Heinrich Barth* aus Hamburg, welcher hier die Bahn gebrochen hat. *Barth* hatte in den Jahren 1845. 46. 47 als einfacher Wanderer die ganzen nordafrikanischen Gestade von Gibraltar an durchzogen, wie dann Aegypten, Syrien und Kleinasien ganz unter dem Gesichtspunkte des Alterthumsforschers; es waren die antike Cultur und ihre Zeugnisse am Rande des Mittelmeeres, es waren in Afrika Carthago und die punischen Colonien, deren Spuren er nachging. Ein verrätherischer Ueberfall hart an der Gränze Aegyptens, an dem Katabathmos des libyschen Hochplateaus beraubte ihn all seiner Papiere, Zeichnungen, Sammlungen von Abschriften u. dgl., nur aus den flüchtigen Bleistiftnotizen seiner Brieftasche und vor allem aus dem freien, sichern Gedächtniss eines klaren, scharf beobachtenden, ganz auf das Sachliche gerichteten Forschers hat er die Wanderung durch das afrikanische Gestadeland, Berlin 1849 niedergeschrieben, welches vom Standpunkte der heutigen Alterthumskunde die Fülle der Ueberreste in den grossen, wohl erhaltenen Cisternen, den Aquädukten, den Steindämmen, den Amphitheatern wie zu Thysdrus, in Tempeln und Grabmälern an uns vorüberführte. Sein würdiger Nachfolger auf diesen Wanderungen Freiherr *von Maltzahn* nennt ihn »beinahe unfehlbar« (Reise in den Regentschaften Tunis und Tripolis, 1870. III. S. 60). Auch bei dem Beginnen der fünfjährigen (1849—1855) Entdeckungsreisen in Nord- und Central-Afrika hat *Barth* über römische Anlagen, Castelle und besonders Grabmäler in der Regentschaft Tripolis und südlich von Tripolis an der Wüstenstrasse nach Murzuk zuerst Berichte und Zeichnungen gegeben; er hat die merkwürdigen Cromlechartigen Steinpfeiler der Libyer und die reich auch plastisch geschmückten Grabthürme mit pyramidalem Abschlusse der Römerwelt zuerst scharf geschieden und beschrieben (vgl. Reisen in Nord- und Centralafrika I. S. 19. 27f. 33f. 53. 56); er hat in den rohen, aber mit fester Hand gefertigten Felseinzeichnungen südlich von Murzuk noch den Einfluss punischer Kunst aufgezeigt. So sind wir heute im Stande sie als Parallelen zu den ähnlichen Bauten in Syrien, Kleinasien, bei Rom, wie in Südfrankreich oder bei Trier heranzuziehen.

Edrissi spricht von den schönen Tempelsäulen, von den prachtvollen Basreliefs, von den vielen Marmortafeln verschiedenster Art, welche noch im zwölften Jahrhundert von Karthago vorhanden waren, aber er sagt auch dass kein Schiff Karthagos Gestade verlasse, ohne werthvolles Baumaterial von dort zu entführen (Maltzahn I. S. 303). Im J. 1270 pflanzte *Ludwig IX.* von Frankreich die Kreuzfahne auf der Burg von Karthago in der Hoffnung auf, das nahe Tunis dem Christenthum und den Kreuzzügen gegen die Mameluken Syriens zu gewinnen; er starb dort an der Pest ohne sein Ziel erreicht zu haben. Seine Gedanken lagen fern ab von jedem Interesse für die einstige meerbeherrschende Stadt der Punier oder für die spätere römische Weltstadt. Nahezu fünfhundert Jahre später erbaute der Franzosenkönig *Ludwig Philipp* 1841 eine Kirche zu Ehren des heilig gesprochenen Vorfahrs und stiftete eine geistliche Stelle und einen Wächter dazu. 1868 war bereits die Kirche und der Garten dabei sehr verwahrlost und das Interesse für diese Stiftung in Frankreich dem Erlöschen nahe. Eine kleine Sammlung von antiken Ueberresten, auch punischen Grabsteinen hat sich um die Kirche gebildet, die selbst aber nun das Hinderniss der Ausgrabung der Hauptstätte, des Aesculaptempels (Eshmun) auf der Byrsa geworden ist.

Inzwischen ist diese weitgedehnte, jetzt mit einzelnen Villen und kleinen Dörfern wieder mehr belebte Stätte am Meeresufer, vorliegend dem seit nahe einem Jahrhundert zur Hauptstadt des Islam auf karthagischem Boden gewordenen, hinter einem See versteckten Tunis zum Gegenstand eifriger Nachforschungen geworden.

Bereits 1817 hatte Graf *Borgia* Untersuchungen angestellt, war aber dem Fieber erlegen. Der dänische Capitain und Generalconsul *Falbe* in Tunis hat in jahrelangen Vermessungen der Küste und der Ruinenstätten die sichere Grundlage zur Topographie Carthagos gelegt, besonders den Umriss des äussern und innern Hafens aufgezeigt (1833 Recherches sur l'emplacement de Carthage mit trefflichen Karten und einigen Abbildungen); auf ihm ruht wesentlich die Arbeit von *Dureau de la Malle*, Recherches sur la topographie du Carthage, Paris 1833, welcher selbst nicht an Ort und Stelle war.

In denselben Jahren haben zwei Männer, der Akademiker *Beulé* und der unermüdlich reisende, sammelnde in den Nekropolen von Etrurien und von Sicilien wohlbewährte *Nicolas Davis* unmittelbar Hand an die nur durch zusammenhängende Ausgrabungen zu lösende Aufgabe gelegt, an die thatsächliche Feststellung der Byrsa und der Haupttempelstätten, an die die Schicht der römischen Welt durchbrechende Erforschung der gewaltigen Mauern und Tempelanlagen des punischen Carthago. (Vgl. *Beulé*, Fouilles à Carthage, Paris 1860. 4; Fouilles et découvertes II. p. 1—35; *Davis*, Carthage and her remains, London 1862.) Es bleibt *Beulés* Verdienst gegen *Davis* hier auf die entscheidenden Punkte forschend eingegangen zu sein und neben den dem Polygonalbau sich nähernden Mauern der alten Byrsa besonders die Quais des runden Kriegshafens mit den Bauanlagen der Insel in der Mitte stückweis blosgelegt zu haben. Leider mussten diese mit eigenen Mitteln unternommenen Arbeiten bald abgebrochen werden und harren der Fortsetzung. Es ist begreiflich, dass auch die Ueberreste der römischen Stadt, welche nur wenig über dem Erdboden hervorragen, wie die Piscinae mit dem grossen Aquädukt, Amphitheater, Theater, dabei ausgebeutet werden und im britischen Museum, wie im Louvre, in Dänemark und selbst in Schweden karthagisch-römische Alterthümer einen besonderen Bestandtheil bilden, so die Sammlung des *Thomas Reade* im britischen Museum.

Das Interesse der Fremden für »alte Steine« hat schliesslich auch die Aufmerksamkeit der tunesischen Regierung geweckt. Neben dem Vicekönig hatte der Sohn des mächtigen *Chasnadar*, des Ministers *Mustapha* zu sammeln begonnen und so bilden sich in Tunis selbst kleine Museen in Lustschlössern, wie dem Schlosse Manuba, die Ausgrabungen werden als Vorrecht der Regierung betrachtet, nicht zum Gewinn der Wissenschaft. Auf der Pariser Weltausstellung 1867 erschien als Zeichen der tunesischen Cultur eine Auswahl punischer Grabsteine. Vgl. *v. Maltzahn*, Reisen in die Regentschaft Tunis und Tripolis I. S. 170 ff., über Carthagos Ruinen I. S. 268 ff. Die Unternehmung französischer Gesellschaften zur Wasserversorgung von Tunis hat nicht allein zur Ausnutzung der grossartigen zwölf deutsche Meilen sich erstreckenden Wasserleitung Carthagos geführt, sondern die dabei betheiligten Architekten haben das prachtvolle Nymphaeum der Quellen mit Tempelanlagen archäologisch genau dargelegt (Revue archéologique N. O. XXVI. p. 292 ff. pl. 21. 22).

Die Regentschaft Tunis, seit zwanzig Jahren den Reisenden ohne besondere Gefahr zugänglich, ja für sie durch vicekönigliche Befehle gastlich geöffnet, erweist sich als eine der reichsten Stätten der antiken Welt an wohlerhaltenen römischen Bauwerken. Bahn brach darin Sir *Grenville Temple* durch seine Excursions in the mediterranean Alger and Tunis, London 1835, 2 Bde. Die Städte Utica, Hadrumetum, Tucca, Thysdrus, Thenae, Sufetula, Capsa u. a. kennen wir heutzutage, soweit Reiseberichte ohne Ausgrabungen reichen, recht genau Dank den Unternehmungen von *Victor Guerin* (Voyage archéologique dans la Régence de Tunis, Paris 1862, 2 Bde.), welcher auf Kosten des auch hier durch seine grossartige Liberalität die Wissenschaft fördernden *Herzog von Luynes* besonders für Inschriften reiste und von *N. Davis*, welcher eine Fülle lehrreicher Zeichnungen einzelner Ruinen zum Bericht hinzufügte (Ruins cities within Numidia and Carthagian territories, L. 1862). Wir erhalten in des Freiherrn *von Maltzahn* Reisen in den Regentschaften Tunis und Tripolis 3 Bde. 1870, worin die Reiseberichte über Tunis von 1854 und von 1868. 1869 niedergelegt sind, wie früher ähnliche über Marokko und Algier in Drei Jahre im Nordwesten Afrikas (4 Bde. 1862. 1868), die vollständigste Berücksichtigung des bereits von den nächsten Vorgängern wirklich Beobachteten wie die verständige, von aller Rhetorik freie Darlegung des selbst Gesehenen, der überaus grossen Zahl von ihm besuchten Hanschyrs (Ruinen). Eine ganz überraschende Fülle von Aufgaben eröffnen diese Reiseberichte dem Archäologen, die nur mit den technischen Hülfsmitteln der Vermessung, der Benutzung der Photographie, mit verständigen ergänzenden Ausgrabungen und der philologischen Ausbeute der Schriftsteller und Inschriften zu lösen sind.

Die letzte ruhmvolle Unternehmung der Bourbonen, die Einnahme von Algier am 5. Juli 1830 ist ein Wendepunkt für die gesammte Culturstellung von dem nordafrikanischen Küstenlande und damit auch für die Erforschung der monumentalen Welt daselbst geworden. Die französischen Truppen, welche in jahrelangem Kampfe unter den Orléans zunächst das Küstengebiet, durch Einnahme von Oran im Westen 1832, von Constantine im Osten 1837 begränzten, dann um das Gebirgsland in weiteren zehn Jahren bis Ende 1847 mit *Abdel Kader* rangen, unter *Napoleon III.* den Nordrand der Wüste gegen die Kabylen bis 1864 sich sicherten, erhielten zugleich die Aufgabe wissenschaftlicher Erforschung des Landes; Zeichner, Architekten, Ingenieure fanden sich in ihrer Mitte, Gelehrte wurden ihnen zugesellt. Ein glänzendes, umfassendes Unternehmen, die Exploration scientifique de l'Algérie ward seit 1840 ins Werk gesetzt und seit 1844 zu publicieren begonnen, ist aber wie so viele ähnliche Werke in Folge des raschen Wechsels der Regierung und ihrer Interessen seit Jahren ins Stocken gerathen. Immerhin ist das bis 1853 Dargebotene überaus werthvoll. Eine der Abtheilungen dieser Explorations umfasste Beaux arts architecture et sculpture und ward geleitet von *Ravoisié*, den wir bereits bei dem Werke über Morea sich erproben sahen. Zwei Foliobände sind nahezu vollendet. Eine andere Abtheilung: Archéologie ward geleitet von dem Artillerieoffizier *Delamarre* und bietet seit 1850 einen stattlichen Quartband, überwiegend Inschriften, punische, libysche und lateinische in Verbindung mit den Monumenten. Die drei Provinzen Constantine, Algier und Oran sind in ihren Küstenstrichen darin behandelt und zwar die antiken Niederlassungen und Reste, welche noch heute städtisch bewohnten Orten angehören. So gewinnen wir von Constantine, dem alten Cirta, von Djemila, dem alten Cuiculi, von Guelma-Calama, von Bona-Hippo Regius, von Philippeville-Rusicada, von Cherchel-Julia Caesarea ein überaus reiches Bild von römischen Mauern, Triumphthoren, Wasserleitungen, Theatern, Amphitheatern, Tempeln, Grabmälern, Kaiserstatuen, aber auch von der fast unabsehbaren Fülle der von antiken Kunstformen beeinflussten heimischen Grabsteinen und rohen plastischen Werken.

Noch viel reicher und unversehrter erscheinen die Städteruinen des innern Algeriens, des Gebirges Aurès im Osten, wie des jenseitigen Abhanges, welche erst später in französische Hände kamen. Die einzige Stadt Lambaesa bietet fast alle Hauptgattungen von Gebäuden und in ihnen wie ihren Sculpturen eine Geschichte des Stiles bis tief in byzantinische Zeit (*Bähr*, Jbb. f. Philolog. LII. S. 357 ff.).

Das jüngere Unternehmen streng wissenschaftlicher Methode, die Inscriptions romains de l'Algérie von *Leon Renier* beginnt in dem einzigen bisher 1858 erschienenen Bande von den Inschriften von Lambaesa und umfasst schon nahezu an 4500 Inschriften überhaupt.

Wohl haben sich und mit Recht eigene wissenschaftliche Organe und Institutionen auf dem Boden Algeriens gebildet, wie die Revue Africaine, Journal des travaux de la société historique Algerienne (vgl. *Zell* in Heidelb. Jbb. 1863), wie das Annuaire de la société archéologique de Constantine (*Zell*, Heidelb. Jbb. 1857, S. 355; 1858 S. 102 ff., 750 ff.); aber daneben erscheinen die wichtigsten Einzelarbeiten zerstreut in den archäologischen Zeitschriften Frankreichs selbst. Wohl sind Sammelstätten für die heimischen Funde mit Recht eröffnet auf algerischem Boden, so im maurischen Hofe bei der Bibliothek zu Algier (*Berbrugger*, de la bibliothèque et du Musée d'Alger), so im Praetorium zu Lambaesa und anderswo, aber daneben zerstreuen sich fortwährend afrikanische Funde in die kleinen Provinzialmuseen Frankreichs z. B. in Narbonne (*Stark*, Städteleben, Kunst und Alterthum in Frankreich S. 601). Es ist die natürliche Aufgabe Frankreichs das so glücklich begonnene Werk einer monumentalen Statistik von Algerien fortzusetzen und den überaus reichen Schatz von wissenschaftlichen Aufgaben von seinen jungen Archäologen bearbeiten zu lassen. Wenn irgendwo, ist es hier möglich durch planmässige und richtig concentrirte Thätigkeit an einem wichtigen Glied der ganzen Länderreihe am Mittelmeere eine Art Musterbeispiel der heutigen Archäologie zu geben.

18 Der *Gerhard*'sche Grundsatz ist ausgesprochen 1832 Annali III, p. 111, als sein Motto noch gegen Schluss des Lebens einem Autographensammler aufgeschrieben (*Conze*, Bericht über griech. Grabreliefs I. 1874. S. 4) und von ihm zunächst bewährt in dem grossartig angelegten Werke der Antiken Bildwerke, Stuttgart 1827—1839 (s. oben S. 285), berechnet auf über vierhundert Tafeln mit meist unedirten Denkmälern aller Klassen, von denen nur 1—120 und 401—420 erschienen sind; bewährt in den museographischen Werken über die Sculpturen des Vatican (Beschreibung Roms II, 1. 1831), über Neapels antike Bildwerke, Bd. I mit Panofka beschrieben 1828, über Berlins antike Bildwerke I. 1836 und in den Neuerworbenen antiken Denkmälern Hft. 1—3. 1836—46 nebst Nachträgen dazu, in mehrfachen Reiseberich-

ten in der Archäologischen Zeitung; bewährt endlich auf den speciellen Gebieten der Vasenkunde und der etruskischen Denkmäler. In der Mitte der seit dem die Entdeckungen zu Vulci von mehr als 3000 Vasen übersichtlich vorführenden Rapporto volcente (Annali III. p. 218) rasch sich folgenden grossen Werke *Gerhards* auf dem Gebiete der Vasenkunde stehen als grundlegendes Werk: die vier Bände, Auserlesener griechischer Vasenbilder, hauptsächlich etruskischen Fundorts, Berlin 1840—1858; für die Etruskischen Spiegel hat *Gerhard* ebenfalls in vier Bänden 1840—45. 1860—1868 auf 450 Tafeln ein fast erdrückend reiches Material herausgegebenen. Die zwei Bände gesammelter Abhandlungen geben (1867. 68) endlich unter dem Gesichtspunkte des mythologischen Gegenstandes der Darstellungen wichtige bildliche Publikationen. Man wird heutzutage eine strengere Auswahl des zu veröffentlichenden Denkmals gegenüber dem nur zu verzeichnenden anstreben, aber wer wird den mächtigen Einfluss verkennen, den eine solche Fülle neu auftretender Monumente auf die ganze Breite unserer archäologischen Erkenntniss geübt hat? *Gerhard* ist darin der *Caylus* des neunzehnten Jahrhunderts geworden, aber mit allen Vorzügen eben der heutigen philologischen Wissenschaft.

Erst durch *Gerhards* und seiner Genossen umfassende Thätigkeit für die Vasenkunde wurde der Wetteifer jenseit des Rheines geweckt und die Elite des monuments ceramographiques von *Lenormant* und *de Witte* wurde 1844 mit dem weitgehenden Ziele eines Materials für die gesammte Religions- und Sittengeschichte des Alterthums begonnen, ist aber mit vier Bänden ebenfalls auf die Behandlung der grossen olympischen Götter beschränkt und 1861 abgeschlossen worden. Nur auf Grund so energischer und umsichtiger Sammlung und Vorführung des Materials an antiken Vasen konnten die wichtigen Untersuchungen und Diskussionen von *Bunsen, Böckh, O. Müller, Osann, Panofka, Letronne, O. Jahn* bis auf *Brunn* geführt werden, die seit 1832 beginnen.

Für das Gebiet der antiken Sculptur nach ihrem monumentalen Bestand ist epochemachend *Jean Baptiste Comte de Clarac* (1777—1847). Aus altadlichem Geschlecht der Gascogne entsprossen emigrirt er als Kind mit seinem Vater nach der Schweiz, dann nach Deutschland, dient in den Truppen von Condé, ist Ordonnanzoffizier vom Herzog von Enghien, lebt dann in Amsterdam und kehrt nach Frankreich zurück. Er ward Lehrer der Kinder von König Murat in Neapel und studirt eifrig die Pompejanischen Alterthümer, schreibt den Bericht »Fouilles faites à Pompei 1813«. Wir finden ihn dann auf Reisen in Brasilien. Von Ludwig XVIII. wird er 1818 nach *Viscontis* Tod in dessen Stelle als *Conservateur des antiques du musée royal* des Louvre berufen und entwickelt als solcher eine ausserordentliche Thätigkeit, indem er vom Louvre aus seine Kreise immer weiter spannt und graphisch und literarisch, hier durchaus katalogartig und schematisirend eine Gesammtdarstellung der antiken Kunst zu geben sich bemüht. In ihm ist der Amateur das Frühere und Eigenthümliche mit aller technischen Kenntniss des Kunstverfahrens; aber er strebt mit Bienenfleiss, doch ohne eigene Forschung das von andern, besonders auch von Deutschen Erforschte zu verwerthen, immer bereit in *Appendices et corrections* das Neuste zu geben.

Der Katalog der Antiken des Louvre (Description du Musée royal des antiques) von 1820 wuchs bereits 1830 durch kunstgeschichtliche Tabellen sehr an, er ist endlich unter der unermüdeten Thätigkeit zu einem »Manuel de l'histoire de l'art chez les anciens« erweitert worden, welches erst nach *Claracs* Tod herausgegeben ward 1847—1849 in drei Theilen. Noch bildet hier der erste

Theil wesentlich die Beschreibung des Louvre auch in seinen modernen plastischen Theilen, der zweite und dritte umfasst einen »Catalogue des artistes de l'antiquité« in weitester Ausdehnung und mit allen tabellarischen Uebersichten der mit Künstlernamen bezeichneten Werke.

Gleichzeitig unternahm *Clarac* sein »Musée de sculpture antique et moderne«, in handlicher Form einfache, grosse Umrisszeichnungen plastischer Werke zu geben. Die ersten zwei Bände I. 1826. 27, II. 1828—1830 illustriren die plastischen Sammlungen und den plastischen Schmuck des Louvre, mit Bd. III und IV wird das grosse und nur mit bedeutendsten Mitteln, die *Clarac* selbst aufwendete, und durch lebendigsten Verkehr mit den Museen zu ermöglichende Unternehmen durchgeführt, Vereinigung der hauptsächlichsten »Statues de l'Europe« über 2500 1832—1837 nach kunstmythologischer Ordnung; die Reliefs folgten in Bd. V und »die Iconographie egyptienne, grecque et romaine« in Bd. V und VI. Bis heute ist dies die reichste und umfassendste Fundgrube für die Kunde plastischer Monumente, unschätzbar durch die Angabe der Quellen der Abbildung, durch Angabe der Masse und Restaurationen. In dem mächtig angeschwollenen Text haben die technischen Auseinandersetzungen über die antike Kunst besondern Werth; aber gerade im Text tritt die Mischung verschiedener Interessen des Amateur, des Archäologen, des französischen Patrioten störend der klaren Uebersicht entgegen. *Welcker* hat in einer eingehenden Recension (Annali 1833) die grosse Bedeutung, wie die Mängel des Werkes gewürdigt. »C'est en général une des qualités de l'auteur d'étendre tant sur le domaine de la technique que sur celui de la littérature, sa vue dans toutes les directions et aussi loin qu'il lui est possible de ne jamais s'arrêter à ce qui se trouve sous la main, de ne s'épargner aucune peine et de rassembler autant qu'il peut« (p. 143).

Bald darauf und in sichtbarer Ergänzung von *Clarac* wurde für die Gebiete der Münzkunde und der geschnittenen Steine von 1834 ein »Trésor de numismatique et de glyptique« von *Dela Roche, Dupont, Ch. Lenormant* begonnen, welcher über die Antike weit hinausgeht, für diese aber in zwei Bänden sachlich und stilistisch nicht das leistet, was zu erwarten war; neben den griechischen Königsmünzen ist nur, was ausserhalb des ursprünglichen Rahmens lag, ein Folioband den Parthenonsculpturen in der besonderen Manier gewidmet.

Noch für ein drittes Gebiet der antiken Monumentenwelt wurden als Markstein einer neuen Epoche der Wissenschaft umfassende, stilistisch möglichst treue und durch die neue Erfindung des Farbendruckes auch die Farbe veranschaulichende Werke in Angriff genommen, für die antiken, speciell die Wandgemälde Pompejis und Herculanums. Zwei deutsche Maler, *Ternite* und *Wilhelm Zahn* gingen voran und jener fand in *Otfried Müller*, dann in *Welcker* competente und zugleich masshaltende Ausleger der Bilder. Von *Zahn* sind zuerst vierzig Steindrucktafeln neuentdeckter Wandgemälde in Pompeji; München u. Stuttgart, Cotta fol. erschienen; dann von 1828—1859 drei grosse Serien von je hundert Tafeln, darbietend die schönsten Ornamente und merkwürdigsten Gemälde aus Pompeji, Herculanum und Stabiae, Berlin, Reimer, fol. Viel beschränkter im Umfange, aber sorgfältiger in der Auswahl und treuer in der Nachbildung sind die eilf Hefte von *Ternite*: Wandgemälde aus Pompeji und Herculanum 1839—1855; der Text von *Welcker* von Heft 2 an ist auch aufgenommen in seinen Alten Denkmälern, IV, Göttingen 1861, S. 1—217. *Raoul-Rochette*, welcher bereits mit *Letronne* in lebhaften Streit über die Anwendung der Malerei in der Dekoration der antiken Gebäude gekommen war, suchte seine auf Anschauung der Monumente besonders gegründete Ansicht durch Publikationen zu erweisen; so erscheinen seine Peintures antiques inédites, Paris 1836, so nach langer Vorbereitung das grosse polychrom. Werk Choix de peintures de Pompei la plupart de sujets historiques, Paris 1853. fol.

Gleichzeitig mit dem Beginne dieser Publikationen für die unteritalischen Wandmalereien eröffnete sich eine andere reiche Quelle der Anschauung für die ältere italische Wandmalerei in den Grabgemächern von Tarquinii bei Corinth, seit 1827, von Clusium, von Vulci, von Veji, später von Perugia und Orvieto. Und neben den hiefür so wichtigen Einzelpublikationen des archäologischen Instituts hat schon *Inghirami* in den Monumenti etruschi, 7 Bde., seit 1821 dann *Micali* in dem Atlas: antichi monumenti zu dem grossen Werke: Italia avanti il dominio degli Romani, wie zu dem daraus erwachsenen einer Storia degli antichi popoli italiani 1832 ff., wie das Meisterwerk über das von Papst *Gregor XVI.* im Vatican gebildete etruskische Museum (Musei etrusci etc. P. I. II. 1842. fol. 2 Bde.) über diese Malereien wie über den ganzen Bestand etruskischer Kunstthätigkeit, wie ihn die Gräber ergeben, eine reiche und stilistisch annähernd treue Anschauung verbreitete.

Fortan ist die Abfassung genauer, unter wissenschaftlichen Gesichtspunkten abgefasster und doch knapper Kataloge über Antikensammlungen auch über solche, die vorübergehend nur gebildet sind (wir erinnern an Vasensammlungen wie die von *Beugnot, Magnoncourt, Durand, Pourtalès*), eine von Engländern, Franzosen wie Deutschen anerkannte, sich immer neu darbietende archäologische Aufgabe; ebenso möglichst vollständige, aber in Format und Darstellungsmitteln bescheidene Publikationen über ganze Sammlungen, wie wir das Museo Borbonico seit 1824 von *Niccolini, Finati, Bechi* u. a. begonnen und bis zum Jahre 1857 zum XVI. Band fortgeführt sehen.

Wie die privaten Sammler mehr und mehr von dem bunten Allerlei antiker Objekte überhaupt sich abwenden und bestimmte Denkmälergattungen ins Auge fassen, so können die darüber veröffentlichten Werke auch durch diese Beschränkung auf eng begränzte Gebiete ein besonderes Interesse in Anspruch nehmen. Ein glänzendes Beispiel bietet die Sammlung Campana in Rom (s. oben S. 302) und das darüber veröffentlichte Werk der Opere di plastica, 1842 ff. Roma, 2 Bde. In den Vordergrund des Interesses sind überhaupt die Thongebilde getreten, so verwandt in Material, Verwendung für die Gräberwelt und in Anwendung der Farbe den Gefässen: in ihnen liegt der unmittelbare Zusammenhang von Kunst und Kunstindustrie vor Augen, in ihnen tritt der künstlerische, erfindende Geist der griechischen Welt im Vorbilden und freien Wiederholen recht zu Tage. Wozu man früher in den Gräbern bei Rom, in Etrurien, in Unteritalien, Sicilien die Beispiele suchte, das hat jetzt der Boden der griechischen Inseln, dann Griechenlands selbst, so das Attika benachbarte Tanagra seit 1870 in überraschender Fülle dargeboten. Das Prachtwerk von *Kekulé*: »Griechische Thonfiguren aus Tanagra. Im Auftrag des deutschen archäol. Instituts nach Aufnahmen von Otto herausg.«, 3 Abtheilungen, Stuttgart 1878 erscheint als der glänzende Vorbote für die in Angriff genommene Gesammtbehandlung der Terracotten aller Fundorte klassischer Länder und aller Sammlungen.

Emil Braun hatte in Jahren, wo fast alles archäologische Interesse wenigstens in neuen Publikationen auf Vasenbilder, etruskische Gegenstände und solche, die ein überwiegend mythologisches Interesse in Anspruch nahmen, sich concentrirt hatte, unter dem Gesichtspunkte der Kunst stilistisch werthvolle Marmorwerke, in erster Linie Reliefs hervorgezogen und 1843 in den zwei

Dekaden Antiker Marmorwerke, Leipzig fol., dann in zwölf Basreliefs griechischer Erfindung, insbesondere aus Palast Spada Rom 1845 fol. eine wichtige Reihe in sich verwandter Reliefgemälde, möchte man sagen, bekannt gemacht. Von neuem wurde der von *Zoega* entworfene und in zwei Bänden so trefflich in der Ausführung begonnene Plan (s. oben S. 248) einer Gesammtpublikation antiker Reliefs lebendig; jedoch zerlegte sich die Gesammtaufgabe nun naturgemäss in einzelne näher begränzte; und das archäologische Institut wie Akademien sicherten ihm ihre Unterstützung. So ist denn 1871 von *Heinrich Brunn* der erste Band der Rilicoi delle urne etrusche 1871 den troischen Cyklus enthaltend auf gründlichster Revision des bereits Bekannten und Bereisung der Lokalsammlungen Etruriens erschienen; so ist der Plan eines Gesammtwerkes über die griechisch-römischen Sarkophagreliefs von *Otto Jahn* entworfen, von der Direction des Instituts beschlossen, und von dem zu früh verstorbenen *Friedrich Matz* bis zu seinem Tode Ende 1874 (s. *E. Curtius*, Zum Gedächtniss von Fr. Matz. Archäol. Zeit. N. F. VII. 1875 S. 172 ff.) unermüdlich auf Reisen in Frankreich und England gefördert worden, jetzt in die Hände von *Conze* und *Robert* gelegt. So hat die Wiener Akademie den von *Conze* und *Michaelis* schon 1860 lebhaft ergriffenen und organisirten gefassten Plan einer Gesammtrevision der griechischen Grabreliefs, in Bezug auf welche *Peter Pervanoglu* eine werthvolle erste Gesammtbehandlung des in Athen vorhandenen Stoffes gegeben, (Grabsteine der alten Griechen, Leipzig 1862; Familienmahle auf altgriechischen Grabsteinen, Leipzig 1872) gegeben, seit 1873 unter ihre Autorität genommen und unterstützt ihn fort und fort mit Geldmitteln (vgl. *Conze*, Ueber griech. Grabreliefs, Wien. Sitzungsber. 1872; Erster Bericht über die vorbereitenden Schritte zur Gesammtausgabe der griechischen Grabreliefs, Wien. Sitzungsber. 1874; Sitzungsber. 1875, S. 618 ff.; Anzeigen 1875 S. 54 f., 1877 S. 9 f., 1879. n. IX). Wir schliessen *Conzes* Worte in dem Bericht von 1874 an, welche klar und umsichtig die für solche Unternehmungen heute geltenden Gesichtspunkte vorführen:

»Ueber gewisse Aufgaben, welche auf dem Gebiete der klassischen Archäologie vorbereitet liegen und in Angriff genommen werden müssen, hat heute nicht erst der Einzelne sich die Einsicht zu erarbeiten. Wegweisende Anfänge sind bereits in der Archäologie selbst gemacht, vorbildlich oder doch sehr bestimmt anregend sind grossartige Unternehmungen in nahe benachbarten Disciplinen schon weit geführt und es ist so zur gemeinsamen Ueberzeugung der heutigen Archäologie geworden, dass es, um grössere Fortschritte zu machen, unter Anderem der möglichst vollständigen Sammlung und der mit aller Sorgfalt im Einzelnen verbundenen zusammenfassenden Behandlung einzelner Klassen von Arbeiten des antiken Kunsthandwerks und das ist zumal für uns gleich der antiken Kunst bedarf. Ganz besonders gilt es solchen Klassen, welche sich nicht nur nach dem Merkmale gemeinsamer, an gleichem Materiale geübter Technik zusammenfinden, sondern welchen durch alle Variationen der einzelnen Exemplare hindurch gewisse weitverbreitete gleiche Absichten und Gedanken zu Grunde liegen, so dass nicht hinter jedem einzelnen, sondern erst hinter einer ganzen Reihe verwandter Werke der ursprüngliche Gedanke sich verbirgt. Dessen können wir im Verständnisse erst dann Herr werden, wenn wir seine Ausdrucksformen möglichst vollständig überblicken und richtig zu gruppiren wissen. Wohl dient es zur Mehrung unsers Wissens, wenn fort und fort Monumenti inediti in bunter Fülle ans Licht gefördert und im Einzelnen mit soviel Hülfsmitteln, wie der Herausgeber jedesmal herbeischaffen kann, erläutert werden, aber je mehr in dieser Richtung seit langer Zeit geschah, je mehr hinzukommt und hinzukommen soll, desto erschwerter fast erscheint es über alle Mehrung des Wissens zu dessen Klärung zu gelangen. — Erst heute ist es möglich geworden die Vorräthe der grossen Museen Europas, wie den Inhalt der Fächerwerke eines gewaltigen Schrankes einigermassen bis in alle Einzelheiten zu überblicken und so ziemlich überall mit eigenen Augen zu sehen; denn auch hier muss nach so vielen vorhandenen Publikationen zur Controle derselben auf die Originale zurückgegangen werden, damit wir hinter den Fortschritten, welche uns die Epigraphik gezeigt hat, nicht zurückbleiben.

Wir haben an verschiedenen Stellen (S. 101 f. 114. 121. 135. 154. 211) 19
auf die Bedeutung der verschiedenen Stile der Zeichnung der Künstler und Kunstschulen und die Nothwendigkeit hingewiesen, die Nachbildungen nach antiken sowohl Architekturen wie plastischen Gegenständen an der Hand der Geschichte der Kunst des Kupferstiches zu verfolgen; wir haben auf das Eintreten einzelner Reproductionsmittel, wie des Gypsabgusses, der Metallnachgüsse, der Schwefelabdrücke (von Gemmen), des Papierabdruckes aufmerksam gemacht. Das Emporblühen der archäologischen Studien fällt zusammen mit der Blüthe des modernen, besonders französischen und englischen Kupferstiches. Die antiken Statuen sind in wahren Meisterstichen im Oeuvre de Louis XIV., im Museum Pio-Clementinum, später bei *Wille*, *Bouillon*, bei *Strange*, in den Specimens of ancient sculpture, seit 1809 in den Ancient marbles des britischen Museums wiedergegeben; der Eindruck gleichmässiger Vollendung wie Erhaltung der Antiken im Contrast mit den Thatsachen ist durch sie dem Publikum nur zu tief eingeprägt worden. Daneben ging eine durch starke Schatten wirkende skizzenhafte, auf Totaleindruck berechnete Thätigkeit des *Piranesi*. Man kehrte nach Anfang dieses Jahrhunderts für wissenschaftliche Werke mehr und mehr zur einfachen, oder nur leicht schattirten Umrisszeichnung zurück, und diese ist z. B. in dem Hefte zu *Meyers* Geschichte der Künste, dann vor allem durch die Gebrüder *Riepenhausen* wie *Bartoccini* trefflich präcis und doch nicht kleinlich oder hölzern für die Antike geübt worden. Heutzutage ist kaum noch ein für die Antike thätiger und auf sie liebevoll eingehender Kupferstecher zu finden.

Die Lithographie, von *Senefelder* 1799 erfunden, in dem Lehrbuch der Lithographie 1829 systematisch dargestellt, ist zuerst für mittelalterliche Kunst in dem grossen Werke der *Boisseré*'schen Gemäldesammlung nach ihrem Uebergang in die Pinakothek mit grosser Wirkung verwerthet worden: auch die antike Kunst hat von ihr reiche Anwendung gemacht. Zuerst die Weichheit und Leichtigkeit der Kreidezeichnung, dann die Anwendung verschiedener Methoden des Aetzens, Gravirens, die Anwendung verschiedener Platten um andere Grundlinien hervorzubringen, wirken hier glücklich zusammen. Die lange Jahresreihe der Archäologischen Zeitung, besonders von dem trefflichen *Schütze* lithographirt, giebt dafür Zeugniss.

Der von *Congrève* 1822 erfundene lithographische Farbendruck (Chromolithographie) ist gegenüber der Mühsal der einzelnen Colorirung von Tafeln, welche *Caylus* (s. oben S. 150) zur treuen Veranschaulichung antiker Wandmalerei mit grossen Geldopfern benutzt hatte, für diesen Zweck, überhaupt für die ganze coloristische Erkenntniss antiker Werke, auch der Bauwerke, von unberechenbarem Gewinn geworden. Noch immer behaupten die Franzosen darin ein Uebergewicht bei allem Geschick, was *Leuillot* in Berlin, was *Bach* in Leipzig herzustellen vermögen. Die Hefte von *Zahn* und *Ternite* bis zu den von *Wörmann* herausgegebenen Odysseelandschaften bezeugen den grossen Fortschritt dieser Kunsttechnik und die Möglichkeit nahezu alle Nuancirungen des antiken Gemäldes und den Grad seiner Erhaltung wiederzugeben.

Der Holzschnitt, noch in seinem ersten Jahrhundert für antike Darstellungen in fliegenden Blättern und besonders in Emblemen des Druckes nach antiken Münzen und Porträtbüsten benutzt, ist aus langem Verfalle und gänzlicher Vernachlässigung erst in diesem Jahrhundert wieder mit dem Aufblühen der volksthümlichen Zeichnung, vor allem in Berlin durch *Gubitz* zu neuer Anerkennung gelangt. Auch die antike Kunst, für deren Darstellung er nicht, was die höchsten Produktionen betrifft, ausreicht, vermag er in den älteren Stilperioden, wie besonders im etruskischen Stil und den derben Produktionen von Metopen, Hochreliefs überhaupt trefflich nachzubilden. Die heutige Kunstliteratur macht in den Illustrationen von ihm den weitgehendsten Gebrauch.

Die Photographie und Photolithographie, auch die Heliotypie sind mit der steigenden Vervollkommnung der Technik immer umfänglicher zu archäologischen Publikationen verwandt worden; in neuester Zeit ist in manchen Kreisen dies Mittel der Vervielfältigungen sogar vor allen andern bevorzugt. Und gewiss ist die photographische Reproduktion für manche Aufgaben unersetzlich; es ist daneben aber entschieden zu betonen, was von technischer wie archäologischer Seite bereits scharf hervorgehoben ist, dass die Photographie nicht bloss durch die Gleichmässigkeit der Wiedergabe wesentlicher und gleichgültiger, ursprünglicher und durch spätere Zerstörung hervorgerufener Züge den Eindruck des Ganzen stört, sondern dass mit ihr nothwendig sogar bestimmte Fehler, Uebertreibungen und selbst Verzerrungen verbunden sind. Vgl. *H. Vogel*, Die chemischen Wirkungen des Lichts und die Photographie in ihrer Anwendung in Kunst, Wissenschaft und Industrie (Leipzig 1874; einige besonders wichtige Punkte waren schon zuvor von *Vogel* in natur- und kunstwissenschaftlichen Zeitschriften erörtert) und *Seidel* in dem wichtigen Brief an H. Brunn in der Archäol. Zeit. 1876, S. 21 ff.; auch *Benndorf*, Antike Gesichtshelme und Sepulcralmasken (aus dem XXVIII. Band der Denkschriften der Wiener Akad. 1878) S. 4 f.

20 *Gottfr. Hermann* hat seine Ansichten über Hermeneutik und Kritik sowohl in den Streitschriften gegen Böckh als insbesondere in der dissertatio de officio interpretis (1834 = Opusc. VII, S. 97 ff.) ausgesprochen, sie auf archäologische Gegenstände angewandt in den Abhandlungen »de veterum Graecorum pictura parietum coniecturae« (Opusc. V, S. 207 ff.) und »über die Paliken in Vasengemälden« (Opusc. VII, S. 343 ff.). Die Auffassung *Aug. Böckh*'s findet man jetzt im Zusammenhang dargelegt in seiner »Encyklopädie und Methodologie der philol. Wissenschaften« (Leipz. 1877) S. 79 ff., 169 ff., 456 ff.; das archäologische Gebiet hat er selbst z. B. in der Abhandlung »de vasis Etruscis falso Panathenaicis« (Opusc. IV, S. 350 ff.) betreten. Die specielle Anwendung der allgemeinen kritisch-hermeneutischen Grundsätze auf die Archäologie haben systematisch dargelegt *Levezow*, Ueber archäol. Kritik und Hermeneutik (Abh. der Berl. Akad. 1833, vgl. *Welcker*, Kl. Schr. III, S. 351 f.), *Preller*, Grundzüge zur archäol. Kritik und Hermeneutik in der Zeitschr. f. Alt.-Wiss. 1845, Sppl. N. 13 ff., S. 97 ff. (= ausgew. Aufsätze S. 398 ff.), und *Bursian*, Archäol. Kritik und Hermeneutik in den Verh. der 21. Philol.-Versamml. (1862), S. 55 ff. Vgl. auch die interessante Exemplification und Parallele, die *Ad. Michaelis* in den Verh. der 25. Philol.-Versamml. (1867), S. 159 ff. gegeben hat.

Welcker's Archäologische Aufsätze sind gesammelt in den »Alten Denkmälern«, 5 Bde. (Göttingen 1849—1864). Von der langen Reihe archäologischer Abhandlungen *Otto Jahn's* (1813—1869), die nach 1847 (bis dahin reichen die »archäol. Aufsätze« und »archäol. Beiträge«) in Zeitschriften, Akademieschriften und als Programme oder kleinere Monographieen herauskamen, ist leider eine Sammlung noch immer nicht veranstaltet; es muss hier also genügen auf die grösseren selbständig erschienenen Schriften hinzuweisen: »Die Ficoronische Cista« (1852); »Beschreibung der Vasensammlung König Ludwigs« (1854), und das posthume, von *Michaelis* herausgegebene Werk »griechische Bilderchroniken« (1873).

Das Werk des tief- und feinsinnigen *Anselm Feuerbach*: »Der vatikanische Apollo. Eine Reihe archäologisch-aesthetischer Betrachtungen« erschien zuerst 1833 und erlebte 1855 eine 2. Auflage; vgl. über ihn *Sengler*, Gedächtnissrede auf Anselm Feuerbach (Freiburg 1853).

Mit genialem Blick erschloss zuerst *Karl Bötticher* in seiner »Tektonik der 21
Hellenen« (1. Aufl., 2 Bde., 1844—52, 2. Ausg. Bd. I, 1869—74) das Wesen der tektonischen Kunstformen. Dieses gewaltige Verdienst bleibt ihm unverkümmert, so viel auch im Einzelnen von seinen systematischen, von historischer Entwicklung ganz absehenden Constructionen fallen mag. In mannigfachen Widerspruch gegen seine Lehre trat namentlich *G. Semper*, Der Stil in den technischen und tektonischen Künsten oder praktische Aesthetik (2 Bde., 1860—1863, jetzt in zweiter Auflage erschienen).

Wieseler hat in besonderen Programmen »de scala« (1862) und »de vario usu tridentis« (1872), aber auch sonst an verschiedenen Stellen über einzelne Kunstsymbole gehandelt. Namentlich aber verdanken wir *Stephani* nicht bloss die Monographie »Nimbus und Strahlenkranz in den Werken der alten Kunst« (1859), sondern sowohl über Geberden, Bewegungen und sonstige typisch gewordene körperliche Motive, wie Handreichen, die Stellungen des Ausruhens u. s. w. (d. i. die von *Curtius* einmal als »archäologische Schematologie« bezeichnete Disciplin), als auch über die Bedeutung von gewissen Thieren, Pflanzen, Früchten und zahlreichen anderen Gegenständen (wie Korb, Stab, Schlüssel, Glocke u. s. w.) eine lange Reihe einzelner, auf ausgebreitete Erudition gestützter Bemerkungen, die er namentlich in seinem »ausruhenden Herakles« und in den verschiedenen Jahrgängen der »Compte-rendus de la commission imp. archéol.« niedergelegt hat.

Von dem im grössten Umfang angelegten Unternehmen *J. Overbeck's* (»Griechische Kunstmythologie«) wurde bisher des besonderen Theiles erster und zweiter Band veröffentlicht, und zwar Buch 1 Zeus (1871), Buch 2—4 Hera, Poseidon, Demeter und Kora« 1873—78; dazu ein auf 10 Lieferungen berechneter »Atlas der griechischen Kunstmythologie«, Lief. 1—4, 1872—78.

Des Verf.'s einschlagendes Werk erschien unter dem Titel »Niobe und die Niobiden in ihrer literarischen, künstlerischen und mythologischen Bedeutung« 1863. Wir heben zur Bezeichnung des Standpunktes drei Stellen aus der Einleitung aus. S. 3: »Wir dürfen sagen, je mehr wir uns die künstlerischen Gesichtspunkte, unter denen ein Werk entstanden ist, aneignen, je unbefangener wir nach allen Richtungen das einzelne Denkmal im Vergleich zu verwandten, zur Stufe des Stils, zu Zeit und Ort der Entstehung betrachten, um so mehr wird der geistige Gehalt, der Mythus in seinen idealen Gestalten und Situationen schliesslich dabei zu Tage kommen. Viel höher als den äusseren Gewinn mythologischer Thatsachen, den die Denkmäler ergeben, schlagen wir jene Unmittelbarkeit an, aus der ganz besonders in der Plastik, aber auch in der Malerei die Idee und das Ideale des Mythus uns entgegentreten.

Der Schöpfer des Kunstwerkes ist gleichsam der Schöpfer des Mythus immer von Neuem. Hierin giebt uns die bildende Kunst ausserordentlich viel mehr, als die Poesie. Und dass der griechische Mythus diese plastische und malerische Durchbildung neben und nach der literarischen erlebt hat, sichert ihm eine so absolute, für alle Zeiten wirkungsvolle Stellung unter den Mythenkreisen alter und neuer Völker. Nirgends ist die Durchsichtigkeit und die allseitige massvolle Auseinandersetzung des Stoffes so erreicht, wie bei ihm«. S. 4: »Wer diesen beiden Wegen durch die Literatur und die bildende Kunst für die Auffassung eines Mythus möglichst vollständig und mit möglichster Versenkung nachgegangen ist, nur der kann hoffen, endlich den Mythus selbst in seiner Ursprünglichkeit, in seiner Nacktheit gleichsam, in seiner das Volksbewusstsein dunkel und doch mächtig beherrschenden Macht zu erfassen«. Ebd. weiter unten: »Nie und nimmermehr ist ein Mythus aus einer merkwürdigen Naturerscheinung, aus einer historischen Fiktion, aus einer bedeutenden Persönlichkeit, aus einem allmälig missverstandenen bildlichen Ausdruck zufällig herausgewachsen: nein, sein Ursprung ist ein idealer, er ruht im Gemüthe des Volkes, in der religiösen Hingabe an eine in der Naturerscheinung oder im Menschenleben sich offenbarende göttliche Potenz, in dem Drange, dieses göttliche Wirken als einen geschichtlichen Vorgang, als ein Vorbild eigner Erlebnisse auszusprechen«.

F. Thiersch's Buch »über die Epochen der bildenden Kunst unter den Griechen« (1816—19, 2. Ausg. 1829) erfuhr bereits 1826 eine einsichtige (in den »Kunstarchäol. Werken« Bd. II, S. 91 ff. wieder abgedruckte) Besprechung von Otfried Müller, die gleichzeitig die Würdigung der in allem Wesentlichen an Winckelmann's Bau sich anschliessenden »Geschichte der bildenden Künste« von *Heinr. Meyer* (1824) bot.

Otfried Müller selbst gliedert in seinem Handbuch der Archäologie die Geschichte der Kunst im Alterthum bei den Griechen in folgende Perioden: erste bis Ol. 50, zweite bis Ol. 80, dritte bis Ol. 111, vierte bis Ol. 158, 3
22 (146 v. Chr.), schliesst an diese eine Episode »von der griechischen Kunst bei den italischen Völkern vor Ol. 158, 3«, und giebt schliesslich als fünfte Periode der Kunst des Alterthums den Zeitraum von 146 v. Chr. bis zum Mittelalter. Dabei schickt er jedesmal allgemeine historische Betrachtungen über den Geist und Charakter der Zeit voraus.

Das erste Musterbild einer methodischen epigraphischen Publication wurde von *Theodor Mommsen* in den »Inscriptiones regni Neapolitani latinae« 1852 aufgestellt, die Bedeutung dieser bahnbrechenden Leistung und zwar unter eingehender Schilderung aller hier in vollendetster Weise durchgeführten Principien sofort hervorgehoben von *Friedrich Ritschl* in der jetzt in seinen Opusc. Bd. V, S. 584 ff. wieder abgedruckten Recension. Für das, was in getreuer Facsimilirung geleistet werden kann, bezeichnen eben so den Höhepunkt die von *Ritschl* besorgten »Priscae Latinitatis monumenta epigraphica« (1862). Auf die Nothwendigkeit der bei dem Berliner Corpus inscriptionum Graecarum verabsäumten Autopsie und die Wichtigkeit der Facsimilirung hat *Ritschl* wiederholt energisch hingewiesen, z. B. Opusc. IV, S. 342. 367. 390. Uebrigens ist neuerdings neben die lithographische Facsimilirung nach Abklatschen die photolithographische und phototypische Wiedergabe auch für Inschriften getreten.

Bereits die Inauguraldissertation *Heinr. Brunn's* behandelte »Artificum liberae Graeciae tempora« (1843), seine »Geschichte der griechischen Künstler«, 1853 bis 1859 erschienen, hat die kritisch-historische Forschung, soweit sie sich auf die literarischen Zeugnisse stützt, im Wesentlichen abgeschlossen. Die monumentalen Thatsachen sind freilich seit jener Zeit theils sehr wesentlich bereichert, theils schärfer erkannt und feiner analysirt worden. In zusammenfassender Weise stellen den inzwischen errungenen Fortschritt der Wissenschaft namentlich dar *Beulé*, L'histoire de l'art Grec avant Péricles 1868 (2. Aufl. 1870), sowie in seinen Arbeiten über die Akropolis von Athen, und *Friederichs*, Bausteine zur Geschichte der griech.-röm. Plastik Bd. I, 1868; für Erkenntniss und Verständniss »des eigentlichen Mittel- und Glanzpunktes der griechischen Kunstgeschichte« ist erst durch *Michaelis'* Werk »der Parthenon« (1871) das vollständige Material beschafft.

Der wichtigsten unter unseren Quellen der alten Kunstgeschichte, den Büchern 34—36 in *Plinius'* Naturgeschichte, ist die meiste Forschung zugewandt, ohne doch bisher zu allseitig sichern Resultaten geführt zu haben. Den Reigen eröffnete die schöne Abhandlung von *Otto Jahn* »Ueber die Kunsturtheile bei Plinius« in den Ber. d. sächs. Ges. d. Wiss. II (1850), S. 105 ff. Ein fester Grund für die gesammte Quellenanalyse der Naturgeschichte wurde dann gewonnen durch *Heinrich Brunn's* methodische Untersuchung »De auctorum indicibus Plinianis disputatio isagogica« (Bonn 1856), deren wichtigstes Resultat bei den beiden genauesten Kennern des Plinius, *Urlichs* (in Jahrb. f. Philol. 1857, S. 336 ff.) und *Detlefsen* (im Philologus XXVIII, 1869, S. 701 ff. volle Zustimmung fand. Auch erschien bereits 1857 die Greifswalder Dissertation von *Brieger*: De fontibus librorum XXXIII—XXXVI N. H. Plinianae quatenus ad artem plasticam pertinent; mit dieser rühmlichen Ausnahme aber liess die von *Brunn* selbst als unerlässlich bezeichnete specielle Prüfung auch für die kunstgeschichtlichen Partien lange auf sich warten. Einen vereinzelten, auch für archäologische Interessen wichtigen Punkt behandelte *L. Brunn*, De C. Licinio Muciano (Lips. 1870); über »Vitruv als Quelle des Plinius« sprach sich *Detlefsen* im Philologus XXXI (1872), S. 375 ff. aus. Allgemeiner fasste die Aufgabe erst wieder *Th. Schreiber* an, »quaestionum de artificum aetatibus in Plinii naturalis historiae libris relatis specimen« Lisp. 1872 und im Rhein. Mus. XXXI (1876), S. 219 ff. »Plinius und die römischen Kunstkataloge«; auch *Brunn* selbst versuchte einen weitern Schritt zu thun in der Abhandlung »Cornelius Nepos und die Kunsturtheile bei Plinius« in den Sitzungsber. der Münchener Akad. 1875, I, S. 311 ff.; ihm folgte *Furtwängler*, Plinius und seine Quellen über die bildenden Künste (Leipzig 1877). Und eben erst veröffentlichte *Urlichs*, der schon früher als eine besondere Quelle des Plinius römische Kunstkataloge angenommen hatte (ein Gedanke, den dann *Brieger* a. a. O. weiter ausführte), ein specielles Programm, »die Quellenregister zu Plinius' letzten Büchern« (Würzburg 1878).

Eine lebhafte Controverse hat sich ferner an eine Hauptquelle für die Geschichte der Malerei geknüpft, an die Gemäldebeschreibungen der beiden *Philostrate*. Nach *Welcker's* Vorgang hatte *Brunn* in dem 2. Band seiner Künstlergeschichte diese etwa achtzig Beschreibungen als auf bestimmte wirkliche Gemälde sich beziehend angesehen und sie unbeirrt durch die Zweifel *Franz Passow's* und *Preller's* an der Realität der Bilder und der Existenz der ganzen Pinakothek als zuverlässige Quelle benutzt; dagegen erhob sich *Friederichs* in einer besonderen Schrift »die Philostratischen Bilder« (Erlangen 1860) und behauptete, dass die Philostrate aus der Reihe der Kunstschriftsteller zu streichen seien, die Bilder seien vielmehr sämmtlich frei unter Benutzung dichterischer Schilderungen fingirt. Seinen Standpunkt, dass hier wie auch immer rhetorisch ausgeschmückte Beschreibungen wirklicher Gemälde zu erkennen seien, vertheidigte darauf *Brunn* in dem 4. Spplmtbd. der Jahrb. f. Philol. S. 179 ff. (»Die Philostratischen Gemälde gegen K. Friederichs vertheidigt«), während *Friederichs* seine Ansicht neu zu begründen suchte im 5. Spplmtbd. der Jahrb. S. 133 ff. (»Nachträgliches zu den Philostratischen Bildern«). Auch *Stephani* sprach sich im Compte-rendu de la commis. archéolog. pour l'année 1862, S. 119 ff. im Sinne von *Friederichs*, freilich mit Preisgabe vieler seiner Deductionen aus. Eine entschiedene Wiederaufnahme des Kampfes erfolgte durch *Fr. Matz's* Inauguraldissertation »De Philostratorum in describendis imaginibus fide« (Bonn 1867), auf die *Brunn* abermals erwiederte »Zweite Vertheidigung der philostratischen Gemälde« (in den Jahrb. f. Philol. 1871, S. 1 ff. 81 ff.), worauf *Matz* wiederum im Philologus XXXI (1871), p. 585 ff. »Brunn's zweite Vertheidigung der philostratischen Gemälde«) replicirte, nicht ohne dass bei diesen wiederholten Verhandlungen eine allmähliche Annäherung zu einer Art Mittelstellung erfolgt wäre.

Auch über den Ursprung und Charakter der Nachrichten der dritten Hauptquelle der Archäologie, der Periegese des *Pausanias*, sind in jüngster Zeit abweichende Ansichten aufgestellt worden. Den innigen Zusammenhang der Beschreibungen des Pausanias mit der Führung von Seiten der in jener Zeit an allen hellenischen Orten sich aufhaltenden Ciceroni hat zuerst *Ulrichs* betont in Abh. der Bayer. Akad. III, S. 679 ff. (= Reisen u. Forsch. II, S. 148 ff.), wogegen jedoch *Kayser* in der Zeitsch. f. A. W. 1848, S. 502 Widerspruch erhob. In fast völlige Abhängigkeit von den Fremdenführern setzte Pausanias dann *Curtius* »Peloponnesos« II, S. 52, und »Text der 7 Karten von Athen«, S. 49; wogegen *Schubart* in den Jahrb. f. Philol. 1868, S. 826 ff. sich auf das bestimmteste erklärte. Neuerdings hat *Wilamowitz von Möllendorff* mit grosser Entschiedenheit die Behauptung aufgestellt, dass Pausanias überhaupt gar nicht schildere was er gesehen, sondern nur die ihm vorliegenden literarischen Quellen, und zwar reichlich ungeschickt ausschreibe und epitomire (vgl. z. B. Hermes XII, S. 334); und bereits sind ihm andere auf diesem Wege gefolgt, wie *Hirt*, De fontibus Pausaniae in Eliacis. (Greifswalder Inaug. diss. 1878). Diese neueste Hypothese hat freilich bei vielen Andern keinen Beifall gefunden: die Gründe, die gegen die bisher vorgebrachten Argumente sprechen, entwickelt gut *R. Schöll* im Hermes XIII, S. 436 ff.

Von Arbeiten über andere antike Beschreibungen von Kunstwerken heben wir noch hervor *Blümner*, Archäologische Studien zu Lucian (Breslau 1867) und die treffliche Untersuchung von *O. Benndorf*, De anthologiae Graecae epigrammatis quae ad artes spectant (Bonn 1862), sowie aus einer Reihe ähnlicher auf römische Dichter bezüglicher, vielfach das Richtige verfehlender Dissertationen *K. Purgold's*, Archäologische Bemerkungen zu Claudian und Sidonius (Gotha 1878).

Die Methode auch die Sculpturen, insbesondere die Köpfe auf das genaueste zu messen und die Resultate zu schärferen stilistischen Bestimmungen zu verwenden, kam in neuester Zeit von zwei Seiten her in der Archäologie auf; einmal wurde sie in dem Kreis von *Schöne*, *Benndorf*, *Kekulé* geübt (s. jener Beschreibung der Bildwerke des Lateran und Kekulé's Hebe), zum andern erkannte ihre Bedeutung *Conze* (s. z. B. seine Beiträge zur Geschichte der griech. Plastik 1869, in zweiter Aufl. noch in demselben Jahre wiederholt). Gegen die Mode gewordene Uebertreibung dieses Princips spricht sich *Michaelis*, Parthenon S. IX aus.

Es ist eben *Böckh* selbst, der in seinem epochemachenden Werke »Metrologische Untersuchungen über Gewichte, Münzfüsse und Maasse des Alterthums in ihrem Zusammenhange« (Berlin 1838), in dem er die metrologische Methode mit der comparativen Betrachtung verband, auch für die Numismatik die bedeutendsten neuen Aufschlüsse gewann.

Auf diesem Wege weiter gehend hat dann *Theodor Mommsen* (Geschichte des röm. Münzwesens; 1860) zum ersten Male der Münzkunde die Aufgabe gestellt, in vollem Umfange eine Geschichte des Münzwesens zu werden und für das römische Geldwesen diese Aufgabe mustergültig gelöst. Mit dem seitdem auf das bedeutendste vermehrten und verbesserten, ja z. Th. vollständig verwandelten Material nahm die von *Böckh* geführte Untersuchung dann wieder *Joh. Brandis* auf in dem umfassenden Werke: »Das Münz-, Mass- und Gewichts-System in Vorderasien bis auf Alexander d. Gr.« (Berlin 1866); und wiederum im Anschluss an Brandis gewann *Head* (metrological notes on the ancient electrum coins struck between the Lelantian wars and the accession of Darius; Numismat. chronicle 1875, p. 245 ff.) neue Einblicke in die Anfänge der griechischen Prägekunst.

Unter den ausübenden Künstlern hat bedeutsam und unmittelbar in die 23
archäologischen Studien der Gegenwart eingegriffen der 1869 verstorbene Bildhauer *Eduard von der Launitz*, einer der vorzüglichsten Schüler Thorwaldsen's.

Schon lange hatte dieser auch theoretisch auf das gründlichste gebildete Mann die Forschungen über alte Kunst eifrig verfolgt, auch selber schon specielle Untersuchungen über die Behandlung des Nackten und der Gewandung in der Antike angestellt; der archäologischen Welt wurde er aber erst 1864 näher bekannt, als er gelegentlich der Philologenversammlung in Hannover in einer eigenen Denkschrift die Bedeutung des Polykletischen Ausspruches χαλεπώτατον εἶναι τὸ ἔργον, ὅταν ἐν ὄνυχι πηλὸς γίνηται zur Discussion stellte. Schon in der nächsten Philologenversammlung in Heidelberg trug er seine durch genauestes Studium der erhaltenen Gewandstatuen gewonnene Theorie über Schnitt und Umwurf der antiken Gewandung vor, erläuterte sie auch durch praktische Exemplification an Modellstatuen und fand so allgemeinen Beifall, dass diese Statuen und die zugehörigen Gewänder vervielfacht wurden und jetzt fast auf allen deutschen Universitäten als Unterrichtsmittel zu finden sind. Unterrichtszwecken zu dienen sind gleichfalls andere seiner Arbeiten bestimmt, über die oben S. 324 die Rede war. Endlich wurde er durch eine Würzburger Replik zu einer eigenen Restaurationsskizze der sog. Pasquinogruppe veranlasst, welche er in dem von *Urlichs* herausgegebenen Bonner Winckelmanns-Programm von 1867 publicirte und begründete.

Personenregister.

(Die Zahlen bezeichnen die Seiten des Werkes.)

Sachregister.

Druck von Breitkopf und Härtel in Leipzig.

Printed in Dunstable, United Kingdom

91219920R10230